Conception de systèmes d'exploitation

Le cas Linux

Patrick Cegielski

Conception de systèmes d'exploitation

Le cas Linux

Deuxième édition

EYROLLES

ÉDITIONS EYROLLES
61, bd Saint-Germain
75240 Paris Cedex 05
www.editions-eyrolles.com

Avec la contribution de Mathieu Ropert, Sébastien Blondeel et Florence Henry.

Pour Irène et Marie

Préface

Le but de ce livre est de faire comprendre comment on conçoit un système d'exploitation en illustrant notre propos sur un cas concret dont nous commentons les sources complètement. Le choix s'est porté tout naturellement sur le premier noyau Linux, ce que nous justifions au chapitre 3.

En prérequis, nous supposons que le lecteur connaît la notion de système d'exploitation en tant qu'utilisateur, pour des systèmes d'exploitation tels que MS-DOS, UNIX, MacOs ou Windows (95, 98, 2000, NT ou XP), un langage d'assemblage pour les microprocesseurs Intel 80x86 et qu'il sache programmer en langage C.

On peut distinguer cinq niveaux de rapports avec un système d'exploitation :

- le *niveau utilisateur* : le but principal consiste essentiellement à charger les logiciels que l'on veut utiliser et de manipuler quelque peu les fichiers ; on se sert pour cela de l'interpréteur de commandes (et de ses commandes telles que copy, rename...) ;
- le *niveau administrateur* : cela consiste à paramétrer le système et à le tenir à jour ; il est indispensable pour les systèmes d'exploitation capables d'accueillir plusieurs utilisateurs ;
- le *niveau écriture de scripts* pour automatiser certaines séquences répétitives de commandes ;
- le *niveau programmation système* : cette programmation se fait pour Linux en langage C en utilisant les *appels système* ;
- le *niveau conception du système*, et plus particulièrement du noyau.

Nous allons nous intéresser ici à la conception du système d'exploitation, en illustrant nos propos par Linux, plus particulièrement par le tout premier noyau 0.01. L'intérêt de choisir Linux est que le code est diffusé.

Ce livre n'a d'autre but que de publier en un seul volume les aspects suivants de la conception d'un système d'exploitation :

- les concepts généraux sous-jacents à l'implémentation d'un système d'exploitation, tels qu'on les trouve dans [TAN-87] dont nous nous inspirons fortement ;
- les concepts d'un système d'exploitation de type UNIX, en suivant le plus possible la norme POSIX ;
- de la documentation sur le microprocesseur Intel 80386 ; celle-ci exigeant un ouvrage de la taille de celui-ci, nous en supposons connue au moins une partie, celle qui concerne le mode dit « réel » ;
- la documentation sur les contrôleurs de périphériques et leur implémentation sur un compatible PC, nécessaire à la programmation d'un système d'exploitation ;
- une présentation des choix faits pour l'implémentation de Linux 0.01, suivie d'extraits de fichiers sources, repérables facilement par l'indication Linux 0.01 située en marge, puis paraphrasés en français ; ces paraphrases, commençant presque toujours par « autrement dit », ne

sont pas théoriquement indispensables mais sont souvent appréciables ; comme nous l'avons déjà dit, tout le source est commenté, même si pour des raisons logiques il est dispersé tout au long de l'ouvrage.

Chemin faisant, nous montrons ainsi une méthode pour étudier les sources d'autres systèmes d'exploitation.

L'index fait références aux concepts mais aussi à tous les noms apparaissant dans les fichiers source, ce qui permet de se rendre directement au commentaire de la partie qui intéresse le lecteur.

Préface à la seconde édition

Dans cette seconde édition, paraissant dix mois après la première, le corps du texte principal n'a pas changé, à part la correction d'une coquille. En revanche, chaque chapitre se conclut désormais par une section « évolution du noyau » renforcée, prenant en compte la version 2.6.0 de ce dernier. Nous conseillons de lire le livre sans tenir compte de ces sections puis d'y revenir dans un deuxième temps.

Nous expliquons au chapitre 3 pourquoi il est préférable, dans un premier temps, de s'attacher au tout premier noyau. Je pense que pour les *aficionados* du tout dernier noyau en date, ces dernières sections seront utiles.

Remerciements

Je tiens à remercier tout particulièrement Mathieu ROPERT, étudiant de l'I.U.T. de Fontaine-bleau en 2001–2003, pour sa relecture très attentive du manuscrit.

Table des matières

Préface iii

PREMIÈRE PARTIE :
PRINCIPES DE CONCEPTION DES SYSTÈMES
D'EXPLOITATION   1

Chapitre 1   Structure d'un système d'exploitation ..   3
1 Les trois grandes fonctions......................   3
   1.1 Chargement des programmes   3
   1.2 Le système d'exploitation en tant que
        machine virtuelle   4
   1.3 Le système d'exploitation en tant que
        gestionnaire de ressources   4
2 Caractéristiques d'un système d'exploitation   5
   2.1 Systèmes multi-tâches   5
   2.2 Systèmes multi-utilisateurs   7
3 Structure externe d'un système d'exploitation......   9
   3.1 Noyau et utilitaires   9
   3.2 Le gestionnaire de tâches   9
   3.3 Le gestionnaire de mémoire   9
   3.4 Le gestionnaire de fichiers   9
   3.5 Le gestionnaire de périphériques   10
   3.6 Le chargeur du système d'exploitation   10
   3.7 L'interpréteur de commandes   10
4 Structure interne d'un système d'exploitation   10
   4.1 Les systèmes monolithiques   11
   4.2 Systèmes à modes noyau et utilisateur   11
   4.3 Systèmes à couches   11
   4.4 Systèmes à micro-noyau   12
   4.5 Systèmes à modules   13
5 Mise en œuvre.................................   14
   5.1 Les appels système   14
   5.2 Les signaux   14

Chapitre 2   Principe de traitement des entrées-
              sorties   15
1 Principe du matériel d'entrée-sortie   15
   1.1 Les périphériques d'entrée-sortie   15
   1.2 Les contrôleurs de périphériques   16
   1.3 Transferts synchrones et asynchrones   17
   1.4 Périphériques partagés et dédiés   18
2 Principe des logiciels d'entrée-sortie   18
   2.1 Objectifs des logiciels des entrées-sorties   18

   2.2 Les pilotes de périphériques   19
   2.3 Logiciel d'entrée-sortie indépendant du
        matériel   19
   2.4 Logiciels d'entrée-sortie faisant partie de
        l'espace de l'utilisateur   21

Chapitre 3   Le système Linux étudié   23
1 Le système Linux à étudier.....................   23
   1.1 Noyau et distribution   23
   1.2 Noyau minimal   23
   1.3 Obtention des sources   24
   1.4 Programmation Linux   24
   1.5 Versions du noyau Linux   24
2 Les sources du noyau 0.01   25
   2.1 Vue d'ensemble sur l'arborescence   25
   2.2 L'arborescence détaillée   25
3 Vue d'ensemble sur l'implémentation   32
   3.1 Caractéristiques   32
   3.2 Étapes de l'implémentation   32
4 Évolution du noyau   34
   4.1 Cas du noyau 2.4.18   34
   4.2 Aide au parcours du code source   35
   4.3 Cas du noyau 2.6.0   35

DEUXIÈME PARTIE :
UTILISATION DU MICRO-PROCESSEUR
INTEL   37

Chapitre 4   Prise en compte de la mémoire Intel ...   39
1 La segmentation sous Intel.....................   39
   1.1 Notion   39
   1.2 La segmentation en mode protégé sur Intel ..   39
2 La segmentation sous Linux.....................   45
   2.1 Mode noyau et mode utilisateur   45
   2.2 Segmentation en mode noyau   46
   2.3 Accès à la mémoire vive   50
3 Évolution du noyau   51
   3.1 Prise en compte d'autres micro-processeurs ..   51
   3.2 Accès à la mémoire vive   52
   3.3 Utilisation de la segmentation   52

Chapitre 5   Adaptation des entrées-sorties et des
              interruptions Intel   55
1 Accès aux ports d'entrée-sortie   55

1.1 Accès aux ports d'entrée-sortie sous 80x86 .. 55

1.2 Encapsulation des accès aux ports d'entrée-sortie sous Linux 55

2 Les interruptions sous Linux 56

2.1 Rappels sur les vecteurs d'interruption d'Intel 56

2.2 Adaptations sous Linux 60

3 Initialisation des exceptions 61

3.1 Initialisation provisoire 61

3.2 Initialisation définitive 62

4 Initialisation des interruptions matérielles.......... 64

4.1 Un problème de conception 64

4.2 Contrôleur d'interruptions programmable 65

4.3 Programmation des registres de contrôle d'initialisation du PIC 66

4.4 Programmation des registres de contrôle des opérations du PIC 68

4.5 Reprogrammation du PIC dans le cas de Linux 70

4.6 Gestionnaires des interruptions matérielles ... 71

4.7 Manipulation des interruptions matérielles ... 72

5 Initialisation de l'interruption logicielle 72

6 Évolution du noyau 73

6.1 Accès aux ports d'entrée-sortie 73

6.2 Insertion des portes d'interruption 73

6.3 Initialisation des exceptions 74

6.4 Initialisation des interruptions matérielles 76

6.5 Manipulation des interruptions matérielles ... 76

TROISIÈME PARTIE :

LES GRANDES STRUCTURES

DE DONNÉES   **79**

Chapitre 6   **Les structures de données concernant les processus** 81

1 Descripteur de processus........................ 81

1.1 Structure du descripteur de processus 81

1.2 Aspects structurels 82

1.3 État d'un processus 82

1.4 Priorité d'un processus 83

1.5 Signaux 84

1.6 Code de statut 85

1.7 Espace d'adressage 85

1.8 Identificateurs du processus 85

1.9 Hiérarchie des processus 86

1.10 Propriétaire d'un processus 87

1.11 Informations temporelles 88

1.12 Utilisation du coprocesseur mathématique ... 89

1.13 Informations sur les fichiers utilisés 89

1.14 Table locale de descripteurs 90

1.15 Segment d'état de tâche 90

2 Tâche initiale................................. 94

3 Table des processus 97

3.1 Stockage des descripteurs de processus 98

3.2 Implémentation de la table des processus 99

3.3 Repérage d'un descripteur de processus 99

3.4 La tâche en cours 99

4 Évolution du noyau 100

4.1 Structure du descripteur de processus 100

4.2 Table des processus 102

Chapitre 7   **Description du système de fichiers** 103

1 Étude générale 103

1.1 Notion de fichiers 103

1.2 Gestion des fichiers 104

1.3 Les fichiers du point de vue utilisateur 104

1.4 La conception des systèmes de fichiers 106

2 Caractéristiques d'un fichier..................... 109

2.1 Types de fichiers 109

2.2 Droits d'accès d'un fichier sous UNIX 110

2.3 Mode d'un fichier sous UNIX 111

3 Notion de tampon de disque dur 111

4 Structure d'un disque MINIX.................... 112

4.1 Bloc sous MINIX et Linux 112

4.2 Structure générale d'un disque MINIX 112

4.3 Les nœuds d'information sur disque 113

4.4 Le super bloc 115

5 Système de fichiers MINIX chargé en mémoire 116

5.1 Antémémoire 116

5.2 Les descripteurs de nœud d'information 119

5.3 Table des super-blocs 121

5.4 Les descripteurs de fichiers 122

6 Fichiers de périphériques........................ 123

6.1 Caractéristiques 123

6.2 Repérage des fichiers de périphériques 124

7 Évolution du noyau 124

7.1 Prise en charge de plusieurs systèmes de fichiers 124

7.2 Cas de POSIX 125

7.3 Système de fichiers virtuel 125

7.4 Super-bloc 126

7.5 Nœud d'information 128

7.6 Descripteur de fichier 129

7.7 Répertoire 130

7.8 Types de fichiers 131

7.9   Déclaration d'un système de fichiers 131
7.10 Descripteur de tampon 131

Chapitre 8   Les terminaux sous Linux 133
1   Les terminaux 133
    1.1   Notion de terminal 133
    1.2   Les terminaux du point de vue matériel 133
    1.3   Le pilote de terminal 139
    1.4   Les différents terminaux et les normes 139
    1.5   Modélisation en voies de communication 140
2   Paramétrage des voies de communication 140
    2.1   Principe 140
    2.2   La structure de paramétrisation 141
    2.3   Paramétrage des modes d'entrée 141
    2.4   Paramétrage des modes de sortie 143
    2.5   Le tableau des caractères de contrôle 145
    2.6   Paramétrage des modes locaux 148
    2.7   Paramétrages des modes de contrôle 150
3   Implémentation des voies de communication....... 151
    3.1   Implémentation d'un tampon d'entrée ou
          de sortie 151
    3.2   Implémentation des voies de communication . 153
4   Implémentation du terminal..................... 154
    4.1   Définition du terminal 154
    4.2   Les caractères de contrôle 155
    4.3   Caractéristiques de la console 155
    4.4   Caractéristiques des liaisons série 156
    4.5   Les tampons du terminal 156
5   Évolution du noyau 156

QUATRIÈME PARTIE :
ASPECT DYNAMIQUE SANS AFFICHAGE   163

Chapitre 9   Implémentation des appels système
             sous Linux 165
1   Principe....................................... 165
    1.1   Définition des appels système 165
    1.2   Notion de code d'erreur 168
    1.3   Insertion et exécution des appels système 169
    1.4   Fonction d'appel 171
2   Liste des codes d'erreur 172
3   Liste des appels système....................... 174
4   Évolution du noyau 178

Chapitre 10   Mesure du temps sous Linux 189
1   Les horloges.................................. 189
    1.1   Le matériel de l'horloge 190
    1.2   Le logiciel des horloges 191
2   Horloges matérielles des PC.................... 194

2.1   L'horloge temps réel des PC 194
2.2   Minuteur périodique programmable 196
3   Programmation du minuteur sous Linux.......... 198
    3.1   Initialisation du minuteur 199
    3.2   Variable de sauvegarde du temps 199
    3.3   Gestionnaire de l'interruption d'horloge 199
    3.4   La comptabilisation du processus en cours ... 200
4   Maintien de la date et de l'heure sous Linux....... 201
    4.1   Variable structurée de conservation du temps 201
    4.2   Initialisation de la variable structurée 202
5   Évolution du noyau 204

Chapitre 11   Le gestionnaire des tâches 209
1   Commutation de processus 209
    1.1   Notion générale 209
    1.2   Gestion du coprocesseur arithmétique 209
    1.3   Cas de Linux 209
2   Ordonnancement des processus 210
    2.1   Politique d'ordonnancement 211
    2.2   Algorithme d'ordonnancement 212
3   Initialisation du gestionnaire des tâches 215
4   Évolution du noyau 215

Chapitre 12   Les signaux sous Linux 221
1   Notion générale de signal 221
2   Liste et signification des signaux 221
3   Vue d'ensemble de manipulation des signaux 223
4   Implémentation des deux appels système 224
    4.1   Implémentation de l'appel système d'envoi
          d'un signal 224
    4.2   Implémentation de l'appel système de
          déroutement 225
5   Implémentation du traitement des signaux 225
6   Fonction de gestion de signal par défaut 227
7   Évolution du noyau 227

CINQUIÈME PARTIE :
AFFICHAGE   231

Chapitre 13   Le pilote d'écran sous Linux 233
1   Affichage brut 233
    1.1   Rappels sur l'affichage texte sur l'IBM-PC ... 233
    1.2   Implémentation sous Linux 234
2   Notion d'affichage structuré 237
    2.1   Principe du logiciel d'affichage structuré 237
    2.2   Cas de Linux 238
3   Les suites d'échappement ECMA-48 238
    3.1   Syntaxe 238
    3.2   Sémantique 239

4   Le pilote d'écran sous Linux 240
   4.1   Prise en compte des caractéristiques
         ECMA-48 240
   4.2   Fonction d'écriture sur la console 241
   4.3   Traitement des cas spéciaux 245
5   Évolution du noyau 254
   5.1   Affichage graphique et affichage console 254
   5.2   Caractéristiques de l'écran 254
   5.3   Les consoles 259

Chapitre 14 L'affichage des caractères sous Linux ... 263
1   Traitement des caractères 263
   1.1   Les caractères 263
   1.2   Classification primaire des caractères 263
   1.3   Fonctions de classification des caractères 264
   1.4   Fonctions de conversion 265
2   Écriture sur une voie de communication 266
   2.1   Description 266
   2.2   Implémentation 266
   2.3   Attente du vidage du tampon d'écriture 267
   2.4   Traitement des processus en attente 268
3   Évolution du noyau 269
   3.1   Traitement des caractères 269
   3.2   Écriture sur une voie de communication 269

Chapitre 15 L'affichage formaté du noyau 273
1   Nombre variable d'arguments 273
   1.1   L'apport du C standard 273
   1.2   Implémentation de *stdarg.h* sous Linux .. 274
2   Formatage 275
   2.1   La fonction **sprintf()** 275
   2.2   Structure des formats 275
   2.3   Le cas de Linux 0.01 277
   2.4   Implémentation de **vsprintf()** sous Linux 277
   2.5   Les fonctions auxiliaires 280
3   La fonction **printk()** 283
4   La fonction **panic()** 284
5   Évolution du noyau 284

SIXIÈME PARTIE :
   ASPECT DYNAMIQUE AVEC AFFICHAGE   289

Chapitre 16 Gestionnaires des exceptions 291
1   Traitement des exceptions sous Linux 291
2   Structure générale des routines 292
   2.1   Définitions des gestionnaires 292
   2.2   Structure d'un gestionnaire 292
   2.3   Les fonctions de traitement du code d'erreur 293
   2.4   Les fonctions C des gestionnaires par défaut . 294

   2.5   Les macros auxiliaires 296
3   La routine **int3()** 296
4   La routine **device_not_available()** 297
   4.1   La routine principale 297
   4.2   La fonction **math_state_restore()** .. 298
5   Évolution du noyau 298

Chapitre 17 Mémoire virtuelle sous Linux 301
1   Étude générale 301
   1.1   Mémoire virtuelle 301
   1.2   Mise en place de la mémoire virtuelle 301
2   Pagination 302
   2.1   Notion 302
   2.2   Pagination à plusieurs niveaux 302
   2.3   Protection 304
3   La pagination sous Intel 80386 304
   3.1   Taille des pages 304
   3.2   Structure des entrées des tables 305
   3.3   Activation de la pagination 306
   3.4   Structure d'une adresse virtuelle 306
   3.5   Mécanisme de protection matérielle 306
4   La pagination sous Linux 306
   4.1   Mise en place des éléments 306
   4.2   Initialisation de la pagination 307
   4.3   Zone fixe et zone de mémoire dynamique 308
   4.4   Structures de gestion des tables de pages ... 309
   4.5   Obtention d'un cadre de page libre 310
   4.6   Libération d'un cadre de page 311
5   Traitement de l'exception de défaut de page....... 311
   5.1   Le code principal 312
   5.2   Exception d'essai d'écriture sur une page en
         lecture seule 313
   5.3   Exception de page non présente 314
6   Évolution du noyau 315

SEPTIÈME PARTIE :
   FICHIERS RÉGULIERS   325

Chapitre 18 Le pilote du disque dur 327
1   Géométrie des disques durs 327
   1.1   Description générale 327
   1.2   Prise en charge par Linux 328
2   Le contrôleur de disque dur IDE 330
   2.1   Les registres IDE 330
   2.2   Les commandes du contrôleur IDE 334
3   Prise en charge du contrôleur par Linux 341
   3.1   Constantes liées au contrôleur 341

3.2 Routine d'interruption matérielle du disque dur 342

3.3 Passage des commandes 344

3.4 Fonction d'attente du contrôleur 345

3.5 Récupération des erreurs 345

4 Partitionnement du disque dur 346

4.1 Un choix d'IBM 346

4.2 Utilisation par Linux 348

5 Requêtes à un disque dur 348

5.1 Notion de requête 348

5.2 Structure des requêtes 348

5.3 Tableau des listes de requêtes 349

5.4 Initialisation du disque dur 349

5.5 Requête de lecture ou d'écriture 350

5.6 Gestion des tampons 351

5.7 Ajout d'une requête 353

5.8 Traitement des requêtes 355

5.9 Le gestionnaire d'interruption en cas d'écriture 356

5.10 Réinitialisation du disque dur 357

5.11 Le gestionnaire d'interruption en cas de lecture 359

6 Pilote du disque dur 359

7 Évolution du noyau 360

7.1 Périphériques bloc 360

7.2 Géométrie d'un disque dur 363

7.3 Initialisation d'un disque dur traditionnel 363

7.4 Contrôleur de disque dur 366

7.5 Interruption matérielle d'un disque dur 368

7.6 Passage des commandes 369

7.7 Partitionnement des disques durs 369

7.8 Requêtes à un disque dur 370

Chapitre 19 Gestion de l'antémémoire 373

1 Description des fonctions 373

1.1 Gestion des listes de tampons 373

1.2 Fonctions d'accès aux tampons 374

1.3 Réécriture des tampons modifiés 374

2 Implémentation des fonctions de gestion de listes .. 374

2.1 Fonctions de hachage 374

2.2 Insertion dans les listes 374

2.3 Suppression des listes 375

2.4 Recherche d'un descripteur de tampon 375

3 Réécriture sur un disque donné 376

4 Les fonctions de manipulation des tampons 376

4.1 Relâchement d'un tampon 376

4.2 Détermination d'un descripteur de tampon .. 377

4.3 Création d'un descripteur de tampon 377

4.4 Lecture d'un tampon 379

5 Évolution du noyau 379

Chapitre 20 Les périphériques bloc 385

1 Vue d'ensemble 385

2 Accès à bas niveau 386

2.1 Détermination des périphériques bloc 386

2.2 Table des pilotes de bas niveau 387

2.3 Fonction d'accès à bas niveau 387

3 Les fonctions de lecture et d'écriture de bloc 388

3.1 Fonction d'écriture 388

3.2 Fonction de lecture 389

4 Évolution du noyau 391

Chapitre 21 Gestion des nœuds d'information 395

1 Chargement d'un super-bloc 395

2 Gestion des tables de bits des données 395

2.1 Recherche d'un bloc de données libre 395

2.2 Macros auxiliaires 397

2.3 Libération d'un bloc de données 398

3 Les fonctions internes des nœuds d'information 399

3.1 Verrouillage d'un descripteur de nœud 399

3.2 Déverrouillage d'un descripteur de nœud 399

3.3 Fonction d'attente de déverrouillage 400

3.4 Écriture d'un nœud d'information sur disque . 400

3.5 Lecture d'un nœud d'information sur disque . 401

4 Gestion des blocs sur noeud d'information 402

4.1 Détermination du numéro de bloc physique .. 402

4.2 Agrégation d'un bloc physique 402

4.3 Implémentation de la fonction auxiliaire 403

5 Mise à zéro d'un nœud d'information sur disque ... 405

5.1 Mise à zéro d'un bloc d'indirection simple ... 405

5.2 Mise à zéro d'un bloc d'indirection double ... 406

5.3 Implémentation 407

6 Fonctions de service des nœuds d'information 407

6.1 Synchronisation des nœuds d'information 408

6.2 Recherche d'un nouveau descripteur de nœud d'information 408

6.3 Remplissage d'une zone de mémoire 409

6.4 Libération d'un nœud d'information en table des bits 410

6.5 Relâchement d'un nœud d'information 411

6.6 Recherche d'un nœud d'information libre sur disque 412

6.7 Chargement d'un nœud d'information 413

7 Évolution du noyau 414

**Chapitre 22 Gestion interne des fichiers réguliers
et des répertoires** 419

1 Montage d'un système de fichiers 419
   1.1 Chargement d'un super-bloc 419
   1.2 Initialisation du système de fichiers 421
   1.3 Lecture de la table des partitions 422
2 Gestion des répertoires 423
   2.1 Étude générale des répertoires 423
   2.2 Les fichiers répertoire sous Linux 427
   2.3 Fonctions internes de gestion des répertoires . 428
3 Gestion interne des fichiers réguliers 433
   3.1 Gestion des noms de fichiers 433
   3.2 Lecture et écriture dans un fichier régulier ... 438
4 Évolution du noyau 440
   4.1 Montage d'un système de fichiers 441
   4.2 Gestion des répertoires et des fichiers 444

HUITIÈME PARTIE :
PÉRIPHÉRIQUES CARACTÈRE   **449**

Chapitre 23 Le clavier 451

1 Principe du logiciel de lecture au clavier.......... 451
   1.1 Modes brut et structuré 451
   1.2 Tampon de lecture 451
   1.3 Quelques problèmes pour le pilote 453
2 Interface du clavier sur l'IBM-PC 453
   2.1 Aspect physique 453
   2.2 Make-code et break-code 454
   2.3 Les registres du contrôleur de clavier 454
   2.4 Principe de lecture des *scan codes* 457
   2.5 Le port `61h` 457
3 Principe du traitement du clavier sous Linux....... 457
   3.1 Le gestionnaire du clavier 458
   3.2 Initialisation du gestionnaire de clavier 458
   3.3 Grandes étapes du gestionnaire de clavier ... 458
4 Traitement du mode données brutes 459
   4.1 Grandes étapes 459
   4.2 Détermination de la fonction de traitement .. 460
   4.3 Cas des touches préfixielles 461
   4.4 Cas d'une touche normale 463
   4.5 Les touches de déplacement du curseur 466
   4.6 Les touches de fonction 467
   4.7 La touche moins 468
   4.8 Mise en tampon brut du clavier 468
5 Traitement du mode structuré 469
   5.1 Appel 469
   5.2 Passage du tampon brut au tampon structuré 470

6 Évolution du noyau 472

Chapitre 24 Les liaisons série 477

1 Étude générale 477
   1.1 Communication série asynchrone 477
   1.2 Communication série synchrone 482
   1.3 Le standard d'interface série RS-232 484
2 L'UART PC16550D 484
   2.1 Le brochage 485
   2.2 L'ensemble de registres 485
   2.3 Programmation de l'UART 489
3 Cas de Linux 489
   3.1 Initialisation des liaisons série 489
   3.2 Gestionnaires d'interruption 491
4 Évolution du noyau 495

Chapitre 25 Les périphériques caractère 501

1 Fonctions de lecture/écriture.................... 501
   1.1 Fonction d'accès de haut niveau 501
   1.2 Fonctions d'accès de bas niveau 501
   1.3 Implémentation de la fonction d'accès de
      haut niveau 502
2 Fonctions d'accès de bas niveau des terminaux 503
   2.1 Cas d'un terminal quelconque 503
   2.2 Cas du terminal en cours 503
3 Évolution du noyau 503

NEUVIÈME PARTIE :
COMMUNICATION PAR TUBES   **507**

Chapitre 26 Communication par tubes sous Linux ... 509

1 Étude générale 509
   1.1 Notion 509
   1.2 Types de tubes de communication 510
2 Gestion interne sous Linux 510
   2.1 Descripteur de nœud d'information d'un tube 510
   2.2 Opérations d'entrée-sortie 511
3 Évolution du noyau 513

DIXIÈME PARTIE :
LE MODE UTILISATEUR   **517**

Chapitre 27 Appels système du système de fichiers . 519

1 Points de vue utilisateur et programmeur.......... 519
   1.1 Les fichiers du point de vue utilisateur 519
   1.2 Les fichiers du point de vue du programmeur 521
2 Entrées-sorties UNIX sur fichier 522
   2.1 Ouverture et fermeture de fichiers 522
   2.2 Lecture et écriture de données 525

2.3   Positionnement dans un fichier 528
2.4   Sauvegarde des données modifiées 529
3   Implémentation Linux des entrées-sorties 529
3.1   Appel système d'ouverture 529
3.2   Appel système de création 533
3.3   Appel système de fermeture 534
3.4   Appel système de lecture des données 534
3.5   Appel système d'écriture des données 537
3.6   Appel système de positionnement 538
3.7   Appel système de sauvegarde des données ... 539
4   Liens et fichiers partagés 539
4.1   Étude générale 539
4.2   Création de liens symboliques sous UNIX 541
4.3   Implémentation sous Linux 542
5   Manipulations des fichiers 544
5.1   Les appels système UNIX 544
5.2   Implémentation sous Linux 546
6   Gestion des répertoires 550
6.1   Les appels système UNIX 550
6.2   Implémentation 552
7   Autres appels système 558
7.1   Duplication de descripteur d'entrée-sortie 558
7.2   Récupération des attributs des fichiers 559
7.3   Dates associées aux fichiers 562
7.4   Propriétés des fichiers ouverts 563
7.5   Montage et démontage de systèmes de
        fichiers 565
8   Évolution du noyau 566

**Chapitre 28   Appels système concernant les
        processus** 569
1   Création des processus 569
1.1   Description des appels système 569
1.2   Implémentation de **fork()** 572
1.3   Le format d'exécutable *a.out* 577
1.4   Implémentation de **execve()** 583
2   Gestion des attributs 592
2.1   Description des appels système 592
2.2   Implémentation 593
3   Gestion des groupes et des sessions de processus ... 594
3.1   Description des appels système 594
3.2   Implémentation 595
4   Terminaison du processus en cours 596
4.1   Description de l'appel système 596
4.2   Implémentation 597
5   Attente de la fin d'un processus fils 600
5.1   Les appels système 600

5.2   Implémentation 601
6   Autres appels système 603
6.1   L'appel système **break()** 603
6.2   L'appel système **acct()** 603
7   Évolution du noyau 603

Chapitre 29   Les autres appels système sous Linux ... 609
1   Appels système de mesure du temps 609
1.1   Liste 609
1.2   Implémentation 610
2   Appels système liés à l'ordonnancement 611
2.1   Priorité des processus 611
2.2   Contrôle de l'exécution d'un processus 612
3   Appels système concernant les signaux 612
3.1   Émission d'un signal 612
3.2   Déroutement d'un signal 613
3.3   Attente d'un signal 614
4   Appels système concernant les périphériques 615
4.1   Création d'un fichier spécial 615
4.2   Opérations de contrôle d'un périphérique 616
5   Appels système concernant la mémoire 618
5.1   Structure de la mémoire utilisateur 618
5.2   Changement de la taille du segment des
        données 619
5.3   Accès à une adresse physique 620
6   Tubes de communication 620
6.1   Description 620
6.2   Implémentation 621
7   Autres appels système 622
8   Évolution du noyau 623

Chapitre 30   Fonctions de la bibliothèque C 625
1   La fonction **printf()** 625
1.1   Description 625
1.2   Implémentation 625
2   Fonction concernant les signaux 626
2.1   Description 626
2.2   Implémentation 626
3   Fonctions sur les chaînes de caractères 626
4   Évolution du noyau 631

**ONZIÈME PARTIE :
DÉMARRAGE DU SYSTÈME   633**

Chapitre 31   Démarrage du système Linux 635
1   Source et grandes étapes 635
1.1   Fichiers sources concernés 635
1.2   Début de l'amorçage 635
2   Le chargeur d'amorçage 636

2.1   Les grandes étapes 636

2.2   Transfert du code d'amorçage 637

2.3   Configuration de la pile en mode réel 637

2.4   Affichage d'un message de chargement 638

2.5   Chargement de l'image du noyau 638

3   Passage au mode protégé 642

3.1   Les grandes étapes 642

3.2   Sauvegarde de la position du curseur graphique 643

3.3   Inhibition des interruptions matérielles 643

3.4   Transfert du code du système 643

3.5   Chargement de tables provisoires de descripteurs 644

3.6   Activation de la broche A20 644

3.7   Reprogrammation du PIC 645

3.8   Passage au mode protégé 645

4   La fonction **startup_32()** 645

4.1   Les grandes étapes 645

4.2   Initialisation des registres de segmentation ... 646

4.3   Configuration de la pile en mode noyau 646

4.4   Initialisation provisoire de la table des interruptions 646

4.5   Initialisation de la table globale des descripteurs 647

4.6   Valeurs finales des registres de segment de données et de pile 648

4.7   Vérification de l'activation de la broche A20   649

4.8   Vérification de la présence du coprocesseur arithmétique 649

4.9   Mise en place de la pagination 649

4.10 Passage à la fonction **start_kernel()** .. 649

5   La fonction **start_kernel()** 650

5.1   Les grandes étapes 650

5.2   Initialisation du terminal 651

5.3   Passage au mode utilisateur 652

5.4   Le processus 1 : init 653

6   Évolution du noyau 654

Bibliographie 659

Index 669

Table des figures

1.1 Processus 6
1.2 Minix 12

4.1 Segmentation 40
4.2 Sélection 44
4.3 Choix d'un descripteur 45

6.1 Structure du TSS 91
6.2 Sauvegarde de l'état du coprocesseur arithmétique 93
6.3 Stockage du descripteur et de la pile noyau 98

7.1 Arborescence de fichiers 106
7.2 Liste chaînée et table de bits 107
7.3 Système de fichiers Minix 112

8.1 Un des premiers terminaux 134
8.2 Le terminal M40 135
8.3 Classification des terminaux 135
8.4 Terminal RS-232 136
8.5 Terminal mappé en mémoire 138
8.6 Écran de l'IBM-PC 139
8.7 Gestion d'une voie de communication 140
8.8 Caractères de contrôle d'Unix 145

10.1 Horloge programmable 190
10.2 Maintien de l'heure courante 191
10.3 Traitement des alarmes 193

13.1 Caractères ASCII modifiés..................... 235

17.1 Pagination................................... 303
17.2 Table de pages à deux niveaux 304

20.1 Périphérique bloc............................ 385

22.1 CP/M....................................... 425
22.2 MS-DOS 426
22.3 Unix 427
22.4 Répertoire 428

23.1 Tampon de caractères 452
23.2 Scan codes 455

24.1 Niveaux logiques 478
24.2 Port série simple 479
24.3 Réception 481
24.4 Synchronisation 482

26.1 Tube de communication 509

Première partie

Principes de conception des systèmes d'exploitation

Chapitre 1

Structure d'un système d'exploitation

Nous supposons que le lecteur a vu Linux en tant qu'utilisateur de ce système d'exploitation et aussi, éventuellement, en tant qu'administrateur système, en particulier pour les systèmes individuels. Nous allons passer à l'étape suivante : la façon dont ce système d'exploitation est conçu.

On peut s'intéresser à la conception de Linux pour quatre raisons : par curiosité intellectuelle, pour comprendre comment on conçoit un système d'exploitation, pour participer au développement du noyau Linux, ou pour s'en inspirer pour développer un autre système d'exploitation. Notre but est surtout de satisfaire les deux premières motivations, mais cet ouvrage pourra également servir pour les deux autres.

L'intérêt de Linux est que les sources sont publiques et que, au-delà des grands principes, nous pourrons visualiser la mise en place des fonctionnalités du système à partir de ces sources et faire des expériences en changeant telle ou telle implémentation.

Dans ce chapitre, nous allons rappeler ce qu'est un système d'exploitation du point de vue de l'utilisateur et quelles sont les grandes parties d'un tel système. Dans les chapitres suivants, nous verrons comment mettre en place chacune de ces fonctions.

1 Les trois grandes fonctions d'un système d'exploitation

Un système d'exploitation effectue fondamentalement trois tâches indépendantes : il permet de charger les programmes les uns après les autres, il émule une machine virtuelle et il gère les ressources. Précisons chacune de ces tâches.

1.1 Chargement des programmes

Les premiers micro-ordinateurs étaient fournis sans système d'exploitation. Les tous premiers micro-ordinateurs n'avaient qu'un seul programme : un interpréteur du langage BASIC qui était contenu en mémoire ROM. Lors de l'apparition des lecteurs de cassettes puis, de façon plus fiable, des lecteurs de disquettes, cela commença à changer : si une disquette exécutable était placée dans le lecteur de disquettes, ce programme était exécuté (il fallait éventuellement ensuite remplacer cette disquette par une disquette de données), sinon l'interpréteur BASIC reprenait la main.

Avec cette façon de faire, chaque changement de programme exigeait le redémarrage du micro-ordinateur avec la disquette du programme désiré dans le lecteur de disquettes. C'était le cas en particulier de l'Apple II.

Les micro-ordinateurs furent ensuite, en option, fournis avec un système d'exploitation. Celui-ci, contenu sur disquette ou en mémoire RAM, affichait une invite à l'écran. On pouvait alors remplacer la disquette système de démarrage par une disquette contenant le programme désiré : en écrivant le nom du programme sur la ligne de commande et en appuyant sur la touche Retour, le programme était chargé et exécuté. À la fin de l'exécution de ce programme, on pouvait charger un nouveau programme, sans devoir redémarrer le système. Ceci permet, par exemple, d'écrire un texte avec un traitement de texte puis d'appeler un autre programme pour l'imprimer.

1.2 Le système d'exploitation en tant que machine virtuelle

Notion d'API

La gestion d'un système informatique donné, par exemple l'IBM-PC, se fait *a priori* en langage machine. Ceci est primaire et lourd à gérer pour la plupart des ordinateurs, en particulier en ce qui concerne les entrées-sorties. Bien peu de programmes seraient développés si chaque programmeur devait connaître le fonctionnement, par exemple, de tel ou tel disque dur et toutes les erreurs qui peuvent apparaître lors de la lecture d'un bloc. Il a donc fallu trouver un moyen de libérer les programmeurs de la complexité du matériel. Cela consiste à enrober le matériel avec une couche de logiciel qui gère l'ensemble du système. Il faut présenter au programmeur une **API** (pour l'anglais *Application Programming interface*, interface de programmation d'application), ce qui correspond à une **machine virtuelle** plus facile à comprendre et à programmer.

Cas du disque dur

Considérons par exemple la programmation des entrées-sorties des disques durs au moyen du contrôleur IDE utilisé sur l'IBM-PC.

Nous verrons au chapitre 18 que le contrôleur IDE possède 8 commandes principales qui consistent toutes à charger entre 1 et 5 octets dans ses registres. Ces commandes permettent de lire et d'écrire des données, de déplacer le bras du disque, de formater le disque ainsi que d'initialiser, de tester, de restaurer et de recalibrer le contrôleur et les disques.

Les commandes fondamentales sont la lecture et l'écriture, chacune demandant sept paramètres regroupés dans six octets. Ces paramètres spécifient les éléments tels que l'adresse du premier secteur à lire ou à écrire, le nombre de secteurs à lire ou à écrire, ou si l'on doit essayer de corriger les erreurs. À la fin de l'opération, le contrôleur retourne 14 champs d'état et d'erreur regroupés dans 7 octets.

La plupart des programmeurs ne veulent pas se soucier de la programmation des disques durs. Ils veulent une abstraction simple de haut niveau : considérer par exemple que le disque contient des fichiers nommés ; chaque fichier peut être ouvert en lecture ou en écriture ; il sera lu ou écrit, et finalement fermé. La partie *machine virtuelle* des systèmes d'exploitation soustrait le matériel au regard du programmeur et offre une vue simple et agréable de fichiers nommés qui peuvent être lus et écrits.

1.3 Le système d'exploitation en tant que gestionnaire de ressources

Les ordinateurs modernes se composent de processeurs, de mémoires, d'horloges, de disques, de moniteurs, d'interfaces réseau, d'imprimantes, et d'autres périphériques qui peuvent être utilisés par plusieurs utilisateurs en même temps. Le travail du système d'exploitation consiste à ordonner et contrôler l'allocation des processeurs, des mémoires et des périphériques entre les différents programmes qui y font appel.

Imaginez ce qui se produirait si trois programmes qui s'exécutent sur un ordinateur essayaient simultanément d'imprimer leurs résultats sur la même imprimante. Les premières lignes imprimées pourraient provenir du programme 1, les suivantes du programme 2, puis du programme 3 et ainsi de suite. Il en résulterait le désordre le plus total. Le système d'exploitation peut éviter ce chaos potentiel en transférant les résultats à imprimer dans un fichier tampon sur le disque. Lorsqu'une impression se termine, le système d'exploitation peut alors imprimer un des fichiers se trouvant dans le tampon. Simultanément, un autre programme peut continuer à générer des résultats sans se rendre compte qu'il ne les envoie pas (encore) à l'imprimante.

2 Caractéristiques d'un système d'exploitation

2.1 Systèmes multi-tâches

La plupart des systèmes d'exploitation modernes permettent l'exécution de plusieurs tâches à la fois : un ordinateur peut, pendant qu'il exécute le programme d'un utilisateur, lire les données d'un disque ou afficher des résultats sur un terminal ou une imprimante. On parle de **système d'exploitation multi-tâches** ou **multi-programmé** dans ce cas.

Processus

La notion fondamentale des systèmes d'exploitation multi-tâches est celle de *processus*. La notion de programme ne suffit pas. Rien n'empêche que le même programme soit exécuté plusieurs fois en même temps : on peut vouloir, par exemple, deux fenêtres emacs ou deux fenêtres gv pour comparer des textes.

Un processus est une instance de programme en train de s'exécuter.

Un processus est représenté par un programme (le code), mais également par ses données et par les paramètres indiquant où il en est, lui permettant ainsi de continuer s'il est interrompu (pile d'exécution, compteur ordinal...). On parle de l'**environnement** du programme.

Un processus s'appelle aussi **tâche** (*task* en anglais) dans le cas de Linux.   Linux

Temps partagé

La plupart des systèmes d'exploitation multi-tâches sont implémentés sur un ordinateur ayant un seul micro-processeur. Celui-ci, à un instant donné, n'exécute réellement qu'un seul programme, mais le système peut le faire passer d'un programme à un autre en exécutant chaque programme pendant quelques dizaines de millisecondes ; ceci donne aux utilisateurs l'impression que tous les programmes sont exécutés en même temps. On parle alors de **système à temps partagé**.

Certains qualifient de **pseudo-parallélisme** cette commutation très rapide du processeur d'un programme à un autre, pour la différencier du vrai parallélisme qui se produit au niveau du matériel lorsque le processeur travaille en même temps que certains périphériques d'entrée-sortie.

Abstraction du déroulement

Conceptuellement, chaque processus a son propre processeur virtuel. Bien sûr, le vrai processeur commute entre plusieurs processus. Mais, pour bien comprendre le système, il est préférable de penser à un ensemble de processus qui s'exécutent en (pseudo-) parallélisme plutôt qu'à l'allocation du processeur entre différents processus. Cette commutation rapide est appelée multi-programmation.

La figure 1.1 ([TAN-87], p. 56) montre quatre processus s'exécutant en même temps. La figure (b) présente une abstraction de cette situation. Les quatre programmes deviennent quatre processus indépendants disposant chacun de leur propre contrôle de flux (c'est-à-dire leur compteur ordinal). À la figure (c), on peut constater que, sur un intervalle de temps assez grand, tous les processus ont progressé, mais qu'à un instant donné, il n'y a qu'un seul processus actif.

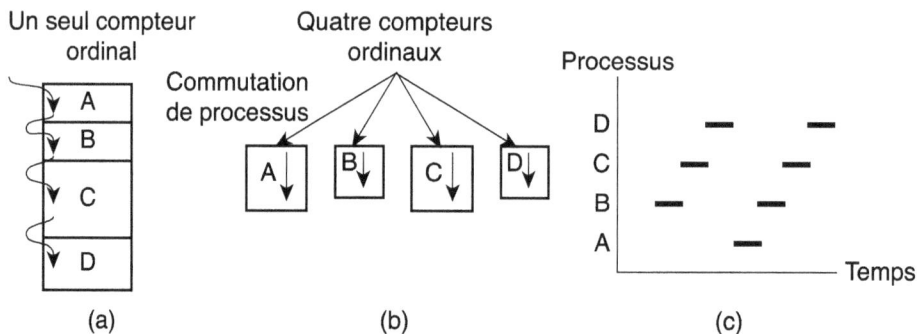

(a) Multiprogrammation de quatre programmes. (b) Modèle conceptuel de quatre processus séquentiels indépendants. Un seul programme est actif à un instant donné.

Figure 1.1 : *Processus*

Variables d'environnement

Comme nous l'avons déjà dit, la donnée du programme est insuffisante pour la détermination d'un processus. Il faut lui indiquer toute une série de variables d'environnement : les fichiers sur lesquels il opère, où en est le compteur ordinal, etc. Ces variables d'environnement sont nécessaires pour deux raisons :

· La première est que deux processus peuvent utiliser le même code (deux fenêtres emacs par exemple) mais les fichiers concernés peuvent être différents, le compteur ordinal ne pas en être au même endroit...

· La seconde est due au caractère multi-tâches, traité par pseudo-parallélisme. Périodiquement, le système d'exploitation décide d'interrompre un processus en cours afin de démarrer l'exécution d'un autre processus. Lorsqu'un processus est temporairement suspendu de cette manière, il doit pouvoir retrouver plus tard exactement l'état dans lequel il se trouvait au moment de sa suspension. Il faut donc que toutes les informations dont il a besoin soient sauvegardées quelque part pendant sa mise en attente. S'il possède, par exemple, plusieurs fichiers ouverts, les positions dans ces fichiers doivent être mémorisées.

La liste des variables d'environnement dépend du système d'exploitation en question, et même de sa version. Elle se trouve dans le descripteur du processus (en anglais *process descriptor*).

Espace mémoire d'un processus

Dans de nombreux systèmes d'exploitation, chaque processus possède son propre espace mémoire, non accessible aux autres processus. On parle de l'espace d'adressage du processus.

Incidence sur le traitement des durées

Puisque le processeur commute entre les processus, la vitesse d'exécution d'un processus ne sera pas uniforme et variera vraisemblablement si les mêmes processus sont exécutés à nouveau. Il ne faut donc pas que les processus fassent une quelconque présomption sur le facteur temps.

Considérons le cas d'un processus d'entrée-sortie qui met en marche le moteur d'un lecteur de disquettes, exécute 1 000 fois une boucle pour que la vitesse de la disquette se stabilise, puis demande la lecture du premier enregistrement. Si le processeur a aussi été alloué à un autre processus pendant l'exécution de la boucle, le processus d'entrée-sortie risque d'être réactivé trop tard, c'est-à-dire après le passage du premier enregistrement devant la tête de lecture.

Lorsqu'un processus a besoin de mesurer des durées avec précision, c'est-à-dire lorsque certains événements doivent absolument se produire au bout de quelques millisecondes, il faut prendre des mesures particulières pour s'en assurer. On utilise alors des *minuteurs*, comme nous le verrons.

Cependant, la plupart des processus ne sont pas affectés par la multi-programmation du processeur et par les différences de vitesse d'exécution qui existent entre eux.

2.2 Systèmes multi-utilisateurs

Un système multi-utilisateurs est capable d'exécuter de façon (pseudo-) concurrente et indépendante des applications appartenant à plusieurs utilisateurs.

« Concurrente » signifie que les applications peuvent être actives au même moment et se disputer l'accès à différentes ressources comme le processeur, la mémoire, les disques durs... « Indépendante » signifie que chaque application peut réaliser son travail sans se préoccuper de ce que font les applications des autres utilisateurs.

Un système multi-utilisateurs est nécessairement multi-tâches mais la réciproque est fausse : le système d'exploitation MS-DOS est mono-utilisateur et mono-tâche ; les systèmes MacOS 6.1 et Windows 3.1 sont mono-utilisateurs mais multi-tâches ; UNIX et Windows NT sont multi-utilisateurs.

Mise en place

Comme pour les systèmes multi-tâches, la multi-utilisation est émulée en attribuant des laps de temps à chaque utilisateur. Naturellement, le fait de basculer d'une application à l'autre ralentit chacune d'entre elles et affecte le temps de réponse perçu par les utilisateurs.

Mécanismes associés

Lorsqu'ils permettent la multi-utilisation, les systèmes d'exploitation doivent prévoir un certain nombre de mécanismes :

· un **mécanisme d'authentification** permettant de vérifier l'identité de l'utilisateur ;

· un **mécanisme de protection** contre les programmes utilisateur erronés, qui pourraient bloquer les autres applications en cours d'exécution sur le système, ou mal intentionnés, qui pourraient perturber ou espionner les activités des autres utilisateurs ;

· un **mécanisme de comptabilité** pour limiter le volume des ressources allouées à chaque utilisateur.

Utilisateurs

Dans un système multi-utilisateurs, chaque utilisateur possède un espace privé sur la machine : généralement, il possède un certain quota de l'espace disque pour enregistrer ses fichiers, il reçoit des courriers électroniques privés, etc. Le système d'exploitation doit assurer que la partie privée de l'espace d'un utilisateur ne puisse être visible que par son propriétaire. Il doit, en particulier, assurer qu'aucun utilisateur ne puisse utiliser une application du système dans le but de violer l'espace privé d'un autre utilisateur.

Chaque utilisateur est identifié par un numéro unique, appelé l'**identifiant de l'utilisateur**, ou UID (pour l'anglais *User IDentifier*). En général, seul un nombre limité de personnes est autorisé à utiliser un système informatique. Lorsque l'un de ces utilisateurs commence une **session de travail**, le système d'exploitation lui demande un **nom d'utilisateur** et un **mot de passe**. Si l'utilisateur ne répond pas par des informations valides, l'accès lui est refusé.

Groupe d'utilisateurs

Pour pouvoir partager de façon sélective le matériel avec d'autres, chaque utilisateur peut être membre d'un ou de plusieurs **groupes d'utilisateurs**. Un groupe est également identifié par un numéro unique dénommé **identifiant de groupe**, ou GID (pour l'anglais *Group IDentifier*). Par exemple, chaque fichier est associé à un et un seul groupe. Sous UNIX, il est possible par exemple de limiter l'accès en lecture et en écriture au seul possesseur d'un fichier, en lecture au groupe, et d'interdire tout accès aux autres utilisateurs.

Super-utilisateur

Un système d'exploitation multi-utilisateurs prévoit un utilisateur particulier appelé **super-utilisateur** ou **superviseur** (*root* en anglais). L'**administrateur** du système doit se connecter en temps que super-utilisateur pour gérer les **comptes** des utilisateurs et réaliser les tâches de maintenance telles que les sauvegardes et les mises à jour des programmes. Le super-utilisateur peut faire pratiquement n'importe quoi dans la mesure où le système d'exploitation ne lui applique jamais les mécanismes de protection, ceux-ci ne concernant que les autres utilisateurs, appelés **utilisateurs ordinaires**. Le super-utilisateur peut, en particulier, accéder à tous les fichiers du système et interférer sur l'activité de n'importe quel processus en cours d'exécution. Il ne peut pas, en revanche, accéder aux ports d'entrée-sortie qui n'ont pas été prévus par le noyau, comme nous le verrons.

3 Structure externe d'un système d'exploitation

3.1 Noyau et utilitaires

Le système d'exploitation comporte un certain nombre de routines (sous-programmes). Les plus importantes constituent le **noyau** (*kernel* en anglais). Celui-ci est chargé en mémoire vive à l'initialisation du système et contient de nombreuses procédures nécessaires au bon fonctionnement du système. Les autres routines, moins critiques, sont appelées des **utilitaires**.

Le noyau d'un système d'exploitation se compose de quatre parties principales : le gestionnaire de tâches (ou des processus), le gestionnaire de mémoire, le gestionnaire de fichiers et le gestionnaire de périphériques d'entrée-sortie. Il possède également deux parties auxiliaires : le chargeur du système d'exploitation et l'interpréteur de commandes.

3.2 Le gestionnaire de tâches

Sur un système à temps partagé, l'une des parties les plus importantes du système d'exploitation est le **gestionnaire de tâches** (en anglais *scheduler*) ou **ordonnanceur**. Sur un système à un seul processeur, il divise le temps en **laps de temps** (en anglais *slices*, tranches). Périodiquement, le gestionnaire de tâches décide d'interrompre le processus en cours et de démarrer (ou reprendre) l'exécution d'un autre, soit parce que le premier a épuisé son temps d'allocation du processus soit qu'il est **bloqué** (en attente d'une donnée d'un des périphériques).

Le contrôle de plusieurs activités parallèles est un travail difficile. C'est pourquoi les concepteurs des systèmes d'exploitation ont constamment, au fil des ans, amélioré le modèle de parallélisme pour le rendre plus simple d'emploi.

Certains systèmes d'exploitation permettent uniquement des **processus non préemptifs**, ce qui signifie que le gestionnaire des tâches n'est invoqué que lorsqu'un processus cède volontairement le processeur. Mais les processus d'un système multi-utilisateur doivent être préemptifs.

3.3 Le gestionnaire de mémoire

La mémoire est une ressource importante qui doit être gérée avec prudence. Le moindre micro-ordinateur a, dès la fin des années 1980, dix fois plus de mémoire que l'IBM 7094, l'ordinateur le plus puissant du début des années soixante. Mais la taille des programmes augmente tout aussi vite que celle des mémoires.

La gestion de la mémoire est du ressort du **gestionnaire de mémoire**. Celui-ci doit connaître les parties libres et les parties occupées de la mémoire, allouer de la mémoire aux processus qui en ont besoin, récupérer la mémoire utilisée par un processus lorsque celui-ci se termine et traiter le va-et-vient (*swapping* en anglais, ou pagination) entre le disque et la mémoire principale lorsque cette dernière ne peut pas contenir tous les processus.

3.4 Le gestionnaire de fichiers

Comme nous l'avons déjà dit, une des tâches fondamentales du système d'exploitation est de masquer les spécificités des disques et des autres périphériques d'entrée-sortie et d'offrir au programmeur un modèle agréable et facile d'emploi. Ceci se fait à travers la notion de **fichier**.

3.5 Le gestionnaire de périphériques

Le contrôle des périphériques d'entrée-sortie (E/S) de l'ordinateur est l'une des fonctions primordiales d'un système d'exploitation. Ce dernier doit envoyer les commandes aux périphériques, intercepter les interruptions, et traiter les erreurs. Il doit aussi fournir une interface simple et facile d'emploi entre les périphériques et le reste du système qui doit être, dans la mesure du possible, la même pour tous les périphériques, c'est-à-dire indépendante du périphérique utilisé. Le code des entrées-sorties représente une part importante de l'ensemble d'un système d'exploitation.

De nombreux systèmes d'exploitation offrent un niveau d'abstraction qui permet aux utilisateurs de réaliser des entrées-sorties sans entrer dans le détail du matériel. Ce niveau d'abstraction fait apparaître chaque périphérique comme un fichier spécial, qui permettent de traiter les périphériques d'entrée-sortie comme des fichiers. C'est le cas d'UNIX. Dans ce cas, on appelle fichier régulier tout fichier situé en mémoire de masse.

3.6 Le chargeur du système d'exploitation

En général, de nos jours, lorsque l'ordinateur (compatible PC ou Mac) est mis sous tension, il exécute un logiciel appelé BIOS (pour *Basic Input Output System*) placé à une adresse bien déterminée et contenu en mémoire RAM. Ce logiciel initialise les périphériques, charge un secteur d'un disque, et exécute ce qui y est placé. Lors de la conception d'un système d'exploitation, on place sur ce secteur le chargeur du système d'exploitation ou, plus exactement, le chargeur du chargeur du système d'exploitation (ou pré-chargeur) puisque le contenu d'un secteur est insuffisant pour le chargeur lui-même.

La conception du chargeur et du pré-chargeur est indispensable, même si ceux-ci ne font pas explicitement partie du système d'exploitation.

3.7 L'interpréteur de commandes

Le système d'exploitation proprement dit est le code qui permet de définir les appels système. Les programmes système tels que les éditeurs de texte, les compilateurs, les assembleurs, les éditeurs de liens et les interpréteurs de commandes ne font pas partie du système d'exploitation. Cependant l'interpréteur de commandes (*shell* en anglais) est souvent considéré comme en faisant partie.

Sous sa forme la plus rudimentaire, l'interpréteur de commandes exécute une boucle infinie qui affiche une invite (montrant par là que l'on attend quelque chose), lit le nom du programme saisi par l'utilisateur à ce moment-là et l'exécute.

4 Structure interne d'un système d'exploitation

Après avoir examiné un système d'exploitation de l'extérieur (du point de vue de l'interface présentée à l'utilisateur et au programmeur), nous allons examiner son fonctionnement interne.

4.1 Les systèmes monolithiques

Andrew TANENBAUM appelle **système monolithique** (d'un seul bloc) un système d'exploitation qui est une collection de procédures, chacune pouvant à tout moment appeler n'importe quelle autre procédure, en remarquant que c'est l'organisation (plutôt chaotique) la plus répandue.

Pour construire le code objet du système d'exploitation, il faut compiler toutes les procédures, ou les fichiers qui les contiennent, puis les réunir au moyen d'un éditeur de liens. Dans un système monolithique, il n'y a aucun masquage de l'information : chaque procédure est visible de toutes les autres, par opposition aux structures constituées de modules ou d'unités de programmes et dans lesquelles les informations sont locales aux modules et où il existe des points de passage obligés pour accéder aux modules.

MS-DOS est un exemple d'un tel système.

4.2 Systèmes à modes noyau et utilisateur

Dans beaucoup de systèmes d'exploitation, il existe deux modes : le **mode noyau** et le **mode utilisateur**. Le système d'exploitation démarre en mode noyau, ce qui permet d'initialiser les périphériques et de mettre en place les routines de service pour les appels système, et commute ensuite en mode utilisateur. En mode utilisateur, on ne peut pas avoir accès directement aux périphériques : on doit utiliser ce qu'on appelle des **appels système** pour avoir accès à ce qui a été prévu par le système : le noyau reçoit cet appel système, vérifie qu'il s'agit d'une demande valable (en particulier du point de vue des droits d'accès), l'exécute, puis renvoie au mode utilisateur. Le mode noyau ne peut être changé que par une compilation du noyau ; même le super-utilisateur agit en mode utilisateur.

UNIX et Windows (tout au moins depuis Windows 95) sont de tels systèmes. Ceci explique pourquoi on ne peut pas tout programmer sur un tel système.

Les micro-processeurs modernes aident à la mise en place de tels systèmes. C'est l'origine du *mode protégé* des micro-processeurs d'Intel depuis le `80286` : il existe plusieurs niveaux de privilèges avec une vérification matérielle, et non plus seulement logicielle, des règles de passage d'un niveau à l'autre.

Aide

4.3 Systèmes à couches

Les systèmes précédents peuvent être considérés comme des systèmes à deux couches et être généralisés en systèmes à plusieurs couches : chaque couche s'appuie sur celle qui lui est immédiatement inférieure.

Le premier système à utiliser cette technique a été le système THE développé au Technische Hogeschool d'Eindhoven (d'où son nom) aux Pays-Bas par DISKSTRA (1968) et ses élèves. Le système d'exploitation MULTICS, à l'origine d'UNIX, était aussi un système à couches.

Le système d'exploitation MINIX de TANENBAUM, schématisé sur la figure 1.2 ([TAN-87], p.100), qui inspira Linux, est un système à quatre couches :

· La couche 1, la plus basse, traite les interruptions et les déroutements (*traps* en anglais) et fournit aux couches du dessus un modèle constitué de processus séquentiels indépendants qui

Couches						
4	Processus Init	Processus utilisateur	Processus utilisateur	Processus utilisateur	...	Processus des utilisateurs
3	Gestionnaire de la mémoire			Système de fichiers		Processus des serveurs
2	Tâche disque	Tâche de la console tty	Tâche horloge	Tâche système	...	Tâches d'E/S
1	Gestion des processus					

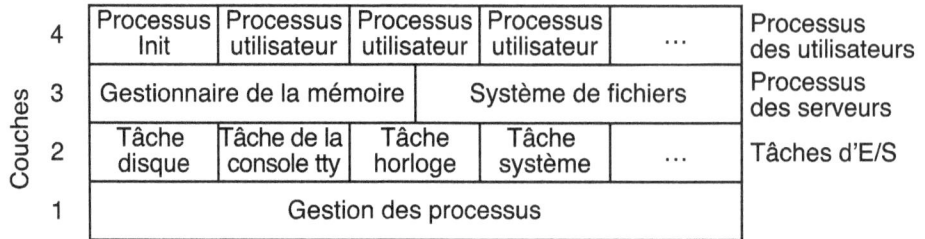

MINIX est structuré en quatre couches.

Figure 1.2 : MINIX

communiquent au moyen de messages. Le code de cette couche a deux fonctions majeures : la première est le traitement des interruptions et des déroutements ; la deuxième est liée au mécanisme des messages. La partie de cette couche qui traite des interruptions est écrite en langage d'assemblage ; les autres fonctions de la couche, ainsi que les couches supérieures, sont écrites en langage C.

· La couche 2 contient les pilotes de périphériques (*device drivers* en anglais), un par type de périphérique (disque, horloge, terminal...). Elle contient de plus une tâche particulière, la tâche système.

Toutes les tâches de la couche 2 et tout le code de la couche 1 ne forment qu'un seul programme binaire, appelé le noyau (*kernel* en anglais). Les tâches de la couche 2 sont totalement indépendantes bien qu'elles fassent partie d'un même programme objet : elles sont sélectionnées indépendamment les unes des autres et communiquent par envoi de messages. Elles sont regroupées en un seul code binaire pour faciliter l'intégration de MINIX à des machines à deux modes.

· La couche 3 renferme deux gestionnaires qui fournissent des services aux processus des utilisateurs. Le gestionnaire de mémoire (MM pour l'anglais *Memory Manager*) traite tous les appels système de MINIX, tels que **fork()**, **exec()** et **brk()**, qui concernent la gestion de la mémoire. Le système de fichiers (FS pour l'anglais *File System*) se charge des appels système du système de fichiers, tels que **read()**, **mount()** et **chdir()**.

· La couche 4 contient enfin tous les processus des utilisateurs : interpréteurs de commandes, éditeurs de texte, compilateurs, et programmes écrits par les utilisateurs.

Linux s'inspirera de cette division en couches, bien qu'on n'y trouve officiellement que deux couches : le mode noyau et le mode utilisateur.

4.4 Systèmes à micro-noyau

Les systèmes d'exploitation à base de micro-noyau ne possèdent que quelques fonctions, en général quelques primitives de synchronisation, un gestionnaire des tâches simple, et un mécanisme de communication entre processus. Des processus système s'exécutent au-dessus du micro-noyau pour implémenter les autres fonctions d'un système d'exploitation, comme l'allocation mémoire, les gestionnaires de périphériques, les gestionnaires d'appels système, etc.

Le système d'exploitation *Amoeba* de TANENBAUM fut l'un des premiers systèmes à micronoyau.

Ce type de systèmes d'exploitation promettait beaucoup ; malheureusement ils se sont révélés plus lents que les systèmes monolithiques, du fait du coût des passages de messages entre les différentes couches du système d'exploitation.

Pourtant, les micro-noyaux présentent des avantages théoriques sur les systèmes monolithiques. Ils nécessitent par exemple de la part de leurs concepteurs une approche modulaire, dans la mesure où chaque couche du système est un programme relativement indépendant qui doit interagir avec les autres couches *via* une interface logicielle propre et bien établie. De plus, un système à base de micro-noyau peut être porté assez aisément sur d'autres architectures dans la mesure où toutes les composantes dépendantes du matériel sont en général localisées dans le code du micro-noyau. Enfin, les systèmes à base de micro-noyau ont tendance à mieux utiliser la mémoire vive que les systèmes monolithiques.

4.5 Systèmes à modules

Un **module** est un fichier objet dont le code peut être lié au noyau (et en être supprimé) en cours d'exécution. Ce code objet est en général constitué d'un ensemble de fonctions qui implémente un système de fichiers, un pilote de périphérique, ou tout autre fonctionnalité de haut niveau d'un système d'exploitation. Le module, contrairement aux couches externes d'un système à base de micro-noyau, ne s'exécute pas dans un processus spécifique. Il est au contraire exécuté en mode noyau au nom du processus courant, comme toute fonction liée statiquement dans le noyau.

La notion de module représente une fonctionnalité du noyau qui offre bon nombre des avan- Intérêt
tages théoriques d'un micro-noyau sans pénaliser les performances. Parmi les avantages des modules, citons :

- Une *approche modulaire* : puisque chaque module peut être lié et délié en cours d'exécution du système, les programmeurs ont dû introduire des interfaces logicielles très claires permettant d'accéder aux structures de données gérées par les modules. Cela rend le développement de nouveaux modules plus simple.

- *Indépendance vis-à-vis de la plateforme* : même s'il doit se baser sur des caractéristiques bien définies du matériel, un module ne dépend pas d'une plateforme particulière. Ainsi, un pilote de disque basé sur le standard SCSI fonctionne aussi bien sur un ordinateur compatible IBM que sur un Alpha.

- *Utilisation économique de la mémoire* : un module peut être inséré dans le noyau lorsque les fonctionnalités qu'il apporte sont requises et en être supprimé lorsqu'elles ne le sont plus. De plus, ce mécanisme peut être rendu transparent à l'utilisateur puisqu'il peut être réalisé automatiquement par le noyau.

- *Aucune perte de performances* : une fois inséré dans le noyau, le code d'un module est équivalent au code lié statiquement au noyau. De ce fait, aucun passage de message n'est nécessaire lorsque les fonctions du module sont invoquées. Bien entendu, une petite perte de performance est causée par le chargement et la suppression des modules. Cependant, cette perte est comparable à celle dont sont responsables la création et la destruction du processus d'un système à base de micro-noyau.

5 Mise en œuvre

5.1 Les appels système

L'interface entre le système d'exploitation et les programmes de l'utilisateur est constituée d'un ensemble d'«instructions étendues» fournies par le système d'exploitation, qualifiées d'appels système.

Les appels système créent, détruisent et utilisent divers objets logiciels gérés par le système d'exploitation, dont les plus importants sont les *processus* et les *fichiers*.

5.2 Les signaux

Les processus s'exécutant indépendamment les uns des autres, il s'agit de pseudo-parallélisme. Il faut cependant quelquefois fournir de l'information à un processus. Comment le système d'exploitation procède-t-il ? On a imaginé une méthode analogue à celle des interruptions logicielles pour les micro-processeurs, appelée signal.

Considérons, par exemple, le cas de l'envoi d'un message. Pour empêcher la perte des messages, on convient que le récepteur envoie lui-même un acquittement dès qu'il reçoit une partie du message (d'une taille déterminée) ; on envoie à nouveau cette partie si l'acquittement ne parvient pas dans un temps déterminé. Pour mettre en place un tel envoi, on utilisera un processus : il envoie une partie du message, demande à son système d'exploitation de l'avertir lorsqu'un certain temps est écoulé, il vérifie alors qu'il a reçu l'acquittement du message et sinon l'envoie à nouveau.

Lorsque le système d'exploitation envoie un signal à un processus, ce signal provoque la suspension temporaire du travail en cours, la sauvegarde des registres dans la pile et l'exécution d'une procédure particulière de traitement du signal reçu. À la fin de la procédure de traitement du signal, le processus est redémarré dans l'état où il se trouvait juste avant la réception du signal.

Conclusion

Nous venons de rappeler les trois fonctions principales d'un système d'exploitation, ses caractéristiques, sa structure externe, sa structure interne, et la façon de le mettre en œuvre. Les trois notions essentielles y sont les processus, les fichiers, et les appels système. C'est à celles-ci qu'on doit s'attacher pour bien comprendre la suite. Nous allons aborder dans le chapitre suivant la façon dont le micro-processeur communique avec l'extérieur et ses incidences sur les systèmes d'exploitation, avant d'aborder le système Linux à proprement parler.

Chapitre 2

Principe de traitement des entrées-sorties

Nous allons présenter dans ce chapitre le principe des entrées-sorties à la fois du point de vue matériel et du point de vue logiciel, ce dernier aspect nous intéressant plus particulièrement.

1 Principe du matériel d'entrée-sortie

On peut considérer le matériel qui permet les entrées-sorties de diverses manières. Les ingénieurs en électricité y voient des circuits intégrés, des circuits électriques, des moteurs et des composants physiques. Les programmeurs sont plus sensibles à l'interface que le matériel offre à leurs programmes : les commandes qu'il accepte, les fonctions qu'il exécute, et les erreurs qu'il signale. On s'attache, lorsqu'on s'occupe de la conception d'un système d'exploitation, à la programmation du matériel et non à sa conception, construction, ou entretien. Nous examinerons donc la programmation du matériel et non son fonctionnement interne. Néanmoins, ces deux aspects sont souvent intimement liés. C'est pourquoi nous présentons dans le paragraphe suivant quelques aspects du matériel concernant les entrées-sorties qui influent directement sur sa programmation.

1.1 Les périphériques d'entrée-sortie

Les périphériques d'entrée-sortie se répartissent, du point de vue matériel, en deux grandes catégories : les *périphériques bloc* et les *périphériques caractère* :

Périphérique bloc. Un **périphérique bloc** mémorise les informations dans des blocs de taille fixe, chaque bloc ayant une *adresse* propre. La propriété fondamentale de ces périphériques est qu'ils permettent de lire ou d'écrire un bloc indépendamment de tous les autres. Les disques sont des périphériques bloc.

La frontière entre les périphériques bloc et les autres n'est pas toujours bien définie. Tout le monde s'accorde à dire qu'un disque est un périphérique bloc car on peut toujours accéder à un autre cylindre et atteindre le bloc requis quelle que soit la position initiale du bras. Considérons à présent une bande magnétique qui contient des blocs de 1 Ko. Si l'on souhaite lire le bloc N, le dérouleur peut rembobiner la bande et se positionner sur ce bloc N. Cette opération est analogue à une recherche sur un disque mais le temps mis est beaucoup plus long. De plus, on ne peut pas toujours réécrire un bloc au milieu d'une bande. Les bandes magnétiques peuvent donc être utilisées comme des périphériques bloc, mais c'est un cas extrême : elles ne sont normalement pas utilisées de cette manière.

Périphérique caractère. Le deuxième type de périphérique d'entrée-sortie, du point de vue matériel, est le périphérique caractère. Un tel périphérique accepte un flot de caractères sans se soucier d'une quelconque structure en blocs. On ne peut pas y accéder grâce à un index et il ne possède pas de fonction de recherche. Les terminaux, les imprimantes, les bandes de papier, les cartes perforées, les interfaces réseau, les souris et la plupart des périphériques qui ne se comportent pas comme des disques peuvent être considérés comme des périphériques caractère.

Cette classification n'est pas parfaite. Quelques périphériques n'appartiennent à aucune de ces deux catégories. Les horloges ne possèdent pas de blocs et n'acceptent pas non plus de flux de caractères. Elles ne font que générer des interruptions à intervalles réguliers. Le modèle des périphériques bloc et caractère est quand même assez général et peut servir de base pour rendre une partie du logiciel de traitement des interruptions indépendante des périphériques.

1.2 Les contrôleurs de périphériques

Notion de contrôleur

Les unités d'entrée-sortie sont constituées de composants mécaniques et de composants électroniques. On peut souvent dissocier ces deux types de composants pour avoir une vue plus modulaire et plus générale. Les composants électroniques sont appelés contrôleurs de périphériques ou adaptateurs.

Cette distinction entre le contrôleur et le périphérique proprement dit est importante pour le système d'exploitation car celui-ci communique pratiquement toujours avec le contrôleur, et non avec le périphérique.

Un contrôleur pour plusieurs périphériques

La carte d'un contrôleur possède en général un connecteur qui permet de la relier à la partie mécanique du périphérique. De nombreux contrôleurs acceptent deux, quatre ou huit périphériques identiques. Si l'interface entre le contrôleur et le périphérique est normalisée (interface ANSI, IEEE ou ISO) ou largement répandue (standard de fait), les fabricants de contrôleurs et de périphériques peuvent s'y conformer. De nombreuses firmes fabriquent, par exemple, des disques qui acceptent le contrôleur de disques d'IBM.

Interface entre contrôleur et périphérique

L'interface entre le contrôleur et le périphérique est souvent de très bas niveau.

Un disque dur peut, par exemple, être formaté en pistes de 8 secteurs de 512 octets. Un secteur est, physiquement, une série de bits constitués d'un préambule, de 4096 bits de données et d'octets constituant un code correcteur d'erreur (en anglais *error-correcting code* ou ECC). Le préambule est écrit lors du formatage du disque et contient les numéros de cylindre et de secteur, la taille des secteurs et d'autres données de ce type. Le travail du contrôleur est de regrouper ce flot de bits en série dans un bloc d'octets en corrigeant les erreurs si nécessaire. Le bloc d'octets est constitué, bit après bit, dans un tampon du contrôleur. Puis, si aucune erreur n'est détectée, et après vérification du code correcteur d'erreur, il est copié en mémoire vive.

Interface entre contrôleur et micro-processeur

Chaque contrôleur communique avec le processeur par l'intermédiaire de quelques cellules mémoire situées sur le contrôleur, appelées registres du contrôleur.

Le micro-processeur accède à ces registres de l'une des deux façons suivantes :

· Sur certains processeurs, les registres des contrôleurs sont accessibles *via* l'espace mémoire adressable. Cette configuration est appelée entrées-sorties *mappées* en mémoire. Le micro-processeur 680x0, par exemple, utilise cette méthode.

· D'autres processeurs utilisent un espace mémoire particulier pour les entrées-sorties et allouent à chaque contrôleur une partie de cet espace. On parle d'entrée-sortie par port. C'est le cas du micro-processeur 80x86.

L'affectation des adresses d'entrée-sortie aux périphériques, qu'il s'agisse d'adresses de la mémoire vive ou de ports, s'effectue matériellement lors du câblage.

Programmation des contrôleurs

Nous avons déjà vu que, par exemple, le contrôleur des disques durs IDE accepte un certain nombre de commandes et que de nombreuses commandes ont des paramètres. De façon générale, le pilotage s'effectue en trois phases :

Passage des commandes. On passe les commandes et les paramètres au contrôleur *via* les registres du contrôleur.

Exécution. Dès qu'une commande est acceptée, le micro-processeur peut effectuer un autre travail, le contrôleur s'acquittant seul de la commande.

Phase des résultats. Lorsque la commande est exécutée, le contrôleur envoie une interruption matérielle pour permettre au système d'exploitation de réquisitionner le micro-processeur afin de tester les résultats de l'opération. Le micro-processeur obtient ces résultats ainsi que l'état du périphérique en lisant un ou plusieurs octets *via* les registres du contrôleur.

1.3 Transferts synchrones et asynchrones

La distinction entre les *transferts synchrones* (bloquants) et les *transferts asynchrones* (gérés par interruption) est importante :

Transfert asynchrone. La plupart des entrées-sorties physiques sont asynchrones : le processus démarre une tâche et effectue un autre travail en attendant l'arrivée d'une interruption matérielle.

Transfert synchrone. Cependant, les programmes des utilisateurs sont bien plus simples à écrire si les opérations d'entrée-sortie sont bloquantes : le programme est automatiquement suspendu après une opération de lecture jusqu'à ce que les données arrivent dans le tampon.

Le système d'exploitation doit quelquefois donner aux programmes des utilisateurs l'impression que les opérations (qui sont en fait gérées par interruption) sont bloquantes.

1.4 Périphériques partagés et dédiés

On peut distinguer deux types de périphériques suivant qu'ils peuvent être utilisés par plusieurs utilisateurs simultanément ou non :

Périphérique partagé. De nombreux périphériques, comme les disques, peuvent être utilisés simultanément par plusieurs utilisateurs. Plusieurs fichiers appartenant à des utilisateurs différents peuvent, par exemple, être ouverts sur un disque au même moment. On parle alors de **périphériques partagés**.

Périphérique dédié. D'autres périphériques, comme les imprimantes, ne peuvent être utilisés que par un seul utilisateur jusqu'à ce qu'il termine son travail. Cinq utilisateurs ne peuvent pas imprimer leurs fichiers en même temps. On parle alors de **périphériques dédiés**.

Les périphériques dédiés conduisent à de nombreux problèmes comme les *interblocages*. Le système d'exploitation doit prendre en compte la nature des périphériques, dédiée ou partagée, pour éviter les conflits.

2 Principe des logiciels d'entrée-sortie

Regardons la structure des logiciels concernant les entrées-sorties. Leurs objectifs principaux sont faciles à cerner. L'idée directrice est de décomposer ces logiciels en une série de couches, les plus basses se chargeant de masquer les particularités du matériel aux yeux des couches les plus élevées. Ces dernières offrent aux utilisateurs une interface agréable, bien définie et facile d'emploi. Présentons ces objectifs et la manière de les atteindre.

2.1 Objectifs des logiciels des entrées-sorties

Les objectifs des logiciels concernant les entrées-sorties sont l'indépendance vis-à-vis du matériel, l'uniformisation des noms et la gestion des erreurs :

Indépendance vis-à-vis du matériel. Un point clé de la philosophie de la conception des logiciels concernant les entrées-sorties est l'**indépendance vis-à-vis du matériel**. L'utilisateur doit pouvoir écrire des programmes qui s'exécutent sans aucune modification, que ses fichiers se trouvent sur une disquette ou sur un disque dur. Il faudrait même pouvoir déplacer les programmes sans avoir à les recompiler. Un commande comme :

```
# sort < entree > sortie
```

doit pouvoir être exécutée correctement, indépendamment des entrées-sorties qui peuvent se faire sur une disquette, un disque dur, ou même un terminal. C'est au système d'exploitation de résoudre les problèmes engendrés par les différences qui existent entre ces périphériques, chacun nécessitant un pilote spécifique.

Uniformisation des noms. L'objectif d'**uniformisation des noms** est en relation étroite avec celui d'indépendance vis-à-vis du matériel. Le nom d'un fichier ou d'un périphérique doit être une chaîne de caractères ou un entier qui ne dépend absolument pas du périphérique. Sous UNIX, tous les disques peuvent être montés à n'importe quel niveau de la hiérarchie du système de fichiers. L'utilisateur n'a pas à se soucier de la correspondance entre les noms et les périphériques. Par exemple, un lecteur de disquettes peut être monté sur */usr/ast/sauvegarde* de sorte que la copie d'un fichier dans */usr/ast/ sauvegarde/lundi* copie le fichier sur la disquette. Tous les fichiers et les périphériques sont ainsi désignés de la même manière : par un *chemin d'accès*.

Gestion des erreurs. La gestion des erreurs est une autre caractéristique importante du logiciel des entrées-sorties. D'une manière générale, ces erreurs doivent être traitées à un niveau aussi proche que possible du matériel. Un contrôleur qui constate une erreur au cours d'une lecture doit essayer de la corriger par lui-même. S'il ne peut pas le faire, le pilote du périphérique doit essayer de la corriger à son tour, ne serait-ce tout simplement qu'en demandant la relecture du bloc : de nombreuses erreurs sont passagères, comme les erreurs de lecture provoquées par de la poussière qui s'est déposée sur la tête de lecture ; elles disparaîtront à la tentative suivante. Les couches élevées ne doivent être prévenues que si les plus basses n'arrivent pas à résoudre le problème. La plupart du temps, la correction des erreurs peut être traitée de manière transparente par les couches basses.

2.2 Les pilotes de périphériques

Le code qui dépend des périphériques est reporté dans ce qu'on appelle les **pilotes de périphériques** (*device drivers* en anglais). Chaque pilote de périphérique traite un type de périphériques ou des périphériques très proches.

On a, par exemple, un seul pilote de périphérique pour tous les disques durs IDE. Il serait, par ailleurs, souhaitable de n'avoir qu'un seul pilote pour tous les terminaux connectés au système. Malheureusement, un terminal élémentaire et un terminal graphique intelligent doté d'une souris diffèrent trop et ne peuvent pas avoir un seul et même pilote.

Nous avons vu plus haut que chaque contrôleur possède un ou plusieurs registres de commandes. Les pilotes de périphériques envoient ces commandes et vérifient leur bon acheminement. Le pilote de disque, par exemple, doit être la seule partie du système d'exploitation qui connaisse les registres d'un contrôleur de disque donné et leur utilisation. Il est le seul à connaître les secteurs, les pistes, les cylindres, les têtes, le déplacement du bras, le facteur d'entrelacement, les moteurs, le temps de positionnement des têtes et tous les autres mécanismes qui permettent le bon fonctionnement du disque. D'une manière générale, un pilote de périphériques doit traiter les requêtes de plus haut niveau qui émanent du logiciel (indépendant du matériel) situé au-dessus de lui.

2.3 Logiciel d'entrée-sortie indépendant du matériel

Une petite partie seulement du logiciel des entrées-sorties dépend du matériel. La frontière exacte entre les pilotes de périphériques et le logiciel indépendant du matériel varie en fonction du système utilisé. En effet, certaines fonctions qui pourraient être implémentées de manière indépendante du matériel sont parfois réalisées dans les pilotes pour une question d'efficacité. Les fonctions présentées ci-dessous devraient être réalisées par la partie du logiciel qui ne dépend pas du matériel :

· adressage des périphériques par leurs noms ;

· protection des périphériques ;

· tailles de bloc indépendante du périphérique ;

· fourniture de tampons ;

- allocation de l'espace de sauvegarde pour les périphériques bloc ;
- allocation et libération des périphériques dédiés ;
- signalisation des erreurs.

La fonction principale du logiciel indépendant du matériel est d'effectuer les fonctions d'entrée-sortie communes à tous les périphériques et de fournir une interface uniforme au logiciel des utilisateurs :

Désignation. La désignation des objets tels que les fichiers et les périphériques d'entrée-sortie est un point important dans un système d'exploitation. Le logiciel indépendant du matériel crée un lien entre les noms symboliques des périphériques et les périphériques eux-mêmes. Le nom d'un périphérique Unix, comme */dev/tty0*, désigne d'une manière unique le nœud d'information d'un fichier spécial. Ce nœud d'information contient le *numéro de périphérique majeur* qui permet de localiser le pilote de périphérique correspondant. Il contient aussi le *numéro de périphérique mineur* qui est passé en paramètre au pilote de périphérique pour spécifier l'unité où il faut lire et écrire.

Protection. La protection dépend étroitement de la manière dont les objets sont nommés. Comment le système empêche-t-il les utilisateurs d'accéder à des périphériques pour lesquels ils n'ont pas d'autorisation d'accès ? Dans un système tel que MS-DOS, il n'y a aucune protection. Chaque processus peut faire ce que bon lui semble. Dans les systèmes d'exploitation pour gros ordinateurs, l'accès direct aux périphériques d'entrée-sortie est strictement interdit aux processus des utilisateurs. Unix adopte une approche moins rigide : les fichiers spéciaux des périphériques des entrées-sorties sont protégés par les bits rwx habituels ; l'administrateur du système peut alors établir les protections particulières à chaque périphérique.

Taille de bloc. La taille des secteurs peut varier d'un disque à un autre. Le logiciel indépendant du matériel doit masquer ces différences et fournir aux couches supérieures une taille de bloc unique en traitant, par exemple, plusieurs secteurs comme un seul bloc logique. De cette façon, les couches supérieures ne voient que des périphériques abstraits qui ont tous la même taille de bloc logique, indépendante de la taille des secteurs du disque. De même, la taille des données fournies par certains périphériques caractère est d'un octet (par exemple les lecteurs de bandes), alors qu'elle est supérieure pour d'autres périphériques (par exemple les lecteurs de cartes). Ces différences doivent aussi être masquées.

Tampons. L'utilisation de tampons pour les périphériques bloc et caractère est un autre point important. Le matériel, dans le cas des périphériques bloc, impose la lecture ou l'écriture de blocs entiers, alors que les processus des utilisateurs peuvent lire ou écrire un nombre quelconque d'octets. Si le processus d'un utilisateur écrit la moitié d'un bloc, le système d'exploitation mémorise les données jusqu'à ce que le reste du bloc soit écrit, puis il transfère tout le bloc sur le disque. Les périphériques caractère doivent aussi avoir des tampons, car les utilisateurs peuvent envoyer des données au système plus vite qu'il ne peut les traiter. Par exemple, les caractères entrés au clavier peuvent être tapés plus tôt que prévu et doivent de ce fait être placés dans un tampon.

Espace de sauvegarde. Il faut allouer aux nouveaux fichiers des blocs sur le disque. Le système a donc besoin d'une liste des blocs libres de chaque disque. L'algorithme de recherche d'un bloc libre est indépendant du périphérique et peut être implanté dans une couche au-dessus du pilote.

Allocation et libération des périphériques. Quelques périphériques ne peuvent être utilisés que par un seul processus à la fois : c'est le cas des dérouleurs de bandes magnétiques. Le système d'exploitation doit donc examiner les requêtes qui concernent ces périphériques avant de les accepter (ou de les mettre en attente si le périphérique demandé n'est pas disponible). Pour effectuer ce contrôle, on peut obliger les processus à effectuer une demande d'ouverture sur les fichiers spéciaux des périphériques. Si le périphérique demandé n'est pas libre, cet appel système échoue. La fermeture d'un fichier spécial libère le périphérique correspondant.

Traitement des erreurs. Le traitement des erreurs est pratiquement entièrement reporté dans les pilotes. La plupart des erreurs dépendent étroitement du périphérique utilisé et, de ce fait, seul le pilote sait les traiter (soit en effectuant une nouvelle tentative, soit en les ignorant, soit en signalant une erreur). S'il se produit, par exemple, une erreur lors de la lecture d'un bloc endommagé, le pilote essaie de lire ce bloc un certain nombre de fois. S'il n'y arrive pas, il abandonne et signale l'erreur au logiciel indépendant du matériel. Si l'erreur apparaît au cours de la lecture du fichier d'un utilisateur, il suffit de le signaler à l'appelant. Si, en revanche, elle se produit pendant la lecture de données critiques pour le système, telles que la liste des blocs libres du disque, le système d'exploitation est contraint d'afficher un message d'erreur et de s'arrêter.

2.4 Logiciels d'entrée-sortie faisant partie de l'espace de l'utilisateur

Bien que la majeure partie du logiciel des entrées-sorties fasse partie du système d'exploitation, une faible partie se déroule au niveau des utilisateurs :

Appel système et fonction de bibliothèque. Les appels système, et notamment ceux relatifs aux entrées-sorties, sont habituellement effectués par des procédures de bibliothèque. Par exemple si un programme C contient l'instruction :

```
octets_lus = write(descripteur_fich, tampon, nombre_octets);
```

la procédure de bibliothèque **write()** ne fait que placer les paramètres de l'appel système à certaines adresses. D'autres procédures effectuent un travail plus complet. En particulier, le formatage des données en entrée et en sortie est effectué par des procédures de bibliothèque. Par exemple **printf()**, en langage C, prend en paramètre une chaîne de format et quelques variables, construit une chaîne de caractères ASCII et appelle **write()** pour afficher cette chaîne.

Démons. Tout le logiciel des entrées-sorties au niveau des utilisateurs n'est pas constitué de procédures de bibliothèque. Le système de spoule (en anglais *spool*), par exemple, n'en fait pas partie. Le spoule permet de traiter les périphériques d'entrée-sortie dédiés dans un système multi-programmé. Considérons un périphérique type qui utilise le spoule : l'imprimante. Lorsqu'un processus effectue une opération d'ouverture sur le fichier spécial de l'imprimante, il peut ne rien imprimer pendant des heures. Il bloque ainsi tous les autres processus, qui ne peuvent plus imprimer.

On crée donc un processus particulier, appelé démon (en anglais *daemon*), et un répertoire spécial, le répertoire de spoule. Pour imprimer un fichier, un processus doit d'abord créer le fichier à imprimer, puis le placer dans le répertoire de spoule. Le démon, qui est le seul processus autorisé à accéder au fichier spécial de l'imprimante, imprime les fichiers de ce répertoire. On empêche ainsi les utilisateurs de monopoliser l'imprimante en gardant son fichier spécial ouvert trop longtemps.

Le spoule n'est pas utilisé que pour l'imprimante. Le transfert de fichiers sur un réseau utilise souvent un démon de réseau. Pour envoyer un fichier, il faut commencer par le mettre dans le répertoire de spoule du réseau. Le démon le cherche dans ce répertoire et le transmet plus tard.

Conclusion

D'un point de vue matériel, le micro-processeur, pièce essentielle d'un ordinateur, communique avec l'extérieur grâce à un grand nombre d'autres puces électroniques, qui lui sont reliées sur la carte mère ou sur les cartes adaptatrices. Les systèmes d'exploitation modélisent les enchevêtrements de ces nombreuses cartes sous la forme de « périphériques ». Ils répartissent ces derniers en deux types : caractère et bloc. Il faut concevoir des pilotes de périphériques pour chacun d'entre eux. Nous en verrons deux exemples détaillés au chapitre 18, consacré au disque dur, et au chapitre 23, consacré au clavier. Avant cela, il faut étudier la manière dont le système d'exploitation gère un certain nombre d'actions internes, non visibles directement à l'extérieur.

Le système Linux étudié

La plupart des articles et des livres consacrés au noyau Linux prennent toujours en exemple la dernière version disponible au moment où ils sont écrits, qui n'est déjà plus la dernière version au moment où ils paraissent. De plus, comme le source est alors d'une taille très importante, une seule partie de celui-ci est étudiée. Je ne pense pas que ce soit une bonne idée. Si nous voulons vraiment comprendre la structure d'un système d'exploitation, nous avons intérêt à considérer le système le plus simple possible et à l'étudier en entier. C'est pourquoi j'ai choisi la toute première version du noyau Linux : le noyau 0.01. Je donnerai cependant quelques indications sur l'évolution du noyau, mais ce n'est pas le but essentiel.

1 Le système Linux à étudier

1.1 Noyau et distribution

Le système d'exploitation Linux est un gros logiciel et, comme tel, difficile à appréhender par une seule personne. Mais, en fait, il faut distinguer plusieurs niveaux.

Ce que l'on entend par Linux, le plus souvent, concerne une **distribution**, telle que Red Hat, Suse, Mandrake, Debian... Une distribution comprend le système d'exploitation proprement dit, plus exactement le noyau, les utilitaires traditionnellement associés à UNIX (un éditeur de texte, un compilateur C...), l'interface graphique X Window System[1] et beaucoup de logiciels utilisateur.

Notre but, dans ce livre, est uniquement d'étudier le noyau Linux.

1.2 Noyau minimal

Même pour le seul noyau, les sources ont une taille non négligeable : 58 Mo pour la version 2.2.18, par exemple. Ceci s'explique, en particulier, par le grand nombre de périphériques pris en compte. Il est évidemment inutile de s'occuper de tous les périphériques et de tous les types de tels périphériques du point de vue pédagogique. Nous étudierons donc un noyau minimal, ne mettant pas nécessairement toutes les activités en application et ne contenant que quelques périphériques à titre d'exemple.

Le noyau Linux 0.01 est intéressant du point de vue pédagogique. Il ne concerne que le microprocesseur Intel 80386 (et ses successeurs), il ne prend en compte qu'un nombre très limité de

---

[1]On utilise souvent, à tort, le terme *X Window*. Le consortium X, auteur du programme, recommande plutôt d'employer les termes « X » ou « X Window System » pour évoquer ce produit.

périphériques, qu'un seul système de fichiers et qu'un seul type d'exécutables, mais ces défauts pour l'utilisateur deviennent un avantage lorsqu'on veut étudier les sources en entier.

1.3 Obtention des sources

L'ensemble des sources des noyaux de Linux, depuis le tout premier jusqu'au dernier, se trouve sur le site : `http://ftp.cdut.edu.cn/pub/linux/kernel/history/`

Nous étudierons, dans une première étape, les sources du tout premier noyau, nettement moins imposant et contenant évidemment l'essentiel. Les sources du noyau 0.01 se trouvent également à l'adresse suivante : `http://www.kernel.org/pub/linux/kernel/Historic/`

1.4 Programmation Linux

L'obtention du noyau Linux et la compréhension des fichiers source nous entraînent à faire un détour par la programmation sous Linux.

A priori, nous ne devrions rien à avoir à dire sur la programmation. Que ce soit Linux ou un autre système d'exploitation, nous devrions avoir des sources portables. En fait, ce n'est pas le cas pour des raisons historiques dues à certains choix initiaux de Linus TORVALDS, jamais remis en cause ensuite.

Les sources reposent sur des fichiers `make` (un outil pour gérer les grands logiciels répartis sur de nombreux fichiers), sur des fichiers en langage C non standard (il s'agit du langage C de GCC avec quelques utilisations de particularités de ce compilateur), sur des fichiers en langage d'assemblage, pour Intel 80386 pour ce qui nous concerne et, enfin, sur des scripts *bash* modifiés. La syntaxe du langage d'assemblage ne suit pas celle de l'assembleur MASM de Microsoft (qui fut longtemps la référence) mais celle de `gas` dans un style dit ATT.

1.5 Versions du noyau Linux

Linux distingue les noyaux stables des noyaux en développement avec un système de numérotation simple. Chaque version est caractérisée par trois nombres entiers séparés par des points. Les deux premiers identifient la version, le troisième la parution (*release* en anglais).

Un second numéro pair identifie un noyau stable ; impair, il dénote un noyau de développement. Les nouvelles parutions d'une version stable visent essentiellement à corriger des erreurs signalées par les utilisateurs ; les algorithmes principaux et les structures de données du noyau ne sont pas modifiés.

Les versions de développement, en revanche, peuvent différer les unes des autres de façon importante. Les développeurs du noyau sont libres d'expérimenter différentes solutions qui peuvent éventuellement conduire à des changements drastiques du noyau.

La notation de la version 0.01 ne suit pas le principe de la numérotation décrit ci-dessus avec trois nombres entiers séparés par des points. Linus TORVALDS voulant seulement indiquer que nous sommes très loin d'une version stable, qui porterait le numéro 1.0, il a choisi le numéro 0.01 pour laisser de la place pour encore d'autres versions intermédiaires.

2 Les sources du noyau 0.01

2.1 Vue d'ensemble sur l'arborescence

Les sources du noyau 0.01 occupent 230 Ko, comportent 11 dossiers et 88 fichiers.

Le premier niveau de l'arborescence du source est simple :

```
/boot
/fs
/include
/init
/kernel
/lib
/mm
/tools
```

Elle s'inspire de l'arborescence du source de Minix ([TAN-87], p. 104). Nous avons vu que les systèmes d'exploitation se composent de quatre parties principales : le gestionnaire des processus, le gestionnaire de la mémoire, le gestionnaire des fichiers et le gestionnaire des périphériques d'entrée-sortie. Le répertoire *kernel* correspond aux couches 1 et 2 de Minix (processus et périphériques d'entrée-sortie). Les procédures des bibliothèques standard C utilisées par le noyau (**open()**, **read()**,...) se trouvent dans le répertoire *lib* (pour *LIBrary*). Les répertoires *mm* (pour *Memory Management*) et *fs* (pour *File System*) comportent le code du gestionnaire de mémoire et du gestionnaire de fichiers.

Le répertoire *include* contient les fichiers d'en-têtes nécessaires au système Linux. Il sert à la constitution du noyau, mais également à la programmation Linux une fois le noyau constitué.

Les trois derniers répertoires contiennent les outils de mise en place : le répertoire *boot* permet de démarrer le système ; le répertoire *init* d'initialiser le système (il ne contient que la fonction principale **main()**) ; le répertoire *tools* permet de construire le noyau.

2.2 L'arborescence détaillée

Le répertoire *boot*

Pour le noyau 0.01, ce répertoire ne contient que deux fichiers en langage d'assemblage : *boot.s* et *head.s*. Voici les fonctions des ces deux fichiers :

· *boot.s* contient le code du secteur d'amorçage de la disquette à partir de laquelle on démarre Linux, de l'initialisation des périphériques de l'ordinateur, de la configuration de l'environnement pour pouvoir passer en mode protégé des micro-processeurs Intel et, enfin, du passage au mode protégé ;

il donne ensuite la main au code **startup_32()** contenu dans le fichier suivant :

```
|       boot.s
|
| boot.s is loaded at 0x7c00 by the bios-startup routines, and moves itself
| out of the way to address 0x90000, and jumps there.
|
| It then loads the system at 0x10000, using BIOS interrupts. Thereafter
| it disables all interrupts, moves the system down to 0x0000, changes
| to protected mode, and calls the start of system. System then must
| RE-initialize the protected mode in its own tables, and enable
| interrupts as needed.
```

- *head.s* permet de configurer l'environnement d'exécution pour le premier processus Linux (processus 0) puis de passer à la fonction **start_kernel()**, qui est la fonction principale du code C :

```
/*
 *  head.s contains the 32-bit startup code.
 *
 * NOTE!!! Startup happens at absolute address 0x00000000, which is also
 * where the page directory will exist. The startup code will be
 * overwritten by the page directory.
 */
```

Le répertoire *init*

Le répertoire *init* contient un seul fichier : le fichier *main.c* qui, comme son nom l'indique, contient la fonction principale du code C. Cette fonction initialise les périphériques (en mode protégé) puis fait appel au processus 1.

Le répertoire *include*

Le répertoire *include* est évidemment le répertoire par défaut des fichiers d'en-têtes C qui ne font pas partie de la bibliothèque C standard. Il s'agit des fichiers d'en-têtes qui sont propres à Linux (propres à UNIX pour la plupart) ou, faisant partie de la bibliothèque C standard, qui doivent être implémentés suivant le système. Ces fichiers se trouvent soit dans le répertoire lui-même, soit dans l'un des trois sous-répertoires :

- *asm* contient des fichiers d'en-têtes dont le code est écrit en langage d'assemblage ;
- *linux* contient des fichiers d'en-têtes propres à Linux (n'existant pas sur les autres distributions UNIX) ;
- *sys* est un sous-répertoire classique d'UNIX, contenant les fichiers d'en-têtes concernant le système.

Le répertoire lui-même contient d'abord des fichiers d'en-têtes faisant partie de la bibliothèque standard C mais qu'il faut implémenter suivant le système (voir [PLAU-92] pour plus de détails) :

- *ctype.h* (pour *Character TYPEs*) permet le traitement des caractères en distinguant des classes de caractères (chiffre, alphabétique, espace...) ;
- *errno.h* (pour *ERRor NumerO*) permet d'associer un numéro à des constantes symboliques représentant les erreurs rencontrées ;
- *signal.h* définit les valeurs de code d'un ensemble de signaux ;
- *stdarg.h* (pour *STandarD ARGument*) définit des macros permettant d'accéder aux arguments d'une fonction, telle la fonction **printf()**, acceptant une liste variable d'arguments ;
- *stddef.h* (pour *STandarD DEFinitions*) contient un certain nombre de définitions standard (*sic*) ;
- *string.h* contient des fonctions permettant de manipuler les chaînes de caractères ;
- *time.h* concerne les calculs sur l'heure et la date.

Il contient ensuite des fichiers d'en-têtes propres à UNIX :

- *a.out.h* contient le format propre au type d'exécutable *a.out*, qui était le plus utilisé avant l'arrivée du format ELF ;

- *const.h* contient diverses valeurs de constantes ;
- *fcntl.h* contient les fonctions permettant de manipuler les descripteurs de fichiers ;
- *termios.h* contient les constantes et les fonctions concernant les terminaux ;
- *unistd.h* (pour *UNIx STandarD*) contient les constantes et les fonctions standard d'UNIX ;
- *utime.h* (pour *User TIME*) permet de changer la date et l'heure d'un nœud d'information.

Le sous-répertoire asm contient quatre fichiers :

- *io.h* (pour *Input/Output*) contient la définition des macros, en langage d'assemblage, permettant d'accéder aux ports d'entrée-sortie ;
- *memory.h* contient la définition de la macro **memcpy()** ;
- *segment.h* contient la définition des fonctions en ligne d'écriture et de lecture d'un octet, d'un mot ou d'un mot double ;
- *system.h* contient la définition de fonctions nécessaires à l'initialisation.

Le sous-répertoire linux contient neuf fichiers :

- *config.h* contient les données nécessaires au démarrage du système (concernant la capacité mémoire et le disque dur) ;
- *fs.h* (pour *File System*) contient les définitions des tableaux de structures pour les fichiers ;
- *hdreg.h* (pour *Hard Disk REGisters*) contient des définitions pour le contrôleur de disque dur de l'IBM PC-AT ;
- *head.h* contient des constantes nécessaires pour le fichier *head.s* ;
- *kernel.h* contient la déclaration de fonctions nécessaires pour le mode noyau (comme la fonction **printk()**) ;
- *mm.h* (pour *Memory Management*) contient la déclaration de fonctions de manipulation de la mémoire ;
- *sched.h* (pour *SCHEDuler*) contient la définition des structures et la déclaration des fonctions nécessaires à la manipulation des processus ;
- *sys.h* (pour *SYStem call*) contient la déclaration des appels système ;
- *tty.h* contient la définition de structures et la déclaration de fonctions concernant le terminal (tty pour *TeleTYpe*), nécessaires pour le fichier *tty_io.c* ci-dessous.

Le sous-répertoire sys contient cinq fichiers :

- *stat.h* contient la déclaration des fonctions renvoyant les informations sur les fichiers ;
- *times.h* contient la déclaration de la fonction renvoyant le nombre de tops d'horloge écoulés depuis le démarrage du système ;
- *types.h* contient la définition d'un certain nombre de types ;
- *utsname.h* contient la déclaration de la fonction donnant le nom et des informations sur le noyau ;
- *wait.h* contient la déclaration des fonctions permettant de suspendre l'exécution du processus en cours jusqu'à ce un processus fils se termine ou qu'un signal soit envoyé.

Le répertoire `kernel`

Il contient dix-sept fichiers, outre le fichier `Makefile` :

- `asm.s` contient les routines de service de la plupart des 32 premières interruptions, c'est-à-dire de celles qui sont réservées par Intel :

```
/*
 * asm.s contains the low-level code for most hardware faults.
 * page_exception is handled by the mm, so that isn't here. This
 * file also handles (hopefully) fpu-exceptions due to TS-bit, as
 * the fpu must be properly saved/resored. This hasn't been tested.
 */
```

- `console.c` contient les paramètres, les variables et les fonctions nécessaires à l'affichage sur le moniteur (nécessite les structures définissant un terminal) :

```
/*
 *      console.c
 *
 * This module implements the console io functions
 *      'void con_init(void)'
 *      'void con_write(struct tty_queue * queue)'
 * Hopefully this will be a rather complete VT102 implementation.
 *
 */
```

- `exit.c` contient les fonctions nécessaires pour quitter un processus autrement que par return ;

- `fork.c` contient les fonctions nécessaires pour créer un processus fils :

```
/*
 *  'fork.c' contains the help-routines for the 'fork' system call
 * (see also system_call.s), and some misc functions ('verify_area').
 * Fork is rather simple, once you get the hang of it, but the memory
 * management can be a bitch. See 'mm/mm.c': 'copy_page_tables()'
 */
```

- `hd.c` contient le pilote du disque dur :

```
/*
 * This code handles all hd-interrupts, and read/write requests to
 * the hard-disk. It is relatively straigthforward (not obvious maybe,
 * but interrupts never are), while still being efficient, and never
 * disabling interrupts (except to overcome possible race-condition).
 * The elevator block-seek algorithm doesn't need to disable interrupts
 * due to clever programming.
 */
```

- `keyboard.s` contient la routine de service associée à IRQ1, c'est-à-dire à l'interruption matérielle provenant du clavier ;

- `mktime.c` contient la fonction permettant de transformer la date exprimée en secondes depuis 1970 en année, mois, jour, heure, minute et seconde :

```
/*
 * This isn't the library routine, it is only used in the kernel.
 * as such, we don't care about years<1970 etc, but assume everything
 * is ok. Similarly, TZ etc is happily ignored. We just do everything
 * as easily as possible. Let's find something public for the library
 * routines (although I think minix times is public).
 */
/*
 * PS. I hate whoever though up the year 1970 - couldn't they have gotten
 * a leap-year instead? I also hate Gregorius, pope or no. I'm grumpy.
 */
```

Linux 0.01

- *panic.c* contient une fonction utilisée par le noyau pour indiquer un problème grave :

Linux 0.01

```
/*
 * This function is used through-out the kernel (includeinh mm and fs)
 * to indicate a major problem.
 */
```

- *printk.c* contient une fonction analogue à la fonction **printf()** du langage C mais qui peut être utilisée par le noyau :

Linux 0.01

```
/*
 * When in kernel-mode, we cannot use printf, as fs is liable to
 * point to 'interesting' things. Make a printf with fs-saving, and
 * all is well.
 */
```

- *rs_io.c* contient la routine de service associée aux interruptions matérielles des ports série (*rs* rappelant la norme RS232) :

Linux 0.01

```
/*
 *      rs_io.s
 *
 * This module implements the rs232 io interrupts.
 */
```

- *sched.c* contient le séquenceur (*scheduler* en anglais) qui permet de changer de processus pour rendre le système d'exploitation multi-tâches :

Linux 0.01

```
/*
 * 'sched.c' is the main kernel file. It contains scheduling primitives
 * (sleep_on, wakeup, schedule etc) as well as a number of simple system
 * call functions (type getpid()), which just extracts a field from
 * current-task
 */
```

- *serial.c* contient l'implémentation de deux fonctions servant aux ports série :

Linux 0.01

```
/*
 *      serial.c
 *
 * This module implements the rs232 io functions
 *      void rs_write(struct tty_struct * queue);
 *      void rs_init(void);
 * and all interrupts pertaining to serial IO.
 */
```

- *sys.c* contient la définition de beaucoup de fonctions de code **sys_XX()** d'appels système ;
- *system_call.s* contient du code en langage d'assemblage permettant d'implémenter les appels système :

Linux 0.01

```
/*
 *  system_call.s  contains the system-call low-level handling routines.
 * This also contains the timer-interrupt handler, as some of the code is
 * the same. The hd-interrupt is also here.
 *
 * NOTE: This code handles signal-recognition, which happens every time
 * after a timer-interrupt and after each system call. Ordinary interrupts
 * don't handle signal-recognition, as that would clutter them up totally
 * unnecessarily.
 *
 * -----------------------------------------------------------------------
 */
```

- *traps.c* contient le code en langage C des routines de service associées aux 32 premières interruptions, c'est-à-dire celles réservées par Intel :

Linux 0.01

```
/*
 * 'Traps.c' handles hardware traps and faults after we have saved some
 * state in 'asm.s'. Currently mostly a debugging-aid, will be extended
 * to mainly kill the offending process (probably by giving it a signal,
 * but possibly by killing it outright if necessary).
 */
```

- *tty_io.c* contient les fonctions nécessaires au fonctionnement du terminal :

Linux 0.01

```
/*
 * 'tty_io.c' gives an orthogonal feeling to tty's, be they consoles
 * or rs-channels. It also implements echoing, cooked mode etc (well,
 * not currently, but ...)
 */
```

- *vsprintf.c* contient le code permettant de définir à la fois les fonctions **printk()** et **printf()** :

Linux 0.01

```
/* vsprintf.c -- Lars Wirzenius & Linus Torvalds. */
/*
 * Wirzenius wrote this portably, Torvalds fucked it up:-)
 */
```

Le répertoire *lib*

Le répertoire *lib* contient onze fichiers, outre le fichier *Makefile* :

- *_exit.c* contient la définition de la fonction associée à l'appel système de terminaison d'un processus **_exit()** ;
- *close.c* contient la définition de la fonction associée à l'appel système de fermeture d'un fichier **close()** ;
- *ctype.c* contient la définition du tableau de définition des types de chacun des 256 caractères (majuscule, chiffre...) ;
- *dup.c* contient la définition de la fonction associée à l'appel système **dup()** ;
- *errno.c* contient la déclaration de la variable errno ;
- *execv.c* contient la définition de la fonction associée à l'appel système **execv()** ;
- *open.c* contient la définition de la fonction associée à l'appel système d'ouverture d'un fichier **open()** ;
- *setsid.c* contient la définition de la fonction associée à l'appel système **setsid()** ;
- *string.c* contient des directives de compilation ;
- *wait.c* contient la définition de la fonction associée à l'appel système **wait()** ;
- *write.c* contient la définition de la fonction associée à l'appel système d'écriture sur un fichier **write()**.

Le répertoire *fs*

Le répertoire *fs* contient dix-huit fichiers, outre le fichier *Makefile* :

- *bitmap.c* contient le code permettant de gérer les tables de bits d'utilisation des nœuds d'information et des blocs :

Linux 0.01

```
/* bitmap.c contains the code that handles the inode and block bitmaps */
```

- *block_dev.c* contient le code permettant de gérer les périphériques bloc ;
- *buffer.c* contient le code permettant de gérer l'antémémoire de blocs :

```
/*
 *  'buffer.c' implements the buffer-cache functions. Race-conditions have
 *  been avoided by NEVER letting an interrupt change a buffer (except for
 *  the data, of course), but instead letting the caller do it. NOTE! As
 *  interrupts can wake up a caller, some cli-sti sequences are needed to
 *  check for sleep-on-calls. These should be extremely quick, though
 *  (I hope).
 */
```
Linux 0.01

- *char_dev.c* contient le code permettant de gérer les périphériques caractère ;
- *exec.c* contient le code permettant d'exécuter un nouveau programme ;
- *fcntl.c* contient le code permettant de manipuler les descripteurs de fichiers ;
- *file_dev.c* contient les fonctions d'écriture et de lecture dans un fichier ordinaire ;
- *file_table.c* contient la déclaration de la table des fichiers ;
- *inode.c* contient la déclaration de la table des nœuds d'information en mémoire ainsi que les fonctions permettant de la gérer ;
- *ioctl.c* contient la déclaration de la table ioctl[] et quelques fonctions associées ;
- *namei.c* (pour *NAME I-node*) contient les fonctions permettant de nommer les fichiers ;
- *open.c* contient les fonctions permettant d'ouvrir et de changer les droits d'accès d'un fichier ;
- *pipe.c* permet de mettre en place les tubes de communication ;
- *read_write.c* contient les fonctions permettant de se positionner, de lire et d'écrire sur un fichier ;
- *stat.c* contient les fonctions permettant d'obtenir des informations sur un fichier ;
- *super.c* contient les définitions et les fonctions concernant les super-blocs ;
- *truncate.c* contient les fonctions permettant d'effacer un fichier ;
- *tty_ioctl.c* contient les fonctions permettant de paramétrer un terminal.

Le répertoire *mm*

Le répertoire *mm* contient deux fichiers, outre le fichier *Makefile* :

- *memory.c* contient les fonctions concernant la gestion des pages ;
- *page.s* contient la routine de service de l'interruption matérielle concernant le défaut de page :

```
/*
 *  page.s contains the low-level page-exception code.
 *  the real work is done in mm.c
 */
```
Linux 0.01

Le répertoire *tools*

Le répertoire *tools* contient un seul fichier : *build.c*. Il s'agit d'un programme C indépendant qui permet de construire l'image du noyau.

3 Vue d'ensemble sur l'implémentation

3.1 Caractéristiques

La version 0.01 de Linux n'a pas pour but d'être évoluée :

Architecture. Elle ne supporte que les micro-processeurs 80386 d'Intel et ses descendants, grâce à la compatibilité ascendante de ceux-ci. Elle ne gère évidemment que les systèmes à un seul micro-processeur.

Mémoire. Elle gère la mémoire grâce au mécanisme de pagination. La mémoire physique est limitée à 8 Mo, ce qui était déjà énorme pour 1991. Cette limitation peut cependant être étendue sans trop de modifications. La capacité de la mémoire physique n'est pas détectée par le noyau, il faut la configurer manuellement.

Disque dur. On ne peut utiliser que des disques IDE et seul le premier contrôleur est pris en charge. Comme pour la mémoire, les paramètres des disques durs doivent être entrés avant la compilation.

Périphériques. La version 0.01 ne gère que deux disques durs, la console (clavier et écran texte) et deux modems (*via* deux ports série). Elle ne gère ni le lecteur de disquettes, ni le port parallèle (donc pas d'imprimante), ni la souris, ni les cartes graphiques (autres que texte), ni les cartes son ou autres périphériques (ISA, PCI ou autre). Elle n'utilise pas la DMA (*Direct Memory Access*).

Gestion des processus. Linux 0.01 est multi-tâches et multi-utilisateurs. Il peut gérer 64 tâches simultanées (ce nombre est aisément extensible) et 65 536 utilisateurs. Aucun utilitaire gérant les utilisateurs (login, su, passwd,...) n'est fourni et une seule console est implémentée.

Système de fichiers. Le système de fichiers utilisé par Linux 0.01 est celui de la première version de MINIX. Il gère des fichiers avec des noms de 14 caractères au plus et une taille maximale de 64 Mo par fichier.

Réseau. Le support réseau n'était pas implémenté sur Linux 0.01.

La toute première version est donc rudimentaire du point de vue de l'utilisation mais elle est suffisante à titre pédagogique pour étudier le principe de l'implémentation d'un système d'exploitation.

3.2 Étapes de l'implémentation

Linus TORVALDS ne donne aucune indication sur l'implémentation de son système. L'étude des sources nous conduit à distinguer les étapes suivantes, ce qui correspondra au plan de notre étude.

Le système d'exploitation est presque entièrement écrit en langage C, mais il existe quelques fichiers et quelques portions de fichiers écrits en langage d'assemblage, et ceci pour deux raisons : soit pour piloter les périphériques, soit pour tenir compte des particularités du micro-processeur Intel 86386. Ces particularités sont encapsulées dans des macros ou des fonctions C. La seconde partie de notre étude consiste à étudier ces particularités.

Dans le chapitre 4, nous voyons comment l'accès à la mémoire vive est encapsulée dans des macros et comment la segmentation est utilisée sous Linux. L'étude de la pagination est reportée au chapitre 17 sur l'utilisation de la mémoire virtuelle sous Linux. Dans le chapitre 5, nous voyons comment l'accès aux ports d'entrée-sortie est encapsulé dans des macros et comment les interruptions, que ce soit les exceptions réservées par Intel, les interruptions matérielles ou la seule interruption logicielle de Linux sont initialisées sous Linux, sans étudier, pour l'instant, les gestionnaires associés.

La troisième partie de notre étude est consacrée aux grandes structures de données utilisées par Linux. Dans le chapitre 6, nous étudions en détail la structure des descripteurs de processus, la table des processus et la tâche initiale, c'est-à-dire ce qui concerne l'aspect statique des processus en mode noyau. Dans le chapitre 7, nous étudions la mise en place des fichiers, c'est-à-dire ce qui concerne l'aspect statique des fichiers en mode noyau, plus exactement nous entreprenons une étude générale des fichiers dans les divers types de systèmes d'exploitation, les caractéristiques des fichiers sous UNIX, la structure d'un disque MINIX (qui est le seul système de fichiers accepté par le noyau 0.01 de Linux), les structures de données liées aux fichiers en mode noyau (antémémoire, nœuds d'information, super-blocs et descripteurs de fichiers) et, enfin, la façon dont on désigne les fichiers de périphériques sous Linux. Dans le chapitre 8, nous étudions la mise en place des terminaux à haut niveau, ceci regroupant à la fois l'encapsulation du clavier, de l'affichage sur le moniteur et des deux liaisons série. Nous n'entrons pas, dans ce chapitre, dans le détail des pilotes pour ces trois types de périphériques.

La quatrième partie est consacrée à la mise en place de l'aspect dynamique du mode noyau qui ne donne pas lieu à affichage en cas d'erreur (tout simplement parce que nous n'avons pas vu comment celui-ci est mis en place). Dans le chapitre 9, nous voyons comment les appels système sont mis en place, sans les étudier un par un pour l'instant. Dans le chapitre 10, nous étudions la mise en place de la mesure du temps, que ce soit l'horloge temps réel ou les minuteurs. Dans le chapitre 11, nous étudions la commutation des tâches et l'ordonnancement des processus. Dans le chapitre 12, nous étudions la notion générale de signal puis la mise en place des signaux sous Linux.

La cinquième partie est consacrée à l'affichage. Dans le chapitre 14, nous étudions la mise en place du pilote d'écran sous Linux. Dans le chapitre 15, nous étudions la mise en place de l'affichage formaté, ce qui nous conduit à étudier la mise en place des fonctions de bibliothèque ayant un nombre variable d'arguments.

La sixième partie est consacrée à la mise en place de l'aspect dynamique du mode noyau faisant intervenir l'affichage de messages d'erreur. Dans le chapitre 16, nous étudions les gestionnaires des exceptions sauf celui concernant le défaut de page, reporté dans le chapitre suivant. Dans le chapitre 17, nous étudions la notion de mémoire virtuelle de façon générale puis sa mise en place sous Linux.

La septième partie est consacrée à l'étude des fichiers réguliers. Dans le chapitre 19, nous étudions la notion de cache du disque dur et sa mise en place sous Linux. Dans le chapitre 18, nous étudions la mise en place du pilote du disque dur, c'est-à-dire l'accès au disque dur à bas niveau. Dans le chapitre 20, nous étudions la mise en place des périphériques bloc, c'est-à-dire l'accès au disque dur à haut niveau. Dans le chapitre 21, nous étudions la gestion des nœuds d'information. Dans le chapitre 22, nous étudions la gestion des fichiers réguliers et des répertoires.

La huitième partie est consacrée à l'étude des périphériques caractère. Dans le chapitre 23, nous étudions le pilote du clavier. Dans le chapitre 24, nous étudions le pilote des liaisons série. Dans le chapitre 25, nous étudions les périphériques caractère.

La neuvième partie, à chapitre unique 26, est consacrée à l'étude de la communication par tubes entre processus.

La dixième partie est consacrée à la mise en place du mode utilisateur, c'est-à-dire à la mise en place des appels système et des fonctions de bibliothèques. Dans le chapitre 27, les appels système concernant le système de fichiers sont mis en place. Dans le chapitre 28, les appels système concernant les processus sont mis en place. Dans le chapitre 29, les autres appels système sont mis en place. Dans le chapitre 30, les fonctions de la bibliothèque C sont mises en place.

La onzième partie, à chapitre unique 31, est consacrée au démarrage du système.

4 Évolution du noyau

Linux 2.2.18 Les sources du noyau 2.2.18 occupent 4 500 fichiers de C et de langage d'assemblage contenus dans près de 270 sous-répertoires ; elles totalisent quelques deux millions de lignes de code représentant près de 58 Mo.

4.1 Cas du noyau 2.4.18

Linux 2.4.18 Les sources du noyau 2.4.18 occupent 122 Mo. Le premier niveau de l'arborescence est aussi simple que dans le cas du premier noyau :

- */arch* concerne tout ce qui dépend de l'architecture de la puce, Linux ayant été adapté à plusieurs micro-processeurs ; c'est dans ce répertoire qu'on retrouve ce qui a trait au démarrage ;
- */Documentation* contient de la documentation, en particulier sur les périphériques pris en compte ;
- */drivers* renferme les divers pilotes de périphériques ;
- */fs* contient ce qui concerne les systèmes de fichiers, plusieurs systèmes de fichiers étant pris en compte et non plus seulement MINIX ;
- */include* renferme les fichiers d'en-têtes, dont beaucoup dépendent d'une architecture de micro-processeur donnée ;
- */init* ne contient toujours qu'un seul fichier *main.c* ;
- */ipc* renferme la mise en place d'un mode de communication entre processus qui n'était pas pris en compte lors du noyau 0.01 ;
- */kernel* a un contenu assez proche de ce qui s'y trouvait pour le noyau 0.01 ;
- */lib* a toujours la même fonction ;
- */mm* également, mais compte un peu plus de fichiers ;
- */net* concerne la mise en place des réseaux, principalement de TCP/IP, thèmes non abordés lors du noyau 0.01 ;
- */scripts* renferme un certain nombre de scripts.

Le contenu des répertoires */boot* et */tools* est passé dans le répertoire */arch*.

4.2 Aide au parcours du code source

Il n'est pas toujours facile de s'y retrouver dans le code source, en particulier pour savoir où telle constante ou telle fonction est définie. Un bon outil est le site Internet *Cross-Referencing Linux* : `http://lxr.linux.no/` en cliquant sur « *Browse the code* » ou, plus lent, *Linux Cross Reference* : `http://www.iglu.org.il/lxr/`

4.3 Cas du noyau 2.6.0

Donnons le premier niveau de l'arborescence des sources du noyau 2.6.0, qui comporte 5 929 913 lignes de code pour 212 Mo :

Linux 2.6.0

- */Documentation* ;
- */arch* ;
- */crypto* est un nouveau répertoire qui concerne la cryptographie ;
- */drivers* ;
- */fs* ;
- */include* ;
- */init* ;
- */ipc* ;
- */kernel* ;
- */lib* ;
- */mm* ;
- */net* ;
- */scripts* ;
- */security* est un nouveau répertoire relatif à la sécurité ;
- */sound* est un nouveau répertoire traitant du son ;
- */usr* est un nouveau répertoire pour les fichiers auxiliaires.

On y trouve donc quatre nouveaux répertoires : deux d'entre eux (*sound* et *usr*) permettent de mieux structurer les sources ; les deux autres (*crypto* et *security*) prennent en compte un thème très à la mode.

Conclusion

Il existe de très nombreux systèmes d'exploitation. Les versions successives de chacun d'eux permettent d'une part d'améliorer ce que l'on peut appeler le micro-noyau du système et, d'autre part, de prendre en compte les changements essentiels dans le matériel (par exemple les réseaux ou les périphériques USB). Nous avons expliqué pourquoi il vaut mieux s'intéresser, dans une première étape, au tout premier noyau, la version 0.01 de Linux, pour enchaîner sur ses évolutions (il en est actuellement à sa version 2.6). Nous verrons dans les deux chapitres suivants en quoi un système d'exploitation dépend du micro-processeur.

Deuxième partie

Utilisation du micro-processeur Intel

Chapitre 4

Prise en compte de la mémoire Intel

Nous avons vu qu'un système d'exploitation comprend quatre parties : un gestionnaire de la mémoire, un gestionnaire des processus, un gestionnaire des fichiers, et un gestionnaire des entrées-sorties. Certaines de ces ressources sont déjà prises en compte par le micro-processeur. Nous allons voir dans cette partie comment Linux adapte ces primitives de prise en compte.

Il s'agit de la mémoire vive et des entrées-sorties (y compris les interruptions matérielles). Rien n'est prévu pour les fichiers sur un micro-processeur. Il existe un traitement des processus, que nous verrons au chapitre 6.

Nous allons étudier dans ce chapitre la façon dont Linux adapte la gestion de la mémoire prise en compte par les micro-processeurs Intel. Celle-ci s'effectue à la fois grâce à la segmentation et à la pagination. Linux trouve ces deux méthodes redondantes et préfère utiliser essentiellement la deuxième, ne gardant que ce qui est nécessaire de la première. Nous étudierons la pagination au chapitre 17. Nous allons étudier la segmentation dans ce chapitre.

1 La segmentation sous Intel

1.1 Notion

Sur certaines architectures de micro-processeurs, l'accès à la mémoire vive est facilitée en utilisant des **segments**. Une adresse est, dans ce cas, composée de deux éléments à placer dans deux registres du micro-processeur : un **identificateur de segment** et un **déplacement** (*offset* en anglais) dans ce segment. Le micro-processeur combine l'adresse du segment et le déplacement pour obtenir une **adresse linéaire**. La figure 4.1 illustre la conversion d'une adresse composée d'un identificateur de segment et d'un déplacement de segment.

Tous les micro-processeurs Intel, depuis le 8086, utilisent la segmentation pour des raisons de compatibilité avec le micro-processeur précédent 8080. Cas de Intel

1.2 La segmentation en mode protégé sur Intel

Pour des raisons de protection, on n'utilise pas, pour une tâche donnée, l'espace physique adressable en son entier, mais seulement une portion de celui-ci, appelée **segment**. À la limite le segment peut être constitué de toute la mémoire physique si l'on y tient, mais c'est rarement le cas.

Adresse segmentée

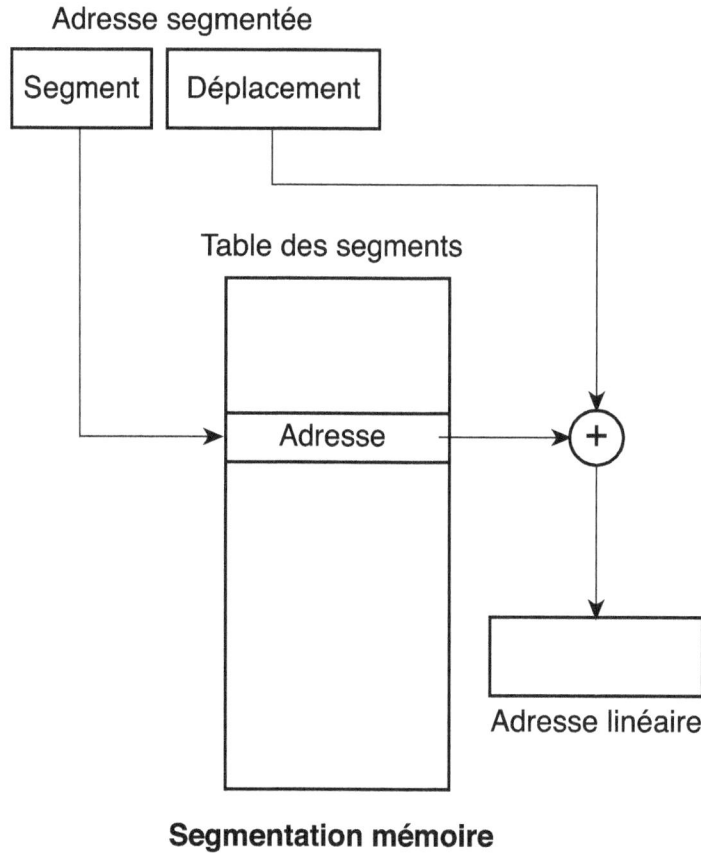

Segmentation mémoire

Figure 4.1 : *Segmentation*

Indexation à l'intérieur d'un segment : décalage

On peut parcourir un segment grâce à un index, appelé décalage (*offset* en anglais). L'adresse physique est la somme de l'*adresse de base* du segment et du décalage.

Nous avons bien dit que l'adresse physique est la somme de l'adresse de base et du décalage et non de 16 fois le décalage comme en mode réel. En effet, on n'a plus besoin de cette multiplication par seize car l'adresse de base ou le décalage peuvent varier de 0 à 4 Go moins un.

Lors de l'utilisation d'un décalage, le micro-processeur vérifie qu'il ne déborde pas de la portion de mémoire permise pour une tâche donnée. Le programme est interrompu et une interruption, dite *de protection générale*, est déclenchée si ce n'est pas le cas.

Caractéristiques d'un segment

Un segment est constitué d'une portion connexe de mémoire. Son emplacement est donc entièrement caractérisé par son adresse de base, qui est l'adresse physique du premier octet de la zone, et par sa taille. Sa taille moins un est appelée sa limite.

L'index varie de 0 à limite, d'où son nom de décalage (l'adresse physique étant la somme de l'adresse de base et du décalage).

Pour des raisons liées à la protection des tâches, un segment n'est pas uniquement caractérisé par son emplacement, mais également par ses droits d'accès.

Les caractéristiques d'un segment sont décrites par un **descripteur** (*descriptor* en anglais).

Structure d'un descripteur

Le tableau ci-dessous montre le format d'un descripteur à partir du 80386 (celui-ci est un peu différent pour le 80286) :

7	Base (B24-B31)	G	D	0	AVL	Limite (L16-L19)	6
5	Droits d'accès			Base (B23-B16)			4
3	Base (B15-B0)						2
1	Limite (L15-L0)						0

Un descripteur a une taille de 8 octets. Commentons les différents champs :

· L'**adresse de base** est la partie du descripteur qui indique le début de l'emplacement mémoire du segment. Cette adresse (physique) occupe 32 bits ; le début du segment peut donc être n'importe quel emplacement des 4 Go possible de la mémoire.

· La **limite du segment** contient l'adresse du dernier décalage du segment. Par exemple, si un segment commence à l'adresse F00000h et se termine à l'adresse F000FFh, l'adresse de base est 00F00000h et la limite du segment est 000FFh. La limite a une taille de 20 bits : la taille d'un segment est comprise entre 1 octet et un Mo, par pas de un octet, ou entre 4 Ko et 4 Go, par pas de 4 Ko, suivant la **granularité**, qui est une des caractéristiques d'un segment (déterminée par le champ décrit ci-après).

· Le bit G (pour *Granularity*) est le **bit de granularité**. Si G = 0, la limite spécifie un segment dont la limite est comprise entre 00000h et FFFFFh. Si G = 1, la valeur de cette limite est multipliée par 4 Ko (c'est-à-dire que l'on compte en pages).

· Le bit AVL (pour l'anglais *AVaiLable*) est laissé à la libre interprétation éventuelle du système d'exploitation. Il indique par exemple, dans le cadre de l'échange (*swap*) entre la mémoire et le disque, que le segment est disponible en mémoire centrale (AV = 1) ou non disponible (AV = 0), et qu'il se trouve donc sur le disque.

Ce bit n'est pas utilisé pour le noyau 0.01 de Linux.

Linux 0.01

· Le bit D pour les descripteurs des segments de code (pour *Default register size*) indique la taille par défaut, 32 bits ou 16 bits, des registres et de la mémoire à laquelle les instructions ont accès. Si D = 0, les registres ont une taille par défaut de 16 bits, compatibles avec le micro-processeur 8086 ; ce mode est appelé **mode d'instructions 16 bits**. Si D = 1 on se trouve alors dans le **mode d'instructions 32 bits** qui suppose, par défaut, que tous les décalages et tous les registres sont de 32 bits. Nous reviendrons plus tard sur cette caractéristique.

Ce bit est appelé bit B dans le cas d'un descripteur de segment de données.

Lorsqu'on se trouve dans un mode donné, par exemple le mode 32 bits, et que l'on veut faire référence à un contenu mémoire de l'autre mode, ici 16 bits, il faut faire appel à un préfixe, par exemple ptr word pour MASM.

· L'octet des droits d'accès, l'octet 5, contrôle l'accès au segment de mémoire en mode protégé. Sa structure dépend du type de descripteur.

Types de descripteur

Il existe essentiellement deux types de descripteurs :

Les descripteurs de segment définissent les segments de données, de pile et de code.

Les descripteurs système donnent des informations sur les tables du système, les tâches et les portes.

Octet des droits d'accès d'un descripteur de segment

Le tableau ci-dessous montre la structure complète d'un descripteur de segment, y compris celle de son octet des droits d'accès :

7	Base (B24-B31)						G	D	0	AVL	Limite (L16-L19)	6
5	P	DPL	S	E	X	RW	A	Base (B23-B16)				4
3	Base (B15-B0)											2
1	Limite (L15-L0)											0

· Le bit 7 de l'octet des droits d'accès, noté P (pour *Present*), indique si le descripteur n'est pas défini (P = 0) ou s'il contient une base et une limite valides (P = 1). Si P = 0 et qu'on essaie d'y accéder *via* un descripteur, une interruption interne de type 11 (segment non présent) est déclenchée.

· Les bits 5 et 6, notés DPL, indiquent le niveau de privilège du descripteur (*Descriptor Privilege Level* en anglais), où 00b est le privilège le plus élevé et 11b le moins élevé. Ceci est utilisé pour protéger l'accès au segment. Si l'on essaie d'accéder à un segment alors qu'on a un niveau de privilège moins élevé (donc un numéro plus élevé) que son DPL, une interruption interne de violation de privilège (protection générale) est déclenchée.

· Le bit 4, noté S (pour *Segment* ou *System*), permet de savoir s'il s'agit d'un descripteur système (S = 0) ou d'un descripteur de segment (S = 1).

Dans la suite nous supposons que S a la valeur 1, puisque nous ne nous intéressons ici qu'aux descripteurs de segment.

· Le bit 3 (noté E pour Executable) donne la nature du segment : E = 0 pour un segment de données ou de pile ; E = 1 pour un segment de code. Ce bit définit les fonctions des deux bits suivants (X et RW).

· Le bit 2 est noté X (pour *eXpansion*).

· Si E = 0, ce bit indique le sens d'accroissement des adresses : pour X = 0, les adresses du segment sont incrémentées (cas d'un segment de données) ; pour X = 1, elles sont décrémentées (cas d'un segment de pile).

· Si E = 1 alors X indique si l'on ignore le niveau de privilège du descripteur (X = 0) ou si l'on en tient compte (X = 1).

· Le bit 1 est noté R/W (pour *Read/Write*).

   · Pour E = 0, si R/W = 0, on ne peut plus écrire (autrement dit surcharger les données) alors que si R/W = 1, on le peut.

   · Pour E = 1, si R/W = 0, le segment de code ne peut pas être lu, si R/W = 1 on peut le lire.

· Le bit 0, noté A (pour *Accessed*), indique si l'on a eu accès au segment (A = 1) ou non (A = 0). Ce bit est quelquefois utilisé par le système d'exploitation pour garder une trace des segments auxquels on a eu accès.

Tables de descripteurs

Les descripteurs sont situés dans des **tables de descripteurs**. Pour une tâche donnée, on ne peut utiliser que deux tables de descripteurs : la **table globale de descripteurs** contient les définitions des segments qui s'appliquent à tous les programmes alors que la **table locale de descripteurs** contient les définitions des segments utilisés par une application donnée.

On parle aussi de **descripteurs système** pour ceux de la première table (mais pas dans le même sens que ci-dessus) et de **descripteurs d'application** pour ceux de la seconde table.

Chaque table de descripteur peut contenir jusqu'à 2^{13} = 8 192 descripteurs, l'index d'un descripteur étant codé sur 13 bits. Il y a donc 16 384 segments de mémoire disponibles pour chaque application. Un descripteur ayant une taille de 8 octets, la taille d'une table de descripteurs est de 64 Ko au plus.

Puisque chaque segment peut avoir une taille de 4 Go au plus, ceci permet d'accéder à une mémoire virtuelle de 64 To (1 To = 1 024 Go). Bien entendu, la mémoire réelle est au plus de 4 Go pour un 80386 ; cependant si un programme nécessite plus de 4 Go à la fois, la mémoire peut être échangée entre la mémoire vive et le disque, comme nous le verrons au chapitre 17.

Le descripteur de numéro 0 d'une table de descripteurs ne peut pas être utilisé pour accéder à la mémoire. Il s'agit d'un descripteur par défaut, non valide par mesure de protection supplémentaire. On parle du **descripteur nul** car tous ses champs sont égaux à zéro.

Accès aux descripteurs : sélecteurs

Les descripteurs sont choisis dans une des deux tables de descripteurs en plaçant dans l'un des registres de segment (cs à gs) un **sélecteur** (*selector* en anglais), qui est un mot de 16 bits.

La structure d'un sélecteur est montrée dans le tableau ci-dessous :

15 index 3	2 TI	1 0 RPL

· le champ de 13 bits (les bits 3 à 15) appelé **index** permet de choisir l'un des 8 192 descripteurs de la table ;

- le bit 2 (noté TI pour *Table Indicator*) permet de choisir la table : la table globale des descripteurs si TI = 0, la table locale des descripteurs si TI = 1 ;

- les bits 0 et 1 (notés RPL pour l'anglais *Resquested Privilege Level*) indiquent le niveau de privilège requis pour accéder à ce descripteur. Lors d'un essai d'accès au segment, si le RPL est supérieur ou égal au niveau de privilège DPL du descripteur, l'accès sera accordé ; sinon, le système indiquera un essai de violation de privilège *via* une interruption interne de protection générale.

Utilisation des descripteurs et des sélecteurs

La figure 4.2 montre comment le micro-processeur 80386 accède à un segment de mémoire en mode protégé en utilisant un sélecteur et son descripteur associé.

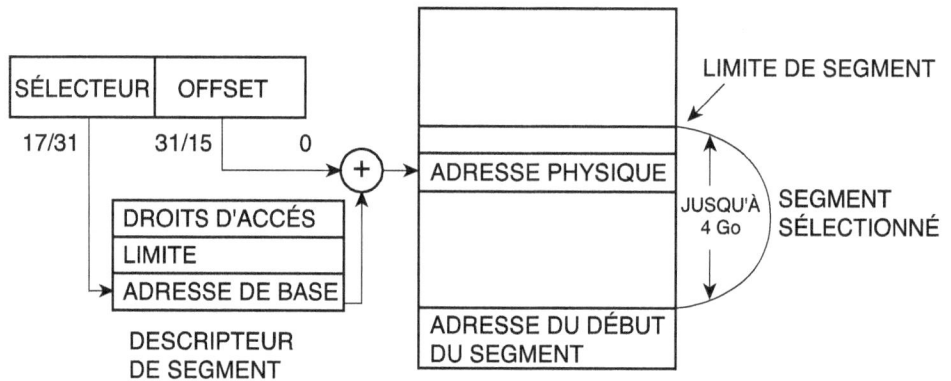

Figure 4.2 : *Sélection*

Les registres de segment ne sont en général manipulables qu'au niveau de privilège 0 (c'est à ce niveau qu'on le décide, en tous les cas). Heureusement d'ailleurs, vu leur complexité.

La figure 4.3 montre comment on choisit un descripteur grâce au segment de registre ds, dont la valeur est 0008h. On a RPL = 0, donc tous les droits. On a TI = 0, donc on choisit un descripteur de la table globale des descripteurs. L'index est égal à 1, on choisit donc le premier descripteur de la table. Admettons que ce descripteur ait la valeur 00 00 92 10 00 00 00 FFh. L'adresse de base est alors 00 10 00 00h et la limite égale à 0 00 FFh. Ainsi le micro-processeur utilisera-t-il les emplacements mémoire 00100000h–001000FFh.

Accès au décalage

Le décalage, de 32 bits, est précisé par l'un quelconque des registres généraux étendus (eax, ebx, ecx, edx, ebp, edi et esi). Il permet d'accéder à des données dans un segment de taille pouvant aller jusqu'à 4 Go.

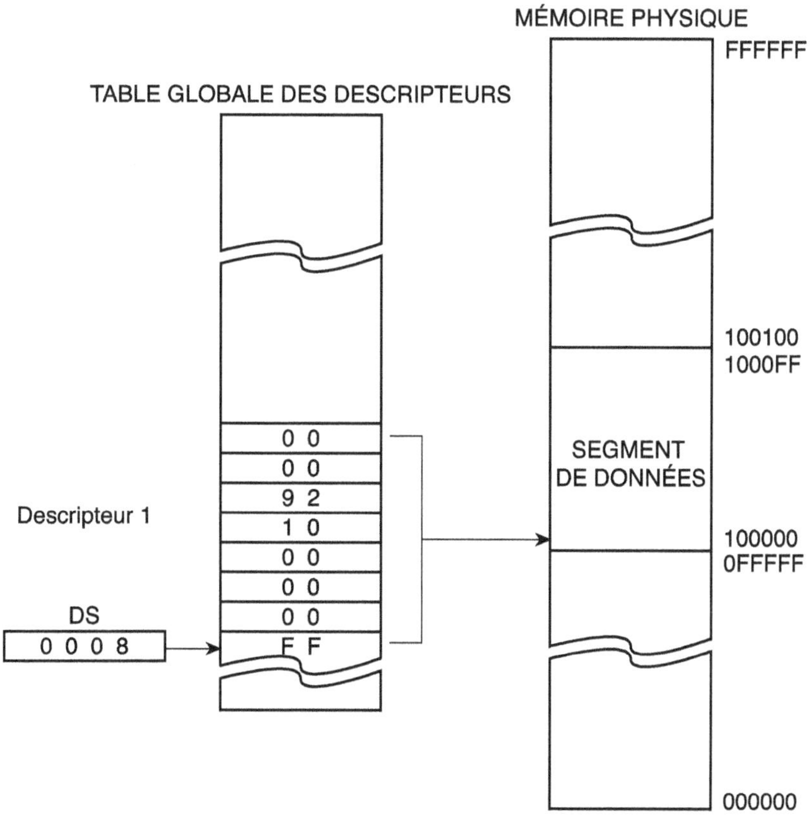

Figure 4.3 : *Choix d'un descripteur*

2 La segmentation sous Linux

2.1 Mode noyau et mode utilisateur

Le micro-processeur Intel permet de distinguer quatre niveaux de privilèges. Le système d'exploitation Linux n'en utilise que deux : le **mode noyau** correspond au niveau de privilège 0 et le **mode utilisateur** au niveau de privilège 3.

Linux n'utilise le mécanisme de segmentation que pour séparer les zones mémoire allouées au noyau et aux processus. Pour le noyau 0.01, Linux utilise :

Linux 0.01

· un segment de code noyau ;

· un segment de données noyau ;

· une table de descripteurs locale par processus, qui référence un segment de code utilisateur et un segment de données utilisateur ;

· un segment d'état de tâche par processus.

Les segments noyaux ne sont accessibles que dans le mode noyau. De cette façon le code et les données du noyau sont protégés des accès erronés ou mal intentionnés de la part de processus en mode utilisateur. Les segments utilisateur sont utilisés en mode utilisateur, certes, mais également en mode noyau (pour pouvoir transmettre de l'information).

Les registres de segment cs et ds du micro-processeur pointent, en mode utilisateur, sur les deux segments utilisateur et, en mode noyau, sur les deux segments du noyau. La modification de la valeur de ces registres de segments est effectuée lors du changement de mode d'exécution, lorsqu'un processus passe en mode noyau pour exécuter un appel système, par exemple. De plus, ce passage en mode noyau provoque la modification du registre de segment fs. Ce registre pointe sur le segment de données du processus appelant, afin de permettre au noyau de lire et d'écrire dans l'espace d'adressage de ce processus, *via* des fonctions spécialisées.

2.2 Segmentation en mode noyau

La table globale des descripteurs

La table globale des descripteurs contient essentiellement deux descripteurs.

Définition de la GDT. La table globale des descripteurs, appelée _gdt dans le cas de Linux 0.01, est définie dans le fichier *boot/head.s* :

Linux 0.01

```
.globl _idt,_gdt,_pg_dir
-----------------------
_gdt:   .quad 0x0000000000000000      /* NULL descriptor */
        .quad 0x00c09a00000007ff      /* 8Mb */
        .quad 0x00c09200000007ff      /* 8Mb */
        .quad 0x0000000000000000      /* TEMPORARY - don't use */
        .fill 252,8,0                 /* space for LDT's and TSS's etc */
```

Elle comprend le descripteur nul, le descripteur du segment de code noyau, le descripteur du segment de données noyau, un descripteur temporaire et de la place pour les LDT et les TSS de chacun des processus.

Segment de code noyau. La valeur du descripteur du segment de code noyau est 0x00c09a00000007ff donc :

· une base égale à 0 ;

· GB0A égal à Ch, soit à 1100b, donc G égal à 1 pour une granularité par page, B égal à 1 pour des adresses de déplacement sur 32 bits, AVL égal à 0 (ce bit, qui peut être utilisé par le système d'exploitation, ne l'est pas par Linux) ;

· une limite de 7FFh, soit une capacité de $2\,048 \times 4$ Ko, ou 8 Mo ;

· 1/DPL/S égal à 9, soit à 1001b, donc S égal à 1, pour un descripteur qui n'est pas un descripteur système, et DPL égal à 0, pour le mode noyau ;

· le type est égal à Ah pour un segment de code qui peut être lu et exécuté.

Son sélecteur est 8.

Segment de données noyau. La valeur du descripteur du segment de données noyau est 0x00c09200000007ff donc :

· une base égale à 0 ;

· GB0A égal à Ch, soit à 1100b, donc G égal à 1 pour une granularité par page, B égal à 1 pour des adresses de déplacement sur 32 bits, AVL égal à 0 (ce bit, qui peut être utilisé par le système d'exploitation, ne l'est pas par Linux) ;

· une limite de 7FFh, soit une capacité de $2\,048 \times 4$ Ko, ou 8 Mo ;

- 1/DPL/S égal à 9, soit à 1001b, donc S égal à 1, pour un descripteur qui n'est pas un descripteur système, et DPL égal à 0, pour le mode noyau ;
- le type est égal à 2h pour un segment de données qui peut être lu et écrit.

Ce segment est donc presque identique au précédent : les deux segments se chevauchent. Son sélecteur est 10h.

Segments utilisateur

À tout processus sont associés deux segments : un segment d'état de tâche TSS (pour *Task State Segment*) et une table locale de descripteurs LDT (pour *Local Descriptor Table*). L'index dans la GDT du TSS du processus numéro n est $4 + 2 \times n$ et celui de sa LDT est $4 + 2 \times n + 1$. Ceci est décrit dans le fichier *include/linux/sched.h* :

```
/*
 * Entry into gdt where to find first TSS. 0-nul, 1-cs, 2-ds, 3-syscall
 * 4-TSS0, 5-LDT0, 6-TSS1 etc ...
 */
```
Linux 0.01

Le TSS d'un processus et sa table locale des descripteurs sont définis dans la structure des processus, comme nous le verrons à propos de l'étude des descripteurs de processus.

Les deux macros :

```
_TSS(n)
_LDT(n)
```

renvoient, respectivement, le décalage en octets du TSS et de la LDT du processus numéro n dans la GDT.

Elles sont implémentées dans le même fichier :

```
#define FIRST_TSS_ENTRY 4
#define FIRST_LDT_ENTRY (FIRST_TSS_ENTRY+1)
#define _TSS(n) ((((unsigned long) n)<<4)+(FIRST_TSS_ENTRY<<3))
#define _LDT(n) ((((unsigned long) n)<<4)+(FIRST_LDT_ENTRY<<3))
```
Linux 0.01

Remarquons que pour obtenir l'adresse effective on multiplie l'index par 8, puisque chaque descripteur occupe 8 octets.

Placement des segments utilisateur dans la GDT

Les deux macros :

```
set_tss_desc(n,addr)
set_ldt_desc(n,addr)
```

permettent de placer dans la GDT le descripteur de segment dont l'adresse de base est addr comme descripteur de TSS (respectivement de LDT) d'index n.

Elles sont définies dans le fichier *include/asm/system.h* :

```
#define _set_tssldt_desc(n,addr,type) \
__asm__ ("movw $104,%1\n\t" \
    "movw %%ax,%2\n\t" \
    "rorl $16,%%eax\n\t" \
    "movb %%al,%3\n\t" \
    "movb $" type ",%4\n\t" \
    "movb $0x00,%5\n\t" \
    "movb %%ah,%6\n\t" \
    "rorl $16,%%eax" \
```
Linux 0.01

```
          ::"a" (addr), "m" (*(n)), "m" (*(n+2)), "m" (*(n+4)), \
          "m" (*(n+5)), "m" (*(n+6)), "m" (*(n+7)) \
          )

#define set_tss_desc(n,addr) _set_tssldt_desc(((char *) (n)),addr,"0x89")
#define set_ldt_desc(n,addr) _set_tssldt_desc(((char *) (n)),addr,"0x82")
```

Autrement dit :

· le zéroième mot du descripteur, c'est-à-dire la partie basse de la limite, prend la valeur 104 (puisqu'un TSS occupe 104 octets comme nous le verrons au chapitre 6 ; nous verrons dans ce même chapitre que la LDT ne contient que trois descripteurs sous Linux, qui ne nécessite donc que 24 octets) ;

· le premier mot du descripteur, c'est-à-dire le premier mot de l'adresse de base, prend comme valeur le mot de poids faible de l'adresse addr ;

· le quatrième octet du descripteur, c'est-à-dire le troisième octet de l'adresse de base, prend comme valeur l'octet de poids faible du mot de poids fort de l'adresse addr ;

· le cinquième octet du descripteur, c'est-à-dire l'octet des droits d'accès, prend comme valeur le « type » du segment :

   · 89h pour un TSS, soit 1000 1001b, c'est-à-dire P = 1 pour présent, DPL égal à 0, 0 et 1001b pour TSS 386 disponible (nous décrirons la structure des droits d'accès au chapitre 6) ;

   · 82h pour une LDT (qui n'est rien d'autre qu'un segment de données), soit 1000 0010b, c'est-à-dire P = 1 pour présent, DPL égal à 0, 0 pour descripteur système, E = 0 pour segment de données, X = 0 pour adresses en ordre croissant, W = 1 pour qu'on puisse surcharger les données et A = 0 puisqu'on n'a pas pas encore eu l'occasion d'accéder aux données ;

· le sixième octet du descripteur prend la valeur 0, pour G = 0, granularité indiquant que la limite doit être comptée en octets, B = 0 pour des adresses de déplacement sur seize bits, AVL = 0 (bit à la disposition du système d'exploitation, non utilisé par Linux) et la partie haute de la limite égale à 0 ;

· le septième et dernier octet du descripteur prend la valeur du quatrième octet de l'adresse de base.

Initialisation de la TSS et de la LDT

Rappel 80386

Pour un processus donné, il faut initialiser les registres TR de TSS grâce à l'instruction ltr du micro-processeur Intel et LDTR de la LDT grâce à l'instruction lldt. Linux encapsule ces instructions dans des macros pour ne pas rester au niveau assembleur.

Les macros :

```
ltr(n)
lldt(n)
```

permettent, respectivement, de charger la TSS et la LDT du processus numéro n.

Elles sont définies dans le fichier *include/linux/sched.h* :

Linux 0.01

```
#define ltr(n) __asm__("ltr %%ax"::"a" (_TSS(n)))
#define lldt(n) __asm__("lldt %%ax"::"a" (_LDT(n)))
```

Stockage du registre de tâche

On a quelquefois besoin de déplacer le contenu du registre de tâche `TR`. L'instruction `str ax` Rappel 80386 du langage d'assemblage `MASM` permet de placer le contenu de `TR` dans le registre `ax`. Linux encapsule cette instruction dans une macro.

La macro `str(n)` permet de stocker le registre de tâche du processus numéro n dans le registre `ax`. Elle est définie dans le fichier *include/linux/sched.h* :

Linux 0.01

```
#define str(n) \
__asm__("str %%ax\n\t" \
        "subl %2,%%eax\n\t" \
        "shrl $4,%%eax" \
:"=a" (n) \
:"a" (0),"i" (FIRST_TSS_ENTRY<<3))
```

Positionnement de la limite et de la base d'un segment

On a vu comment initialiser la `LDT` de chaque processus, avec une limite qui n'est pas adaptée. Linux fournit des macros pour changer la limite et la base de celle-ci, ainsi que pour récupérer ces valeurs.

Les macros suivantes permettent, respectivement, de positionner la base et la limite d'une `LDT` et de récupérer celles-ci :

```
set_base(ldt,base)
set_limit(ldt,limit)
get_base(ldt)
get_limit(segment)
```

Elles sont définies dans le fichier *include/linux/sched.h* :

Linux 0.01

```
#define _set_base(addr,base) \
__asm__("movw %%dx,%0\n\t" \
        "rorl $16,%%edx\n\t" \
        "movb %%dl,%1\n\t" \
        "movb %%dh,%2" \
        ::"m" (*((addr)+2)), \
          "m" (*((addr)+4)), \
          "m" (*((addr)+7)), \
          "d" (base) \
        :"dx")

#define _set_limit(addr,limit) \
__asm__("movw %%dx,%0\n\t" \
        "rorl $16,%%edx\n\t" \
        "movb %1,%%dh\n\t" \
        "andb $0xf0,%%dh\n\t" \
        "orb %%dh,%%dl\n\t" \
        "movb %%dl,%1" \
        ::"m" (*(addr)), \
          "m" (*((addr)+6)), \
          "d" (limit) \
        :"dx")

#define set_base(ldt,base) _set_base( ((char *)&(ldt)) , base )
#define set_limit(ldt,limit) _set_limit( ((char *)&(ldt)) , (limit-1)>>12 )

#define _get_base(addr) ({\
unsigned long __base; \
__asm__("movb %3,%%dh\n\t" \
        "movb %2,%%dl\n\t" \
        "shll $16,%%edx\n\t" \
        "movw %1,%%dx" \
:"=d" (__base) \
```

```
        :"m" (*((addr)+2)), \
                "m" (*((addr)+4)), \
                "m" (*((addr)+7))); \
__base;})

#define get_base(ldt) _get_base( ((char *)&(ldt)) )

#define get_limit(segment) ({ \
unsigned long __limit; \
__asm__("lsll %1,%0\n\tincl %0":"=r" (__limit):"r" (segment)); \
__limit;})
```

2.3 Accès à la mémoire vive

L'accès aux entités élémentaires de la mémoire vive (octet, mot et mot double) se fait grâce à des variantes de l'instruction mov sur les micro-processeurs Intel. Linux encapsule ces variantes dans des fonctions C.

Les six fonctions :

Linux 0.01

```
#include <asm/segment.h>

unsigned char get_fs_byte(const char * addr);
unsigned short get_fs_word(const unsigned short * addr);
unsigned long get_fs_long(const unsigned long * addr);

void put_fs_byte(char val,char * addr);
void put_fs_word(short val,short * addr);
void put_fs_long(unsigned long val,unsigned long * addr);
```

permettent respectivement de récupérer un octet, un mot ou un mot double depuis l'emplacement mémoire indiqué par l'adresse et de placer un octet, un mot ou un mot double à l'emplacement mémoire indiqué par l'adresse.

L'argument addr correspond à la valeur du déplacement dans le segment repéré par le registre de segment fs.

Ces six fonctions sont définies comme fonctions en ligne dans le fichier *include/asm/ segment.h* :

Linux 0.01

```
extern inline unsigned char get_fs_byte(const char * addr)
{
        unsigned register char _v;

        __asm__ ("movb %%fs:%1,%0":"=r" (_v):"m" (*addr));
        return _v;
}

extern inline unsigned short get_fs_word(const unsigned short *addr)
{
        unsigned short _v;

        __asm__ ("movw %%fs:%1,%0":"=r" (_v):"m" (*addr));
        return _v;
}

extern inline unsigned long get_fs_long(const unsigned long *addr)
{
        unsigned long _v;

        __asm__ ("movl %%fs:%1,%0":"=r" (_v):"m" (*addr)); \
        return _v;
}
```

```
extern inline void put_fs_byte(char val,char *addr)
{
__asm__ ("movb %0,%%fs:%1"::"r" (val),"m" (*addr));
}

extern inline void put_fs_word(short val,short * addr)
{
__asm__ ("movw %0,%%fs:%1"::"r" (val),"m" (*addr));
}

extern inline void put_fs_long(unsigned long val,unsigned long * addr)
{
__asm__ ("movl %0,%%fs:%1"::"r" (val),"m" (*addr));
}
```

On remarquera le signe de continuation de ligne présent dans la définition de la fonction **get_fs_long()** qui n'a pas lieu d'être. Il ne se retrouve pas d'ailleurs dans les autres définitions. *Remarque*

3 Évolution du noyau

3.1 Prise en compte d'autres micro-processeurs

Linux fut dès le départ conçu de façon modulaire. Ainsi, lorsque Linus TORVALDS eut à sa disposition un DEC alpha, il lui fut facile d'adapter son système d'exploitation pour ce micro-processeur ([TOR-01], p. 168). Depuis, le système d'exploitation a été porté pour un grand nombre de micro-processeurs. Tout ce qui est propre à l'un d'entre eux se trouve dans le répertoire *arch* sous le sous-répertoire adéquat, par exemple *arch/i386* pour le micro-processeur Intel 80386 et ses successeurs.

Donnons la structure du répertoire */arch* dans le cas du noyau 2.6.0 pour montrer la diversité des micro-processeurs pris en compte : *Linux 2.6.0*

- */alpha* pour le DEC alpha, qui demeure l'un des meilleurs micro-processeurs (un vrai 64 bits) même si celui-ci n'a plus connu d'évolution depuis 1993 (il sera remplacé par l'*Itanium* d'Intel lorsque ce dernier sera au point) ;
- */arm* pour le célèbre micro-processeur britannique, racheté par Intel, présent dans les PDA (agendas électroniques), qui exigent une version de Linux occupant peu de mémoire ;
- */arm26* pour la version de ce micro-processeur avec un adressage sur 26 bits ;
- */cris* pour le micro-processeur *ETRAX 100 LX*, conçu pour les systèmes embarqués ;
- */h8300* pour le micro-processeur 8 bits *H8/300*, également pour les systèmes embarqués ;
- */i386* pour les micro-processeurs Intel 32 bits ;
- */ia64* pour l'*Itanium* d'Intel ;
- */m68k* pour les micro-processeurs 68000 de Motorola et leurs successeurs, utilisé en particulier par Apple avant de passer au *Power PC* puis au *G3* ;
- */m68knommu* pour la version des micro-processeurs précédents sans gestion de la mémoire, conçue également pour les systèmes embarqués ;
- */mips* pour le micro-processeur MPIS de Silicon Graphics, utilisé à la fois pour les systèmes embarqués et pour les stations de travail haut de gamme ;
- */parisc* pour le micro-processeur *PA-RISC* de HP utilisé pour les stations de travail du même constructeur ;

- */ppc* pour le micro-processeur *Power PC* d'IBM et Motorola, utilisé pendant quelques années par Apple ;
- */ppc64* pour le micro-processeur d'IBM utilisé pour les systèmes *AS400* ;
- */s390* utilisé pour les gros ordinateurs d'IBM de la gamme `System/390` ;
- */sh* pour le micro-processeur *SuperH* d'Hitachi ;
- */sparc* pour le célèbre micro-processeur des stations de travail de Sun ;
- */sparc64* pour le modèle *UltraSparc* ;
- */um* pour *User Mode Linux*, c'est-à-dire Linux dans une boîte, en mode utilisateur ;
- */v850* pour le micro-processeur `V850E` de NEC ;
- *x86_64* pour le micro-processeur 64 bits d'AMD, concurrent de l'*Itanium* d'Intel.

On pourra trouver plus de détails sur ces diverses architectures sur la page web suivante : `http://www.win.tue.nl/~aeb/linux/lk/lk-1.html`

3.2 Accès à la mémoire vive

Linux 0.1.0

Dès le noyau 0.10, les fonctions **get_fs_byte()** et autres sont mises en parallèle avec les fonctions **get_fs()**, **get_ds()** et **set_fs()**, toujours dans le fichier *include/asm/segment.h*. Ces dernières sont les seules à subsister, implémentées dans le fichier *include/asm-i386/uaccess.h* :

Linux 2.6.0

```
28 #define KERNEL_DS          MAKE_MM_SEG(0xFFFFFFFFUL)
29 #define USER_DS            MAKE_MM_SEG(PAGE_OFFSET)
30
31 #define get_ds()           (KERNEL_DS)
32 #define get_fs()           (current_thread_info()->addr_limit)
33 #define set_fs(x)          (current_thread_info()->addr_limit = (x))
```

3.3 Utilisation de la segmentation

Linux 2.2

La version 2.2 de Linux n'utilise la segmentation que lorsque l'architecture Intel `80x86` le nécessite. En particulier, tous les processus utilisent les mêmes adresses logiques, de sorte que le nombre de segments à définir est très limité et qu'il est possible d'enregistrer tous les descripteurs de segments dans la table globale des descripteurs. Les tables locales de descripteurs (LDT) ne sont plus utilisées par le noyau, même s'il existe un appel système permettant aux processus de créer leurs propres LDT : cela se révèle en effet utile pour les applications telles que *Wine* qui exécutent des applications écrites pour Microsoft Windows, lesquelles sont orientées segments.

La table globale des descripteurs, référencée par la variable `gdt`, est définie dans le fichier *arch/i386/kernel/head.S*. Elle comprend un segment de code noyau, un segment de données noyau, un segment de code utilisateur et un segment de données utilisateur partagés par tous les processus lorsqu'ils sont en mode utilisateur, un segment d'état de tâche pour chaque processus, un segment de LDT pour chaque processus, quatre segments utilisés pour la gestion de l'énergie (APM pour *Advanced Power Management*), et quatre entrées non utilisées.

Il existe un segment de LDT par défaut qui est généralement partagé par tous les processus. Ce segment est enregistré par la variable `default_ldt`. La LDT par défaut inclut une unique entrée constituée du descripteur nul. Au départ, le descripteur de LDT d'un processus pointe sur le segment de LDT commune : son champ base contient l'adresse de *default_ldt* et limit vaut 7. Si un processus a besoin d'une vraie LDT, on la crée.

Le nombre maximal d'entrées dans la GDT est de 12 + 2×NR_TASKS, où NR_TASKS est le nombre maximal de processus. La GDT pouvant contenir un maximum de $2^{13} = 8\,192$ entrées, NR_TASKS ne peut pas dépasser 4 090.

Les constantes __FIRST_TSS_ENTRY, __FIRST_LDT_ENTRY et les macros __TSS(n), __LDT(n), qui changent légèrement de nom, sont maintenant définies dans le fichier *include/asm-i386/desc.h*. Les macros set_tss_desc(n,addr) et set_ldt_desc(n,addr) sont désormais définies dans le fichier *arch/i386/kernel/traps.c*. Les macros tech_TR(n) et __load_LDT(n), qui changent de nom, sont quant à elles définies dans le fichier *include/asm-i386/desc.h*. Les macros set_base(ldt,base), set_limit(ldt,limit) et get_base(ldt) sont dès lors définies dans le fichier *include/asm-i386/system.h*.

Dans la version 2.4 de Linux, le descripteur de segment de TSS associé à chaque processus n'est plus stocké dans la table globale de descripteurs. La limite matérielle au nombre de processus en cours disparaît alors.

Linux 2.4

Donnons, à titre d'exemple, la description d'une LDT présente dans le fichier *include/asm-i386/ldt.h* :

Linux 2.6.0

```
9  /* Maximum number of LDT entries supported. */
10 #define LDT_ENTRIES     8192
11 /* The size of each LDT entry. */
12 #define LDT_ENTRY_SIZE  8
13
14 #ifndef __ASSEMBLY__
15 struct user_desc {
16         unsigned int   entry_number;
17         unsigned long  base_addr;
18         unsigned int   limit;
19         unsigned int   seg_32bit:1;
20         unsigned int   contents:2;
21         unsigned int   read_exec_only:1;
22         unsigned int   limit_in_pages:1;
23         unsigned int   seg_not_present:1;
24         unsigned int   useable:1;
25 };
26
27 #define MODIFY_LDT_CONTENTS_DATA     0
28 #define MODIFY_LDT_CONTENTS_STACK    1
29 #define MODIFY_LDT_CONTENTS_CODE     2
```

Voici celle d'un segment de TSS, présente dans le fichier *include/asm-i386/processor.h* :

Linux 2.6.0

```
365 struct tss_struct {
366         unsigned short  back_link,__blh;
367         unsigned long   esp0;
368         unsigned short  ss0,__ss0h;
369         unsigned long   esp1;
370         unsigned short  ss1,__ss1h;       /* ss1 is used to cache MSR_IA32_SYSENTER_CS */
371         unsigned long   esp2;
372         unsigned short  ss2,__ss2h;
373         unsigned long   __cr3;
374         unsigned long   eip;
375         unsigned long   eflags;
376         unsigned long   eax,ecx,edx,ebx;
377         unsigned long   esp;
378         unsigned long   ebp;
379         unsigned long   esi;
380         unsigned long   edi;
```

```
381        unsigned short    es, __esh;
382        unsigned short    cs, __csh;
383        unsigned short    ss, __ssh;
384        unsigned short    ds, __dsh;
385        unsigned short    fs, __fsh;
386        unsigned short    gs, __gsh;
387        unsigned short    ldt, __ldth;
388        unsigned short    trace, io_bitmap_base;
389        /*
390         * The extra 1 is there because the CPU will access an
391         * additional byte beyond the end of the IO permission
392         * bitmap. The extra byte must be all 1 bits, and must
393         * be within the limit.
394         */
395        unsigned long     io_bitmap[IO_BITMAP_LONGS + 1];
396        /*
397         * pads the TSS to be cacheline-aligned (size is 0x100)
398         */
399        unsigned long __cacheline_filler[5];
400        /*
401         * .. and then another 0x100 bytes for emergency kernel stack
402         */
403        unsigned long stack[64];
404 } __attribute__((packed));
```

Donnons enfin l'initialisation d'un tel segment, dans le fichier *arch/i386/kernel/init_task.c* :

Linux 2.6.0

```
40 /*
41  * per-CPU TSS segments. Threads are completely 'soft' on Linux,
42  * no more per-task TSS's. The TSS size is kept cacheline-aligned
43  * so they are allowed to end up in the .data.cacheline_aligned
44  * section. Since TSS's are completely CPU-local, we want them
45  * on exact cacheline boundaries, to eliminate cacheline ping-pong.
46  */
47 struct tss_struct init_tss[NR_CPUS] __cacheline_aligned = { [0 ... NR_CPUS-1] = INIT_TSS };
```

Conclusion

Les micro-processeurs actuels simplifient grandement la gestion de la mémoire des systèmes d'exploitation modernes. Cependant, il n'existe pas de standard. Le système d'exploitation doit donc comporter une partie dépendant fortement du micro-processeur du système informatique sur lequel il sera employé. Nous avons vu dans ce chapitre la prise en charge de la segmentation des micro-processeurs *Intel*. La pagination, autre aide à la gestion de la mémoire, sera étudiée au chapitre 17.

Chapitre 5

Adaptation des entrées-sorties et des interruptions Intel

Nous allons voir dans ce chapitre comment Linux encapsule l'accès aux ports d'entrée-sortie des micro-processeurs Intel et comment il prend en compte les interruptions, qu'elles soient internes, matérielles ou logicielles, de ces micro-processeurs.

1 Accès aux ports d'entrée-sortie

1.1 Accès aux ports d'entrée-sortie sous 80x86

Rappelons que l'on accède aux ports d'entrée-sortie sur les micro-processeurs Intel 80x86 grâce aux instructions in et out (les seules qui existent pour le micro-processeur 8086) et à ses variantes.

Rappel 80386

1.2 Encapsulation des accès aux ports d'entrée-sortie sous Linux

Linux encapsule les instruction élémentaires précédentes, en langage machine ou d'assemblage, sous la forme de quatre macros :

· la macro outb(value,port) permet de placer l'octet value sur le port numéro port ;

· la macro inb(port) permet de récupérer un octet depuis le port numéro port ;

· lorsque ces macros sont suivies du suffixe _p, autrement dit **outb_p()** et **inb_p()**, une instruction fictive est introduite pour introduire une pause.

Celles-ci sont définies dans le fichier *include/asm/io.h* :

Linux 0.01

```
#define outb(value,port) \
__asm__ ("outb %%al,%%dx"::"a" (value),"d" (port))


#define inb(port) ({ \
unsigned char _v; \
__asm__ volatile ("inb %%dx,%%al":"=a" (_v):"d" (port)); \
_v; \
})

#define outb_p(value,port) \
__asm__ ("outb %%al,%%dx\n" \
                "\tjmp 1f\n" \
                "1:\tjmp 1f\n" \
                "1:"::"a" (value),"d" (port))

#define inb_p(port) ({ \
unsigned char _v; \
```

```
__asm__ volatile ("inb %%dx,%%al\n" \
        "\tjmp 1f\n" \
        "1:\tjmp 1f\n" \
        "1:":"=a" (_v):"d" (port)); \
_v; \
})
```

2 Les interruptions sous Linux

Le principe des *interruptions logicielles* et des *interruptions matérielles* concerne le cours d'architecture. Nous allons voir ici le principe d'utilisation de celles-ci par Linux, réservant l'étude de chaque interruption particulière pour plus tard.

2.1 Rappels sur les vecteurs d'interruption d'Intel

Rappelons qu'il y a 256 interruptions possibles sur un micro-processeur Intel, chacune étant identifiée par un entier compris entre 0 et 255, appelé *vecteur d'interruption*.

Classification des vecteurs d'interruption par Intel

Rappel 80386

La documentation Intel classifie les interruptions de la façon suivante [INT386] :

- les *interruptions matérielles* déclenchées par un périphérique ; il y en a de deux sortes :
  - les *interruptions masquables*, envoyées à la broche INTR du micro-processeur ; elles peuvent être désactivées en mettant à zéro le drapeau IF du registre EFLAGS ; toutes les IRQ envoyées par les dispositifs d'entrée-sortie donnent lieu à des interruptions masquables sur les PC ;
  - les *interruptions non masquables*, envoyées à la broche NMI du micro-processeur ; seuls quelques événements critiques tels que des défaillances matérielles peuvent conduire à des interruptions non masquables ; elles ne sont pas utilisées sur les PC compatibles IBM ;
- les *exceptions*, qui sont les autres interruptions ; il y en a également de deux sortes :
  - les exceptions détectées par le micro-processeur ; elles sont émises lorsque le micro-processeur détecte une situation anormale lors de l'exécution d'une instruction. Elles sont partagées en trois groupes par Intel en fonction de ce qui est sauvé au sommet de la pile noyau lorsque l'unité de contrôle du micro-processeur lève l'exception :
    - les *fautes* : la valeur du registre eip qui est sauvée est l'adresse de l'instruction qui a causé la faute, ainsi cette instruction peut-elle être reprise lorsque le gestionnaire d'exception se termine ; c'est le cas, par exemple, lorsqu'un cadre de page n'est pas présent en mémoire vive ;
    - les *déroutements* ou *trappes* (*trap* en anglais) : la valeur de eip qui est sauvée est l'adresse de l'instruction qui devait être exécutée après celle ayant déclenché l'interruption ; les trappes sont principalement utilisées dans le cadre du débogage ;
    - les *abandons* (*abort* en anglais) : une erreur grave s'est produite, l'unité de contrôle est perturbée et incapable de placer une valeur significative dans le registre eip ; le signal d'interruption émis par l'unité de contrôle est un signal d'urgence utilisé pour commuter le contrôle vers le gestionnaire d'exception d'abandon correspondant ; ce gestionnaire n'a d'autre choix que de forcer le processus affecté à terminer son exécution ;

- les *interruptions logicielles* apparaissent à la demande du programmeur ; elles sont déclenchées par les instructions int, int3 (pour le débogage) ainsi que par les instructions into (vérification de débordement) et bound (vérification d'adresse) lorsque les conditions qu'elles vérifient sont fausses ; ces exceptions s'utilisent généralement pour implémenter les appels système.

Classification des descripteurs d'IDT par Intel

La *table des descripteurs d'interruption* IDT peut contenir trois types de descripteurs :

- un descripteur de *porte de tâche* (*task gate* en anglais) contient le sélecteur de TSS du processus qui doit remplacer le processus en cours lors de l'arrivée d'un signal d'interruption ;
- un descripteur de *porte d'interruption* (*interrupt gate* en anglais) contient le sélecteur de segment et le déplacement dans ce segment d'un gestionnaire d'interruption ; lorsqu'il transfère le contrôle à ce segment, le processus met à 0 le drapeau IF, ce qui a pour effet d'interdire les interruptions masquables ;
- un descripteur de *porte de trappe* (*trap gate* en anglais) est similaire à une porte d'interruption, si ce n'est que lors du transfert du contrôle au segment, le processeur ne modifie pas le drapeau IF.

Le traitement des interruptions par le micro-processeur

Rappelons comment l'unité de contrôle du micro-processeur Intel 80x86 gère les interruptions en mode protégé, que ce soit la prise en charge ou le retour de cette interruption.

Prise en charge d'une interruption. Après exécution d'une instruction, l'adresse de la prochaine instruction à exécuter est déterminée par les registres cs et eip. Avant de traiter cette instruction, l'unité de contrôle vérifie si une interruption a été levée pendant l'exécution de l'instruction précédente. Si c'est le cas, l'unité de contrôle réalise les opérations suivantes :

- Elle détermine le vecteur i ($0 \leq i \leq 255$) associé à l'interruption.
- Elle consulte la i^e entrée de l'IDT (table référencée par le registre idtr).
- Elle cherche dans la GDT (dont l'adresse de base est contenue dans le registre gdtr) le descripteur de segment identifié par le sélecteur contenu dans l'entrée de l'IDT.
- Elle s'assure que l'interruption a été émise par une source autorisée. Dans un premier temps, elle compare le niveau courant de privilège (CPL pour *Current Privilege Level*), qui est enregistré dans les deux bits de poids faible du registre cs, avec le niveau de privilège du descripteur de segment (DPL pour *Descriptor Privilege Level*) contenu dans la GDT. Elle lève une exception de protection générale si le CPL est inférieur au DPL, le gestionnaire d'interruption étant censé posséder un niveau de privilège supérieur à celui du programme qui a causé l'interruption.

  Dans le cas des interruptions logicielles, elle réalise une vérification supplémentaire : elle compare le CPL avec le DPL du descripteur de porte contenu dans l'IDT et lève une exception de protection générale si le DPL est inférieur au CPL. Cette dernière vérification permet d'éviter qu'une application utilisateur n'accède à certaines portes de trappe ou d'interruption.
- Elle vérifie s'il est nécessaire d'effectuer un changement de niveau de priorité, ce qui est le cas si le CPL est différent du DPL du descripteur de segment sélectionné. Si tel est le

cas, l'unité de contrôle doit alors utiliser la pile associée au nouveau niveau de privilège. Pour cela, elle réalise les opérations suivantes :

- Elle consulte le registre `tr` pour accéder au TSS du processus en cours.
- Elle charge dans les registres `ss` et `esp` les valeurs de segment de pile et de pointeur de pile correspondant au nouveau niveau de privilège. Elle trouve ces valeurs dans le TSS.
- Elle sauve dans la nouvelle pile les valeurs précédentes de `ss` et de `esp`, qui définissent l'adresse logique de la pile associée à l'ancien niveau de priorité.
- Dans le cas d'une faute, elle charge dans `cs` et dans `eip` l'adresse logique de l'instruction responsable, afin de pouvoir l'exécuter à nouveau.
- Elle sauve le contenu de `eflags`, `cs` et `eip` dans la pile.
- Si un code d'erreur est associé à l'exception, elle en sauve la valeur sur la pile.
- Elle charge dans `cs` et `eip`, respectivement, les champs sélecteur de segment et de déplacement du descripteur de porte enregistré dans la i^e entrée de l'IDT. Ces valeurs définissent l'adresse logique de la première instruction du gestionnaire d'interruption sélectionné.

La dernière opération réalisée par l'unité de contrôle est équivalente à un saut vers le gestionnaire d'interruption.

Retour d'une interruption. Lorsque l'interruption a été traitée, le gestionnaire correspondant doit rendre le contrôle au processus interrompu en utilisant l'instruction `iret`, ce qui force l'unité de contrôle à :

- charger les registres `cs`, `eip` et `eflags` avec les valeurs sauvées sur la pile ; si un code d'erreur matérielle avait été empilé au-dessus de `eip`, il doit être dépilé avant l'exécution de `iret` ;
- vérifier si le CPL du gestionnaire est égal à la valeur contenue dans les deux bits de poids faible de `cs` (cela signifie que le processus interrompu s'exécutait au même niveau de privilège que le gestionnaire) ; si c'est le cas, `iret` termine son exécution, sinon on passe à la prochaine étape ;
- charger les registres `ss` et `esp` de la pile, et ainsi revenir à la pile associée à l'ancien niveau de privilège ;
- examiner le contenu des registres de segment `ds`, `es`, `fs` et `gs` : si l'un d'entre eux contient un sélecteur qui référence un descripteur de segment dont le DPL est inférieur au CPL, il faut mettre à 0 le registre de segment correspondant. L'unité de contrôle fait cela pour empêcher les programmes en mode utilisateur s'exécutant avec un CPL égal à 3 d'utiliser les registres de segment précédemment utilisés par les routines du noyau (avec un DPL égal à 0) : si les registres n'étaient pas réinitialisés, des programmes en mode utilisateur mal intentionnés pourraient les exploiter pour accéder à l'espace d'adressage du noyau.

Liste des exceptions réservées par Intel

La liste suivante donne le vecteur, le nom, le type et une brève description des exceptions rencontrées sur le micro-procesneur `80386` :

0 : **erreur de division** (en anglais *divide error*) : faute levée lorsqu'un programme tente d'effectuer une division par 0.

1 : **débogage** (en anglais *debug*) : trappe ou faute levée lorsque le drapeau T de EFLAGS est positionné (ce qui est très pratique pour réaliser l'exécution pas à pas d'un programme en cours de débogage) ou lorsque l'adresse d'une instruction ou d'un opérande se trouve dans le cadre d'un registre de débogage actif.

2 : réservée pour les interruptions non masquables.

3 : **point d'arrêt** (en anglais *breakpoint*) : déroutement causé par une instruction int 3.

4 : **débordement** (en anglais *overflow*) : déroutement levé lorsqu'une instruction into (vérification de débordement) est exécutée alors que le drapeau OF de EFLAGS est positionné.

5 : **vérification de limite** (en anglais *bounds check*) : faute levée lorsqu'une instruction bound (vérification de limite d'adresse) est exécutée sur un opérande situé hors des limites d'adresses valides.

6 : **code d'opération non valide** (en anglais *invalid opcode*) : faute levée lorsque l'unité d'exécution du processeur détecte un code d'instruction non valide.

7 : **périphérique non disponible** (en anglais *device not available*) : faute levée lorsqu'une instruction ESCAPE est exécutée alors que le drapeau TS de cr0 est positionné.

8 : **faute double** (en anglais *double fault*) : abandon. Normalement, lorsque le micro-processeur détecte une exception alors qu'il tente d'invoquer le gestionnaire d'une exception précédente, les deux exceptions peuvent être traitées en série ; dans certains cas, cependant, le micro-processeur ne peut pas effectuer un tel traitement, il lève alors cet abandon.

9 : **dépassement de segment du coprocesseur** (en anglais *coprocessor segment overrun*) : abandon qui notifie un problème avec le coprocesseur mathématique externe (ne s'applique donc strictement qu'aux micro-processeurs de type 80386 mais il est conservé pour ses successeurs pour raison de compatibilité).

10 : **TSS non valide** (en anglais *invalid TSS*) : faute levée lorsque le micro-processeur tente de commuter vers un processus dont le segment d'état n'est pas valide.

11 : **segment non présent** (en anglais *segment not present*) : faute levée lorsqu'une référence est faite à un segment non présent en mémoire.

12 : **segment de pile** (en anglais *stack segment*) : faute levée lorsque l'instruction tente de dépasser la limite du segment de pile ou lorsque le segment identifié par ss ne se trouve pas en mémoire.

13 : **protection générale** (en anglais *general protection*) : faute levée lorsqu'une des règles de protection du mode protégé a été violée.

14 : **défaut de page** (en anglais *page fault*) : faute levée lorsque la page adressée n'est pas présente en mémoire, lorsque l'entrée correspondante dans la table de pages est nulle ou lorsque le mécanisme de pagination a été violé.

15 : réservée par Intel.

16 : **erreur de calcul sur les réels** (en anglais *floating point error*) : faute levée lorsque l'unité de calcul en virgule flottante intégrée sur le micro-processeur a signalé une erreur, telle qu'un débordement ou une division par zéro.

17 à 31 : réservées par Intel.

2.2 Adaptations sous Linux

Utilisation des vecteurs d'interruption par Linux

Linux utilise les vecteurs d'interruption suivants :

- les vecteurs de 0 à 31 correspondent aux exceptions réservées par Intel et aux interruptions non masquables ;
- les vecteurs de 32 à 47 sont affectés aux seize interruptions matérielles masquables d'un PC compatible IBM, interruptions causées par un IRQ ;
- Linux n'utilise qu'une seule interruption logicielle, celle de valeur 128 ou 80h, qui sert à implémenter les appels système.

Classification des descripteurs de l'IDT par Linux

Les descripteurs de porte de tâche ne sont pas utilisés par Linux. La classification des différents descripteurs de portes d'interruption et de trappe se fait suivant une terminologie différente de celle d'Intel :

- une **porte d'interruption** (*interrupt gate* en anglais) est une porte d'interruption au sens de Intel qui ne peut pas être accédée par un processus en mode utilisateur (le champ DPL de la porte est à 0) ;
- une **porte système** (*system gate* en anglais) est une porte de trappe au sens de Intel qui peut être accédée en mode utilisateur (le champ DPL est égal à 3) ;
- une **porte de trappe** (*trap gate* en anglais) est une porte de trappe au sens de Intel qui ne peut pas être accédée par un processus en mode utilisateur (le champ DPL est égal à 0).

Utilisation des descripteurs de l'IDT par Linux

Tous les gestionnaires des interruptions matérielles sont activés sous Linux par le biais de portes d'interruption ; ils sont donc tous restreints au mode noyau. Les quatre gestionnaires d'exception de Linux (associés aux vecteurs 3, 4, 5 et 128) sont activés par le biais de portes système, ainsi les quatre instructions dénommées int 3, into, bound et int 80h en langage d'assemblage peuvent-elles être utilisées en mode utilisateur. Tous les autres gestionnaires d'exception de Linux sont activés par le biais de portes de trappe.

Fonctions d'insertion des portes

On utilise les fonctions suivantes pour insérer des portes dans l'IDT :

- set_intr_gate(n,addr) pour insérer une porte d'interruption dans la n^e entrée de l'IDT ;
- set_system_gate(n,addr) pour insérer une porte système dans la n^e entrée de l'IDT ;
- set_trap_gate(n,addr) pour insérer une porte de trappe dans la n^e entrée de l'IDT.

Dans chacun de ces cas, le sélecteur de segment de la porte prend la valeur du sélecteur de segment du noyau et le déplacement prend la valeur addr, qui est l'adresse du gestionnaire d'interruption.

Ces fonctions sont définies dans le fichier *include/asm/system.h* :

```
#define _set_gate(gate_addr,type,dpl,addr) \
__asm__ ("movw %%dx,%%ax\n\t" \
        "movw %0,%%dx\n\t" \
        "movl %%eax,%1\n\t" \
        "movl %%edx,%2" \
: \
: "i" ((short) (0x8000+(dpl<<13)+(type<<8))), \
        "o" (*((char *) (gate_addr))), \
        "o" (*(4+(char *) (gate_addr))), \
        "d" ((char *) (addr)),"a" (0x00080000))

#define set_intr_gate(n,addr) \
        _set_gate(&idt[n],14,0,addr)

#define set_trap_gate(n,addr) \
        _set_gate(&idt[n],15,0,addr)

#define set_system_gate(n,addr) \
        _set_gate(&idt[n],15,3,addr)
```
Linux 0.01

3 Initialisation des exceptions

Les exceptions sont initialisées en deux temps sous Linux :

· une initialisation provisoire de l'IDT est effectuée par la fonction **startup_32()** contenue dans le fichier *boot/head.s* ;

· l'une des premières tâches de la fonction **main()** pour le noyau 0.01 consiste à initialiser l'IDT de façon définitive en appelant plusieurs fonctions.

3.1 Initialisation provisoire

Lors du démarrage de Linux, la table des interruptions est d'abord initialisée de façon provisoire avant de passer au mode protégé, mais on ne peut pas l'utiliser en mode protégé. Il est donc fait appel ensuite à une procédure au début du fichier *boot/head.s* :

```
        call setup_idt
```
Linux 0.01

pour remplir la table des interruptions d'un gestionnaire par défaut.

Table des descripteurs d'interruption. L'IDT est stockée dans une table appelée _idt dans le noyau 0.01, définie au tout début du fichier *boot/head.s* :

```
.globl _idt,_gdt,_pg_dir
```
Linux 0.01

Descripteur de l'IDT. Le descripteur de l'IDT s'appelle idt_descr, toujours défini dans le même fichier :

```
idt_descr:
        .word 256*8-1           # idt contains 256 entries
        .long _idt
```
Linux 0.01

Remarquons que l'IDT contient donc systématiquement 256 entrées.

Définition de l'IDT. L'IDT est définie statiquement de la façon suivante :

```
_idt:   .fill 256,8,0           # idt is uninitialized
```
Linux 0.01

Initialisation de l'IDT. Durant l'initialisation du noyau, la fonction **setup_idt()** écrite en langage d'assemblage commence par remplir les 256 entrées de _idt avec la même porte d'interruption, qui référence le gestionnaire d'interruption **ignore_int()** :

Linux 0.01

```
/*
 *  setup_idt
 *
 *  sets up a idt with 256 entries pointing to
 *  ignore_int, interrupt gates. It then loads
 *  idt. Everything that wants to install itself
 *  in the idt-table may do so themselves. Interrupts
 *  are enabled elsewhere, when we can be relatively
 *  sure everything is ok. This routine will be over-
 *  written by the page tables.
 */
setup_idt:
        lea ignore_int,%edx
        movl $0x00080000,%eax
        movw %dx,%ax                /* selector = 0x0008 = cs */
        movw $0x8E00,%dx            /* interrupt gate - dpl=0, present */
        lea _idt,%edi
        mov $256,%ecx
rp_sidt:
        movl %eax,(%edi)
        movl %edx,4(%edi)
        addl $8,%edi
        dec %ecx
        jne rp_sidt
        lidt idt_descr
        ret
```

Chargement de l'IDT. La dernière ligne de la procédure précédente (lidt idt_descr) correspond au chargement de l'IDT.

Le gestionnaire par défaut. Le gestionnaire d'interruption **ignore_int()** est également défini en langage d'assemblage dans *boot/head.s* :

Linux 0.01

```
/* This is the default interrupt "handler":-) */
.align 2
ignore_int:
        incb 0xb8000+160            # put something on the screen
        movb $2,0xb8000+161         # so that we know something
        iret                        # happened
```

Autrement dit le deuxième caractère semi-graphique d'IBM est affiché en haut à gauche de l'écran pour montrer que quelque chose s'est passé. Nous reviendrons sur l'affichage brut de ce type au chapitre 13.

3.2 Initialisation définitive

Les grandes étapes

Les micro-processeurs Intel 80x86 peuvent lever une vingtaine d'exceptions différentes (le nombre exact dépendant du modèle du micro-processeur) en interne. Ces exceptions sont initialisées, sous Linux, par la fonction **trap_init()**, qui est l'une des premières fonctions appelées par la fonction **main()** du fichier *init/main.c*.

La fonction **trap_init()** est définie dans le fichier *kernel/traps.c*. Elle consiste en une série d'initialisations :

Linux 0.01

```
void trap_init(void)
{
```

```
        int i;

        set_trap_gate(0,&divide_error);
        set_trap_gate(1,&debug);
        set_trap_gate(2,&nmi);
        set_system_gate(3,&int3);        /* int3-5 can be called from all */
        set_system_gate(4,&overflow);
        set_system_gate(5,&bounds);
        set_trap_gate(6,&invalid_op);
        set_trap_gate(7,&device_not_available);
        set_trap_gate(8,&double_fault);
        set_trap_gate(9,&coprocessor_segment_overrun);
        set_trap_gate(10,&invalid_TSS);
        set_trap_gate(11,&segment_not_present);
        set_trap_gate(12,&stack_segment);
        set_trap_gate(13,&general_protection);
        set_trap_gate(14,&page_fault);
        set_trap_gate(15,&reserved);
        set_trap_gate(16,&coprocessor_error);
        for (i=17;i<32;i++)
                set_trap_gate(i,&reserved);
/*      __asm__("movl $0x3ff000,%%eax\n\t"
                "movl %%eax,%%db0\n\t"
                "movl $0x000d0303,%%eax\n\t"
                "movl %%eax,%%db7"
:::"ax");*/
}
```

faisant appel à une série de gestionnaires dont nous allons maintenant parler.

Liste des gestionnaires

Comme le montre le code de **trap_init()** ci-dessus, chaque exception réservée est prise en compte dans Linux par un gestionnaire spécifique :

Numéro	Exception	Gestionnaire
0	Erreur de division	**divide_error()**
1	Débogage	**debug()**
2	NMI	**nmi()**
3	Point d'arrêt	**int3()**
4	Débordement	**overflow()**
5	Vérification de limites	**bounds()**
6	Code d'opération non valide	**invalid_op()**
7	Périphérique non disponible	**device_not_available()**
8	Faute double	**double_fault()**
9	Débordement de coprocesseur	**coprocessor_segment_overrun()**
10	TSS non valide	**invalid_TSS()**
11	Segment non présent	**segment_not_present()**
12	Exception de pile	**stack_segment()**
13	Protection générale	**general_protection()**
14	Défaut de page	**page_fault()**
15	Réservé	**reserved()**
16	Erreur du coprocesseur	**coprocessor_error()**
17 à 31	Réservé	**reserved()**

Déclaration des gestionnaires

Les gestionnaires sont déclarés dans le fichier *kernel/traps.c* :

```
void divide_error(void);
void debug(void);
void nmi(void);
void int3(void);
```

```
void overflow(void);
void bounds(void);
void invalid_op(void);
void device_not_available(void);
void double_fault(void);
void coprocessor_segment_overrun(void);
void invalid_TSS(void);
void segment_not_present(void);
void stack_segment(void);
void general_protection(void);
void page_fault(void);
void coprocessor_error(void);
void reserved(void);
```

Définitions des gestionnaires

La définition des gestionnaires (en langage d'assemblage), à part **page_fault()**, fait l'objet du fichier *kernel/asm.s* :

Linux 0.01

```
/*
 * asm.s contains the low-level code for most hardware faults.
 * page_exception is handled by the mm, so that isn't here. This
 * file also handles (hopefully) fpu-exceptions due to TS-bit, as
 * the fpu must be properly saved/resored. This hasn't been tested.
 */

.globl _divide_error,_debug,_nmi,_int3,_overflow,_bounds,_invalid_op
.globl _device_not_available,_double_fault,_coprocessor_segment_overrun
.globl _invalid_TSS,_segment_not_present,_stack_segment
.globl _general_protection,_coprocessor_error,_reserved
```

La définition du gestionnaire **page_fault()**, quant à elle, se trouve dans le fichier *mm/page.s* :

Linux 0.01

```
/*
 * page.s contains the low-level page-exception code.
 * the real work is done in mm.c
 */
```

Nous reviendrons plus tard sur le code de chacun de ces gestionnaires, au fur et à mesure de leur introduction.

4 Initialisation des interruptions matérielles

L'initialisation des interruptions matérielles se fait en deux étapes :

· reprogrammation du PIC pour que les interruptions matérielles correspondent aux vecteurs d'interruption 20h à 2Fh ;

· association des gestionnaires associés à chacune de ces interruptions.

4.1 Un problème de conception

IBM PC   Les concepteurs de l'IBM-PC avaient choisi des numéros d'interruption réservés (mais non utilisés à l'époque) par Intel pour les interruptions matérielles : les numéros 8h à Fh. Intel utilisa cependant effectivement ces numéros d'interruption lors de la conception du micro-processeur 80386 : ils correspondent à des exceptions qui peuvent être déclenchées en mode protégé, comme nous l'avons vu précédemment. La conception d'IBM reste un standard de fait (rappelons que c'est Compaq qui utilisa le premier le micro-processeur 80386 et non IBM), aussi les BIOS (en mode réel) actuels continuent-ils d'utiliser les interruptions 8h à Fh pour les interruptions matérielles. Lorsqu'on passe en mode protégé, on doit déplacer ces interruptions matérielles.

4.2 Contrôleur d'interruptions programmable

Notion

Il n'est pas très facile de dessiner le circuit indiquant le numéro d'interruption matérielle ni de décider quel périphérique est prioritaire par rapport à tel autre. Pour faciliter ce travail, Intel a conçu un **contrôleur d'interruptions programmable** (ou PIC pour *Programmable Interrupt Controller*), circuit intégré portant le numéro 8259A, qui permet de traiter huit interruptions et qui communique avec le micro-processeur *via* deux ports d'entrée-sortie dont les adresses doivent être consécutives.

Le PIC 8259 est décrit, par exemple, dans [UFF-87]. La seule chose qui nous intéresse ici est qu'il comporte trois registres internes, appelés **ISR** (pour *Interrupt Service Register*), **IRR** (pour *Interrupt Request Register*) et **IMR** (pour *Interrupt Mask Register*).

À l'origine placé dans un circuit électronique séparé sur la carte mère, les fonctionnalités du PIC ont été ensuite incluses dans le *chipset* de la carte mère. Les micro-processeurs P6 incluent carrément ces fonctionnalités *via* l'APIC (pour *Advanced Programmable Interrupt Controller*). De toute façon, il y a compatibilité comme toujours chez Intel.

Cas de l'IBM-PC

Pour le PC et le PC/XT, IBM utilise un seul PIC dont les adresses d'entrée-sortie sont 20h et 21h. Les requêtes d'interruptions sont les suivantes :

IRQ0   Canal 0 du minuteur
IRQ1   Clavier
IRQ2   Réservé
IRQ3   COM2
IRQ4   COM1
IRQ5   LPT2
IRQ6   Contrôleur du lecteur de disquettes
IRQ7   LPT1

À partir du PC-AT apparaît un second PIC : le premier est le **PIC maître** et le second le **PIC esclave**. Ce nouveau PIC a pour ports d'entrée-sortie A0h et A1h. Il comprend les IRQ de IRQ8 à IRQ15 en cascade à partir de l'IRQ2.

Fonctionnement du PIC

Avant que le PIC ne puisse être utilisé, les numéros d'interruption doivent être programmés. De plus, un *mode opératoire* et un *schéma de priorité* doivent être sélectionnés.

Une fois qu'il a été initialisé, le PIC répond aux requêtes d'interruption IR0 à IR7. Si par exemple une requête d'interruption intervient et si elle est de priorité plus grande que celle qui est en train d'être effectuée, le PIC va l'exécuter. En supposant que IF est positionné, le micro-processeur termine l'instruction en cours et répond par une impulsion INTA. Cette impulsion gèle (stocke) toutes les requêtes d'interruption dans le PIC dans le registre spécial IRR. Le signal d'interruption peut alors être retiré.

Lorsque la seconde impulsion INTA est reçue par le PIC, un bit du registre ISR est positionné. Si par exemple le micro-processeur accuse réception d'une requête IR3, le PIC positionnera le bit IS3 de ISR pour indiquer que cette entrée est active. De plus les entrées de priorité inférieure ou égale seront inhibées.

Le PIC sort alors le **numéro de type** correspondant à l'entrée IR active. Ce nombre est multiplié par quatre par le micro-processeur 8086 (et par huit pour le micro-processeur 80386) et utilisé comme pointeur dans la table des vecteurs d'interruption.

Avant de transférer le contrôle à l'adresse du vecteur, le micro-processeur place CS, IP et les indicateurs sur la pile. La routine de service de l'interruption est alors exécutée. Lorsqu'elle est terminée, elle doit exécuter une commande spéciale **EOI** (pour *End-Of-Interrupt*) du PIC. Celle-ci positionne le bit correspondant du registre ISR pour l'entrée IR active. Si ceci n'était pas fait, toutes les interruptions de priorité égale ou inférieure resteraient inhibées par le PIC.

Le cycle d'interruption est terminé lorsque l'instruction IRET est exécutée. Celle-ci replace CS, IP et les indicateurs et transfert le contrôle au programme qui avait été interrompu.

Modes opératoires du PIC

Le 8259 peut être programmé dans un mode opératoire à choisir parmi six. Le mode par défaut est le mode **Fully Nested**. Dans ce mode IR0 possède la priorité la plus élevée et IR7 la priorité la moins élevée. Le mode **Special Fully Nested** est sélectionné lorsqu'il s'agit du PIC maître dans un système en cascade. Ce mode est identique au mode *fully nested* mais il étend la règle de priorité aux PIC reliés en cascade. Par exemple, dans ce mode sur un IBM PC-AT, IRQ8 possède une priorité plus élevée que IRQ12 (bien qu'ils soient reliés tous les deux à IRQ2). De même IRQ12 possède une priorité plus élevée que IRQ5 (car IRQ12 est relié à IRQ2).

L'IBM-PC utilise le mode par défaut du PIC : *Fully Nested* ou *Special Fully Nested* suivant qu'il utilise un ou deux PIC.

4.3 Programmation des registres de contrôle d'initialisation du PIC

On initialise le PIC grâce à quatre **mots de contrôle d'initialisation**, dénommés **ICW**1 à **ICW**4 (pour *Initialization Control Word*).

ICW1

Le mot de contrôle ICW1 est transmis à travers le premier port d'entrée-sortie du PIC avec le bit D4 égal à 1. Il débute la suite d'initialisation. Son format est le suivant :

D_7	D_6	D_5	D_4	D_3	D_2	D_1	D_0
A_7	A_6	A_5	1	LTIM	ADI	SNGL	IC4

· IC4 doit être égal à 1 pour un micro-processeur 8086 (ou l'un de ses successeurs) et à 0 pour un micro-processeur 8080 ou 8085. On a besoin du mot de contrôle ICW4 lorsque IC4 est égal à 1.

- SNGL (pour *SiNGLe*) doit être égal à 1 si l'on n'utilise qu'un seul 8259 et à 0 si l'on est en mode cascade. Dans le mode cascade, on aura besoin de ICW3.

- ADI (pour *call ADdress Interval*) doit être égal à 1 pour un intervalle de 4 (cas du 8086) et à 0 pour un intervalle de 8 (cas du 80386 en mode protégé), ce qui détermine le facteur de multiplication du vecteur d'interruption pour obtenir son adresse.

- LTIM (pour *Level-TrIggered Mode*) doit être égal à 1 pour un mode déclenchement (*level-triggered mode*) par niveau et à 0 pour un mode de déclenchement par impulsion (*edge-triggered mode*), ce qui fait référence à la nature du signal.

- Les bits A_5 à A_7 donnent l'adresse du vecteur d'interruption. Ils ne sont utiles que dans le cas du micro-processeur MCS-80/85, jamais utilisé sur l'IBM-PC.

Par exemple les instructions suivantes programment le 8259A maître pour le mode 8086, à déclenchement par impulsion et comme PIC unique :

```
mov AL, 00010011b; déclenchement par impulsion,
                ; PIC unique, mode 80x86
out 20h, AL
```

ICW2

Le mot de contrôle ICW2 est écrit ensuite sur le second port d'entrée-sortie. Son format est le suivant :

D_7	D_6	D_5	D_4	D_3	D_2	D_1	D_0
A_{15}/T_7	A_{14}/T_6	A_{13}/T_5	A_{12}/T_4	A_{11}/T_3	A_{10}	A_9	A_8

On spécifie les bits A_{15} à A_8 de l'adresse du vecteur d'interruption dans le cas du micro-processeur MCS-80/85 (ce qui n'est pas le cas de l'IBM-PC) et les bits T_7 à T_3 dans le cas du mode 8086/8088.

Dans le cas du mode 8086/8088, le PIC donne aux trois bits T_2, T_1 et T_0 les valeurs 000 à 111 pour les entrées IR0 à IR7 ; le numéro de type de base du PIC doit donc se terminer par 000b.

Déterminons le numéro de type de base pour que les entrées IRQ0 à IRQ7 correspondent aux numéros de type 08h à 0Fh.

Puisque ICW2 stocke l'adresse de base, il doit être programmé avec 08h. Le tableau suivant donne les numéros de type de sortie pour chaque entrée IRQ :

Entrée	Numéro de type
IRQ0	08h
IRQ1	09h
IRQ2	0Ah
IRQ3	0Bh
IRQ4	0Ch
IRQ5	0Dh
IRQ6	0Eh
IRQ7	0Fh

ICW3

Si le bit D1 de ICW1 est égal à 0, le mode en cascade est indiqué. Dans ce cas, une seconde écriture du PIC sur le deuxième port d'entrée-sortie est interprétée comme ICW3 :

- Pour le PIC maître, ICW3 spécifie les entrées IR auxquelles des PIC esclaves sont connectés. Ainsi 00000011b indique que des PIC esclaves sont connectés à IR0 et IR1.
- Pour un PIC esclave, ICW3 spécifie l'entrée IR du PIC maître auquel il est connecté. Si par exemple le PIC esclave est connecté à IR6 du PIC maître, la valeur de ICW3 doit être 00000110b.

La différence entre PIC maître et PIC esclaves se fait au niveau du câblage.

ICW4

Si le bit D0 de ICW1 est égal à 0, le mode 8086 est indiqué. Dans ce cas, une autre écriture sur le deuxième port d'entrée-sortie du PIC (seconde ou troisième, suivant la valeur du bit D1) sera interprétée comme ICW4.

Le format de celui-ci est le suivant :

D_7	D_6	D_5	D_4	D_3	D_2	D_1	D_0
0	0	0	SFNM	BUF	M/S	AEOI	μPM

- μPM indique le type du micro-processeur, soit MCS-80/85 si D0 est égal à 0, soit 8086/8088 (ou l'un de ses successeurs) si D0 est égal à 1.
- Le bit D1 (appelé AEOI pour *Auto EOI*) active automatiquement l'instruction EOI utilisée dans les modes *fully nested* et *automatic rotating priority*.
- Les bits D2 (appelé M/S pour *Master/Slave*) et D3 (appelé BUF pour *BUFfer*) spécifient si le PIC est le maître ou l'esclave dans un environnement de CPU tamponné selon les valeurs suivantes :

BUF	M/S	Signification
0	x	mode non tamponné
1	0	mode esclave tamponné
1	1	mode maître tamponné

- Le bit D4 (appelé SFNM pour *Special Fully Nested Mode*) sélectionne ou non le mode *special fully nested*.

4.4 Programmation des registres de contrôle des opérations du PIC

Une fois le PIC initialisé avec les ICW, il est prêt à recevoir des interruptions en opérant en mode *fully nested* ou *special fully nested*. Les données en écriture suivantes vers le 8289A seront interprétées comme des **mots de contrôle des opérations** (des **OCW** pour *Operation Control Words*). Ces octets OCW1, OCW2 et OCW3 spécifient les modes de priorité de rotation, le mode de masquage spécial, le mode d'interrogation, le masque d'interruption et les commandes EOI.

OCW1

On peut lire ou écrire dans ce registre en utilisant le second port d'entrée-sortie. Son format est le suivant :

D_7	D_6	D_5	D_4	D_3	D_2	D_1	D_0
M7	M6	M5	M4	M3	M2	M1	M0

où Mi égal à 1 indique que l'entrée IRi est masquée, c'est-à-dire qu'il n'y aura pas de réponse à une requête de sa part.

OCW2

Une écriture sur le premier port d'entrée-sortie du PIC avec D4 égal à 0 est interprétée comme OCW2 pour spécifier la commande EOI. Son format est le suivant :

D_7	D_6	D_5	D_4	D_3	D_2	D_1	D_0
R	SL	EOI	0	0	L2	L1	L0

Les commandes qui peuvent être transmises à ce registre sont explicitées par ce tableau :

R	SL	EOI	Commande	Description
0	0	1	EOI non spécifique	Utilisé dans le mode *fully nested* pour mettre le bit IS à 1 ; si le bit 1 de ICW4 est à 1, cette commande est exécutée automatiquement lors de INTA.
0	1	1	EOI spécifique	Utilisé pour mettre à 1 un bit donné de IS, désigné par D0-D2.
1	0	1	Rotate on non specific EOI	Utilisé pour opérer en mode rotation non particulière ; met à 1 le bit IS de numéro le plus bas.
1	0	0	Set rotate in auto EOI mode	Si le bit 1 de ICW4 est à 1, le PIC effectuera automatiquement une rotation sur la commande EOI non particulière lors des cycles INTA
0	0	0	Clear rotate in auto EOI mode	Utilisé pour annuler le mode d'auto-rotation
1	1	1	Rotate on specific EOI command	Utilisé pour opérer en mode de rotation particulière ; les bits D0-D2 spécifient le bit IS à mettre à 1, donc de priorité la plus basse
1	1	0	Set priority command	Utilisé pour assigner une entrée IR particulière de priorité la plus basse

Remarquons qu'on envoie 00100000b pour que le PIC soit programmé dans le mode *fully nested*. On n'a pas besoin de se préoccuper du bit IS dans ce cas, puisque l'instruction EOI non particulière replace toujours le bit IS de numéro le plus bas. Dans le mode *fully nested*, ceci correspondra toujours à la routine en cours.

OCW3

Une écriture sur le premier port d'entrée-sortie du PIC est interprétée comme OCW3 si les bits D3 et D4 sont égaux à 1 et à 0 respectivement. Son format est le suivant :

D_7	D_6	D_5	D_4	D_3	D_2	D_1	D_0
0	ESMM	SMM	0	1	P	RR	RIS

· Les bits D5 (appelé SMM pour *Special Mask Mode*) et D6 (appelé ESMM pour *Enable Special Mask Mode*) permettent de programmer le mode de masquage spécial selon le tableau suivant :

SMM	ESMM	Action
1	1	active le masquage spécial
0	1	désactive le masquage spécial
1	0	pas d'action
0	0	pas d'action

· Le bit D2 est utilisé pour sélectionner le mode scrutation (*polling* en anglais).

· Les bits D1 et D0 permettent de lire IRR ou IS selon le tableau suivant :

RIS	RR	Action
1	1	lire le registre IS lors de la prochaine impulsion $\overline{RD}$
0	1	lire le registre IR lors de la prochaine impulsion $\overline{RD}$
1	0	pas d'action
0	0	pas d'action

Considérons les instructions suivantes se trouvant dans la routine de service du port COM1 du PC utilisant IRQ4 :

```
MOV    AL,00010000b    ; masque IRQ4
OUT    21h,AL          ; OCW1 (IMR)
MOV    AL,01101000b    ; mode de masquage spécial
OUT    20h,AL          ; OCW3
```

En se masquant lui-même et en sélectionnant le mode de masquage spécial, les interruptions IRQ5 à IRQ7 ne seront plus acceptées par le PIC (ainsi que celles de priorités plus élevées IRQ0 à IRQ3).

4.5 Reprogrammation du PIC dans le cas de Linux

Linux déplace les seize interruptions matérielles IRQ0 à IRQ15 présents sur l'IBM PC (les huit interruptions matérielles d'origine plus les huit interruptions ajoutées lors du passage à l'IBM-PC/AT) des numéros 8h à 15h aux numéros 20h à 2Fh, c'est-à-dire tout de suite derrière les interruptions réservées par Intel.

Le déplacement des interruptions matérielles (sans leur associer de gestionnaire d'interruption pour l'instant) se trouve dans le fichier, écrit en langage d'assemblage, *boot/boot.s* :

Linux 0.01
```
| well, that went ok, I hope. Now we have to reprogram the interrupts:-(
| we put them right after the intel-reserved hardware interrupts, at
| int 0x20-0x2F. There they won't mess up anything. Sadly IBM really
| messed this up with the original PC, and they haven't been able to
| rectify it afterwards. Thus the bios puts interrupts at 0x08-0x0f,
| which is used for the internal hardware interrupts as well. We just
| have to reprogram the 8259's, and it isn't fun.

        mov    al,#0x11                 | initialization sequence
        out    #0x20,al                 | send it to 8259A-1
```

```
        .word   0x00eb,0x00eb       | jmp $+2, jmp $+2
        out     #0xA0,al            | and to 8259A-2
        .word   0x00eb,0x00eb
        mov     al,#0x20            | start of hardware int's (0x20)
        out     #0x21,al
        .word   0x00eb,0x00eb
        mov     al,#0x28            | start of hardware int's 2 (0x28)
        out     #0xA1,al
        .word   0x00eb,0x00eb
        mov     al,#0x04            | 8259-1 is master
        out     #0x21,al
        .word   0x00eb,0x00eb
        mov     al,#0x02            | 8259-2 is slave
        out     #0xA1,al
        .word   0x00eb,0x00eb
        mov     al,#0x01            | 8086 mode for both
        out     #0x21,al
        .word   0x00eb,0x00eb
        out     #0xA1,al
        .word   0x00eb,0x00eb
        mov     al,#0xFF            | mask off all interrupts for now
        out     #0x21,al
        .word   0x00eb,0x00eb
        out     #0xA1,al
```

Autrement dit :

· on commence l'initialisation du premier PIC en lui envoyant l'ICW1 de valeur 11h, soit 0001 0001b pour un micro-processeur 80x86 en cascade avec intervalle de 8 (il s'agit d'un 80386 en mode protégé) et un déclenchement par impulsion (ce dernier paramètre a été obtenu en étudiant le code du BIOS) ;

· deux instructions fictives servent de temporisation pour permettre la prise en compte par le PIC ;

· on initialise le second PIC de la même façon ;

· on envoie la valeur 20h comme ICW2 au premier PIC pour indiquer que IRQ0 vaut désormais 20h, et les valeurs suivantes pour IRQ1 à IRQ7 ;

· on envoie la valeur 28h comme ICW2 au second PIC pour indiquer que IRQ8 vaut désormais 28h, et les valeurs suivantes pour IRQ9 à IRQ15 ;

· on envoie la valeur 04h, soit 0000 0100b, comme ICW3 au premier PIC pour indiquer qu'un PIC (esclave) est connecté à IR2 ;

· on envoie la valeur 02h comme ICW3 au second PIC pour lui indiquer que IR2 est l'entrée du PIC maître ;

· on envoie la valeur 01h comme ICW4 aux deux PIC pour indiquer qu'il s'agit d'un micro-processeur 80x86, sans EOI automatique, en mode non tamponné mais *Special Fully Nested* ;

· on masque toutes les interruptions pour l'instant, puisque les routines associées ne sont pas mises en place.

4.6 Gestionnaires des interruptions matérielles

L'association des gestionnaires aux différentes interruptions matérielles se trouvent dans des fichiers divers :

· L'IRQ0, correspondant à l'interruption matérielle 8h pour l'IBM-PC et à 20h pour Linux, concerne le déclenchement des tops d'horloge, émis périodiquement par l'horloge temps réel RTC. Cette association est effectuée dans la fonction **sched_init()** du fichier *kernel/sched.c* :

```
        set_intr_gate(0x20,&timer_interrupt);
```

appelée par la fonction **main()** du fichier *init/main.c*.

· L'IRQ1, correspondant à l'interruption matérielle 9h pour l'IBM-PC et à 21h pour Linux, concerne le clavier. L'association est effectuée dans la fonction **con_init()** du fichier *kernel/console.c* :

```
        set_trap_gate(0x21,&keyboard_interrupt);
```

appelée par la fonction **tty_init()** du fichier *kernel/tty_io.c*, elle-même appelée par la fonction **main()** du fichier *init/main.c*.

· L'IRQ2 ne correspond à rien, puisque le deuxième PIC en esclave sur l'IBM-PC y est relié.

· Les IRQ3 et IRQ4, correspondant aux interruptions matérielles Bh et Ch pour l'IBM-PC et à 23h et 24h pour Linux, concernent les deux ports série. L'association est effectuée dans la fonction **rs_init()** du fichier *kernel/serial.c* :

```
        set_intr_gate(0x24,rs1_interrupt);
        set_intr_gate(0x23,rs2_interrupt);
```

appelée par la fonction **tty_init()** du fichier *kernel/tty_io()*, elle-même appelée par la fonction **main()** du fichier *init/main.c*.

· L'IRQ5 concerne le deuxième port parallèle, non implémenté sur Linux 0.01.

· L'IRQ6 concerne le contrôleur de lecteur de disquettes, non implémenté sur Linux 0.01.

· L'IRQ7 concerne le premier port parallèle, non implémenté sur Linux 0.01.

· L'IRQ14, correspondant à l'interruption matérielle 2Eh, concerne le disque dur. L'association est effectuée dans la fonction **hd_init()** du fichier *kernel/hd.c* :

```
        set_trap_gate(0x2E,&hd_interrupt);
```

appelée par la fonction **main()** du fichier *init/main.c*.

4.7 Manipulation des interruptions matérielles

La fonction **cli()** permet d'inhiber les interruptions matérielles masquables. Elle est définie dans le fichier *include/asm/system.h* :

```
#define cli() __asm__ ("cli"::)
```

La fonction **sti()** permet de rétablir les interruptions matérielles masquables. Elle est définie dans le fichier *include/asm/system.h* :

```
#define sti() __asm__ ("sti"::)
```

5 Initialisation de l'interruption logicielle

Comme nous l'avons déjà dit, il n'existe qu'une seule interruption logicielle sous Linux, celle de numéro 80h, dont les sous-fonctions correspondent aux appels système. Cette interruption logicielle est initialisée à la dernière ligne de l'initialisation du gestionnaire de tâches dans le fichier *kernel/sched.c* :

Linux 0.01

```
void sched_init(void)
{
--------------------------------------------
        set_system_gate(0x80,&system_call);
}
```

Nous y reviendrons à propos de l'étude (générale) des appels système.

6 Évolution du noyau

6.1 Accès aux ports d'entrée-sortie

On retrouve maintenant la définition des macros d'accès aux ports d'entrée-sortie, ainsi que des macros supplémentaires pour deux et quatre octets : **inb()**, **inw()**, **inl()**, **inb_p()**, **inw_p()**, **inl_p()**, **outb()**, **outw()**, **outl()**, **outb_p()**, **outw_p()**, **outl_p()**, dans le fichier *include/asm-i386/io.h* :

Linux 2.6.0

```
6  /*
7   * This file contains the definitions for the x86 IO instructions
8   * inb/inw/inl/outb/outw/outl and the "string versions" of the same
9   * (insb/insw/insl/outsb/outsw/outsl). You can also use "pausing"
10  * versions of the single-IO instructions (inb_p/inw_p/..).
11  *

[...]

146 /*
147  * readX/writeX() are used to access memory mapped devices. On some
148  * architectures the memory mapped IO stuff needs to be accessed
149  * differently. On the x86 architecture, we just read/write the
150  * memory location directly.
151  */
152
153 #define readb(addr) (*(volatile unsigned char *) __io_virt(addr))

[...]

367 static inline void ins##bwl(int port, void *addr, unsigned long count) { \
368         __asm__ __volatile__("rep; ins" #bwl: "+D"(addr), "+c"(count): "d"(port)); \
369 }
```

6.2 Insertion des portes d'interruption

Les fonctions **set_intr_gate()**, **set_trap_gate()**, **set_system_gate()** et la nouvelle fonction **set_call_gate()** sont définies dans le fichier *arch/i386/kernel/traps.c* :

Linux 2.6.0

```
796 #define _set_gate(gate_addr,type,dpl,addr,seg) \
797 do { \
798   int __d0, __d1; \
799   __asm__ __volatile__ ("movw %%dx,%%ax\n\t" \
800         "movw %4,%%dx\n\t" \
801         "movl %%eax,%0\n\t" \
802         "movl %%edx,%1" \
803         :"=m" (*((long *) (gate_addr))), \
804          "=m" (*(1+(long *) (gate_addr))), "=&a" (__d0), "=&d" (__d1) \
805         :"i" ((short) (0x8000+(dpl<<13)+(type<<8))), \
806          "3" ((char *) (addr)),"2" ((seg) << 16)); \
807 } while (0)
808
809
```

```
810 /*
811  * This needs to use 'idt_table' rather than 'idt', and
812  * thus use the _nonmapped_ version of the IDT, as the
813  * Pentium F0 0F bugfix can have resulted in the mapped
814  * IDT being write-protected.
815  */
816 void set_intr_gate(unsigned int n, void *addr)
817 {
818          _set_gate(idt_table+n,14,0,addr,__KERNEL_CS);
819 }
```

6.3 Initialisation des exceptions

L'initialisation provisoire des exceptions est effectuée dans le fichier `arch/i386/kernel/head.S` avec un gestionnaire par défaut qui affiche maintenant « Unknown interrupt » :

Linux 2.6.0

```
301 /*
302  *  setup_idt
303  *
304  *  sets up an idt with 256 entries pointing to
305  *  ignore_int, interrupt gates. It doesn't actually load
306  *  idt - that can be done only after paging has been enabled
307  *  and the kernel moved to PAGE_OFFSET. Interrupts
308  *  are enabled elsewhere, when we can be relatively
309  *  sure everything is ok.
310  */
311 setup_idt:
312          lea ignore_int,%edx
313          movl $(__KERNEL_CS << 16),%eax
314          movw %dx,%ax             /* selector = 0x0010 = cs */
315          movw $0x8E00,%dx         /* interrupt gate - dpl=0, present */
316
317          lea idt_table,%edi
318          mov $256,%ecx
319 rp_sidt:
320          movl %eax,(%edi)
321          movl %edx,4(%edi)
322          addl $8,%edi
323          dec %ecx
324          jne rp_sidt
325          ret
326
327 ENTRY(stack_start)
328          .long init_thread_union+8192
329          .long __BOOT_DS
330
331 /* This is the default interrupt "handler":-) */
332 int_msg:
333          .asciz "Unknown interrupt\n"
334          ALIGN
335 ignore_int:
336          cld
337          pushl %eax
338          pushl %ecx
339          pushl %edx
340          pushl %es
341          pushl %ds
342          movl $(__KERNEL_DS),%eax
343          movl %eax,%ds
344          movl %eax,%es
345          pushl $int_msg
346          call printk
347          popl %eax
348          popl %ds
349          popl %es
350          popl %edx
351          popl %ecx
```

```
352          popl %eax
353          iret
```

La fonction **trap_init()** est définie à la fin du fichier *arch/i386/kernel/traps.c* :

```
842 void __init trap_init(void)
843 {
844 #ifdef CONFIG_EISA
845         if (isa_readl(0x0FFFD9) == 'E'+('I'<<8)+('S'<<16)+('A'<<24)) {
846                 EISA_bus = 1;
847         }
848 #endif
849
850 #ifdef CONFIG_X86_LOCAL_APIC
851         init_apic_mappings();
852 #endif
853
854         set_trap_gate(0,&divide_error);
855         set_intr_gate(1,&debug);
856         set_intr_gate(2,&nmi);
857         set_system_gate(3,&int3);          /* int3-5 can be called from all */
858         set_system_gate(4,&overflow);
859         set_system_gate(5,&bounds);
860         set_trap_gate(6,&invalid_op);
861         set_trap_gate(7,&device_not_available);
862         set_task_gate(8,GDT_ENTRY_DOUBLEFAULT_TSS);
863         set_trap_gate(9,&coprocessor_segment_overrun);
864         set_trap_gate(10,&invalid_TSS);
865         set_trap_gate(11,&segment_not_present);
866         set_trap_gate(12,&stack_segment);
867         set_trap_gate(13,&general_protection);
868         set_intr_gate(14,&page_fault);
869         set_trap_gate(15,&spurious_interrupt_bug);
870         set_trap_gate(16,&coprocessor_error);
871         set_trap_gate(17,&alignment_check);
872 #ifdef CONFIG_X86_MCE
873         set_trap_gate(18,&machine_check);
874 #endif
875         set_trap_gate(19,&simd_coprocessor_error);
876
877         set_system_gate(SYSCALL_VECTOR,&system_call);
878
879         /*
880          * default LDT is a single-entry callgate to lcall7 for iBCS
881          * and a callgate to lcall27 for Solaris/x86 binaries
882          */
883         set_call_gate(&default_ldt[0],lcall7);
884         set_call_gate(&default_ldt[4],lcall27);
885
886         /*
887          * Should be a barrier for any external CPU state.
888          */
889         cpu_init();
890
891         trap_init_hook();
892 }
```

Linux 2.6.0

S'y trouve également la déclaration des gestionnaires avec quelques cas supplémentaires **spurious_interrupt_bug(void)** pour l'exception 15, **alignment_check(void)** pour l'exception 17, **machine_check(void)** pour l'exception 18, et **simd_coprocessor_error(void)** pour l'exception 19.

La définition des gestionnaires en langage d'assemblage, y compris **page_fault()**, fait l'objet du fichier *arch/i386/kernel/entry.S*.

Les fonctions de code **do_debug()**, **do_nmi()**, **do_general_protection()**, **do_coprocessor_error()**, **do_simd_coprocessor_error()**, **do_spurious_interrupt_bug()** de certains des gestionnaires sont définies dans le fichier *arch/i386/kernel/traps.c*.

6.4 Initialisation des interruptions matérielles

La reprogrammation du PIC est effectuée par la fonction **init_IRQ()** définie dans le fichier *arch/i386/kernel/i8259.c* :

Linux 2.6.0

```
410 void __init init_IRQ(void)
411 {
412        int i;
413
414        /* all the set up before the call gates are initialised */
415        pre_intr_init_hook();
416
417        /*
418         * Cover the whole vector space, no vector can escape
419         * us. (some of these will be overridden and become
420         * 'special' SMP interrupts)
421         */
422        for (i = 0; i < NR_IRQS; i++) {
423                int vector = FIRST_EXTERNAL_VECTOR + i;
424                if (vector!= SYSCALL_VECTOR)
425                        set_intr_gate(vector, interrupt[i]);
426        }
427
428        /* setup after call gates are initialised (usually add in
429         * the architecture specific gates)
430         */
431        intr_init_hook();
432
433        /*
434         * Set the clock to HZ Hz, we already have a valid
435         * vector now:
436         */
437        setup_timer();
438
439        /*
440         * External FPU? Set up irq13 if so, for
441         * original braindamaged IBM FERR coupling.
442         */
443        if (boot_cpu_data.hard_math &&!cpu_has_fpu)
444                setup_irq(FPU_IRQ, &fpu_irq);
445 }
```

6.5 Manipulation des interruptions matérielles

Les fonctions **cli()** et **sti()**, qui n'ont d'intérêt que lorsqu'on n'utilise qu'un seul micro-processeur, sont définies dans le fichier *include/linux/interrupt.h* :

Linux 2.6.0

```
50 /*
51  * Temporary defines for UP kernels, until all code gets fixed.
52  */
53 #ifndef CONFIG_SMP
54 # define cli()               local_irq_disable()
55 # define sti()               local_irq_enable()
56 # define save_flags(x)       local_save_flags(x)
57 # define restore_flags(x)    local_irq_restore(x)
58 # define save_and_cli(x)     local_irq_save(x)
59 #endif
```

renvoyant, pour les micro-processeurs *Intel*, au fichier `include/asm-i386/system.h` :

```
449 #define local_irq_disable()    __asm__ __volatile__("cli":::"memory")
450 #define local_irq_enable()     __asm__ __volatile__("sti":::"memory")
```

Linux 2.6.0

Conclusion

Nous avons vu dans ce chapitre comment l'accès aux ports d'entrée-sortie des micro-processeurs *Intel* est encapsulé par des fonctions de gestion interne et comment on met en place les interruptions, tant logicielles que matérielles. Ceci nous a conduit à décrire pour la première fois (mais ce ne sera pas la dernière), une puce électronique qui n'est pas un micro-processeur — en l'occurence, il s'agit d'un contrôleur d'interruptions programmable.

Troisième partie

Les grandes structures de données

Chapitre 6

Les structures de données concernant les processus

Nous avons vu la notion de processus, la notion la plus importante des systèmes d'exploitation multi-tâches. Du point de vue de la conception d'un système d'exploitation, on peut distinguer deux points de vue concernant les processus :

· Les processus du point de vue du mode noyau. Ceci concerne deux aspects :

  · L'*aspect statique* des processus concerne les structures de données mises en place pour tenir à jour les informations concernant les processus. Il s'agit, le plus souvent d'un *descripteur de processus* par processus et de la *table des processus*, contenant les descripteurs.

  · L'*aspect dynamique* des processus concerne le principe de la *commutation des processus* (la façon de passer d'un processus à un autre) et l'*ordonnanceur* ou *gestionnaire des tâches* (qui décide à quel moment on doit quitter un processus et à quel processus on doit donner la main).

· Les processus du point de vue mode utilisateur concernent les appels système appropriés.

Nous allons étudier dans ce chapitre l'aspect statique des processus.

Dans le cas de Linux, chaque processus possède son descripteur de processus, qui est une entité du type `task_struct`, ces entités étant contenues dans une table des processus, qui demeure en permanence dans l'espace mémoire du noyau. La structure `task_struct` est définie par récursivité croisée avec la structure de données concernant les fichiers.

1 Descripteur de processus

1.1 Structure du descripteur de processus

La description d'un processus (ou tâche) se fait sous Linux grâce à la structure (au sens du langage C) appelée `task_struct`, dont la définition exacte dépend de la version du noyau Linux utilisée. Cette structure est définie dans le fichier d'en-têtes *include/linux/sched.h*.

Les champs essentiels sont évidemment représentés dès le premier noyau :

```
struct task_struct {
/* these are hardcoded - don't touch */
        long state;        /* -1 unrunnable, 0 runnable, >0 stopped */
        long counter;
        long priority;
        long signal;
        fn_ptr sig_restorer;
        fn_ptr sig_fn[32];
/* various fields */
```

```
        int exit_code;
        unsigned long end_code,end_data,brk,start_stack;
        long pid,father,pgrp,session,leader;
        unsigned short uid,euid,suid;
        unsigned short gid,egid,sgid;
        long alarm;
        long utime,stime,cutime,cstime,start_time;
        unsigned short used_math;
/* file system info */
        int tty;                /* -1 if no tty, so it must be signed */
        unsigned short umask;
        struct m_inode * pwd;
        struct m_inode * root;
        unsigned long close_on_exec;
        struct file * filp[NR_OPEN];
/* ldt for this task 0 - zero 1 - cs 2 - ds&ss */
        struct desc_struct ldt[3];
/* tss for this task */
        struct tss_struct tss;
};
```

Cette structure est certainement incompréhensible si l'on se réfère uniquement au fichier source. Nous allons donc la commenter petit à petit.

1.2 Aspects structurels

Champs accessibles par décalage

La plupart des champs de cette structure `task_struct` seront manipulés en utilisant le langage C et donc grâce à l'opérateur point. Cependant les six premiers champs, dans le cas du noyau 0.01, seront aussi utilisés dans des portions de code écrits en langage d'assemblage. La seule façon d'y accéder est alors d'utiliser le déplacement en octets à partir du début de la structure. Il ne faut donc surtout pas toucher à l'ordre et à l'emplacement de ces six premiers champs sous peine de ne plus voir s'exécuter Linux. C'est l'objet de l'avertissement qui les précède.

Définition par récursivité indirecte

Nous connaissons à peu près tous les types utilisés pour les champs de cette structure. Nous reviendrons ci-dessous sur les types de pointeur de fonction `fn_ptr`, de descripteur de segment `desc_struct` et de segment d'état de tâche `tss_struct`. Les deux derniers types de descripteur de nœud d'information et de descripteur de fichier, `struct m_inode` et `struct file`, se définissent par récursivité croisée avec le type que nous sommes en train d'étudier. C'est la raison pour laquelle ce chapitre est lié au chapitre suivant sur les structures concernant les systèmes de fichiers.

1.3 État d'un processus

Deux états primaires

Dans un système d'exploitation multi-tâches, un processus peut se trouver dans l'un des deux états suivants :

· élu, c'est-à-dire en cours d'exécution ;

· non élu, c'est-à-dire que ce n'est pas celui qui s'exécute en ce moment.

Les raisons pour lesquelles un processus n'est pas élu sont diverses :

- Puisqu'un seul processus peut être exécuté à un instant donné, il faut choisir. Un processus est **prêt** s'il est suspendu provisoirement pour permettre à un autre processus de s'exécuter mais qu'il est en état d'être élu.

- Les processus, bien qu'étant des entités indépendantes, doivent parfois interagir avec d'autres processus. Les résultats d'un processus peuvent, par exemple, être les données d'un autre. La situation suivante peut donc se produire : le second processus est prêt à s'exécuter mais ne peut le faire faute de données. Il doit alors **se bloquer** en attendant les données.

Cas de Linux

L'**état d'un processus** est précisé par le champ `state`. Il est spécifié par l'une des constantes symboliques suivantes :

- `TASK_RUNNING` : le processus est à l'état prêt (attend son tour) ou est en cours d'exécution.

- `TASK_INTERRUPTIBLE` : le processus est suspendu (en anglais *sleeping*, endormi) en attendant qu'une certaine condition soit réalisée : déclenchement d'une interruption matérielle, libération d'une ressource que le processus attend, réception d'un signal. Il pourra être réactivé lors de la réalisation de cette condition.

- `TASK_UNINTERRUPTIBLE` : le processus est suspendu car il attend un certain événement du matériel mais il ne peut pas être réactivé par un signal. Cet état peut, par exemple, être utilisé lorsqu'un processus ouvre un fichier de périphérique et que le pilote de périphérique correspondant commence par tester le matériel : le pilote de périphérique ne doit pas être interrompu avant que le test ne soit terminé, sinon le matériel risque d'être dans un état imprévisible. Cet état est rarement utilisé.

- `TASK_ZOMBIE` : le processus a terminé son exécution mais possède encore sa structure de tâche dans la table des processus. L'intérêt de cet état est que, comme nous le verrons, tant que le père du processus n'a pas envoyé un appel système de type **wait()**, le noyau ne doit pas détruire les données contenues dans le descripteur du processus car le père peut en avoir besoin.

- `TASK_STOPPED` : le processus a été suspendu par l'utilisateur par l'envoi de l'un des signaux appropriés (`SIGSTOP`, `SIGTSTP`, `SIGTTIN` ou `SIGTTOU`).

La valeur d'un état est repérée par une constante symbolique définie dans le même fichier *include/linux/sched.h* que `task_struct` :

```
#define TASK_RUNNING          0
#define TASK_INTERRUPTIBLE    1
#define TASK_UNINTERRUPTIBLE  2
#define TASK_ZOMBIE           3
#define TASK_STOPPED          4
```

Linux 0.01

1.4 Priorité d'un processus

Algorithme d'ordonnancement

L'algorithme d'ordonnancement de Linux est le suivant. Le temps est divisé en **périodes**. Au début de chaque période, la durée du laps de temps associé à chaque processus pour cette période est calculée : il s'agit de la durée totale allouée au processus durant celle-ci. La période prend fin lorsque tous les processus exécutables ont consommé leur laps de temps ; l'ordonnanceur recalcule alors la durée du laps de temps de chaque processus et une nouvelle période commence.

Lorsqu'un processus a consommé son laps de temps, il est préempté et remplacé par un autre processus exécutable. Naturellement, un processus peut être élu plusieurs fois par l'ordonnanceur durant la même période, à condition que son laps de temps ne soit pas écoulé. Ainsi, s'il est suspendu en attente d'entrée-sortie, il conserve une partie de son laps de temps, ce qui lui permet d'être sélectionné à nouveau.

En général les laps de temps résiduels diffèrent d'un processus à l'autre. Pour choisir le processus à exécuter, l'ordonnanceur prend en compte la **priorité dynamique** de chaque processus : il s'agit de la durée (en tops d'horloge) restant au processus avant la fin de son laps de temps. Ce nombre est initialisé au début de chaque période avec la durée du laps de temps alloué au processus (qui est, de ce fait, également appelé la **priorité de base** du processus). Ensuite la fonction **do_timer()** (que nous étudierons plus tard) décrémente ce champ d'une unité à chaque interruption d'horloge, lorsque celle-ci intervient alors que le processus est élu.

Les champs dans le cas du noyau 0.01

Le champ `long priority ;` détient le laps de temps de base, ou priorité de base, du processus tandis que le champ `long counter ;` détient la priorité dynamique du processus.

1.5 Signaux

Trois champs concernent les signaux dans le cas du noyau 0.01 :

```
long signal;
fn_ptr sig_restorer;
fn_ptr sig_fn[32];
```

La signification de ceux-ci étant la suivante :

Liste des signaux en attente. Le champ `signal` contient un masque de bits des signaux qui ont été reçus par le processus et qui n'ont pas encore été traités, autrement dit qui sont **en attente**. Le type `long` fait qu'il peut y avoir au plus 32 types de signaux dans le cas de l'utilisation d'un micro-processeur Intel.

Fonctions de déroutement. Le champ `sig_fn` est un tableau contenant les adresses des 32 **fonctions de déroutement** (*traps* en anglais), une par signal, qui définissent les actions associées aux signaux. Il existe en effet une action par défaut pour chaque signal mais nous verrons qu'il est possible de remplacer (ou *dérouter*) celle-ci pour un processus donné.

Le type pointeur de fonction `fn_ptr`, sans argument et renvoyant un entier, est défini dans le fichier *include/linux/sched.h* :

```
typedef int (*fn_ptr)();
```

Fonction de restauration. Le champ `sig_restorer` permet de conserver l'adresse d'une **fonction de restauration** qui reprendra la place de la fonction de déroutement provisoire.

1.6 Code de statut

Le champ :

```
int exit_code;
```

détient le code de statut à transmettre au processus père lorsque le processus se termine.

Soit les 8 bits de poids faible (bits 0 à 7) contiennent le numéro du signal ayant causé la terminaison du processus, soit les 8 bits suivants (bits 8 à 15) contiennent le code de statut fourni par le processus lorsque le processus s'est terminé par l'appel à la primitive **_exit()**.

1.7 Espace d'adressage

À tout processus est associée une zone de la mémoire vive allouée à celui-ci, appelée espace d'adressage du processus. Cet espace d'adressage contient :

· le code du processus ;
· les données du processus, que l'on décompose en deux segments, d'une part data qui contient les variables initialisées, et d'autre part bss qui contient les variables non initialisées ;
· la pile utilisée par le processus.

Les champs :

```
unsigned long end_code,end_data,brk,start_stack;
```

indiquent respectivement :

· l'adresse de la fin de la zone du code ;
· l'adresse de la fin de la zone des données initialisées ;
· l'adresse de la fin de la zone des données non initialisées (le segment BSS) ;
· l'adresse du début de la pile.

1.8 Identificateurs du processus

À tout processus sont associés un certain nombre d'identificateurs :

Identificateur de processus. Tous les systèmes d'exploitation UNIX permettent aux utilisateurs d'identifier les processus par un numéro appelé identificateur de processus ou identifiant de processus ou PID (pour *Process IDentifier*).

Les PID sont numérotés séquentiellement : chaque nouveau processus prend normalement pour PID le PID du dernier processus créé avant lui plus un. Par souci de compatibilité avec les systèmes UNIX traditionnels développés sur des plateformes 16 bits, la valeur maximale d'un PID est 32 767. Lorsque le noyau crée le 32 768e processus sur un système, il doit commencer à réinitialiser les valeurs les plus faibles non utilisées.

Identificateur de groupe de processus. UNIX maintient des groupes de processus : tout processus fait partie d'un groupe, et ses descendants appartiennent par défaut au même groupe. Un processus peut choisir de créer un nouveau groupe et de devenir ainsi chef du groupe (en anglais *leader*).

Cette notion de groupe permet d'envoyer des signaux à tous les processus membres d'un groupe.

Un groupe est identifié par son **numéro de groupe** ou **identifiant de groupe** ou **identificateur de groupe** ou `PGRP` (pour l'anglais *Processus GRouP*), qui est égal à l'identificateur de son processus chef.

Numéro de session. Une **session** est un ensemble contenant un ou plusieurs groupes de processus, caractérisé par son terminal de contrôle unique associé. Ce terminal de contrôle est soit un périphérique terminal (lors d'une connexion sur la console), soit un périphérique pseudo-terminal (lors d'une connexion distante). Lorsqu'un processus crée une nouvelle session :

· il devient le processus **chef de la session** ;

· un nouveau groupe de processus est créé et le processus appelant devient son chef ;

· cependant le terminal de contrôle n'est pas encore associé.

Généralement, une nouvelle session est créée par le processus *login* lors de la connexion d'un utilisateur. Tous les processus créés font ensuite partie de la même session.

Une session est identifiée par son **numéro de session**, égal au `PID` de son processus chef.

Dans le cas du noyau 0.01, les identificateurs correspondent aux champs suivants :

```
long pid,father,pgrp,session,leader;
```

· le `PID` est un entier non signé sur 32 bits enregistré dans le champ `pid` du descripteur de processus ;

· le groupe du processus est repéré par `pgrp` (pour *Processus GRouP*) ;

· la session du processus est repérée par `session` ;

· le booléen `leader` indique si le processus est le chef de son groupe (ou de sa session).

Le champ `father` concerne la hiérarchie des processus, comme nous allons le voir, et non l'identification du processus proprement dit.

1.9 Hiérarchie des processus

Les systèmes d'exploitation qui font appel au concept de processus doivent permettre de créer les processus requis. Dans les systèmes très simples, ou dans les systèmes qui n'exécutent qu'une seule application à la fois, on peut parfois créer à l'initialisation tous les processus qui peuvent s'avérer nécessaire. Dans la plupart des systèmes, cependant, il faut pouvoir *créer* et *détruire dynamiquement* les processus.

Sous UNIX, les processus sont créés par un appel système appelé **fork()**, qui crée une copie conforme du processus appelant. Le processus qui s'est dupliqué est appelé le **processus père** tandis que le nouveau processus est appelé le **processus fils**. À la suite de l'appel système **fork()**, le processus père continue à s'exécuter en parallèle avec le processus fils. Le processus père peut créer d'autres processus fils et avoir ainsi, à un instant donné, plusieurs fils en cours d'exécution. Les processus fils peuvent aussi effectuer des appels système **fork()**, ce qui conduit rapidement à un **arbre des processus** de profondeur variable.

Le champ `father` spécifie le `PID` du processus père d'un processus donné. La tâche numéro 0, appelée `init_task` sous Linux, ne possède pas de processus père ; on donne au champ `father` la valeur -1.

1.10 Propriétaire d'un processus

Cas d'Unix

Sous UNIX au propriétaire d'un processus sont associées les notions d'identificateur d'utilisateur, de super-utilisateur, d'identificateur de groupe, de bit *setuid* et de bit *setgid* :

Identificateur d'utilisateur. Lorsqu'un système d'exploitation est multi-utilisateurs, il est
important de mémoriser l'association entre un processus et l'utilisateur qui en est le propriétaire. Dans un tel système, on attribue donc à chaque utilisateur un **identificateur
d'utilisateur** (ou uid pour l'anglais *User IDentification*).

Sous UNIX, l'identificateur d'utilisateur est en général un entier codé sur 16 ou 32 bits et
l'un des attributs d'un processus est l'uid de son propriétaire.

Super-utilisateur. Sous UNIX, le **super-utilisateur** (*root* en anglais) possède les droits
d'accès en lecture, écriture et exécution, sur tous les fichiers du système, quels que soient
leur propriétaire et leur protection. Les processus appartenant au super-utilisateur ont la
possibilité de faire un petit nombre d'**appels système**, dits **privilégiés**, interdits à ceux
appartenant aux **utilisateurs ordinaires**, c'est-à-dire les autres.

Le super-utilisateur possède l'uid 0 sous UNIX.

Identificateur de groupe. Les utilisateurs peuvent être répartis en **groupes d'utilisateurs** : équipes de projets, départements, etc. Chaque groupe possède alors un
identificateur de groupe (ou gid pour l'anglais *Group IDentification*).

Les uid et les gid interviennent dans les mécanismes de protection des données : on
peut, par exemple, consulter les fichiers des personnes de son groupe, mais un étranger au
groupe ne le pourra pas.

Bit *setuid*. Sous UNIX, on associe un bit à chaque programme exécutable, appelé **bit setuid**
(pour *set uid*). Ce bit est contenu dans un mot appelé **mot du mode de protection** :
la protection proprement dite nécessitant 9 bits, il reste quelques bits disponibles pour
d'autres fonctions. Lorsqu'un programme dont le bit *setuid* est positionné s'exécute, l'**uid
effectif** de ce processus devient égal à l'uid du propriétaire du fichier exécutable, au
lieu de l'uid de l'utilisateur qui l'invoque. Par exemple le programme qui calcule l'espace
disque libre, propriété du super-utilisateur, a un bit *setuid* positionné ; n'importe quel
utilisateur peut donc l'exécuter en possédant les privilèges du super-utilisateur, mais pour
ce processus uniquement.

De cette manière, il est possible pour le super-utilisateur de rendre accessible aux utilisateurs ordinaires des programmes qui utilisent le pouvoir du super-utilisateur, mais de
façon limitée et contrôlée. Le **mécanisme** *setuid* est très utilisé sous UNIX afin d'éviter
une quantité d'appels système dédiés, tels que celui qui permettrait aux utilisateurs de
lire le bloc 0 (qui contient l'espace libre), et seulement le bloc 0.

Bit setgid. De façon analogue, il existe sous UNIX un **bit setgid** concernant les privilèges de
groupe.

Cas du noyau 0.01

Un certain nombre d'identificateurs d'utilisateurs et de groupes sont associés à un processus :

```
unsigned short uid,euid,suid;
unsigned short gid,egid,sgid;
```

- l'identificateur d'utilisateur réel `uid` est l'identificateur de l'utilisateur qui a démarré le processus ;
- l'identificateur d'utilisateur effectif `euid` est l'identificateur qui est utilisé par le système pour les contrôles d'accès ; il est différent de l'identificateur d'utilisateur réel dans le cas des programmes possédant le bit *setuid* ;
- l'identificateur d'utilisateur sauvegardé `suid` ;
- l'identificateur de groupe d'utilisateurs réel `gid` est l'identificateur de groupe de l'utilisateur qui a démarré le processus ;
- l'identificateur de groupe d'utilisateurs effectif `egid` est l'identificateur de groupe d'utilisateurs qui est utilisé par le système pour les contrôles d'accès ; il est différent de l'identificateur de groupe d'utilisateurs réel dans le cas des programmes possédant le bit *setgid* ;
- l'identificateur de groupe d'utilisateurs sauvegardé `sgid`.

Expliquons l'intérêt des identificateurs `suid` et `sgid`. Lorsqu'un processus modifie son identificateur d'utilisateur ou de groupe effectif (ce qui se fait grâce aux appels système **setreuid()** et **setregid()**), le noyau autorise la modification dans les cas suivants :

- le processus possède les privilèges de super-utilisateur ;
- le processus spécifie la même valeur pour le nouvel identificateur ;
- ou le nouvel identificateur est égal à l'identificateur sauvegardé.

Ces identificateurs sauvegardés sont particulièrement utiles pour un processus exécutant un programme possédant le bit *setuid*, respectivement *setgid*, c'est-à-dire un processus possédant des identificateurs d'utilisateur, respectivement de groupe, réel et effectif différents. Un tel processus peut utiliser les appels système **setuid()**, respectivement **setgid()**, et **setreuid()**, respectivement **setregid()**, pour annuler ses privilèges, en utilisant l'identificateur d'utilisateur ou de groupe réel, effectuer un traitement qui ne nécessite aucun privilège particulier, puis restaurer son identificateur d'utilisateur ou de groupe effectif.

1.11 Informations temporelles

Les informations temporelles permettent de connaître les ressources de durée qu'un processus a consommées. Dans le cas du noyau 0.01, on a les champs suivants :

Linux 0.01

```
long alarm;
long utime,stime,cutime,cstime,start_time;
```

où :

- `alarm` représente le temps restant (en tops d'horloge) avant qu'une alarme se déclenche ; nous verrons, dans le chapitre sur la mesure du temps, que cette quantité est décrémentée à chaque top d'horloge ;
- `utime` (pour *User TIME*) est le temps processeur consommé par le processus en mode utilisateur, exprimé en secondes ;
- `stime` (pour *System TIME*) est le temps processeur consommé par le processus en mode noyau, exprimé en secondes ;
- `cutime` (pour *Child User TIME*) est le temps processeur consommé par l'ensemble des processus fils en mode utilisateur, exprimé en secondes ;

- cstime (pour *Child System TIME*) est le temps processeur consommé par l'ensemble des processus fils en mode noyau, exprimé en secondes ;
- start_time contient la date et l'heure de création du processus.

1.12 Utilisation du coprocesseur mathématique

Le champ :

```
        unsigned short used_math;
```

Linux 0.01

est un booléen indiquant si le processus a utilisé le coprocesseur mathématique ou non.

1.13 Informations sur les fichiers utilisés

Les informations concernant les fichiers sont regroupées ensembles :

```
/* file system info */
        int tty;                /* -1 if no tty, so it must be signed */
        unsigned short umask;
        struct m_inode * pwd;
        struct m_inode * root;
        unsigned long close_on_exec;
        struct file * filp[NR_OPEN];
```

Linux 0.01

Les significations de ces champs sont les suivantes :

- tty est le numéro du terminal associé au processus, prenant la valeur -1 si aucun terminal n'est nécessaire ;
- umask (pour *User Mask*) est le mot de mode de protection par défaut des fichiers créés par ce processus ;
- sous UNIX, chaque processus possède un **répertoire courant** nécessaire pour se repérer par rapport aux chemins relatifs ; le champ pwd (nommé ainsi d'après le nom de la commande pwd — *Print Working Directory* — d'UNIX) spécifie ce répertoire ; rappelons que le type struct m_inode est défini à propos du système de fichiers par récursivité croisée ; UNIX
- sous UNIX, chaque processus possède son propre **répertoire racine** qui est utilisé pour se repérer par rapport aux chemins absolus ; le champ root spécifie celui-ci ; UNIX

  par défaut il est égal au répertoire racine du système de fichiers mais il peut être changé par l'appel système **chroot()** ;
- le nombre de fichiers pouvant être ouverts simultanément par un processus est spécifié par la constante NR_OPEN, définie dans le fichier *include/linux/fs.h* :

```
\#define\tagzerozeroun{} NR\_OPEN 20}
```

Linux 0.01

  Cette constante, initialisée à 20 par défaut, est limitée à 32 (pour le noyau 0.01) à cause du champ suivant ;
- close_on_exec est un masque de bits des descripteurs de fichiers (définis par le champ suivant) qui doivent être fermés à l'issue de l'appel système **exec()** ;
- filp[] est le tableau des descripteurs de fichier des fichiers ouverts par le processus ; rappelons que le type file est défini (par récursivité croisée) dans le fichier *include/linux/fs.h*.

1.14 Table locale de descripteurs

Les micro-processeurs Intel, depuis le 80286, permettent la gestion d'une table globale des descripteurs et d'une table locale de descripteurs par processus, cette dernière étant particulière au processus. Linux a choisi, pour ses premiers noyaux, de placer les segments de code et de données du mode noyau directement dans la table globale des descripteurs et les segments de code et de données du mode utilisateur dans une table locale de descripteurs spécifique à chaque tâche, comme nous l'avons déjà vu dans le chapitre 4 sur la gestion de la mémoire.

Le champ :

Linux 0.01
```
/* ldt for this task 0 - zero 1 - cs 2 - ds&ss */
        struct desc_struct ldt[3];
```

permet de définir une table locale de descripteurs contenant trois descripteurs : le descripteur nul (obligatoire), le descripteur du segment de code utilisateur, et le descripteur du segment de données utilisateur (qui sert également de segment de pile utilisateur).

Le type desc_struct est défini dans le fichier *include/linux/head.h* :

Linux 0.01
```
typedef struct desc_struct {
        unsigned long a,b;
} desc_table[256];
```

qui indique simplement qu'il y a huit octets (deux entiers longs) sans structurer plus que cela.

1.15 Segment d'état de tâche

Rappels Intel

Les micro-processeurs modernes prévoient des zones mémoire pour sauvegarder les données d'un processus lorsque celui-ci est endormi. Dans le cas des micro-processeurs Intel, depuis le 80286 et surtout le 80386, il s'agit du **TSS** (pour *Task State Segment*).

Structure d'un segment de tâche — Un TSS a une taille de 104 octets, dont la structure est représentée à la figure 6.1 ci-dessous.

· Le premier mot s'appelle **back-link**. Il s'agit d'un sélecteur, celui utilisé au moment du retour (RET ou IRET) d'une procédure ou d'une interruption, décrivant la tâche qui a fait appel à elle : son contenu est alors placé dans le registre TR.

· Le mot suivant contient 0.

· Les trois double mots suivants (2 à 7) contiennent les valeurs des registres ESP et ESS pour les trois niveaux de privilège 0 à 2. On en a besoin pour conserver l'état de la pile si la tâche en cours est interrompue à l'un de ces niveaux de privilège.

Linux Bien entendu, seul le niveau 0 intéresse Linux, qui n'utilise que les niveaux 0 et 3.

· Le huitième double mot (de décalage 1Ch) contient le contenu du registre CR3, qui stocke l'adresse de base du registre de répertoire de page de la tâche précédente.

· Les dix-sept double-mots suivants contiennent les valeurs des registres indiqués EIP à EDI, complétés par un mot nul lorsqu'il s'agit d'un registre de seize bits. Lorsqu'on accède à cette tâche, les registres sont initialisés avec ces valeurs, conservées lors de la mise en sommeil de la tâche.

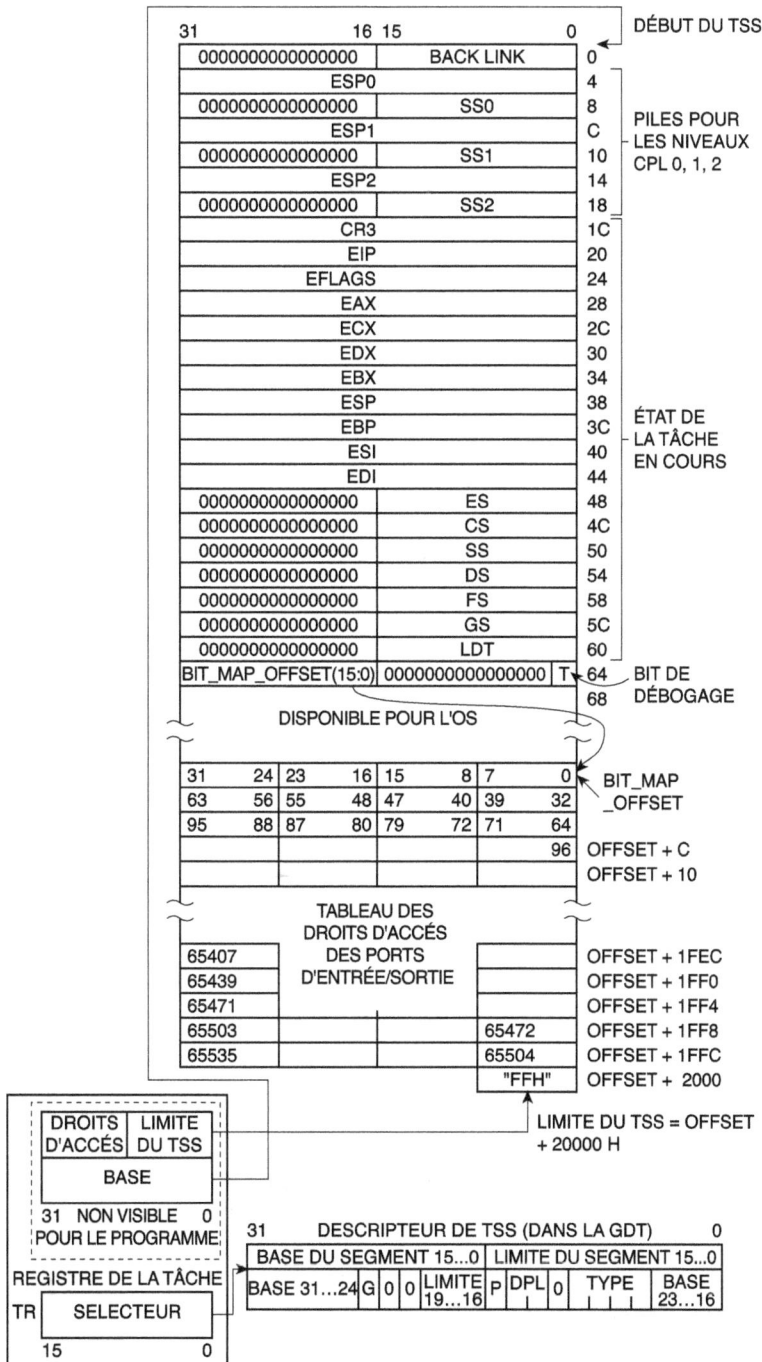

DESCRIPTEUR DE SEGMENT D'ÉTAT DE TÂCHE (TSS) POUR I386 (Courtesy of Intel Corporation)

Figure 6.1 : *Structure du TSS*

· Le mot suivant, de décalage 64h, contient le bit T (pour *debug Trap bit*) complété par des zéros.

· Le mot suivant, le dernier, celui de décalage 66h, contient l'adresse de base, appelée BIT_MAP_OFFSET, d'une structure donnant les droits d'accès aux 256 ports d'entrée-sortie. Ceci permet de bloquer les opérations d'entrée-sortie *via* une interruption de refus de permission des entrées-sorties. Il s'agit de l'interruption 13, l'interruption de faute de protection générale. Reporter cette structure des droits d'entrée-sortie permet à plusieurs TSS d'utiliser la même structure.

Descripteur de TSS — La structure d'un descripteur de TSS est la suivante :

7	Base (B24-B31)		G	D	0	AVL	Limite (L16-L19)	6
5	P	DPL	S	0	Type	Base (B23-B16)		4
3	Base (B15-B0)							2
1	Limite (L15-L0)							0

· le bit D de taille par défaut vaut nécessairement 1, c'est-à-dire qu'on se trouve nécessairement en mode 32 bits ;

· le bit AVL, laissé à la libre interprétation du système d'exploitation, vaut nécessairement 0 ;

· les types pour un descripteur de TSS sont les suivants :

· 0001b pour un TSS 80286 disponible ;

· 0011b pour un TSS 80286 occupé ;

· 1001b pour un TSS 80386 disponible ;

· 1011b pour un TSS 80386 occupé.

Sauvegarde de l'état du coprocesseur arithmétique — L'instruction FSAVE permet de sauvegarder l'état des registres du coprocesseur arithmétique sous la forme suivante de la figure 6.2.

Structure de sauvegarde de l'état du coprocesseur arithmétique

Une structure, au sens du langage C, i387_struct est définie dans le fichier *linux/sched.c* pour reprendre la structure de sauvegarde de l'état du coprocesseur arithmétique :

```
struct i387_struct {
        long    cwd;
        long    swd;
        long    twd;
        long    fip;
        long    fcs;
        long    foo;
        long    fos;
        long    st_space[20];    /* 8*10 bytes for each FP-reg = 80 bytes */
};
```

FORMAT LORS DE L'UTILISATION DE L'INSTRUCTION FSAVE

Offset 15		0	
5CH	S	EXPOSANT 0-14	
5AH		MANTISSE 48-63	
58H		MANTISSE 32-47	DERNIER ÉLÉMENT DE LA PILE ST(7)
56H		MANTISSE 16-31	
54H		MANTISSE 0-15	
20H	S	EXPOSANT 0-14	
1EH		MANTISSE 48-63	
1CH		MANTISSE 32-47	ÉLÉMENT DE PILE SUIVANT ST(1)
1AH		MANTISSE 16-31	
18H		MANTISSE 0-15	
16H	S	EXPOSANT 0-14	
14H		MANTISSE 48-63	
12H		MANTISSE 32-47	SOMMET DE LA PILE ST(0)
10H		MANTISSE 16-31	
0EH		MANTISSE 0-15	
0CH	OP 16-19	0	
0AH	POINTEUR D'OPÉRANDE (OP) 0-15		
08H	IP 16-19	Opcode	
06H	IP 0-15		
04H	REGISTRE DE TAG		
02H	REGISTRE DE STATUT		
00H	REGISTRE DE CONTRÔLE		

FORMAT LORS DE L'UTILISATION DE L'INSTRUCTION FSTENV EN MODE PROTÉGÉ

Offset	
0CH	SÉLECTEUR D'OPÉRANDE
0AH	OFFSET D'OPÉRANDE
08H	SÉLECTEUR CS
06H	OFFSET IP
04H	REGISTRE DE TAG
02H	REGISTRE DE STATUT
00H	REGISTRE DE CONTRÔLE

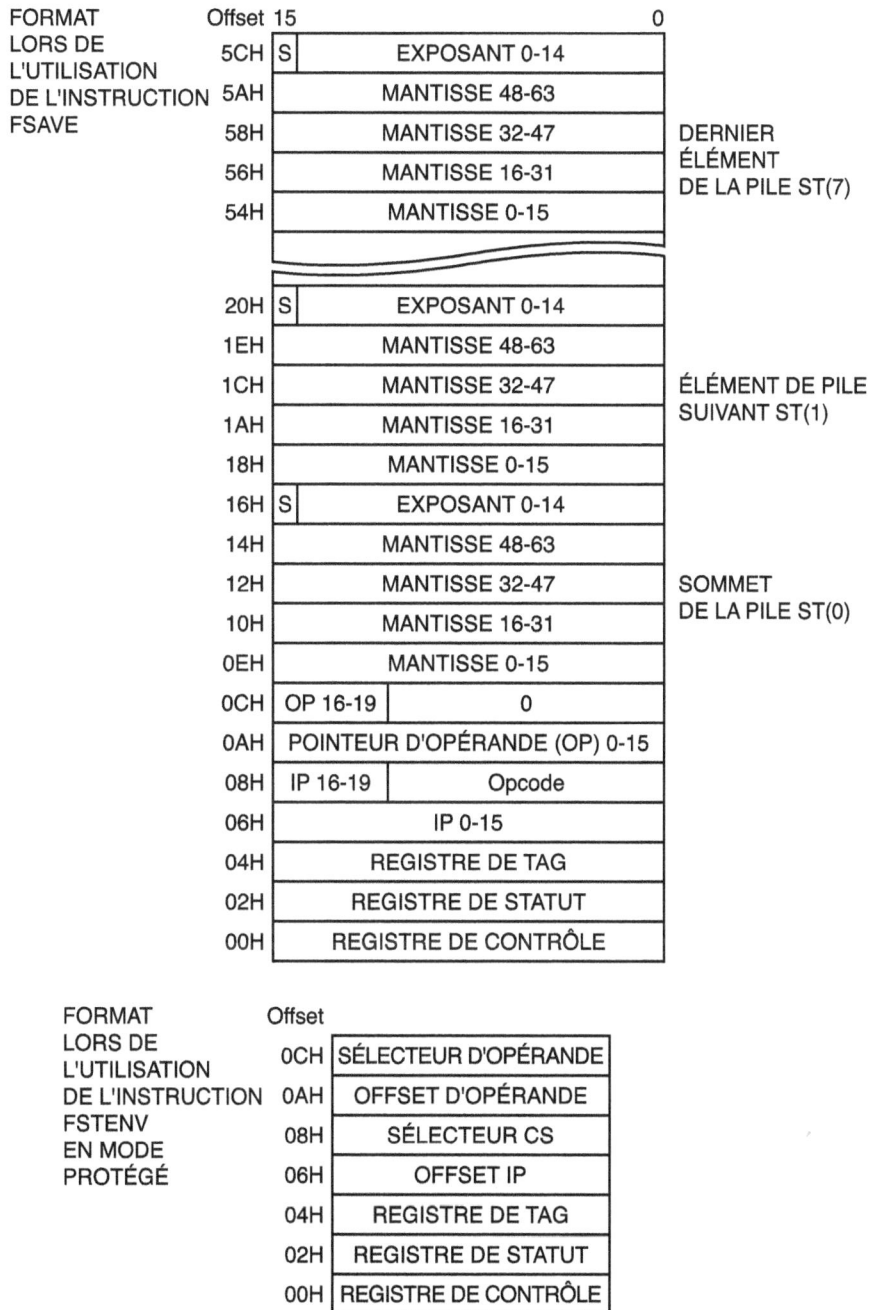

Figure 6.2 : *Sauvegarde de l'état du coprocesseur arithmétique*

Structure de sauvegarde du TSS

La structure `tss_struct` est également définie dans le fichier *linux/sched.c*. Elle reprend la structure des TSS du micro-processeur Intel : les 104 premiers octets obligatoires, puis le choix de Linux pour l'implémentation des autorisations d'entrée-sortie, et enfin de l'état du coprocesseur arithmétique. Ceci nous donne :

Linux 0.01
```
struct tss_struct {
        long    back_link;              /* 16 high bits zero */
        long    esp0;
        long    ss0;                    /* 16 high bits zero */
        long    esp1;
        long    ss1;                    /* 16 high bits zero */
        long    esp2;
        long    ss2;                    /* 16 high bits zero */
        long    cr3;
        long    eip;
        long    eflags;
        long    eax,ecx,edx,ebx;
        long    esp;
        long    ebp;
        long    esi;
        long    edi;
        long    es;                     /* 16 high bits zero */
        long    cs;                     /* 16 high bits zero */
        long    ss;                     /* 16 high bits zero */
        long    ds;                     /* 16 high bits zero */
        long    fs;                     /* 16 high bits zero */
        long    gs;                     /* 16 high bits zero */
        long    ldt;                    /* 16 high bits zero */
        long    trace_bitmap;   /* bits: trace 0, bitmap 16-31 */
        struct i387_struct i387;
};
```

Champ correspondant du descripteur de processus

Il existe un champ pour ce segment d'état de tâche dans le descripteur de processus :

Linux 0.01
```
/* tss for this task */
        struct tss_struct tss;
```

Les descripteurs de TSS (ou TSSD) créés par Linux sont enregistrés dans la table globale des descripteurs GDT. Lorsque le noyau crée un nouveau processus, il doit initialiser le TSSD de ce processus de façon à ce qu'il pointe sur ce champ `tss`.

2 Tâche initiale

Donnons un exemple de descripteur de processus : celui de la tâche initiale, c'est-à-dire de la tâche numéro 0, invoquée lors du démarrage du système. Cette tâche, plus tard appelée *swapper*, joue le rôle de processus inactif (*idle process* en anglais), c'est-à-dire qu'elle ne s'exécute que lorsqu'aucun autre processus n'est prêt, comme il est indiqué au début du code de la fonction **schedule()**, qui se trouve dans le fichier *kernel/sched.c* :

Linux 0.01
```
/*
 * 'schedule()' is the scheduler function. This is GOOD CODE! There
 * ----------------------------------------------------------------
 *   NOTE!!  Task 0 is the 'idle' task, which gets called when no other
 * tasks can run. It can not be killed, and it cannot sleep. The 'state'
 * information in task[0] is never used.
 */
```

Le descripteur de cette tâche est défini dans le fichier *include/linux/sched.h*, sous le nom de INIT_TASK :

Linux 0.01

```
/*
 *  INIT_TASK is used to set up the first task table, touch at
 * your own risk!. Base=0, limit=0x9ffff (=640kB)
 */
#define INIT_TASK \
/* state etc */ { 0,15,15, \
/* signals */   0,NULL,{(fn_ptr) 0,}, \
/* ec,brk... */ 0,0,0,0,0, \
/* pid etc.. */ 0,-1,0,0,0, \
/* uid etc */   0,0,0,0,0,0, \
/* alarm */     0,0,0,0,0,0, \
/* math */      0, \
/* fs info */   -1,0133,NULL,NULL,0, \
/* filp */      {NULL,}, \
                { \
                {0,0}, \
/* ldt */       {0x9f,0xc0fa00}, \
                {0x9f,0xc0f200}, \
                }, \
/*tss*/  {0,PAGE_SIZE+(long)&init_task,0x10,0,0,0,0, (long)&pg_dir,\
         0,0,0,0,0,0,0,0, \
         0,0,0x17,0x17,0x17,0x17,0x17,0x17, \
         _LDT(0),0x80000000, \
                {} \
         }, \
}
```

Les valeurs de ses champs, avant son démarrage, c'est-à-dire lors de l'initialisation, sont les suivantes :

- l'état est 0 (prêt ou en cours d'exécution) puisque le processus inactif doit toujours être prêt ; on notera qu'un nombre magique[1] est utilisé au lieu de la constante TASK_RUNNING ;
- la priorité dynamique est de 15 tops d'horloge ;
- le laps de temps de base est également de 15 ;
- la valeur de la liste des signaux en attente est 0, c'est-à-dire qu'il n'y a aucun signal en attente (puisqu'on commence et que, de toute façon, le processus inactif ne doit pas recevoir de signaux) ;
- la fonction de restauration du signal est NULL, c'est-à-dire qu'aucune fonction de restauration n'est prévue ; la valeur NULL est définie dans le fichier *include/linux/sched.h* de la façon suivante :

Linux 0.01

```
#ifndef NULL
#define NULL ((void *) 0)
#endif
```

Astuce de pro-
grammation

- les 32 fonctions de déroutement ont pour valeur 0, c'est-à-dire qu'aucune fonction de déroutement n'est prévue, la tâche initiale ne devant pas être sensible aux signaux ; remarquez l'utilisation de la syntaxe du langage C de l'initialisation d'un tableau lors de la déclaration pour ne pas avoir à initialiser les 32 valeurs, seule la première l'est, les autres prenant par défaut la valeur 0 ;
- le code de statut est égal à 0 (ce processus ne devrait jamais se terminer, de toute façon) ;
- les adresses de fin de code, de fin des données initialisées, de fin des données non initialisées et de début de la pile sont toutes égales à 0 ; en effet ce processus inactif ne fait rien, il n'est

---

[1]On parle de **nombre magique** lorsqu'un nombre est utilisé au lieu d'une constante symbolique (plus parlante pour relire le code).

démarré que lorsque le gestionnaire de processus n'a rien de mieux à faire ; il n'a donc pas besoin d'espace d'adressage proprement dit ;

- le `pid` du processus inactif est égal à 0, ce qui est normal puisque c'est le premier à être démarré ;
- le `pid` de son père est égal à -1, ce qui veut dire ici qu'il n'a pas de père ;
- le groupe de processus auquel il appartient est 0, puisqu'il s'agit du premier groupe ;
- la session à laquelle le processus appartient est 0, puisqu'il s'agit de la première session ;
- ce processus n'est pas le chef de son groupe, ce qui peut être étonnant ; ceci signifie tout simplement qu'il n'y a pas de groupe en fait ;
- les six identificateurs d'affiliation sont égaux à 0, ce qui veut dire que le processus inactif est rattaché au super-utilisateur ;
- les six champs d'information temporelle sont tous égaux à 0, aucun temps processeur ne s'étant encore écoulé au moment du démarrage ;
- le champ d'utilisation du coprocesseur mathématique est égal à 0, celui-ci n'ayant pas été utilisé ;
- il n'y a pas de terminal associé au processus inactif, d'où la valeur -1 du champ ; celui-ci ne faisant rien, il n'a ni à lire, ni à écrire ;
- la valeur de `umask` est `0133`, c'est-à-dire que les fichiers créés peuvent être lus et écrits par le super-utilisateur et par le groupe et lus seulement par les autres ;
- les valeurs des répertoires locaux de travail et racine sont égaux à `NULL`, ceux-ci n'étant pas utilisés de toute façon par un processus qui ne fait rien ;
- le masque de bits des fichiers qui doivent être fermés à l'issue de l'appel système **exec()** est 0, aucun fichier n'étant ouvert de toute façon ;
- le tableau des fichiers ouverts est initialisé à `NULL`, puisqu'on n'a besoin d'aucun fichier ;
- la table locale des descripteurs contient trois descripteurs de segments :
  - le descripteur nul, qui doit nécessairement débuter une telle table ;
  - un descripteur de segment de code en mode utilisateur, de valeur `0x00c0fa000000009f` donc :
    - une base de 0 ;
    - `GB0A` égal à `Ch`, soit à `1100b`, donc `G` égal à 1 pour une granularité par page, `B` égal à 1 pour des adresses de déplacement sur 32 bits, `AVL` égal à 0 (ce bit qui peut être utilisé par le système d'exploitation ne l'est pas par Linux) ;
    - une limite de `9Fh`, soit une capacité de 160×4 Ko, ou 640 Ko ;
    - `1/DPL/S` égal à `Fh`, soit à `1111b`, donc `S` égal à 1 pour un descripteur qui n'est pas un descripteur système et `DPL` égal à 3 pour le mode utilisateur ;
    - le type est égal à `Ah` pour un segment de code qui peut être lu et exécuté.
  - un descripteur de segment de données en mode utilisateur, de valeur `0x00c092000000009f` donc :
    - une base de 0 ;
    - `GB0A` égal à `Ch`, soit à `1100b`, donc `G` égal à 1 pour une granularité par page, `B` égal à 1 pour des adresses de déplacement sur 32 bits, `AVL` égal à 0 (ce bit qui peut être utilisé par le système d'exploitation ne l'est pas par Linux) ;

- une limite de 9Fh, soit une capacité de 160 × 4 Ko, ou 640 Ko ;
- 1/DPL/S égal à Fh, soit à 1111b, donc S égal à 1 pour un descripteur qui n'est pas un descripteur système et DPL égal à 3 pour le mode utilisateur ;
- le type est égal à 2h pour un segment de données qui peut être lu et écrit.

Le segment est donc presque identique au précédent : les deux segments se chevauchent.

- le segment d'état de tâche a les valeurs suivantes :
  - l'adresse de retour est 0 ;
  - la valeur esp0 du pointeur de la pile noyau du processus, d'après ce que nous avons dit sur la façon de stocker les descripteurs de processus, vaut PAGE_SIZE + (long) &init_task ; la valeur de la taille d'une page est définie dans le fichier *include/linux/mm.h* :

```
#define PAGE_SIZE 4096
```
Linux 0.01

L'adresse de la tâche initiale est définie, par récursivité croisée, dans le fichier *include/ kernel/sched.c* :

```
static union task_union init_task = {INIT_TASK,};
```
Linux 0.01

  - la pile en mode noyau se trouve dans le segment de données noyau, d'où la valeur du champ ss0 égal à 10h, correspondant au deuxième descripteur de segment ;
  - les piles de niveau 1 et de niveau 2 ne sont pas utilisées par Linux (qui n'utilise que les niveaux de privilège 0 et 3), d'où les valeurs nulles des champs esp1, ss1, esp2 et ss2 ;
  - la valeur de cr3 est égale à (long) &pg_dir, c'est-à-dire à l'adresse de base du répertoire de page ;
  - les valeurs de eip, eflags, eax, ecx, edx, ebx, esp, ebp, esi et edi sont toutes nulles, puisqu'on commence ;
  - les valeurs des registres de segment es, cs, ss, ds, fs et gs sont toutes égales à 17h, soit à 0000000000010 1 11b c'est-à-dire au descripteur d'index 2 de la table locale des descripteurs avec un niveau de privilège de 3, c'est-à-dire utilisateur ;
  - l'adresse ldt de la table locale de descripteurs du processus 0 est _LDT(0), d'après ce que nous avons vu sur la gestion de la mémoire ;
  - le décalage de l'adresse de la table de bits des droits d'accès aux ports d'entrée-sortie est égal à 0h, c'est-à-dire que celui-ci suit immédiatement le TSS ;
  - le bit T de débogage est égal à 1 (complété par des zéros, cela donne 80h), ce qui permet le débogage ;
  - le tableau des entrées-sorties est nul, ce qui permet l'accès à tous les ports d'entrée-sortie, de toute façon le processus ne fait rien.

3 Table des processus

Les processus sont des entités dynamiques dont la durée de vie peut varier de quelques millisecondes à plusieurs mois. Le noyau doit donc être capable de gérer de nombreux processus au même moment, grâce à une **table des processus** contenant les adresses des nombreux descripteurs de processus.

3.1 Stockage des descripteurs de processus

La table des processus ne contient que des adresses (ou pointeurs) de descripteurs de processus, et non les volumineux descripteurs eux-mêmes. Les processus étant des entités dynamiques, leurs descripteurs sont stockés en mémoire dynamique plutôt que dans la zone mémoire affectée de façon permanente au noyau.

Pour chaque processus créé, le noyau Linux réserve une zone de sa mémoire dynamique, dans laquelle il stocke deux structures de données différentes : le descripteur du processus et la pile noyau du processus.

En effet, un processus utilise une **pile noyau** et une **pile utilisateur**, ces deux piles étant différentes. La pile noyau est peu utilisée donc quelques milliers d'octets peuvent lui suffire. Ainsi un cadre de page est-il suffisant pour contenir à la fois la pile et le descripteur du processus.

La figure 6.3 montre comment ces deux structures de données sont stockées en mémoire : le descripteur de processus commence à partir du début de la zone de mémoire et la pile à partir de la fin. Le langage C permet de représenter simplement une telle structure hybride grâce au constructeur d'union.

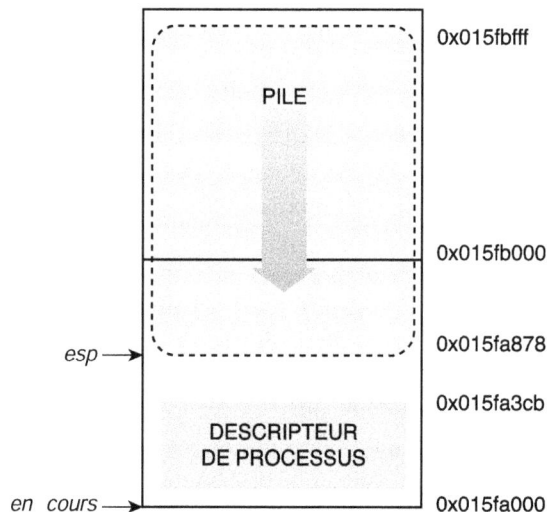

Figure 6.3 : *Stockage du descripteur et de la pile noyau*

Cette union est définie dans le fichier *linux/kernel/sched.c* :

```
union task_union {
        struct task_struct task;
        char stack[PAGE_SIZE];
};
```

Par exemple, la zone init_task du processus initial, comprenant le descripteur du processus initial et sa pile en mode noyau, est définie, par récursivité croisée, dans le fichier *include/ kernel/sched.c* :

```
static union task_union init_task = {INIT_TASK,};
```

3.2 Implémentation de la table des processus

Jusqu'au noyau 2.2 inclus, Linux ne traite qu'un nombre fixé à l'avance de processus, chaque processus donnant lieu à une entrée dans un tableau de pointeurs sur des descripteurs de processus. Ce tableau global statique se trouve en permanence dans l'espace d'adressage du noyau ; un pointeur nul indique qu'aucun descripteur de processus n'est associé à l'entrée correspondante du tableau.

Nombre maximum de tâches — Le nombre maximum de tâches, dénoté par la constante `NR_TASKS`, est défini dans le fichier d'en-têtes *include/linux/sched.h* pour le noyau 0.01 :

```
#define NR_TASKS 64
```

Linux 0.01

Écrire un programme C permettant de déterminer le nombre maximum de processus possibles sur votre système.

Exercice

```
#include <stdio.h>
#include <linux/tasks.h>

void main(void)
    {
        printf("Nombre de processus = %d.\n", NR_TASKS);
    }
```

Définition de la table des processus — La table des processus s'appelle `task[]`. Elle est définie dans le fichier d'en-têtes *kernel/sched.c* :

```
struct task\_struct * task[NR\_TASKS] = \{\&(init\_task.task), \};
```

Linux 0.01

et initialisée avec l'adresse du descripteur de la tâche initiale pour le zéro-ième élément et à 0 pour les autres.

3.3 Repérage d'un descripteur de processus

Un descripteur de processus est entièrement déterminé par les 32 bits de décalage de son adresse logique. En effet, Linux n'utilise qu'un seul segment de données noyau dont, de plus, l'adresse de base est 0. Un processus est donc souvent repéré par cette adresse, appelée **pointeur de descripteur de processus** (*descriptor pointer* en anglais). La plupart des références aux processus faites par le noyau le sont *via* les pointeurs de descripteur de processus, dont le type est :

```
struct task_struct *
```

3.4 La tâche en cours

On repère le descripteur de la tâche en cours grâce à la variable `current` déclarée dans le fichier *kernel/sched.c* :

```
struct task_struct *current = &(init_task.task);
```

initialisée avec le descripteur de la tâche initiale.

4 Évolution du noyau

4.1 Structure du descripteur de processus

La taille du descripteur de processus a considérablement enflé au cours de l'évolution du noyau Linux. La définition de cette structure se trouve dans le fichier d'en-têtes *include/linux/sched.h*. Donnons la définition du noyau 2.6.0 sans autres commentaires que ceux qui apparaissent le long du code :

Linux 2.6.0

```
333 struct task_struct {
334         volatile long state;      /* -1 unrunnable, 0 runnable, >0 stopped */
335         struct thread_info *thread_info;
336         atomic_t usage;
337         unsigned long flags;      /* per process flags, defined below */
338         unsigned long ptrace;
339
340         int lock_depth;           /* Lock depth */
341
342         int prio, static_prio;
343         struct list_head run_list;
344         prio_array_t *array;
345
346         unsigned long sleep_avg;
347         long interactive_credit;
348         unsigned long long timestamp;
349         int activated;
350
351         unsigned long policy;
352         cpumask_t cpus_allowed;
353         unsigned int time_slice, first_time_slice;
354
355         struct list_head tasks;
356         struct list_head ptrace_children;
357         struct list_head ptrace_list;
358
359         struct mm_struct *mm, *active_mm;
360
361 /* task state */
362         struct linux_binfmt *binfmt;
363         int exit_code, exit_signal;
364         int pdeath_signal;  /*  The signal sent when the parent dies  */
365         /*??? */
366         unsigned long personality;
367         int did_exec:1;
368         pid_t pid;
369         pid_t __pgrp;                 /* Accessed via process_group() */
370         pid_t tty_old_pgrp;
371         pid_t session;
372         pid_t tgid;
373         /* boolean value for session group leader */
374         int leader;
375         /*
376          * pointers to (original) parent process, youngest child, younger sibling,
377          * older sibling, respectively.  (p->father can be replaced with
378          * p->parent->pid)
379          */
380         struct task_struct *real_parent; /* real parent process (when being debugged) */
381         struct task_struct *parent;    /* parent process */
382         struct list_head children;     /* list of my children */
383         struct list_head sibling;      /* linkage in my parent's children list */
384         struct task_struct *group_leader;      /* threadgroup leader */
385
386         /* PID/PID hash table linkage. */
387         struct pid_link pids[PIDTYPE_MAX];
388
389         wait_queue_head_t wait_chldexit;       /* for wait4() */
390         struct completion *vfork_done;         /* for vfork() */
391         int __user *set_child_tid;             /* CLONE_CHILD_SETTID */
```

```
392              int __user *clear_child_tid;           /* CLONE_CHILD_CLEARTID */
393
394          unsigned long rt_priority;
395          unsigned long it_real_value, it_prof_value, it_virt_value;
396          unsigned long it_real_incr, it_prof_incr, it_virt_incr;
397          struct timer_list real_timer;
398          struct list_head posix_timers; /* POSIX.1b Interval Timers */
399          unsigned long utime, stime, cutime, cstime;
400          unsigned long nvcsw, nivcsw, cnvcsw, cnivcsw; /* context switch counts */
401          u64 start_time;
402 /* mm fault and swap info: this can arguably be seen as either mm-specific
        or thread-specific */
403          unsigned long min_flt, maj_flt, nswap, cmin_flt, cmaj_flt, cnswap;
404 /* process credentials */
405          uid_t uid,euid,suid,fsuid;
406          gid_t gid,egid,sgid,fsgid;
407          int ngroups;
408          gid_t   groups[NGROUPS];
409          kernel_cap_t  cap_effective, cap_inheritable, cap_permitted;
410          int keep_capabilities:1;
411          struct user_struct *user;
412 /* limits */
413          struct rlimit rlim[RLIM_NLIMITS];
414          unsigned short used_math;
415          char comm[16];
416 /* file system info */
417          int link_count, total_link_count;
418          struct tty_struct *tty; /* NULL if no tty */
419 /* ipc stuff */
420          struct sysv_sem sysvsem;
421 /* CPU-specific state of this task */
422          struct thread_struct thread;
423 /* filesystem information */
424          struct fs_struct *fs;
425 /* open file information */
426          struct files_struct *files;
427 /* namespace */
428          struct namespace *namespace;
429 /* signal handlers */
430          struct signal_struct *signal;
431          struct sighand_struct *sighand;
432
433          sigset_t blocked, real_blocked;
434          struct sigpending pending;
435
436          unsigned long sas_ss_sp;
437          size_t sas_ss_size;
438          int (*notifier)(void *priv);
439          void *notifier_data;
440          sigset_t *notifier_mask;
441
442          void *security;
443
444 /* Thread group tracking */
445          u32 parent_exec_id;
446          u32 self_exec_id;
447 /* Protection of (de-)allocation: mm, files, fs, tty */
448          spinlock_t alloc_lock;
449 /* Protection of proc_dentry: nesting proc_lock, dcache_lock,
                            write_lock_irq(&tasklist_lock); */
450          spinlock_t proc_lock;
451 /* context-switch lock */
452          spinlock_t switch_lock;
453
454 /* journalling filesystem info */
455          void *journal_info;
456
457 /* VM state */
458          struct reclaim_state *reclaim_state;
459
```

```
460          struct dentry *proc_dentry;
461          struct backing_dev_info *backing_dev_info;
462
463          struct io_context *io_context;
464
465          unsigned long ptrace_message;
466          siginfo_t *last_siginfo; /* For ptrace use.  */
467 };
```

C'est l'une des structures qui change le plus lors de chaque nouvelle version du noyau Linux. On pourra trouver des descriptions (partielles) de la structure du descripteur de processus pour le noyau 1.2 dans [BEC-96], première édition, pour le noyau 2.0 dans [CAR-98] et dans [BEC-96], seconde édition, pour le noyau 2.2 dans [BOV-01] et pour le noyau 2.4 dans [BEC-96], troisième édition. Une description détaillée de cette structure pour le noyau 2.4.18 se trouve dans [OGO-03].

Linux 2.4   À partir du noyau 2.4, les UID et les GID sont codés sur 32 bits, ce qui permet un bien plus grand nombre d'utilisateurs et de groupes d'utilisateurs. Le noyau 2.4 n'attribue plus un segment d'état de tâche à chaque processus. Le champ tss est remplacé par un pointeur sur une structure de données qui contient les informations, à savoir le contenu des registres et le tableau de bits des droits sur les ports d'entrées-sorties. Il n'y a plus qu'un seul TSS par processeur (le noyau 2.4 étant multi-processeurs). Lors d'une commutation de tâches, le noyau utilise les structures de données liées à chaque processus pour sauver et restaurer les informations dans le TSS du processeur concerné.

4.2 Table des processus

Linux 2.4   Afin de lever la limite logicielle de 4 090 processus, à partir de la version 2.4 Linux supprime le tableau (statique) task pour le remplacer par une structure dynamique (liste doublement chaînée).

Conclusion

Pour simplifier sa gestion interne, un système d'exploitation définit de nombreuses structures de données comportant un nombre souvent conséquent de champs : il réserve une telle structure à chaque type d'entité manipulé. La notion fondamentale d'un système multi-tâches étant celle de processus, nous avons commencé par la structure de ces derniers. Le descripteur de processus n'était déjà pas très simple dans la toute première version de Linux, mais on comprend vite que sa complexité s'est considérablement étoffée dans la version 2.6.0.

Chapitre 7

Description du système de fichiers

Lors du noyau 0.01, le (seul) système de fichiers supporté par Linux est celui de Minix.

Nous allons voir les systèmes de fichiers en général, à la fois du point de vue de l'utilisateur et de leur conception. Puis nous verrons les structures de données associées à l'implémentation du système de fichiers Minix sous Linux.

1 Étude générale

1.1 Notion de fichiers

Toutes les applications informatiques doivent enregistrer et retrouver des informations. L'espace d'adressage étant insuffisant, on utilise des fichiers pour cela.

Espace d'adressage. Un processus en cours d'exécution peut enregistrer une quantité d'informations dans son espace d'adressage mais cette façon de faire présente trois inconvénients :

- La capacité de stockage est limitée à la mémoire vive. Cette taille peut convenir pour certaines applications, mais elle est beaucoup trop faible pour d'autres.
- Les informations stockées en mémoire vive sont perdues, à cause de la technologie employée, lorsque le processus se termine.
- Il ne peut pas y avoir d'accès simultané à ces informations. Un répertoire téléphonique stocké dans l'espace d'adressage d'un processus ne peut être examiné que par ce seul processus (pour les raisons de protection des données expliquées lors de l'étude des processus), de telle sorte qu'on ne peut rechercher qu'un seul numéro à la fois. Pour résoudre ce problème, il faut rendre l'information indépendante d'un processus donné.

Fichiers. Trois caractéristiques sont donc requises pour le stockage des informations à long terme :

- il faut pouvoir stocker des informations de très grande taille ;
- les informations ne doivent pas disparaître lorsque le processus qui les utilise se termine ;
- plusieurs processus doivent pouvoir accéder simultanément aux informations.

La solution à tous ces problèmes consiste à stocker les informations dans des **fichiers** sur des disques ou d'autres supports. Les processus peuvent alors les lire ou en écrire de nouvelles. Les informations stockées dans des fichiers doivent être **permanentes**, c'est-à-dire non affectées par la création ou la fin d'un processus. Un fichier ne doit disparaître que lorsque son propriétaire le supprime explicitement.

1.2 Gestion des fichiers

Les fichiers sont gérés par le système d'exploitation. La façon dont ils sont structurés, nommés, utilisés, protégés et implémentés sont des points majeurs de la conception du système d'exploitation. La partie du système d'exploitation qui gère les fichiers est appelée le gestionnaire du système de fichiers (en anglais *file system*).

Attention !   Il faut se méfier car système de fichiers a deux significations différentes. Il désigne :

- d'une part, le moyen (logiciel) par lequel un système d'exploitation stocke et récupère les données en mémoire de masse (essentiellement les disques) ; on parle, par exemple, de système de fichiers MINIX ;

- d'autre part, le contenu du point de vue de ce moyen logiciel d'un disque donné ; on dira, par exemple, que l'on monte le système de fichiers de la disquette à l'emplacement /mnt.

1.3 Les fichiers du point de vue utilisateur

Le système de fichiers est la partie la plus visible d'un système d'exploitation. La plupart des programmes lisent ou écrivent au moins un fichier, et les utilisateurs manipulent beaucoup de fichiers. De nombreuses personnes jugent un système d'exploitation sur la qualité de son système de fichiers : son interface, sa structure et sa fiabilité.

L'utilisateur attache la plus grande importance à l'interface d'un système de fichiers, c'est-à-dire à la manière de nommer les fichiers, de les protéger, aux opérations permises sur eux, etc. Il est moins important pour lui de connaître les détails de son implémentation, c'est-à-dire de connaître le nombre de secteurs d'un bloc logique ou de savoir si l'on utilise des listes chaînées ou des tables de bits pour mémoriser les emplacements libres. Ces points sont, en revanche, fondamentaux pour le concepteur du système de fichiers.

Caractéristiques des fichiers

L'utilisateur porte son attention sur un certain nombre de caractéristiques d'un fichier : nature d'un élément, syntaxe du nom, nature de l'index ou jeu d'appels système.

Élément. Un fichier peut être vu comme une suite ordonnée d'éléments. Un élément peut être, suivant le système d'exploitation, un mot machine, un caractère, un bit ou un enregistrement, c'est-à-dire quelque chose de plus structuré.

Unix   Pour UNIX, un élément est un caractère (autrement dit un octet sur la plupart des systèmes d'exploitation) pour des raisons de simplicité.

Nom. Un fichier a un nom symbolique, chaîne de caractères qui doit suivre certaines règles de syntaxe.

Index. Du point de vue du système de fichiers, un utilisateur peut référencer un élément du fichier en spécifiant le nom du fichier et l'index linéaire de l'élément dans le fichier.

Appels système. Les fichiers ne font pas partie de l'espace d'adressage des processus, aussi le système d'exploitation fournit-il des opérations spéciales (des appels système) pour les créer, les détruire, les lire, les écrire et les manipuler.

Nom d'un fichier

Intérêt. Les fichiers représentent une part d'un mécanisme abstrait. Ils permettent d'écrire des informations sur le disque et de les lire ultérieurement. Ceci doit être fait de manière à masquer le fonctionnement et l'emplacement de stockage des informations à l'utilisateur : il ne doit pas avoir à choisir tel ou tel secteur, par exemple. *La gestion et l'affectation des noms des objets sont les parties les plus importantes d'un mécanisme abstrait.* Un processus qui crée un fichier lui attribue un *nom*. Lorsque le processus se termine, le fichier existe toujours et un autre processus peut y accéder au moyen de ce nom.

Règles de formation des noms de fichiers. Les règles d'affectation des noms de fichiers varient d'un système à un autre, mais tous les systèmes d'exploitation autorisent les noms de fichiers constitués de chaînes de un à huit caractères non accentués. Ainsi « `pierre` » et « `agnes` » sont des noms de fichiers valides.

Les chiffres et des caractères spéciaux sont quelquefois autorisés. Ainsi « `2` », « `urgent!` » et « `Fig.2-14` » peuvent être des noms valides.

Certains systèmes de fichiers différencient les lettres majuscules et minuscules alors que d'autres ne le font pas. UNIX fait partie de la première catégorie et MS-DOS de la deuxième. Les noms suivants désignent donc des fichiers distincts sur un système UNIX : « `barbara` », « `Barbara` » et « `BARBARA` ». Sur MS-DOS, ils désignent le même fichier.

Extension de nom de fichier. De nombreux systèmes d'exploitation gèrent des noms en deux parties, les deux parties étant séparées par un point, comme dans « `prog.c` ». La partie qui suit le point est alors appelée **extension** ; elle donne en général une indication sur la nature du fichier.

Sous MS-DOS, par exemple, les noms de fichiers comportent 1 à 8 caractères éventuellement suivis d'une extension de 1 à 3 caractères. Sous UNIX, la taille de l'extension éventuelle est libre, le fichier pouvant même avoir plus d'une extension comme dans « `prog.c.Z` ».

Dans certains cas, les extensions sont simplement des conventions et ne sont pas contrôlées. Un fichier « `fichier.txt` » est vraisemblablement un fichier texte, mais ce nom est destiné davantage au propriétaire du fichier qu'au système d'exploitation. En revanche, certains compilateurs C imposent l'extension « `.c` » à tous les fichiers à compiler.

Structure du système de fichiers

Sur un système UNIX les fichiers sont organisés, du point de vue de l'utilisateur, selon un domaine de nommage structuré en arbre, comme illustré sur la figure 7.1, et dont les éléments principaux sont les répertoires et les chemins.

Répertoire. Chaque nœud de l'arbre, hormis les feuilles, est un **répertoire** (*directory* en anglais). On dit aussi **catalogue** (*folder* en anglais). Un nœud d'information de type répertoire contient des informations à propos des fichiers et des répertoires situés immédiatement sous ce nœud.

Le répertoire correspondant à la racine de l'arbre est appelé le **répertoire racine** (*root directory* en anglais). Par convention, son nom est une oblique « `/` » (*slash* en anglais).

Les noms de fichiers d'un même répertoire doivent être différents, mais le même nom peut être utilisé dans des répertoires différents.

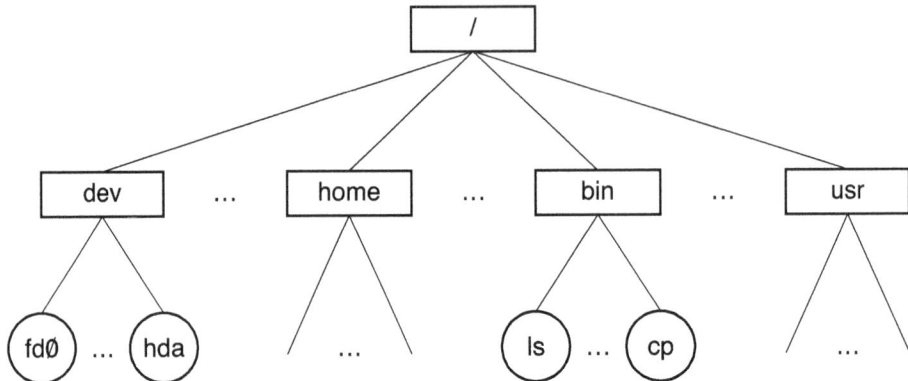

Un exemple d'arborescence

Figure 7.1 : *Arborescence de fichiers*

Chemin. Pour identifier un fichier particulier, on utilise un chemin (*path* en anglais), c'est-à-dire la suite des noms des répertoires qui conduisent au fichier, séparés par des obliques.

Si le premier élément de départ est une barre oblique, le chemin est dit absolu. Son point de départ est alors le répertoire racine.

Sinon (le premier élément est un nom de répertoire ou le nom du fichier lui-même), le chemin est dit relatif : son point de départ est alors le répertoire de travail courant du processus en cours, répertoire qui lui est associé lors de sa création.

Répertoires spéciaux. Chaque répertoire contient au moins deux répertoires, notés « . » et « .. » : ils représentent respectivement le répertoire courant et son répertoire parent. Dans le cas du répertoire racine, ils coïncident.

1.4 La conception des systèmes de fichiers

Examinons maintenant le système de fichiers du point de vue du concepteur. Les utilisateurs se préoccupent des noms des fichiers, des opérations qui permettent de les manipuler, de l'arborescence des fichiers, etc. Les concepteurs portent davantage leur attention sur l'organisation de l'espace du disque et sur la manière dont les fichiers et les répertoires sont sauvegardés. Ils recherchent un fonctionnement efficace et fiable.

Organisation de l'espace du disque

Les fichiers étant habituellement sauvegardés sur des disques, l'organisation logicielle de l'espace du disque est primordiale pour les concepteurs de systèmes de fichiers. Celle-ci porte sur la stratégie de stockage, sur la taille des blocs et sur la façon de repérer les blocs libres.

Stratégie de stockage. Il existe deux stratégies pour stocker un fichier de n octets : on alloue n octets consécutifs sur le disque ou on divise le fichier en plusieurs blocs (pas nécessairement contigus).

Si l'on sauvegarde un fichier sur un nombre contigu d'octets, on doit le déplacer chaque fois que sa taille augmente (ce qui arrive fréquemment). La plupart des concepteurs des systèmes de fichiers préfèrent donc stocker les fichiers dans plusieurs blocs de taille fixe, pas nécessairement adjacents.

Taille des blocs. Ce choix étant fait, il faut alors déterminer la taille optimale d'un bloc. Le compromis habituellement adopté consiste à prendre des blocs de 512 octets, 1 Ko ou 2 Ko. Si l'on prend des blocs de 1 Ko sur un disque dont les secteurs font 512 octets, le système de fichiers lit et écrit deux secteurs consécutifs en les considérant comme un ensemble unique et indivisible, appelé **unité d'allocation** (*cluster* en anglais).

Repérage des blocs libres. Dès qu'on a choisi la taille des blocs, on doit trouver un moyen de mémoriser les blocs libres. Les deux méthodes les plus répandues sont représentées sur la figure 7.2 ([TAN-87], p. 287) :

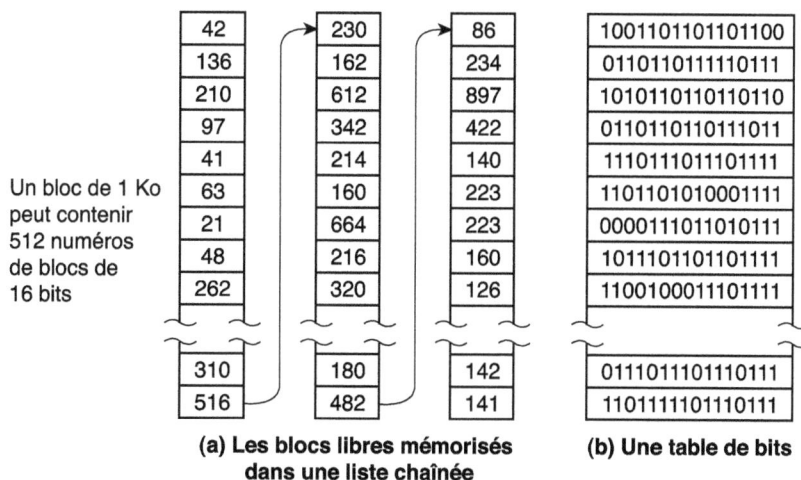

Figure 7.2 : *Liste chaînée et table de bits*

- La première méthode consiste à utiliser une *liste chaînée* des blocs du disque, chaque bloc contenant des numéros de blocs libres.
- La deuxième technique de gestion des espaces libres a recours à une **table de bits**, chaque bit représentant un bloc et valant 1 si le bloc est occupé (ou libre suivant le système d'exploitation). Un disque de n blocs requiert une table de n bits.

Si la taille de la mémoire principale est suffisante pour contenir entièrement la table des bits, cette méthode de stockage est préférable. Si, en revanche, on ne dispose que d'un seul bloc en mémoire principale pour mémoriser les blocs libres et si le disque est presque plein, la liste chaînée peut s'avérer meilleure. En effet, si l'on n'a en mémoire qu'un seul bloc de la table des bits, il peut arriver que ce bloc ne contienne aucun bloc libre. Il faut alors lire sur le disque le reste de la table de bits. En revanche, quand on charge un bloc de liste chaînée, on peut allouer 511 blocs avant d'avoir à accéder à nouveau au disque.

Stockage des fichiers

Les fichiers étant constitués d'un certain nombre de blocs, le système de fichiers doit mémoriser les blocs des différents fichiers. Le principe fondamental pour stocker un fichier est de mémoriser l'adresse des blocs le constituant. Différentes méthodes sont utilisées pour cela : allocation contiguë, allocation par liste chaînée, allocation par liste chaînée indexée et nœud d'information.

Allocation contiguë. La méthode d'allocation la plus simple consiste à stocker chaque fichier dans une suite de blocs consécutifs. Un fichier de 50 Ko, par exemple, occupera 50 blocs consécutifs sur un disque dont la taille des blocs est 1 Ko.

Cette méthode a deux avantages importants :

- Premièrement, elle est simple à mettre en œuvre puisqu'il suffit de mémoriser un nombre, l'adresse du premier bloc, pour localiser le fichier.
- Deuxièmement les performances sont excellentes puisque tout le fichier peut être lu en une seule opération.

Aucune autre méthode d'allocation ne peut l'égaler.

Malheureusement, l'allocation contiguë présente également deux inconvénients importants :

- Premièrement, elle ne peut être mise en œuvre que si la taille maximum du fichier est connue au moment de sa création. Sans cette information, le système d'exploitation ne peut pas déterminer l'espace à réserver sur le disque. Dans les systèmes où les fichiers doivent être écrits en une seule opération, elle peut néanmoins être avantageusement utilisée.
- Le deuxième inconvénient est la **fragmentation du disque** qui découle de cette politique d'allocation. Elle gaspille de l'espace sur le disque. Le compactage du disque peut y remédier mais il est en général coûteux. Il peut cependant être réalisé la nuit lorsque le système n'est pas chargé.

Allocation par liste chaînée. La deuxième méthode consiste à sauvegarder les blocs des fichiers dans une liste chaînée. Le premier mot de chaque bloc, par exemple, est un pointeur sur le bloc suivant. Le reste du bloc contient les données.

Cette méthode possède les avantages suivants :

- Contrairement à l'allocation contiguë, tous les blocs peuvent être utilisés. Il n'y a pas d'espace perdu en raison d'une fragmentation du disque.
- L'entrée du répertoire stocke simplement l'adresse du premier bloc. Les autres blocs sont trouvés à partir de celui-là.

Elle possède également des inconvénients :

- Si la lecture séquentielle d'un fichier est simple, l'accès direct est extrêmement lent.
- Le pointeur sur le bloc suivant occupant quelques octets, l'espace réservé aux données dans chaque bloc n'est plus une puissance de deux. Ceci est moins efficace car de nombreux programmes lisent et écrivent des blocs dont la taille est une puissance de deux.

Allocation par liste chaînée indexée. Les inconvénients de l'allocation au moyen d'une liste chaînée peuvent être éliminés en retirant le pointeur de chaque bloc pour le placer dans une table ou en index en mémoire. MS-DOS utilise cette méthode avec la **FAT** (*File Allocation Table*).

Cette méthode possède les avantages suivants :

- Elle libère intégralement l'espace du bloc pour les données.

· Elle facilite les accès directs. La liste doit toujours être parcourue pour trouver un déplacement donné dans le fichier, mais elle réside entièrement en mémoire et peut être parcourue sans accéder au disque. Comme pour la méthode précédente, l'entrée du répertoire contient un seul entier (le numéro du premier bloc) qui permet de retrouver tous les autres blocs quelle que soit la taille du fichier.

Le principal inconvénient de cette méthode vient du fait que la table doit résider entièrement en mémoire en permanence. Un grand disque de 500 000 blocs requiert 500 000 entrées dans la table qui occupent chacune au minimum 3 octets. Pour accélérer la recherche, la taille des entrées devrait être de 4 octets. La table occupera 1,5 Mo si le système est optimisé pour l'espace et 2 Mo s'il est optimisé pour l'occupation mémoire.

Nœuds d'information. La quatrième méthode pour mémoriser les blocs de chaque fichier consiste à associer à chaque fichier une petite table, appelée nœud d'information (*i-node* en anglais). Cette table contient les attributs et les adresses sur le disque des blocs du fichier.

Les premières adresses disque sont contenues dans le nœud d'information de sorte que les informations des petits fichiers y sont entièrement contenues lorsqu'il est chargé en mémoire à l'ouverture du fichier. Pour les fichiers plus importants, une des adresses du nœud d'information est celle d'un bloc du disque appelé **bloc d'indirection simple**. Ce bloc contient des pointeurs sur les blocs du fichier. Si les blocs font 1 Ko et les adresses du disque 32 bits, le bloc d'indirection simple contient 256 adresses de blocs. Si cela ne suffit pas encore, une autre adresse du nœud d'information, appelée **bloc d'indirection double**, contient l'adresse d'un bloc contenant une liste de blocs d'indirection simple. Les blocs d'indirection double peuvent contenir des fichiers de $266 + 256^2 = 65\ 802$ blocs. Il existe également des blocs d'indirection triple.

UNIX utilise cette méthode des nœuds d'information.

UNIX

2 Caractéristiques d'un fichier

2.1 Types de fichiers

Notion

De nombreux systèmes d'exploitation possèdent différents types de fichiers. UNIX et MS-DOS, par exemple, ont des fichiers ordinaires, des répertoires, des fichiers spéciaux caractère et des fichiers spéciaux bloc :

· les **fichiers ordinaires** contiennent les informations des utilisateurs ;
· les **répertoires** ou **catalogues** (en anglais *directories* ou *folders*) sont des fichiers système qui maintiennent la structure du système de fichiers ;
· les **fichiers spéciaux caractère** permettent de modéliser les périphériques d'entrée-sortie série, tels que le clavier, les terminaux, les imprimantes et les cartes réseau ;
· les **fichiers spéciaux bloc** permettent de modéliser les périphériques d'entrée-sortie par blocs, tels que les disques et les disquettes.

Les fichiers ordinaires sont en général des fichiers texte ou des fichiers binaires :

· Les **fichiers texte** contiennent des lignes de caractères affichables. Dans certains systèmes, chaque ligne est terminée par le caractère *retour chariot* ; dans d'autres, le caractère *passage* *à la ligne* est utilisé ; parfois les deux sont requis. Les lignes peuvent être de longueur variable. Le grand avantage des fichiers texte est qu'ils peuvent être affichés et imprimés sans modification et qu'ils peuvent être édités au moyen d'un éditeur de texte standard.

· Les autres fichiers sont, par définition, des **fichiers binaires**, ce qui signifie tout simplement qu'ils ne sont pas des fichiers texte. Leur affichage grâce à un éditeur de texte donne une suite incompréhensible de signes. Ces fichiers ont en général une structure interne, qui dépend de l'application qui les a engendrés. Tous les systèmes d'exploitation doivent reconnaître au moins un type de fichiers binaires, leurs propres **fichiers exécutables**.

Les fichiers fortement typés posent des problèmes à chaque fois que l'utilisateur effectue une opération non prévue par le concepteur du système. Ce type de « protection » peut aider les utilisateurs novices. Il est cependant inacceptable pour les utilisateurs expérimentés qui doivent alors faire beaucoup d'efforts pour contourner l'idée qu'a le système d'exploitation de ce qui est raisonnable.

Cas de Linux

Les constantes symboliques des divers types de fichiers de Linux 0.01 sont définies dans le fichier d'en-têtes *include/const.h* :

Linux 0.01
```
#define I_DIRECTORY     0040000
#define I_REGULAR       0100000
#define I_BLOCK_SPECIAL 0060000
#define I_CHAR_SPECIAL  0020000
#define I_NAMED_PIPE    0010000
```

Les types sont donc :

· les répertoires ;
· les fichiers ordinaires ;
· les fichiers spéciaux bloc ;
· les fichiers spéciaux caractère ;
· les **tubes nommés**, c'est-à-dire des canaux de communication qui peuvent être utilisés par plusieurs processus afin d'échanger des données, notion que nous étudierons au chapitre 26.

2.2 Droits d'accès d'un fichier sous Unix

Unix
Sous Unix, les utilisateurs d'un fichier sont partagés en trois **classes** :

· le propriétaire du fichier ;
· les utilisateurs appartenant au même groupe d'utilisateurs que le propriétaire du fichier, le propriétaire non compris ;
· tous les autres.

Pour chacune de ces trois classes, il existe alors trois **types de droits d'accès** :

· lecture (R pour l'anglais *Read*) ;
· écriture (W pour l'anglais *Write*) ;
· exécution (X pour l'anglais *eXecute*).

L'ensemble des **droits d'accès** associés à un fichier est constitué de neuf drapeaux binaires :

```
RWX RWX RWX
```

les trois premiers concernant le propriétaire, les suivants le groupe et les derniers les autres utilisateurs.

2.3 Mode d'un fichier sous Unix

Le **mode** d'un fichier sous UNIX est un ensemble de trois drapeaux qui n'ont de sens que pour les fichiers exécutables :

suid (pour *Set User IDentifier*, c'est-à-dire positionnement de l'identificateur de l'utilisateur) : nous avons déjà vu l'intérêt de ce mode à propos des descripteurs de processus ; un processus qui exécute un programme possède habituellement l'UID du propriétaire du processus ; cependant, si un fichier exécutable a son attribut suid positionné, alors le processus prend, durant l'exécution de celui-ci, l'UID du propriétaire du programme ; ceci permet, par exemple, à un processus d'imprimer (alors que les droits sont réservés à l'administrateur du système) ;

sgid (pour *Set Group IDentifier*, c'est-à-dire positionnement de l'identificateur du groupe) : nous avons également déjà vu l'intérêt de ce mode ; un processus qui exécute un programme possède habituellement le GID du groupe de processus ; cependant, si un fichier exécutable a son attribut sgid positionné, alors le processus prend, durant l'exécution de celui-ci, le GID du fichier ;

sticky (en anglais *sticky tape* est le nom du ruban adhésif) : un fichier exécutable avec cet attribut positionné signifie pour le système qu'il doit garder en mémoire le programme après son exécution ; ce drapeau est cependant maintenant obsolète.

3 Notion de tampon de disque dur

Les disques durs présentent un temps d'accès moyen très élevé. Chaque opération requiert plusieurs millisecondes pour s'achever, essentiellement parce que le contrôleur du disque dur doit déplacer les têtes magnétiques sur la surface du disque pour atteindre l'emplacement exact où sont enregistrées les données. En revanche, lorsque les têtes sont correctement positionnées, le transfert des données peut s'effectuer au débit de dizaines de méga-octets par seconde.

Pour réaliser des performances acceptables, les disques durs et les périphériques similaires transfèrent plusieurs octets adjacents à la fois. On dit que des groupes d'octets sont adjacents lorsqu'ils sont enregistrés sur la surface du disque d'une manière telle qu'une seule opération de recherche puisse y accéder. Ceci conduit aux notions de secteur, de bloc et de tampon.

Secteur. À cause du problème indiqué ci-dessus, le contrôleur de disque dur ne transfère les données que par un minimum d'octets adjacents appelé **secteur**. Pendant longtemps, la taille d'un secteur fut de 512 octets, mais on trouve maintenant des disques qui utilisent des secteurs plus importants (1 024, 2 048 octets ou au-delà). Le secteur est donc l'unité de base de transfert imposé par la technologie : il n'est jamais possible de transférer moins d'un secteur mais le contrôleur peut transférer plusieurs secteurs adjacents à la fois si on le désire.

Bloc. Les systèmes d'exploitation peuvent décider de transférer systématiquement plusieurs secteurs à la fois. L'unité est alors le **bloc** ou **unité d'allocation** (*block* ou *cluster* en anglais).

Tampon. Tout bloc lu exige d'avoir son propre **tampon**, c'est-à-dire une zone de la mémoire vive utilisée par le noyau pour stocker le contenu du bloc. Lorsque le système demande la lecture d'un bloc du disque, le tampon correspondant est rempli avec les valeurs obtenues. Lorsqu'il demande l'écriture d'un bloc sur le disque, il transfère le contenu du tampon correspondant sur le disque. La taille d'un tampon correspond toujours à la taille du bloc correspondant.

4 Structure d'un disque Minix

Un système de fichiers MINIX est une entité complète à la UNIX qui comporte des nœuds d'information, des répertoires et des blocs de données. Il peut être stocké sur n'importe quel périphérique bloc, comme une disquette ou un disque dur.

4.1 Bloc sous Minix et Linux

MINIX, et donc Linux 0.01, utilise des blocs constitués de deux secteurs de 512 octets, soit de 1 024 octets.

Le type des blocs de données, `buffer_block`, est défini comme tableau de 1 024 caractères dans le fichier *include/linux/fs.h* :

```
#define BLOCK_SIZE 1024
----------------------
typedef char buffer_block[BLOCK_SIZE];
```

4.2 Structure générale d'un disque Minix

La figure 7.3 ([TAN-87], p. 334) montre l'organisation d'un système de fichiers MINIX pour une disquette de 360 Ko. Elle possède 127 nœuds d'information et a une taille de bloc de 1 Ko.

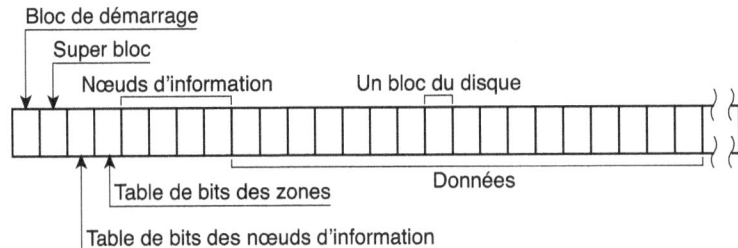

Organisation d'une disquette de 360 Ko qui possède 127 nœuds d'information et des blocs de 1 Ko (deux secteurs consécutifs de 512 octets forment un seul bloc)

Figure 7.3 : *Système de fichiers* MINIX

De façon générale, pour tout système de fichiers MINIX il y a six éléments, toujours situés dans le même ordre :

Bloc de démarrage. Le premier secteur d'une disquette ou d'un disque dur est chargé en mémoire et un saut y est fait par le BIOS. Chaque système de fichiers commence donc par un **bloc de démarrage** (*boot block* en anglais). Tous les disques ne peuvent pas servir de périphérique de démarrage mais il s'agit d'uniformiser cette structure. Le bloc de démarrage n'est plus utilisé après le démarrage du système.

Super-bloc. Le **super-bloc** contient des informations relatives à l'organisation du système de fichiers. Sa fonction principale est d'informer le système de fichiers de la taille des divers éléments.

Table de bits des nœuds d'information. Suivent les blocs de la **table de bits des nœuds d'information**. À partir de la taille des blocs et du nombre de nœuds d'information, il est facile de calculer la taille de la table de bits des nœuds d'information et le nombre de blocs de nœuds d'information. Par exemple, si les blocs font 1 Ko, chaque bloc de la table de bits fait 1 Ko et peut donc mémoriser l'état de 8 191 nœuds d'information (le nœud d'information 0 contient toujours des zéros et n'est pas utilisé). Pour 10 000 nœuds d'information, la table de bits occupe deux blocs. La taille des nœuds d'information étant de 32 octets, un bloc de 1 Ko peut contenir 32 nœuds d'information. Il faut donc 4 blocs du disque pour 127 nœuds d'information.

Table de bits des zones. Suivent les blocs de la **table de bits des zones**. Le stockage sur disque est alloué en **zones** de 1, 2, 4, 8 ou, d'une manière plus générale, 2^n blocs. La table de bits des zones mémorise les espaces libres en zones plutôt qu'en blocs. Dans la version standard de MINIX sur des disquettes de 360 Ko, les tailles des zones et des blocs sont identiques (1 Ko).

Le nombre de blocs par zone n'est pas mémorisé dans le super-bloc puisqu'on n'en a jamais besoin. On ne se sert que du logarithme en base 2 du nombre de blocs par zone, ce qui permet de convertir les zones en blocs et *vice-versa*. Par exemple, s'il y a 8 blocs par zone, $log_2 8 = 3$. Pour trouver la zone qui contient le bloc 128, on effectue un décalage vers la droite de 3 bits de 128, ce qui donne la zone 16. La zone 0 est le bloc de démarrage, mais la table de bits des zones inclut uniquement les zones de données.

Nœuds d'information. Viennent ensuite les *nœuds d'information*. Ils enregistrent les informations générales sur un fichier donné (telles que le propriétaire du fichier et les droits d'accès). Pour les systèmes de fichiers sur disque, cet objet correspond à un *bloc de contrôle de fichier* stocké sur disque. Il y a exactement un nœud d'information dans le noyau pour chaque fichier utilisé dans le système.

Blocs de données. On termine enfin par les **blocs de données**.

4.3 Les nœuds d'information sur disque

Structure — La structure d'un nœud d'information sur disque est définie dans le fichier *include/linux/fs.h* :

```
struct d_inode {
        unsigned short      i_mode;
        unsigned short      i_uid;
        unsigned long       i_size;
        unsigned long       i_time;
```

Linux 0.01

```
        unsigned char          i_gid;
        unsigned char          i_nlinks;
        unsigned short         i_zone[9];
};
```

C'est celle de MINIX, qui est expliquée dans [TAN-87]. Il y a 32 octets :

- i_mode spécifie le type du fichier (ordinaire, répertoire, spécial bloc, spécial caractère ou tube de communication), le mode (les bits de protection *setuid* et *setgid*) et les droits d'accès (les bits RWX) suivant une structure indiquée ci-dessous ;
- i_uid est l'identificateur du propriétaire du fichier ;
- i_size est la taille, en octets, du fichier ;
- i_time est la date de dernière modification, en secondes depuis le 1er septembre 1970 ;
- i_gid est l'identificateur du groupe du propriétaire ;
- i_nlinks est le nombre de processus qui utilisent ce nœud d'information : le système peut ainsi savoir à quel moment il peut libérer l'espace occupé par le fichier (c'est-à-dire lorsque ce champ est nul) ;
- i_zone est un tableau de numéros de 9 unités d'allocation (appelées *zones* par MINIX et blocs sous Linux) ; les sept premières valeurs, indexée de 0 à 6, font une référence directe à des blocs de données, la huitième valeur est un numéro de bloc d'indirection simple et le dernier un numéro de bloc d'indirection double.

Le nœud d'information sert essentiellement à indiquer où se trouvent les blocs de données. Les sept premiers numéros de zones sont contenue dans le nœud d'information. Dans la version standard, où les zones et les blocs font 1 Ko, les fichiers de moins de 7 Ko n'ont pas besoin de blocs d'indirection. Au-delà de 7 Ko, il faut avoir recours à ces blocs. Pour une taille de bloc et de zone de 1 Ko et des numéros de zone de 16 bits, un bloc d'indirection simple peut contenir 512 entrées, ce qui représente un demi méga-octet de stockage. Un bloc d'indirection double pointe sur 512 blocs d'indirection simple, ce qui donne 256 méga-octets. En fait cette limite ne peut pas être atteinte puisqu'avec des numéros de zone de 16 bits et des zones de 1 Ko, on ne peut adresser que 64 K zones, soit 64 méga-octets ; si la taille du disque est supérieure à cette valeur, il faut utiliser des zones de 2 Ko.

Structure du champ de mode — Les valeurs du champ i_mode sont définies dans le fichier *include/const.h* :

Linux 0.01

```
#define I_TYPE           0170000
#define I_DIRECTORY      0040000
#define I_REGULAR        0100000
#define I_BLOCK_SPECIAL  0060000
#define I_CHAR_SPECIAL   0020000
#define I_NAMED_PIPE     0010000
#define I_SET_UID_BIT    0004000
#define I_SET_GID_BIT    0002000
```

Différences entre MINIX et UNIX — Les nœuds d'information de MINIX diffèrent de ceux de la version d'UNIX alors en vigueur sur plusieurs points :

- on utilise des pointeurs de disque plus petits (2 octets, alors que ceux d'UNIX font 3 octets) ;
- on mémorise moins de pointeurs (9 au lieu de 13) ;
- les champs nlinks et gid ne font qu'un octet sous MINIX.

Ces modifications réduisent la taille des nœuds d'information de 64 octets à 32. On diminue ainsi les espaces disque et mémoire requis pour stocker ces nœuds d'information.

4.4 Le super bloc

La structure de données concernant le super-bloc est définie dans le fichier *include/linux/ fs.h* :

Linux 0.01

```
struct super_block {
        unsigned short s_ninodes;
        unsigned short s_nzones;
        unsigned short s_imap_blocks;
        unsigned short s_zmap_blocks;
        unsigned short s_firstdatazone;
        unsigned short s_log_zone_size;
        unsigned long  s_max_size;
        unsigned short s_magic;
/* These are only in memory */
        struct buffer_head * s_imap[8];
        struct buffer_head * s_zmap[8];
        unsigned short s_dev;
        struct m_inode * s_isup;
        struct m_inode * s_imount;
        unsigned long s_time;
        unsigned char s_rd_only;
        unsigned char s_dirt;
};
```

Seuls nous intéressent pour l'instant les premiers champs, ceux qui ne se trouvent pas seulement en mémoire :

· s_ninodes spécifie le nombre de nœuds d'information du disque ;

· s_nzones spécifie le nombre de zones ;

· s_imap_blocks spécifie le nombre de blocs de la table de bits des nœuds d'information ;

· s_zmar_blocks spécifie le nombre de blocs de la table de bits des zones ;

· s_firstdatazone donne l'adresse de la première zone de données ;

· s_log_zone_size est le logarithme en base deux du rapport taille de zone sur taille de bloc ;

· s_max_size est la taille maximale des fichiers ;

· s_magic est un nombre magique pour indiquer qu'il s'agit d'un nœud d'information ; ce nombre magique[1], défini dans le même fichier d'en-têtes, est :

Linux 0.01

```
#define SUPER_MAGIC 0x137F
```

Remarquons que certaines informations du super-bloc sont redondantes. Ceci est dû au fait qu'on en a parfois besoin dans un certain format et parfois dans un autre. Comme le super-bloc fait 1 Ko, il est préférable de stocker ces informations dans différents formats plutôt que de les recalculer à chaque fois en cours d'exécution. Par exemple, le numéro de la première zone de données du disque peut être calculé à partir de la taille des blocs, de la taille des zones, du nombre de nœuds d'information et du nombre de zones, mais il est plus rapide de le mémoriser dans le super-bloc : le reste du super-bloc étant perdu de toute façon, l'utilisation d'un mot de plus ne coûte rien.

---

[1] Il ne s'agit pas ici de « nombre magique » au sens des programmeurs (vu ci-dessus) mais au sens des fichiers binaires. Il indique le format (d'images, par exemple) ou l'application associée.

5 Système de fichiers Minix chargé en mémoire

Nous venons de décrire le système de fichiers MINIX sur disque. Voyons maintenant comment un tel système de fichiers est chargé en mémoire vive.

5.1 Antémémoire

Principe de la mise en place

Nous avons vu que, puisque le transfert entre disque et mémoire vive s'effectue bloc par bloc, on a besoin de tampons en mémoire vive. L'ensemble des tampons et des structures destinés à les gérer s'appelle l'antémémoire.

Dans le cas de MINIX, cette antémémoire est mise en place grâce aux tampons, aux descripteurs de tampons, à un tableau de descripteurs de tampons, à une liste des descripteurs de tampons et à un tableau de listes de hachage :

Tampon. Les tampons eux-mêmes peuvent se trouver n'importe où dans la mémoire vive (suivant les emplacements disponibles au moment où ils sont chargés).

Descripteur de tampon. Les informations concernant un tampon (son emplacement en mémoire vive et sur le périphérique) sont contenues dans un **descripteur de tampon** qui est formé de pointeurs (en particulier sur un tampon), de compteurs et d'indicateurs. Tous les descripteurs de tampon sont reliés les uns aux autres dans une liste doublement chaînée.

Liste des descripteurs de tampon. Les descripteurs de tampons sont placés dans une liste doublement chaînée située à un endroit précis de la mémoire vive.

Liste des descripteurs de tampons libres. Pour éviter d'avoir à parcourir cette liste pour trouver un descripteur de tampon disponible, une liste doublement chaînée des descripteurs de tampon libres est également utilisée.

Tableau de listes de hachage. Des listes de hachage sont également utilisées pour aider le noyau à extraire rapidement le descripteur décrivant le tampon associé au couple formé par le numéro de disque dur et le numéro logique de bloc. Il y en a un certain nombre.

En théorie, seule la liste des descripteurs est nécessaire.

Structure d'un descripteur de tampon

Un descripteur de tampon est, sous Linux, une entité du type structuré `buffer_head` défini dans le fichier *include/linux/fs.h* :

Linux 0.01

```
struct buffer_head {
        char * b_data;                  /* pointer to data block (1024 bytes) */
        unsigned short b_dev;           /* device (0 = free) */
        unsigned short b_blocknr;       /* block number */
        unsigned char b_uptodate;
        unsigned char b_dirt;           /* 0-clean,1-dirty */
        unsigned char b_count;          /* users using this block */
        unsigned char b_lock;           /* 0 - ok, 1 -locked */
        struct task_struct * b_wait;
        struct buffer_head * b_prev;
        struct buffer_head * b_next;
        struct buffer_head * b_prev_free;
        struct buffer_head * b_next_free;
};
```

Les champs de la structure `buffer_head` sont les suivants :

· `b_data` : adresse d'un bloc de données situé en mémoire vive, qui est un tableau de 1 024 caractères comme nous l'avons déjà vu ;

· `b_dev` : identificateur du disque associé, 0 s'il n'est associé à aucun tel périphérique ;

· `b_blocknr` : numéro logique du bloc sur ce disque ;

· `b_uptodate` : défini si le tampon contient des données valides ;

· `b_dirt` : booléen permettant de savoir si le bloc n'a pas été utilisé (*clean*) ou s'il contient des données nouvelles et valides (*dirty*), qu'il faudra penser à transférer sur le disque à un certain moment ;

· `b_count` : compteur d'utilisation du tampon correspondant ; le compteur est incrémenté avant toute opération avec tampon et décrémenté immédiatement après ; il agit comme verrou de sécurité, puisque le noyau ne détruit jamais un tampon ou son contenu tant que le compteur d'utilisation n'est pas à zéro ;

· `b_lock` : booléen indiquant si le bloc est verrouillé, c'est-à-dire si le tampon est en train d'être écrit sur le disque (on ne doit donc pas en changer la valeur pour l'instant) ;

· `b_wait` : file d'attente des processus voulant utiliser ce tampon (on voit ici un premier cas de définition par récursivité croisée[2] entre processus et fichiers) ;

· `b_prev` et `b_next` : servent pour la liste doublement chaînée des descripteurs de tampon ;

· `b_prev_free` et `b_next_free` : servent à repérer les descripteurs de tampon libres, grâce à une liste doublement chaînée.

Liste des descripteurs de tampon

La liste des descripteurs de tampon est située à un emplacement bien déterminé de la mémoire vive dont on repère le début et qui contient un nombre maximal de descripteurs (ce qui limite le nombre de tampons de bloc situés simultanément en mémoire vive) :

Emplacement. Le noyau 0.01 de Linux réserve la zone de mémoire vive située depuis une certaine adresse jusqu'à la fin de la mémoire aux descripteurs de tampon.

Le début de la zone réservée à ces descripteurs de tampon (correspondant à la fin de la liste) est repéré par la variable globale BUFFER_END définie dans le fichier *include/ linux/config.h* :

```
/* End of buffer memory. Must be 0xA0000, or > 0x100000, 4096-byte aligned */
#if (HIGH_MEMORY>=0x600000)
#define BUFFER_END 0x200000
#else
#define BUFFER_END 0xA0000
#endif
```

Linux 0.01

ainsi que dans le fichier *include/const.h* :

```
#define BUFFER_END 0x200000
```

Linux 0.01

de façon non cohérente.

Erreur ?

La fin de cette zone, correspondant à la fin de la mémoire vive, est repérée par la variable `end` sous Linux, variable créée par le compilateur `gcc`.

---

[2]Récursivité croisée : on parle de « Récursivité croisée » à propos de la définition de deux notions A et B lorsqu'elles sont définies en même temps et non indépendamment l'une de l'autre.

Début de la liste. Le début de la liste chaînée des descripteurs est repéré par la variable globale start_buffer, définie dans le fichier *fs/buffer.c* :

```
#if (BUFFER_END & 0xfff)
#error "Bad BUFFER_END value"
#endif

#if (BUFFER_END > 0xA0000 && BUFFER_END <= 0x100000)
#error "Bad BUFFER_END value"
#endif

extern int end;
struct buffer_head * start_buffer = (struct buffer_head *) &end;
```

Nombre maximal de tampons. Le nombre maximal de tampons situés simultanément en mémoire vive, autrement dit le nombre de descripteurs de tampon, est défini par la variable NR_BUFFERS, déclarée dans le fichier *fs/buffer.c* :

```
int NR_BUFFERS = 0;
```

initialisée à l'exécution par la fonction **buffer_init()**, comme nous le verrons, ce nombre dépendant de la capacité de la mémoire vive.

Liste des descripteurs de tampon libres

La liste circulaire des descripteurs de tampon libres est repérée par la variable free_list, définie dans le fichier *fs/buffer.c* :

```
static struct buffer_head * free_list;
```

Seuls deux champs sont utilisés de la structure buffer_head pour cette liste : les champs b_prev_free et b_next_free.

Tableau des listes de hachage

Le tableau des listes de hachage contient des pointeurs sur le premier descripteur de tampon de chaque liste de hachage. Il est repéré par la variable hash_table[], définie dans le fichier *fs/buffer.c* :

```
struct buffer_head * hash_table[NR_HASH];
```

Le nombre maximum d'éléments de ce tableau est défini dans le fichier *include/linux/fs.h* :

```
#define NR_HASH 307
```

Initialisations

L'initialisation de la liste des descripteurs de tampon, de la liste des descripteurs de tampon libres, du tableau des listes de hachage et du nombre maximal de tampons est réalisée par la fonction **buffer_init()**, définie à la fin du fichier *fs/buffer.c* (et appelée par la fonction **main()** du fichier *init/main.c*) :

```
void buffer_init(void)
{
        struct buffer_head * h = start_buffer;
        void * b = (void *) BUFFER_END;
        int i;
```

```
        while ( (b -= BLOCK_SIZE) >= ((void *) (h+1)) ) {
                h->b_dev = 0;
                h->b_dirt = 0;
                h->b_count = 0;
                h->b_lock = 0;
                h->b_uptodate = 0;
                h->b_wait = NULL;
                h->b_next = NULL;
                h->b_prev = NULL;
                h->b_data = (char *) b;
                h->b_prev_free = h-1;
                h->b_next_free = h+1;
                h++;
                NR_BUFFERS++;
                if (b == (void *) 0x100000)
                        b = (void *) 0xA0000;
        }
        h--;
        free_list = start_buffer;
        free_list->b_prev_free = h;
        h->b_next_free = free_list;
        for (i=0;i<NR_HASH;i++)
                hash_table[i]=NULL;
}
```

5.2 Les descripteurs de nœud d'information

Notion

Lorsqu'on charge un nœud d'information sur disque, on a besoin d'un peu plus d'informations que son simple transfert en mémoire : on a besoin, par exemple de connaître le périphérique sur lequel se trouve le nœud d'information chargé en mémoire et de son emplacement sur celui-ci, afin que le système d'exploitation sache où réécrire sur disque le contenu du nœud d'information lorsqu'on le modifie en mémoire. On appelle **descripteur de nœud d'information** la structure qui est présente en mémoire vive.

Lorsqu'on ouvre un fichier, son nœud d'information est localisé et son descripteur est chargé dans une **table des nœuds d'information** située en mémoire vive, où il reste jusqu'à ce que le fichier soit fermé.

Le descripteur contient aussi un **compteur**. Si un fichier est ouvert plus d'une fois, on ne garde en mémoire qu'une seule copie de son nœud d'information. On incrémente le compteur chaque fois que le fichier est ouvert et on le décrémente chaque fois qu'il est fermé. Lorsque le compteur atteint la valeur zéro, le descripteur du nœud d'information de ce fichier est retiré de la table (et réécrit sur le disque s'il a été modifié).

Structure des descripteurs de nœud d'information

La structure d'un descripteur de nœud d'information est définie dans le fichier *include/ linux/fs.h* :

Linux 0.01

```
struct m_inode {
        unsigned short          i_mode;
        unsigned short          i_uid;
        unsigned long           i_size;
        unsigned long           i_mtime;
        unsigned char           i_gid;
        unsigned char           i_nlinks;
        unsigned short          i_zone[9];
/* these are in memory also */
```

```
        struct task_struct * i_wait;
        unsigned long        i_atime;
        unsigned long        i_ctime;
        unsigned short       i_dev;
        unsigned short       i_num;
        unsigned short       i_count;
        unsigned char        i_lock;
        unsigned char        i_dirt;
        unsigned char        i_pipe;
        unsigned char        i_mount;
        unsigned char        i_seek;
        unsigned char        i_update;
};
```

Les premiers champs sont ceux du nœud d'information lui-même. Donnons la signification des champs supplémentaires :

Récursivité
croisée

- i_wait est la liste chaînée des processus en attente d'utilisation de ce nœud d'information, utilisée pour synchroniser les accès concurrents au nœud d'information (on a ici un deuxième exemple du fait que ces structures sont définies par récursivité croisée avec celle de descripteur de processus) ;

- i_atime est la date du dernier accès au nœud d'information ;

- i_ctime est la date de dernière modification du nœud d'information ;

- i_dev est le numéro du périphérique d'où provient le fichier ;

- i_num est le numéro du nœud d'information sur ce périphérique ;

- i_count est le compteur permettant de savoir si l'on peut retirer le nœud de la table ;

- i_lock est un booléen indiquant si le descripteur de **nœud d'information** est **verrouillé**, c'est-à-dire si le nœud d'information correspondant est en train d'être écrit sur le disque (on ne doit donc pas en changer la valeur pour l'instant) ;

- i_dirt est un booléen indiquant si le nœud d'information a subi des modifications (il doit alors être copié sur le disque avant d'être retiré de la table) ;

- i_pipe est un booléen indiquant si le nœud d'information correspond à un tube de communication ;

- i_mount est un pointeur sur le nœud d'information racine d'un système de fichiers dans le cas d'un point de montage ;

- i_update est un booléen disant si le nœud d'information contient des données valides.

Table des descripteurs des nœuds d'information

Les descripteurs de nœud d'information sont placés dans une table en contenant un nombre maximum :

Nombre maximum de descripteurs de nœuds d'information. Il ne peut y avoir qu'un certain nombre de nœuds d'information chargés en mémoire vive en même temps. Cette valeur est repérée par la constante NR_INODE, égale à 32, définie dans le fichier *include/linux/fs.h* :

```
#define NR_INODE 32
```

Table. La table des descripteurs de nœuds d'information, de nom `inode_table[]`, est définie dans le fichier *fs/inode.c* :

```
struct m_inode inode_table[NR_INODE]={{0,},};
```
Linux 0.01

5.3 Table des super-blocs

Intérêt

Au démarrage de Minix ou de Linux, le super-bloc du périphérique racine est chargé en mémoire vive. De même, lorsqu'un système de fichiers est monté, le super-bloc du périphérique correspondant est copié en mémoire vive. La **table des super-blocs** contient ces copies de super-blocs.

En fait, cette table contient des **descripteurs de super-blocs**, chacun reprenant le contenu d'un super-bloc ainsi que quelques informations supplémentaires telles que le périphérique d'où provient le super-bloc, un champ qui indique si le périphérique a été monté en lecture uniquement, et un indicateur qui est positionné lorsque la copie du super-bloc en mémoire est modifiée.

Repérage de la table des super-blocs

Nombre de super-blocs — La table des super-blocs contient 8 super-blocs au plus dans le cas de Linux 0.01, cette constante étant définie dans le fichier *include/linux/fs.h* :

```
#define NR_SUPER 8
```
Linux 0.01

Le nombre 8 provient de ce que l'on ne peut prendre en compte que deux disques durs ayant chacun quatre partitions au plus (les lecteurs de disquettes n'étant pas implémentés dans le cas du noyau 0.01).

Table des super-blocs — La table des super-blocs est définie dans le fichier *fs/super.c* :

```
struct super_block super_block[NR_SUPER];
```
Linux 0.01

Structure d'un descripteur de super-bloc

La structure d'un descripteur de super-bloc est définie dans le fichier *include/linux/fs.h* :

```
struct super_block {
        unsigned short s_ninodes;
        unsigned short s_nzones;
        unsigned short s_imap_blocks;
        unsigned short s_zmap_blocks;
        unsigned short s_firstdatazone;
        unsigned short s_log_zone_size;
        unsigned long  s_max_size;
        unsigned short s_magic;
/* These are only in memory */
        struct buffer_head * s_imap[8];
        struct buffer_head * s_zmap[8];
        unsigned short s_dev;
        struct m_inode * s_isup;
        struct m_inode * s_imount;
        unsigned long s_time;
        unsigned char s_rd_only;
        unsigned char s_dirt;
};
```
Linux 0.01

Commentons les champs supplémentaires par rapport à la structure d'un super-bloc :

· s_imap[8] est le tableau des adresses des descripteurs de tampon des blocs constituant la table des bits des nœuds d'information du périphérique bloc correspondant au super-bloc ; le nombre d'éléments de ce tableau, à savoir 8, est repéré par la constante symbolique I_MAP_SLOTS définie dans le fichier *include/linux/fs.h* :

Linux 0.01

```
#define I_MAP_SLOTS 8
```

· s_zmap[8] est le tableau des adresses des descripteurs de tampon des blocs constituant la table des bits des zones du périphérique bloc correspondant au super-bloc ; le nombre d'éléments de ce tableau, à savoir 8, est repéré par la constante symbolique Z_MAP_SLOTS définie dans le fichier *include/linux/fs.h* :

Linux 0.01

```
#define Z_MAP_SLOTS 8
```

· s_dev est le numéro du périphérique bloc correspondant à ce super-bloc ;

· s_isup est l'adresse du descripteur de nœud d'information du système de fichiers que l'on a monté grâce à ce super-bloc ;

· s_imount est l'adresse du descripteur de nœud d'information sur lequel est éventuellement effectué le montage ;

· s_time est la date de dernière mise à jour ;

· s_rd_online est l'indicateur de lecture seule ;

· s_dirt est l'indicateur indiquant qu'il faudra penser à sauvegarder sur disque les modifications effectuées.

5.4 Les descripteurs de fichiers

Après l'ouverture d'un fichier, le système renvoie au processus utilisateur un **numéro de descripteur de fichier**, numéro qui devra être utilisé dans les appels système, en particulier de lecture et d'écriture, ultérieurs.

Un **descripteur de fichier** stocke des informations sur l'interaction entre un fichier ouvert et un processus ; il s'agit des attributs du fichier, tels que le mode dans lequel le fichier peut être utilisé (lecture, écriture, lecture-écriture), ou l'index qui sera utilisé pour la prochaine opération d'entrée-sortie. Ces informations n'ont besoin d'exister qu'en mémoire vive du noyau et seulement au cours de la période durant laquelle le processus accède au fichier.

Structure

La structure d'un descripteur de fichier est définie dans le fichier *include/linux/fs.h* :

Linux 0.01

```
struct file {
        unsigned short f_mode;
        unsigned short f_flags;
        unsigned short f_count;
        struct m_inode * f_inode;
        off_t f_pos;
};
```

Donnons la signification de chacun de ces champs :

· f_mode décrit le **mode d'accès** dans lequel le fichier peut être utilisé (lecture, écriture ou lecture-écriture) ; il s'agit de l'une des constantes symboliques FMODE_READ ou FMODE_WRITE, qui indiquent respectivement si la lecture et l'écriture sont possibles sur ce fichier, ou si leur conjonction est possible ;

- f_flags est un ensemble d'indicateurs précisant les droits d'accès du fichier ; ils sont positionnés lors de l'ouverture du fichier et peuvent plus tard être lus et modifiés en utilisant l'appel système **fcntl()** ;

- f_count est un simple compteur de référence ; à cause de l'héritage d'un appel système **fork()**, un descripteur de fichier peut être référencé par des processus différents ; lorsqu'un fichier est ouvert, f_count est initialisé à 1 ; chaque fois qu'un descripteur de fichier est copié (par les appels système **dup()**, **dup2()** ou **fork()**), le compteur de référence est incrémenté de 1 et chaque fois qu'un fichier est fermé (par les appels système **close()**, **_exit()** ou **exec()**) il est décrémenté de 1 ; le descripteur de fichier ne peut être retiré de la mémoire vive que lorsqu'il n'y a plus aucun processus qui y fait référence ;

- f_inode est l'adresse du descripteur de nœud d'information du fichier ;

- f_pos est la position de l'index à l'intérieur du fichier, en octets depuis le début du fichier (c'est la seule information qui dépende vraiment du processus considéré) ;

le type off_t est défini dans le fichier *include/sys/types.h* :

```
typedef long off_t;
```
Linux 0.01

Table des descripteurs de fichiers

Une *table des descripteurs de fichiers* est située en permanence en mémoire vive dans le segment de données du noyau. Elle comporte au plus 64 descripteurs de fichiers, comme défini dans le fichier *include/linux/fs.h* :

```
#define NR_FILE 64
```
Linux 0.01

La table elle-même est définie dans le fichier *fs/file_table.c*, dont le contenu intégral est :

Linux 0.01

```
#include <linux/fs.h>
struct file file_table[NR_FILE];
```

6 Fichiers de périphériques

Un **fichier de périphérique** est un fichier qui sert à représenter un périphérique d'entrée-sortie.

6.1 Caractéristiques

Chaque fichier de périphérique comporte un nom et trois attributs principaux :

- son **type**, qui est soit *périphérique bloc*, soit *périphérique caractère* ;
- son **nombre majeur** (*major number* en anglais) qui identifie le pilote de périphérique qui permet d'y accéder ; il s'agit d'un entier compris entre 1 et 255 ;
- son **nombre mineur** (*minor number* en anglais) qui identifie le périphérique parmi ceux qui partagent le même pilote de périphérique ; il s'agit également d'un nombre compris entre 1 et 255.

Dans le cas du noyau 0.01, les nombres majeurs sont indiqués dans le fichier *include/linux/ fs.h*, en suivant la nomenclature de MINIX :

```
/* devices are as follows: (same as minix, so we can use the minix
 * file system. These are major numbers.)
 *
 * 0 - unused (nodev)
 * 1 - /dev/mem
 * 2 - /dev/fd
 * 3 - /dev/hd
 * 4 - /dev/ttyx
 * 5 - /dev/tty
 * 6 - /dev/lp
 * 7 - unnamed pipes
 */
```

Par exemple, les disques durs ont comme nombre majeur 3. Les nombres mineurs 1 à 4 correspondent aux quatre partitions du premier disque dur et 65 à 68 aux quatre partitions du deuxième disque dur.

6.2 Repérage des fichiers de périphériques

Les fichiers de périphériques sont repérés par un entier sur deux octets. Le premier octet correspond au nombre majeur, le second au nombre mineur. Pour décomposer un numéro de fichier périphérique en nombre majeur et nombre mineur, on utilise les macros suivantes, définies dans le fichier *include/linux/fs.h* :

```
#define MAJOR(a) (((unsigned)(a))>>8)
#define MINOR(a) ((a)&0xff)
```

7 Évolution du noyau

Du point de vue des fichiers, Linux a évolué en prenant en compte plusieurs types de systèmes de fichiers (et non plus seulement celui de MINIX), ce qui a conduit à mettre en place un système de fichiers virtuels.

7.1 Prise en charge de plusieurs systèmes de fichiers

Les premières versions de Linux ne reconnaissaient que le système de fichiers MINIX pour les disques. Ce dernier, à but pédagogique, présente des limitations importantes, en particulier une taille limitée à 64 Mo. Afin de lever ces limitations, plusieurs autres types de systèmes de fichiers ont été développés pour Linux :

Extended File System étendait les possibilités du système de fichiers MINIX, mais qui n'offrait pas de bonnes performances ;

Xia File System, fortement basé sur le système de fichiers MINIX, étendait ses possibilités en offrant de bonnes performances ;

Second Extended File System, ou *Ext2* (voir [CAR-94]), est la deuxième version de l'*Extended File System*, qui étend les possibilités en offrant de très bonnes performances. Il existe également une troisième version, *Ext3*.

En plus de ces systèmes de fichiers dits *natifs*, c'est-à-dire propres à Linux, un certain nombre d'autres systèmes de fichiers sont pris en charge : MS/DOS, Windows sous toutes ses formes, MacOS, OS/2, Unix Sytem V, BSD Unix...

On trouvera une description de Ext2 dans [CAR-98]. Le livre [BAR-01] est entièrement consacré à la description de systèmes de fichiers utilisés sous Linux.

7.2 Cas de Posix

Bien que les systèmes de fichiers et les fonctions qui les gèrent puissent largement varier d'un système UNIX à l'autre, ils doivent toujours fournir au moins les attributs suivants, définis par le standard POSIX, répartis entre le descripteur de nœud d'information et le descripteur de fichier :

- type du fichier ;
- nombre de liens système associés au fichier ;
- longueur du fichier en octets ;
- identification du périphérique contenant le fichier ;
- numéro du nœud d'information qui identifie le fichier dans le système de fichiers ;
- identifiant du propriétaire du fichier (UID) ;
- identifiant du groupe du fichier (GID) ;
- différentes estampilles temporelles spécifiant les dates de modification du nœud d'information, de la dernière modification du fichier et de sa dernière utilisation ;
- droits d'accès et mode du fichier.

7.3 Système de fichiers virtuel

Une des clés du succès de Linux est sa capacité à coexister aisément avec des systèmes de fichiers non natifs. Il est possible de monter, en toute transparence, des disques ou partitions hébergeant des formats de fichiers utilisés par Windows, d'autres systèmes UNIX ou des systèmes à faibles parts de marché comme Amiga.

Linux prend en charge ces multiples types de systèmes de fichiers au moyen d'un concept appelé *système de fichiers virtuel* (ou *VFS* pour l'anglais *Virtual File Sytem*), introduit par KLEIMAN en 1986 ([KLE-86]), avec une implémentation qui lui est propre.

Modèle de système de fichiers commun

L'idée du système de fichiers virtuel est que les entités internes représentant les fichiers et les systèmes de fichiers, situées dans la mémoire du noyau, renferment une vaste gamme d'informations. Ainsi, toute opération fournie par un système de fichiers réel (compatible avec Linux) sera prise en charge par un champ du système virtuel. Le noyau substitue à tout appel de fonction de lecture, d'écriture ou autre la fonction réelle adéquate.

Le concept majeur du VFS consiste à présenter un *modèle de fichier commun* capable de représenter tous les systèmes de fichiers pris en charge. Chaque implémentation d'un système de fichiers spécifique devra traduire son organisation physique dans le modèle de fichier commun du VFS.

Implémentation orientée objet

On peut considérer que le modèle de fichier commun est orienté objet, où un *objet* est l'instantiation d'une structure logicielle qui définit à la fois des attributs et des méthodes. Pour des raisons d'efficacité, Linux n'est pas programmé à l'aide d'un langage orienté objet tel que C++. Les objets sont implémentés comme des structures de données dont certains champs pointent sur l'adresse d'une fonction correspondant à leurs méthodes.

Les composants du modèle de fichier commun

Le modèle de fichier commun se compose de quatre types d'objets, concernant les fichiers (deux types), les répertoires et le disque :

Fichier. Les systèmes UNIX distinguent traditionnellement deux types de structures de données pour un fichier :

> **Nœud d'information.** Un nœud d'information (*inode* en anglais) enregistre les informations générales sur un fichier donné (telles que le propriétaire du fichier et les droits d'accès). Il y a exactement un nœud d'information, situé dans l'espace noyau, pour chaque fichier utilisé dans le système.

> **Descripteur de fichier.** Les informations sur l'interaction entre un fichier ouvert et un processus sont stockées dans un descripteur de fichier (que nous appellerons aussi *numéro de fichier*) ; il s'agit des attributs du fichier, tels que le mode dans lequel celui-ci peut être utilisé (lecture, écriture, lecture-écriture), ou la position en cours de la prochaine opération d'entrées-sorties ; ces informations n'existent que dans la mémoire du noyau et au cours de la période durant laquelle un processus accède à un fichier.

Entrée de répertoire. Un tel objet (en anglais *dentry* pour *Directory ENTRY*) stocke des informations sur la correspondance entre une entrée de répertoire et le fichier associé ; chaque système de fichiers sur disque enregistre ces informations sur un disque selon sa manière propre.

Super-bloc. Un tel objet enregistre des informations concernant un système de fichiers monté, normalement une partition de disque dur ou un CD-ROM.

Nous allons maintenant décrire les structures de données utilisées par Linux pour ces quatre types d'objets.

7.4 Super-bloc

Les descripteurs de super-blocs sont des entités de type `struct super_block`, défini dans le fichier *include/linux/fs.h* :

Linux 2.6.0

```
666 struct super_block {
667         struct list_head        s_list;         /* Keep this first */
668         dev_t                   s_dev;          /* search index; _not_ kdev_t */
669         unsigned long           s_blocksize;
670         unsigned long           s_old_blocksize;
671         unsigned char           s_blocksize_bits;
672         unsigned char           s_dirt;
673         unsigned long long      s_maxbytes;     /* Max file size */
674         struct file_system_type *s_type;
```

```
675            struct super_operations *s_op;
676            struct dquot_operations *dq_op;
677            struct quotactl_ops     *s_qcop;
678            struct export_operations *s_export_op;
679            unsigned long           s_flags;
680            unsigned long           s_magic;
681            struct dentry           *s_root;
682            struct rw_semaphore      s_umount;
683            struct semaphore         s_lock;
684            int                      s_count;
685            int                      s_syncing;
686            int                      s_need_sync_fs;
687            atomic_t                 s_active;
688            void                    *s_security;
689
690            struct list_head         s_dirty;        /* dirty inodes */
691            struct list_head         s_io;           /* parked for writeback */
692            struct hlist_head        s_anon;         /* anonymous dentries for (nfs) exporting */
693            struct list_head         s_files;
694
695            struct block_device     *s_bdev;
696            struct list_head         s_instances;
697            struct quota_info        s_dquot;        /* Diskquota specific options */
698
699            char s_id[32];                           /* Informational name */
700
701            struct kobject           kobj;           /* anchor for sysfs */
702            void                    *s_fs_info;      /* Filesystem private info */
703
704            /*
705             * The next field is for VFS *only*. No filesystems have any business
706             * even looking at it. You had been warned.
707             */
708            struct semaphore s_vfs_rename_sem;       /* Kludge */
709 };
```

On pourra comparer à la description détaillée des champs dans le cas du noyau 0.01.

Les opérations permises sur un super-bloc sont précisées ligne 675 par le champ `s_op` de type `super_operations`. Celui-ci est défini dans le même fichier d'en-têtes :

```
849 /*
850  * NOTE: write_inode, delete_inode, clear_inode, put_inode can be called
851  * without the big kernel lock held in all filesystems.
852  */
853 struct super_operations {
854        struct inode *(*alloc_inode)(struct super_block *sb);
855        void (*destroy_inode)(struct inode *);
856
857        void (*read_inode) (struct inode *);
858
859        void (*dirty_inode) (struct inode *);
860        void (*write_inode) (struct inode *, int);
861        void (*put_inode) (struct inode *);
862        void (*drop_inode) (struct inode *);
863        void (*delete_inode) (struct inode *);
864        void (*put_super) (struct super_block *);
865        void (*write_super) (struct super_block *);
866        int (*sync_fs)(struct super_block *sb, int wait);
867        void (*write_super_lockfs) (struct super_block *);
868        void (*unlockfs) (struct super_block *);
869        int (*statfs) (struct super_block *, struct kstatfs *);
870        int (*remount_fs) (struct super_block *, int *, char *);
871        void (*clear_inode) (struct inode *);
872        void (*umount_begin) (struct super_block *);
873
874        int (*show_options)(struct seq_file *, struct vfsmount *);
875 };
```

Linux 2.6.0

La fonction **statfs()** doit par exemple fournir le statut du système de fichiers. Celui-ci est décrit par une entité du type struct statfs. Ce type dépend de l'architecture du micro-processeur. Dans l'exemple des micro-processeurs *Intel*, il est défini dans le fichier d'en-têtes *linux/include/asm-i386/statfs.h*, que nous reproduisons ici intégralement :

Linux 2.6.0

```
1 #ifndef _I386_STATFS_H
2 #define _I386_STATFS_H
3
4 #include <asm-generic/statfs.h>
5
6 #endif
```

et qui renvoie au cas générique :

Linux 2.6.0

```
1   #ifndef _GENERIC_STATFS_H
2   #define _GENERIC_STATFS_H
3
4   #ifndef __KERNEL_STRICT_NAMES
5   #include <linux/types.h>
6   typedef __kernel_fsid_t fsid_t;
7   #endif
8
9   struct statfs {
10          __u32 f_type;
11          __u32 f_bsize;
12          __u32 f_blocks;
13          __u32 f_bfree;
14          __u32 f_bavail;
15          __u32 f_files;
16          __u32 f_ffree;
17          __kernel_fsid_t f_fsid;
18          __u32 f_namelen;
19          __u32 f_frsize;
20          __u32 f_spare[5];
21   };
```

7.5 Nœud d'information

Les descripteurs de nœuds d'information ont une structure, appelée inode, définie dans le fichier *include/linux/fs.h* :

Linux 2.6.0

```
369 struct inode {
370          struct hlist_node        i_hash;
371          struct list_head         i_list;
372          struct list_head         i_dentry;
373          unsigned long            i_ino;
374          atomic_t                 i_count;
375          umode_t                  i_mode;
376          unsigned int             i_nlink;
377          uid_t                    i_uid;
378          gid_t                    i_gid;
379          dev_t                    i_rdev;
380          loff_t                   i_size;
381          struct timespec          i_atime;
382          struct timespec          i_mtime;
383          struct timespec          i_ctime;
384          unsigned int             i_blkbits;
385          unsigned long            i_blksize;
386          unsigned long            i_version;
387          unsigned long            i_blocks;
388          unsigned short           i_bytes;
389          spinlock_t               i_lock; /* i_blocks, i_bytes, maybe i_size */
390          struct semaphore         i_sem;
391          struct inode_operations  *i_op;
392          struct file_operations   *i_fop; /* former ->i_op->default_file_ops */
```

```
393        struct super_block      *i_sb;
394        struct file_lock        *i_flock;
395        struct address_space    *i_mapping;
396        struct address_space    i_data;
397        struct dquot            *i_dquot[MAXQUOTAS];
398        /* These three should probably be a union */
399        struct list_head        i_devices;
400        struct pipe_inode_info   *i_pipe;
401        struct block_device     *i_bdev;
402        struct cdev             *i_cdev;
403        int                     i_cindex;
404
405        unsigned long           i_dnotify_mask; /* Directory notify events */
406        struct dnotify_struct   *i_dnotify; /* for directory notifications */
407
408        unsigned long           i_state;
409
410        unsigned int            i_flags;
411        unsigned char           i_sock;
412
413        atomic_t                i_writecount;
414        void                    *i_security;
415        __u32                   i_generation;
416        union {
417                void            *generic_ip;
418        } u;
419 #ifdef __NEED_I_SIZE_ORDERED
420        seqcount_t              i_size_seqcount;
421 #endif
422 };
```

Là encore, on pourra comparer avec la description de `m_inode` dans le cas plus simple du noyau Linux 0.01.

7.6 Descripteur de fichier

Les descripteurs de fichiers ont une structure, appelée `file`, définie dans le fichier *include/ linux/fs.h* :

Linux 2.6.0

```
506 struct file {
507        struct list_head        f_list;
508        struct dentry           *f_dentry;
509        struct vfsmount         *f_vfsmnt;
510        struct file_operations  *f_op;
511        atomic_t                f_count;
512        unsigned int            f_flags;
513        mode_t                  f_mode;
514        loff_t                  f_pos;
515        struct fown_struct      f_owner;
516        unsigned int            f_uid, f_gid;
517        int                     f_error;
518        struct file_ra_state    f_ra;
519
520        unsigned long           f_version;
521        void                    *f_security;
522
523        /* needed for tty driver, and maybe others */
524        void                    *private_data;
525
526        /* Used by fs/eventpoll.c to link all the hooks to this file */
527        struct list_head        f_ep_links;
528        spinlock_t              f_ep_lock;
529 };
```

Le champ de la ligne 510, `f_op`, porte sur les opérations permises. Le type `struct file_ operations` est défini dans le fichier d'en-têtes `linux/include/linux/fs.h` :

```
787 /*
788  * NOTE:
789  * read, write, poll, fsync, readv, writev can be called
790  *   without the big kernel lock held in all filesystems.
791  */
792 struct file_operations {
793         struct module *owner;
794         loff_t (*llseek) (struct file *, loff_t, int);
795         ssize_t (*read) (struct file *, char __user *, size_t, loff_t *);
796         ssize_t (*aio_read) (struct kiocb *, char __user *, size_t, loff_t);
797         ssize_t (*write) (struct file *, const char __user *, size_t, loff_t *);
798         ssize_t (*aio_write) (struct kiocb *, const char __user *, size_t, loff_t);
799         int (*readdir) (struct file *, void *, filldir_t);
800         unsigned int (*poll) (struct file *, struct poll_table_struct *);
801         int (*ioctl) (struct inode *, struct file *, unsigned int, unsigned long);
802         int (*mmap) (struct file *, struct vm_area_struct *);
803         int (*open) (struct inode *, struct file *);
804         int (*flush) (struct file *);
805         int (*release) (struct inode *, struct file *);
806         int (*fsync) (struct file *, struct dentry *, int datasync);
807         int (*aio_fsync) (struct kiocb *, int datasync);
808         int (*fasync) (int, struct file *, int);
809         int (*lock) (struct file *, int, struct file_lock *);
810         ssize_t (*readv) (struct file *, const struct iovec *, unsigned long, loff_t *);
811         ssize_t (*writev) (struct file *, const struct iovec *, unsigned long, loff_t *);
812         ssize_t (*sendfile) (struct file *, loff_t *, size_t, read_actor_t, void __user *);
813         ssize_t (*sendpage) (struct file *, struct page *, int, size_t, loff_t *, int);
814         unsigned long (*get_unmapped_area)(struct file *, unsigned long,
                                           unsigned long, unsigned long, unsigned long);
815 };
```

7.7 Répertoire

Les descripteurs de répertoires sont des entités du type struct dentry, défini dans le fichier
d'en-têtes *linux/include/linux/dcache.h* :

```
81  struct dentry {
82          atomic_t d_count;
83          unsigned long d_vfs_flags;      /* moved here to be on same cacheline */
84          spinlock_t d_lock;              /* per dentry lock */
85          struct inode  * d_inode;        /* Where the name belongs to - NULL is negative */
86          struct list_head d_lru;         /* LRU list */
87          struct list_head d_child;       /* child of parent list */
88          struct list_head d_subdirs;     /* our children */
89          struct list_head d_alias;       /* inode alias list */
90          unsigned long d_time;           /* used by d_revalidate */
91          struct dentry_operations  *d_op;
92          struct super_block * d_sb;      /* The root of the dentry tree */
93          unsigned int d_flags;
94          int d_mounted;
95          void * d_fsdata;                /* fs-specific data */
96          struct rcu_head d_rcu;
97          struct dcookie_struct * d_cookie; /* cookie, if any */
98          unsigned long d_move_count;     /* to indicated moved dentry while lockless lookup */
99          struct qstr * d_qstr;           /* quick str ptr used in lockless lookup and
                                               concurrent d_move */
100         struct dentry * d_parent;       /* parent directory */
101         struct qstr d_name;
102         struct hlist_node d_hash;       /* lookup hash list */
103         struct hlist_head * d_bucket;   /* lookup hash bucket */
104         unsigned char d_iname[DNAME_INLINE_LEN_MIN]; /* small names */
105 } ____cacheline_aligned;
106
107 #define DNAME_INLINE_LEN        (sizeof(struct dentry)-offsetof(struct dentry,d_iname))
```

Les fonctions permises sur les répertoires sont définies par le champ `d_op` de la ligne 91, du type `struct dentry_operations`. Celui-ci est défini dans le même fichier d'en-têtes :

```
109 struct dentry_operations {
110         int (*d_revalidate)(struct dentry *, struct nameidata *);
111         int (*d_hash) (struct dentry *, struct qstr *);
112         int (*d_compare) (struct dentry *, struct qstr *, struct qstr *);
113         int (*d_delete)(struct dentry *);
114         void (*d_release)(struct dentry *);
115         void (*d_iput)(struct dentry *, struct inode *);
116 };
```

Linux 2.6.0

7.8 Types de fichiers

Les types de fichiers acceptés par Linux sont définis dans le fichier *include/linux/fs.h* :

```
736 /*
737  * File types
738  *
739  * NOTE! These match bits 12..15 of stat.st_mode
740  * (ie "(i_mode >> 12) & 15").
741  */
742 #define DT_UNKNOWN      0
743 #define DT_FIFO         1
744 #define DT_CHR          2
745 #define DT_DIR          4
746 #define DT_BLK          6
747 #define DT_REG          8
748 #define DT_LNK          10
749 #define DT_SOCK         12
750 #define DT_WHT          14
```

Linux 2.6.0

Il s'agit des types inconnu, tube de communication, périphérique caractère, répertoire, périphérique bloc, régulier, lien, socket et blanc.

7.9 Déclaration d'un système de fichiers

Un système de fichier est caractérisé par une entité du type `struct file_system_type`, défini dans le fichier d'en-têtes `linux/include/linux/fs.h` :

```
1003 struct file_system_type {
1004         const char *name;
1005         int fs_flags;
1006         struct super_block *(*get_sb) (struct file_system_type *, int,
1007                                 const char *, void *);
1008         void (*kill_sb) (struct super_block *);
1009         struct module *owner;
1010         struct file_system_type * next;
1011         struct list_head fs_supers;
1012 };
```

Linux 2.6.0

Ce dernier spécifie en particulier le nom du système de fichiers, ainsi que les fonctions permettant d'obtenir le super-bloc d'une instance de celui-ci et de libérer celle-ci.

7.10 Descripteur de tampon

La taille d'un bloc est définie au début du fichier *include/linux/fs.h* :

```
47 #define BLOCK_SIZE_BITS 10
48 #define BLOCK_SIZE (1<<BLOCK_SIZE_BITS)
```

Linux 2.6.0

La structure d'un descripteur de tampon, `buffer_head`, est définie dans le fichier *include/ linux/buffer_head.h* :

Linux 2.6.0

```
42 /*
43  * Keep related fields in common cachelines.  The most commonly accessed
44  * field (b_state) goes at the start so the compiler does not generate
45  * indexed addressing for it.
46  */
47 struct buffer_head {
48         /* First cache line: */
49         unsigned long b_state;            /* buffer state bitmap (see above) */
50         atomic_t b_count;                 /* users using this block */
51         struct buffer_head *b_this_page;/* circular list of page's buffers */
52         struct page *b_page;              /* the page this bh is mapped to */
53
54         sector_t b_blocknr;               /* block number */
55         u32 b_size;                       /* block size */
56         char *b_data;                     /* pointer to data block */
57
58         struct block_device *b_bdev;
59         bh_end_io_t *b_end_io;            /* I/O completion */
60         void *b_private;                  /* reserved for b_end_io */
61         struct list_head b_assoc_buffers; /* associated with another mapping */
62 };
```

Conclusion

Nous avons vu une étude générale sur les fichiers, la structure d'un disque dur Minix, et la façon dont les fichiers sont pris en compte sous Linux. Nous avons notamment évoqué la notion fondamentale de nœud d'information, ainsi que celle de système virtuel de fichiers pour les noyaux plus récents. Les deux concepts fondamentaux internes de Linux, processus et fichiers, sont maintenant mis en place. Dans le chapitre suivant, nous abordons la notion de terminal, qui permettra les entrées-sorties les plus courantes, et donc l'interactivité avec l'utilisateur.

Chapitre 8

Les terminaux sous Linux

L'émulation d'un terminal fut le premier travail de Linus TORVALDS, comme il l'indique dans *Il était une fois Linux* ([TOR-01], p. 91 de la traduction française) :

> « Il y avait toute une flopée de caractéristiques de Minix qui me décevaient. Le plus gros point faible était son émulation de terminal, fonction importante à mes yeux parce que c'était le programme que j'utilisais pour me connecter à l'ordinateur de l'université. J'avais besoin de me connecter à l'ordinateur universitaire, soit pour travailler avec cette machine surpuissante sous UNIX, soit simplement pour me connecter au réseau.

> C'est ainsi que je démarrais un projet pour créer mon propre programme d'émulation de terminal. Je ne voulais pas réaliser le projet sous Minix, mais rester au niveau le plus proche du matériel. Ce projet d'émulation pouvait aussi servir d'excellent prétexte pour découvrir le fonctionnement du matériel du 386. »

Nous allons voir que l'émulation d'un terminal n'est pas chose facile à cause d'un très grand nombre d'options à prendre en compte.

1 Les terminaux

1.1 Notion de terminal

Avant l'arrivée des micro-ordinateurs, et même encore pendant quelques années après, il n'y avait que des (gros) ordinateurs centraux partagés. L'unité centrale était reliée à un grand nombre de **terminaux** dispersés dans des bureaux, plus ou moins éloignés de l'unité centrale.

Un terminal est souvent abrégé en `tty` pour *TeleTYpe*, marque déposée d'une filiale de AT&T qui fut un des pionniers dans le domaine des terminaux.

Les types de terminaux sont très nombreux. Le pilote de terminal doit masquer les différences pour qu'on n'ait pas à réécrire la partie du système d'exploitation indépendante du matériel et les programmes des utilisateurs chaque fois que l'on change de terminal.

Bien entendu de nos jours on n'utilise plus de terminaux proprement dits, on utilise tout simplement un micro-ordinateur.

1.2 Les terminaux du point de vue matériel

Les premiers terminaux étaient essentiellement formés d'une imprimante rapide, d'un clavier et d'une liaison avec l'ordinateur (central), comme le montre la figure 8.1. Un peu plus tard l'imprimante fut remplacée par un écran, comme le montre la figure 8.2.

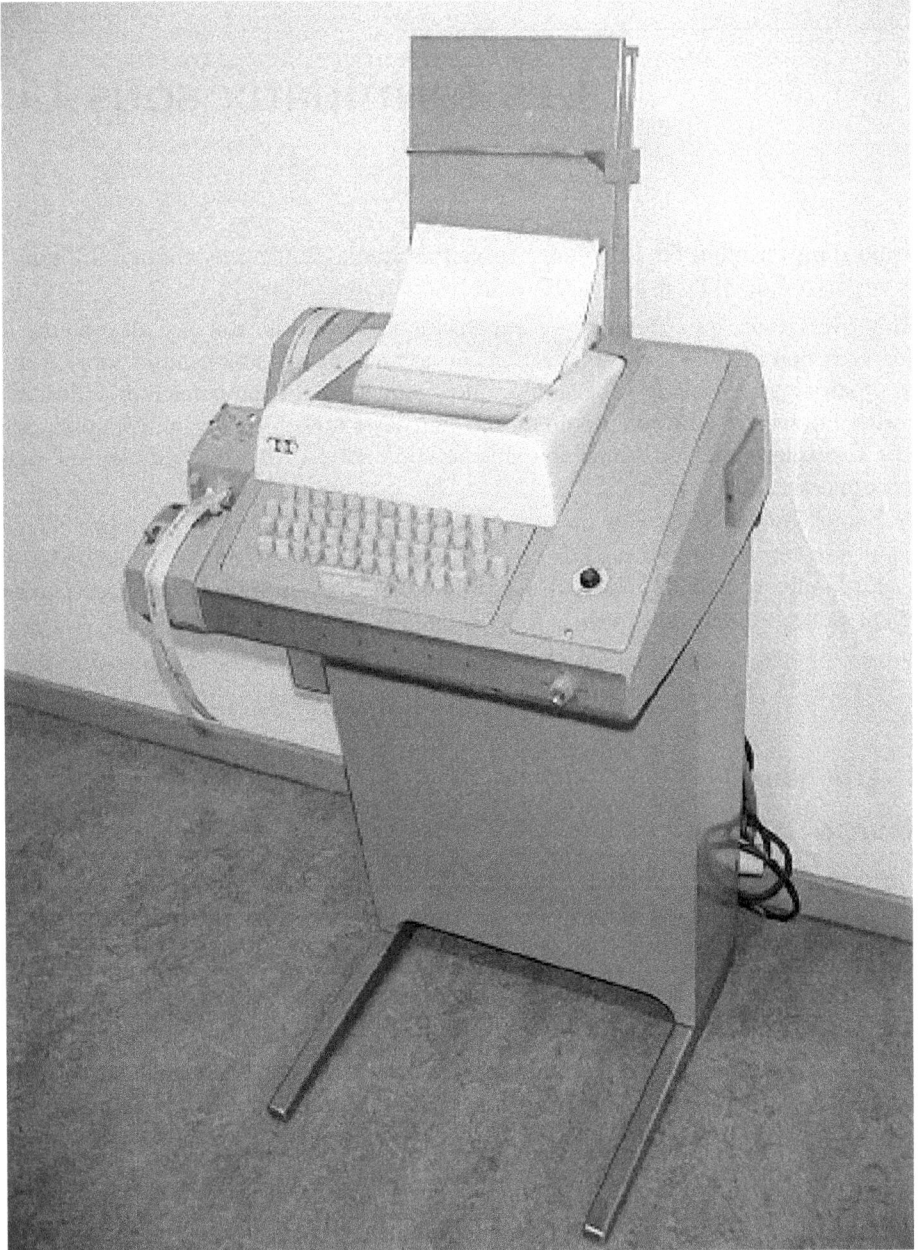

Figure 8.1 : *Un des premiers terminaux*

Figure 8.2 : *Le terminal M40*

Du point de vue du système d'exploitation, les terminaux se divisent en deux grandes catégories en fonction de la manière dont le système d'exploitation (de l'ordinateur central) communique avec eux. La première catégorie comprend les terminaux qui ont une interface RS-232 standard ; la deuxième, les terminaux directement reliés à la mémoire vive. Chaque catégorie se divise à son tour en plusieurs sous-catégories, comme le montre la figure 8.3 ([TAN-87], p. 179).

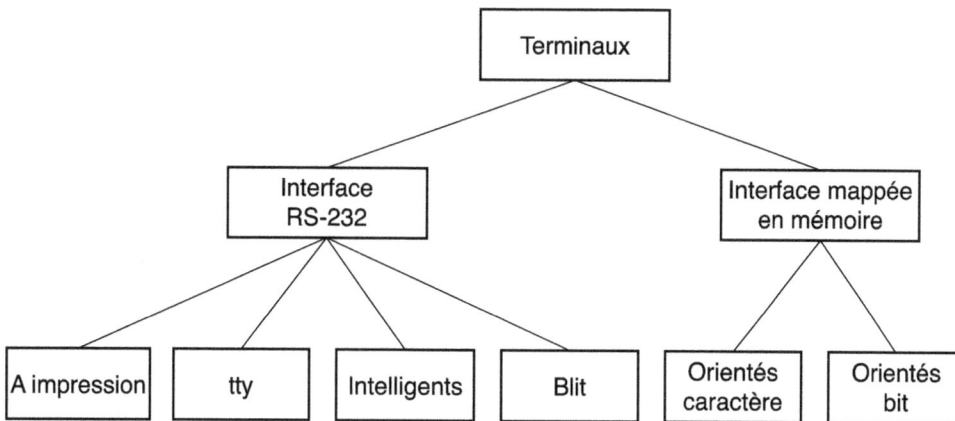

Les différents types de terminaux

Figure 8.3 : *Classification des terminaux*

Les terminaux RS-232

Principe — Les **terminaux RS-232** sont des périphériques qui comportent un clavier et un écran et qui communiquent au moyen d'une interface série, bit après bit, soit directement, soit grâce à un modem. C'est à propos de la liaison de ces terminaux qu'a été établie la norme RS-232. Ces terminaux ont un connecteur à 25 broches : une broche sert à transmettre les données, une autre à les recevoir et une troisième est reliée à la masse ; les 22 autres broches servent à divers contrôles et ne sont généralement pas toutes utilisées. L'écran et le clavier formaient un même bloc et non deux blocs reliés par un câble comme de nos jours. L'écran était un écran texte uniquement. Les derniers de ces terminaux furent les *Minitel* français.

Pour envoyer un caractère à un terminal RS-232, l'ordinateur doit le transmettre bit après bit en le délimitant au moyen d'un *bit de départ* (*start bit* en anglais) et d'un ou de deux *bits d'arrêt* (*stop bit* en anglais). Les vitesses de transmission courantes étaient de 300, 1 200, 2 400, 4 800 et 9 600 bits par seconde (bit/s).

Puisque les ordinateurs et les terminaux manipulent des caractères mais qu'ils échangent leurs informations bit par bit grâce à une liaison série, des composants ont été conçus pour effectuer les conversions caractère/série et série/caractère : il s'agit des **UART** (pour *Universal Asynchronous Receiver Transmitter*). Ils sont connectés à l'ordinateur au moyen d'une carte d'interface RS-232 enfichée, comme le montre la figure 8.4 ([TAN-87], p. 180).

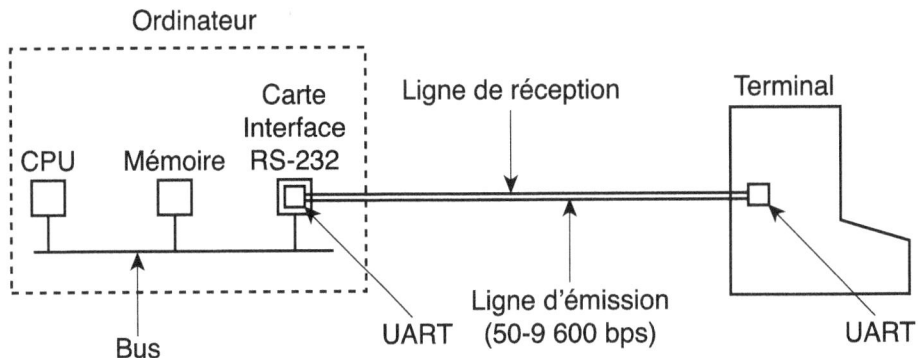

Un terminal RS-232 communique avec l'ordinateur, bit après bit, sur une voie de communication. L'ordinateur et le terminal sont complètement indépendants.

Figure 8.4 : *Terminal RS-232*

Pour afficher (ou imprimer) un caractère, le pilote du terminal l'envoie à la carte d'interface où il est placé dans un tampon puis transmis par l'UART sur la liaison série bit après bit. Même à 9 600 bit/s, l'envoi d'un caractère requiert un peu plus de 1 ms. Le pilote se bloque donc, à cause de cette faible vitesse de transmission, après l'envoi de chaque caractère à la carte RS-232. Il attend l'interruption de l'interface qui lui signale que le caractère a été transmis et que l'UART est prêt à en accepter un nouveau. Quelques cartes d'interface possèdent un processeur et de la mémoire et peuvent ainsi traiter plusieurs voies, ce qui décharge le processeur principal d'une bonne partie du travail des entrées-sorties.

Classification. Les terminaux RS-232 peuvent être divisés en plusieurs catégories, comme nous l'avons déjà mentionné.

Terminaux à impression. Il s'agit des premiers terminaux (figure 8.1). Les caractères tapés au clavier sont transmis à l'ordinateur. Les caractères envoyés par l'ordinateur sont imprimés sur du papier.

Terminaux à écran. Ils fonctionnent de la même manière à la seule différence que l'impression est remplacée par un affichage sur écran (ou CRT ou *tubes à rayons cathodiques*, figure 8.2).

Terminaux intelligents. Ce sont en fait de petits ordinateurs. Ils possèdent un processeur, de la mémoire et des programmes complexes généralement situés en mémoire EPROM ou ROM. Du point de vue du système d'exploitation, la différence entre un terminal à écran simple et un terminal intelligent est que ce dernier sait interpréter certaines séquences d'échappement. En lui envoyant le caractère ASCII ESC (033), suivi d'autres caractères, il est possible de déplacer le curseur à l'écran, d'insérer du texte, etc.

Les terminaux les plus intelligents ont un processeur aussi puissant que celui de l'ordinateur principal et une mémoire d'environ un méga-octet qui peut contenir des programmes téléchargés à partir de l'ordinateur. Le Blit (décrit dans [PIK-85]) est un exemple de ce type de terminaux. Il a un processeur puissant et un écran de 800 par 1 024 points, mais il communique néanmoins avec l'ordinateur par une liaison RS-232. L'avantage de cette interface est que tous les ordinateurs du monde en possèdent une. L'inconvénient est que le téléchargement du Blit est lent, même à 19,2 kbit/s.

Les terminaux reliés directement

Principe de l'affichage — La deuxième grande catégorie de terminaux comprend les terminaux pour lesquels l'écran d'affichage est directement relié à la mémoire vive (en anglais *memory-mapped terminal*). L'écran ne communique pas avec l'ordinateur par une liaison série : il fait partie de l'ordinateur et il est interfacé par une mémoire spéciale appelée RAM vidéo ou mémoire graphique. Cette RAM vidéo fait partie de l'espace mémoire de l'ordinateur et elle est adressée par le processeur comme n'importe quelle autre partie de la mémoire vive, comme le montre la figure 8.5 ([TAN-87], p. 181).

On trouve sur la carte d'interface un composant, le contrôleur vidéo, qui retire des octets de la RAM vidéo et génère le signal vidéo qui contrôle l'affichage à l'écran (moniteur). Le moniteur génère un faisceau d'électrons qui parcourt l'écran horizontalement en y dessinant des lignes. L'écran comporte 200 à 1200 lignes horizontales de 200 à 1 200 points chacune. Ces points sont appelés des pixels. Le signal du contrôleur vidéo module le faisceau d'électrons, ce qui détermine si un point est clair ou foncé. Les moniteurs couleurs ont trois faisceaux, rouge, vert et bleu, qui sont modulés de manière indépendante.

Un écran monochrome classique dessine les caractères dans une boîte de 9 pixels de large par 14 de haut (espace entre les caractères inclus). Il affiche 25 lignes de 80 caractères. L'écran a alors 350 lignes de 720 pixels. L'affichage est rafraîchi de 45 à 70 fois par seconde. Le contrôleur vidéo peut, par exemple, rechercher les 80 premiers caractères de la RAM vidéo, générer 14 lignes, rechercher les 80 caractères suivants, générer les 14 lignes suivantes, etc. Les motifs des caractères sont stockés dans la mémoire morte (ROM) du contrôleur video. Le code du caractère sert d'index dans cette mémoire morte pour accélérer la recherche.

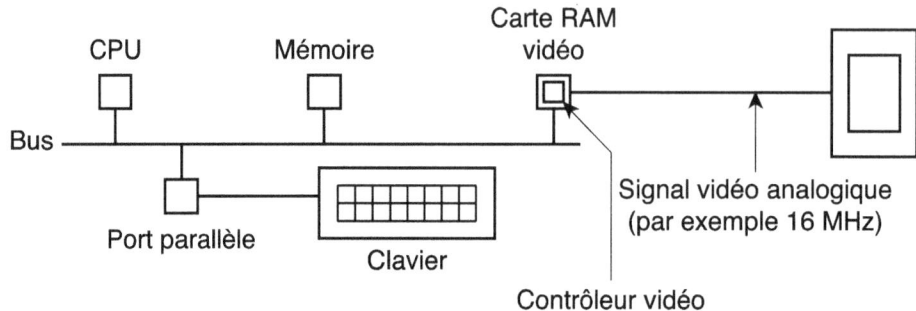

**Les terminaux directement mappés en mémoire écrivent directement
dans la RAM vidéo**

Figure 8.5 : *Terminal mappé en mémoire*

Intérêt — Quand un caractère est écrit dans la RAM vidéo par le processeur, il apparaît à l'écran au rafraîchissement suivant (1/50 s pour un moniteur monochrome et 1/60 s pour un moniteur couleur). Le processeur peut transférer une image de 4 Ko déjà formée dans la RAM vidéo en 12 ms. À 9 600 bit/s, l'envoi de 2 000 caractères à un terminal RS-232 requiert 3 083 ms, ce qui est des centaines de fois plus lent. Les terminaux directement reliés en mémoire permettent donc une interaction très rapide.

Terminaux graphiques — Les **terminaux graphiques**, dits aussi *terminaux en mode point* (en anglais *bitmap*), utilisent le même principe d'affichage mais chaque bit de la RAM vidéo contrôle un pixel à l'écran. Un moniteur de 800 par 1 024 pixels requiert 100 Ko (davantage pour un moniteur couleur) mais offre une très grande souplesse en ce qui concerne les polices et les tailles de caractères. Il permet aussi d'avoir plusieurs fenêtres et des graphiques complexes à l'écran.

Clavier — Le clavier d'un terminal directement relié en mémoire est indépendant de l'écran. Il est généralement interfacé au moyen d'un port parallèle mais il existe aussi des claviers à interface RS-232. À chaque frappe de touche, il se produit une interruption et le pilote du clavier retire le caractère frappé en lisant le port d'entrée-sortie. Parfois, les interruptions sont produites à la fois au moment où une touche est enfoncée, mais aussi lorsqu'elle est relâchée.

De plus, certains claviers ne fournissent qu'un code numérique qui correspond à la touche et non à la valeur ASCII du caractère. Sur l'IBM PC, par exemple, si l'on appuie sur la touche « A », le code de cette touche (à savoir 30) est placé dans un registre d'entrée-sortie. C'est au pilote de déterminer s'il s'agit d'une lettre minuscule, majuscule, d'un CTRL-A, d'un ALT-A, d'un CTRL-ALT-A ou d'une autre combinaison de touches. Le pilote peut effectuer ce travail puisqu'il peut déterminer les touches qui n'ont pas encore été relâchées. Cette interface reporte tout le travail au niveau du logiciel, mais elle est extrêmement souple. Par exemple, les programmes des utilisateurs peuvent savoir si un chiffre provient de la rangée du haut du clavier ou du pavé numérique. Le pilote peut, en principe, fournir cette information.

Cas de l'IBM PC

L'IBM PC d'origine utilise un écran texte directement relié à la mémoire. La figure 8.6 ([TAN-87], p. 182) montre une partie de la RAM vidéo qui commence à l'adresse B00000h pour un écran monochrome et à l'adresse B8000h pour un écran couleur. Chaque caractère affiché à l'écran occupe deux caractères en RAM. Le caractère de poids fort est l'octet d'attribut qui spécifie la couleur, l'inversion vidéo, le clignotement, etc. L'écran de 25 par 80 caractères occupe donc 4 000 octets dans la RAM vidéo.

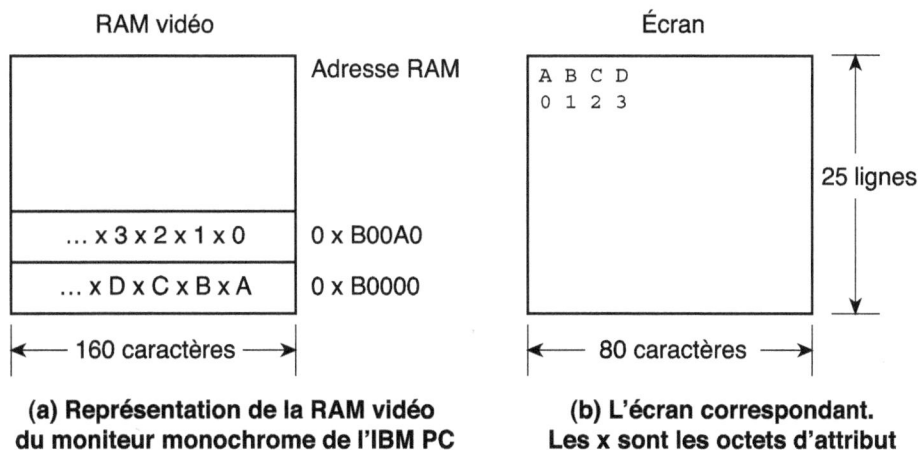

**(a) Représentation de la RAM vidéo
du moniteur monochrome de l'IBM PC**

**(b) L'écran correspondant.
Les x sont les octets d'attribut**

Figure 8.6 : *Écran de l'IBM-PC*

Le clavier est relié à l'ordinateur *via* une liaison série sans interface RS 232.

1.3 Le pilote de terminal

Comme tout périphérique, un terminal, à travers un **contrôleur de terminal**, est géré par le noyau à l'aide d'un **pilote de terminal**.

Les fonctions qu'un pilote de terminal doit réaliser sont les suivantes :

· la **gestion du contrôle de flux**, c'est-à-dire faire en sorte d'éviter de perdre des caractères lors d'une réception ;

· permettre une **édition de la ligne** en cours de saisie, c'est-à-dire par exemple interpréter les demandes d'effacement de caractères à la suite de la réception de <erase> ;

· générer des signaux à la réception de certains caractères, ainsi <intr> doit-il provoquer l'envoi du signal SIGTERM.

1.4 Les différents terminaux et les normes

Comme de plus en plus de sociétés livraient des terminaux, chacune a inventé son propre jeu de commandes pour ses terminaux. Ce jeu de commandes permet aux terminaux de comprendre les commandes des applications lorsqu'elles leur demandent d'effacer du texte, de repositionner le curseur à l'écran, d'afficher du gras ou de la vidéo inverse, etc.

Des normes sont apparues telle que la norme VT100 du CCIT (*Comité Consultatif Internatio-nal des Télécommunications*).

1.5 Modélisation en voies de communication

Un terminal peut être modélisé comme un ensemble d'au moins deux voies de communica-tion (ou liaisons) :

- la console, dont l'entrée est le clavier et la sortie l'écran ;
- une liaison avec l'unité centrale, par exemple un modem.

2 Paramétrage des voies de communication d'un terminal

2.1 Principe de gestion d'une voie de communication

Le schéma 8.7 trace les grandes lignes de la gestion d'une des voies de communication, celle de la console :

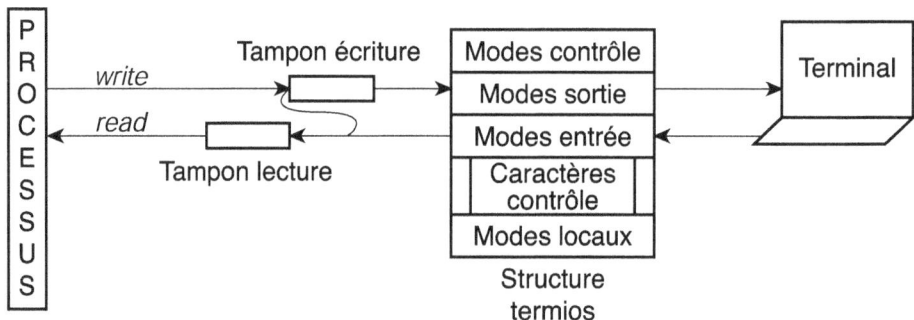

Figure 8.7 : *Gestion d'une voie de communication*

- Les caractères entrés au clavier d'un terminal sont, le cas échéant (en fonction de paramètres définissant ce qu'on appelle le mode local), comparés aux caractères de contrôle et, dans le cas où un tel caractère est détecté, le système prend les dispositions qui s'imposent. Dans le cas contraire, ils subissent un traitement avant d'être transférés dans un tampon d'où ils sont accessibles (par l'intermédiaire de l'appel système **read()** pour les processus).

  Par ailleurs, les caractères sont, après transformation et, sauf demande contraire, insérés dans le flux de sortie vers le terminal : c'est le mécanisme d'écho à l'écran.

- Inversement, les caractères écrits par les processus à destination du terminal subissent les transformations spécifiées par le mode de sortie.

2.2 La structure de paramétrisation

La détermination du traitement à effectuer aux caractères bruts se fait grâce à un paramétrage. Il a existé pendant un moment deux grandes normes de fait pour le paramétrage d'une voie de communication : celle résultant de la version BSD 4.3 d'UNIX et celle résultant de la version SYSTEM V d'UNIX. Elles ont été toutes les deux remplacées par une norme, devenue internationale, mise au point plus tard et s'inspirant de SYSTEM V : la norme POSIX.

Cas de Posix

Le paramétrage d'une liaison sous Linux se fait, conformément à la norme POSIX, grâce à la structure `termios`. Celle-ci, définie dans le fichier standard de nom *include/termios.h*, détermine l'ensemble des caractéristiques d'une voie de communication.

Cas de Linux

La structure `termios` est définie, dans le cas de Linux 0.01, de la façon suivante :

```
#define NCCS 17
struct termios {
        unsigned long c_iflag;          /* input mode flags */
        unsigned long c_oflag;          /* output mode flags */
        unsigned long c_cflag;          /* control mode flags */
        unsigned long c_lflag;          /* local mode flags */
        unsigned char c_line;           /* line discipline */
        unsigned char c_cc[NCCS];       /* control characters */
};
```

Linux 0.01

Elle contient des drapeaux pour les modes d'entrée, des drapeaux pour les modes de sortie, des drapeaux pour les modes de contrôle, des drapeaux pour les modes locaux, une discipline de ligne (champ propre à Linux) et le tableau des caractères de contrôle.

La description de cette structure se trouvera plus tard dans la page `termios` de `man`.

Chacun des quatre premiers champs est constitué d'une suite de bits, le positionnement de chacun de ces bits correspondant à un traitement particulier : la valeur de chacun de ces champs peut être vue à un instant donné comme la disjonction bit à bit de constantes dans lesquelles un seul bit a comme valeur 1 (chaque constante possède un nom symbolique, comme nous allons le voir). Le dernier champ est un tableau contenant les valeurs des caractères de contrôle du terminal.

2.3 Paramétrage des modes d'entrée

Nous allons étudier dans cette section les valeurs possibles du champ `c_iflag` concernant les modes d'entrée.

Les **modes d'entrée** définissent un certain nombre de traitements à appliquer aux caractères en provenance sur une voie de communication, en particulier les conventions de passage à la ligne.

Diverses conventions pour le passage à la ligne

Les programmes utilisateur souhaitent, en général, un retour chariot (en anglais *carriage return*) à la fin de chaque ligne pour replacer le curseur à la colonne 1 et un caractère de passage à la ligne (en anglais *line feed*) pour passer à la ligne suivante. On ne peut pas demander aux utilisateurs de taper ces deux touches à la fin de chaque ligne. Certains terminaux possèdent une touche qui génère ces deux fonctions, mais on n'a que 50 % de chances de les avoir dans l'ordre requis par le logiciel.

C'est l'une des tâches du pilote de convertir les données entrées au format requis par le système d'exploitation. Si le passage à la ligne doit effectuer ces deux fonctions (c'est la convention dans UNIX), il faut transformer le retour chariot en un passage à la ligne. Si le format interne sauvegarde ces deux caractères, le pilote doit générer un passage à la ligne quand il reçoit un retour chariot et un retour chariot quand il reçoit un passage à la ligne. Quelle que soit la convention adoptée, le terminal peut demander à la fois un passage à la ligne et un retour chariot pour afficher correctement les données à l'écran. Comme les grands ordinateurs acceptent plusieurs types de terminaux, le pilote du clavier doit convertir toutes les combinaisons possibles de retour chariot/passage à la ligne au format interne requis.

Cas de Posix

POSIX définit les constantes suivantes pour les modes d'entrée :

· IGNBRK (pour *IGNore BReaK*) : les caractères break sont ignorés (c'est-à-dire non lisibles par les applications et sans aucun effet sur la liaison) ;

· BRKINT (pour *BReaK = INTerrupt*) : si l'indicateur IGNBRK précédent n'est pas positionné et si celui-ci l'est, un caractère break provoque le vidage des tampons d'entrée-sortie de la liaison et un signal SIGINT est envoyé au groupe de processus en premier plan du terminal correspondant ; si aucun des deux indicateurs IGNBRK et BRKINT n'est positionné, un caractère nul est placé dans le tampon de lecture ;

· IGNPAR (pour *IGNore PARity*) : les caractères avec erreur de parité sont ignorés ;

· PARMRK (pour *PARity error MaRK*) : si IGNPAR n'est pas positionné, on doit préfixer un caractère ayant une erreur de parité ou une erreur de structure par \377 ou \0 ; si ni IGNPAR, ni PARMRK n'est positionné, un caractère ayant une erreur de parité ou de structure est considéré comme \0 ;

· ISTRIP : les octets valides sont compactés sur 7 bits ; ce paramètre ne doit pas être validé pour l'utilisation du code ASCII à 8 bits contenant les caractères accentués du français ;

· INLCR (pour *Input NewLine = Carriage Return*) : le caractère newline est transformé en return (retour chariot) ;

· IGNCR (pour *IGNore Carriage Return*) : les caractères return sont ignorés ;

· ICRNL (pour *Input Carriage Return = New Line*) : si IGNCR n'est pas positionné, toute occurrence de return est transformée en newline ;

· IUCLC (pour *Input Upper Case = Lower Case*) : les lettres majuscules sont transformées en minuscules (concerne les premiers terminaux ainsi que les premiers MINITEL français) ;

· IXON (pour *Input X ON*) : active le contrôle de flux en émission suivant la règle suivante :

    · la frappe du caractère spécial stop (CTRL-S) suspend le flux de sortie vers le terminal (autrement dit le défilement sur l'écran) ;

- la frappe du caractère `start` (`CTRL-Q`) en provoque la reprise ;
- `IXANY` (pour *Input X ANY*) : identique à `IXON` mais la reprise du défilement se fait par la frappe d'un caractère quelconque ;
- `IXOFF` (pour *Input X OFF*) : active le contrôle de flux en réception automatiquement :
  - lorsque le tampon en entrée est plein, un caractère `stop` est envoyé à l'émetteur afin qu'il arrête son envoi pour éviter les pertes de caractères ;
  - un caractère `start` est envoyé pour reprendre la réception ;
- `IMAXBEL` (pour *Input MAX BELl*) : une alarme sonore doit être émise lorsque le tampon est plein.

La valeur numérique de ces constantes symboliques est la suivante sous Linux :

```
/* c_iflag bits */
#define IGNBRK  0000001
#define BRKINT  0000002
#define IGNPAR  0000004
#define PARMRK  0000010
#define INPCK   0000020
#define ISTRIP  0000040
#define INLCR   0000100
#define IGNCR   0000200
#define ICRNL   0000400
#define IUCLC   0001000
#define IXON    0002000
#define IXANY   0004000
#define IXOFF   0010000
#define IMAXBEL 0020000
```

Linux 0.01

2.4 Paramétrage des modes de sortie

Nous allons étudier dans cette section les valeurs possibles du champ `c_oflag` concernant les modes de sortie.

Les **modes de sortie** définissent un certain nombre de traitements à appliquer aux caractères partant d'une voie de communication, en particulier à propos des délais.

Traitement des délais

Le facteur temps intervenait pour les retours chariot et les passages à la ligne dans le cas des terminaux mécaniques à impression. Sur certains terminaux, le traitement d'un retour chariot ou d'un passage à la ligne prend plus de temps que l'affichage d'un caractère. Si le micro-processeur du terminal doit déplacer un grand bloc de texte pour réaliser le défilement (en anglais *scrolling*), le passage à la ligne peut être lent. Si une tête d'impression doit se repositionner à la marge gauche, le retour chariot peut prendre du temps. Dans ces deux cas, le pilote doit soit insérer des **caractères de remplissage** (en anglais *filler characters*) qui sont des caractères nuls, soit interrompre l'émission des données pour donner le temps nécessaire au terminal. Ce délai dépend souvent de la vitesse du terminal. À moins de 4 800 bit/s, il ne faut pas de délai alors qu'à 9 600 bit/s, il faut insérer un caractère de remplissage. Les terminaux qui gèrent physiquement le caractère de tabulation nécessitent parfois un délai après l'envoi de ce caractère (surtout les terminaux à impression).

Cas de Posix

La norme POSIX ne spécifie aucun traitement particulier sur les transformations susceptibles d'être appliquées aux caractères à destination d'un terminal et ne dit rien sur les délais à respecter après les caractères impliquant des actions mécaniques, par exemple un saut de page sur une imprimante. Le seul indicateur qui y est défini est :

· OPOST (pour *Output POSix Treatment*) : indique que les demandes de traitement des caractères définies par les modes de sortie doivent être appliquées.

Cas de Linux

Linux définit les constantes symboliques suivantes pour paramétrer les modes de sortie :

Linux 0.01

```
/* c_oflag bits */
#define OPOST    0000001
#define OLCUC    0000002
#define ONLCR    0000004
#define OCRNL    0000010
#define ONOCR    0000020
#define ONLRET   0000040
#define OFILL    0000100
#define OFDEL    0000200
#define NLDLY    0000400
#define   NL0    0000000
#define   NL1    0000400
#define CRDLY    0003000
#define   CR0    0000000
#define   CR1    0001000
#define   CR2    0002000
#define   CR3    0003000
#define TABDLY   0014000
#define   TAB0   0000000
#define   TAB1   0004000
#define   TAB2   0010000
#define   TAB3   0014000
#define   XTABS  0014000
#define BSDLY    0020000
#define   BS0    0000000
#define   BS1    0020000
#define VTDLY    0040000
#define   VT0    0000000
#define   VT1    0040000
#define FFDLY    0040000
#define   FF0    0000000
#define   FF1    0040000
```

Les significations, documentées dans la page termios de man, sont les suivantes :

· OPOST : déjà vu ;

· OLCUC (pour *Output Lower Character as Upper Character*) : les lettres minuscules doivent être transformées en majuscules ;

· ONLCR (pour *Ouput NewLine as Carriage Return*) : toute occurrence du caractère newline doit être transformée en la séquence return newline ;

· OCRNL (pour *Output Carriage Return as New Line*) : toute occurrence du caractère return doit être transformée en le caractère newline ;

· ONOCR (pour *Output NO Carriage Return*) : le retour chariot en début de ligne ne doit pas être transmis, ce qui évite la création d'une ligne vide ;

· ONLRET (pour *Output NewLine RETurn*) : le caractère newline doit être considéré comme identique au retour chariot ;

- OFILL (pour *Output FILL*) : on doit envoyer des caractères de remplissage lors d'un délai au lieu d'utiliser un délai en temps ;
- OFDEL (pour *Output Fill DEL*) : le caractère de remplissage est le caractère ASCII del ; sinon c'est le caractère nul ;
- NLDY (pour *NewLine DelaY*) : valeur du délai après un newline ; les possibilités sont NL0 et NL1, la valeur par défaut étant NL1 ;
- CRDLY (pour *Carriage Return DelaY*) : valeur du délai après un retour chariot ; les possibilités sont CR0, CR1, CR2 et CR3, la valeur par défaut étant CR3 ;
- TABDLY (pour *TABDelaY*) : valeur du délai après une tabulation horizontale ; les possibilités sont TAB0, TAB1, TAB2, TAB3 et XTABS, la valeur par défaut étant TAB3 ; une valeur de XTABS remplace chaque tabulation horizontale par huit espaces ;
- BSDLY (pour *BackSpaceDelaY*) : valeur du délai après un retour arrière ; les possibilités sont BS0 et BS1, la valeur par défaut étant BS1 ;
- VTDLY (pour *Vertical Tabulation DelaY*) : valeur du délai après une tabulation verticale ; les possibilités sont VT0 et VT1, la valeur par défaut étant VT1 ;
- FFDLY (pour *FormFeed DelaY*) : valeur du délai après le passage à une page nouvelle ; les possibilités sont FF0 et FF1, la valeur par défaut étant FF1.

2.5 Le tableau des caractères de contrôle

Nous allons étudier dans cette section le rôle du champ c_cc[], le tableau des caractères de contrôle.

Caractères de contrôle

En mode structuré, un certain nombre de caractères possèdent une signification particulière. La figure 8.8 ([TAN-87], p. 187) montre, à titre d'exemple, les caractères spéciaux d'UNIX :

Caractère	Commentaire
Retour arrière	Efface le dernier caractère tapé
@	Efface la ligne courante
\	Échappement – ne pas interpréter le caractère suivant
tab	Remplace par des caractères d'espacement
CTRL-S	Suspend la sortie des données
CTRL-Q	Relance la sortie des données
DEL	Interrompt le processus (SIGINT)
CTRL-\	Génère un cliché du noyau du processus (SIGQUIT)
CTRL-D	Fin de fichier

Les caractères spéciaux du mode cooked

Figure 8.8 : *Caractères de contrôle d'*UNIX

- Le **caractère d'effacement** permet d'effacer le caractère qui vient d'être tapé. Sous UNIX, il s'agit du caractère de retour arrière (en anglais *backspace*), CTRL-H. Il n'est pas placé à la fin de la file de caractères, mais supprime le dernier caractère de cette file. Son écho est formé de trois caractères : retour arrière, espace, retour arrière pour effacer le dernier caractère affiché à l'écran. Si le dernier caractère est un caractère de tabulation, il faut avoir mémorisé la position du curseur avant cette tabulation. Dans la plupart des systèmes, le caractère de retour arrière n'efface que les caractères de la ligne courante. Il ne détruit pas un retour chariot et ne provoque pas de passage à la ligne précédente.

- Si, après avoir tapé une ligne, l'utilisateur remarque une erreur au début de celle-ci, il peut être pratique de l'effacer intégralement. Le **caractère d'annulation** (en anglais *kill character*) détruit la ligne en cours. Son écho est suivi d'un retour chariot et d'un passage à la ligne. L'utilisateur peut recommencer à entrer des caractères à partir de la marge gauche. Quelques systèmes effacent la ligne détruite, mais de nombreux utilisateurs préfèrent l'avoir sous les yeux. Comme pour le caractère d'effacement, il n'est pas possible de remonter à la ligne précédente. Quand on détruit un bloc de caractères, le pilote peut, si l'on utilise une réserve de tampons, restituer les tampons, mais ce n'est pas obligatoire.

- Les caractères d'annulation ou d'effacement sont parfois utilisés en tant que caractères normaux. Les adresses de courrier électronique sont, par exemple, de la forme john@harvard. Pour pouvoir utiliser les caractères de contrôle en tant que caractères normaux, il faut définir un **caractère d'échappement**. Sous UNIX, il s'agit de la contre-oblique (en anglais *backslash*). Il faut taper \@ si ce n'est pas le caractère d'effacement. Pour la contre-oblique elle-même, il faut taper \\. Dès que le pilote trouve une contre-oblique, il positionne un indicateur qui signale que le caractère suivant est un caractère standard. La contre-oblique n'est pas placée dans le tampon des caractères de sortie.

- Des **caractères de contrôle de flux** permettent de stopper et de redémarrer le défilement à l'écran. Sous UNIX, ce sont les caractères CTRL-S et CTRL-Q respectivement. Ils ne sont pas sauvegardés, mais positionnent un indicateur dans la structure des données du terminal. On teste cet indicateur chaque fois qu'il faut afficher un caractère. S'il est positionné, l'affichage n'est pas effectué. Le concepteur est, en revanche, libre de supprimer ou de garder la fonction d'écho à l'écran.

- Il faut souvent tuer un programme en cours de débogage. Les touches DEL, BREAK ou CTRL-C peuvent être utilisées à cette fin. Sous UNIX, le caractère DEL envoie un signal SIGINT à tous les processus démarrés à partir de ce terminal. La mise en œuvre de DEL peut être assez délicate. La partie la plus ardue consiste à transmettre les informations du pilote à la partie du système qui gère les signaux alors que cette dernière n'attend pas ces informations. La combinaison CTRL-\ est identique à DEL, mais elle génère un signal SIGQUIT qui provoque un vidage de l'image mémoire (en anglais *core dump*) s'il n'est pas intercepté ou masqué. Chaque fois qu'une de ces deux touches est frappée, le pilote doit envoyer un retour chariot et un passage à la ligne pour annuler toutes les données antérieures et autoriser un nouveau départ.

- La combinaison CTRL-D est un autre caractère spécial qui, sous UNIX, envoie aux requêtes de lecture en attente tout ce qui se trouve dans le tampon, même si ce dernier est vide. Si l'on tape CTRL-D en début de ligne, le programme recevra 0 octets, ce que la plupart des programmes interprètent comme une fin de fichier.

Définition des caractères de contrôle

Le champ `c_cc[]` de la structure `termios` fournit la valeur de plusieurs caractères et de plusieurs valeurs entières qui jouent un rôle de contrôle dans certains modes locaux particuliers.

Pour un caractère, être **caractère de contrôle d'un terminal** signifie ne pas pouvoir être lu (par un appel système **read()**) par un processus *via* un descripteur sur ce terminal.

Tous les éléments du tableau `c_cc[]` possèdent un nom symbolique, par exemple `EOF`. La position dans le tableau est symboliquement désignée par ce nom précédé du caractère `V`, ainsi `c_cc[VEOF]` est-elle la valeur du caractère de contrôle `EOF`.

Cas de Linux

La liste des constantes symboliques des positions des caractères de contrôle sous Linux est la suivante :

```
/* c_cc characters */
#define VINTR    0
#define VQUIT    1
#define VERASE   2
#define VKILL    3
#define VEOF     4
#define VTIME    5
#define VMIN     6
#define VSWTC    7
#define VSTART   8
#define VSTOP    9
#define VSUSP    10
#define VEOL     11
#define VREPRINT 12
#define VDISCARD 13
#define VWERASE  14
#define VLNEXT   15
#define VEOL2    16
```

Linux 0.01

La signification des caractères de contrôle correspondants est la suivante :

· `INTR` (pour *INTeRruption*) : en mode `ISIG` (voir la section suivante à ce sujet) la frappe de ce caractère d'interruption, appelé del (pour *DELete*), provoque l'envoi du signal `SIGINT` à tous les processus appartenant au groupe du processus en premier plan du terminal ;

· `QUIT` : en mode `ISIG` la frappe de ce caractère de contrôle provoque l'envoi du signal `SIGQUIT` à tous les processus appartenant au groupe du processus en premier plan du terminal ;

· `ERASE` : en mode canonique `ICANON`, la frappe de ce caractère de contrôle efface le dernier caractère (s'il se trouve sur la ligne ; il n'est pas possible d'effacer des caractères d'une ligne antérieure) ;

· `KILL` : en mode canonique `ICANON`, la frappe de ce caractère de contrôle efface tous les caractères de la ligne en cours de frappe ;

· `EOF` (pour *End Of File*) : en mode local canonique `ICANON`, la frappe de ce caractère rend tous les caractères qui le précèdent accessibles en lecture sans avoir à taper un caractère de fin de ligne ; si ce caractère est en début de ligne (c'est-à-dire juste après un caractère de fin de ligne), il indique une fin de fichier sur le fichier correspondant au terminal (un appel à **read()** renverra donc la valeur zéro) ;

- TIME : en mode local non canonique, la valeur de ce paramètre correspond à un intervalle de temps exprimé en dixième de seconde entre la frappe des caractères, au-delà duquel les caractères du tampon de lecture deviennent accessibles en lecture ;
- MIN : en mode local non canonique, la valeur de ce paramètre définit le nombre de caractères que doit contenir le tampon de lecture pour que les caractères soient accessibles en lecture ;
- SWTC : ce caractère de contrôle permet d'échapper au gestionnaire de couches du mécanisme de shells ;
- START : dans l'un des modes locaux IXON ou IXOFF, ce caractère de contrôle autorise à nouveau (après suspension) l'envoi des caractères à destination du terminal ;
- STOP : dans l'un des modes locaux IXON ou IXOFF, ce caractère de contrôle suspend l'envoi des caractères à destination du terminal ;
- SUSP (pour *SUSPended*) : en mode local ISIG, la frappe de ce caractère de contrôle provoque l'envoi du signal SIGTSTP à tous les processus appartenant au groupe du processus en premier plan du terminal ;
- EOL (pour *End Of Line*) : en mode local canonique ICANON, la frappe de ce caractère de contrôle est équivalente à celle du caractère de fin de ligne ;
- REPRINT : permet le réaffichage d'un caractère non lu ;
- DISCARD : abandonne une sortie en attente ;
- WERASE (pour *Word ERASE*) : en mode local canonique, la frappe de ce caractère de contrôle efface le dernier mot tapé sur la ligne en cours ;
- LNEXT (pour *Literal NEXT*) ;
- EOL2 : encore un autre caractère de fin de ligne.

2.6 Paramétrage des modes locaux

Nous allons étudier dans cette section les valeurs possibles du champ c_lflag concernant les modes locaux.

Les **modes locaux** définissent le comportement des caractères de contrôle d'une ligne et déterminent le fonctionnement de l'appel système **read()**.

Les valeurs, dans le cas de Linux 0.01, sont :

Linux 0.01

```
/* c_lflag bits */
#define ISIG    0000001
#define ICANON  0000002
#define XCASE   0000004
#define ECHO    0000010
#define ECHOE   0000020
#define ECHOK   0000040
#define ECHONL  0000100
#define NOFLSH  0000200
#define TOSTOP  0000400
#define ECHOCTL 0001000
#define ECHOPRT 0002000
#define ECHOKE  0004000
#define FLUSHO  0010000
#define PENDIN  0040000
#define IEXTEN  0100000
```

les significations étant les suivantes :

- ISIG (pour *Input SIGnal*) : dans ce mode les caractères de contrôle int, quit et susp provoquent respectivement l'envoi des signaux SIGINT, SIGQUIT et SIGSTP à tous les processus du groupe de processus de la session du terminal en premier plan ;
- ICANON (pour *Input CANONical*) : il correspond au **mode canonique** de fonctionnement (celui d'un terminal utilisé par un utilisateur en mode interactif) et se caractérise de la façon suivante :
  - le tampon dans lequel les caractères en provenance du terminal sont stockés est structuré en lignes, une ligne étant une suite de caractères terminés par le caractère newline (ou encore linefeed ou <CTRL-J>, de code ASCII décimal 10 et correspondant à la constante caractère « \n » du langage C). Cette propriété signifie que les caractères lus au cours d'une opération de lecture **read()** sur le terminal sont extraits d'une ligne et d'une seule. Donc un caractère non suivi d'un caractère de fin de ligne n'est pas accessible en lecture (on n'a pas le **getche()** du MS-DOS) et une opération de lecture ne peut pas lire à cheval sur plusieurs lignes ;
  - les caractères de contrôle erase, kill, eof et eol ont l'effet décrit plus haut.

Lorsque l'indicateur ICANON est basculé, la gestion du terminal est assurée en **mode non canonique** : la structure de ligne ne définit plus le caractère d'accessibilité des caractères et les quatre caractères précédents (erase, kill, eof et eol) perdent leur qualité de caractères de contrôle. Les critères d'accessibilité en lecture aux caractères en provenance du terminal sont alors les suivants :

- le tampon de lecture contient MIN caractères, l'entier MIN étant paramétrable entre 0 et 255, la valeur nulle rendant les lectures non bloquantes ;
- il s'est écoulé TIME*1/10 secondes depuis l'arrivée du dernier caractère, où TIME peut prendre comme valeur tout entier entre 0 et 255 (une valeur 0 correspond à l'occultation de ce critère).

Les valeurs les plus couramment utilisées en mode non canonique pour les paramètres MIN et TIME sont respectivement 1 et 0. Il s'agit d'un mode où chaque caractère en provenance du terminal est immédiatement accessible en lecture.

- XCASE : si ICANON est également positionné, le terminal n'accepte que les majuscules ; l'entrée est convertie en minuscules sauf pour les caractères précédés de « \ » ; pour la sortie les caractères en majuscules sont précédés de « \ » et les caractères minuscules sont convertis en majuscule ;
- ECHO : dans ce mode tous les caractères en provenance du terminal sont, après transformations définies par les modes d'entrée, insérés dans le flux de sortie à destination du terminal. Le basculement de cet indicateur fait que ce qui est tapé au terminal n'est pas visible sur l'écran (mode dans lequel, par exemple, les mots de passe sont introduits) ;
- ECHOE (pour *ECHO Erase*) : dans ce mode, à condition que le mode ICANON soit positionné, le caractère de contrôle erase a un écho provoquant l'effacement du dernier caractère sur l'écran ; cet écho peut être, par exemple, la séquence suivante :

  <Backspace><Space> <Backspace> ;

- ECHOK (pour *ECHO Kill*) : dans ce mode, et à la condition que le mode ICANON soit positionné, le caractère de contrôle kill a comme écho le caractère de fin de ligne (même en mode sans écho) ;

- ECHONL (pour *ECHO New Line*) : dans ce mode, à condition que le mode ICANON soit positionné, le caractère de contrôle newline reçoit un écho à l'écran même si ECHO n'est pas positionné ;
- NOFLSH (pour *NO FLuSH*) : dans ce mode le vidage des tampons de lecture et d'écriture du terminal, qui est effectué par défaut à la prise en compte des caractères intr, quit et susp en mode ISIG, n'est pas réalisé ;
- TOSTOP : dans ce mode les processus du groupe de processus en arrière-plan du terminal sont suspendus lorsqu'ils essaient d'écrire sur le terminal, par envoi du signal SIGTTOU ;
- ECHOCTL (pour *ECHO ConTroL*) : dans ce mode, à condition que le mode ECHO soit positionné, les caractères de contrôle ASCII autres que tab, start, newline et stop, ont pour écho le caractère ^X, où X est le caractère ASCII de code celui du signal plus 40h, par exemple backspace (de code 8) a pour écho ^H ;
- ECHOPRT (pour *ECHO PRinT*) : dans ce mode, à condition que les modes ICANON et IECHO soient positionnés, les caractères sont imprimés lorsqu'ils sont effacés ;
- ECHOKE (pour *ECHO Kill Erase*) : dans ce mode, à condition que le mode ICANON soit positionné, le caractère de contrôle kill a pour écho l'effacement de tous les caractères de la ligne ;
- FLUSHO (pour *FLUSH Output*) : la sortie doit être vidée ;
- PENDIN : tous les caractères du tampon d'entrée sont réaffichés lorsque le caractère suivant est lu ;
- IEXTEN : met en fonctionnement le processus d'entrée.

2.7 Paramétrages des modes de contrôle

Nous allons étudier dans cette section les valeurs possibles du champ c_cflag concernant les modes de contrôle.

Les **modes de contrôle** correspondent à des informations de contrôle relatives au niveau matériel telles que la parité ou la taille des caractères.

Les constantes permettant de définir les modes de contrôle sous Linux sont les suivantes :

```
/* c_cflag bit meaning */
#define CBAUD   0000017
#define  B0     0000000          /* hang up */
#define  B50    0000001
#define  B75    0000002
#define  B110   0000003
#define  B134   0000004
#define  B150   0000005
#define  B200   0000006
#define  B300   0000007
#define  B600   0000010
#define  B1200  0000011
#define  B1800  0000012
#define  B2400  0000013
#define  B4800  0000014
#define  B9600  0000015
#define  B19200 0000016
#define  B38400 0000017
#define CSIZE   0000060
#define  CS5    0000000
#define  CS6    0000020
#define  CS7    0000040
```

```
#define   CS8     0000060
#define CSTOPB    0000100
#define CREAD     0000200
#define CPARENB   0000400
#define CPARODD   0001000
#define HUPCL     0002000
#define CLOCAL    0004000
#define CIBAUD    03600000                  /* input baud rate (not used) */
#define CRTSCTS   020000000000              /* flow control */
```

Les significations sont les suivantes :

- CBAUD (pour *Control BAUD*, d'après l'unité de mesure de transmission) : les débits de transmission en entrée et en sortie font partie du mode de contrôle. La norme POSIX a introduit des fonctions spécifiques pour leur manipulation, visant à masquer la manière dont ce codage est opéré. À chaque débit `debit` possible (correspondant à un nombre de bits par seconde ou *baud*) est associée la constante symbolique `Bdebit` : ainsi `B9600` correspond à un débit de 9 600 baud. Les débits reconnus sont 0, 50, 75, 110, 134, 150, 200, 300, 600, 1 200, 2 400, 4 800, 9 600, 19 200 et 39 400. Le débit 0 correspond à une demande de déconnexion ; la valeur par défaut est `B39400` ;

- CSIZE (pour *Control SIZE*, taille du codage des caractères) : `CStaille` correspond à un caractère codé sur `taille` bits ; les valeurs possibles sont `CS5`, `CS6`, `CS7` et `CS8` ; la valeur par défaut est `CS8` ;

- CSTOPB (pour *Control STOP Bit number*) : quand cet indicateur est positionné, il y a émission de deux bits d'arrêt (et un seul sinon) ;

- CREAD (pour *Control READ*) : le receveur est actif lorsque cet indicateur est positionné, sinon il s'agit de l'émetteur ;

- CPARENB (pour *Control PARity ENable Bit*) : le mécanisme de contrôle de parité est activé et un bit de parité est ajouté à chaque caractère lorsque cet indicateur est positionné ;

- CPARODD (pour *Control PARity ODD*) : dans le cas où cet indicateur est positionné et le précédent également, le contrôle se fait sur l'imparité (et non la parité) ;

- HUPCL : déconnexion automatique d'une liaison modem lors de la terminaison du dernier processus sous contrôle ;

- CLOCAL : dans ce mode, une demande d'ouverture du fichier spécial correspondant au terminal n'est pas bloquante si ce bit est basculé, la liaison est considérée comme une liaison modem et en l'absence de connexion, une demande d'ouverture est bloquante, sauf demande contraire par l'indicateur `O_NONBLOCK` dans le mode d'ouverture ;

- CIBAUD : masque pour le débit d'entrée (non utilisé) ;

- CRTSCTS : contrôle des flux.

3 Implémentation des voies de communication

Une voie de communication est implémentée sous Linux sous forme d'une entité du type `tty_struct`, constituée en particulier de plusieurs tampons d'entrée et de sortie.

3.1 Implémentation d'un tampon d'entrée ou de sortie

Nous avons vu que chaque voie de communication possède au moins deux tampons : un *tampon d'entrée* et un *tampon de sortie*. Voyons comment ces tampons sont implémentés sous Linux.

La structure correspondante

Un tampon est implémenté sous Linux sous la forme d'une file d'attente, dont le type (structuré) tty_queue est défini dans le fichier *include/linux/tty.h* :

Linux 0.01

```
/*
 * 'tty.h' defines some structures used by tty_io.c and some defines.
 *
 * NOTE! Don't touch this without checking that nothing in rs_io.s or
 * con_io.s breaks. Some constants are hardwired into the system (mainly
 * offsets into 'tty_queue'
 */
#ifndef _TTY_H
#define _TTY_H

#include <termios.h>

#define TTY_BUF_SIZE 1024

struct tty_queue {
        unsigned long data;
        unsigned long head;
        unsigned long tail;
        struct task_struct * proc_list;
        char buf[TTY_BUF_SIZE];
};
```

Il est indiqué de ne pas changer l'ordre des champs de la structure tty_queue car celle-ci sera utilisée en langage C, certes, mais également en langage d'assemblage. Dans ce dernier cas, on ne fait pas référence à un champ par son nom symbolique mais par le déplacement (en octets) depuis le début de l'entité structurée.

Une file d'attente comprend donc :

· l'adresse du port des données (le champ data), surtout important dans le cas d'une liaison par modem ;

· un emplacement mémoire où sont entreposées les données, tableau de 1 024 caractères (le champ buf) ;

· l'index de la tête de la file d'attente dans ce tableau (le champ head) ;

· l'index de la queue de la file d'attente dans ce tableau (le champ tail) ;

· la liste des processus qui peuvent utiliser ce tampon (le champ proc_list).

Macros concernant les tampons

Un certain nombre de macros, définies dans le fichier *include/linux/tty.h*, permettent de manipuler les tampons :

· On a d'abord la définition de l'incrémentation et de la décrémentation modulo 1024, permettant de manipuler l'index :

Linux 0.01

```
#define INC(a) ((a) = ((a)+1) & (TTY_BUF_SIZE-1))
#define DEC(a) ((a) = ((a)-1) & (TTY_BUF_SIZE-1))
```

· Des macros booléennes permettent de tester respectivement si le tampon est vide ou si le tampon est plein, en s'aidant d'une macro auxiliaire qui donne la taille de l'espace libre dans le tampon :

Linux 0.01

```
#define EMPTY(a) ((a).head == (a).tail)
#define LEFT(a) (((a).tail-(a).head-1)&(TTY_BUF_SIZE-1))
#define FULL(a) (!LEFT(a))
```

· Une macro permet de récupérer (lire) le dernier caractère du tampon :

```
#define LAST(a) ((a).buf[(TTY_BUF_SIZE-1)&((a).head-1)])
```
Linux 0.01

· Une macro donne le nombre de caractères présents dans le tampon :

```
#define CHARS(a) (((a).head-(a).tail)&(TTY_BUF_SIZE-1))
```
Linux 0.01

· Deux macros permettent, respectivement, de récupérer (lire) un caractère du tampon et de placer un caractère dans le tampon :

```
#define GETCH(queue,c) \
(void)({c=(queue).buf[(queue).tail];INC((queue).tail);})
#define PUTCH(c,queue) \
(void)({(queue).buf[(queue).head]=(c);INC((queue).head);})
```
Linux 0.01

3.2 Implémentation des voies de communication

La structure correspondante

Une voie de communication est implémentée comme entité du type structuré `tty_struct` défini dans le fichier *include/linux/tty.h* :

```
struct tty_struct {
        struct termios termios;
        int pgrp;
        int stopped;
        void (*write)(struct tty_struct * tty);
        struct tty_queue read_q;
        struct tty_queue write_q;
        struct tty_queue secondary;
        };
```
Linux 0.01

Une voie de communication est ainsi caractérisée par :

· les paramètres de sa liaison, définis dans le champ `termios` ;

· un identificateur de groupe de processus, le champ `pgrp` ;

· un indicateur `stopped` : s'il est positionné, le flux de sortie vers le terminal est interrompu ;

· une fonction d'écriture `write` ;

· un tampon de lecture brut `read_q` ;

· un tampon d'écriture `write_q` ;

· un tampon de lecture structuré `secondary`.

Comme on le voit, Linux tient compte de deux modes de lecture (brut et structuré) en implémentant deux tampons de lecture (au lieu d'un) : un **tampon de lecture brute** et un **tampon de lecture structurée**. Les caractères sont d'abord entreposés dans le tampon de lecture brute ; de temps en temps, on dira de les placer également dans l'autre tampon, après traitement nécessaire.

Macros concernant les voies de communication

Linux définit un certain nombre de macros concernant les voies de communication.

· Les macros définies dans le fichier *include/linux/tty.h* permettent de déterminer les caractères de contrôle associées à la voie de communication :

Linux 0.01

```
#define EOF_CHAR(tty)   ((tty)->termios.c_cc[VEOF])
#define INTR_CHAR(tty)  ((tty)->termios.c_cc[VINTR])
#define STOP_CHAR(tty)  ((tty)->termios.c_cc[VSTOP])
#define START_CHAR(tty) ((tty)->termios.c_cc[VSTART])
#define ERASE_CHAR(tty) ((tty)->termios.c_cc[VERASE])
```

· Les macros définies dans le fichier *kernel/tty_io.c* permettent de changer les modes de la voie de communication :

Linux 0.01

```
#define _L_FLAG(tty,f)  ((tty)->termios.c_lflag & f)
#define _I_FLAG(tty,f)  ((tty)->termios.c_iflag & f)
#define _O_FLAG(tty,f)  ((tty)->termios.c_oflag & f)

#define L_CANON(tty)    _L_FLAG((tty),ICANON)
#define L_ISIG(tty)     _L_FLAG((tty),ISIG)
#define L_ECHO(tty)     _L_FLAG((tty),ECHO)
#define L_ECHOE(tty)    _L_FLAG((tty),ECHOE)
#define L_ECHOK(tty)    _L_FLAG((tty),ECHOK)
#define L_ECHOCTL(tty)  _L_FLAG((tty),ECHOCTL)
#define L_ECHOKE(tty)   _L_FLAG((tty),ECHOKE)

#define I_UCLC(tty)     _I_FLAG((tty),IUCLC)
#define I_NLCR(tty)     _I_FLAG((tty),INLCR)
#define I_CRNL(tty)     _I_FLAG((tty),ICRNL)
#define I_NOCR(tty)     _I_FLAG((tty),IGNCR)

#define O_POST(tty)     _O_FLAG((tty),OPOST)
#define O_NLCR(tty)     _O_FLAG((tty),ONLCR)
#define O_CRNL(tty)     _O_FLAG((tty),OCRNL)
#define O_NLRET(tty)    _O_FLAG((tty),ONLRET)
#define O_LCUC(tty)     _O_FLAG((tty),OLCUC)
```

4 Implémentation du terminal

4.1 Définition du terminal

Pour le noyau 0.01 il n'y a qu'un seul terminal, implémenté comme tableau de trois voies de communication : une pour la console, c'est-à-dire l'écran et le clavier, et une pour chacune des deux liaisons série [pour le modem]. Il porte le nom tty_table[], défini dans le fichier *kernel/tty_io.c* :

Linux 0.01

```
struct tty_struct tty_table[] = {
        {
                {0,
                OPOST|ONLCR,    /* change outgoing NL to CRNL */
                0,
                ICANON | ECHO | ECHOCTL | ECHOKE,
                0,              /* console termio */
                INIT_C_CC},
                0,                      /* initial pgrp */
                0,                      /* initial stopped */
                con_write,
                {0,0,0,0,""},           /* console read-queue */
                {0,0,0,0,""},           /* console write-queue */
                {0,0,0,0,""}            /* console secondary queue */
        },{
```

```
              {0,  /*IGNCR*/
              OPOST | ONLRET,          /* change outgoing NL to CR */
              B2400 | CS8,
              0,
              0,
              INIT_C_CC},
              0,
              0,
              rs_write,
              {0x3f8,0,0,0,""},        /* rs 1 */
              {0x3f8,0,0,0,""},
              {0,0,0,0,""}
     },{
              {0,  /*IGNCR*/
              OPOST | ONLRET,          /* change outgoing NL to CR */
              B2400 | CS8,
              0,
              0,
              INIT_C_CC},
              0,
              0,
              rs_write,
              {0x2f8,0,0,0,""},        /* rs 2 */
              {0x2f8,0,0,0,""},
              {0,0,0,0,""}
     }
};
```

4.2 Les caractères de contrôle

Le tableau des caractères de contrôle INIT_C_CC[] utilisé par le terminal est défini dans le
fichier *include/linux/tty.h* de la façon suivante :

Linux 0.01

```
/*      intr=^C         quit=^|         erase=del       kill=^U
        eof=^D          vtime=\0        vmin=\1         sxtc=\0
        start=^Q        stop=^S         susp=^Y         eol=\0
        reprint=^R      discard=^U      werase=^W       lnext=^V
        eol2=\0
*/
#define INIT_C_CC "\003\034\177\025\004\0\1\0\021\023\031\0\022\017\027\026\0"
```

4.3 Caractéristiques de la console

Les caractéristiques de la console sont les suivantes :

· Les paramètres de la voie de communication sont :
  · pas de transformation des caractères en entrée ;
  · le caractère newline est transformé en return newline en sortie ;
  · pas de mode de contrôle ;
  · on est en mode canonique, avec écho, les caractères de contrôle ont en écho un caractère
    affichable et le caractère ^U a pour effet d'effacer tous les caractères de la ligne ;
  · pas de discipline de ligne ;
  · les caractères de contrôle sont ceux vus ci-dessus ;
· le groupe de processus pgrp initial est égal à 0 ;
· l'indicateur stopped initial est égal à 0 ;
· la fonction d'écriture est la fonction **con_write()**, que nous étudierons au chapitre 14 ;
· les trois tampons sont initialisés à vide.

4.4 Caractéristiques des liaisons série

Les caractéristiques de la première liaison série sont les suivantes :

- Les paramètres de la voie de communication sont :
  - pas de transformation des caractères en entrée ;
  - le caractère `newline` est transformé en `return` en sortie ;
  - le débit est de 2 400 baud ;
  - les caractères sont codés sur huit bits ;
  - on est en mode non canonique ;
  - pas de discipline de ligne ;
  - les caractères de contrôle sont ceux vus ci-dessus ;
- le groupe de processus `pgrp` initial est égal à 0 ;
- l'indicateur `stopped` initial est égal à 0 ;
- la fonction d'écriture est la fonction **rs_write()**, que nous étudierons au chapitre 24 ;
- les tampons d'écriture et de lecture brute sont initialisés à zéro avec l'adresse du port d'entrée-sortie égale à `3F8h` (numéro de port traditionnel du premier port série sur les compatibles PC) ;
- le tampon de lecture structurée est initialisé à zéro.

Les caractéristiques de la seconde liaison série sont les mêmes, sauf que le numéro du port d'entrée-sortie est égal à `2F8h`, valeur habituelle du second port série sur les compatibles PC.

4.5 Les tampons du terminal

La variable `table_list[]`, définie dans le fichier *kernel/tty_io.c*, reprend les adresses de deux des trois tampons de chacune des trois voies de communication du terminal (celui de lecture brute et celui d'écriture) :

```
/*
 * these are the tables used by the machine code handlers.
 * you can implement pseudo-tty's or something by changing
 * them. Currently not done.
 */
struct tty_queue * table_list[]={
        &tty_table[0].read_q, &tty_table[0].write_q,
        &tty_table[1].read_q, &tty_table[1].write_q,
        &tty_table[2].read_q, &tty_table[2].write_q
        };
```

5 Évolution du noyau

Linus TORVALDS a beaucoup travaillé l'aspect terminal avant même la création du noyau 0.01.

Pour le noyau 2.6.0, la structure `termios` est définie dans le fichier *include/asm-i386/termbits.h*. Seul le nombre de caractères de contrôle `NCCS` a changé ; il vaut maintenant 19. Les valeurs des constantes symboliques pour le paramétrage des modes d'entrée, des modes de sortie, des positions des caractères de contrôle, des modes locaux et des modes de contrôle sont définies dans le même fichier.

La structure définissant une voie de communication (`tty_struct`) et les macros permettant de la manipuler sont toujours définies dans le fichier *include/linux/tty.h*, mais de façon plus sophistiquée :

Linux 2.6.0

```
247 /*
248  * Where all of the state associated with a tty is kept while the tty
249  * is open.  Since the termios state should be kept even if the tty
250  * has been closed --- for things like the baud rate, etc --- it is
251  * not stored here, but rather a pointer to the real state is stored
252  * here.  Possible the winsize structure should have the same
253  * treatment, but (1) the default 80x24 is usually right and (2) it's
254  * most often used by a windowing system, which will set the correct
255  * size each time the window is created or resized anyway.
256  *                                           - TYT, 9/14/92
257  */
258 struct tty_struct {
259         int        magic;
260         struct tty_driver *driver;
261         int index;
262         struct tty_ldisc ldisc;
263         struct termios *termios, *termios_locked;
264         char name[64];
265         int pgrp;
266         int session;
267         unsigned long flags;
268         int count;
269         struct winsize winsize;
270         unsigned char stopped:1, hw_stopped:1, flow_stopped:1, packet:1;
271         unsigned char low_latency:1, warned:1;
272         unsigned char ctrl_status;
273
274         struct tty_struct *link;
275         struct fasync_struct *fasync;
276         struct tty_flip_buffer flip;
277         int max_flip_cnt;
278         int alt_speed;          /* For magic substitution of 38400 bps */
279         wait_queue_head_t write_wait;
280         wait_queue_head_t read_wait;
281         struct work_struct hangup_work;
282         void *disc_data;
283         void *driver_data;
284         struct list_head tty_files;
285
286 #define N_TTY_BUF_SIZE 4096
287
288         /*
289          * The following is data for the N_TTY line discipline.  For
290          * historical reasons, this is included in the tty structure.
291          */
292         unsigned int column;
293         unsigned char lnext:1, erasing:1, raw:1, real_raw:1, icanon:1;
294         unsigned char closing:1;
295         unsigned short minimum_to_wake;
296         unsigned long overrun_time;
297         int num_overrun;
298         unsigned long process_char_map[256/(8*sizeof(unsigned long))];
299         char *read_buf;
300         int read_head;
301         int read_tail;
302         int read_cnt;
303         unsigned long read_flags[N_TTY_BUF_SIZE/(8*sizeof(unsigned long))];
304         int canon_data;
305         unsigned long canon_head;
306         unsigned int canon_column;
307         struct semaphore atomic_read;
308         struct semaphore atomic_write;
309         spinlock_t read_lock;
310         /* If the tty has a pending do_SAK, queue it here - akpm */
311         struct work_struct SAK_work;
```

```
312 };
313
314 /* tty magic number */
315 #define TTY_MAGIC              0x5401
```

L'accès au périphérique ne se fait plus à travers des tampons (de type `tty_queue`) et d'une fonction d'écriture **write()**, mais en spécifiant une interface d'accès au périphérique associé au terminal, de type structuré `tty_driver` défini dans le fichier *include/linux/tty_driver.h* :

Linux 2.6.0

```
155 struct tty_driver {
156         int     magic;           /* magic number for this structure */
157         struct cdev cdev;
158         struct module   *owner;
159         const char      *driver_name;
160         const char      *devfs_name;
161         const char      *name;
162         int     name_base;       /* offset of printed name */
163         short   major;           /* major device number */
164         short   minor_start;     /* start of minor device number */
165         short   num;             /* number of devices */
166         short   type;            /* type of tty driver */
167         short   subtype;         /* subtype of tty driver */
168         struct termios init_termios; /* Initial termios */
169         int     flags;           /* tty driver flags */
170         int     refcount;        /* for loadable tty drivers */
171         struct proc_dir_entry *proc_entry; /* /proc fs entry */
172         struct tty_driver *other; /* only used for the PTY driver */
173
174         /*
175          * Pointer to the tty data structures
176          */
177         struct tty_struct **ttys;
178         struct termios **termios;
179         struct termios **termios_locked;
180         void *driver_state;      /* only used for the PTY driver */
181
182         /*
183          * Interface routines from the upper tty layer to the tty
184          * driver.       Will be replaced with struct tty_operations.
185          */
186         int  (*open)(struct tty_struct * tty, struct file * filp);
187         void (*close)(struct tty_struct * tty, struct file * filp);
188         int  (*write)(struct tty_struct * tty, int from_user,
189                         const unsigned char *buf, int count);
190         void (*put_char)(struct tty_struct *tty, unsigned char ch);
191         void (*flush_chars)(struct tty_struct *tty);
192         int  (*write_room)(struct tty_struct *tty);
193         int  (*chars_in_buffer)(struct tty_struct *tty);
194         int  (*ioctl)(struct tty_struct *tty, struct file * file,
195                     unsigned int cmd, unsigned long arg);
196         void (*set_termios)(struct tty_struct *tty, struct termios * old);
197         void (*throttle)(struct tty_struct * tty);
198         void (*unthrottle)(struct tty_struct * tty);
199         void (*stop)(struct tty_struct *tty);
200         void (*start)(struct tty_struct *tty);
201         void (*hangup)(struct tty_struct *tty);
202         void (*break_ctl)(struct tty_struct *tty, int state);
203         void (*flush_buffer)(struct tty_struct *tty);
204         void (*set_ldisc)(struct tty_struct *tty);
205         void (*wait_until_sent)(struct tty_struct *tty, int timeout);
206         void (*send_xchar)(struct tty_struct *tty, char ch);
207         int (*read_proc)(char *page, char **start, off_t off,
208                         int count, int *eof, void *data);
209         int (*write_proc)(struct file *file, const char *buffer,
210                         unsigned long count, void *data);
211         int (*tiocmget)(struct tty_struct *tty, struct file *file);
212         int (*tiocmset)(struct tty_struct *tty, struct file *file,
213                         unsigned int set, unsigned int clear);
```

```
214
215         struct list_head tty_drivers;
216 };
```

On trouve ce qu'il faut pour initialiser un terminal, ils sont maintenant plusieurs, dans le très imposant fichier *drivers/char/tty_io.c* :

```
787 static int init_dev(struct tty_driver *driver, int idx,
788         struct tty_struct **ret_tty)
789 {
790         struct tty_struct *tty, *o_tty;
791         struct termios *tp, **tp_loc, *o_tp, **o_tp_loc;
792         struct termios *ltp, **ltp_loc, *o_ltp, **o_ltp_loc;
793         int retval=0;
794
795         /*
796          * Check whether we need to acquire the tty semaphore to avoid
797          * race conditions.  For now, play it safe.
798          */
799         down_tty_sem(idx);
800
801         /* check whether we're reopening an existing tty */
802         tty = driver->ttys[idx];
803         if (tty) goto fast_track;
804
805         /*
806          * First time open is complex, especially for PTY devices.
807          * This code guarantees that either everything succeeds and the
808          * TTY is ready for operation, or else the table slots are vacated
809          * and the allocated memory released.  (Except that the termios
810          * and locked termios may be retained.)
811          */
812
813         if (!try_module_get(driver->owner)) {
814                 retval = -ENODEV;
815                 goto end_init;
816         }
817
818         o_tty = NULL;
819         tp = o_tp = NULL;
820         ltp = o_ltp = NULL;
821
822         tty = alloc_tty_struct();
823         if(!tty)
824                 goto fail_no_mem;
825         initialize_tty_struct(tty);
826         tty->driver = driver;
827         tty->index = idx;
828         tty_line_name(driver, idx, tty->name);
829
830         tp_loc = &driver->termios[idx];
831         if (!*tp_loc) {
832                 tp = (struct termios *) kmalloc(sizeof(struct termios),
833                                                 GFP_KERNEL);
834                 if (!tp)
835                         goto free_mem_out;
836                 *tp = driver->init_termios;
837         }
838
839         ltp_loc = &driver->termios_locked[idx];
840         if (!*ltp_loc) {
841                 ltp = (struct termios *) kmalloc(sizeof(struct termios),
842                                                 GFP_KERNEL);
843                 if (!ltp)
844                         goto free_mem_out;
845                 memset(ltp, 0, sizeof(struct termios));
846         }
847
848         if (driver->type == TTY_DRIVER_TYPE_PTY) {
```

Linux 2.6.0

```
849                    o_tty = alloc_tty_struct();
850                    if (!o_tty)
851                            goto free_mem_out;
852                    initialize_tty_struct(o_tty);
853                    o_tty->driver = driver->other;
854                    o_tty->index = idx;
855                    tty_line_name(driver->other, idx, o_tty->name);
856
857                    o_tp_loc  = &driver->other->termios[idx];
858                    if (!*o_tp_loc) {
859                            o_tp = (struct termios *)
860                                    kmalloc(sizeof(struct termios), GFP_KERNEL);
861                            if (!o_tp)
862                                    goto free_mem_out;
863                            *o_tp = driver->other->init_termios;
864                    }
865
866                    o_ltp_loc = &driver->other->termios_locked[idx];
867                    if (!*o_ltp_loc) {
868                            o_ltp = (struct termios *)
869                                    kmalloc(sizeof(struct termios), GFP_KERNEL);
870                            if (!o_ltp)
871                                    goto free_mem_out;
872                            memset(o_ltp, 0, sizeof(struct termios));
873                    }
874
875                    /*
876                     * Everything allocated ... set up the o_tty structure.
877                     */
878                    driver->other->ttys[idx] = o_tty;
879                    if (!*o_tp_loc)
880                            *o_tp_loc = o_tp;
881                    if (!*o_ltp_loc)
882                            *o_ltp_loc = o_ltp;
883                    o_tty->termios = *o_tp_loc;
884                    o_tty->termios_locked = *o_ltp_loc;
885                    driver->other->refcount++;
886                    if (driver->subtype == PTY_TYPE_MASTER)
887                            o_tty->count++;
888
889                    /* Establish the links in both directions */
890                    tty->link   = o_tty;
891                    o_tty->link = tty;
892            }
893
894            /*
895             * All structures have been allocated, so now we install them.
896             * Failures after this point use release_mem to clean up, so
897             * there's no need to null out the local pointers.
898             */
899            driver->ttys[idx] = tty;
900
901            if (!*tp_loc)
902                    *tp_loc = tp;
903            if (!*ltp_loc)
904                    *ltp_loc = ltp;
905            tty->termios = *tp_loc;
906            tty->termios_locked = *ltp_loc;
907            driver->refcount++;
908            tty->count++;
909
910            /*
911             * Structures all installed ... call the ldisc open routines.
912             * If we fail here just call release_mem to clean up.  No need
913             * to decrement the use counts, as release_mem doesn't care.
914             */
915            if (tty->ldisc.open) {
916                    retval = (tty->ldisc.open)(tty);
917                    if (retval)
918                            goto release_mem_out;
```

```
919                }
920        if (o_tty && o_tty->ldisc.open) {
921                retval = (o_tty->ldisc.open)(o_tty);
922                if (retval) {
923                        if (tty->ldisc.close)
924                                (tty->ldisc.close)(tty);
925                        goto release_mem_out;
926                }
927        }
928        goto success;
929
930        /*
931         * This fast open can be used if the tty is already open.
932         * No memory is allocated, and the only failures are from
933         * attempting to open a closing tty or attempting multiple
934         * opens on a pty master.
935         */
936 fast_track:
937        if (test_bit(TTY_CLOSING, &tty->flags)) {
938                retval = -EIO;
939                goto end_init;
940        }
941        if (driver->type == TTY_DRIVER_TYPE_PTY &&
942            driver->subtype == PTY_TYPE_MASTER) {
943                /*
944                 * special case for PTY masters: only one open permitted,
945                 * and the slave side open count is incremented as well.
946                 */
947                if (tty->count) {
948                        retval = -EIO;
949                        goto end_init;
950                }
951                tty->link->count++;
952        }
953        tty->count++;
954        tty->driver = driver; /* N.B. why do this every time?? */
955
956 success:
957        *ret_tty = tty;
958
959        /* All paths come through here to release the semaphore */
960 end_init:
961        up_tty_sem(idx);
962        return retval;
963
964        /* Release locally allocated memory ... nothing placed in slots */
965 free_mem_out:
966        if (o_tp)
967                kfree(o_tp);
968        if (o_tty)
969                free_tty_struct(o_tty);
970        if (ltp)
971                kfree(ltp);
972        if (tp)
973                kfree(tp);
974        free_tty_struct(tty);
975
976 fail_no_mem:
977        module_put(driver->owner);
978        retval = -ENOMEM;
979        goto end_init;
980
981        /* call the tty release_mem routine to clean out this slot */
982 release_mem_out:
983        printk(KERN_INFO "init_dev: ldisc open failed, "
984                         "clearing slot %d\n", idx);
985        release_mem(tty, idx);
986        goto end_init;
987 }
```

Autrement dit :

1. on s'approprie le sémaphore pour être sûr d'avoir l'exclusivité de l'initialisation de ce terminal ;

2. on s'assure qu'on n'est pas en train de réouvrir le terminal en question ; si c'est le cas, on s'arrête en renvoyant l'opposé du code d'erreur `EIO` ;

3. on essaie d'ouvrir le module correspondant au terminal ; si on n'y parvient pas, on s'arrête en renvoyant l'opposé du code d'erreur `ENODEV` ;

4. on essaie d'allouer l'emplacement mémoire pour la structure `tty` ; si on n'y parvient pas, on s'arrête en renvoyant l'opposé du code d'erreur `ENOMEM` ;

5. on initialise cette structure, en spécifiant en particulier l'emplacement de son pilote de périphérique, son index et son nom ;

6. on essaie de renseigner les structures `tp_loc` et `ltp_loc`, de type `termios`. Pour cela, on recourt à l'index ou bien on tente d'instantier une telle structure ; si on n'y parvient pas, on libère la structure `tty` et on renvoie l'opposé du code d'erreur `ENOMEM` ;

7. s'il s'agit d'un pseudo-terminal :

   a) on essaie d'allouer la structure `o_tty` de type `tty_struct` ; si on n'y parvient pas, on libère la structure `tty` et on renvoie l'opposé du code d'erreur `ENOMEM` ;

   b) on initialise cette structure, en spécifiant en particulier l'emplacement de son pilote de périphérique, son index et son nom ;

   c) on essaie de renseigner les structures `o_tp_loc` et `o_ltp_loc`, de type `termios`, soit grâce à l'index, soit en essayant d'instantier une telle structure ;

   d) si on parvient à la ligne 876, c'est qu'on a réussi à allouer toutes les structures souhaitées. On renseigne alors les champs nécessaires et on établit les liens (dans les deux sens) ;

8. à la ligne 895, on a réussi à allouer toutes les structures souhaitées ; on renseigne alors les champs nécessaires et on appelle les routines d'ouverture.

Conclusion

Nous avons vu la notion d'émulation des terminaux. Elle permet les entrées-sorties les plus courantes, et donc l'interactivité avec l'utilisateur ; sa paramétrisation est imposante mais somme toute assez naturelle. Ainsi se termine l'étude des structures fondamentales, autrement dit de l'aspect statique du système d'exploitation. Nous pouvons maintenant aborder son aspect dynamique. Puisque l'affichage n'est pas encore mis en place, commençons par la part de cet aspect dynamique qui ne nécessite pas celui-ci.

Quatrième partie

Aspect dynamique sans affichage

Chapitre 9

Implémentation des appels système sous Linux

Nous avons vu que, dans un système d'exploitation à deux modes (mode noyau et mode utilisateur), un processus s'exécute normalement en mode utilisateur et qu'il doit passer en mode noyau pour exécuter les appels système. Nous allons voir ici la façon dont les appels système sont implémentés sous Linux. Nous étudierons les différents appels système à leurs places respectives.

1 Principe

1.1 Définition des appels système

Un appel système est caractérisé par un numéro, un nom et une fonction de code. Les appels système sont regroupés dans une table.

Nom et numéro d'un appel système

Un appel système est caractérisé par un *nom*, par exemple ftime, et par un *numéro* unique qui l'identifie (35 dans ce cas pour Linux 0.01).

Le numéro de l'appel système de nom nom est repéré par une constante symbolique (__NR_nom) dont le numéro correspondant est défini dans le fichier *include/unistd.h* :

```
#ifdef __LIBRARY__

#define __NR_setup      0       /* used only by init, to get system going */
#define __NR_exit       1
#define __NR_fork       2
#define __NR_read       3
#define __NR_write      4
#define __NR_open       5
#define __NR_close      6
#define __NR_waitpid    7
#define __NR_creat      8
#define __NR_link       9
#define __NR_unlink     10
#define __NR_execve     11
#define __NR_chdir      12
#define __NR_time       13
#define __NR_mknod      14
#define __NR_chmod      15
#define __NR_chown      16
#define __NR_break      17
#define __NR_stat       18
#define __NR_lseek      19
#define __NR_getpid     20
```

```
#define __NR_mount       21
#define __NR_umount      22
#define __NR_setuid      23
#define __NR_getuid      24
#define __NR_stime       25
#define __NR_ptrace      26
#define __NR_alarm       27
#define __NR_fstat       28
#define __NR_pause       29
#define __NR_utime       30
#define __NR_stty        31
#define __NR_gtty        32
#define __NR_access      33
#define __NR_nice        34
#define __NR_ftime       35
#define __NR_sync        36
#define __NR_kill        37
#define __NR_rename      38
#define __NR_mkdir       39
#define __NR_rmdir       40
#define __NR_dup         41
#define __NR_pipe        42
#define __NR_times       43
#define __NR_prof        44
#define __NR_brk         45
#define __NR_setgid      46
#define __NR_getgid      47
#define __NR_signal      48
#define __NR_geteuid     49
#define __NR_getegid     50
#define __NR_acct        51
#define __NR_phys        52
#define __NR_lock        53
#define __NR_ioctl       54
#define __NR_fcntl       55
#define __NR_mpx         56
#define __NR_setpgid     57
#define __NR_ulimit      58
#define __NR_uname       59
#define __NR_umask       60
#define __NR_chroot      61
#define __NR_ustat       62
#define __NR_dup2        63
#define __NR_getppid     64
#define __NR_getpgrp     65
#define __NR_setsid      66
```

En fait, le nom de l'appel système de numéro 1 est **_exit()** et non **exit()**, ce dernier nom étant déjà réservé pour une fonction de la bibliothèque C. Mais tant que cela n'a pas d'incidence, on fait comme s'il s'agissait de **exit()**.

Fonction de code d'un appel système

Tout appel système possède une **fonction de code**, indiquant ce que doit faire cet appel. Il s'agit d'une fonction renvoyant un entier et comptant de zéro à trois arguments.

Le nom de la fonction de code de l'appel système nom est uniformisé sous la forme **sys_nom()**, par exemple **sys_ftime()**.

La liste des appels système, ou plutôt de leurs fonctions de code, est récapitulée dans le fichier *include/linux/sys.h* :

Linux 0.01

```
extern int sys_setup();
extern int sys_exit();
extern int sys_fork();
extern int sys_read();
extern int sys_write();
extern int sys_open();
extern int sys_close();
extern int sys_waitpid();
extern int sys_creat();
extern int sys_link();
extern int sys_unlink();
extern int sys_execve();
extern int sys_chdir();
extern int sys_time();
extern int sys_mknod();
extern int sys_chmod();
extern int sys_chown();
extern int sys_break();
extern int sys_stat();
extern int sys_lseek();
extern int sys_getpid();
extern int sys_mount();
extern int sys_umount();
extern int sys_setuid();
extern int sys_getuid();
extern int sys_stime();
extern int sys_ptrace();
extern int sys_alarm();
extern int sys_fstat();
extern int sys_pause();
extern int sys_utime();
extern int sys_stty();
extern int sys_gtty();
extern int sys_access();
extern int sys_nice();
extern int sys_ftime();
extern int sys_sync();
extern int sys_kill();
extern int sys_rename();
extern int sys_mkdir();
extern int sys_rmdir();
extern int sys_dup();
extern int sys_pipe();
extern int sys_times();
extern int sys_prof();
extern int sys_brk();
extern int sys_setgid();
extern int sys_getgid();
extern int sys_signal();
extern int sys_geteuid();
extern int sys_getegid();
extern int sys_acct();
extern int sys_phys();
extern int sys_lock();
extern int sys_ioctl();
extern int sys_fcntl();
extern int sys_mpx();
extern int sys_setpgid();
extern int sys_ulimit();
extern int sys_uname();
extern int sys_umask();
extern int sys_chroot();
extern int sys_ustat();
extern int sys_dup2();
extern int sys_getppid();
extern int sys_getpgrp();
extern int sys_setsid();
```

Table des appels système

Une table des adresses des fonctions de code des appels système, appelée `sys_call_table[]` est définie dans le fichier *include/linux/sys.h* :

Linux 0.01

```
fn_ptr sys_call_table[] = { sys_setup, sys_exit, sys_fork, sys_read,
sys_write, sys_open, sys_close, sys_waitpid, sys_creat, sys_link,
sys_unlink, sys_execve, sys_chdir, sys_time, sys_mknod, sys_chmod,
sys_chown, sys_break, sys_stat, sys_lseek, sys_getpid, sys_mount,
sys_umount, sys_setuid, sys_getuid, sys_stime, sys_ptrace, sys_alarm,
sys_fstat, sys_pause, sys_utime, sys_stty, sys_gtty, sys_access,
sys_nice, sys_ftime, sys_sync, sys_kill, sys_rename, sys_mkdir,
sys_rmdir, sys_dup, sys_pipe, sys_times, sys_prof, sys_brk, sys_setgid,
sys_getgid, sys_signal, sys_geteuid, sys_getegid, sys_acct, sys_phys,
sys_lock, sys_ioctl, sys_fcntl, sys_mpx, sys_setpgid, sys_ulimit,
sys_uname, sys_umask, sys_chroot, sys_ustat, sys_dup2, sys_getppid,
sys_getpgrp,sys_setsid};
```

Nous avons déjà rencontré le type pointeur de fonction `fn_ptr`, sans argument et renvoyant un entier, défini dans le fichier *include/linux/sched.h* :

Linux 0.01

```
typedef int (*fn_ptr)();
```

On peut déduire de la liste des numéros d'appels système que, pour le noyau 0.01, il existe 67 appels système. Ce nombre est également défini, sous forme de constante symbolique, dans le fichier *kernel/system_call.s* :

Linux 0.01

```
nr_system_calls = 67
```

Définition de la fonction de code d'un appel système

Les fonctions de code des appels système sont définies dans des fichiers divers. Un certain nombre d'entre elles se trouve dans le fichier *kernel/sys.c*, par exemple :

Linux 0.01

```
int sys_ftime()
{
        return -ENOSYS;
}
```

dont on ne peut pas dire que le code soit compliqué (il renvoie seulement l'opposé d'un code d'erreur indiquant que cette fonction n'est pas implémentée). Nous verrons la définition de ces fonctions de code au fur et à mesure de nos besoins.

1.2 Notion de code d'erreur

Tout appel système renvoie une valeur entière. Lorsque tout se passe bien, la valeur renvoyée est 0, indiquant par là qu'il n'y a pas d'erreur. Cependant des erreurs peuvent avoir été détectées par le noyau lors de l'exécution d'un appel système. Dans ce cas un **code d'erreur** est renvoyé au processus appelant.

Plus exactement, la valeur -1 est renvoyée en cas d'erreur. Cette valeur indique uniquement qu'une erreur s'est produite. Afin de permettre au processus appelant de déterminer la cause de l'erreur, la bibliothèque C fournit une variable globale appelée `errno` (pour *ERRor NumerO*), déclarée dans le fichier *lib/errno.c*.

La variable `errno` est mise à jour après chaque appel système ayant causé une erreur : elle contient alors un code (un entier) indiquant la cause de l'erreur. Attention ! cette valeur n'est pas mise à jour après un appel système réussi, aussi faut-il tester le code de retour de chaque appel système et n'utiliser la valeur `errno` qu'en cas d'échec.

1.3 Insertion et exécution des appels système

Insertion d'un appel système

Il n'existe qu'une seule interruption logicielle sous Linux, celle de numéro 80h, dont les sous-fonctions correspondent aux appels système. Cette interruption logicielle est initialisée à la dernière ligne de l'initialisation du gestionnaire de tâches dans le fichier *kernel/sched.c* :

```
void sched_init(void)
{
------------------------------------------

        set_system_gate(0x80,&system_call);
}
```

Linux 0.01

en utilisant la fonction **set_system_gate()**, déjà rencontrée au chapitre 5.

Exécution d'un appel système

L'exécution d'un appel système se fait grâce à l'interruption logicielle 80h, comme nous venons de le voir. Le code de la routine de service de cette interruption logicielle 80h, appelé **system_call()**, est défini en langage d'assemblage dans le fichier *kernel/system_call.s* :

```
nr_system_calls = 67

.globl _system_call,_sys_fork,_timer_interrupt,_hd_interrupt,_sys_execve

.align 2
bad_sys_call:
        movl $-1,%eax
        iret
.align 2
reschedule:
        pushl $ret_from_sys_call
        jmp _schedule
.align 2
_system_call:
        cmpl $nr_system_calls-1,%eax
        ja bad_sys_call
        push %ds
        push %es
        push %fs
        pushl %edx
        pushl %ecx               # push %ebx,%ecx,%edx as parameters
        pushl %ebx               # to the system call
        movl $0x10,%edx          # set up ds,es to kernel space
        mov %dx,%ds
        mov %dx,%es
        movl $0x17,%edx          # fs points to local data space
        mov %dx,%fs
        call _sys_call_table(,%eax,4)
        pushl %eax
        movl _current,%eax
        cmpl $0,state(%eax)      # state
        jne reschedule
        cmpl $0,counter(%eax)    # counter
        je reschedule
ret_from_sys_call:
```

Linux 0.01

```
        movl _current,%eax        # task[0] cannot have signals
        cmpl _task,%eax
        je 3f
        movl CS(%esp),%ebx        # was old code segment supervisor
        testl $3,%ebx             # mode? If so - don't check signals
        je 3f
        cmpw $0x17,OLDSS(%esp)     # was stack segment = 0x17 ?
        jne 3f
2:      movl signal(%eax),%ebx    # signals (bitmap, 32 signals)
        bsfl %ebx,%ecx            # %ecx is signal nr, return if none
        je 3f
        btrl %ecx,%ebx            # clear it
        movl %ebx,signal(%eax)
        movl sig_fn(%eax,%ecx,4),%ebx  # %ebx is signal handler address
        cmpl $1,%ebx
        jb default_signal         # 0 is default signal handler - exit
        je 2b                     # 1 is ignore - find next signal
        movl $0,sig_fn(%eax,%ecx,4)    # reset signal handler address
        incl %ecx
        xchgl %ebx,EIP(%esp)      # put new return address on stack
        subl $28,OLDESP(%esp)
        movl OLDESP(%esp),%edx    # push old return address on stack
        pushl %eax                # but first check that it's ok.
        pushl %ecx
        pushl $28
        pushl %edx
        call _verify_area
        popl %edx
        addl $4,%esp
        popl %ecx
        popl %eax
        movl restorer(%eax),%eax
        movl %eax,%fs:(%edx)      # flag/reg restorer
        movl %ecx,%fs:4(%edx)     # signal nr
        movl EAX(%esp),%eax
        movl %eax,%fs:8(%edx)     # old eax
        movl ECX(%esp),%eax
        movl %eax,%fs:12(%edx)    # old ecx
        movl EDX(%esp),%eax
        movl %eax,%fs:16(%edx)    # old edx
        movl EFLAGS(%esp),%eax
        movl %eax,%fs:20(%edx)    # old eflags
        movl %ebx,%fs:24(%edx)    # old return addr
3:      popl %eax
        popl %ebx
        popl %ecx
        popl %edx
        pop %fs
        pop %es
        pop %ds
        iret
```

Avant l'appel de l'interruption logicielle 80h, le numéro de l'appel système doit être placé dans le registre eax et les paramètres (trois au plus) dans les registres suivants : ebx, ecx et edx. Le code d'erreur de retour sera placé dans le registre eax. Les actions effectuées par cette routine de service sont les suivantes :

· si le numéro de la fonction est supérieur au nombre d'appels système, le code d'erreur de retour sera -1 (on utilise le sous-programme **bad_sys_call()** pour placer ce code) ;

· les registres ds, es, fs, edx, ecx et ebx sont sauvegardés sur la pile (de telle façon que le premier paramètre de l'appel système se trouve au sommet de la pile et les deux autres en-dessous) ;

· on fait pointer les registres ds et es sur le segment de données du mode noyau et le registre fs sur le segment de données du mode utilisateur ;

- on utilise le numéro de l'appel système (transmis dans le registre `eax`) comme index dans la table `sys_call_table[]`, qui contient les adresses des fonctions de code des appels système, pour appeler la fonction du noyau correspondant à l'appel système ;
- au retour de cette fonction, **system_call()** place le code d'erreur de cette fonction (contenu dans le registre `eax`) au sommet de la pile et place le numéro de processus en cours (connu grâce à la variable globale `current`) dans `eax` ;
- on traite alors les signaux, ce que nous verrons en détail au chapitre 12 ;
- on retourne à l'appelant ; ce retour refait passer le processus en mode utilisateur.

1.4 Fonction d'appel

Unix et le langage de programmation C sont fortement liés. La bibliothèque C d'un compilateur C installé sur un système d'exploitation Unix est appelée en général libc et possède, pour chaque appel système **sys_nom()** de cet Unix, une fonction de nom **nom()** qui permet d'exécuter cet appel système. On appelle une telle fonction une **fonction d'appel**.

On génère ces fonctions d'appel lors de la compilation de la bibliothèque C. La génération de la fonction d'appel d'un appel système est effectuée grâce à l'une des quatre macros, une par nombre d'arguments (de 0 à 3, rappelons-le), définies dans le fichier *include/unistd.h*, de nom **_syscallx()**, x variant de 0 à 3.

Par exemple, pour 0 on a :

```
#define _syscall0(type,name) \
type name(void) \
{ \
type __res; \
__asm__ volatile ("int $0x80" \
: "=a" (__res) \
: "0" (__NR_##name)); \
if (__res >= 0) \
        return __res; \
errno = -__res; \
return -1; \
}
```

Lorsque le pré-processeur rencontre :

```
_syscall0(int, sys_ftime);
```

le code suivant de la fonction **ftime()** est généré :

```
int ftime(void)
{
int __result;
__asm__ volatile ("int $0x80"
: "=a" (__res)
: "0"  (35 ));
if (__res>=0)
        return __res;
errno = -__res;
return -1;
}
```

La fonction associée effectue les actions suivantes :

- le numéro de l'appel système est placé dans le registre `eax` ;
- l'interruption logicielle `0x80` est déclenchée ;

- au retour de cette interruption, c'est-à-dire au retour de l'appel système, la valeur de retour est testée ; si elle est positive ou nulle, elle est retournée à l'appelant ;
- dans le cas contraire, cette valeur contient l'opposé d'un code d'erreur ; ce code d'erreur est alors sauvegardé dans la variable globale errno et la valeur -1 est renvoyée.

2 Liste des codes d'erreur

Le fichier d'en-tête *errno.h* définit les valeurs de nombreuses constantes symboliques repré-sentant les erreurs possibles. Linux prend soin de les définir, si elles ne le sont pas déjà, dans le fichier *include/errno.h* :

Linux 0.01

```
#ifndef _ERRNO_H
#define _ERRNO_H

/*
 * ok, as I hadn't got any other source of information about
 * possible error numbers, I was forced to use the same numbers
 * as minix.
 * Hopefully these are posix or something. I wouldn't know (and posix
 * isn't telling me - they want $$$ for their f***ing standard).
 *
 * We don't use the _SIGN cludge of minix, so kernel returns must
 * see to the sign by themselves.
 *
 * NOTE! Remember to change strerror() if you change this file!
 */

extern int errno;

#define ERROR      99
#define EPERM       1
#define ENOENT      2
#define ESRCH       3
#define EINTR       4
#define EIO         5
#define ENXIO       6
#define E2BIG       7
#define ENOEXEC     8
#define EBADF       9
#define ECHILD     10
#define EAGAIN     11
#define ENOMEM     12
#define EACCES     13
#define EFAULT     14
#define ENOTBLK    15
#define EBUSY      16
#define EEXIST     17
#define EXDEV      18
#define ENODEV     19
#define ENOTDIR    20
#define EISDIR     21
#define EINVAL     22
#define ENFILE     23
#define EMFILE     24
#define ENOTTY     25
#define ETXTBSY    26
#define EFBIG      27
#define ENOSPC     28
#define ESPIPE     29
#define EROFS      30
#define EMLINK     31
#define EPIPE      32
#define EDOM       33
#define ERANGE     34
#define EDEADLK    35
```

```
#define ENAMETOOLONG    36
#define ENOLCK          37
#define ENOSYS          38
#define ENOTEMPTY       39

#endif
```

Ces erreurs seront commentées dans les versions ultérieures de Linux dans la page `errno` de
`man` (en se fondant sur `POSIX.1`, édition de 1996, pour les noms des symboles) :

- `EPERM` (pour *Error PERMission*) : opération non permise ;
- `ENOENT` (pour *Error NO ENTry*) : pas de tel fichier ou répertoire ;
- `ESRCH` (pour *Error Such ReseaRCH*) : pas de tel processus ;
- `EINTR` (pour *Error INTeRrupted*) : appel fonction interrompu ;
- `EIO` (pour *Error Input/Output*) : erreur d'entrée-sortie ;
- `ENXIO` (pour *Error No devICE Input/Output*) : pas de tel périphérique d'entrée-sortie (pas
  de telle adresse) ;
- `E2BIG` (pour *Error TOO BIG*) : liste d'argument trop longue ;
- `ENOEXEC` (pour *Error NO EXECutable*) : format d'exécutable erroné ;
- `EBADF` (pour *Error BAD File*) : mauvais descripteur de fichier ;
- `ECHILD` (pour *Error CHILD*) : pas de processus fils ;
- `EAGAIN` (pour *Error AGAIN*) : ressource momentanément indisponible ;
- `ENOMEM` (pour *Error NO MEMory*) : pas assez de place mémoire ;
- `EACCES` (pour *Error ACCESS*) : permission refusée ;
- `EFAULT` (pour *Error FAULT*) : mauvaise adresse ;
- `ENOTBLK` (pour *Error NOT BLocK*) : le paramètre ne spécifie pas un nom de fichier spécial
  bloc ;
- `EBUSY` (pour *Error BUSY*) : ressource occupée ;
- `EEXIST` (pour *Error EXISTS*) : le fichier existe déjà ;
- `EXDEV` (pour *Error eXistence DEVice*) : problème de lien ;
- `ENODEV` (pour *Error NO DEVice*) : pas de tel périphérique ;
- `ENOTDIR` (pour *Error NOT DIRectory*) : ce n'est pas un répertoire ;
- `EISDIR` (pour *Error IS DIRectory*) : c'est un répertoire ;
- `EINVAL` (pour *Error INVALid*) : argument non valide ;
- `ENFILE` (pour *Error Number FILEs*) : trop de fichiers ouverts sur le système ;
- `EMFILE` (pour *Error too Many Files*) : trop de fichiers ouverts ;
- `ENOTTY` (pour *Error NO TTY*) : opération de contrôle des entrées-sorties non appropriée ;
- `ETXTBSY` (pour *Error TeXT file BuSY*) : fichier texte occupé (vient de System V) ;
- `EFBIG` (pour *Error File too BIG*) : fichier trop volumineux ;
- `ENOSPC` (pour *Error NO SPaCe*) : pas de place sur le périphérique ;
- `ESPIPE` (pour *Error iS PIPE*) : il s'agit d'un tube de communication ;
- `EROFS` (pour *Error Read Only File System*) : fichier en lecture seulement ;
- `EMLINK` (pour *Error too Many LINKs*) : trop de liens ;

- EPIPE (pour *Error PIPE*) : tuyau percé (liaison interrompue) ;
- EDOM (pour *Error DOMain*) : erreur de domaine ;
- ERANGE (pour *Error RANGE*) : résultat trop grand ;
- EDEADLK (pour *Error DEADLocK*) : blocage de ressource évité ;
- ENAMETOOLONG (pour *Error NAME TOO LONG*) : nom de fichier trop long ;
- ENOLCK (pour *Error NO LoCK*) : pas de verrou disponible ;
- ENOSYS (pour *Error NO SYStem*) : fonction non implémentée ;
- ENOTEMPTY (pour *Error NOT EMPTY*) : répertoire non vide.

3 Liste des appels système

Les définitions des fonctions de code sont parsemées tout au long du source de Linux. La génération des fonctions d'appel des appels système n'est pas de l'ordre du noyau mais de la bibliothèque C. Dans le cas du noyau 0.01, Linus TORVALDS ne s'intéresse pas à la bibliothèque C. Il a cependant besoin de quelques fonctions d'appel utilisées lors du démarrage (à savoir **close()**, **dup()**, **execve()**, **_exit()**, **fork()**, **open()**, **pause()**, **setsid()**, **setup()**, **sync()**, **waitpid()** et **write()**), qu'il place dans le noyau.

Donnons ici, pour chaque appel système, son numéro, sa signification, le fichier dans lequel est défini sa fonction de code et éventuellement le fichier dans lequel sa fonction d'appel est engendrée :

access(), de numéro 33, permet à un processus de vérifier les droits d'accès à un fichier ; sa fonction de code sys_access(const char * filename, int mode) est définie dans le fichier *fs/open.c* ;

acct(), de numéro 51, permet de tenir à jour une liste des processus qui se sont terminés ; sa fonction de code (de non implémentation) **sys_acct()** est définie dans le fichier *kernel/ sys.c* ;

alarm(), de numéro 27, permet à un processus de demander au système de lui envoyer un signal à un moment donné ; sa fonction de code sys_alarm(long seconds) est définie dans le fichier *kernel/sched.c* ;

break(), de numéro 17, permet à un processus de définir l'adresse de la fin de sa zone de code ; sa fonction de code (de non implémentation) **sys_break()** est définie dans le fichier *kernel/sys.c* ;

brk(), de numéro 45, permet à un processus de modifier la taille de son segment de données ; sa fonction de code sys_brk(unsigned long end_data_seg) est définie dans le fichier *kernel/sys.c* ;

chdir(), de numéro 12, permet à un processus de modifier son répertoire courant ; sa fonction de code sys_chdir(const char * filename) est définie dans le fichier *fs/open.c* ;

chmod(), de numéro 15, permet de modifier les droits d'accès à un fichier, pour l'utilisateur propriétaire du fichier et le super-utilisateur ; sa fonction de code sys_chmod(const char * filename,int mode) est définie dans le fichier *fs/open.c* ;

chown(), de numéro 16, permet de modifier l'utilisateur et le groupe de propriétaires d'un fichier, seulement utilisable par un processus possédant les droits du super-utilisateur ; sa fonction de code sys_chown(const char * filename, int uid, int gid) est définie dans le fichier *fs/open.c*;

chroot(), de numéro 61, permet à un processus de changer son répertoire racine; sa fonction de code sys_chroot(const char * filename) est définie dans le fichier *fs/open.c*;

close(), de numéro 6, doit être appelée, après utilisation d'un fichier, pour le fermer; sa fonction de code sys_close(unsigned int fd) est définie dans le fichier *fs/open.c*; la génération de sa fonction d'appel se trouve dans le fichier *lib/close.c*;

creat(), de numéro 8, permet à un processus de créer un fichier sans l'ouvrir; sa fonction de code sys_creat(const char * pathname, int mode) est définie dans le fichier *fs/open.c*;

dup(), de numéro 41, permet de dupliquer un descripteur de fichier; sa fonction de code sys_dup(unsigned int fildes) est définie dans le fichier *fs/fcntl.c*; la génération de sa fonction d'appel se trouve dans le fichier *lib/dup.c*;

dup2(), de numéro 63, permet de dupliquer un descripteur de fichier en lui imposant un numéro; sa fonction de code sys_dup2(unsigned int oldfd, unsigned int newfd) est définie dans le fichier *fs/fcntl.c*;

execve(), de numéro 11, permet à un processus d'exécuter un nouveau programme; sa fonction de code **_sys_execve()** est définie dans le fichier *kernel/system_call.s*; la génération de sa fonction d'appel se trouve dans le fichier *lib/execve.c*;

_exit(), de numéro 1, permet à un processus d'arrêter son exécution (sans passer par return); sa fonction de code sys_exit(int error_code) est définie dans le fichier *kernel/exit.c*; sa fonction d'appel est définie, manuellement sans suivre le processus habituel, dans le fichier *lib/_exit.c*;

fcntl(), de numéro 55, permet de réaliser des opérations diverses et variées sur un fichier ouvert; sa fonction de code sys_fcntl(unsigned int fd, unsigned int cmd, unsigned long arg) est définie dans le fichier *fs/fcntl.c*;

fork(), de numéro 2, permet à un processus de créer un processus fils; sa fonction de code **_sys_fork()** est définie dans le fichier *kernel/system_call.s*; la génération de sa fonction d'appel est effectuée dans le fichier *init/main.c*;

fstat(), de numéro 28, permet à un processus d'obtenir les attributs d'un fichier ouvert; sa fonction de code sys_fstat(unsigned int fd, struct stat * statbuf) est définie dans le fichier *fs/stat.c*;

ftime(), de numéro 35, permet de renvoyer un certain nombre d'informations temporelles sur la date et l'heure en cours; sa fonction de code (de non implémentation) **sys_ftime()** est définie dans le fichier *kernel/sys.c*;

getegid(), de numéro 50, permet à un processus d'obtenir l'identificateur de son groupe effectif; sa fonction de code sys_getegid(void) est définie dans le fichier *kernel/sched.c*;

geteuid(), de numéro 49, permet à un processus d'obtenir l'identificateur de son utilisateur effectif; sa fonction de code sys_geteuid(void) est définie dans le fichier *kernel/sched.c*;

getgid(), de numéro 47, permet à un processus d'obtenir l'identificateur réel de son groupe; sa fonction de code sys_getgid(void) est définie dans le fichier *kernel/sched.c*;

`getpgrp()`, de numéro 65, permet à un processus d'obtenir l'identificateur de groupe auquel il appartient ; sa fonction de code `sys_getpgrp(void)` est définie dans le fichier *kernel/sys.c* ;

`getpid()`, de numéro 20, permet à un processus d'obtenir son `pid` ; sa fonction de code `sys_getpid(void)` est définie dans le fichier *kernel/sched.c* ;

`getppid()`, de numéro 64, permet à un processus d'obtenir le `pid` de son père ; sa fonction de code `sys_getppid(void)` est définie dans le fichier *kernel/sched.c* ;

`getuid()`, de numéro 24, permet à un processus d'obtenir son `uid` ; sa fonction de code `sys_getuid(void)` est définie dans le fichier *kernel/sched.c* ;

`gtty()`, de numéro 32, permet de définir un terminal ; sa fonction de code (de non implémentation) **`sys_gtty()`** est définie dans le fichier *kernel/sys.c* ;

`ioctl()`, de numéro 54, permet de modifier l'état d'un périphérique ; sa fonction de code `sys_ioctl(unsigned int fd, unsigned int cmd, unsigned long arg)` est définie dans le fichier *fs/ioctl.c* ;

`kill()`, de numéro 37, permet d'envoyer un signal à un processus ; sa fonction de code `sys_kill(int pid, int sig)` est définie dans le fichier *kernel/exit.c* ;

`link()`, de numéro 9, permet à un processus de créer un lien pour un fichier ; sa fonction de code `sys_link(const char * oldname, const char * newname)` est définie dans le fichier *fs/namei.c* ;

`lock()`, de numéro 53, permet de verrouiller un fichier ; sa fonction de code (de non implémentation) **`sys_lock()`** est définie dans le fichier *kernel/sys.c* ;

`lseek()`, de numéro 19, permet à un processus de se positionner dans un fichier ouvert en accès direct ; sa fonction de code `sys_lseek(unsigned int fd, off_t offset, int origin)` est définie dans le fichier *fs/read_write.c* ;

`mkdir()`, de numéro 39, permet à un processus de créer un répertoire ; sa fonction de code `sys_mkdir(const char * pathname, int mode)` est définie dans le fichier *fs/namei.c* ;

`mknod()`, de numéro 14, permet de créer un fichier spécial ; sa fonction de code (de non implémentation) **`sys_mknod()`** est définie dans le fichier *kernel/sys.c* ;

`mount()`, de numéro 21, permet à un processus de monter un système de fichiers ; sa fonction de code (de non implémentation) **`sys_mount()`** est définie dans le fichier *kernel/sys.c* ;

`mpx()`, de numéro 56, n'est pas implémentée ; sa fonction de code (de non implémentation) **`sys_mpx()`** est définie dans le fichier *kernel/sys.c* ;

`nice()`, de numéro 34, permet à un processus de changer son laps de temps de base (intervenant dans sa priorité dynamique) ; sa fonction de code `sys_nice(long increment)` est définie dans le fichier *kernel/sched.c* ;

`open()`, de numéro 5, permet d'ouvrir un fichier en spécifiant ses droits d'accès et son mode ; sa fonction de code `sys_open(const char * filename, int flag, int mode)` est définie dans le fichier *fs/open.c* ; la génération de sa fonction d'appel est effectuée dans le fichier *lib/open.c* ;

`pause()`, de numéro 29, permet à un processus de se placer en attente de l'arrivée d'un signal ; sa fonction de code `sys_pause(void)` est définie dans le fichier *kernel/sched.c* ; la génération de sa fonction d'appel est effectuée dans le fichier *init/main.c* ;

`phys()`, de numéro 52, permet à un processus de spécifier une adresse physique (et non une adresse virtuelle) ; sa fonction de code (de non implémentation) **sys_phys()** est définie dans le fichier *kernel/sys.c* ;

`pipe()`, de numéro 42, permet à un processus de créer un tube de communication ; sa fonction de code `sys_pipe(unsigned long * fildes)` est définie dans le fichier *fs/pipe.c* ;

`prof()`, de numéro 44, n'est pas implémentée ; sa fonction de code (de non implémentation) **sys_prof()** est définie dans le fichier *kernel/sys.c* ;

`ptrace()`, de numéro 26, permet à un processus de contrôler l'exécution d'un autre processus ; sa fonction de code (de non implémentation) **sys_ptrace()** est définie dans le fichier *kernel/sys.c* ;

`read()`, de numéro 3, permet à un processus de lire dans un fichier ouvert ; sa fonction de code `sys_read(unsigned int fd,char * buf,int count)` est définie dans le fichier *fs/read_write.c* ;

`rename()`, de numéro 38, permet de renommer un fichier ; sa fonction de code (de non implémentation) **sys_rename()** est définie dans le fichier *kernel/sys.c* ;

`rmdir()`, de numéro 40, permet de détruire un répertoire ; sa fonction de code `sys_rmdir(const char * name)` est définie dans le fichier *fs/namei.c* ;

`setgid()`, de numéro 46, permet à un processus de modifier son identificateur de groupe effectif ; sa fonction de code `sys_setgid(int gid)` est définie dans le fichier *kernel/sys.c* ;

`setpgid()`, de numéro 57, permet de modifier le groupe associé au processus spécifié ; sa fonction de code `sys_setpgid(int pid, int pgid)` est définie dans le fichier *kernel/sys.c* ;

`setsid()`, de numéro 66, permet à un processus de créer une nouvelle session ; sa fonction de code `sys_setsid(void)` est définie dans le fichier *kernel/sys.c* ; la génération de sa fonction d'appel est effectuée dans le fichier *lib/setsid.c* ;

`setuid()`, de numéro 23, permet à un processus de modifier son identificateur d'utilisateur effectif ; sa fonction de code `sys_setuid(int uid)` est définie dans le fichier *kernel/sys.c* ;

`setup()`, de numéro 0, est utilisé seulement par le processus `init` pour initialiser le système ; sa fonction de code `sys_setup(void)` est définie dans le fichier *kernel/hd.c* ; la génération de sa fonction d'appel est effectuée dans le fichier *init/main.c* ;

`signal()`, de numéro 48, permet à un processus de changer l'action associée à un signal pour ce processus ; sa fonction de code `sys_signal(long signal,long addr,long restorer)` est définie dans le fichier *kernel/sched.c* ;

`stat()`, de numéro 18, permet à un processus d'obtenir les attributs d'un fichier ; sa fonction de code `sys_stat(char * filename, struct stat * statbuf)` est définie dans le fichier *fs/stat.c* ;

`stime()`, de numéro 25, permet à un processus privilégié de fixer la date et l'heure ; sa fonction de code `sys_stime(long * tptr)` est définie dans le fichier *kernel/sys.c* ;

`stty()`, de numéro 31, permet de déterminer un terminal ; sa fonction de code (de non implémentation) **sys_stty()** est définie dans le fichier *kernel/sys.c* ;

`sync()`, de numéro 36, permet de faire écrire le contenu des tampons disque sur le disque ; sa fonction de code `sys_sinc(void)` est définie dans le fichier *fs/buffer.c* ; la génération de sa fonction d'appel est effectuée dans le fichier *init/main.c* ;

`time()`, de numéro 13, renvoie le nombre de secondes écoulées depuis le premier janvier 1970 à zéro heure ; sa fonction de code `sys_time(long * tloc)` est définie dans le fichier *kernel/sys.c* ;

`times()`, de numéro 43, permet à un processus d'obtenir le temps processeur qu'il a consommé ; sa fonction de code `sys_times(struct tms * tbuf)` est définie dans le fichier *kernel/sys.c* ;

`ulimit()`, de numéro 58, n'est pas implémenté ; sa fonction de code (de non implémentation) **`sys_ulimit()`** est définie dans le fichier *kernel/sys.c* ;

`umask()`, de numéro 60, permet à un processus de changer le masque de bits des droits d'accès pour les fichiers qu'il crée ; sa fonction de code `sys_umask(int mask)` est définie dans le fichier *kernel/sys.c* ;

`umount()`, de numéro 22, permet de démonter un système de fichiers ; sa fonction de code (de non implémentation) **`sys_umount()`** est définie dans le fichier *kernel/sys.c* ;

`uname()`, de numéro 59, permet d'obtenir diverses informations concernant la station elle-même, c'est-à-dire son nom, son domaine, la version du système... ; la fonction de code `sys_uname(struct utsname * name)` est définie dans le fichier *kernel/sys.c* ;

`unlink()`, de numéro 10, permet de supprimer un lien, et donc un fichier s'il s'agit du dernier lien ; sa fonction de code `sys_unlink(const char * name)` est définie dans le fichier *fs/namei.c* ;

`ustat()`, de numéro 62, n'est pas implémenté ; sa fonction de code (de non implémentation) `sys_ustat(int dev, struct ustat * ubuf)` est définie dans le fichier *kernel/sys.c* ;

`utime()`, de numéro 30, permet à un processus de modifier les dates de dernier accès et de dernière modification d'un fichier ; sa fonction de code `sys_utime( char * filename, struct utimbuf * times)` est définie dans le fichier *fs/open.c* ;

`waitpid()`, de numéro 7, permet à un processus d'attendre la terminaison d'un de ses processus fils ; sa fonction de code `sys_waitpid(pid_t pid, int * stat_addr, int options)` est définie dans le fichier *kernel/exit.c* ; la génération de sa fonction d'appel est effectuée dans le fichier *lib/wait.c* ;

`write()`, de numéro 4, permet d'écrire dans un fichier ouvert ; sa fonction de code `sys_write(unsigned int fd, char * buf, int count)` est définie dans le fichier *fs/read_write.c* ; la génération de sa fonction d'appel est effectuée dans le fichier *lib/write.c*.

4 Évolution du noyau

Dans le cas du noyau 2.6.0, les constantes symboliques représentant les numéros des appels système sont définies dans le fichier *include/asm-i386/unistd.h* :

Linux 2.6.0

```
4   /*
5    * This file contains the system call numbers.
6    */
7
8   #define __NR_restart_syscall      0
9   #define __NR_exit                 1
```

```
10 #define __NR_fork            2
11 #define __NR_read            3
12 #define __NR_write           4
13 #define __NR_open            5
14 #define __NR_close           6
15 #define __NR_waitpid         7
16 #define __NR_creat           8
17 #define __NR_link            9
18 #define __NR_unlink         10
19 #define __NR_execve         11
20 #define __NR_chdir          12
21 #define __NR_time           13
22 #define __NR_mknod          14
23 #define __NR_chmod          15
24 #define __NR_lchown         16
25 #define __NR_break          17
26 #define __NR_oldstat        18
27 #define __NR_lseek          19
28 #define __NR_getpid         20
29 #define __NR_mount          21
30 #define __NR_umount         22
31 #define __NR_setuid         23
32 #define __NR_getuid         24
33 #define __NR_stime          25
34 #define __NR_ptrace         26
35 #define __NR_alarm          27
36 #define __NR_oldfstat       28
37 #define __NR_pause          29
38 #define __NR_utime          30
39 #define __NR_stty           31
40 #define __NR_gtty           32
41 #define __NR_access         33
42 #define __NR_nice           34
43 #define __NR_ftime          35
44 #define __NR_sync           36
45 #define __NR_kill           37
46 #define __NR_rename         38
47 #define __NR_mkdir          39
48 #define __NR_rmdir          40
49 #define __NR_dup            41
50 #define __NR_pipe           42
51 #define __NR_times          43
52 #define __NR_prof           44
53 #define __NR_brk            45
54 #define __NR_setgid         46
55 #define __NR_getgid         47
56 #define __NR_signal         48
57 #define __NR_geteuid        49
58 #define __NR_getegid        50
59 #define __NR_acct           51
60 #define __NR_umount2        52
61 #define __NR_lock           53
62 #define __NR_ioctl          54
63 #define __NR_fcntl          55
64 #define __NR_mpx            56
65 #define __NR_setpgid        57
66 #define __NR_ulimit         58
67 #define __NR_oldolduname    59
68 #define __NR_umask          60
69 #define __NR_chroot         61
70 #define __NR_ustat          62
71 #define __NR_dup2           63
72 #define __NR_getppid        64
73 #define __NR_getpgrp        65
74 #define __NR_setsid         66
75 #define __NR_sigaction      67
76 #define __NR_sgetmask       68
77 #define __NR_ssetmask       69
78 #define __NR_setreuid       70
79 #define __NR_setregid       71
```

```
 80 #define __NR_sigsuspend        72
 81 #define __NR_sigpending        73
 82 #define __NR_sethostname       74
 83 #define __NR_setrlimit         75
 84 #define __NR_getrlimit         76     /* Back compatible 2Gig limited rlimit */
 85 #define __NR_getrusage         77
 86 #define __NR_gettimeofday      78
 87 #define __NR_settimeofday      79
 88 #define __NR_getgroups         80
 89 #define __NR_setgroups         81
 90 #define __NR_select            82
 91 #define __NR_symlink           83
 92 #define __NR_oldlstat          84
 93 #define __NR_readlink          85
 94 #define __NR_uselib            86
 95 #define __NR_swapon            87
 96 #define __NR_reboot            88
 97 #define __NR_readdir           89
 98 #define __NR_mmap              90
 99 #define __NR_munmap            91
100 #define __NR_truncate          92
101 #define __NR_ftruncate         93
102 #define __NR_fchmod            94
103 #define __NR_fchown            95
104 #define __NR_getpriority       96
105 #define __NR_setpriority       97
106 #define __NR_profil            98
107 #define __NR_statfs            99
108 #define __NR_fstatfs          100
109 #define __NR_ioperm           101
110 #define __NR_socketcall       102
111 #define __NR_syslog           103
112 #define __NR_setitimer        104
113 #define __NR_getitimer        105
114 #define __NR_stat             106
115 #define __NR_lstat            107
116 #define __NR_fstat            108
117 #define __NR_olduname         109
118 #define __NR_iopl             110
119 #define __NR_vhangup          111
120 #define __NR_idle             112
121 #define __NR_vm86old          113
122 #define __NR_wait4            114
123 #define __NR_swapoff          115
124 #define __NR_sysinfo          116
125 #define __NR_ipc              117
126 #define __NR_fsync            118
127 #define __NR_sigreturn        119
128 #define __NR_clone            120
129 #define __NR_setdomainname    121
130 #define __NR_uname            122
131 #define __NR_modify_ldt       123
132 #define __NR_adjtimex         124
133 #define __NR_mprotect         125
134 #define __NR_sigprocmask      126
135 #define __NR_create_module    127
136 #define __NR_init_module      128
137 #define __NR_delete_module    129
138 #define __NR_get_kernel_syms  130
139 #define __NR_quotactl         131
140 #define __NR_getpgid          132
141 #define __NR_fchdir           133
142 #define __NR_bdflush          134
143 #define __NR_sysfs            135
144 #define __NR_personality      136
145 #define __NR_afs_syscall      137 /* Syscall for Andrew File System */
146 #define __NR_setfsuid         138
147 #define __NR_setfsgid         139
148 #define __NR__llseek          140
149 #define __NR_getdents         141
```

```
150 #define __NR__newselect        142
151 #define __NR_flock             143
152 #define __NR_msync             144
153 #define __NR_readv             145
154 #define __NR_writev            146
155 #define __NR_getsid            147
156 #define __NR_fdatasync         148
157 #define __NR__sysctl           149
158 #define __NR_mlock             150
159 #define __NR_munlock           151
160 #define __NR_mlockall          152
161 #define __NR_munlockall        153
162 #define __NR_sched_setparam            154
163 #define __NR_sched_getparam            155
164 #define __NR_sched_setscheduler        156
165 #define __NR_sched_getscheduler        157
166 #define __NR_sched_yield               158
167 #define __NR_sched_get_priority_max    159
168 #define __NR_sched_get_priority_min    160
169 #define __NR_sched_rr_get_interval     161
170 #define __NR_nanosleep         162
171 #define __NR_mremap            163
172 #define __NR_setresuid         164
173 #define __NR_getresuid         165
174 #define __NR_vm86              166
175 #define __NR_query_module      167
176 #define __NR_poll              168
177 #define __NR_nfsservctl        169
178 #define __NR_setresgid         170
179 #define __NR_getresgid         171
180 #define __NR_prctl             172
181 #define __NR_rt_sigreturn      173
182 #define __NR_rt_sigaction      174
183 #define __NR_rt_sigprocmask    175
184 #define __NR_rt_sigpending     176
185 #define __NR_rt_sigtimedwait   177
186 #define __NR_rt_sigqueueinfo   178
187 #define __NR_rt_sigsuspend     179
188 #define __NR_pread64           180
189 #define __NR_pwrite64          181
190 #define __NR_chown             182
191 #define __NR_getcwd            183
192 #define __NR_capget            184
193 #define __NR_capset            185
194 #define __NR_sigaltstack       186
195 #define __NR_sendfile          187
196 #define __NR_getpmsg           188    /* some people actually want streams */
197 #define __NR_putpmsg           189    /* some people actually want streams */
198 #define __NR_vfork             190
199 #define __NR_ugetrlimit        191    /* SuS compliant getrlimit */
200 #define __NR_mmap2             192
201 #define __NR_truncate64        193
202 #define __NR_ftruncate64       194
203 #define __NR_stat64            195
204 #define __NR_lstat64           196
205 #define __NR_fstat64           197
206 #define __NR_lchown32          198
207 #define __NR_getuid32          199
208 #define __NR_getgid32          200
209 #define __NR_geteuid32         201
210 #define __NR_getegid32         202
211 #define __NR_setreuid32        203
212 #define __NR_setregid32        204
213 #define __NR_getgroups32       205
214 #define __NR_setgroups32       206
215 #define __NR_fchown32          207
216 #define __NR_setresuid32       208
217 #define __NR_getresuid32       209
218 #define __NR_setresgid32       210
219 #define __NR_getresgid32       211
```

```
220 #define __NR_chown32          212
221 #define __NR_setuid32         213
222 #define __NR_setgid32         214
223 #define __NR_setfsuid32       215
224 #define __NR_setfsgid32       216
225 #define __NR_pivot_root       217
226 #define __NR_mincore          218
227 #define __NR_madvise          219
228 #define __NR_madvise1         219      /* delete when C lib stub is removed */
229 #define __NR_getdents64       220
230 #define __NR_fcntl64          221
231 /* 223 is unused */
232 #define __NR_gettid           224
233 #define __NR_readahead        225
234 #define __NR_setxattr         226
235 #define __NR_lsetxattr        227
236 #define __NR_fsetxattr        228
237 #define __NR_getxattr         229
238 #define __NR_lgetxattr        230
239 #define __NR_fgetxattr        231
240 #define __NR_listxattr        232
241 #define __NR_llistxattr       233
242 #define __NR_flistxattr       234
243 #define __NR_removexattr      235
244 #define __NR_lremovexattr     236
245 #define __NR_fremovexattr     237
246 #define __NR_tkill            238
247 #define __NR_sendfile64       239
248 #define __NR_futex            240
249 #define __NR_sched_setaffinity 241
250 #define __NR_sched_getaffinity 242
251 #define __NR_set_thread_area  243
252 #define __NR_get_thread_area  244
253 #define __NR_io_setup         245
254 #define __NR_io_destroy       246
255 #define __NR_io_getevents     247
256 #define __NR_io_submit        248
257 #define __NR_io_cancel        249
258 #define __NR_fadvise64        250
259
260 #define __NR_exit_group       252
261 #define __NR_lookup_dcookie   253
262 #define __NR_epoll_create     254
263 #define __NR_epoll_ctl        255
264 #define __NR_epoll_wait       256
265 #define __NR_remap_file_pages 257
266 #define __NR_set_tid_address  258
267 #define __NR_timer_create     259
268 #define __NR_timer_settime    (__NR_timer_create+1)
269 #define __NR_timer_gettime    (__NR_timer_create+2)
270 #define __NR_timer_getoverrun (__NR_timer_create+3)
271 #define __NR_timer_delete     (__NR_timer_create+4)
272 #define __NR_clock_settime    (__NR_timer_create+5)
273 #define __NR_clock_gettime    (__NR_timer_create+6)
274 #define __NR_clock_getres     (__NR_timer_create+7)
275 #define __NR_clock_nanosleep  (__NR_timer_create+8)
276 #define __NR_statfs64         268
277 #define __NR_fstatfs64        269
278 #define __NR_tgkill           270
279 #define __NR_utimes           271
280 #define __NR_fadvise64_64     272
281 #define __NR_vserver          273
282
283 #define NR_syscalls 274
```

Il y a 274 appels système avec compatibilité ascendante et quelques variations mineures : l'appel système numéro 0 s'appelle maintenant `restart_syscall` et le numéro 16, par exemple, `lchown`. Est également définie la constante symbolique spécifiant le nombre d'appels, appelée maintenant `NR_syscalls`.

Il existe une table de correspondance entre certains appels qui ne sont plus définis et les nouveaux appels dans le fichier *include/linux/sys.h* :

```
4   /*
5    * This file is no longer used or needed
6    */
7
8   /*
9    * These are system calls that will be removed at some time
10   * due to newer versions existing..
11   * (please be careful - ibcs2 may need some of these).
12   */
13  #ifdef notdef
14  #define _sys_waitpid     _sys_old_syscall        /* _sys_wait4 */
15  #define _sys_olduname    _sys_old_syscall        /* _sys_newuname */
16  #define _sys_uname       _sys_old_syscall        /* _sys_newuname */
17  #define _sys_stat        _sys_old_syscall        /* _sys_newstat */
18  #define _sys_fstat       _sys_old_syscall        /* _sys_newfstat */
19  #define _sys_lstat       _sys_old_syscall        /* _sys_newlstat */
20  #define _sys_signal      _sys_old_syscall        /* _sys_sigaction */
21  #define _sys_sgetmask    _sys_old_syscall        /* _sys_sigprocmask */
22  #define _sys_ssetmask    _sys_old_syscall        /* _sys_sigprocmask */
23  #endif
24
25  /*
26   * These are system calls that haven't been implemented yet
27   * but have an entry in the table for future expansion.
28   */
```

Linux 2.6.0

La table des fonctions d'appel, `sys_call_table`, est maintenant définie dans le fichier *arch/ um/kernel/sys_call_table.c* avec une fonction un peu différente :

```
257  syscall_handler_t *sys_call_table[] = {
258          [ __NR_restart_syscall ] = sys_restart_syscall,
259          [ __NR_exit ] = sys_exit,
260          [ __NR_fork ] = sys_fork,
261          [ __NR_read ] = (syscall_handler_t *) sys_read,
262          [ __NR_write ] = (syscall_handler_t *) sys_write,
263
264          /* These three are declared differently in asm/unistd.h */
265          [ __NR_open ] = (syscall_handler_t *) sys_open,
266          [ __NR_close ] = (syscall_handler_t *) sys_close,
267          [ __NR_waitpid ] = (syscall_handler_t *) sys_waitpid,
268          [ __NR_creat ] = sys_creat,
269          [ __NR_link ] = sys_link,
270          [ __NR_unlink ] = sys_unlink,
271
272          /* declared differently in kern_util.h */
273          [ __NR_execve ] = (syscall_handler_t *) sys_execve,
274          [ __NR_chdir ] = sys_chdir,
275          [ __NR_time ] = um_time,

[...]

490          [ __NR_set_tid_address ] = sys_set_tid_address,
491
492          ARCH_SYSCALLS
493          [ LAST_SYSCALL + 1 ... NR_syscalls ] =
494                  (syscall_handler_t *) sys_ni_syscall
495  };
```

Linux 2.6.0

Les définitions des fonctions d'appel, quant à elles, sont disséminées tout au long du code.

La variable `errno` est toujours définie dans le fichier `lib/errno.c`. Les constantes symboliques des codes d'erreur sont définies dans les fichiers `include/asm-generic/errno.h` :

Linux 2.6.0

```
 4   #include <asm-generic/errno-base.h>
 5
 6   #define EDEADLK         35      /* Resource deadlock would occur */
 7   #define ENAMETOOLONG    36      /* File name too long */
 8   #define ENOLCK          37      /* No record locks available */
 9   #define ENOSYS          38      /* Function not implemented */
10   #define ENOTEMPTY       39      /* Directory not empty */
11   #define ELOOP           40      /* Too many symbolic links encountered */
12   #define EWOULDBLOCK     EAGAIN  /* Operation would block */
13   #define ENOMSG          42      /* No message of desired type */
14   #define EIDRM           43      /* Identifier removed */
15   #define ECHRNG          44      /* Channel number out of range */
16   #define EL2NSYNC        45      /* Level 2 not synchronized */
17   #define EL3HLT          46      /* Level 3 halted */
18   #define EL3RST          47      /* Level 3 reset */
19   #define ELNRNG          48      /* Link number out of range */
20   #define EUNATCH         49      /* Protocol driver not attached */
21   #define ENOCSI          50      /* No CSI structure available */
22   #define EL2HLT          51      /* Level 2 halted */
23   #define EBADE           52      /* Invalid exchange */
24   #define EBADR           53      /* Invalid request descriptor */
25   #define EXFULL          54      /* Exchange full */
26   #define ENOANO          55      /* No anode */
27   #define EBADRQC         56      /* Invalid request code */
28   #define EBADSLT         57      /* Invalid slot */
29
30   #define EDEADLOCK       EDEADLK
31
32   #define EBFONT          59      /* Bad font file format */
33   #define ENOSTR          60      /* Device not a stream */
34   #define ENODATA         61      /* No data available */
35   #define ETIME           62      /* Timer expired */
36   #define ENOSR           63      /* Out of streams resources */
37   #define ENONET          64      /* Machine is not on the network */
38   #define ENOPKG          65      /* Package not installed */
39   #define EREMOTE         66      /* Object is remote */
40   #define ENOLINK         67      /* Link has been severed */
41   #define EADV            68      /* Advertise error */
42   #define ESRMNT          69      /* Srmount error */
43   #define ECOMM           70      /* Communication error on send */
44   #define EPROTO          71      /* Protocol error */
45   #define EMULTIHOP       72      /* Multihop attempted */
46   #define EDOTDOT         73      /* RFS specific error */
47   #define EBADMSG         74      /* Not a data message */
48   #define EOVERFLOW       75      /* Value too large for defined data type */
49   #define ENOTUNIQ        76      /* Name not unique on network */
50   #define EBADFD          77      /* File descriptor in bad state */
51   #define EREMCHG         78      /* Remote address changed */
52   #define ELIBACC         79      /* Can not access a needed shared library */
53   #define ELIBBAD         80      /* Accessing a corrupted shared library */
54   #define ELIBSCN         81      /* .lib section in a.out corrupted */
55   #define ELIBMAX         82      /* Attempting to link in too many shared libraries */
56   #define ELIBEXEC        83      /* Cannot exec a shared library directly */
57   #define EILSEQ          84      /* Illegal byte sequence */
58   #define ERESTART        85      /* Interrupted system call should be restarted */
59   #define ESTRPIPE        86      /* Streams pipe error */
60   #define EUSERS          87      /* Too many users */
61   #define ENOTSOCK        88      /* Socket operation on non-socket */
62   #define EDESTADDRREQ    89      /* Destination address required */
63   #define EMSGSIZE        90      /* Message too long */
64   #define EPROTOTYPE      91      /* Protocol wrong type for socket */
65   #define ENOPROTOOPT     92      /* Protocol not available */
66   #define EPROTONOSUPPORT 93      /* Protocol not supported */
67   #define ESOCKTNOSUPPORT 94      /* Socket type not supported */
68   #define EOPNOTSUPP      95      /* Operation not supported on transport endpoint */
69   #define EPFNOSUPPORT    96      /* Protocol family not supported */
```

```
70 #define EAFNOSUPPORT    97   /* Address family not supported by protocol */
71 #define EADDRINUSE      98   /* Address already in use */
72 #define EADDRNOTAVAIL   99   /* Cannot assign requested address */
73 #define ENETDOWN       100   /* Network is down */
74 #define ENETUNREACH    101   /* Network is unreachable */
75 #define ENETRESET      102   /* Network dropped connection because of reset */
76 #define ECONNABORTED   103   /* Software caused connection abort */
77 #define ECONNRESET     104   /* Connection reset by peer */
78 #define ENOBUFS        105   /* No buffer space available */
79 #define EISCONN        106   /* Transport endpoint is already connected */
80 #define ENOTCONN       107   /* Transport endpoint is not connected */
81 #define ESHUTDOWN      108   /* Cannot send after transport endpoint shutdown */
82 #define ETOOMANYREFS   109   /* Too many references: cannot splice */
83 #define ETIMEDOUT      110   /* Connection timed out */
84 #define ECONNREFUSED   111   /* Connection refused */
85 #define EHOSTDOWN      112   /* Host is down */
86 #define EHOSTUNREACH   113   /* No route to host */
87 #define EALREADY       114   /* Operation already in progress */
88 #define EINPROGRESS    115   /* Operation now in progress */
89 #define ESTALE         116   /* Stale NFS file handle */
90 #define EUCLEAN        117   /* Structure needs cleaning */
91 #define ENOTNAM        118   /* Not a XENIX named type file */
92 #define ENAVAIL        119   /* No XENIX semaphores available */
93 #define EISNAM         120   /* Is a named type file */
94 #define EREMOTEIO      121   /* Remote I/O error */
95 #define EDQUOT         122   /* Quota exceeded */
96
97 #define ENOMEDIUM      123   /* No medium found */
98 #define EMEDIUMTYPE    124   /* Wrong medium type */
```

et *include/asm-generic/errno-base.h* :

```
 4 #define EPERM     1   /* Operation not permitted */
 5 #define ENOENT    2   /* No such file or directory */
 6 #define ESRCH     3   /* No such process */
 7 #define EINTR     4   /* Interrupted system call */
 8 #define EIO       5   /* I/O error */
 9 #define ENXIO     6   /* No such device or address */
10 #define E2BIG     7   /* Argument list too long */
11 #define ENOEXEC   8   /* Exec format error */
12 #define EBADF     9   /* Bad file number */
13 #define ECHILD   10   /* No child processes */
14 #define EAGAIN   11   /* Try again */
15 #define ENOMEM   12   /* Out of memory */
16 #define EACCES   13   /* Permission denied */
17 #define EFAULT   14   /* Bad address */
18 #define ENOTBLK  15   /* Block device required */
19 #define EBUSY    16   /* Device or resource busy */
20 #define EEXIST   17   /* File exists */
21 #define EXDEV    18   /* Cross-device link */
22 #define ENODEV   19   /* No such device */
23 #define ENOTDIR  20   /* Not a directory */
24 #define EISDIR   21   /* Is a directory */
25 #define EINVAL   22   /* Invalid argument */
26 #define ENFILE   23   /* File table overflow */
27 #define EMFILE   24   /* Too many open files */
28 #define ENOTTY   25   /* Not a typewriter */
29 #define ETXTBSY  26   /* Text file busy */
30 #define EFBIG    27   /* File too large */
31 #define ENOSPC   28   /* No space left on device */
32 #define ESPIPE   29   /* Illegal seek */
33 #define EROFS    30   /* Read-only file system */
34 #define EMLINK   31   /* Too many links */
35 #define EPIPE    32   /* Broken pipe */
36 #define EDOM     33   /* Math argument out of domain of func */
37 #define ERANGE   34   /* Math result not representable */
```

Linux 2.6.0

Les appels système peuvent maintenant compter jusqu'à six arguments. Les macros **syscallXX()** sont définies dans le fichier *include/asm-i386/unistd.h* :

Linux 2.6.0
```
285 /* user-visible error numbers are in the range -1 - -124: see <asm-i386/errno.h> */
286
287 #define __syscall_return(type, res) \
288 do { \
289         if ((unsigned long)(res) >= (unsigned long)(-125)) { \
290                 errno = -(res); \
291                 res = -1; \
292         } \
293         return (type) (res); \
294 } while (0)
295
296 /* XXX - _foo needs to be __foo, while __NR_bar could be _NR_bar. */
297 #define _syscall0(type,name) \
298 type name(void) \
299 { \
300 long __res; \
301 __asm__ volatile ("int $0x80" \
302         : "=a" (__res) \
303         : "" (__NR_##name)); \
304 __syscall_return(type,__res); \
305 }
306
307 #define _syscall1(type,name,type1,arg1) \
308 type name(type1 arg1) \
309 { \
310 long __res; \
311 __asm__ volatile ("int $0x80" \
312         : "=a" (__res) \
313         : "" (__NR_##name),"b" ((long)(arg1))); \
314 __syscall_return(type,__res); \
315 }
```

L'insertion des appels système dans l'interruption logicielle 80h est effectuée dans la fonction **trap_init()**, définie dans le fichier *arch/i386/kernel/traps.c* :

Linux 2.6.0
```
842 void __init trap_init(void)
843 {
844 #ifdef CONFIG_EISA
845         if (isa_readl(0x0FFFD9) == 'E'+('I'<<8)+('S'<<16)+('A'<<24)) {
846                 EISA_bus = 1;
847         }
848 #endif
849
850 #ifdef CONFIG_X86_LOCAL_APIC
851         init_apic_mappings();
852 #endif
853
854         set_trap_gate(0,&divide_error);
855         set_intr_gate(1,&debug);
856         set_intr_gate(2,&nmi);
857         set_system_gate(3,&int3);          /* int3-5 can be called from all */
858         set_system_gate(4,&overflow);
859         set_system_gate(5,&bounds);
860         set_trap_gate(6,&invalid_op);
861         set_trap_gate(7,&device_not_available);
862         set_task_gate(8,GDT_ENTRY_DOUBLEFAULT_TSS);
863         set_trap_gate(9,&coprocessor_segment_overrun);
864         set_trap_gate(10,&invalid_TSS);
865         set_trap_gate(11,&segment_not_present);
866         set_trap_gate(12,&stack_segment);
867         set_trap_gate(13,&general_protection);
868         set_intr_gate(14,&page_fault);
869         set_trap_gate(15,&spurious_interrupt_bug);
870         set_trap_gate(16,&coprocessor_error);
871         set_trap_gate(17,&alignment_check);
872 #ifdef CONFIG_X86_MCE
```

```
873         set_trap_gate(18,&machine_check);
874 #endif
875         set_trap_gate(19,&simd_coprocessor_error);
876
877         set_system_gate(SYSCALL_VECTOR,&system_call);
878
879         /*
880          * default LDT is a single-entry callgate to lcall7 for iBCS
881          * and a callgate to lcall27 for Solaris/x86 binaries
882          */
883         set_call_gate(&default_ldt[0],lcall7);
884         set_call_gate(&default_ldt[4],lcall27);
885
886         /*
887          * Should be a barrier for any external CPU state.
888          */
889         cpu_init();
890
891         trap_init_hook();
892 }
```

La constante symbolique SYSCALL_VECTOR est définie dans le fichier *include/asm-i386/mac-voyager/irq_vectors.h* :

```
15 /*
16  * IDT vectors usable for external interrupt sources start
17  * at 0x20:
18  */
19 #define FIRST_EXTERNAL_VECTOR    0x20
20
21 #define SYSCALL_VECTOR           0x80
```

Linux 2.6.0

Conclusion

Nous venons de voir la mise en place des appels système, au cœur de l'interaction avec les utilisateurs. Nous avons également évoqué leur liste et les codes d'erreur renvoyés en cas de problème dans le cas des noyaux 0.01 et 2.6.0. L'implémentation de chacun des appels système du noyau 0.01 sera étudiée en détail dans les chapitres de la partie X. Le chapitre suivant aborde la notion située au cœur de l'aspect dynamique du système : la mesure du temps.

Chapitre 10

Mesure du temps sous Linux

Les trois chapitres que nous abordons maintenant (mesure du temps, gestionnaire des tâches et traitement des signaux) sont liés. Nous y verrons sans cesse des références croisées d'un chapitre à l'autre. On doit donc les considérer comme un tout.

Bon nombre d'activités informatiques sont pilotées par des mesures de temps, souvent même à l'insu de l'utilisateur. Par exemple, si l'écran est éteint automatiquement après que l'utilisateur a arrêté d'utiliser la console de l'ordinateur, c'est parce qu'un minuteur (en anglais *timer*) permet au noyau de savoir combien de temps s'est écoulé depuis qu'on a tapé sur une touche ou déplacé la souris pour la dernière fois. Si l'on reçoit un message du système demandant de supprimer un ensemble de fichiers inutilisés, c'est parce qu'un programme identifie tous les fichiers des utilisateurs qui n'ont pas été manipulés depuis longtemps. Pour réaliser de telles choses, les programmes doivent être capables d'obtenir pour chaque fichier une estampille temporelle identifiant la date de sa dernière utilisation. Une telle information doit donc être écrite automatiquement par le noyau. De façon plus évidente, le temps pilote les commutations de processus et des activités plus élémentaires du noyau, comme la vérification d'échéances.

Nous pouvons distinguer deux principaux types de mesures du temps qui peuvent être réalisées par le noyau Linux :

· conserver les date et heure courantes, de façon à ce qu'elles puissent être fournies aux programmes utilisateur (*via* les appels système **time()** et **ftime()**) mais également pour qu'elles puissent être utilisées par le noyau lui-même comme estampilles temporelles pour les fichiers ;

· maintenir les minuteurs, c'est-à-dire les mécanismes capables d'informer le noyau ou un programme utilisateur (grâce à l'appel système **alarm()**) qu'un intervalle de temps donné s'est écoulé.

Les mesures du temps sont réalisées par différents circuits matériels basés sur des oscillations à fréquence fixe et sur des compteurs.

1 Les horloges

Les horloges (appelées aussi compteurs de temps) jouent un rôle très important dans les systèmes à temps partagé. Entre autres, elles fournissent l'heure et empêchent les processus de monopoliser le processeur. Le logiciel correspondant se présente sous la forme d'un pilote de périphérique, bien qu'une horloge ne soit ni un périphérique bloc, comme les disques, ni un périphérique caractère, comme les terminaux.

1.1 Le matériel de l'horloge

Type matériel

Les ordinateurs utilisent l'un des deux types suivants d'horloges, qui diffèrent tous les deux des horloges et des montres dont nous nous servons tous les jours :

· Les horloges les plus simples dépendent de l'alimentation électrique de 110 ou 220 volts et génèrent une interruption à chaque période de la tension dont la fréquence est de 50 ou 60 Hertz.

· Le deuxième type d'horloges, dites programmables, est constitué de trois composants : un oscillateur à quartz, un compteur et un registre, comme le montre la figure 10.1 ([TAN-87], p. 173) : un cristal de quartz placé aux bornes d'une source de tension génère un signal

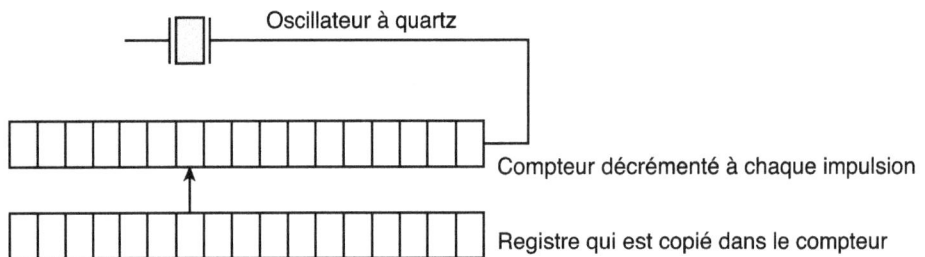

Une horloge programmable.

Figure 10.1 : *Horloge programmable*

périodique très régulier dont la fréquence est comprise entre 5 et 100 MHz. Ce signal décrémente le compteur jusqu'à ce qu'il atteigne la valeur zéro, ce qui produit une interruption. La suite dépend du système d'exploitation.

Horloges programmables

Les horloges programmables ont plusieurs modes d'opération :

· Dans le mode non répétitif (en anglais *one-shot mode*), l'horloge copie, au moment de son initialisation, une valeur dans le compteur. Ce compteur est ensuite décrémenté à chaque impulsion du cristal. Lorsqu'il atteint la valeur zéro, l'horloge génère une interruption et s'arrête jusqu'à ce qu'elle soit réinitialisée par le logiciel.

· Dans le mode à répétition (en anglais *square-wave mode*), le registre de maintien est automatiquement rechargé dans le compteur à chaque interruption. Le processus se reproduit donc indéfiniment. Ces interruptions périodiques sont appelées des tops d'horloge.

L'intérêt d'une horloge programmable est que la fréquence des interruptions peut être contrôlée par le logiciel. Si l'on utilise un cristal à 1 MHz, le compteur est décrémenté toutes les microsecondes. Avec des registres de 16 bits, la fréquence des interruptions peut varier de 1 microseconde à 65 535 ms. Une puce d'horloge contient en général deux ou trois horloges programmables séparément et offre un grand nombre de possibilités (le compteur peut, par exemple, être incrémenté, les interruptions inhibées, etc.).

Maintien de l'heure courante

Pour mettre en œuvre une horloge qui donne l'heure courante, certains systèmes d'exploitation, comme les premières versions de MS-DOS, demandaient la date et l'heure à l'utilisateur. Ils calculaient ensuite le nombre de tops d'horloge écoulés depuis, par exemple, le 1er janvier 1970 à 12 h, comme le fait UNIX, ou depuis toute autre date. L'heure courante est ensuite mise à jour à chaque top d'horloge.

Pour éviter de perdre l'heure lorsque l'ordinateur est éteint, les machines la sauvegardent de nos jours dans des registres spéciaux alimentés par une pile.

1.2 Le logiciel des horloges

Le circuit de l'horloge ne fait que générer des interruptions à intervalles réguliers. Tout le reste doit être pris en charge par le logiciel, plus exactement par la partie du système d'exploitation appelée **pilote de l'horloge**.

Le rôle exact du pilote d'horloge varie d'un système d'exploitation à un autre, mais ce pilote assure, en général, la plupart des fonctions suivantes : mettre à jour l'heure courante ; empêcher les processus de dépasser le temps qui leur est alloué ; comptabiliser l'allocation du processeur ; traiter l'appel système `alarm()` des processus utilisateur ; fournir des compteurs de garde au système lui-même ; fournir diverses informations au système (tracé d'exécution, statistiques).

Horloge temps réel. La première fonction du pilote d'horloge, à savoir la gestion d'une horloge temps réel, est assez simple à réaliser. Elle consiste à incrémenter un compteur à chaque top d'horloge, comme nous l'avons déjà précisé. Le seul point qui mérite une attention particulière est le nombre de bits du compteur qui contient l'heure courante. Si la fréquence de l'horloge est de 60 Hz, un compteur de 32 bits déborde au bout de 2 ans. Le système ne peut donc pas mémoriser dans un compteur de 32 bits l'heure courante exprimée en nombre de tops d'horloge depuis le premier janvier 1970.

Il existe trois solutions à ce problème, représentées sur la figure 10.2 ([TAN-87], p. 174) :

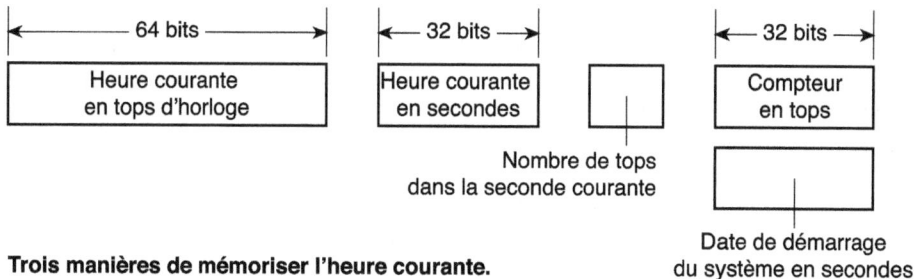

Trois manières de mémoriser l'heure courante.

Figure 10.2 : *Maintien de l'heure courante*

· On peut utiliser un compteur de 64 bits. Cette solution complique cependant l'opération d'incrémentation du compteur, qui doit être effectuée plusieurs fois par seconde.

· La deuxième solution consiste à mémoriser l'heure en nombre de secondes, plutôt qu'en tops d'horloge, en utilisant un compteur auxiliaire pour compter les tops jusqu'à ce qu'ils équivalent à une seconde. Cette méthode fonctionnera jusqu'au XXIIe siècle, 2^{32} secondes équivalant à plus de 136 ans. Si l'entier de 32 bits est signé, comme c'est généralement le cas dans Unix, un débordement se produira en 2038.

· La troisième approche consiste à compter les tops à partir du démarrage du système et non à partir d'une date fixe externe au système. L'heure, entrée par l'utilisateur ou récupérée automatiquement au démarrage du système est sauvegardée dans la mémoire de la machine dans un format approprié. L'heure courante est obtenue en additionnant l'heure mémorisée et la valeur du compteur.

Ordonnanceur. La deuxième fonction de l'horloge consiste à empêcher les processus de s'exécuter pendant trop longtemps. Chaque fois qu'un processus est démarré, l'ordonnanceur place dans un compteur la valeur, en nombre de tops, du laps de temps de ce processus. À chaque interruption de l'horloge, le pilote de l'horloge décrémente ce compteur de 1. Quand il atteint la valeur zéro, le pilote appelle l'ordonnanceur pour qu'il choisisse un autre programme.

Temps d'allocation d'un processus. La troisième fonction de l'horloge consiste à comptabiliser le temps alloué à chacun des processus :

· La méthode la plus précise est d'utiliser, pour chaque processus, un compteur distinct de celui du système. Dès que le processus est suspendu, ce compteur indique sa durée d'exécution. Il faudrait théoriquement sauvegarder le compteur à chaque interruption et le restaurer ensuite.

· Une deuxième manière, plus simple mais moins précise, consiste à mémoriser dans une variable globale la position du processus élu dans la table des processus. On peut ainsi, à chaque top d'horloge, incrémenter le champ qui contient le compteur du processus élu. De cette façon, chaque top d'horloge est « comptabilisé » au processus qui s'exécute au moment du top. Cette stratégie présente un inconvénient si de nombreuses interruptions se produisent durant l'exécution d'un processus. En effet, on considère que le processus s'est exécuté pendant toute cette durée même si, en fait, il n'a pas réellement disposé du processeur pendant tout ce temps. Calculer le temps d'allocation du processeur au cours des interruptions serait en effet trop coûteux.

Alarmes. Sous Unix et sous de nombreux autres systèmes d'exploitation, un processus peut demander au système d'exploitation de le prévenir au bout d'un certain laps de temps. Le système utilise pour cela un signal, une interruption, un message ou quelque chose de similaire. Les logiciels de communication, par exemple, utilisent cette technique pour retransmettre un paquet de données s'ils n'ont pas reçu un accusé de réception au bout d'un certain temps. Les logiciels pédagogiques sont un autre exemple d'application : si l'élève ne fournit pas de réponse dans un temps donné, le logiciel lui indique la bonne réponse.

Si le nombre d'horloges était suffisant, le pilote pourrait allouer une horloge à chaque nouvelle requête. Comme ce n'est pas le cas, il doit simuler plusieurs horloges virtuelles avec une seule horloge réelle. Il peut, par exemple, utiliser une table qui contient les moments où il faut envoyer les signaux aux différents processus. Une variable mémorise l'instant du prochain signal. Le pilote vérifie, à chaque mise à jour de l'heure courante, si cet instant est atteint, auquel cas il recherche dans la table le signal suivant.

Si le nombre des signaux à traiter est élevé, il est plus efficace de chaîner les requêtes en attente en les triant par ordre décroissant sur le temps comme le montre la figure 10.3 ([TAN-87], p. 176) : chaque entrée dans cette liste chaînée indique le nombre de tops

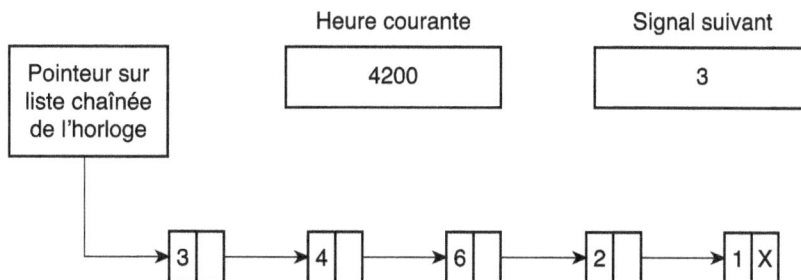

Simulation de plusieurs compteurs à partir d'une horloge unique

Figure 10.3 : *Traitement des alarmes*

d'horloge qui séparent ce signal du précédent. Dans cet exemple, les signaux sont envoyés aux instants 4203, 4207, 4213, 4215 et 4216. Sur cette figure, on voit que l'interruption suivante se produira dans 3 tops. À chaque top, *signal suivant* est décrémenté. Quand cette variable atteint la valeur 0, on envoie le signal de la première requête de la liste et on retire cette requête de la liste. Puis on affecte à *signal suivant* l'instant d'émission du signal en tête de la liste, 4 dans cet exemple.

Compteur de garde. Le système doit parfois établir des **compteurs de garde** (en anglais *watchdog timer*). Par exemple, le pilote du disque doit attendre 500 ms après avoir mis en route le moteur du lecteur de disquettes. De même, il est judicieux de n'arrêter le moteur que si le lecteur reste inutilisé 3 secondes, par exemple, après le dernier accès, afin d'éviter le délai de 500 ms à chaque opération. D'autre part, le laisser en fonctionnement permanent l'userait. De la même manière, certains terminaux à impression impriment à la vitesse de 200 caractères par seconde, mais ne peuvent pas, en 5 ms, replacer la tête d'impression à la marge gauche. Le pilote du terminal doit donc attendre après chaque retour chariot.

Le pilote de l'horloge utilise pour les compteurs de garde le même mécanisme que pour les signaux des utilisateurs. La seule différence est que, à l'échéance d'un compteur, le pilote appelle une procédure indiquée par l'appelant au lieu de générer un signal. Cette procédure fait partie du code de l'appelant, mais le pilote de l'horloge peut quand même l'appeler puisque tous les pilotes sont dans le même espace d'adressage. Cette procédure peut effectuer n'importe quelle opération et même générer une interruption. Les interruptions ne sont pas toujours commodes d'emploi dans le noyau et les signaux n'existent pas. C'est pourquoi on utilise des compteurs de garde.

Tracé d'exécution. La dernière fonction est le **tracé d'exécution**. Certains systèmes d'exploitation fournissent aux programmes des utilisateurs le tracé du compteur ordinal, pour leur permettre de savoir où ils passent le plus de temps. Si cette facilité est implantée, le pilote vérifie, à chaque top d'horloge, si l'on contrôle l'exécution d'un processus élu. Il calcule, si le profil d'exécution est demandé, le nombre binaire qui correspond au compteur ordinal. Puis il incrémente ce nombre de un. Ce mécanisme peut servir à contrôler l'exécution du système lui-même.

On vient de voir que, à chaque interruption d'horloge, le pilote de l'horloge doit effectuer plusieurs opérations : incrémenter l'heure courante, décrémenter le laps de temps en vérifiant s'il a atteint la valeur 0, comptabiliser le temps d'allocation du processus et décrémenter le compteur de l'alarme. Ces opérations doivent être optimisées car elles sont effectuées plusieurs fois par seconde.

2 Horloges matérielles des PC

Pour les compatibles IBM-PC, le noyau doit interagir avec deux horloges : l'horloge temps réel (ou RTC pour l'anglais *Real Time Clock*) et le minuteur périodique programmable (ou PIT pour l'anglais *Programmable Interval Timer*). La première permet au noyau de conserver une trace de l'heure courante ; la deuxième peut être programmée par le noyau afin d'émettre des interruptions à une fréquence fixe prédéfinie.

2.1 L'horloge temps réel des PC

Description de l'horloge temps réel

Tous les micro-ordinateurs compatibles IBM-PC contiennent, depuis le PC-AT, une horloge temps réel, un circuit électronique chargé de conserver la date et l'heure. La RTC doit évidemment continuer à battre même lorsque le PC est éteint, elle doit donc être alimentée par une petite pile ou une batterie.

La RTC est intégrée dans un circuit électronique qui contient également de la RAM CMOS. Il s'agit du Motorola 146818 ou un équivalent. La mémoire CMOS est la technologie utilisée principalement dans les calculettes : le contenu n'est pas perdu lorsqu'on éteint l'ordinateur (ou la calculette), une pile permettant d'entretenir le rafraîchissement nécessaire. Le module de mémoire CMOS de l'IBM-PC lui sert essentiellement à conserver la date, l'heure et quelques autres données. On s'aperçoit qu'il faut remplacer la pile lorsque l'heure n'est plus conservée.

La mémoire CMOS est constituée de 64 cellules mémoire, appelées registres CMOS, 128 depuis le PC/AT (on parle de CMOS étendu pour les 64 nouveaux registres). L'accès à la mémoire CMOS se fait à travers deux ports d'entrée-sortie.

La RTC est câblée, sur l'IBM-PC, de façon telle qu'elle émette des interruptions périodiques sur l'interruption matérielle IRQ0 du PIC, à des fréquences allant de 2 Hz à 8192 Hz, la fréquence étant un paramètre que l'on peut choisir. Les deux ports d'entrée-sortie de la CMOS correspondent, sur l'IBM-PC, aux ports 70h et 71h.

Accès à l'horloge temps réel

On indique sur le premier port (70h pour l'IBM-PC) à quel registre CMOS on veut accéder et on lit ou on écrit à travers le deuxième port (71h pour l'IBM-PC).

Si une interruption intervenait entre l'accès au port 70h et celui au port 71h, l'opération serait faussée ; toutes les interruptions doivent donc être annihilées lorsqu'on veut accéder à la CMOS.

Il faut donc désactiver les interruptions masquables, avec l'instruction CLI, mais également les interruptions non masquables NMI. Il se trouve que les NMI sont contrôlées par le bit 7 du port 70h, le même port que celui utilisé pour accéder à la CMOS. Lorsque l'accès à la CMOS est terminé, il faut réécrire le port 70h en mettant le bit 7 à 0 pour remettre en service les NMI.

Description du premier port — La structure du registre tampon se trouvant derrière le port 70h est la suivante :

7	6	5	4	3	2	1	0
I	x	adresse						

· le bit 7 est à 0 pour permettre les NMI, à 1 pour les inhiber ;

· les bits 5 à 0 contiennent l'adresse du registre de la mémoire CMOS à lire ou à écrire ;

· le bit 6 n'est pas utilisé pour la CMOS d'origine ; il sert de bit supplémentaire pour obtenir l'adresse de la CMOS étendue.

Contenu de la mémoire CMOS — Le contenu des registres de la CMOS décidés par IBM, tout au moins des treize premiers, est le suivant :

Adresse	Description du registre
00h	Seconde
01h	Seconde de l'alarme
02h	Minute
03h	Minute de l'alarme
04h	Heure
05h	Heure de l'alarme
06h	Jour de la semaine
07h	Jour du mois
08h	Mois
09h	Année
0Ah	Registre d'état A
0Bh	Registre d'état B
0Ch	Registre d'état C
0Dh	Registre d'état D

Plus précisément :

· Le registre CMOS d'adresse 00h contient la valeur actuelle du nombre de secondes au-delà de la minute actuelle de la RTC au format BCD. La plage valide va de 0 à 59.

· Le registre d'adresse 02h contient la valeur actuelle du nombre de minutes au-delà de l'heure actuelle de la RTC au format BCD. La plage valide va de 0 à 59.

· Le registre d'adresse 04h contient la valeur actuelle du nombre d'heures depuis le début du jour de la RTC au format BCD. Le mode 12 heures ou 24 heures est contrôlé par le registre d'état B. La plage valide va de 1 à 12 en mode 12 heures ; le bit 7 de l'octet est alors positionné sur 0 pour les heures allant de 0 à 12 heures et sur 1 pour les heures de 13 à 24 heures. La plage valide du mode 24 heures va de 0 à 23.

· Le registre d'adresse 06h indique le jour de la semaine. La plage valide va de 1 (pour lundi) à 7 (pour dimanche).

Ce registre connaît quelques problèmes matériels : il peut être mal défini et contenir un mauvais jour de semaine. Puisque celui-ci est déterminable à partir de la date, le système d'exploitation ignore généralement cet octet et effectue sa propre détermination du jour de la semaine.

· Le registre d'adresse 07h contient le jour du mois en cours dans la RTC, au format BCD. La plage va de 0 à 31.

· Le registre d'adresse 08h contient le mois en cours dans la RTC, au format BCD. La plage valide va de 0 à 11.

· Le bit 1 du registre d'état B contrôle si l'on se trouve en mode 12 heures ou 24 heures.

2.2 Minuteur périodique programmable

Le rôle d'un PIT est comparable à celui d'une minuterie sur un four à micro-ondes : informer l'utilisateur que le temps de cuisson est écoulé. Mais, au lieu de déclencher une sonnerie, ce dispositif lève une interruption matérielle nommée **interruption d'horloge** (*timer interrupt* en anglais), qui spécifie au noyau qu'un nouvel intervalle de temps s'est écoulé. Une autre différence entre une minuterie et le PIT est que le PIT continue indéfiniment à émettre des interruptions à une fréquence fixe définie par le noyau. On appelle **top d'horloge** (*tick* en anglais) chaque interruption d'horloge. Les tops d'horloge donnent le rythme pour toutes les activités sur le système : d'une certaine façon, ils sont comme les battements d'un métronome lorsqu'un musicien répète.

Le PIT de l'IBM-PC

Cas des premiers PC — Pour ses premiers PC, IBM avait choisi de mesurer le temps grâce à des boucles. Par exemple la boucle :

```
        mov  cx, n
A1:     loop A1
```

produit un délai d'environ $n \times 17 \times T_{clock}$, où n est la valeur chargée dans le registre cx, 17 le nombre de cycles du micro-processeur 8088 requis pour exécuter la boucle et T_{clock} la période de l'horloge du système. Avec la fréquence de 4,77 MHz des premiers PC, on obtient un délai de 1/4 de seconde pour n ayant la valeur maximum de 65 535.

Il devint très vite clair que cette méthode logicielle entraînait beaucoup trop d'erreurs.

Cas du PC-AT et de ses successeurs — Chaque PC compatible IBM, depuis le PC-AT, contient au moins un PIT, généralement un circuit CMOS 8254. Ce circuit contient trois minuteurs programmables : on parle des **canaux** (*channel* en anglais) 0, 1 et 2 du PIT. Il possède 24 broches : pour le micro-processeur, le PIT apparaît comme quatre ports d'entrée-sortie.

Câblage — Le PIT est câblé dans l'IBM-PC de façon telle que les quatre ports d'entrée-sortie utilisés possèdent les numéros 40h à 43h, de la façon suivante :

· port 40h : compteur 0 ;

· port 41h : compteur 1 ;

· port 42h : compteur 2 ;

· port 43h : registre de contrôle.

Chacun des trois compteurs reçoit un signal d'horloge de 1,193 18 MHz de la part du système.

Programmation du PIT 8254

Le PIT 8254 se programme en envoyant un octet sur le port de contrôle, suivi de un ou deux octets pour spécifier la valeur initiale du compteur.

La structure d'un octet envoyé au registre de commande est la suivante :

D7	D6	D5	D4	D3	D2	D1	D0
SC1	SC0	RW1	RW0	M2	M1	M0	BCD

Il peut y avoir trois formes de contrôle, mais seule le contrôle standard nous intéressera ici. L'octet de **contrôle standard** s'utilise pour spécifier un mode d'opération sur un compteur donné :

· les deux bits SC1 et SC0 permettent de sélectionner le compteur :

SC1	SC0	Compteur
0	0	0
0	1	1
1	0	2

· les deux bits RW1 et RW0 permettent de déterminer ce qu'il faut lire (ou écrire) :

RW1	RW0	Mode
0	1	LSB seulement
1	0	MSB seulement
1	1	LSB puis MSB

· les trois bits M2, M1 et M0 permettent de déterminer le mode d'opération, ce qui correspond à ce qui se passe aux broches :

M2	M1	M0	Mode
0	0	0	Mode 0
0	0	1	Mode 1
x	1	0	Mode 2
x	1	1	Mode 3
1	0	0	Mode 4
1	0	1	Mode 5

· le bit BCD sert à indiquer la forme du résultat :
  · si BCD = 0, on a un entier binaire sur seize bits ;
  · si BCD = 1, on a quatre chiffres BCD.

Initialisation du PC

Le PC est initialisé de la façon suivante par le BIOS : le compteur 0 est programmé de façon à diviser le signal par 65 536 pour produire un signal carré de 18,2 Hz (utilisé par le PC pour tenir à jour l'heure courante), le compteur 1 est programmé pour fournir des pulsations de 15 μs (utilisé pour la DMA) et le compteur 2 sert pour le haut-parleur du PC. Plus précisément, on a :

Compteur	Mode	LSB	MSB	Type
0	3	00	00	binaire
1	2	12h	x	binaire
2	3	D1h	11h	binaire

0 étant équivalent à 65 536.

Pour le compteur 0, l'octet de contrôle doit donc être égal à 00 11 x11 0b, soit à 36h. Pour le compteur 1, l'octet de contrôle doit être égal à 01 01 x10 0b, soit à 54h. Pour le compteur 2, l'octet de contrôle doit être égal à 10 11 x11 0b, soit à B6h.

Ceci conduit au programme suivant pour l'initialisation. On commence par écrire les octets de contrôle, suivis de deux octets pour le compteur 0, d'un octet pour le compteur 1 et de deux octets pour le compteur 2 :

```
; Programme pour initialiser le PIT 8254
;
; le compteur 0 est programmé pour le mode 3, en binaire, 16 bits
; le compteur 1 est programmé pour le mode 2, en binaire, 8 bits
; le compteur 2 est programmé pour le mode 3, en binaire, 16 bits
;
mov  al ,36h; octet de contrôle du compteur 0
out  43h,al; port de contrôle
mov  al ,54h; octet de contrôle du compteur 1
out  43h,al; port de contrôle
mov  al ,b6h; octet de contrôle du compteur 2
out  43h,al; port de contrôle
;
; chargement du compteur 0 avec 0 = 65 536
; chargement du compteur 1 avec 12h
; chargement du compteur 2 avec 11d1h
;
mov  al ,00; LSB
out  40h,al; compteur 0
out  40h,al; second octet comme le premier
mov  al ,12h; LSB
out  41h,al; compteur 1
mov  al ,d1h; LSB
out  42h,al; compteur 2
mov  al ,11h; MSB
out  42h,al; compteur 2
```

3 Programmation du minuteur sous Linux

Linux programme le premier canal du PIT du PC pour qu'il émette des interruptions d'horloge sur l'IRQ0 à une fréquence de (environ) 100 Hz. Il y a donc un top d'horloge environ toutes les 10 millisecondes. Linux initialise le minuteur et la routine de service de l'IRQ0 pour cela. Une variable permet de conserver le temps écoulé depuis le démarrage de l'ordinateur, celle-ci étant incrémentée à chaque top d'horloge.

3.1 Initialisation du minuteur

Linux utilise quelques constantes pour régler le minuteur, celui-ci étant initialisé dès le démarrage du système.

Constantes. On utilise les constantes suivantes pour spécifier la fréquence des interruptions d'horloge sous Linux :

- **HZ**, définie dans le fichier *include/linux/sched.h*, spécifie le nombre d'interruptions d'horloge par seconde, c'est-à-dire la fréquence de ces interruptions. Elle est égale à 100 pour les IBM PC :

```
#define HZ 100
```
Linux 0.01

- **LATCH**, définie dans le fichier *kernel/sched.c*, donne le rapport entre 1 193 180, qui est la fréquence de l'oscillateur interne du 8254, et HZ :

```
#define LATCH (1193180/HZ)
```
Linux 0.01

Initialisation. Le canal 0 du PIT est initialisé dans la fonction **sched_init()** (appelée elle-même par la fonction **main()**) du fichier *kernel/sched.c* :

```
outb_p(0x36,0x43);              /* binary, mode 3, LSB/MSB, ch 0 */
outb_p(LATCH & 0xff , 0x40);    /* LSB */
outb(LATCH >> 8 , 0x40);        /* MSB */
```
Linux 0.01

- le premier appel à **outb_p()** permet d'envoyer l'octet de contrôle pour le compteur 0 ;
- les deux appels suivants de **outb_p()** puis de **outb()** fournissent la nouvelle valeur de la fréquence à utiliser ; la constante sur 16 bits LATCH est envoyée au port 40h d'entrée-sortie de 8 bits sous forme de deux octets consécutifs.

3.2 Variable de sauvegarde du temps

La sauvegarde du temps, c'est-à-dire de la date et de l'heure courante, est effectuée grâce à la variable jiffies (appelée ainsi d'après l'expression anglaise « *wait a jiffy* », attends une minute, ou une seconde) définie dans le fichier *kernel/sched.c* :

```
long volatile jiffies=0;
```
Linux 0.01

Cette variable contient le nombre de tops d'horloge émis depuis le démarrage du système. Elle est initialisée à 0 pendant l'initialisation du noyau, comme nous le voyons d'après la déclaration (qui n'est pas exactement l'instant de démarrage), puis elle est incrémentée de 1 à chaque top d'horloge.

La variable jiffies étant enregistrée dans un entier non signé sur 32 bits, elle revient à 0 environ 497 jours après que le système a démarré.

Remarque

3.3 Gestionnaire de l'interruption d'horloge

La routine de service associée à IRQ0, correspondant à l'interruption matérielle 20h sous Linux, est appelée **timer_interrupt()**. L'association est effectuée dans la fonction **sched_init()** (appelée elle-même par la fonction **main()**) du fichier *kernel/sched.c* :

```
set_intr_gate(0x20,&timer_interrupt);
```
Linux 0.01

Cette routine est définie, en langage d'assemblage, dans le fichier *kernel/system_call.s* :

```
_timer_interrupt:
        push %ds                 # save ds,es and put kernel data space
        push %es                 # into them. %fs is used by _system_call
        push %fs
        pushl %edx               # we save %eax,%ecx,%edx as gcc doesn't
        pushl %ecx               # save those across function calls. %ebx
        pushl %ebx               # is saved as we use that in ret_sys_call
        pushl %eax
        movl $0x10,%eax
        mov %ax,%ds
        mov %ax,%es
        movl $0x17,%eax
        mov %ax,%fs
        incl _jiffies
        movb $0x20,%al           # EOI to interrupt controller #1
        outb %al,$0x20
        movl CS(%esp),%eax
        andl $3,%eax             # %eax is CPL (0 or 3, 0=supervisor)
        pushl %eax
        call _do_timer           # 'do_timer(long CPL)' does everything from
        addl $4,%esp             # task switching to accounting ...
        jmp ret_from_sys_call
```

Autrement dit, à chaque occurrence d'une interruption d'horloge (toutes les 10 ms donc), les activités suivantes sont déclenchées :

· comme d'habitude des registres sont sauvegardés sur la pile, pour des raisons diverses expliquées en commentaire dans le source même ;

· comme d'habitude également, on passe au segment des données du noyau pour ds et es et au segment des données de l'utilisateur pour fs ;

· le temps écoulé depuis le démarrage du système est mis à jour, autrement dit la variable jiffies est incrémentée de un ;

· le signal de fin d'interruption EOI (*End Of Interrupt*) est envoyé au PIC ;

· le niveau CPL (0 ou 3) est placé sur la pile ;

· on appelle la fonction **do_timer()** de comptabilisation du processus en cours, avec le CPL comme argument ;

· au retour de la fonction **do_timer()**, la pile est décrémentée pour tenir compte de l'argument, car **do_timer()** ne le fait pas ;

· la fonction **ret_from_sys_call()** de traitement des signaux est appelée ; nous étudierons son rôle au chapitre 12 .

3.4 La comptabilisation du processus en cours

La fonction **do_timer()** de comptabilisation du processus en cours est définie dans le fichier *kernel/sched.c* :

```
void do_timer(long cpl)
{
        if (cpl)
                current->utime++;
        else
                current->stime++;
        if ((--current->counter)>0) return;
        current->counter=0;
        if (!cpl) return;
```

```
        schedule();
}
```

Autrement dit :

· elle met à jour la variable temporelle adéquate du processus en cours : la durée utilisateur si
  CPL = 3, la durée système si CPL = 0 ;

· elle décrémente de un le laps de temps (priorité dynamique) accordé au processus en cours
  pour la période présente ;

· si ce laps de temps devient nul (ou inférieur à zéro, mais il est mis à zéro dans ce cas) et que
  le processus est en mode utilisateur, il est fait   . appel au gestionnaire des tâches (que nous
  étudierons dans le chapitre 11).

Récursivité
croisée

4 Maintien de la date et de l'heure sous Linux

La date et l'heure sont maintenues grâce à une certaine variable structurée. Durant l'initialisation du noyau, la fonction **main()** fait appel à la fonction **time_init()** pour initialiser la
date et l'heure du système, en se basant sur la RTC. À partir de ce moment, le noyau n'a plus
besoin de la RTC : il se base sur les tops d'horloge.

4.1 Variable structurée de conservation du temps

La date et l'heure en cours sont maintenues grâce à une entité du type structuré tm (pour
TiMe), très proche du contenu de la CMOS, définie dans le fichier *include/time.h* :

```
struct tm {
        int tm_sec;
        int tm_min;
        int tm_hour;
        int tm_mday;
        int tm_mon;
        int tm_year;
        int tm_wday;
        int tm_yday;
        int tm_isdst;
};
```

Linux 0.01

Les champs de cette structure seront commentés dans les versions ultérieures de Linux dans la
page de man de strftime. On a des champs pour un instant donné :

· un entier pour la seconde, normalement dans l'intervalle 0 à 59, mais pouvant aller jusqu'à
  61 pour tenir compte des sauts ;

· un entier pour la minute, dans l'intervalle 0 à 59 ;

· un entier pour l'heure, dans l'intervalle 0 à 23 ;

· un entier pour le jour du mois, dans l'intervalle 1 à 31 ;

· un entier pour le mois, dans l'intervalle 0 à 11, 0 représentant janvier ;

· un entier pour l'année depuis 1900 ;

· un entier pour le jour de la semaine, dans l'intervalle 0 à 6, 0 représentant dimanche (à la
  française donc) ;

· un entier pour le jour de l'année, dans l'intervalle 0 à 365, 0 représentant le premier janvier ;

· un drapeau indiquant si l'heure d'été (dst pour l'anglais *Daylight-Saving Time*) est prise en compte dans l'heure décrite ; la valeur est positive s'il en est ainsi, nulle sinon et négative si l'on ne dispose pas de l'information.

4.2 Initialisation de la variable structurée

Vue générale

La variable startup_time détient la date et l'heure, à la seconde près, du démarrage du système. Cette variable est déclarée dans le fichier *kernel/sched.c* :

Linux 0.01

```
long startup_time=0;
```

Cette variable est initialisée, un peu après le démarrage proprement dit, par la fonction **time_init()**, définie dans le même fichier *init/main.c* que la fonction appelante **main()** :

Linux 0.01

```
static void time_init(void)
{
        struct tm time;

        do {
                time.tm_sec = CMOS_READ(0);
                time.tm_min = CMOS_READ(2);
                time.tm_hour = CMOS_READ(4);
                time.tm_mday = CMOS_READ(7);
                time.tm_mon = CMOS_READ(8)-1;
                time.tm_year = CMOS_READ(9);
        } while (time.tm_sec!= CMOS_READ(0));
        BCD_TO_BIN(time.tm_sec);
        BCD_TO_BIN(time.tm_min);
        BCD_TO_BIN(time.tm_hour);
        BCD_TO_BIN(time.tm_mday);
        BCD_TO_BIN(time.tm_mon);
        BCD_TO_BIN(time.tm_year);
        startup_time = kernel_mktime(&time);
}
```

Son code est compréhensible : la date et l'heure sont récupérées à partir de la CMOS, en ajustant à la seconde près, puis codées sous le format Linux.

Lecture de la CMOS

La macro **CMOS_READ()** est également définie dans le fichier *init/main.c* :

Linux 0.01

```
/*
 * Yeah, yeah, it's ugly, but I cannot find how to do this correctly
 * and this seems to work. I anybody has more info on the real-time
 * clock I'd be interested. Most of this was trial and error, and some
 * bios-listing reading. Urghh.
 */

#define CMOS_READ(addr) ({ \
outb_p(0x80|addr,0x70); \
inb_p(0x71); \
})
```

Elle commence par indiquer l'adresse du registre de la CMOS que l'on s'apprête à lire tout en inhibant la NMI, puis elle lit l'octet correspondant de ce registre.

Passage du format BCD au binaire

La macro **BCD_TO_BIN()**, également définie dans le fichier *init/main.c*, permet de passer du format BCD de la CMOS au format binaire utilisé par Linux :

```
#define BCD_TO_BIN(val) ((val)=((val)&15) + ((val)>>4)*10)
```
Linux 0.01

En BCD, les quatre chiffres binaires de poids faible représentent l'unité décimale et les quatre chiffres de poids fort la dizaine. On obtient donc la transformation par la formule utilisée, sachant que les nombres utilisés ont au plus deux chiffres en décimal.

Transformation en nombre de secondes

La fonction **kernel_mktime()** (pour *MaKe TIME*) permet de transformer la date et l'heure obtenues en nombre de secondes depuis le premier janvier 1970, zéro heure.

Elle est définie dans le fichier *kernel/mktime.c* :

Linux 0.01

```
#include <time.h>

/*
 * This isn't the library routine, it is only used in the kernel.
 * as such, we don't care about years<1970 etc, but assume everything
 * is ok. Similarly, TZ etc is happily ignored. We just do everything
 * as easily as possible. Let's find something public for the library
 * routines (although I think minix times is public).
 */
/*
 * PS. I hate whoever though up the year 1970 - couldn't they have gotten
 * a leap-year instead? I also hate Gregorius, pope or no. I'm grumpy.
 */
#define MINUTE 60
#define HOUR (60*MINUTE)
#define DAY (24*HOUR)
#define YEAR (365*DAY)

/* interestingly, we assume leap-years */
static int month[12] = {
        0,
        DAY*(31),
        DAY*(31+29),
        DAY*(31+29+31),
        DAY*(31+29+31+30),
        DAY*(31+29+31+30+31),
        DAY*(31+29+31+30+31+30),
        DAY*(31+29+31+30+31+30+31),
        DAY*(31+29+31+30+31+30+31+31),
        DAY*(31+29+31+30+31+30+31+31+30),
        DAY*(31+29+31+30+31+30+31+31+30+31),
        DAY*(31+29+31+30+31+30+31+31+30+31+30)
};

long kernel_mktime(struct tm * tm)
{
        long res;
        int year;

        year = tm->tm_year - 70;
/* magic offsets (y+1) needed to get leapyears right.*/
        res = YEAR*year + DAY*((year+1)/4);
        res += month[tm->tm_mon];
/* and (y+2) here. If it wasn't a leap-year, we have to adjust */
        if (tm->tm_mon>1 && ((year+2)%4))
                res -= DAY;
        res += DAY*(tm->tm_mday-1);
        res += HOUR*tm->tm_hour;
```

```
        res += MINUTE*tm->tm_min;
        res += tm->tm_sec;
        return res;
}
```

Autrement dit :

- on initialise le tableau `month[]` de façon à ce qu'il contienne le nombre de secondes écoulés depuis le début de l'année en début de mois en supposant qu'il s'agisse d'une année bissextile ;

- on compte le nombre d'années `year` écoulées depuis 1970 ;

- une année est bissextile si elle est divisible par quatre (sauf toutes les années divisibles par 100 non divisibles par 400) ; on simplifie ici en ne regardant que la division par 4, cette approximation étant valable pour l'an 2000 — mais il faudra l'ajuster pour l'an 2 400 ;

- on calcule le nombre de secondes écoulées depuis le premier janvier 1970 en tout début de l'année en cours, sans oublier de rajouter un jour tous les quatre ans ; au début de 1973, par exemple, il faut tenir compte du fait que 1972 est bissextile ;

- on lui ajoute le nombre de secondes écoulées au tout début du mois en cours ; si l'année n'est pas bissextile et que l'on a compté le mois de février, il faut enlever l'équivalent d'une journée ;

- on lui ajoute le nombre de secondes écoulées au tout début du jour en cours, puis de l'heure en cours, puis de la minute en cours et, enfin, le nombre de secondes et on renvoie le résultat.

5 Évolution du noyau

Pour le noyau 2.6.0, la constante symbolique HZ est définie dans le fichier *include/linux/asm-i386/param.h* :

Linux 2.6.0
```
4  #ifdef __KERNEL__
5  # define HZ              1000       /* Internal kernel timer frequency */
6  # define USER_HZ          100       /* .. some user interfaces are in "ticks" */
7  # define CLOCKS_PER_SEC (USER_HZ)   /* like times() */
8  #endif
9
10 #ifndef HZ
11 #define HZ 100
12 #endif
```

La constante LATCH est définie dans le fichier *include/linux/timex.h* :

Linux 2.6.0
```
157 /* LATCH is used in the interval timer and ftape setup. */
158 #define LATCH  ((CLOCK_TICK_RATE + HZ/2) / HZ)  /* For divider */
```

Le canal 0 du PIT est initialisé à travers la fonction **voyager_timer_interrupt()** dans le fichier *arch/i386/mach-voyager/voyager_basic.c* :

Linux 2.6.0
```
166 /* voyager specific handling code for timer interrupts.  Used to hand
167  * off the timer tick to the SMP code, since the VIC doesn't have an
168  * internal timer (The QIC does, but that's another story). */
169 void
170 voyager_timer_interrupt(struct pt_regs *regs)
171 {
172         if((jiffies & 0x3ff) == 0) {
173
174                 /* There seems to be something flaky in either
175                  * hardware or software that is resetting the timer 0
```

```
176                  * count to something much higher than it should be.
177                  * This seems to occur in the boot sequence, just
178                  * before root is mounted.  Therefore, every 10
179                  * seconds or so, we sanity check the timer zero count
180                  * and kick it back to where it should be.
181                  *
182                  * FIXME: This is the most awful hack yet seen.  I
183                  * should work out exactly what is interfering with
184                  * the timer count settings early in the boot sequence
185                  * and swiftly introduce it to something sharp and
186                  * pointy.  */
187                 __u16 val;
188                 extern spinlock_t i8253_lock;
189
190                 spin_lock(&i8253_lock);
191
192                 outb_p(0x00, 0x43);
193                 val = inb_p(0x40);
194                 val |= inb(0x40) << 8;
195                 spin_unlock(&i8253_lock);
196
197                 if(val > LATCH) {
198                         printk("\nVOYAGER: countdown timer value too high (%d), resetting\n\n
     ", val);
199                         spin_lock(&i8253_lock);
200                         outb(0x34,0x43);
201                         outb_p(LATCH & 0xff , 0x40);    /* LSB */
202                         outb(LATCH >> 8 , 0x40);        /* MSB */
203                         spin_unlock(&i8253_lock);
204                 }
205         }
206 #ifdef CONFIG_SMP
207         smp_vic_timer_interrupt(regs);
208 #endif
209 }
```

Le gestionnaire de l'interruption d'horloge est défini dans le fichier *arch/i386/kernel/time.c* :

```
199 /*                                                                              Linux 2.6.0
200  * timer_interrupt() needs to keep up the real-time clock,
201  * as well as call the "do_timer()" routine every clocktick
202  */
203 static inline void do_timer_interrupt(int irq, void *dev_id,
204                                       struct pt_regs *regs)
205 {
206 #ifdef CONFIG_X86_IO_APIC
207         if (timer_ack) {
208                 /*
209                  * Subtle, when I/O APICs are used we have to ack timer IRQ
210                  * manually to reset the IRR bit for do_slow_gettimeoffset().
211                  * This will also deassert NMI lines for the watchdog if run
212                  * on an 82489DX-based system.
213                  */
214                 spin_lock(&i8259A_lock);
215                 outb(0x0c, PIC_MASTER_OCW3);
216                 /* Ack the IRQ; AEOI will end it automatically. */
217                 inb(PIC_MASTER_POLL);
218                 spin_unlock(&i8259A_lock);
219         }
220 #endif
221
222         do_timer_interrupt_hook(regs);
223
224         /*
225          * If we have an externally synchronized Linux clock, then update
226          * CMOS clock accordingly every ~11 minutes. Set_rtc_mmss() has to be
227          * called as close as possible to 500 ms before the new second starts.
228          */
```

```
229          if ((time_status & STA_UNSYNC) == 0 &&
230              xtime.tv_sec > last_rtc_update + 660 &&
231              (xtime.tv_nsec / 1000)
232                      >= USEC_AFTER - ((unsigned) TICK_SIZE) / 2 &&
233              (xtime.tv_nsec / 1000)
234                      <= USEC_BEFORE + ((unsigned) TICK_SIZE) / 2) {
235              if (set_rtc_mmss(xtime.tv_sec) == 0)
236                      last_rtc_update = xtime.tv_sec;
237              else
238                      last_rtc_update = xtime.tv_sec - 600; /* do it again in 60 s */
239          }
240
241 #ifdef CONFIG_MCA
242          if( MCA_bus ) {
243                  /* The PS/2 uses level-triggered interrupts.  You can't
244                  turn them off, nor would you want to (any attempt to
245                  enable edge-triggered interrupts usually gets intercepted by a
246                  special hardware circuit).  Hence we have to acknowledge
247                  the timer interrupt.  Through some incredibly stupid
248                  design idea, the reset for IRQ 0 is done by setting the
249                  high bit of the PPI port B (0x61).  Note that some PS/2s,
250                  notably the 55SX, work fine if this is removed.  */
251
252                  irq = inb_p( 0x61 );    /* read the current state */
253                  outb_p( irq|0x80, 0x61 );       /* reset the IRQ */
254          }
255 #endif
256 }
257
258 /*
259  * This is the same as the above, except we _also_ save the current
260  * Time Stamp Counter value at the time of the timer interrupt, so that
261  * we later on can estimate the time of day more exactly.
262  */
263 irqreturn_t timer_interrupt(int irq, void *dev_id, struct pt_regs *regs)
264 {
265          /*
266          * Here we are in the timer irq handler. We just have irqs locally
267          * disabled but we don't know if the timer_bh is running on the other
268          * CPU. We need to avoid to SMP race with it. NOTE: we don't need
269          * the irq version of write_lock because as just said we have irq
270          * locally disabled. -arca
271          */
272          write_seqlock(&xtime_lock);
273
274          cur_timer->mark_offset();
275
276          do_timer_interrupt(irq, NULL, regs);
277
278          write_sequnlock(&xtime_lock);
279          return IRQ_HANDLED;
280 }
```

La fonction **`time_init()`** est définie dans le fichier *`arch/i386/kernel/time.c`* :

```
335 void __init time_init(void)
336 {
337 #ifdef CONFIG_HPET_TIMER
338          if (is_hpet_capable()) {
339                  /*
340                  * HPET initialization needs to do memory-mapped io. So, let
341                  * us do a late initialization after mem_init().
342                  */
343                  late_time_init = hpet_time_init;
344                  return;
345          }
346 #endif
347
348          xtime.tv_sec = get_cmos_time();
```

```
349        wall_to_monotonic.tv_sec = -xtime.tv_sec;
350        xtime.tv_nsec = (INITIAL_JIFFIES % HZ) * (NSEC_PER_SEC / HZ);
351        wall_to_monotonic.tv_nsec = -xtime.tv_nsec;
352
353        cur_timer = select_timer();
354        time_init_hook();
355 }
```

La fonction **mktime()** est définie dans le fichier *include/linux/time.h* :

```
262 /* Converts Gregorian date to seconds since 1970-01-01 00:00:00.
263  * Assumes input in normal date format, i.e. 1980-12-31 23:59:59
264  * => year=1980, mon=12, day=31, hour=23, min=59, sec=59.
265  *
266  * [For the Julian calendar (which was used in Russia before 1917,
267  * Britain & colonies before 1752, anywhere else before 1582,
268  * and is still in use by some communities) leave out the
269  * -year/100+year/400 terms, and add 10.]
270  *
271  * This algorithm was first published by Gauss (I think).
272  *
273  * WARNING: this function will overflow on 2106-02-07 06:28:16 on
274  * machines were long is 32-bit! (However, as time_t is signed, we
275  * will already get problems at other places on 2038-01-19 03:14:08)
276  */
277 static inline unsigned long
278 mktime (unsigned int year, unsigned int mon,
279         unsigned int day, unsigned int hour,
280         unsigned int min, unsigned int sec)
281 {
282        if (0 >= (int) (mon -= 2)) {     /* 1..12 -> 11,12,1..10 */
283              mon += 12;                 /* Puts Feb last since it has leap day */
284              year -= 1;
285        }
286
287        return ((( 
288              (unsigned long) (year/4 - year/100 + year/400 + 367*mon/12 + day) +
289                      year*365 - 719499
290          )*24 + hour /* now have hours */
291        )*60 + min /* now have minutes */
292      )*60 + sec; /* finally seconds */
293 }
```

Linux 2.6.0

À partir du noyau 2.4, une liste de minuteurs remplace un certain nombre d'entre eux. On pourra lire le chapitre 5 de [BOV-01] pour une description plus détaillée de la prise en compte de la mesure du temps pour les noyaux 2.2 et 2.4.

Conclusion

Nous avons vu les deux types d'horloge utilisés sur un ordinateur : l'horloge temps réel, permettant de connaître la date et l'heure, et les minuteurs. Nous avons également décrit deux puces électroniques auxiliaires utilisées sur les micro-ordinateurs compatibles PC : l'horloge temps réel RTC et le minuteur périodique programmable PIT. Nous avons ensuite décrit comment ils sont pris en charge par Linux. La mesure du temps permet de mettre en place le gestionnaire des tâches, qui sera étudié au chapitre suivant.

Chapitre 11

Le gestionnaire des tâches

Nous avons vu que la notion de processus est la notion la plus importante des systèmes d'exploitation multi-tâches. Nous avons étudié l'aspect statique des processus dans le chapitre 6. Nous allons maintenant passer à l'aspect dynamique dans ce chapitre, à savoir comment se fait le passage d'un processus à un autre (*commutation des processus*), à quel moment et comment est choisi le nouveau processus élu (*ordonnancement des processus*).

1 Commutation de processus

1.1 Notion générale

Afin de contrôler l'exécution des processus, le noyau d'un système d'exploitation multi-tâches doit être capable de suspendre l'exécution du processus en cours d'exécution sur le micro-processeur et de reprendre l'exécution d'un autre processus préalablement suspendu (ou d'un nouveau processus). Cette activité est appelée **commutation de processus, commutation de tâche** ou **commutation de contexte** (*process switching* ou *task switching* en anglais).

Aide du micro-processeur — Les micro-processeurs modernes permettent d'effectuer cette commutation sous forme câblée. C'est le cas du micro-processeur *Intel* 80386. Le système d'exploitation n'a donc plus qu'à encapsuler cette façon de faire sous la forme d'une fonction C ou d'une macro.

1.2 Gestion du coprocesseur arithmétique

Sous Linux, la variable last_task_used_math, définie dans le fichier *kernel/sched.c* :

```
struct task_struct *current = &(init_task.task), *last_task_used_math = NULL;
```

permet de savoir quel est le dernier processus qui a utilisé le coprocesseur arithmétique.

Cette variable sera utilisée lors de la commutation de processus.

1.3 Cas de Linux

La commutation de processus est effectuée grâce à la macro **switch_to()** sous Linux. Les processus sont numérotés de 0 à 63 (pour le noyau 0.01), le numéro correspondant à l'index dans la table des processus task[]. La macro de commutation :

```
switch_to(n)
```

permet d'abandonner la tâche en cours et de donner la main à la tâche numéro n.

Cette macro est définie, en langage d'assemblage, dans le fichier *include/linux/sched.h* :

Linux 0.01

```
/*
 *      switch_to(n) should switch tasks to task nr n, first
 * checking that n isn't the current task, in which case it does nothing.
 * This also clears the TS-flag if the task we switched to has used
 * the math co-processor latest.
 */
#define switch_to(n) {\
struct {long a,b;} __tmp; \
__asm__("cmpl %%ecx,_current\n\t" \
        "je 1f\n\t" \
        "xchgl %%ecx,_current\n\t" \
        "movw %%dx,%1\n\t" \
        "ljmp %0\n\t" \
        "cmpl %%ecx,%2\n\t" \
        "jne 1f\n\t" \
        "clts\n" \
        "1:" \
        ::"m" (*&__tmp.a),"m" (*&__tmp.b), \
        "m" (last_task_used_math),"d" _TSS(n),"c" ((long) task[n])); \
}
```

Le type structuré du langage C :

```
struct \{long a,b;\}
```

correspond à huit octets, ce qui est la taille d'un descripteur de segment. On l'utilise ici pour manipuler les descripteurs de TSS.

Les actions effectuées sont les suivantes :

· l'adresse du descripteur de la tâche numéro n est placée dans le registre ecx, comme l'indique la dernière ligne ; si cette adresse est la même que celle de la tâche en cours, on n'a rien à faire et on a donc terminé ;

· sinon on échange les adresses des descripteurs de la tâche en cours et de la tâche n ;

· rappelons que _TSS(n) donne l'index dans la GDT de la TSS de la tâche numéro n ; cet index est placé dans le registre edx, comme l'indique la dernière ligne ; on place cet index dans __tmp et on effectue un saut inconditionnel long vers l'adresse de cette structure : ceci a pour effet de modifier les registres cs et eip et de réaliser matériellement (pour les microprocesseurs *Intel*) la commutation de contexte matériel en sauvegardant automatiquement l'ancien contexte matériel ;

· on regarde alors si l'ancien processus était celui qui avait utilisé en dernier le coprocesseur arithmétique ; si c'est le cas, on efface le drapeau TS.

2 Ordonnancement des processus

Comme tout système à temps partagé, Linux nous donne l'impression magique de l'exécution simultanée de plusieurs processus, ceci en commutant très rapidement d'un processus à l'autre. Nous venons de voir comment s'effectue la commutation de processus ; nous allons maintenant passer à l'**ordonnancement**, c'est-à-dire au choix du moment auquel il faut effectuer une commutation et du processus auquel il faut donner la main.

La sous-section *politique d'ordonnancement* introduit les choix faits dans Linux relatifs à l'ordonnancement des processus. La sous-section *algorithme d'ordonnancement* présente les structures de données utilisées pour implémenter l'ordonnancement, ainsi que l'algorithme lui-même.

2.1 Politique d'ordonnancement

L'algorithme d'ordonnancement des systèmes UNIX traditionnels doit satisfaire plusieurs objectifs antagonistes : assurer un temps de réponse rapide, fournir un bon débit pour les travaux d'arrière-plan, éviter la famine, réconcilier les besoins des processus de basse et de haute priorités, etc. L'ensemble des règles utilisées pour déterminer quand et comment choisir un nouveau processus à exécuter est appelé **politique d'ordonnancement**.

Sous Linux, cette politique d'ordonnancement est mise en place grâce au temps partagé en utilisant les notions de laps de temps, de priorité et de préemption des processus :

Laps de temps. L'ordonnancement est basé sur la technique dite du **temps partagé** : plusieurs processus peuvent s'exécuter de façon « concurrente », c'est-à-dire que le temps processeur est partagé en durées appelées **laps de temps** (*slice* ou *quantum* en anglais), une pour chaque processus exécutable (les processus stoppés et suspendus ne devant pas être élus par l'algorithme d'ordonnancement).

Naturellement, un processeur seul ne peut exécuter qu'un unique processus à un instant donné : on passe d'un processus à un autre à chaque laps de temps. Si un processus en cours d'exécution n'est pas terminé lorsque son laps de temps arrive à échéance, alors une commutation de processus doit avoir lieu. Ce partage du temps se base sur des interruptions d'horloge et reste donc transparent aux processus et aux utilisateurs.

Priorité. La politique d'ordonnancement est également basée sur une classification des processus en fonction de leur **priorité**. Des algorithmes divers et complexes sont parfois utilisés pour déterminer la priorité d'un processus à un instant donné, mais leur objectif est toujours le même : associer à chaque processus une valeur qui traduit dans quelle mesure il est opportun de lui donner accès au processeur.

Pour Linux 0.01, la **priorité** des processus est **dynamique**. L'ordonnanceur garde une trace de ce que font les processus et ajuste périodiquement leur priorité ; ainsi, les processus qui se sont vu refuser l'accès au processeur pendant une longue période sont favorisés par un accroissement dynamique de leur priorité. Symétriquement, les processus qui ont bien profité du processeur sont pénalisés par une diminution de leur priorité.

Préemption des processus. Les processus Linux sont **préemptifs** : lorsqu'un processus passe dans l'état TASK_RUNNING, le noyau vérifie si sa priorité dynamique est plus grande que celle du processus en cours d'exécution, le processus current ; si c'est le cas, l'exécution de current est interrompue et l'ordonnanceur est appelé, afin de choisir un autre processus à exécuter (généralement celui qui vient de devenir exécutable). Bien sûr, un processus peut également être préempté lorsque son laps de temps expire.

Considérons, par exemple, le scénario dans lequel seuls deux programmes (un éditeur de texte et un compilateur) s'exécutent. L'éditeur de texte, en tant que processus interactif, possède une priorité dynamique plus grande que le compilateur. Il est pourtant régulièrement suspendu, l'utilisateur alternant entre des phases de réflexion et de saisie ; de plus, le délai entre deux interruptions clavier est relativement long. Quoi qu'il en soit, dès que l'utilisateur appuie sur une touche, une interruption est déclenchée et le noyau réveille l'éditeur de texte. On constate alors que la priorité dynamique de ce processus est plus grande que celle du processus courant, c'est-à-dire le compilateur. De ce fait, on force l'activation de l'ordonnanceur à la fin du traitement de l'interruption. L'ordonnanceur choisit alors l'éditeur de texte et réalise la commutation de processus ; ainsi l'exécution de l'éditeur de texte reprend très rapidement et le caractère tapé par l'utilisateur est affiché à l'écran. Lorsqu'il a traité ce caractère, l'éditeur de texte est à nouveau suspendu dans l'attente d'une nouvelle interruption clavier, et le processus de compilation peut reprendre son exécution.

Remarquons qu'un processus préempté n'est pas suspendu : il reste dans l'état TASK_RUNNING mais il n'utilise plus le processeur.

Certains systèmes temps réel ont un **noyau préemptif**, ce qui signifie qu'un processus s'exécutant en mode noyau peut être suspendu après n'importe quelle instruction, exactement comme en mode utilisateur. Le noyau Linux n'est pas préemptif : un processus ne peut être préempté que lorsqu'il s'exécute en mode utilisateur. La conception d'un noyau non préemptif est plus simple dans la mesure où l'on peut résoudre bien plus facilement les problèmes de synchronisation liés aux structures de données du noyau.

Durée d'un laps de temps. La durée d'un laps de temps est un paramètre critique pour les performances du système : elle ne doit être ni trop longue, ni trop courte.

Si cette durée est trop faible, le surcroît induit par la commutation de tâche devient trop élevé. Supposons par exemple que la commutation de tâche nécessite 10 millisecondes ; si le laps de temps est également de 10 millisecondes, alors au moins 50 % du temps processeur est consacré à la commutation de tâches. Les choses peuvent même être bien pires que cela : si le temps pris par la commutation est comptabilisé dans le laps de temps du processus, tout le temps CPU est consacré à la commutation de tâches et aucun processus ne peut avancer dans son exécution.

Si le quantum est trop long, les processus ne donnent plus l'impression d'être exécutés en parallèle. Pour s'en convaincre, imaginons que le laps de temps soit fixé à cinq secondes ; alors chaque processus exécutable progresse de cinq secondes en cinq secondes dès qu'il a accès au processeur, mais après cela il s'arrête pour une longue période (disons cinq secondes multiplié par le nombre de processus exécutables).

Les choix de la durée du laps de temps est donc toujours un compromis. La règle adoptée dans Linux est de prendre une durée aussi longue que possible tout en essayant de garder un temps de réponse aussi bon que possible.

2.2 Algorithme d'ordonnancement

L'algorithme d'ordonnancement repose sur les notions de période et de priorité dynamique :

Période. L'algorithme d'ordonnancement de Linux divise le temps en **périodes** : au début d'une période, la durée du laps de temps initial (appelée **priorité de base** du processus) associée à chaque processus est calculée ; la période prend fin lorsque tous les processus exécutables ont consommé leur laps de temps initial ; l'ordonnanceur recalcule alors la durée du laps de temps de chaque processus et une nouvelle période commence.

En général les valeurs des laps de temps initial diffèrent d'un processus à l'autre.

Lorsqu'un processus a consommé son laps de temps, il est préempté et remplacé par un autre processus exécutable. Naturellement, un processus peut être élu plusieurs fois par l'ordonnanceur durant la même période, dans la mesure où son laps de temps n'est pas écoulé. Ainsi, s'il est suspendu en attente d'entrée-sortie, il conserve une partie de son laps de temps, ce qui lui permet d'être sélectionné à nouveau.

Priorité dynamique. Pour choisir le processus à exécuter, l'ordonnanceur doit prendre en compte la priorité de chaque processus. La **priorité dynamique** est la différence entre la priorité de base et le nombre d'interruptions d'horloge déjà consacrées à ce processus durant la période en cours.

Les champs dans le cas du noyau 0.01

Nous avons déjà vu que la structure `task_struct`, dans le cas du noyau 0.01, possède deux champs concernant la priorité (dynamique) :

Priorité de base. Le champ `long priority;` détient le laps de temps de base du processus ;

Priorité dynamique. Le champ `long counter;` indique la durée (en tops d'horloge) restant au processus avant la fin de son laps de temps pour la période en cours ; ce nombre est initialisé au début de chaque période avec la durée du laps de temps de base alloué au processus.

Nous avons déjà vu, dans le chapitre 10 sur la mesure du temps, que la fonction **do_timer()** décrémente le champ `counter` d'une unité à chaque interruption d'horloge lorsque celle-ci intervient alors que le processus est élu.

Implémentation du gestionnaire des tâches

Le gestionnaire des tâches est implémenté par la fonction **schedule()** sous Linux. Son objectif est de choisir un processus et de lui attribuer le processeur. Elle est appelée par plusieurs routines du noyau.

Cette fonction est définie dans le fichier *kernel/sched.c* :

```
/*
 *  'schedule()' is the scheduler function. This is GOOD CODE! There
 * probably won't be any reason to change this, as it should work well
 * in all circumstances (ie gives IO-bound processes good response etc).
 * The one thing you might take a look at is the signal-handler code here.
 *
 *   NOTE!! Task 0 is the 'idle' task, which gets called when no other
 * tasks can run. It can not be killed, and it cannot sleep. The 'state'
 * information in task[0] is never used.
 */
void schedule(void)
{
        int i,next,c;
        struct task_struct ** p;

/* check alarm, wake up any interruptible tasks that have got a signal */

        for(p = &LAST_TASK; p > &FIRST_TASK; --p)
                if (*p) {
                        if ((*p)->alarm && (*p)->alarm < jiffies) {
                                (*p)->signal |= (1<<(SIGALRM-1));
                                (*p)->alarm = 0;
                        }
                        if ((*p)->signal && (*p)->state==TASK_INTERRUPTIBLE)
                                (*p)->state=TASK_RUNNING;
                }

/* this is the scheduler proper: */
```

Linux 0.01

```
    while (1) {
            c = -1;
            next = 0;
            i = NR_TASKS;
            p = &task[NR_TASKS];
            while (--i) {
                    if (!*--p)
                            continue;
                    if ((*p)->state == TASK_RUNNING && (*p)->counter > c)
                            c = (*p)->counter, next = i;
            }
            if (c) break;
            for(p = &LAST_TASK; p > &FIRST_TASK; --p)
                    if (*p)
                            (*p)->counter = ((*p)->counter >> 1) +
                                            (*p)->priority;
    }
    switch_to(next);
}
```

Autrement dit :

- Les descripteurs de tâches sont repérés par la première tâche FIRST_TASK et la dernière tâche LAST_TASK, ces constantes étant définies au début du fichier *include/linux/ sch.h* :

Linux 0.01

```
#define FIRST_TASK task[0]
#define LAST_TASK task[NR_TASKS-1]
```

- Un préliminaire consiste à vérifier les alarmes. Pour cela, on décrit toutes les tâches, depuis la dernière jusqu'à la première. Si la valeur du champ alarm est strictement comprise entre 0 et jiffies, on positionne le signal SIGALRM de cette tâche et on replace son champ alarm à 0.
- Un autre préliminaire consiste à réveiller toutes les tâches auxquelles on a envoyé au moins un signal (y compris celui d'alarme). Si un signal a été envoyé à une tâche et que celle-ci se trouvait dans l'état TASK_INTERRUPTIBLE, son état passe à TASK_RUNNING.
- Le choix de la tâche à élire peut alors commencer. On passe en revue toutes les tâches en commençant par la dernière, celle de numéro 63. On détermine la tâche, parmi celles dont l'état est TASK_RUNNING, ayant la plus haute priorité dynamique c (celle de numéro le plus élevé si plusieurs tâches possèdent la même priorité). Si cette priorité est non nulle, on commute vers cette tâche.

    Si toutes les tâches éligibles ont une priorité dynamique nulle, on a terminé la période. On réattribue alors le laps de temps de base de tous les processus (pas seulement ceux qui sont éligibles) et on revient à l'étape précédente.

Appel de la fonction d'ordonnancement

Nous avons vu, dans le chapitre 10 sur la mesure du temps, qu'il est fait appel à la fonction **schedule()** lorsque la priorité dynamique du processus en cours devient nulle et que le processus est en mode utilisateur, ceci étant vérifié par la fonction **do_timer()**, appelée à chaque interruption d'horloge.

Elle est également appelée après chaque appel système, comme nous l'avons vu dans le chapitre sur l'implémentation des appels système.

3 Initialisation du gestionnaire des tâches

Le gestionnaire des tâches est initialisé par la fonction **sched_init()**, définie dans le fichier *kernel/sched.c* et appelée par la fonction **main()** :

```
void sched_init(void)                                                    Linux 0.01
{
        int i;
        struct desc_struct * p;

        set_tss_desc(gdt+FIRST_TSS_ENTRY,&(init_task.task.tss));
        set_ldt_desc(gdt+FIRST_LDT_ENTRY,&(init_task.task.ldt));
        p = gdt+2+FIRST_TSS_ENTRY;
        for(i=1;i<NR_TASKS;i++) {
                task[i] = NULL;
                p->a=p->b=0;
                p++;
                p->a=p->b=0;
                p++;
        }
        ltr(0);
        lldt(0);
        outb_p(0x36,0x43);              /* binary, mode 3, LSB/MSB, ch 0 */
        outb_p(LATCH & 0xff , 0x40);    /* LSB */
        outb(LATCH >> 8 , 0x40);        /* MSB */
        set_intr_gate(0x20,&timer_interrupt);
        outb(inb_p(0x21)&~0x01,0x21);
        set_system_gate(0x80,&system_call);
}
```

Les actions effectuées sont les suivantes :

· on place en première entrée de TSS le sélecteur de segment de TSS de la tâche initiale ;

· on place en première entrée de LDT le sélecteur de segment de LDT de la tâche initiale ;

· on initialise les 63 autres entrées du tableau des tâches avec NULL et les 63 autres entrées de TSS et de LDT avec le descripteur nul ;

· on charge les registres de LDT et de TSS avec les descripteurs de la table locale de descripteurs et de TSS de la tâche initiale ;

· on initialise le compteur 0 du PIT, de la façon vue dans le chapitre précédent ;

· on met en place la routine de service de l'interruption d'horloge ;

· on met en place la routine de service de l'interruption logicielle.

4 Évolution du noyau

La fonction **switch_to()** de commutation des processus est maintenant définie dans le fichier *arch/um/kernel/process_kern.c* :

```
132 void *switch_to(void *prev, void *next, void *last)                  Linux 2.6.0
133 {
134         return(CHOOSE_MODE(switch_to_tt(prev, next),
135                         switch_to_skas(prev, next)));
136 }
```

La macro **CHOOSE_MODE()** est définie dans le fichier *arch/um/include/choose-mode.h* :

```
11 #if defined(UML_CONFIG_MODE_TT) && defined(UML_CONFIG_MODE_SKAS)      Linux 2.6.0
12 #define CHOOSE_MODE(tt, skas) (mode_tt? (tt): (skas))
13
14 #elif defined(UML_CONFIG_MODE_SKAS)
```

```
15 #define CHOOSE_MODE(tt, skas) (skas)
16
17 #elif defined(UML_CONFIG_MODE_TT)
18 #define CHOOSE_MODE(tt, skas) (tt)
19 #endif
```

La fonction **switch_to_skas()**, utilisée dans le cas d'un seul micro-processeur, est définie dans le fichier *arch/um/kernel/skas/process_kern.c* :

Linux 2.6.0

```
28 void *switch_to_skas(void *prev, void *next)
29 {
30         struct task_struct *from, *to;
31
32         from = prev;
33         to = next;
34
35         /* XXX need to check runqueues[cpu].idle */
36         if(current->pid == 0)
37                 switch_timers(0);
38
39         to->thread.prev_sched = from;
40         set_current(to);
41
42         switch_threads(&from->thread.mode.skas.switch_buf,
43                         to->thread.mode.skas.switch_buf);
44
45         if(current->pid == 0)
46                 switch_timers(1);
47
48         return(current->thread.prev_sched);
49 }
```

La fonction **schedule()** est toujours définie dans le fichier *kernel/sched.c* :

Linux 2.6.0

```
1468 /*
1469  * schedule() is the main scheduler function.
1470  */
1471 asmlinkage void schedule(void)
1472 {
1473         task_t *prev, *next;
1474         runqueue_t *rq;
1475         prio_array_t *array;
1476         struct list_head *queue;
1477         unsigned long long now;
1478         unsigned long run_time;
1479         int idx;
1480
1481         /*
1482          * Test if we are atomic.  Since do_exit() needs to call into
1483          * schedule() atomically, we ignore that path for now.
1484          * Otherwise, whine if we are scheduling when we should not be.
1485          */
1486         if (likely(!(current->state & (TASK_DEAD | TASK_ZOMBIE)))) {
1487                 if (unlikely(in_atomic())) {
1488                         printk(KERN_ERR "bad: scheduling while atomic!\n");
1489                         dump_stack();
1490                 }
1491         }
1492
1493 need_resched:
1494         preempt_disable();
1495         prev = current;
1496         rq = this_rq();
1497
1498         release_kernel_lock(prev);
1499         now = sched_clock();
1500         if (likely(now - prev->timestamp < NS_MAX_SLEEP_AVG))
1501                 run_time = now - prev->timestamp;
1502         else
```

```
1503                     run_time = NS_MAX_SLEEP_AVG;
1504
1505         /*
1506          * Tasks with interactive credits get charged less run_time
1507          * at high sleep_avg to delay them losing their interactive
1508          * status
1509          */
1510         if (HIGH_CREDIT(prev))
1511                 run_time /= (CURRENT_BONUS(prev)?: 1);
1512
1513         spin_lock_irq(&rq->lock);
1514
1515         /*
1516          * if entering off of a kernel preemption go straight
1517          * to picking the next task.
1518          */
1519         if (unlikely(preempt_count() & PREEMPT_ACTIVE))
1520                 goto pick_next_task;
1521
1522         switch (prev->state) {
1523         case TASK_INTERRUPTIBLE:
1524                 if (unlikely(signal_pending(prev))) {
1525                         prev->state = TASK_RUNNING;
1526                         break;
1527                 }
1528         default:
1529                 deactivate_task(prev, rq);
1530                 prev->nvcsw++;
1531                 break;
1532         case TASK_RUNNING:
1533                 prev->nivcsw++;
1534         }
1535 pick_next_task:
1536         if (unlikely(!rq->nr_running)) {
1537 #ifdef CONFIG_SMP
1538                 load_balance(rq, 1, cpu_to_node_mask(smp_processor_id()));
1539                 if (rq->nr_running)
1540                         goto pick_next_task;
1541 #endif
1542                 next = rq->idle;
1543                 rq->expired_timestamp = 0;
1544                 goto switch_tasks;
1545         }
1546
1547         array = rq->active;
1548         if (unlikely(!array->nr_active)) {
1549                 /*
1550                  * Switch the active and expired arrays.
1551                  */
1552                 rq->active = rq->expired;
1553                 rq->expired = array;
1554                 array = rq->active;
1555                 rq->expired_timestamp = 0;
1556         }
1557
1558         idx = sched_find_first_bit(array->bitmap);
1559         queue = array->queue + idx;
1560         next = list_entry(queue->next, task_t, run_list);
1561
1562         if (next->activated > 0) {
1563                 unsigned long long delta = now - next->timestamp;
1564
1565                 if (next->activated == 1)
1566                         delta = delta * (ON_RUNQUEUE_WEIGHT * 128 / 100) / 128;
1567
1568                 array = next->array;
1569                 dequeue_task(next, array);
1570                 recalc_task_prio(next, next->timestamp + delta);
1571                 enqueue_task(next, array);
1572         }
```

```
1573              next->activated = 0;
1574 switch_tasks:
1575          prefetch(next);
1576          clear_tsk_need_resched(prev);
1577          RCU_qsctr(task_cpu(prev))++;
1578
1579          prev->sleep_avg -= run_time;
1580          if ((long)prev->sleep_avg <= 0){
1581                  prev->sleep_avg = 0;
1582                  if (!(HIGH_CREDIT(prev) || LOW_CREDIT(prev)))
1583                          prev->interactive_credit--;
1584          }
1585          prev->timestamp = now;
1586
1587          if (likely(prev!= next)) {
1588                  next->timestamp = now;
1589                  rq->nr_switches++;
1590                  rq->curr = next;
1591
1592                  prepare_arch_switch(rq, next);
1593                  prev = context_switch(rq, prev, next);
1594                  barrier();
1595
1596                  finish_task_switch(prev);
1597          } else
1598                  spin_unlock_irq(&rq->lock);
1599
1600          reacquire_kernel_lock(current);
1601          preempt_enable_no_resched();
1602          if (test_thread_flag(TIF_NEED_RESCHED))
1603                  goto need_resched;
1604 }
```

La fonction **sched_init()** d'initialisation du gestionnaire des tâches est toujours définie dans le fichier *kernel/sched.c* :

Linux 2.6.0

```
2804 void __init sched_init(void)
2805 {
2806          runqueue_t *rq;
2807          int i, j, k;
2808
2809          /* Init the kstat counters */
2810          init_kstat();
2811          for (i = 0; i < NR_CPUS; i++) {
2812                  prio_array_t *array;
2813
2814                  rq = cpu_rq(i);
2815                  rq->active = rq->arrays;
2816                  rq->expired = rq->arrays + 1;
2817                  spin_lock_init(&rq->lock);
2818                  INIT_LIST_HEAD(&rq->migration_queue);
2819                  atomic_set(&rq->nr_iowait, 0);
2820                  nr_running_init(rq);
2821
2822                  for (j = 0; j < 2; j++) {
2823                          array = rq->arrays + j;
2824                          for (k = 0; k < MAX_PRIO; k++) {
2825                                  INIT_LIST_HEAD(array->queue + k);
2826                                  __clear_bit(k, array->bitmap);
2827                          }
2828                          // delimiter for bitsearch
2829                          __set_bit(MAX_PRIO, array->bitmap);
2830                  }
2831          }
2832          /*
2833           * We have to do a little magic to get the first
2834           * thread right in SMP mode.
2835           */
2836          rq = this_rq();
```

```
2837          rq->curr = current;
2838          rq->idle = current;
2839          set_task_cpu(current, smp_processor_id());
2840          wake_up_forked_process(current);
2841
2842          init_timers();
2843
2844          /*
2845           * The boot idle thread does lazy MMU switching as well:
2846           */
2847          atomic_inc(&init_mm.mm_count);
2848          enter_lazy_tlb(&init_mm, current);
2849 }
```

On se référera à [OGO-03] pour une étude détaillée du gestionnaire des tâches sous Linux 2.4.18 et à [BOV-01] pour une étude dans le cas du noyau 2.2.

Conclusion

Les systèmes d'exploitation modernes émulent un pseudo-parallélisme en commutant rapidement d'une tâche à l'autre, donnant ainsi l'impression que plusieurs tâches se déroulent en parallèle. Nous avons vu comment commuter d'une tâche à une autre, en s'aidant du microprocesseur, qui s'occupe pratiquement de tout. Nous avons vu ensuite comment le gestionnaire des tâches donne la main aux différentes processus en suivant un algorithme très simple dans le cas du noyau 0.01 et un peu plus complexe dans le cas du noyau 2.6.0. La communication entre processus, objet du chapitre suivant, sera le dernier aspect dynamique du système ne nécessitant pas d'affichage.

Chapitre 12

Les signaux sous Linux

Il faut parfois fournir des informations à un processus en cours d'exécution, alors que ce processus n'est pas bloqué en attente de ces informations. Il existe deux façons de faire :

· les **interruptions logicielles** sont visibles uniquement en mode noyau ;

· les **signaux** sont visibles en mode utilisateur.

Un signal provoque la suspension temporaire du travail en cours, la sauvegarde des registres dans la pile et l'exécution d'une procédure particulière de traitement du signal envoyé. À la fin de la procédure de traitement du signal, le processus est redémarré dans l'état où il se trouvait juste avant la réception du signal.

1 Notion générale de signal

Un **signal** est un message extrêmement réduit qui peut être envoyé à un processus ou à un groupe de processus : la seule information fournie au processus est le numéro identifiant le signal ; il n'y a aucune place dans un signal standard pour un argument, un message ou toute autre information complémentaire.

Les signaux furent introduits par les premiers systèmes UNIX afin de simplifier la communication entre processus. Le noyau les a également utilisés pour notifier aux processus des événements liés au système. Les signaux existent depuis le début des années 1970 et n'ont subi que quelques modifications mineures. Du fait de leur relative simplicité et de leur efficacité, ils sont encore largement utilisés, bien que la communication entre processus connaisse maintenant d'autres outils.

Les signaux ont deux objectifs principaux :

· informer un processus de l'occurrence d'un événement spécifique ;

· forcer un processus à exécuter une *fonction de gestion de signal* contenue dans son code.

2 Liste et signification des signaux

Le champ `signal` d'un descripteur de processus contient un masque de bits pour les signaux reçus par le processus et qui sont en attente de traitement. Le type de ce champ de bits est `long`, ce qui fait au plus 32 signaux sur un micro-processeur `80386` d'Intel.

La liste des noms symboliques des signaux et de leurs valeurs correspondantes est définie dans le fichier d'en-têtes *include/signal.h*; elle ne comprend pour Linux 0.01 que 22 signaux sur les 32 possibles :

```
#define _NSIG           32
#define NSIG            _NSIG

#define SIGHUP          1
#define SIGINT          2
#define SIGQUIT         3
#define SIGILL          4
#define SIGTRAP         5
#define SIGABRT         6
#define SIGIOT          6
#define SIGUNUSED       7
#define SIGFPE          8
#define SIGKILL         9
#define SIGUSR1         10
#define SIGSEGV         11
#define SIGUSR2         12
#define SIGPIPE         13
#define SIGALRM         14
#define SIGTERM         15
#define SIGSTKFLT       16
#define SIGCHLD         17
#define SIGCONT         18
#define SIGSTOP         19
#define SIGTSTP         20
#define SIGTTIN         21
#define SIGTTOU         22
```

La signification de chacun de ces signaux est donnée ci-dessous, en indiquant s'il fait partie ou non de la norme POSIX :

· SIGHUP (pour *SIGnal Hand UP*) : déconnexion du terminal ou du processus de contrôle (POSIX);

· SIGINT (pour *SIGnal INTerrupt*) : interruption du clavier (POSIX);

· SIGQUIT (pour *SIGnal QUIT*) : demande de « quitter » depuis le clavier (POSIX);

· SIGILL (pour *SIGnal ILLegal*) : instruction illégale (POSIX);

· SIGTRAP (pour *SIGnal TRAP*) : point d'arrêt pour débogage (non POSIX);

· SIGABRT (pour *SIGnal ABoRT*) : terminaison anormale (POSIX);

· SIGIOT : équivalent à SIGABRT (non POSIX);

· SIGUNUSED (pour *SIGnal UNUSED*) : non utilisé (non POSIX);

· SIGFPE (pour *SIGnal Floating Processor Error*) : erreur du coprocesseur arithmétique (POSIX);

· SIGKILL (pour *SIGnal KILL*) : terminaison forcée du processus (POSIX);

· SIGUSR1 (pour *SIGnal USeR 1*) : disponible pour l'utilisateur (POSIX);

· SIGSEGV (pour *SIGnal SEGment Validity*) : référence mémoire non valide (POSIX);

· SIGUSR2 (pour *SIGnal USeR 2*) : disponible pour l'utilisateur (POSIX);

· SIGPIPE (pour *SIGnal PIPE*) : écriture dans un tube sans lecteur (POSIX);

· SIGALRM (pour *SIGnal ALaRM*) : horloge temps réel (POSIX);

· SIGTERM (pour *SIGnal TERMination*) : terminaison de processus;

· SIGSTKFLT (pour *SIGnal STacK FLoaTing processor*) : erreur de pile du coprocesseur arithmétique (non POSIX);

- SIGCHLD (pour *SIGnal CHiLD*) : processus fils stoppé ou terminé (POSIX) ;
- SIGCONT (pour *SIGnal CONtinue*) : reprise d'exécution si stoppé (POSIX) ;
- SIGSTOP (pour *SIGnal STOP*) : stoppe l'exécution du processus (POSIX) ;
- SIGTSTP (pour *SIGnal Terminal SToP*) : stoppe l'exécution du processus invoqué du terminal (POSIX) ;
- SIGTTIN (pour *SIGnal TTy IN*) : processus d'arrière-plan nécessitant une entrée (POSIX) ;
- SIGTTOU (pour *SIGnal TTy OUt*) : processus d'arrière-plan nécessitant une sortie (POSIX).

3 Vue d'ensemble de manipulation des signaux

Un signal est envoyé à un processus grâce à un appel système, il est alors traité, l'action étant déterminée par une fonction de gestion du signal :

Émission d'un signal. Un signal est envoyé à un processus par l'appel système suivant, à la disposition des programmeurs : int kill(int pid, int sig)

où sig est le numéro du signal et pid a une signification qui dépend de sa valeur :

- $pid > 0$: le signal sig est envoyé au processus dont le PID est égal à pid ;
- $pid = 0$: le signal sig est envoyé à tous les processus du groupe du processus appelant ;
- $pid = -1$: le signal est envoyé à tous les processus, à l'exception du processus inactif (de PID 0), du processus *init* (de PID 1) et du processus en cours current ;
- $pid < -1$: le signal est envoyé à tous les processus du groupe $-pid$.

Traitement des signaux. Le traitement d'un signal émis est effectué par la procédure **ret_from_sys_call()**. Celle-ci est appelée à la fin de chaque appel système (d'où son nom) et à chaque interruption d'horloge, comme indiqué au début du fichier *kernel/system_call.s* :

```
* NOTE: This code handles signal-recognition, which happens every time
* after a timer-interrupt and after each system call. Ordinary interrupts
* don't handle signal-recognition, as that would clutter them up totally
* unnecessarily.
```

Linux 0.01

Fonction de gestion d'un signal. L'action réalisée lors de l'arrivée d'un signal est soit l'action par défaut, qui est toujours la terminaison du processus pour le noyau 0.01, soit l'exécution d'une action spécifique au processus pour ce signal.

L'appel système **signal()** permet de changer la fonction de gestion d'un signal pour le processus en cours. Sa syntaxe est :

```
int signal(long signal,long addr,long restorer)
```

où signal est le numéro du signal dont on veut changer l'action, addr est l'adresse de la routine de service que l'on veut placer et restorer est l'adresse de la routine de service de restauration. Le retour est l'adresse de l'ancienne routine de service.

Pour le noyau 0.01, on ne peut changer la routine de service que des treize signaux suivants : SIGHUP, SIGINT, SIGQUIT, SIGILL, SIGTRAP, SIGABRT, SIGFPE, SIGUSR1, SIGSEGV, SIGUSR2, SIGPIPE, SIGALRM et SIGCHLD.

4 Implémentation des deux appels système

Les appels système seront étudiés plus tard mais nous avons besoin de voir l'implémentation de ceux concernant les signaux dès maintenant car nous utiliserons les fonctions auxiliaires en mode noyau.

4.1 Implémentation de l'appel système d'envoi d'un signal

Fonction de code — La fonction de code de cet appel système, **sys_kill()**, est définie dans le fichier *kernel/exit.c* :

Linux 0.01
```
int sys_kill(int pid,int sig)
{
        do_kill(pid,sig,!(current->uid || current->euid));
        return 0;
}
```

Elle se contente de faire appel à la fonction **do_kill()** et de renvoyer 0 en précisant si l'utilisateur est le super-utilisateur ou non.

La fonction auxiliaire do_kill() — La fonction **do_kill()** est définie dans le même fichier :

Linux 0.01
```
void do_kill(long pid,long sig,int priv)
{
        struct task_struct **p = NR_TASKS + task;

        if (!pid) while (--p > &FIRST_TASK) {
                if (*p && (*p)->pgrp == current->pid)
                        send_sig(sig,*p,priv);
        } else if (pid>0) while (--p > &FIRST_TASK) {
                if (*p && (*p)->pid == pid)
                        send_sig(sig,*p,priv);
        } else if (pid == -1) while (--p > &FIRST_TASK)
                send_sig(sig,*p,priv);
        else while (--p > &FIRST_TASK)
                if (*p && (*p)->pgrp == -pid)
                        send_sig(sig,*p,priv);
}
```

Cette fonction détermine à quels processus elle doit envoyer le signal, en suivant les règles énoncés ci-dessus, et elle l'envoie en utilisant la fonction auxiliaire **send_sig()**.

La fonction auxiliaire send_sig() — Cette fonction est également définie dans le même fichier :

Linux 0.01
```
static inline void send_sig(long sig,struct task_struct * p,int priv)
{
        if (!p || sig<1 || sig>32)
                return;
        if (priv ||
                current->uid==p->uid ||
                current->euid==p->uid ||
                current->uid==p->euid ||
                current->euid==p->euid)
                p->signal |= (1<<(sig-1));
}
```

Elle se contente de positionner le numéro du signal correspondant dans le champ signal du descripteur de processus en cours.

4.2 Implémentation de l'appel système de déroutement

La fonction de code de cet appel système, **sys_signal()**, est définie dans le fichier *kernel/ sched.c* :

```
int sys_signal(long signal,long addr,long restorer)
{
        long i;

        switch (signal) {
                case SIGHUP: case SIGINT: case SIGQUIT: case SIGILL:
                case SIGTRAP: case SIGABRT: case SIGFPE: case SIGUSR1:
                case SIGSEGV: case SIGUSR2: case SIGPIPE: case SIGALRM:
                case SIGCHLD:
                        i=(long) current->sig_fn[signal-1];
                        current->sig_fn[signal-1] = (fn_ptr) addr;
                        current->sig_restorer = (fn_ptr) restorer;
                        return i;
                default: return -1;
        }
}
```
Linux 0.01

qui effectue bien ce qui est voulu : dans le cas des treize signaux pour lesquels on peut changer le comportement par défaut, on le fait et on renvoie l'adresse de l'ancienne fonction ; dans les autres cas on renvoie -1.

5 Implémentation du traitement des signaux

Le traitement des signaux est effectué par la fonction **ret_from_sys_call()**. Cette fonction est définie, en langage d'assemblage, dans le fichier *kernel/system_call.s* :

```
ret_from_sys_call:
        movl _current,%eax              # task[0] cannot have signals
        cmpl _task,%eax
        je 3f
        movl CS(%esp),%ebx              # was old code segment supervisor
        testl $3,%ebx                   # mode? If so - don't check signals
        je 3f
        cmpw $0x17,OLDSS(%esp)          # was stack segment = 0x17 ?
        jne 3f
2:      movl signal(%eax),%ebx          # signals (bitmap, 32 signals)
        bsfl %ebx,%ecx                  # %ecx is signal nr, return if none
        je 3f
        btrl %ecx,%ebx                  # clear it
        movl %ebx,signal(%eax)
        movl sig_fn(%eax,%ecx,4),%ebx   # %ebx is signal handler address
        cmpl $1,%ebx
        jb default_signal               # 0 is default signal handler - exit
        je 2b                           # 1 is ignore - find next signal
        movl $0,sig_fn(%eax,%ecx,4)     # reset signal handler address
        incl %ecx
        xchgl %ebx,EIP(%esp)            # put new return address on stack
        subl $28,OLDESP(%esp)
        movl OLDESP(%esp),%edx          # push old return address on stack
        pushl %eax                      # but first check that it's ok.
        pushl %ecx
        pushl $28
        pushl %edx
        call _verify_area
        popl %edx
        addl $4,%esp
        popl %ecx
        popl %eax
        movl restorer(%eax),%eax
        movl %eax,%fs:(%edx)            # flag/reg restorer
```
Linux 0.01

```
        movl %ecx,%fs:4(%edx)           # signal nr
        movl EAX(%esp),%eax
        movl %eax,%fs:8(%edx)           # old eax
        movl ECX(%esp),%eax
        movl %eax,%fs:12(%edx)          # old ecx
        movl EDX(%esp),%eax
        movl %eax,%fs:16(%edx)          # old edx
        movl EFLAGS(%esp),%eax
        movl %eax,%fs:20(%edx)          # old eflags
        movl %ebx,%fs:24(%edx)          # old return addr
3:      popl %eax
        popl %ebx
        popl %ecx
        popl %edx
        pop %fs
        pop %es
        pop %ds
        iret
```

Autrement dit :

· Le processus 0 ne peut pas être arrêté et donc n'accepte pas de signal. Si le signal que l'on traite a été envoyé au processus 0, on renvoie donc immédiatement à l'étiquette 3, c'est-à-dire à la fin du sous-programme (plus exactement à la restauration des valeurs des registres).

· À l'appel de la routine **ret_from_sys_call()**, la pile contient les éléments rappelés au début du fichier source :

```
* Stack layout in 'ret_from_system_call':
*
*       0(%esp) - %eax
*       4(%esp) - %ebx
*       8(%esp) - %ecx
*       C(%esp) - %edx
*      10(%esp) - %fs
*      14(%esp) - %es
*      18(%esp) - %ds
*      1C(%esp) - %eip
*      20(%esp) - %cs
*      24(%esp) - %eflags
*      28(%esp) - %oldesp
*      2C(%esp) - %oldss
*/
```

On utilise des constantes symboliques pour accéder plus facilement à ces éléments :

```
SIG_CHLD        = 17
EAX             = 0x00
EBX             = 0x04
ECX             = 0x08
EDX             = 0x0C
FS              = 0x10
ES              = 0x14
DS              = 0x18
EIP             = 0x1C
CS              = 0x20
EFLAGS          = 0x24
OLDESP          = 0x28
OLDSS           = 0x2C
```

· On utilise la structure task_struct, définie en langage C, dans du code écrit en langage d'assemblage. On doit donc repérer les champs de cette structure en indiquant leur déplacement par rapport au début de la structure. On utilise, pour rendre conviviale cette façon de faire, des constantes symboliques définies au début du fichier source :

Linux 0.01

```
state     = 0              # these are offsets into the task-struct.
counter   = 4
priority  = 8
signal    = 12
restorer  = 16             # address of info-restorer
sig_fn    = 20             # table of 32 signal addresses
```

· Les signaux ne sont traités que si le processus est en mode utilisateur. On vérifie donc : si l'on est en mode noyau, on ne traite pas le signal.

· On charge le masque de bits des signaux dans le registre `ebx`. On traite les 32 signaux possibles grâce à la boucle d'étiquette 2, qui se termine lorsqu'il n'y a plus de signal en attente (c'est-à-dire lorsque la valeur de `ebx` est nulle).

· Le traitement d'un signal commence en mettant l'indicateur de celui-ci à zéro dans le masque de bits des signaux du processus. On charge ensuite l'adresse de la fonction de gestion de ce signal dans le registre `ebx`. Si cette adresse est 1, on ignore le signal et on passe au suivant. Si l'adresse est 0, il s'agit de la fonction de gestion par défaut.

6 Fonction de gestion de signal par défaut

Dans le noyau 0.01 de Linux, la fonction de gestion par défaut d'un signal consiste à tuer le processus à qui est envoyé le signal. Cette fonction de gestion, appelée **default_signal()**, est implémentée en langage d'assemblage dans le fichier *kernel/system_call.s* :

Linux 0.01

```
default_signal:
        incl %ecx
        cmpl $SIG_CHLD,%ecx
        je 2b
        pushl %ecx
        call _do_exit          # remember to set bit 7 when dumping core
        addl $4,%esp
        jmp 3b
```

Elle est implémentée comme sous-routine de la routine de traitement des signaux. Elle ne fait rien si le signal est SIG_CHLD ; sinon elle fait appel à la fonction **do_exit()** de terminaison du processus, que nous étudierons plus tard.

7 Évolution du noyau

La liste des signaux se trouve maintenant dans le fichier *include/asm-i386/signal.h* et compte 32 signaux, c'est-à-dire le maximum possible :

Linux 2.6.0

```
26 /* Here we must cater to libcs that poke about in kernel headers.  */
27
28 #define NSIG          32
29 typedef unsigned long sigset_t;
30
31 #endif /* __KERNEL__ */
32
33 #define SIGHUP         1
34 #define SIGINT         2
35 #define SIGQUIT        3
36 #define SIGILL         4
37 #define SIGTRAP        5
38 #define SIGABRT        6
39 #define SIGIOT         6
40 #define SIGBUS         7
```

```
41 #define SIGFPE          8
42 #define SIGKILL         9
43 #define SIGUSR1         10
44 #define SIGSEGV         11
45 #define SIGUSR2         12
46 #define SIGPIPE         13
47 #define SIGALRM         14
48 #define SIGTERM         15
49 #define SIGSTKFLT       16
50 #define SIGCHLD         17
51 #define SIGCONT         18
52 #define SIGSTOP         19
53 #define SIGTSTP         20
54 #define SIGTTIN         21
55 #define SIGTTOU         22
56 #define SIGURG          23
57 #define SIGXCPU         24
58 #define SIGXFSZ         25
59 #define SIGVTALRM       26
60 #define SIGPROF         27
61 #define SIGWINCH        28
62 #define SIGIO           29
63 #define SIGPOLL         SIGIO
64 /*
65 #define SIGLOST         29
66 */
67 #define SIGPWR          30
68 #define SIGSYS          31
69 #define SIGUNUSED       31
70
71 /* These should not be considered constants from userland.  */
72 #define SIGRTMIN        32
73 #define SIGRTMAX        _NSIG
```

Le rôle des signaux est expliqué au début du fichier `kernel/signal.c` :

Linux 2.6.0

```
40 /*
41  * In POSIX a signal is sent either to a specific thread (Linux task)
42  * or to the process as a whole (Linux thread group).  How the signal
43  * is sent determines whether it's to one thread or the whole group,
44  * which determines which signal mask(s) are involved in blocking it
45  * from being delivered until later.  When the signal is delivered,
46  * either it's caught or ignored by a user handler or it has a default
47  * effect that applies to the whole thread group (POSIX process).
48  *
49  * The possible effects an unblocked signal set to SIG_DFL can have are:
50  *   ignore     - Nothing Happens
51  *   terminate  - kill the process, i.e. all threads in the group,
52  *                similar to exit_group.  The group leader (only) reports
53  *                WIFSIGNALED status to its parent.
54  *   coredump   - write a core dump file describing all threads using
55  *                the same mm and then kill all those threads
56  *   stop       - stop all the threads in the group, i.e. TASK_STOPPED state
57  *
58  * SIGKILL and SIGSTOP cannot be caught, blocked, or ignored.
59  * Other signals when not blocked and set to SIG_DFL behaves as follows.
60  * The job control signals also have other special effects.
61  *
62  *      +--------------------+------------------+
63  *      | POSIX signal       | default action   |
64  *      +--------------------+------------------+
65  *      | SIGHUP             | terminate        |
66  *      | SIGINT             | terminate        |
67  *      | SIGQUIT            | coredump         |
68  *      | SIGILL             | coredump         |
69  *      | SIGTRAP            | coredump         |
70  *      | SIGABRT/SIGIOT     | coredump         |
71  *      | SIGBUS             | coredump         |
72  *      | SIGFPE             | coredump         |
```

```
 73  *     |   SIGKILL           |   terminate(+)    |
 74  *     |   SIGUSR1           |   terminate       |
 75  *     |   SIGSEGV           |   coredump        |
 76  *     |   SIGUSR2           |   terminate       |
 77  *     |   SIGPIPE           |   terminate       |
 78  *     |   SIGALRM           |   terminate       |
 79  *     |   SIGTERM           |   terminate       |
 80  *     |   SIGCHLD           |   ignore          |
 81  *     |   SIGCONT           |   ignore(*)       |
 82  *     |   SIGSTOP           |   stop(*)(+)      |
 83  *     |   SIGTSTP           |   stop(*)         |
 84  *     |   SIGTTIN           |   stop(*)         |
 85  *     |   SIGTTOU           |   stop(*)         |
 86  *     |   SIGURG            |   ignore          |
 87  *     |   SIGXCPU           |   coredump        |
 88  *     |   SIGXFSZ           |   coredump        |
 89  *     |   SIGVTALRM         |   terminate       |
 90  *     |   SIGPROF           |   terminate       |
 91  *     |   SIGPOLL/SIGIO     |   terminate       |
 92  *     |   SIGSYS/SIGUNUSED  |   coredump        |
 93  *     |   SIGSTKFLT         |   terminate       |
 94  *     |   SIGWINCH          |   ignore          |
 95  *     |   SIGPWR            |   terminate       |
 96  *     |   SIGRTMIN-SIGRTMAX |   terminate       |
 97  *     +--------------------+-------------------+
 98  *     |   non-POSIX signal  |   default action  |
 99  *     +--------------------+-------------------+
100  *     |   SIGEMT            |   coredump        |
101  *     +--------------------+-------------------+
102  *
103  * (+) For SIGKILL and SIGSTOP the action is "always", not just "default".
104  * (*) Special job control effects:
105  * When SIGCONT is sent, it resumes the process (all threads in the group)
106  * from TASK_STOPPED state and also clears any pending/queued stop signals
107  * (any of those marked with "stop(*)").  This happens regardless of blocking,
108  * catching, or ignoring SIGCONT.  When any stop signal is sent, it clears
109  * any pending/queued SIGCONT signals; this happens regardless of blocking,
110  * catching, or ignoring the stop signal, though (except for SIGSTOP) the
111  * default action of stopping the process may happen later or never.
112  */
```

Les fonctions de code **sys_kill()** et **sys_signal()** sont maintenant définies dans le fichier *kernel/signal.c* :

```
2140 asmlinkage long                                                          Linux 2.6.0
2141 sys_kill(int pid, int sig)
2142 {
2143         struct siginfo info;
2144
2145         info.si_signo = sig;
2146         info.si_errno = 0;
2147         info.si_code = SI_USER;
2148         info.si_pid = current->tgid;
2149         info.si_uid = current->uid;
2150
2151         return kill_something_info(sig, &info, pid);
2152 }

[...]

2510 #if!defined(__alpha__) &&!defined(__ia64__) &&!defined(__mips__) && \
2511     !defined(__arm__)
2512 /*
2513  * For backwards compatibility.  Functionality superseded by sigaction.
2514  */
2515 asmlinkage unsigned long
2516 sys_signal(int sig, __sighandler_t handler)
2517 {
2518         struct k_sigaction new_sa, old_sa;
```

```
2519          int ret;
2520
2521          new_sa.sa.sa_handler = handler;
2522          new_sa.sa.sa_flags = SA_ONESHOT | SA_NOMASK;
2523
2524          ret = do_sigaction(sig, &new_sa, &old_sa);
2525
2526          return ret? ret: (unsigned long)old_sa.sa.sa_handler;
2527 }
2528 #endif /*!alpha &&!__ia64__ &&!defined(__mips__) &&!defined(__arm__) */
```

On pourra consulter le chapitre 9 de [BOV-01] pour une étude détaillée des signaux dans le cas des noyaux 2.2 et 2.4.

Conclusion

Nous venons de voir comment les signaux permettent de mettre en place une communication rudimentaire entre les processus, censés évoluer indépendamment les uns des autres sans partager d'espace mémoire commun. Dans la version 0.01 de Linux, cette communication est des plus minimalistes : elle consiste à tuer le processus. Dans le cas du noyau 2.6.0, on trouve un peu plus de variantes. L'affichage, objet de la partie suivante, permettra une interaction plus perfectionnée avec l'utilisateur, tout au moins dans le sens ordinateur vers utilisateur.

Cinquième partie

Affichage

Chapitre 13

Le pilote d'écran sous Linux

Nous avons vu la mise en place des éléments de Linux mais, jusqu'à maintenant, nous ne pouvons pas interagir puisque nous ne pouvons ni afficher, ni saisir des données. Nous allons nous intéresser dans ce chapitre au pilote du périphérique qu'est l'écran de la console.

L'écran est le périphérique dont le principe de la programmation est le plus simple, tout au moins dans le cas de l'écran texte : il suffit de placer le code du caractère à afficher à la bonne position de la mémoire graphique. Cependant, la conception du pilote d'écran est extrêmement sophistiquée à cause des caractères de contrôle.

1 Affichage brut

L'affichage brut consiste à afficher un caractère à l'écran, celui-ci étant spécifié par son code ASCII. Nous verrons que ceci n'est pas très utile sans quelques à côtés. Voyons cependant comment cet affichage brut est réalisé sous Linux.

1.1 Rappels sur l'affichage texte sur l'IBM-PC

L'affichage texte sur IBM-PC se fait par l'intermédiaire d'une carte graphique en utilisant une partie de la mémoire vive, découpée en pages graphiques :

Carte graphique. L'affichage sur l'écran de l'IBM-PC se fait par l'intermédiaire d'une carte graphique. Il existe de nombreux types de cartes graphiques disponibles pour les IBM-PC mais toutes les cartes graphiques pour PC émulent le mode texte de l'une des premières d'entre elles grâce à des modes. En ce qui concerne la console, Linux utilise uniquement le mode 3 de 25 lignes de 80 colonnes de caractères.

Mémoire graphique. Une partie de la mémoire vive était, sur les premiers IBM-PC, réservée à la carte graphique. On parle de mémoire graphique à son propos. Elle peut atteindre jusqu'à 128 Ko.

La mémoire graphique est utilisée directement par le circuit intégré i6845 (émulé de nos jours, évidemment) pour afficher du texte. Avec les cartes graphiques possédant une mémoire graphique de moins de 128 Ko, ou dans le cas d'une telle émulation, le microprocesseur peut accéder directement à la mémoire graphique comme s'il s'agissait de la mémoire vive usuelle.

En mode texte, la mémoire graphique est vue comme un tableau linéaire. Le premier mot (de deux octets) concerne le caractère du coin supérieur gauche, c'est-à-dire de la ligne 1, colonne 1, le second mot celui de la ligne 1, colonne 2, et ainsi de suite.

La résolution standard de 25 lignes de 80 caractères exige donc une zone mémoire de 2000 mots de deux octets chacun, soit un total de 4 Ko.

Notion de page graphique. Puisqu'une page écran occupe 4 Ko et que la mémoire graphique peut atteindre 128 Ko, on peut mémoriser plusieurs **pages graphiques** en mémoire graphique.

Adresse en mémoire graphique. Sur l'IBM-PC, le début de la mémoire graphique se trouve à l'adresse B000h dans le cas du monochrome (la couleur n'est pas utilisée pour le noyau 0.01 de Linux). L'adresse du mot mémoire pour le caractère de la ligne i, colonne j de la page k est alors donnée par l'équation suivante :

$$adresse = sv + tp * k + 2 \times ncpl \times i + 2 \times j$$

où sv (pour *Segment Video*) désigne l'adresse de début de la mémoire graphique (donc B000h), tp désigne la taille d'une page et $ncpl$ le nombre de caractères par ligne. Les variables i, j et k commencent à 0.

Contenu d'un mot de la mémoire graphique. Chaque mot de la mémoire graphique est constitué de deux octets, l'un contenant les *attributs* d'affichage (souligné, clignotant, etc.) et l'autre le code ASCII modifié du caractère à afficher.

Les 32 premiers caractères du code ASCII concernent le contrôle et non des caractères proprement dits. Ce contrôle est l'objet du système d'exploitation. 32 valeurs ne correspondent donc pas à des caractères proprement dits. IBM a décidé d'y faire correspondre des **caractères semi-graphiques** sur le générateur de caractères, ce qui donne lieu à un **code ASCII modifié** (voir figure 13.1).

1.2 Implémentation sous Linux

L'affichage brut est implémenté sous Linux en se référant à des caractéristiques de l'écran, avec possibilité de fenêtre graphique, grâce à une fonction d'écriture sur la console.

Caractéristiques de l'écran

Les paramètres définissant l'écran du terminal émulé par Linux sont définis dans le fichier *kernel/console.c* :

Adresse de la mémoire graphique. Rappelons que, pour le mode graphique 3 initialisé par défaut par le BIOS, les caractères affichés à l'écran se trouvent en mémoire graphique aux adresses de mémoire vive allant de B8000h à C0000h.

Linux manipule ces valeurs grâce à deux constantes :

```
#define SCREEN_START 0xb8000
#define SCREEN_END   0xc0000
```

Nombre de lignes et de colonnes. Pour ce mode graphique, ainsi que pour le terminal VT102 d'ailleurs, il y a 25 lignes de 80 colonnes. Linux manipule également ces valeurs grâce à deux constantes :

```
#define LINES 25
#define COLUMNS 80
```

Décimal	Hexadécimal	Caractère	Décimal	Hexadécimal	Caractère	Décimal	Hexadécimal	Caractère	Décimal	Hexadécimal	Caractère
0	00		32	20		64	40	@	96	60	`
1	01	☺	33	21	!	65	41	A	97	61	a
2	02	☻	34	22	"	66	42	B	98	62	b
3	03	♥	35	23	#	67	43	C	99	63	c
4	04	♦	36	24	$	68	44	D	100	64	d
5	05	♣	37	25	%	69	45	E	101	65	e
6	06	♠	38	26	&	70	46	F	102	66	f
7	07	•	39	27	'	71	47	G	103	67	g
8	08	◘	40	28	(	72	48	H	104	68	h
9	09	○	41	29	)	73	49	I	105	69	i
10	0A	◙	42	2A	*	74	4A	J	106	6A	j
11	0B	♂	43	2B	+	75	4B	K	107	6B	k
12	0C	♀	44	2C	,	76	4C	L	108	6C	l
13	0D	♪	45	2D	–	77	4D	M	109	6D	M
14	0E	♫	46	2E	.	78	4E	N	110	6E	n
15	0F	☼	47	2F	/	79	4F	O	111	6F	o
16	10	►	48	30	0	80	50	P	112	70	p
17	11	◄	49	31	1	81	51	Q	113	71	q
18	12	↕	50	32	2	82	52	R	114	72	r
19	13	‼	51	33	3	83	53	S	115	73	s
20	14	¶	52	34	4	84	54	T	116	74	t
21	15	§	53	35	5	85	55	U	117	75	u
22	16	▬	54	36	6	86	56	V	118	76	v
23	17	↨	55	37	7	87	57	W	119	77	w
24	18	↑	56	38	8	88	58	X	120	78	x
25	19	↓	57	39	9	89	59	Y	121	79	y
26	1A	→	58	3A	:	90	5A	Z	122	7A	z
27	1B	←	59	3B	;	91	5B	[	123	7B	{
28	1C	∟	60	3C	<	92	5C	\	124	7C		
29	1D	↔	61	3D	=	93	5D	]	125	7D	}
30	1E	▲	62	3E	>	94	5E	^	126	7E	~
31	1F	▼	63	3F	?	95	5F	_	127	7F	⌂

Figure 13.1 : *Caractères ASCII modifiés*

Fenêtre graphique

Il est dans la possibilité des terminaux de faire défiler un texte, non seulement sur l'écran en entier, mais également dans une *fenêtre* graphique. Celle-ci est déterminée par deux lignes : celle définissant le haut et celle définissant le bas de la fenêtre.

Nous n'utilisons pas cette possibilité dans le cas de l'affichage brut (mais nous ne pouvons pas réécrire le noyau !). Dans le cas de Linux 0.01, une fenêtre est définie, d'une part, par les adresses (de mémoire vive) du début et de fin de cette fenêtre et, d'autre part, par le nombre de lignes et le nombre de colonnes. On utilise aussi les numéros de ligne indiquant le haut et le bas de la fenêtre. Ces variables sont initialisées de telle façon que la fenêtre corresponde à l'écran en entier :

Linux 0.01
```
static unsigned long origin=SCREEN_START;
static unsigned long scr_end=SCREEN_START+LINES*COLUMNS*2;
--------------------------------------------------------
static unsigned long top=0,bottom=LINES;
static unsigned long lines=LINES,columns=COLUMNS;
```

Position du curseur

La position du curseur est déterminée par trois variables : un entier long `pos` correspondant à l'adresse dans la mémoire graphique et deux entiers (longs) `x` et `y` correspondant à l'abscisse et à l'ordonnée dans le repère ligne/colonne :

Linux 0.01
```
static unsigned long pos;
static unsigned long x,y;
```

Attribut des caractères

L'attribut des caractères est initialisé au nombre magique 7, ce qui correspond à des caractères blancs sur fond noir :

Linux 0.01
```
static unsigned char attr=0x07;
```

Fonction d'écriture sur la console

Comme nous l'avons déjà dit, l'affichage brut a peu d'intérêt. Linux ne le traite donc pas comme une entité à part. On peut juger de la façon de faire par un extrait du code de la fonction **con_write()** d'écriture sur la console. Cette fonction est définie dans le fichier *kernel/console.c* de la façon suivante :

Linux 0.01
```
void con_write(struct tty_struct * tty)
{
        int nr;
        char c;

        nr = CHARS(tty->write_q);
        while (nr--) {
                GETCH(tty->write_q,c);
                switch(state) {
                        case 0:
                                if (c>31 && c<127) {
                                        if (x>=columns) {
                                                x -= columns;
                                                pos -= columns<<1;
                                                lf();
                                        }
                                        __asm__("movb _attr,%%ah\n\t"
```

```
                                    "movw %%ax,%1\n\t"
                                    ::"a" (c),"m" (*(short *)pos)
                                    :"ax");
                        pos += 2;
                        x++;
            }
----------------------------------
```

On comprend clairement que dans le cas d'un code ASCII compris entre 32 et 126, c'est-à-dire dans le cas d'un caractère affichable, on affiche celui-ci à l'écran à la position du curseur et on incrémente cette dernière. On ne tient donc pas compte des caractères semi-graphiques d'IBM.

L'affichage proprement dit se fait grâce au code en langage d'assemblage :

```
__asm__("movb _attr,%%ah\n\t"
        "movw %%ax,%1\n\t"
        ::"a" (c),"m" (*(short *)pos)
        :"ax");
```

qui consiste à placer l'octet d'attribut, puis l'octet du code ASCII à la position de la mémoire vive repérée par la position du curseur.

2 Notion d'affichage structuré

2.1 Principe du logiciel d'affichage structuré

L'affichage structuré, par opposition à l'affichage brut, tient compte des *caractères de contrôle*, tels que le passage à la ligne, le retour arrière, le retour chariot et le caractère du signal sonore, ainsi que des *suites d'échappement*.

Traitement des caractères de contrôle

Il faut effectuer un traitement particulier pour les caractères de contrôle. Pour cela, on mémorise la position courante dans la mémoire graphique. Elle est incrémentée après avoir écrit un caractère affichable. Le retour arrière, le retour chariot et le passage à la ligne modifient la position courante. Si un passage à la ligne se produit au bas de l'écran, il faut faire défiler l'écran.

Le pilote d'écran doit aussi gérer le positionnement du curseur et le signal sonore. Pour générer un bip, il faut envoyer au haut-parleur un signal sinusoïdal ou carré. Cette partie de l'ordinateur est distincte de la mémoire graphique.

Le matériel simplifie souvent l'opération de défilement. La plupart des contrôleurs graphiques possèdent un registre qui contient l'adresse dans la mémoire graphique des caractères de la première ligne de l'écran. En ajoutant la longueur d'une ligne à ce registre, la deuxième ligne se retrouve en haut de l'écran, ce qui provoque le défilement de l'écran d'une ligne vers le haut. Le pilote n'a plus qu'à copier le contenu de la dernière ligne de l'écran. Quand le contrôleur graphique atteint la limite supérieure de la mémoire graphique, il recommence à partir de la plus basse adresse.

Le matériel facilite aussi souvent la tâche concernant la gestion du curseur en fournissant un registre qui indique la position du curseur.

Séquence d'échappement

Les éditeurs de textes et les programmes élaborés doivent souvent effectuer des opérations plus complexes qu'un simple défilement. Pour leur faciliter la tâche, de nombreux pilotes de terminaux fournissent ce qu'on appelle des **séquences d'échappement**. On trouve parmi les plus courantes :

· le déplacement du curseur d'une position vers le haut, le bas, la gauche ou la droite ;
· le positionnement du curseur en (x, y) ;
· l'insertion d'un caractère ou d'une ligne depuis la position du curseur ;
· l'effacement d'un caractère ou d'une ligne depuis la position du curseur ;
· le défilement de l'écran de n lignes vers le haut ou le bas ;
· l'effacement jusqu'à la fin de la ligne ou jusqu'au bas de l'écran à partir de la position du curseur ;
· le passage en mode vidéo inverse, souligné, clignotant ou normal ;
· la création, la destruction, le déplacement et la gestion des fenêtres.

Implémentation Quand le pilote détecte le début d'une séquence d'échappement, il positionne un indicateur et attend le reste de la séquence. Si tous les caractères sont arrivés, le pilote peut commencer à traiter la commande. L'insertion et l'effacement de texte impliquent le déplacement de blocs de caractères dans la mémoire graphique. Le matériel n'est pas d'une grande aide dans ce cas.

2.2 Cas de Linux

Linux utilise la norme POSIX pour le traitement des caractères de contrôle (comme nous l'avons déjà vu à propos de la définition des terminaux au chapitre 8) et un sous-ensemble de la norme ECMA-48 (due à l'organisme de normalisation *European Computer Manufacturers Association*), qui est celle suivie par le terminal VT102 de DEC, pour les suites d'échappement.

Les suites d'échappement prises en charge par Linux seront dans les versions ultérieures documentées dans l'entrée `console_codes` de man.

Nous allons d'abord passer en revue ces séquences d'échappement avant d'étudier l'implémentation sous Linux des caractères de contrôle et des suites d'échappement.

3 Les suites d'échappement ECMA-48

3.1 Syntaxe

Une suite d'échappement ECMA-48 :

· est introduite par le caractère CSI (pour *Control Sequence Introducer*), correspondant au code ASCII 9Bh ou à la suite de caractères « ESC-[» ;
· caractère suivi d'une suite de *paramètres*, qui sont des entiers décimaux séparés par des points-virgules, éventuellement précédés d'un point d'interrogation, une absence de paramètres étant interprétée comme « 0 » ;
· suite terminée par la suite de contrôle CSI-[(autrement dit par ESC-[-[) suivie d'un caractère.

3.2 Sémantique

L'action d'une suite d'échappement dépend du dernier caractère. Elle consiste à :

- « G » : déplacer le curseur sur la ligne en cours du nombre de colonnes indiqué par le paramètre (CHA pour *Cursor Horizontal Advance*) ;
- « A » : déplacer le curseur vers le haut du nombre de lignes indiqué par le paramètre (CUU pour *CUrsor Up*) ;
- « B » ou « e » : déplacer le curseur vers le bas du nombre de lignes indiqué par le paramètre (CUD pour *CUrsor Down*) ;
- « C » ou « a » : déplacer le curseur à droite du nombre de colonnes indiqué par le paramètre (CUF pour *CUrsor Forward*) ;
- « D » : déplacer le curseur à gauche du nombre de colonnes indiqué par le paramètre (CUB pour *CUrsor Backward*) ;
- « E » : descendre le curseur du nombre de lignes indiqué par le paramètre, en se plaçant à la colonne numéro un (CNL pour *Cursor Negative Line*) ;
- « F » : monter le curseur du nombre de lignes indiqué par le paramètre, en se plaçant à la colonne numéro un (CPL pour *Cursor Positive Line*) ;
- « d » : déplacer le curseur à la ligne indiquée par le paramètre, sans changer de colonne (VPA pour *Vertical Positive Advance*) ;
- « H » ou « f » : déplacer le curseur à la ligne et à la colonne indiquées par les deux paramètres, l'origine du repère étant 1, 1 (CUP pour *CUrsor Positionning*) ;
- « J » : effacer l'écran (ED pour *Erase Display*) :
  - par défaut effacer du curseur à la fin de l'écran ;
  - pour « ESC-1-J », effacer du début de l'écran au curseur ;
  - pour « ESC-2-J », effacer tout l'écran ;
- « K » : effacer la ligne (EL pour *Erase Line*) :
  - par défaut effacer du curseur à la fin de la ligne ;
  - pour « ESC-1-K », effacer du début de la ligne au curseur ;
  - pour « ESC-2-K », effacer toute la ligne ;
- « L » : insérer un certain nombre de lignes blanches, ce nombre étant indiqué par le paramètre (IL pour *Insert Lines*) ;
- « M » : effacer un certain nombre de lignes, ce nombre étant indiqué par le paramètre (DL pour *Delete Lines*) ;
- « P » : effacer un certain nombre de caractères sur la ligne en cours, ce nombre étant indiqué par le paramètre (DCH pour *Delete CHaracters*) ;
- « @ » : insérer un certain nombre de caractères blancs, ce nombre étant indiqué par le paramètre (ICH pour *Indicated CHaracters*) ;
- « m » : positionner les attributs (SGR pour *Set GRaphics*), plusieurs attributs pouvant être positionnés lors d'une même séquence :
  - 0 : réinitialise tous les attributs à leurs valeurs par défaut ;
  - 1 : en gras ;
  - 4 : souligné (simulé par une couleur sur un moniteur couleur) ;

- · 7 : video inverse ;
- · 27 : terminer la video inverse.

Il y a en fait beaucoup d'autres attributs mais Linux ne les utilise pas ;

- · « r » : positionner une fenêtre de défilement, les paramètres dénotant le numéro de la ligne du haut et de la ligne du bas (DECSTBM pour *DEC Set Top BottoM*).

Il y a d'autres séquences mais Linux ne les utilise pas. Linux introduit par contre les deux actions suivantes :

- · « s » : sauvegarder la position du curseur ;
- · « u » : restaurer la position du curseur.

4 Le pilote d'écran sous Linux

Le pilote d'écran sous Linux est essentiellement représenté par la fonction d'écriture sur la console, à savoir la fonction **con_write()**.

4.1 Prise en compte des caractéristiques ECMA-48

Les paramètres définissant l'écran du terminal émulé par Linux sont définis dans le fichier *kernel/console.c*. Nous avons déjà vu ceux qui concernent l'affichage brut.

Nombre de paramètres ECMA-48

On a besoin d'un paramètre supplémentaire pour les suites d'échappement. Le nombre de paramètres des suites de contrôle ECMA-48 est limité à 16 par Linux :

Linux 0.01
```
#define NPAR 16
```

Variables utilisées

Linux déclare quatre variables pour implémenter ECMA-48 :

Linux 0.01
```
static unsigned long state=0;
static unsigned long npar,par[NPAR];
static unsigned long ques=0;
```

L'état state dépend de l'endroit où l'on se trouve pour le traitement de la suite d'échappement :

- · 0 si l'on n'a pas commencé ;
- · 1 après avoir rencontré ESC ;
- · 2 après avoir rencontré ESC-[, et donc lorsque débute une suite de contrôle ACMA-48 ;
- · 3 pendant qu'on récupère les paramètres de cette suite de contrôle ;
- · 4 pendant le traitement de cette suite de contrôle.

Les paramètres sont placés dans le tableau par[], l'index de ce tableau étant npar. La question posée après un point d'interrogation est placée dans la variable ques.

4.2 Fonction d'écriture sur la console

Le code principal de la fonction d'écriture sur la console détermine, de façon très soigneuse, les différents cas à traiter. L'écriture proprement dite fait également partie du code principal (nous l'avons déjà vu à propos de l'affichage brut) mais les nombreux cas particuliers (défilements et autres) sont reportés dans des fonctions auxiliaires.

La fonction **con_write()** d'écriture sur la console est définie dans le fichier *kernel/console.c* de la façon suivante :

```
void con_write(struct tty_struct * tty)
{
        int nr;
        char c;

        nr = CHARS(tty->write_q);
        while (nr--) {
                GETCH(tty->write_q,c);
                switch(state) {
                        case 0:
                                if (c>31 && c<127) {
                                        if (x>=columns) {
                                                x -= columns;
                                                pos -= columns<<1;
                                                lf();
                                        }
                                        __asm__("movb _attr,%%ah\n\t"
                                                "movw %%ax,%1\n\t"
                                                ::"a" (c),"m" (*(short *)pos)
                                                :"ax");
                                        pos += 2;
                                        x++;
                                } else if (c==27)
                                        state=1;
                                else if (c==10 || c==11 || c==12)
                                        lf();
                                else if (c==13)
                                        cr();
                                else if (c==ERASE_CHAR(tty))
                                        del();
                                else if (c==8) {
                                        if (x) {
                                                x--;
                                                pos -= 2;
                                        }
                                } else if (c==9) {
                                        c=8-(x&7);
                                        x += c;
                                        pos += c<<1;
                                        if (x>columns) {
                                                x -= columns;
                                                pos -= columns<<1;
                                                lf();
                                        }
                                        c=9;
                                }
                                break;
                        case 1:
                                state=0;
                                if (c=='[')
                                        state=2;
                                else if (c=='E')
                                        gotoxy(0,y+1);
                                else if (c=='M')
                                        ri();
                                else if (c=='D')
                                        lf();
                                else if (c=='Z')
```

Linux 0.01

```
                                respond(tty);
                        else if (x=='7')
                                save_cur();
                        else if (x=='8')
                                restore_cur();
                        break;
                case 2:
                        for(npar=0;npar<NPAR;npar++)
                                par[npar]=0;
                        npar=0;
                        state=3;
                        if (ques=(c=='?'))
                                break;
                case 3:
                        if (c==';' && npar<NPAR-1) {
                                npar++;
                                break;
                        } else if (c>='0' && c<='9') {
                                par[npar]=10*par[npar]+c-'0';
                                break;
                        } else state=4;
                case 4:
                        state=0;
                        switch(c) {
                                case 'G': case '`':
                                        if (par[0]) par[0]--;
                                        gotoxy(par[0],y);
                                        break;
                                case 'A':
                                        if (!par[0]) par[0]++;
                                        gotoxy(x,y-par[0]);
                                        break;
                                case 'B': case 'e':
                                        if (!par[0]) par[0]++;
                                        gotoxy(x,y+par[0]);
                                        break;
                                case 'C': case 'a':
                                        if (!par[0]) par[0]++;
                                        gotoxy(x+par[0],y);
                                        break;
                                case 'D':
                                        if (!par[0]) par[0]++;
                                        gotoxy(x-par[0],y);
                                        break;
                                case 'E':
                                        if (!par[0]) par[0]++;
                                        gotoxy(0,y+par[0]);
                                        break;
                                case 'F':
                                        if (!par[0]) par[0]++;
                                        gotoxy(0,y-par[0]);
                                        break;
                                case 'd':
                                        if (par[0]) par[0]--;
                                        gotoxy(x,par[0]);
                                        break;
                                case 'H': case 'f':
                                        if (par[0]) par[0]--;
                                        if (par[1]) par[1]--;
                                        gotoxy(par[1],par[0]);
                                        break;
                                case 'J':
                                        csi_J(par[0]);
                                        break;
                                case 'K':
                                        csi_K(par[0]);
                                        break;
                                case 'L':
                                        csi_L(par[0]);
                                        break;
```

```
                                  case 'M':
                                        csi_M(par[0]);
                                        break;
                                  case 'P':
                                        csi_P(par[0]);
                                        break;
                                  case '@':
                                        csi_at(par[0]);
                                        break;
                                  case 'm':
                                        csi_m();
                                        break;
                                  case 'r':
                                        if (par[0]) par[0]--;
                                        if (!par[1]) par[1]=lines;
                                        if (par[0] < par[1] &&
                                            par[1] <= lines) {
                                                top=par[0];
                                                bottom=par[1];
                                        }
                                        break;
                                  case 's':
                                        save_cur();
                                        break;
                                  case 'u':
                                        restore_cur();
                                        break;
                          }
                }
        }
        set_cursor();
}
```

Autrement dit :

· La variable nr représente le nombre de caractères contenus dans le tampon d'écriture de la console.

· La fonction récupère un par un les caractères du tampon, « affiche » le caractère correspondant, puis déplace la position du curseur à l'emplacement suivant.

L'affichage du curseur est effectué en faisant appel à la fonction auxiliaire **set_cursor()**, que nous étudierons ci-dessous.

· L'« affichage » d'un caractère dépend de l'état dans lequel on se trouve.

· Les caractères affichables sont ceux de code ASCII 32 à 126. Dans sa première version, Linux n'utilise pas le code ASCII étendu : pas de lettre accentuée française donc.

· Dans le cas d'un caractère affichable, on effectue trois actions :

  · si l'on est arrivé à la fin d'une ligne, on passe à la ligne suivante suivant une procédure commentée ci-après ;

  · on affiche le caractère, grâce au code en langage d'assemblage déjà étudié ;

  · on incrémente la position pos de deux (puisque le code d'un caractère plus son attribut occupent deux octets) et l'abscisse de un.

· Pour aller à la ligne :

  · l'abscisse x est décrémentée du nombre de colonnes nécessaire (elle ne prend pas systématiquement la valeur 0 à cause des tabulations) ;

  · la position pos est décrémentée de deux fois le nombre de colonnes (car un caractère occupe deux octets) ;

- le traitement de l'ordonnée y est renvoyé à la fonction auxiliaire **lf()** (pour *Line Feed*) car le traitement peut être complexe si l'on est arrivé à la dernière ligne.
- Lorsqu'on est dans l'état 0 et qu'il ne s'agit pas d'un caractère affichable :
  - on se place dans l'état 1 si le caractère est ESC (de code ASCII 27) ;
  - on incrémente l'ordonnée sans changer l'abscisse en faisant appel à la fonction **lf()** si le caractère est LF (pour *Line Feed*), VT (pour *Vertical Tabulation*) ou FF (pour *Form Feed*, changement de page), de codes ASCII respectifs 10, 11 et 12 ;
  - on effectue un retour chariot en faisant appel à la fonction **cr()**, si le caractère est CR (pour *Carriage Return*), de code ASCII 13 ;
  - on efface le caractère précédent, en faisant appel à la fonction **del()**, si le caractère correspond au caractère de contrôle d'effacement de la console ;
  - on décrémente l'abscisse et la position, si l'abscisse x n'est pas nulle, et si le caractère est BS (pour *BackSpace*), de code ASCII 8 ;
  - on place le curseur à l'emplacement suivant pour lequel x est divisible par 8, en passant à la ligne éventuellement, si le caractère est HT (pour *Horizontal Tabulation*), de code ASCII 9 ;
  - on ne fait rien pour les autres caractères (qui sont donc considérés comme des caractères nuls de code ASCII 0).
- Lorsqu'on est dans l'état 1, on se replace dans l'état 0 et :
  - on se place dans l'état 2 (qui surcharge l'état 0 précédent) si le caractère rencontré est « [», donc après rencontre de la suite de caractères « ESC-[» qui est équivalente à CSI ;
  - on se place en début de ligne suivante, en utilisant la fonction de positionnement du curseur **gotoxy()**, si le caractère rencontré est « E » (ESC-E étant NEL pour *NEwLine*) ;
  - on se place en début de ligne précédente en utilisant la fonction **ri()** (pour *Reverse lIne-feed*) si le caractère rencontré est « M » (ESC-M étant RI sur VT102) ;
  - on passe à la ligne suivante en utilisant la fonction **lf()** si le caractère rencontré est « D » (ESC-D étant IND, la façon de dire *lINe feeD* sur VT102) ;
  - le terminal s'identifie comme VT102 en répondant par la chaîne de caractères « ESC [? 6 c », en utilisant la fonction **respond()**, si le caractère rencontré est « Z » (ESC-z étant DECID pour *DEC private IDentification*) ;
  - on sauvegarde l'état en cours (position du curseur, attributs, ensemble de caractères ; la position du curseur suffit dans l'implémentation Linux), en utilisant la fonction **save_cur()**, si le caractère rencontré est « 7 » (ESC-7 étant DECSC pour *DEC Save Current*) ;
  - on restaure l'état (la position du curseur dans le cas de Linux) le plus récemment sauvegardé en utilisant la fonction **restore_cur()**, si le caractère rencontré est « 8 » (ESC-8 étant DECRC pour *DEC Restore Current*) ;
  - on ne fait rien dans les autres cas.
- Les états 2, 3 et 4 permettent de tenir compte de CSI, en faisant appel aux fonctions **gotoxy()**, **csi_J()**, **csi_K()**, **csi_L()**, **csi_M()**, **csi_P()**, **csi_at()** et **csi_m()**, d'une façon transparente qu'il n'y a pas lieu de commenter plus avant.

4.3 Traitement des cas spéciaux

Affichage du curseur à la position en cours

Le contrôleur graphique des premiers IBM-PC était le Motorola 6845. Ce n'est plus le cas Aide du
maintenant mais tous les contrôleurs graphiques ont une compatibilité ascendante avec lui. Le matériel
6845 possède seize registres internes, repérés par un **index** (ou numéro), de 0 à 15. Le couple
de registres d'index 14 et 15 (Cursor High/Cursor Low, en lecture et écriture), contient 14
bits utiles : les 8 bits inférieurs et les 6 bits supérieurs définissent la position du curseur dans
la mémoire graphique, plus exactement son déplacement à partir de l'origine de la mémoire
graphique. Lorsque le 6845 détecte que l'adresse mémoire en cours coïncide avec l'entrée dans
ce couple de registres, il affiche le curseur à l'écran. Pour la carte EGA (les cartes suivantes
ayant une compatibilité ascendante) sur l'IBM-PC, le registre d'index du 6845 correspond au
port 3D4h et le registre de données au port 3D5h.

La fonction suivante :

```
static inline void set_cursor(void)
{
        cli();
        outb_p(14,0x3d4);
        outb_p(0xff&((pos-SCREEN_START)>>9),0x3d5);
        outb_p(15,0x3d4);
        outb_p(0xff&((pos-SCREEN_START)>>1),0x3d5);
        sti();
}
```
Linux 0.01

permet donc l'affichage du curseur. Les 1 et 9, au lieu des 0 et 8 peut-être attendus, sont dus
au fait que l'affichage d'un caractère occupe deux octets.

Positionnement du curseur

On positionne le curseur grâce à la fonction de positionnement **gotoxy()** :

```
static unsigned long origin=SCREEN_START;
------------------------------------------
static inline void gotoxy(unsigned int new_x,unsigned int new_y)
{
        if (new_x>=columns || new_y>=lines)
                return;
        x=new_x;
        y=new_y;
        pos=origin+((y*columns+x)<<1);
}
```
Linux 0.01

qui permet de placer le curseur à la nouvelle position à condition que l'on n'essaie pas d'accéder en dehors de la fenêtre de l'écran.

Passage à la ligne

Le passage à la ligne s'effectue par appel à la fonction **lf()**. Dans le cas où nous ne nous
trouvons pas sur la dernière ligne, il suffit d'incrémenter l'ordonnée y et d'ajouter deux fois le
nombre de colonnes à pos.

Sinon il faut effectuer un défilement vers le haut ; on fait donc appel, dans ce dernier cas, à une fonction auxiliaire **scrup()** (pour *SCRoll UP*), que nous étudierons ci-après :

Linux 0.01

```
static void lf(void)
{
        if (y+1<bottom) {
                y++;
                pos += columns<<1;
                return;
        }
        scrup();
}
```

Défilement vers le haut

Comme nous l'avons déjà dit, le matériel simplifie l'opération de défilement. Le défilement d'une ligne vers le haut sous Linux est effectué par la fonction suivante :

Linux 0.01

```
static void scrup(void)
{
        if (!top && bottom==lines) {
                origin += columns<<1;
                pos += columns<<1;
                scr_end += columns<<1;
                if (scr_end>SCREEN_END) {
                        __asm__("cld\n\t"
                                "rep\n\t"
                                "movsl\n\t"
                                "movl _columns,%1\n\t"
                                "rep\n\t"
                                "stosw"
                                ::"a" (0x0720),
                                "c" ((lines-1)*columns>>1),
                                "D" (SCREEN_START),
                                "S" (origin)
                                :"cx","di","si");
                        scr_end -= origin-SCREEN_START;
                        pos -= origin-SCREEN_START;
                        origin = SCREEN_START;
                } else {
                        __asm__("cld\n\t"
                                "rep\n\t"
                                "stosl"
                                ::"a" (0x07200720),
                                "c" (columns>>1),
                                "D" (scr_end-(columns<<1))
                                :"cx","di");
                }
                set_origin();
        } else {
                __asm__("cld\n\t"
                        "rep\n\t"
                        "movsl\n\t"
                        "movl _columns,%%ecx\n\t"
                        "rep\n\t"
                        "stosw"
                        ::"a" (0x0720),
                        "c" ((bottom-top-1)*columns>>1),
                        "D" (origin+(columns<<1)*top),
                        "S" (origin+(columns<<1)*(top+1))
                        :"cx","di","si");
        }
}
```

Les actions effectuées sont les suivantes :

· si l'on est en bas de l'écran et que la fenêtre contient plus d'une ligne :

  · on incrémente l'origine et la fin de l'écran ainsi que la position en cours de deux fois le nombre de colonnes ;

  · si la valeur de la variable de fin de l'écran déborde de la mémoire graphique :

    · on déplace le contenu de la mémoire graphique en ramenant origin à la valeur SCREEN_START (en perdant évidemment ainsi ce qui se trouvait entre SCREEN_START et origin – 1) ;

    · on rectifie les valeurs de scr_end, de pos et de origin pour tenir compte de l'opération que l'on vient d'effectuer ;

    · on repositionne la valeur de la mémoire graphique que la carte graphique doit prendre comme origine en se servant de la fonction auxiliaire **set_origin()** ;

  · sinon :

    · on copie le contenu de la dernière ligne de l'écran ;

    · on repositionne, comme dans le premier cas, la valeur de la mémoire graphique que la carte graphique doit prendre comme origine ;

· sinon on déplace tout d'une ligne.

Repositionnement de l'origine

Le couple de registres d'index 12 et 13 (*Start Address High/Low*) du 6845, avec 14 bits utiles (8 bits de LSB et 6 bits de MSB), permet de définir l'adresse de départ.

Aide du matériel

Le repositionnement de l'origine se fait grâce à la fonction suivante :

```
static inline void set_origin(void)
{
        cli();
        outb_p(12,0x3d4);
        outb_p(0xff&((origin-SCREEN_START)>>9),0x3d5);
        outb_p(13,0x3d4);
        outb_p(0xff&((origin-SCREEN_START)>>1),0x3d5);
        sti();
}
```

Linux 0.01

Retour chariot

Le retour chariot est effectué grâce à la fonction **cr()** :

```
static void cr(void)
{
        pos -= x<<1;
        x=0;
}
```

Linux 0.01

qui consiste tout simplement à décrémenter pos de deux fois l'abscisse et à positionner l'abscisse à zéro.

Effacement d'un caractère

L'effacement d'un caractère (si l'on n'est pas en début de ligne) est effectué grâce à la fonction **del()** :

Linux 0.01

```
static void del(void)
{
        if (x) {
                pos -= 2;
                x--;
                *(unsigned short *)pos = 0x0720;
        }
}
```

qui consiste, si l'abscisse est non nulle, à décrémenter celle-ci, à décrémenter pos de deux, puis à afficher une espace (de code ASCII 20h).

Positionnement en début de ligne précédente

Le positionnement en début de ligne précédente est effectué grâce à la fonction **ri()** :

Linux 0.01

```
static void ri(void)
{
        if (y>top) {
                y--;
                pos -= columns<<1;
                return;
        }
        scrdown();
}
```

Autrement dit :

· si l'on n'est pas en haut de l'écran, on décrémente l'ordonnée et on diminue la position de deux fois le nombre de colonnes ;

· sinon on effectue un défilement vers le bas en faisant appel à la fonction auxiliaire **scrdown()** (pour *SCRoll DOWN*).

Défilement vers le bas

Le défilement vers le bas est effectué grâce à la fonction **scrdown()** :

Linux 0.01

```
static void scrdown(void)
{
        __asm__("std\n\t"
                "rep\n\t"
                "movsl\n\t"
                "addl $2,%%edi\n\t"      /* %edi has been decremented by 4 */
                "movl _columns,%%ecx\n\t"
                "rep\n\t"
                "stosw"
                ::"a" (0x0720),
                "c" ((bottom-top-1)*columns>>1),
                "D" (origin+(columns<<1)*bottom-4),
                "S" (origin+(columns<<1)*(bottom-1)-4)
                :"ax","cx","di","si");
}
```

autrement dit on déplace (bottom - top - 1) × columns × 2 octets depuis l'emplacement :

$$origin + columns \times 2 \times bottom - 4$$

vers l'emplacement :

$$origin + columns \times 2 \times (bottom - 1) - 4,$$

c'est-à-dire que l'on se positionne une ligne après, puis qu'on initialise la première ligne avec des espaces (attribut « 07h », code ASCII « 20 »).

Identification du terminal

La réponse à une question est effectuée grâce à la fonction **respond()** :

```
static void respond(struct tty_struct * tty)
{
        char * p = RESPONSE;

        cli();
        while (*p) {
                PUTCH(*p,tty->read_q);
                p++;
        }
        sti();
        copy_to_cooked(tty);
}
```
Linux 0.01

le paramètre passé étant le descripteur de la voie de communication.

La réponse est une constante de Linux se trouvant dans le fichier *kernel/console.c* :

```
/*
 * this is what the terminal answers to a ESC-Z or csi0c
 * query (= vt100 response).
 */
#define RESPONSE "\033[?1;2c"
```
Linux 0.01

Les actions réalisées sont les suivantes :

· on inhibe les interruptions matérielles masquables ;

· tant que le caractère nul de fin de la chaîne de caractères RESPONSE n'est pas rencontré, on place, l'un après l'autre, ces caractères dans le tampon de lecture brut de la voie de communication ;

· on remet en place les interruptions matérielles masquables ;

· on fait passer le contenu du tampon de lecture brut dans le tampon de lecture structuré en faisant appel à la fonction **copy_to_cooked()**, que nous étudierons lors de la lecture au clavier ; ceci a également pour effet, grâce à l'écho, de le faire passer dans le tampon d'écriture et donc de le faire afficher.

Sauvegarde de la position du curseur

La sauvegarde de la position en cours du curseur est effectuée par la fonction **save_cur()** :

```
static int saved_x=0;
static int saved_y=0;

static void save_cur(void)
{
        saved_x=x;
        saved_y=y;
}
```
Linux 0.01

Autrement dit deux variables sont prévues pour cette action, initialisées à zéro, et on y place la position du curseur.

Restauration de la position du curseur

La restauration de la dernière position sauvegardée du curseur est effectuée grâce à la fonction **restore_cur()** :

Linux 0.01

```
static void restore_cur(void)
{
        x=saved_x;
        y=saved_y;
        pos=origin+((y*columns+x)<<1);
}
```

autrement dit l'abscisse et l'ordonnée prennent les valeurs sauvegardées et la position est re-calculée à partir de ces valeurs.

Effacement de l'écran

L'effacement de l'écran est effectué grâce à la fonction **csi_J()** :

Linux 0.01

```
static void csi_J(int par)
{
        long count __asm__("cx");
        long start __asm__("di");

        switch (par) {
                case 0: /* erase from cursor to end of display */
                        count = (scr_end-pos)>>1;
                        start = pos;
                        break;
                case 1: /* erase from start to cursor */
                        count = (pos-origin)>>1;
                        start = origin;
                        break;
                case 2: /* erase whole display */
                        count = columns*lines;
                        start = origin;
                        break;
                default:
                        return;
        }
        __asm__("cld\n\t"
                "rep\n\t"
                "stosw\n\t"
                ::"c" (count),
                "D" (start),"a" (0x0720)
                :"cx","di");
}
```

Autrement dit :

· si le paramètre est 0, il faut effacer depuis la position du curseur et la fin de l'écran ; on demande de stocker un nombre d'espaces égal au nombre de caractères compris entre la position actuelle jusqu'à la fin de l'écran ;

· on effectue une action analogue dans les deux autres cas.

Effacement d'une ligne

L'effacement d'une ligne est effectuée par la fonction **csi_K()** :

Linux 0.01

```
static void csi_K(int par)
{
        long count __asm__("cx");
        long start __asm__("di");
```

```
        switch (par) {
                case 0: /* erase from cursor to end of line */
                        if (x>=columns)
                                return;
                        count = columns-x;
                        start = pos;
                        break;
                case 1: /* erase from start of line to cursor */
                        start = pos - (x<<1);
                        count = (x<columns)?x:columns;
                        break;
                case 2: /* erase whole line */
                        start = pos - (x<<1);
                        count = columns;
                        break;
                default:
                        return;
        }
        __asm__("cld\n\t"
                "rep\n\t"
                "stosw\n\t"
                ::"c" (count),
                "D" (start),"a" (0x0720)
                :"cx","di");
}
```

qui repose sur le même principe que l'effacement de l'écran.

Insertion de lignes

L'insertion de plusieurs lignes est effectuée grâce à la fonction **csi_L()** :

```
static void csi_L(int nr)                                                Linux 0.01
{
        if (nr>lines)
                nr=lines;
        else if (!nr)
                nr=1;
        while (nr--)
                insert_line();
}
```

autrement dit le nombre de lignes par défaut est un, il est tronqué au nombre de lignes de l'écran. On se contente de faire appel un certain nombre de fois à la fonction auxiliaire **insert_line()** d'insertion d'une ligne.

L'insertion d'une seule ligne est effectuée grâce à la fonction **insert_line()** :

```
static void insert_line(void)                                            Linux 0.01
{
        int oldtop,oldbottom;

        oldtop=top;
        oldbottom=bottom;
        top=y;
        bottom=lines;
        scrdown();
        top=oldtop;
        bottom=oldbottom;
}
```

Autrement dit on effectue un défilement vers le bas dans la fenêtre déterminée par la ligne en cours et le bas de l'écran (ou de la fenêtre si l'on se trouvait déjà dans une fenêtre).

Effacement de lignes

L'effacement de plusieurs lignes est effectué grâce à la fonction **csi_M()** :

Linux 0.01

```
static void csi_M(int nr)
{
        if (nr>lines)
                nr=lines;
        else if (!nr)
                nr=1;
        while (nr--)
                delete_line();
}
```

autrement dit le nombre de lignes par défaut est un, il est tronqué au nombre de lignes de l'écran. On se contente de faire appel un certain nombre de fois à la fonction auxiliaire **delete_line()** d'effacement d'une ligne.

L'effacement d'une seule ligne est effectué grâce à la fonction **delete_line()** :

Linux 0.01

```
static void delete_line(void)
{
        int oldtop,oldbottom;

        oldtop=top;
        oldbottom=bottom;
        top=y;
        bottom=lines;
        scrup();
        top=oldtop;
        bottom=oldbottom;
}
```

Autrement dit on effectue un défilement vers le haut dans la fenêtre déterminée par la ligne en cours et le bas de l'écran (ou de la fenêtre si l'on se trouvait déjà dans une fenêtre).

Effacement de caractères

L'effacement de plusieurs caractères est effectué grâce à la fonction **csi_P()** :

Linux 0.01

```
static void csi_P(int nr)
{
        if (nr>columns)
                nr=columns;
        else if (!nr)
                nr=1;
        while (nr--)
                delete_char();
}
```

autrement dit le nombre de caractères par défaut est un, il est tronqué au nombre de colonnes de l'écran. On se contente de faire appel un certain nombre de fois à la fonction auxiliaire **delete_char()** d'effacement d'un caractère.

L'effacement d'un seul caractère est effectué grâce à la fonction **delete_char()** :

Linux 0.01

```
static void delete_char(void)
{
        int i;
        unsigned short * p = (unsigned short *) pos;

        if (x>=columns)
                return;
        i = x;
        while (++i < columns) {
```

```
                *p = *(p+1);
                p++;
        }
        *p=0x0720;
}
```

Autrement dit si le caractère est situé au-delà de la ligne, on ne fait rien. Sinon on déplace chaque caractère au-delà de l'abscisse actuelle d'une position en arrière et on ajoute une espace comme dernier caractère de la ligne.

Insertion d'espaces

L'insertion de plusieurs espaces est effectuée grâce à la fonction **csi_at()** :

```
static void csi_at(int nr)                                                          Linux 0.01
{
        if (nr>columns)
                nr=columns;
        else if (!nr)
                nr=1;
        while (nr--)
                insert_char();
}
```

autrement dit le nombre de caractères par défaut est un, il est tronqué au nombre de colonnes de l'écran. On se contente de faire appel un certain nombre de fois à la fonction auxiliaire **insert_char()** d'insertion d'une espace.

L'insertion d'une seule espace est effectuée grâce à la fonction **insert_char()** :

```
static void insert_char(void)                                                       Linux 0.01
{
        int i=x;
        unsigned short tmp,old=0x0720;
        unsigned short * p = (unsigned short *) pos;
        while (i++<columns) {
                tmp=*p;
                *p=old;
                old=tmp;
                p++;
        }
}
```

autrement dit on sauvegarde le caractère de la position actuelle, on insère une espace à sa place puis on déplace ainsi tous les caractères jusqu'à la fin de la ligne.

Positionnement des attributs

On positionne les attributs grâce à la fonction **csi_m()** :

```
void csi_m(void)                                                                    Linux 0.01
{
        int i;
        for (i=0;i<=npar;i++)
                switch (par[i]) {
                        case 0:attr=0x07;break;
                        case 1:attr=0x0f;break;
                        case 4:attr=0x0f;break;
                        case 7:attr=0x70;break;
                        case 27:attr=0x07;break;
                }
}
```

qui ne nécessite pas de commentaires particuliers.

5 Évolution du noyau

5.1 Affichage graphique et affichage console

Notion

Le changement essentiel, du point de vue de l'utilisateur, des distributions modernes de
UNIX/Linux par rapport à celles du début des années 1990 est l'apparition de l'*affichage
graphique* et des *GUI* (*Graphical User Interface*, ou interface graphique), permettant l'utilisation de plusieurs fenêtres et de la souris. Il s'agit d'une avancée majeure des laboratoires
Xerox de Palo Alto, rendue célèbre par son implémentation sur le *Lisa* d'Apple puis surtout le
Macintosh en 1984. Vint ensuite *Gem* pour les PC d'IBM, dont Windows de Microsoft est un
descendant, et X Window System pour les UNIX.

Par opposition, l'affichage purement textuel des premiers terminaux graphiques s'appelle *affichage console*. Il existe deux philosophies quant à la coopération de ces deux types d'affichage :

· celle d'Apple, puis de Microsoft à partir de Windows 95, qui ne permet pas l'affichage
  console ;
· celle des UNIX, qui permet de choisir entre un affichage console, utile en particulier pour la
  réparation d'un système endommagé et pour les systèmes embarqués, et un affichage graphique.

On retrouve de toutes façons en mode graphique l'affichage console dans les fenêtres d'émulation de terminaux (applications `command.exe` et `cmd.exe` de Windows), présentes également
sur les Macintosh depuis MacOS X.

Implémentation

L'affichage graphique n'est pas pris en compte par le noyau des UNIX mais par une application
indépendante. Il existe plusieurs interfaces graphiques, beaucoup étant propriétaires telles que
celles pour HP-UNIX de HP ou Solaris de Sun. L'une d'elles est cependant devenue prépondé-
rante : X Window System. Elle a fait l'objet d'un adaptation libre, particulièrement pour les
PC, sous le nom de XFree86.

Le noyau Linux est en général utilisé en concertation avec cette interface graphique dans les
distributions.

L'affichage, qu'il soit textuel ou graphique, n'est décrit dans aucun des livres cités en bibliographie. L'implémentation de XFree86 n'ayant à sa connaissance fait l'objet d'aucun ouvrage,
l'auteur pense en écrire un. Nous verrons alors que cela exige bien un livre à part entière.

5.2 Caractéristiques de l'écran

Les caractéristiques physiques de l'écran sont décrites par la structure `screen_info`, définie
dans le fichier *include/linux/tty.h* :

Linux 2.6.0
```
4    /*
5     * 'tty.h' defines some structures used by tty_io.c and some defines.
6     */
7
8    /*
9     * These constants are also useful for user-level apps (e.g., VC
```

```
10   * resizing).
11   */
12  #define MIN_NR_CONSOLES 1        /* must be at least 1 */
13  #define MAX_NR_CONSOLES 63       /* serial lines start at 64 */
14  #define MAX_NR_USER_CONSOLES 63 /* must be root to allocate above this */

[...]

55  /*
56   * These are set up by the setup-routine at boot-time:
57   */
58
59  struct screen_info {
60          u8  orig_x;              /* 0x00 */
61          u8  orig_y;              /* 0x01 */
62          u16 dontuse1;            /* 0x02 -- EXT_MEM_K sits here */
63          u16 orig_video_page;     /* 0x04 */
64          u8  orig_video_mode;     /* 0x06 */
65          u8  orig_video_cols;     /* 0x07 */
66          u16 unused2;             /* 0x08 */
67          u16 orig_video_ega_bx;   /* 0x0a */
68          u16 unused3;             /* 0x0c */
69          u8  orig_video_lines;    /* 0x0e */
70          u8  orig_video_isVGA;    /* 0x0f */
71          u16 orig_video_points;   /* 0x10 */
72
73          /* VESA graphic mode -- linear frame buffer */
74          u16 lfb_width;           /* 0x12 */
75          u16 lfb_height;          /* 0x14 */
76          u16 lfb_depth;           /* 0x16 */
77          u32 lfb_base;            /* 0x18 */
78          u32 lfb_size;            /* 0x1c */
79          u16 dontuse2, dontuse3;  /* 0x20 -- CL_MAGIC and CL_OFFSET here */
80          u16 lfb_linelength;      /* 0x24 */
81          u8  red_size;            /* 0x26 */
82          u8  red_pos;             /* 0x27 */
83          u8  green_size;          /* 0x28 */
84          u8  green_pos;           /* 0x29 */
85          u8  blue_size;           /* 0x2a */
86          u8  blue_pos;            /* 0x2b */
87          u8  rsvd_size;           /* 0x2c */
88          u8  rsvd_pos;            /* 0x2d */
89          u16 vesapm_seg;          /* 0x2e */
90          u16 vesapm_off;          /* 0x30 */
91          u16 pages;               /* 0x32 */
92          u16 vesa_attributes;     /* 0x34 */
93                                   /* 0x36 -- 0x3f reserved for future expansion */
94  };
95
96  extern struct screen_info screen_info;
97
98  #define ORIG_X                  (screen_info.orig_x)
99  #define ORIG_Y                  (screen_info.orig_y)
100 #define ORIG_VIDEO_MODE         (screen_info.orig_video_mode)
101 #define ORIG_VIDEO_COLS         (screen_info.orig_video_cols)
102 #define ORIG_VIDEO_EGA_BX       (screen_info.orig_video_ega_bx)
103 #define ORIG_VIDEO_LINES        (screen_info.orig_video_lines)
104 #define ORIG_VIDEO_ISVGA        (screen_info.orig_video_isVGA)
105 #define ORIG_VIDEO_POINTS       (screen_info.orig_video_points)
106
107 #define VIDEO_TYPE_MDA          0x10    /* Monochrome Text Display    */
108 #define VIDEO_TYPE_CGA          0x11    /* CGA Display                */
109 #define VIDEO_TYPE_EGAM         0x20    /* EGA/VGA in Monochrome Mode */
110 #define VIDEO_TYPE_EGAC         0x21    /* EGA in Color Mode          */
111 #define VIDEO_TYPE_VGAC         0x22    /* VGA+ in Color Mode         */
112 #define VIDEO_TYPE_VLFB         0x23    /* VESA VGA in graphic mode   */
113
114 #define VIDEO_TYPE_PICA_S3      0x30    /* ACER PICA-61 local S3 video */
115 #define VIDEO_TYPE_MIPS_G364    0x31    /* MIPS Magnum 4000 G364 video */
116 #define VIDEO_TYPE_SNI_RM       0x32    /* SNI RM200 PCI video         */
```

```
117 #define VIDEO_TYPE_SGI        0x33    /* Various SGI graphics hardware */
118
119 #define VIDEO_TYPE_TGAC       0x40    /* DEC TGA */
120
121 #define VIDEO_TYPE_SUN        0x50    /* Sun frame buffer. */
122 #define VIDEO_TYPE_SUNPCI     0x51    /* Sun PCI based frame buffer. */
123
124 #define VIDEO_TYPE_PMAC       0x60    /* PowerMacintosh frame buffer. */
```

La fonction **con_write()** est maintenant définie dans le fichier *drivers/char/vt.c* :

Linux 2.6.0

```
2303 /*
2304  *       /dev/ttyN handling
2305  */
2306
2307 static int con_write(struct tty_struct * tty, int from_user,
2308                      const unsigned char *buf, int count)
2309 {
2310        int     retval;
2311
2312        pm_access(pm_con);
2313        retval = do_con_write(tty, from_user, buf, count);
2314        con_flush_chars(tty);
2315
2316        return retval;
2317 }
```

Elle fait appel à la fonction **do_con_write()**, définie un peu plus haut dans le même fichier :

Linux 2.6.0

```
1843 /* acquires console_sem */
1844 static int do_con_write(struct tty_struct * tty, int from_user,
1845                      const unsigned char *buf, int count)
1846 {
1847 #ifdef VT_BUF_VRAM_ONLY
1848 #define FLUSH do { } while(0);
1849 #else
1850 #define FLUSH if (draw_x >= 0) { \
1851        sw->con_putcs(vc_cons[currcons].d, (u16 *)draw_from, (u16 *)draw_to-(u16 *)draw_from, \
                               y, draw_x); \
1852        draw_x = -1; \
1853        }
1854 #endif
1855
1856        int c, tc, ok, n = 0, draw_x = -1;
1857        unsigned int currcons;
1858        unsigned long draw_from = 0, draw_to = 0;
1859        struct vt_struct *vt = (struct vt_struct *)tty->driver_data;
1860        u16 himask, charmask;
1861        const unsigned char *orig_buf = NULL;
1862        int orig_count;
1863
1864        if (in_interrupt())
1865                return count;
1866
1867        currcons = vt->vc_num;
1868        if (!vc_cons_allocated(currcons)) {
1869            /* could this happen? */
1870            static int error = 0;
1871            if (!error) {
1872                error = 1;
1873                printk("con_write: tty %d not allocated\n", currcons+1);
1874            }
1875            return 0;
1876        }
1877
1878        orig_buf = buf;
1879        orig_count = count;
1880
1881        if (from_user) {
```

```
1882                down(&con_buf_sem);
1883
1884 again:
1885                if (count > CON_BUF_SIZE)
1886                        count = CON_BUF_SIZE;
1887                console_conditional_schedule();
1888                if (copy_from_user(con_buf, buf, count)) {
1889                        n = 0; /*?? are error codes legal here?? */
1890                        goto out;
1891                }
1892
1893                buf = con_buf;
1894        }
1895
1896        /* At this point 'buf' is guaranteed to be a kernel buffer
1897         * and therefore no access to userspace (and therefore sleeping)
1898         * will be needed.  The con_buf_sem serializes all tty based
1899         * console rendering and vcs write/read operations.  We hold
1900         * the console spinlock during the entire write.
1901         */
1902
1903        acquire_console_sem();
1904
1905        himask = hi_font_mask;
1906        charmask = himask? 0x1ff: 0xff;
1907
1908        /* undraw cursor first */
1909        if (IS_FG)
1910                hide_cursor(currcons);
1911
1912        while (!tty->stopped && count) {
1913                c = *buf;
1914                buf++;
1915                n++;
1916                count--;
1917
1918                if (utf) {
1919                    /* Combine UTF-8 into Unicode */
1920                    /* Incomplete characters silently ignored */
1921                    if(c > 0x7f) {
1922                        if (utf_count > 0 && (c & 0xc0) == 0x80) {
1923                                utf_char = (utf_char << 6) | (c & 0x3f);
1924                                utf_count--;
1925                                if (utf_count == 0)
1926                                        tc = c = utf_char;
1927                                else continue;
1928                        } else {
1929                                if ((c & 0xe0) == 0xc0) {
1930                                    utf_count = 1;
1931                                    utf_char = (c & 0x1f);
1932                                } else if ((c & 0xf0) == 0xe0) {
1933                                    utf_count = 2;
1934                                    utf_char = (c & 0x0f);
1935                                } else if ((c & 0xf8) == 0xf0) {
1936                                    utf_count = 3;
1937                                    utf_char = (c & 0x07);
1938                                } else if ((c & 0xfc) == 0xf8) {
1939                                    utf_count = 4;
1940                                    utf_char = (c & 0x03);
1941                                } else if ((c & 0xfe) == 0xfc) {
1942                                    utf_count = 5;
1943                                    utf_char = (c & 0x01);
1944                                } else
1945                                    utf_count = 0;
1946                                continue;
1947                        }
1948                    } else {
1949                        tc = c;
1950                        utf_count = 0;
1951                    }
```

```
1952                         } else {          /* no utf */
1953                           tc = translate[toggle_meta? (c|0x80): c];
1954                         }
1955
1956                         /* If the original code was a control character we
1957                          * only allow a glyph to be displayed if the code is
1958                          * not normally used (such as for cursor movement) or
1959                          * if the disp_ctrl mode has been explicitly enabled.
1960                          * Certain characters (as given by the CTRL_ALWAYS
1961                          * bitmap) are always displayed as control characters,
1962                          * as the console would be pretty useless without
1963                          * them; to display an arbitrary font position use the
1964                          * direct-to-font zone in UTF-8 mode.
1965                          */
1966                         ok = tc && (c >= 32 ||
1967                                     (!utf &&!(((disp_ctrl? CTRL_ALWAYS
1968                                                 : CTRL_ACTION) >> c) & 1)))
1969                               && (c!= 127 || disp_ctrl)
1970                               && (c!= 128+27);
1971
1972                         if (vc_state == ESnormal && ok) {
1973                                 /* Now try to find out how to display it */
1974                                 tc = conv_uni_to_pc(vc_cons[currcons].d, tc);
1975                                 if ( tc == -4 ) {
1976                                         /* If we got -4 (not found) then see if we have
1977                                            defined a replacement character (U+FFFD) */
1978                                         tc = conv_uni_to_pc(vc_cons[currcons].d, 0xfffd);
1979
1980                                         /* One reason for the -4 can be that we just
1981                                            did a clear_unimap();
1982                                            try at least to show something. */
1983                                         if (tc == -4)
1984                                             tc = c;
1985                                 } else if ( tc == -3 ) {
1986                                         /* Bad hash table -- hope for the best */
1987                                         tc = c;
1988                                 }
1989                                 if (tc & ~charmask)
1990                                         continue; /* Conversion failed */
1991
1992                                 if (need_wrap || decim)
1993                                         FLUSH
1994                                 if (need_wrap) {
1995                                         cr(currcons);
1996                                         lf(currcons);
1997                                 }
1998                                 if (decim)
1999                                         insert_char(currcons, 1);
2000                                 scr_writew(himask?
2001                                             ((attr << 8) & ~himask) + ((tc & 0x100)?
2002                                                 himask: 0) + (tc & 0xff):
2003                                             (attr << 8) + tc,
2004                                             (u16 *) pos);
2005                                 if (DO_UPDATE && draw_x < 0) {
2006                                         draw_x = x;
2007                                         draw_from = pos;
2008                                 }
2009                                 if (x == video_num_columns - 1) {
2010                                         need_wrap = decawm;
2011                                         draw_to = pos+2;
2012                                 } else {
2013                                         x++;
2014                                         draw_to = (pos+=2);
2015                                 }
2016                                 continue;
2017                         }
2018                         FLUSH
2019                         do_con_trol(tty, currcons, c);
2020                 }
                        FLUSH
```

```
2021                console_conditional_schedule();
2022                release_console_sem();
2023
2024 out:
2025        if (from_user) {
2026                /* If the user requested something larger than
2027                 * the CON_BUF_SIZE, and the tty is not stopped,
2028                 * keep going.
2029                 */
2030                if ((orig_count > CON_BUF_SIZE) &&!tty->stopped) {
2031                        orig_count -= CON_BUF_SIZE;
2032                        orig_buf += CON_BUF_SIZE;
2033                        count = orig_count;
2034                        buf = orig_buf;
2035                        goto again;
2036                }
2037
2038                up(&con_buf_sem);
2039        }
2040
2041        return n;
2042 #undef FLUSH
2043 }
```

5.3 Les consoles

Une *console* est une partie de l'ordinateur qui émule un terminal, c'est-à-dire essentiellement
le clavier et l'écran, ainsi que son interface. Linux ne se contente plus d'une seule console, mais
de plusieurs *consoles virtuelles*, correspondant à la même console matérielle (il est également
capable de prendre en charge plusieurs consoles matérielles).

Les caractéristiques d'une console virtuelle sont définies par la structure vc_data (pour *Virtual Console*), définie dans le fichier *include/linux/console_struct.h* :

Linux 2.6.0

```
1  /*
2   * console_struct.h
3   *
4   * Data structure describing single virtual console except for data
5   * used by vt.c.
6   *
7   * Fields marked with [#] must be set by the low-level driver.
8   * Fields marked with [!] can be changed by the low-level driver
9   * to achieve effects such as fast scrolling by changing the origin.
10  */
11
12 #define NPAR 16
13
14 struct vc_data {
15        unsigned short  vc_num;              /* Console number */
16        unsigned int    vc_cols;             /* [#] Console size */
17        unsigned int    vc_rows;
18        unsigned int    vc_size_row;         /* Bytes per row */
19        unsigned int    vc_scan_lines;       /* # of scan lines */
20        unsigned long   vc_origin;           /* [!] Start of real screen */
21        unsigned long   vc_scr_end;          /* [!] End of real screen */
22        unsigned long   vc_visible_origin;   /* [!] Top of visible window */
23        unsigned int    vc_top, vc_bottom;   /* Scrolling region */
24        const struct consw *vc_sw;
25        unsigned short  *vc_screenbuf;       /* In-memory character/attribute buffer */
26        unsigned int    vc_screenbuf_size;
27        /* attributes for all characters on screen */
28        unsigned char   vc_attr;             /* Current attributes */
29        unsigned char   vc_def_color;        /* Default colors */
30        unsigned char   vc_color;            /* Foreground & background */
31        unsigned char   vc_s_color;          /* Saved foreground & background */
```

```
32          unsigned char    vc_ulcolor;                  /* Color for underline mode */
33          unsigned char    vc_halfcolor;                /* Color for half intensity mode */
34          /* cursor */
35          unsigned int     vc_cursor_type;
36          unsigned short   vc_complement_mask;      /* [#] Xor mask for mouse pointer */
37          unsigned short   vc_s_complement_mask;    /* Saved mouse pointer mask */
38          unsigned int     vc_x, vc_y;              /* Cursor position */
39          unsigned int     vc_saved_x, vc_saved_y;
40          unsigned long    vc_pos;                  /* Cursor address */
41          /* fonts */
42          unsigned short   vc_hi_font_mask;         /* [#] Attribute set for upper 256 chars
                                                             of font or 0 if not supported */
43          struct console_font_op vc_font;           /* Current VC font set */
44          unsigned short   vc_video_erase_char;     /* Background erase character */
45          /* VT terminal data */
46          unsigned int     vc_state;                /* Escape sequence parser state */
47          unsigned int     vc_npar,vc_par[NPAR];    /* Parameters of current escape sequence */
48          struct tty_struct *vc_tty;                /* TTY we are attached to */
49          /* mode flags */
50          unsigned int     vc_charset       : 1;    /* Character set G0 / G1 */
51          unsigned int     vc_s_charset     : 1;    /* Saved character set */
52          unsigned int     vc_disp_ctrl     : 1;    /* Display chars < 32? */
53          unsigned int     vc_toggle_meta   : 1;    /* Toggle high bit? */
54          unsigned int     vc_decscnm       : 1;    /* Screen Mode */
55          unsigned int     vc_decom         : 1;    /* Origin Mode */
56          unsigned int     vc_decawm        : 1;    /* Autowrap Mode */
57          unsigned int     vc_deccm         : 1;    /* Cursor Visible */
58          unsigned int     vc_decim         : 1;    /* Insert Mode */
59          unsigned int     vc_deccolm       : 1;    /* 80/132 Column Mode */
60          /* attribute flags */
61          unsigned int     vc_intensity     : 2;    /* 0=half-bright, 1=normal, 2=bold */
62          unsigned int     vc_underline     : 1;
63          unsigned int     vc_blink         : 1;
64          unsigned int     vc_reverse       : 1;
65          unsigned int     vc_s_intensity   : 2;    /* saved rendition */
66          unsigned int     vc_s_underline   : 1;
67          unsigned int     vc_s_blink       : 1;
68          unsigned int     vc_s_reverse     : 1;
69          /* misc */
70          unsigned int     vc_ques          : 1;
71          unsigned int     vc_need_wrap     : 1;
72          unsigned int     vc_can_do_color  : 1;
73          unsigned int     vc_report_mouse  : 2;
74          unsigned int     vc_kmalloced     : 1;
75          unsigned char    vc_utf           : 1;    /* Unicode UTF-8 encoding */
76          unsigned char    vc_utf_count;
77                   int     vc_utf_char;
78          unsigned int     vc_tab_stop[8];          /* Tab stops. 256 columns. */
79          unsigned char    vc_palette[16*3];        /* Colour palette for VGA+ */
80          unsigned short * vc_translate;
81          unsigned char    vc_G0_charset;
82          unsigned char    vc_G1_charset;
83          unsigned char    vc_saved_G0;
84          unsigned char    vc_saved_G1;
85          unsigned int     vc_bell_pitch;           /* Console bell pitch */
86          unsigned int     vc_bell_duration;        /* Console bell duration */
87          struct vc_data **vc_display_fg;           /* [!] Ptr to var holding fg console
                                                             for this display */
88          unsigned long    vc_uni_pagedir;
89          unsigned long    *vc_uni_pagedir_loc;  /* [!] Location of uni_pagedir variable
                                                             for this console */
90          /* additional information is in vt_kern.h */
91  };
92
93  struct vc {
94          struct vc_data *d;
95
96          /* might add  scrmem, vt_struct, kbd  at some time,
97             to have everything in one place - the disadvantage
98             would be that vc_cons etc. can no longer be static */
```

```
 99 };
100
101 extern struct vc vc_cons [MAX_NR_CONSOLES];
102
103 #define CUR_DEF           0
104 #define CUR_NONE          1
105 #define CUR_UNDERLINE     2
106 #define CUR_LOWER_THIRD   3
107 #define CUR_LOWER_HALF    4
108 #define CUR_TWO_THIRDS    5
109 #define CUR_BLOCK         6
110 #define CUR_HWMASK        0x0f
111 #define CUR_SWMASK        0xfff0
112
113 #define CUR_DEFAULT CUR_UNDERLINE
114
115 #define CON_IS_VISIBLE(conp) (*conp->vc_display_fg == conp)
```

On retrouve la plupart des fonctions concernant l'affichage sous la forme de macros dans le fichier *drivers/char/console_macros.h* :

Linux 2.6.0

```
 1 #define cons_num         (vc_cons[currcons].d->vc_num)
 2 #define video_scan_lines (vc_cons[currcons].d->vc_scan_lines)
 3 #define sw               (vc_cons[currcons].d->vc_sw)
 4 #define screenbuf        (vc_cons[currcons].d->vc_screenbuf)
 5 #define screenbuf_size   (vc_cons[currcons].d->vc_screenbuf_size)
 6 #define origin           (vc_cons[currcons].d->vc_origin)
 7 #define scr_top          (vc_cons[currcons].d->vc_scr_top)
 8 #define visible_origin   (vc_cons[currcons].d->vc_visible_origin)
 9 #define scr_end          (vc_cons[currcons].d->vc_scr_end)
10 #define pos              (vc_cons[currcons].d->vc_pos)
11 #define top              (vc_cons[currcons].d->vc_top)
12 #define bottom           (vc_cons[currcons].d->vc_bottom)
13 #define x                (vc_cons[currcons].d->vc_x)
14 #define y                (vc_cons[currcons].d->vc_y)
15 #define vc_state         (vc_cons[currcons].d->vc_state)
16 #define npar             (vc_cons[currcons].d->vc_npar)
17 #define par              (vc_cons[currcons].d->vc_par)
18 #define ques             (vc_cons[currcons].d->vc_ques)
19 #define attr             (vc_cons[currcons].d->vc_attr)
20 #define saved_x          (vc_cons[currcons].d->vc_saved_x)
21 #define saved_y          (vc_cons[currcons].d->vc_saved_y)
22 #define translate        (vc_cons[currcons].d->vc_translate)
23 #define G0_charset       (vc_cons[currcons].d->vc_G0_charset)
24 #define G1_charset       (vc_cons[currcons].d->vc_G1_charset)
25 #define saved_G0         (vc_cons[currcons].d->vc_saved_G0)
26 #define saved_G1         (vc_cons[currcons].d->vc_saved_G1)
27 #define utf              (vc_cons[currcons].d->vc_utf)
28 #define utf_count        (vc_cons[currcons].d->vc_utf_count)
29 #define utf_char         (vc_cons[currcons].d->vc_utf_char)
30 #define video_erase_char (vc_cons[currcons].d->vc_video_erase_char)
31 #define disp_ctrl        (vc_cons[currcons].d->vc_disp_ctrl)
32 #define toggle_meta      (vc_cons[currcons].d->vc_toggle_meta)
33 #define decscnm          (vc_cons[currcons].d->vc_decscnm)
34 #define decom            (vc_cons[currcons].d->vc_decom)
35 #define decawm           (vc_cons[currcons].d->vc_decawm)
36 #define deccm            (vc_cons[currcons].d->vc_deccm)
37 #define decim            (vc_cons[currcons].d->vc_decim)
38 #define deccolm          (vc_cons[currcons].d->vc_deccolm)
39 #define need_wrap        (vc_cons[currcons].d->vc_need_wrap)
40 #define kmalloced        (vc_cons[currcons].d->vc_kmalloced)
41 #define report_mouse     (vc_cons[currcons].d->vc_report_mouse)
42 #define color            (vc_cons[currcons].d->vc_color)
43 #define s_color          (vc_cons[currcons].d->vc_s_color)
44 #define def_color        (vc_cons[currcons].d->vc_def_color)
45 #define foreground       (color & 0x0f)
46 #define background       (color & 0xf0)
47 #define charset          (vc_cons[currcons].d->vc_charset)
48 #define s_charset        (vc_cons[currcons].d->vc_s_charset)
```

```
49 #define intensity        (vc_cons[currcons].d->vc_intensity)
50 #define underline        (vc_cons[currcons].d->vc_underline)
51 #define blink            (vc_cons[currcons].d->vc_blink)
52 #define reverse          (vc_cons[currcons].d->vc_reverse)
53 #define s_intensity      (vc_cons[currcons].d->vc_s_intensity)
54 #define s_underline      (vc_cons[currcons].d->vc_s_underline)
55 #define s_blink          (vc_cons[currcons].d->vc_s_blink)
56 #define s_reverse        (vc_cons[currcons].d->vc_s_reverse)
57 #define ulcolor          (vc_cons[currcons].d->vc_ulcolor)
58 #define halfcolor        (vc_cons[currcons].d->vc_halfcolor)
59 #define tab_stop         (vc_cons[currcons].d->vc_tab_stop)
60 #define palette          (vc_cons[currcons].d->vc_palette)
61 #define bell_pitch       (vc_cons[currcons].d->vc_bell_pitch)
62 #define bell_duration    (vc_cons[currcons].d->vc_bell_duration)
63 #define cursor_type      (vc_cons[currcons].d->vc_cursor_type)
64 #define display_fg       (vc_cons[currcons].d->vc_display_fg)
65 #define complement_mask  (vc_cons[currcons].d->vc_complement_mask)
66 #define s_complement_mask (vc_cons[currcons].d->vc_s_complement_mask)
67 #define hi_font_mask     (vc_cons[currcons].d->vc_hi_font_mask)
68
69 #define vcmode           (vt_cons[currcons]->vc_mode)
70
71 #define structsize       (sizeof(struct vc_data) + sizeof(struct vt_struct))
```

L'initialisation des consoles est effectuée par la fonction **console_map_init**, définie dans le fichier *drivers/char/consolemap.c* :

Linux 2.6.0

```
671 /*
672  * This is called at sys_setup time, after memory and the console are
673  * initialized.  It must be possible to call kmalloc(..., GFP_KERNEL)
674  * from this function, hence the call from sys_setup.
675  */
676 void __init
677 console_map_init(void)
678 {
679         int i;
680
681         for (i = 0; i < MAX_NR_CONSOLES; i++)
682                 if (vc_cons_allocated(i) &&!*vc_cons[i].d->vc_uni_pagedir_loc)
683                         con_set_default_unimap(i);
684 }
```

Conclusion

Le pilote pour les écrans en mode texte serait très simple dans le cas des micro-ordinateurs compatibles PC s'il ne fallait prendre en compte que les caractères affichables. Les caractères spéciaux fondamentaux (tels que le passage à la ligne) ou de commodité (tel l'effacement) rendent son écriture plus complexe. Ce chapitre nous a donné l'occasion d'étudier une norme, ECMA-48, ce qui en fait deux avec POSIX, déjà cité. En réalité, les caractères à afficher ne sont pas directement envoyés à l'écran mais placés dans une file d'attente, comme nous allons le voir dans le chapitre suivant.

Chapitre 14

L'affichage des caractères sous Linux

Nous avons étudié le pilote de l'écran dans le chapitre précédent. Nous allons voir maintenant comment se fait l'affichage proprement dit ou, plus exactement, comment se fait l'écriture sur une voie de communication, dont l'écran est le cas particulier pour la console. Nous avons besoin, comme préliminaire, d'aborder le traitement des caractères de la bibliothèque C.

1 Traitement des caractères de la bibliothèque C

Le langage C a, dès ses débuts, accordé une grande importance au traitement des caractères. Les fonctions et constantes associées sont déclarées dans le fichier d'en-têtes `include/ctype.h` et définies dans le fichier `lib/ctype.c`. Nous renvoyons à [PLAU-92] pour des commentaires détaillés sur ces fichiers dans le cadre de la bibliothèque C standard.

1.1 Les caractères

En langage C, un caractère est une entité du type entier `char`. Sous Linux, comme sous beaucoup d'implémentations, un caractère est codé sur un octet, ce qui permet 256 caractères (notés de 0 à 255).

1.2 Classification primaire des caractères

Chaque caractère est de l'un, ou de plusieurs, des types primaires suivants :

· *lettre majuscule*, de « A » à « Z » ;
· *lettre minuscule*, de « a » à « z » ;
· *chiffre*, de « 0 » à « 9 » ;
· *caractère de contrôle* ;
· *caractère d'espacement*, tel que le blanc, le saut de page, la fin de ligne, le retour chariot, la tabulation horizontale ou la tabulation verticale ;
· *caractère de ponctuation*, c'est-à-dire un caractère affichable qui n'est ni un caractère d'espace, ni un caractère alphanumérique ;
· *chiffre hexadécimal* ;
· *espace dur*, qui ne peut pas être placé en fin de ligne.

Déclaration des types

Les constantes symboliques correspondant aux types primaires ainsi que les valeurs numériques associées, sont définis dans le fichier *ctype.h* :

```
#define _U       0x01     /* upper */
#define _L       0x02     /* lower */
#define _D       0x04     /* digit */
#define _C       0x08     /* cntrl */
#define _P       0x10     /* punct */
#define _S       0x20     /* white space (space/lf/tab) */
#define _X       0x40     /* hex digit */
#define _SP      0x80     /* hard space (0x20) */
```

Définition de l'appartenance aux types primaires

Une table de codage, de nom _ctype[] et définie dans le fichier *ctype.c*, permet d'attribuer les types primaires de chacun des caractères, ceux-ci étant repérés par leur code (ASCII) :

```
unsigned char _ctype[] = {0x00,                           /* EOF */
_C,_C,_C,_C,_C,_C,_C,_C,                                   /* 0-7 */
_C,_C|_S,_C|_S,_C|_S,_C|_S,_C|_S,_C,_C,                    /* 8-15 */
_C,_C,_C,_C,_C,_C,_C,_C,                                   /* 16-23 */
_C,_C,_C,_C,_C,_C,_C,_C,                                   /* 24-31 */
_S|_SP,_P,_P,_P,_P,_P,_P,_P,                               /* 32-39 */
_P,_P,_P,_P,_P,_P,_P,_P,                                   /* 40-47 */
_D,_D,_D,_D,_D,_D,_D,_D,                                   /* 48-55 */
_D,_D,_P,_P,_P,_P,_P,_P,                                   /* 56-63 */
_P,_U|_X,_U|_X,_U|_X,_U|_X,_U|_X,_U|_X,_U,                 /* 64-71 */
_U,_U,_U,_U,_U,_U,_U,_U,                                   /* 72-79 */
_U,_U,_U,_U,_U,_U,_U,_U,                                   /* 80-87 */
_U,_U,_U,_P,_P,_P,_P,_P,                                   /* 88-95 */
_P,_L|_X,_L|_X,_L|_X,_L|_X,_L|_X,_L|_X,_L,                 /* 96-103 */
_L,_L,_L,_L,_L,_L,_L,_L,                                   /* 104-111 */
_L,_L,_L,_L,_L,_L,_L,_L,                                   /* 112-119 */
_L,_L,_L,_P,_P,_P,_P,_C,                                   /* 120-127 */
0,0,0,0,0,0,0,0,0,0,0,0,0,0,0,0,                           /* 128-143 */
0,0,0,0,0,0,0,0,0,0,0,0,0,0,0,0,                           /* 144-159 */
0,0,0,0,0,0,0,0,0,0,0,0,0,0,0,0,                           /* 160-175 */
0,0,0,0,0,0,0,0,0,0,0,0,0,0,0,0,                           /* 176-191 */
0,0,0,0,0,0,0,0,0,0,0,0,0,0,0,0,                           /* 192-207 */
0,0,0,0,0,0,0,0,0,0,0,0,0,0,0,0,                           /* 208-223 */
0,0,0,0,0,0,0,0,0,0,0,0,0,0,0,0,                           /* 224-239 */
0,0,0,0,0,0,0,0,0,0,0,0,0,0,0,0};                          /* 240-255 */
```

Remarquons à nouveau que, sous Linux 0.01, le code ASCII étendu (numéros au-delà de 127) n'est pas pris en compte.

1.3 Fonctions de classification des caractères

La norme et ses variantes

La norme C définit un certain nombre de fonctions booléennes de classification des caractères isXX(c), dont l'argument est un caractère. Une telle fonction prend la valeur vraie si c est :

· un caractère de l'alphabet pour **isalpha()** ;

· un caractère minuscule de l'alphabet pour **islower()** ;

· un caractère majuscule de l'alphabet pour **isupper()** ;

· un chiffre décimal pour **isdigit()** ;

· l'un des caractères précédents, c'est-à-dire un caractère alphanumérique, pour **isalnum()** ;

- un caractère de contrôle pour **iscntrl()** ;
- un caractère affichable, sauf l'espace, pour **isgraph()** ;
- un caractère affichable, y compris l'espace, pour **isprint()** ;
- un caractère de ponctuation pour **ispunct()** ;
- un caractère d'espacement, pour **isspace()** ;
- un chiffre hexadécimal pour **isxdigit()**.

Sous Linux, il y deux fonctions supplémentaires :

- isascii(c) qui renvoie « vrai » si l'entier non signé c est un caractère ASCII vrai, c'est-à-dire dont le code est inférieur à 127 ;
- toascii(c) qui renvoie un caractère ASCII vrai (en fait le reste modulo 128).

Implémentation

Ces fonctions sont implémentées sous forme de macro dans le fichier *ctype.h* :

```
#define isalnum(c)  ((_ctype+1)[c]&(_U|_L|_D))
#define isalpha(c)  ((_ctype+1)[c]&(_U|_L))
#define iscntrl(c)  ((_ctype+1)[c]&(_C))
#define isdigit(c)  ((_ctype+1)[c]&(_D))
#define isgraph(c)  ((_ctype+1)[c]&(_P|_U|_L|_D))
#define islower(c)  ((_ctype+1)[c]&(_L))
#define isprint(c)  ((_ctype+1)[c]&(_P|_U|_L|_D|_SP))
#define ispunct(c)  ((_ctype+1)[c]&(_P))
#define isspace(c)  ((_ctype+1)[c]&(_S))
#define isupper(c)  ((_ctype+1)[c]&(_U))
#define isxdigit(c) ((_ctype+1)[c]&(_D|_X))

#define isascii(c)  (((unsigned) c)<=0x7f)
#define toascii(c)  (((unsigned) c)&0x7f)
```
Linux 0.01

1.4 Fonctions de conversion

La norme C

La norme C définit des fonctions de conversion permettant de passer de minuscule à majuscule, et *vice-versa* :

- int tolower() convertit une lettre majuscule en la lettre minuscule correspondante (et ne fait rien s'il ne s'agit pas d'une lettre majuscule) ;
- int toupper() convertit une lettre minuscule en la lettre majuscule correspondante.

Implémentation

Ces fonctions sont implémentées sous forme de macros dans le fichier *ctype.h* :

```
extern char _ctmp;
-------------------
#define tolower(c) (_ctmp=c,isupper(_ctmp)?_ctmp+('a'+'A'):_ctmp)
#define toupper(c) (_ctmp=c,islower(_ctmp)?_ctmp+('A'-'a'):_ctmp)
```
Linux 0.01

la variable _ctmp étant déclarée dans le fichier *ctype.c*.

2 Écriture sur une voie de communication

2.1 Description

La fonction `int tty_write(unsigned channel, char * buf, int nr)` permet d'afficher sur le canal `channel` du terminal la chaîne de caractères `buf` de longueur au plus `nr`. Elle renvoie le nombre de caractères effectivement écrits.

2.2 Implémentation

La fonction **tty_write()** est définie dans le fichier *kernel/tty_io.c* :

```
int tty_write(unsigned channel, char * buf, int nr)
{
        static cr_flag=0;
        struct tty_struct * tty;
        char c, *b=buf;

        if (channel>2 || nr<0) return -1;
        tty = channel + tty_table;
        while (nr>0) {
                sleep_if_full(&tty->write_q);
                if (current->signal)
                        break;
                while (nr>0 &&!FULL(tty->write_q)) {
                        c=get_fs_byte(b);
                        if (O_POST(tty)) {
                                if (c=='\r' && O_CRNL(tty))
                                        c='\n';
                                else if (c=='\n' && O_NLRET(tty))
                                        c='\r';
                                if (c=='\n' &&!cr_flag && O_NLCR(tty)) {
                                        cr_flag = 1;
                                        PUTCH(13,tty->write_q);
                                        continue;
                                }
                                if (O_LCUC(tty))
                                        c=toupper(c);
                        }
                        b++; nr--;
                        cr_flag = 0;
                        PUTCH(c,tty->write_q);
                }
                tty->write(tty);
                if (nr>0)
                        schedule();
        }
        return (b-buf);
}
```

Autrement dit :

· Les variables `cr_flag`, `tty`, `c` et `buf` correspondent respectivement à la rencontre d'un passage à la ligne qui peut avoir à être transformé (il doit l'être en retour chariot suivi d'un passage à la ligne dans le cas de la console), à la voie de communication du terminal sur laquelle il faut écrire, au caractère en cours de traitement de la chaîne de caractères, et à l'emplacement dans la chaîne de caractères.

· Nous avons vu que le terminal est implémenté comme tableau de trois voies de communication (pour la console et pour deux modems). Le paramètre `channel` permet de choisir entre ces trois voies de communication : 0 pour la console, 1 pour le premier modem et 2 pour le second modem. Chacune de ces voies est un **canal**.

· Le canal ne peut être égal qu'à 0, 1 ou 2. La longueur de la chaîne de caractères à afficher doit être positive. Sinon on a terminé et on renvoie -1.

· La structure `tty_struct` de la voie de communication choisie est égale à `tty = channel + tty_table` puisque le terminal `tty_table` est implémenté comme un tableau de trois voies de communication.

· On entre dans une première boucle tant qu'il y a des caractères à traiter. Celle-ci consiste à :

   · attendre que le tampon d'écriture `write_q` de la voie de communication se vide s'il est plein, en faisant appel à la fonction auxiliaire **sleep_if_full()**, que nous étudierons après ;

   · regarder si le processus en cours a reçu un signal ; si c'est le cas, on s'arrête car il s'agit peut-être d'interrompre l'affichage ;

   · traiter les caractères tant que le tampon d'écriture n'est pas plein et qu'il reste des caractères, grâce à une seconde boucle sur laquelle nous allons revenir ci-dessous ;

   · vider le tampon, en faisant appel à la fonction **write()** de la voie de communication, c'est-à-dire à afficher ou à transmettre effectivement le contenu du tampon ; rappelons qu'en ce qui concerne la console, le champ **write()** est égal à la fonction **con_write()** implémentant le pilote d'écran ;

   · faire appel au gestionnaire des tâches pour donner une chance à un autre processus de prendre la main.

· La boucle de remplissage du tampon d'écriture consiste à :

   · placer le caractère suivant de la chaîne de caractères dans la variable `c` ;

   · modifier certains caractères si `OPOST` est positionné, plus exactement les caractères « \r », « \n » et le passage éventuel en majuscule, en utilisant un code suffisamment explicite ;

   · passer au caractère suivant pour `b` ;

   · réinitialiser `cr_flag` ;

   · placer le caractère, éventuellement transformé, dans le tampon d'affichage de la voie de communication.

· Le nombre de caractères effectivement affiché est égal `b - buf`, qui est la valeur que l'on renvoie si tout s'est bien passé.

2.3 Attente du vidage du tampon d'écriture

La fonction **sleep_if_full()** est définie dans le fichier *kernel/tty_io.c* :

```
static void sleep_if_full(struct tty_queue * queue)
{
        if (!FULL(*queue))
                return;
        cli();
        while (!current->signal && LEFT(*queue)<128)
                interruptible_sleep_on(&queue->proc_list);
        sti();
}
```
Linux 0.01

Autrement dit :

· si le tampon n'est pas plein, on sort immédiatement de la fonction ;

- sinon :
  - on inhibe les interruptions matérielles masquables ;
  - tant que le processus en cours n'a pas reçu de signal (en particulier de signal de fin d'affichage) et que le nombre de caractères du tampon est inférieur à 128, on fait appel à la fonction auxiliaire **interruptible_sleep_on()** de traitement des processus en attente du tampon ;
  - on se remet à l'écoute des interruptions.

2.4 Traitement des processus en attente

La fonction **interruptible_sleep_on()** opère sur le processus en cours P. Elle positionne l'état de P à TASK_INTERRUPTIBLE et insère P dans la file d'attente précisée en paramètre. Elle invoque alors l'ordonnanceur, qui reprend l'exécution d'un autre processus. Lorsque P est réveillé, l'ordonnanceur reprend l'exécution de la fonction **interruptible_sleep_on()**, ce qui a pour effet d'extraire P de la file d'attente.

Cette fonction est définie dans le fichier *kernel/sched.c* :

Linux 0.01

```
void interruptible_sleep_on(struct task_struct **p)
{
        struct task_struct *tmp;

        if (!p)
                return;
        if (current == &(init_task.task))
                panic("task[0] trying to sleep");
        tmp=*p;
        *p=current;
repeat: current->state = TASK_INTERRUPTIBLE;
        schedule();
        if (*p && *p!= current) {
                (**p).state=0;
                goto repeat;
        }
        *p=NULL;
        if (tmp)
                tmp->state=0;
}
```

Autrement dit :

- si la liste des processus en attente en vide, on sort immédiatement de la fonction ;

Récursivité croisée

- si la tâche en cours est la tâche initiale, qui ne peut pas passer à l'état TASK_INTERRUPTIBLE, on affiche un message d'erreur et on gèle le système ; la fonction **panic()** est définie par récursivité croisée avec la fonction **tty_write()** que nous sommes en train d'étudier, elle sera étudiée dans le chapitre suivant ;
- on sort le premier processus de la liste et on le remplace par le processus en cours ;
- on change l'état du processus en cours en TASK_INTERRUPTIBLE et on fait appel au gestionnaire des tâches ; tant que le premier processus de la liste des processus en attente du tampon n'est ni le processus inactif, ni le processus qui nous préoccupe, on remet l'état de celui-ci à 0, c'est-à-dire à TASK_RUNNING, et on recommence ;
- on indique qu'on a vidé la file d'attente ;
- si le processus qu'on avait extrait n'est pas le processus inactif, on remet l'état de celui-ci à 0, c'est-à-dire à TASK_RUNNING.

3 Évolution du noyau

3.1 Traitement des caractères

Les constantes symboliques correspondant aux types primaires sont toujours définies dans le fichier *include/linux/ctype.h*. La table de codage _ctype est maintenant définie dans le fichier *lib/ctype.c* :

```
10 unsigned char _ctype[] = {
11 _C,_C,_C,_C,_C,_C,_C,_C,                          /* 0-7 */
12 _C,_C|_S,_C|_S,_C|_S,_C|_S,_C|_S,_C,_C,           /* 8-15 */
13 _C,_C,_C,_C,_C,_C,_C,_C,                          /* 16-23 */
14 _C,_C,_C,_C,_C,_C,_C,_C,                          /* 24-31 */
15 _S|_SP,_P,_P,_P,_P,_P,_P,_P,                      /* 32-39 */
16 _P,_P,_P,_P,_P,_P,_P,_P,                          /* 40-47 */
17 _D,_D,_D,_D,_D,_D,_D,_D,                          /* 48-55 */
18 _D,_D,_P,_P,_P,_P,_P,_P,                          /* 56-63 */
19 _P,_U|_X,_U|_X,_U|_X,_U|_X,_U|_X,_U|_X,_U,        /* 64-71 */
20 _U,_U,_U,_U,_U,_U,_U,_U,                          /* 72-79 */
21 _U,_U,_U,_U,_U,_U,_U,_U,                          /* 80-87 */
22 _U,_U,_U,_P,_P,_P,_P,_P,                          /* 88-95 */
23 _P,_L|_X,_L|_X,_L|_X,_L|_X,_L|_X,_L|_X,_L,        /* 96-103 */
24 _L,_L,_L,_L,_L,_L,_L,_L,                          /* 104-111 */
25 _L,_L,_L,_L,_L,_L,_L,_L,                          /* 112-119 */
26 _L,_L,_L,_P,_P,_P,_P,_C,                          /* 120-127 */
27 0,0,0,0,0,0,0,0,0,0,0,0,0,0,0,0,                  /* 128-143 */
28 0,0,0,0,0,0,0,0,0,0,0,0,0,0,0,0,                  /* 144-159 */
29 _S|_SP,_P,_P,_P,_P,_P,_P,_P,_P,_P,_P,_P,_P,_P,_P,_P,   /* 160-175 */
30 _P,_P,_P,_P,_P,_P,_P,_P,_P,_P,_P,_P,_P,_P,_P,_P,       /* 176-191 */
31 _U,_U,_U,_U,_U,_U,_U,_U,_U,_U,_U,_U,_U,_U,_U,_U,       /* 192-207 */
32 _U,_U,_U,_U,_U,_U,_U,_P,_U,_U,_U,_U,_U,_U,_U,_L,       /* 208-223 */
33 _L,_L,_L,_L,_L,_L,_L,_L,_L,_L,_L,_L,_L,_L,_L,_L,       /* 224-239 */
34 _L,_L,_L,_L,_L,_L,_L,_P,_L,_L,_L,_L,_L,_L,_L,_L};      /* 240-255 */
```

Linux 2.6.0

Elle prend désormais en charge 256 caractères au lieu des 128 premiers.

Les macros de classification des caractères sont toujours définies dans le fichier *include/ linux/ctype.h*, avec une très légère variante :

```
18 extern unsigned char _ctype[];
19
20 #define __ismask(x) (_ctype[(int)(unsigned char)(x)])
21
22 #define isalnum(c)       ((__ismask(c)&(_U|_L|_D))!= 0)
```

Linux 2.6.0

3.2 Écriture sur une voie de communication

L'écriture sur une voie de communication est maintenant définie dans le fichier *drivers/ char/tty_io.c* :

```
715 static ssize_t tty_write(struct file * file, const char * buf, size_t count,
716                          loff_t *ppos)
717 {
718         struct tty_struct * tty;
719         struct inode *inode = file->f_dentry->d_inode;
720
721         /* Can't seek (pwrite) on ttys.  */
722         if (ppos!= &file->f_pos)
723                 return -ESPIPE;
724
725         tty = (struct tty_struct *)file->private_data;
726         if (tty_paranoia_check(tty, inode, "tty_write"))
727                 return -EIO;
728         if (!tty ||!tty->driver->write || (test_bit(TTY_IO_ERROR, &tty->flags)))
```

Linux 2.6.0

```
729              return -EIO;
730       if (!tty->ldisc.write)
731              return -EIO;
732       return do_tty_write(tty->ldisc.write, tty, file,
733                          (const unsigned char *)buf, count);
734 }
```

Elle renvoie à la fonction **do_tty_write()**, définie juste au-dessus dans le même fichier :

Linux 2.6.0

```
665 /*
666  * Split writes up in sane blocksizes to avoid
667  * denial-of-service type attacks
668  */
669 static inline ssize_t do_tty_write(
670       ssize_t (*write)(struct tty_struct *, struct file *, const unsigned char *, size_t),
671       struct tty_struct *tty,
672       struct file *file,
673       const unsigned char *buf,
674       size_t count)
675 {
676       ssize_t ret = 0, written = 0;
677
678       if (down_interruptible(&tty->atomic_write)) {
679              return -ERESTARTSYS;
680       }
681       if ( test_bit(TTY_NO_WRITE_SPLIT, &tty->flags) ) {
682              lock_kernel();
683              written = write(tty, file, buf, count);
684              unlock_kernel();
685       } else {
686              for (;;) {
687                     unsigned long size = max((unsigned long)PAGE_SIZE*2, 16384UL);
688                     if (size > count)
689                            size = count;
690                     lock_kernel();
691                     ret = write(tty, file, buf, size);
692                     unlock_kernel();
693                     if (ret <= 0)
694                            break;
695                     written += ret;
696                     buf += ret;
697                     count -= ret;
698                     if (!count)
699                            break;
700                     ret = -ERESTARTSYS;
701                     if (signal_pending(current))
702                            break;
703                     cond_resched();
704              }
705       }
706       if (written) {
707              file->f_dentry->d_inode->i_mtime = CURRENT_TIME;
708              ret = written;
709       }
710       up(&tty->atomic_write);
711       return ret;
712 }
```

Conclusion

Nous avons vu comment le texte brut (et ses caractères de contrôle) est placé dans une file d'attente, d'écriture, puis comment il est traité (en tenant compte des caractères de contrôle) avant d'être transmis à l'écran. Ce chapitre nous a donné l'occasion d'étudier une troisième norme, celle de la classification des caractères pour le langage C standard. Ce langage prévoit également un formatage, par exemple pour afficher les nombres. Le traitement de celui-ci fait l'objet du chapitre suivant.

Chapitre 15

L'affichage formaté du noyau

Le langage C a été l'occasion d'introduire la notion d'écriture formatée avec la fonction **printf()** et ses dérivées. Les concepteurs des noyaux des systèmes d'exploitation ont envie d'utiliser cette fonction au niveau du noyau, ce qui n'est pas possible car cette fonction n'est pas disponible pour celui-ci. Ils conçoivent donc une fonction qui fait la même chose que **printf()** mais au niveau du noyau : elle est tout naturellement appelée **printk()**, avec « **k** » pour *kernel* (*noyau* en anglais).

Un première question à résoudre pour les fonctions du type **printf()** est celle du traitement du nombre variable d'arguments, celui-ci dépendant du format dans le cas de la fonction **printf()** ou de **printk()**. Ce problème sera abordé dans la première section.

1 Nombre variable d'arguments

1.1 L'apport du C standard

Le standard du langage C introduit une fonction, absente du langage C d'origine K&R, appelée **vprintf()** (avec un « **v** » pour « variable »), ainsi que ses dérivées : cette fonction est analogue à la fonction **printf()** sauf qu'elle utilise un pointeur sur une liste d'arguments au lieu d'un nombre variable d'arguments.

Écrivons un programme permettant d'afficher un message en utilisant la fonction **vprintf()** au lieu de la fonction **printf()** :

```
/* testv.c */

#include <stdarg.h>
#include <stdio.h>

void msg(char * fmt,...)
    {
    va_list ap;

    va_start(ap,fmt);
    vprintf(fmt,ap);
    va_end(ap);
    }

void main(void)
    {
    msg("1 + 1 = %d %s\n",1 + 1,"fin");
    }
```

Autrement dit :

· On définit une fonction **msg()** jouant exactement le même rôle que la fonction **printf()**.

- Les trois points de l'en-tête `void msg(char * fmt,...)` indiquent qu'il s'agit d'une fonction à un nombre variable d'arguments, ceux-ci étant nécessairement précédés d'un argument pour le format.
- Lors de l'utilisation de cette fonction, on a un premier argument, celui spécifiant le format, suivi du nombre adéquat d'arguments, dépendant du format. Nous n'insistons pas sur ce point : on utilise la fonction **msg()** exactement comme la fonction **printf()**.
- Lors de la définition de notre fonction, on fait appel à une variable `ap` qui correspond à la liste des arguments autres que l'argument de format.

  Le type `va_list` (pour *Variable Argument*) de cette variable est défini dans le fichier d'en-têtes *stdarg.h*.
- Un appel à la fonction **vprintf()** doit être précédé d'un appel à la macro **va_start()** et suivi d'un appel à la macro **va_end()**. Ces macros sont également définies dans le fichier d'en-têtes *stdarg.h*.

1.2 Implémentation de *stdarg.h* sous Linux

Le fichier *stdarg.h* est le fichier *include/stdarg.h* des sources de Linux :

Le type liste d'arguments. Le type `va_list` est défini comme chaîne de caractères :

```
typedef char *va_list;
```

Taille d'un type. Le nombre d'octets nécessaires pour entreposer la valeur d'un argument du type TYPE est déterminé grâce à la macro **__va_rounded_size()** :

```
/* Amount of space required in an argument list for an arg of type TYPE.
   TYPE may alternatively be an expression whose type is used.  */

#define __va_rounded_size(TYPE)  \
  (((sizeof (TYPE) + sizeof (int) - 1) / sizeof (int)) * sizeof (int))
```

Initialisation de la liste d'arguments. La macro **va_start()** initialise la liste d'arguments et doit être utilisée en premier :

```
#define va_start(AP, LASTARG)                                          \
 (AP = ((char *) &(LASTARG) + __va_rounded_size (LASTARG)))
```

Autrement dit, au départ le format LASTARG est une chaîne de caractères qui contient le format proprement dit suivi des arguments. On positionne donc AP au caractère qui suit le format proprement dit.

Le source prévoit également le cas où l'on se trouve sur un SPARC, ce qui ne nous intéresse pas ici.

Argument suivant. La macro **va_arg()** effectue deux actions :

- elle positionne AP au début de l'argument suivant ;
- elle détermine la valeur de l'expression du type suivant du format.

Elle est définie de la façon suivante :

```
#define va_arg(AP, TYPE)                                               \
 (AP += __va_rounded_size (TYPE),                                      \
  *((TYPE *) (AP - __va_rounded_size (TYPE))))
```

Fermeture de la liste. Linux se réfère tout simplement à l'implémentation de GNU :

```
void va_end (va_list);        /* Defined in gnulib */
```

On peut considérer que cette macro ne fait rien, ce qui est le choix de DJGPP :

```
#define va_end(ap)
```

2 Formatage

2.1 La fonction `sprintf()`

En langage C standard, la fonction :

```
#include <stdio.h>
int sprintf(char * s, const char *format, ...);
```

formate une chaîne de caractères de la même façon que la fonction **printf()** mais elle stocke le résultat dans le tampon s au lieu de l'afficher à l'écran. Elle renvoie la longueur de la chaîne de caractères résultat.

La fonction :

```
#include <stdio.h>
int vsprintf(char * s, const char *format, va_list arg);
```

fait de même avec une liste d'arguments au lieu d'un nombre variable d'arguments.

2.2 Structure des formats

Rappelons la structure des formats tels qu'ils sont définis à la fois par les normes POSIX et C standard (voir [LEW-91], p. 374). Le format est une chaîne de caractères qui contient zéro ou plusieurs directives de format.

Structure d'une directive

Chaque directive de format débute par le caractère « % », suivi des champs suivants :

drapeaux : zéro ou plusieurs des drapeaux suivants (nécessairement dans cet ordre) :
- – : justification à gauche (par défaut la justification se fait à droite) ;
- + : le résultat d'un nombre commence toujours par un signe (par défaut il n'y a de signe que pour les valeurs négatives) ;

espace : comme pour « + » mais une espace est affichée au lieu du signe + ;

- # : le résultat est converti en une autre forme, le détail de cette conversion dépend du format et sera vu ci-dessous ;

largeur : la signification de ce champ facultatif dépend du format et sera vue ci-dessous ;

type : le type, facultatif, peut être h, l ou L :
- h : force l'argument à être converti au type short avant d'être affiché ;
- l : spécifie que l'argument est un long int ;
- L : spécifie que l'argument est un long double ;

format : un caractère qui spécifie la conversion à effectuer.

Conversions

Les détails des conversions sont donnés dans le tableau suivant :

Format	Description	Signification de la largeur	Signification de #
i ou d	Un argument `int` est converti en une chaîne décimale.	Nombre minimum de caractères à apparaître. Par défaut 1.	Non défini.
o	Un argument `unsigned int` est converti en un octal non signé.	Comme pour i	Force le premier chiffre a être 0.
u	Un argument `unsigned int` est converti en un décimal non signé.	Comme pour i	Non défini.
x	Un argument `unsigned int` est converti en un hexadécimal non signé. Les chiffres `abcdef` sont utilisés.	Comme pour i.	Préfixe un résultat non nul par `0x`.
X	Comme pour x avec les chiffres `ABCDEF`.	Comme pour i.	Préfixe un résultat non nul par `0X`.
f	Un argument `double` est converti en notation décimale au format `[-]ddd.ddd`	Nombre minimum de caractères à apparaître. Peut être suivi du nombre de chiffres après le point à afficher. Si un point décimal est affiché, au moins un chiffre doit apparaître à gauche de celui-ci.	Affiche un point même si aucun chiffre ne suit.
e	Un argument `double` est converti en notation scientifique `[-]d.ddd e dd`. L'exposant contient toujours au moins deux chiffres.	Comme pour f.	Comme pour f.
E	Comme pour e avec E au lieu de e.	Comme pour f.	Comme pour f.
g	Comme pour f ou e. Le style e est utilisé seulement si l'exposant est inférieur à -4 ou plus grand que la précision.	Comme pour f.	Comme pour f.
G	Comme pour g avec E au lieu de e.	Comme pour f.	Comme pour f.

Format	Description	Signification de la largeur	Signification de #
c	Un argument `int` est converti en `unsigned char`.	Non défini.	Non défini.
s	L'argument est `char *`. Les caractères jusqu'au caractère nul sont affichés.	Nombre maximum de caractères à écrire.	Non défini.
p	L'argument doit être un pointeur sur `void`. Implémentation à définir, donc pas très intéressant.	Non défini.	Non défini.
n	L'argument doit être un pointeur sur un entier. Pas d'affichage.	Non défini.	Non défini.

2.3 Le cas de Linux 0.01

Dans le cas du noyau 0.01, seuls les formats entiers (`%i`, `%d`, `%o`, `%u`, `%x`, `%X`), caractère (`%c`), chaîne de caractères (`%s`) et pointeurs (`%p`, `%n`) sont implémentés. Les formats réels (`%f`, `%e`, `%E`, `%g`, `%G`) ne le sont pas.

Pour le cas du format pointeur `%p`, l'adresse est affichée en base hexadécimale.

2.4 Implémentation de `vsprintf()` sous Linux

La fonction **`vsprintf()`** est définie dans le fichier *kernel/vsprintf.c* :

```
int vsprintf(char *buf, const char *fmt, va_list args)
{
        int len;
        int i;
        char * str;
        char *s;
        int *ip;

        int flags;              /* flags to number() */

        int field_width;        /* width of output field */
        int precision;          /* min. # of digits for integers; max
                                   number of chars for from string */
        int qualifier;          /* 'h', 'l', or 'L' for integer fields */

        for (str=buf; *fmt; ++fmt) {
                if (*fmt!= '%') {
                        *str++ = *fmt;
                        continue;
                }

                /* process flags */
                flags = 0;
                repeat:
                        ++fmt;          /* this also skips first '%' */
                        switch (*fmt) {
                                case '-': flags |= LEFT; goto repeat;
                                case '+': flags |= PLUS; goto repeat;
                                case ' ': flags |= SPACE; goto repeat;
```

Linux 0.01

```
                                      case '#': flags |= SPECIAL; goto repeat;
                                      case '0': flags |= ZEROPAD; goto repeat;
                                      }

                 /* get field width */
                 field_width = -1;
                 if (is_digit(*fmt))
                         field_width = skip_atoi(&fmt);
                 else if (*fmt == '*') {
                         /* it's the next argument */
                         field_width = va_arg(args, int);
                         if (field_width < 0) {
                                 field_width = -field_width;
                                 flags |= LEFT;
                         }
                 }

                 /* get the precision */
                 precision = -1;
                 if (*fmt == '.') {
                         ++fmt;
                         if (is_digit(*fmt))
                                 precision = skip_atoi(&fmt);
                         else if (*fmt == '*') {
                                 /* it's the next argument */
                                 precision = va_arg(args, int);
                         }
                         if (precision < 0)
                                 precision = 0;
                 }

                 /* get the conversion qualifier */
                 qualifier = -1;
                 if (*fmt == 'h' || *fmt == 'l' || *fmt == 'L') {
                         qualifier = *fmt;
                         ++fmt;
                 }

                 switch (*fmt) {
                 case 'c':
                         if (!(flags & LEFT))
                                 while (--field_width > 0)
                                         *str++ = ' ';
                         *str++ = (unsigned char) va_arg(args, int);
                         while (--field_width > 0)
                                 *str++ = ' ';
                         break;

                 case 's':
                         s = va_arg(args, char *);
                         len = strlen(s);
                         if (precision < 0)
                                 precision = len;
                         else if (len > precision)
                                 len = precision;

                         if (!(flags & LEFT))
                                 while (len < field_width--)
                                         *str++ = ' ';
                         for (i = 0; i < len; ++i)
                                 *str++ = *s++;
                         while (len < field_width--)
                                 *str++ = ' ';
                         break;

                 case 'o':
                         str = number(str, va_arg(args, unsigned long), 8,
                                 field_width, precision, flags);
                         break;
```

```
        case 'p':
                if (field_width == -1) {
                        field_width = 8;
                        flags |= ZEROPAD;
                }
                str = number(str,
                        (unsigned long) va_arg(args, void *), 16,
                        field_width, precision, flags);
                break;

        case 'x':
                flags |= SMALL;
        case 'X':
                str = number(str, va_arg(args, unsigned long), 16,
                        field_width, precision, flags);
                break;

        case 'd':
        case 'i':
                flags |= SIGN;
        case 'u':
                str = number(str, va_arg(args, unsigned long), 10,
                        field_width, precision, flags);
                break;

        case 'n':
                ip = va_arg(args, int *);
                *ip = (str - buf);
                break;

        default:
                if (*fmt!= '%')
                        *str++ = '%';
                if (*fmt)
                        *str++ = *fmt;
                else
                        --fmt;
                break;
        }
    }
    *str = '\0';
    return str-buf;
}
```

Autrement dit :

· Les significations des variables sont les suivantes :

  · `len` est la longueur de la chaîne de caractères argument ;
  · `i` est l'index décrivant la chaîne de caractères argument ;
  · `str` est la chaîne de caractères résultat ;
  · `s` est la chaîne de caractères argument ;
  · `ip` est la chaîne de caractères argument dans le cas d'un pointeur ;
  · `flags` représente les drapeaux d'un format ;
  · `field_width` représente la largeur d'un format ;
  · `precision` représente le nombre minimum de caractères pour un entier ou le nombre maximum de caractères pour une chaîne de caractères ;
  · `qualifier` représente le type d'un format.

· Le code est constitué d'une fausse boucle POUR dans laquelle l'adresse de `str` est initialisée à celle de `buf`, le nombre de pas étant égal à la longueur du champ format `fmt`. Il s'agit d'une fausse boucle POUR, comme le permet le langage C, car on trouve un certain nombre de `++fmt` dans le corps de la boucle.

- Tant qu'on ne tombe pas sur le début d'un format « % », on recopie tout simplement le caractère du format dans str. On recommence de même dès qu'on a terminé le traitement d'un format.

- On commence le traitement d'un format par la détermination du champ des drapeaux associé. Il s'agit d'un champ de bits. On se sert pour cela des constantes symboliques définies dans le même fichier :

```
#define ZEROPAD 1          /* pad with zero */
#define SIGN    2          /* unsigned/signed long */
#define PLUS    4          /* show plus */
#define SPACE   8          /* space if plus */
#define LEFT    16         /* left justified */
#define SPECIAL 32         /* 0x */
#define SMALL   64         /* use 'abcdef' instead of 'ABCDEF' */
```

On remarquera l'utilisation de l'incrémentation de la variable de contrôle de la boucle et l'utilisation de goto, deux techniques de programmation plutôt déconseillées.

- On détermine ensuite la largeur du format.

On fait appel, pour cela, à la macro **is_digit()** de reconnaissance d'un chiffre décimal et à la fonction **skip_atoi()** de conversion d'une chaîne de caractères formée de chiffres décimaux en l'entier correspondant. Nous étudierons l'implémentation de ces macros ci-après.

- On détermine ensuite la précision.

- On détermine ensuite le type du format.

- On détermine alors la valeur de l'argument :
  - dans le cas d'un caractère, il suffit d'afficher ce caractère en le faisant éventuellement précéder et suivre d'un certain nombre d'espaces ;
  - dans le cas d'une chaîne de caractères, il suffit de recopier celle-ci, éventuellement en la tronquant et en ajoutant, avant ou après, le nombre d'espaces nécessaires pour obtenir la largeur du champ ;
  - dans le cas d'un entier, on utilise la fonction auxiliaire **number()**, étudiée ci-après, pour obtenir la chaîne de caractères correspondante ;
  - dans le cas d'un pointeur %p, on affiche l'adresse ;
  - dans le cas d'un pointeur %n, on n'affiche rien.

- On termine en ajoutant le symbole de terminaison d'une chaîne de caractères « \0 » au résultat et en renvoyant la longueur du résultat, qui est la différence entre l'adresse de str et celle de buf.

2.5 Les fonctions auxiliaires

La macro is_digit()

Elle est définie dans le fichier *kernel/vsprintf.c* tout naturellement de la façon suivante :

```
/* we use this so that we can do without the ctype library */
#define is_digit(c)     ((c) >= '0' && (c) <= '9')
```

La fonction `skip_atoi()`

Elle calcule l'entier correspondant par la méthode de HÖRNER et prend fin dès que le caractère rencontré n'est pas un chiffre décimal. Elle est définie dans le fichier *kernel/vsprintf.c* :

```
static int skip_atoi(const char **s)
{
        int i=0;

        while (is_digit(**s))
                i = i*10 + *((*s)++) - '0';
        return i;
}
```
Linux 0.01

On remarquera que `fmt` est bien incrémenté à chaque fois qu'on passe au chiffre suivant. Une fois de plus, on incrémente la variable de contrôle de la boucle *for*, et ceci de façon cachée.

La fonction `number()`

La fonction :

```
char * number(char * str, int num, int base, int size, int precision,
            int type);
```

possède six arguments :

- `str` est l'adresse (de la chaîne de caractères) à laquelle il faut placer le résultat ;
- `num` est l'entier à transformer (il s'agit de l'un des arguments de la fonction **vsprintf()**) ;
- `base` est la base (huit, dix ou seize) ;
- `size` est la longueur de la chaîne de caractères résultat ;
- `precision` est le nombre minimum de caractères à apparaître ;
- `type` est le drapeau des indicateurs (le champ `flags` d'un format).

Elle renvoie l'entier `num` sous la forme d'une chaîne de caractères.

Cette fonction est définie dans le fichier *kernel/vsprintf.c* :

```
static char * number(char * str, int num, int base, int size, int precision,
                int type)
{
        char c,sign,tmp[36];
        const char *digits="0123456789ABCDEFGHIJKLMNOPQRSTUVWXYZ";
        int i;

        if (type&SMALL) digits="0123456789abcdefghijklmnopqrstuvwxyz";
        if (type&LEFT) type &= ~ZEROPAD;
        if (base<2 || base>36)
                return 0;
        c = (type & ZEROPAD) ? '0': ' ';
        if (type&SIGN && num<0) {
                sign='-';
                num = -num;
        } else
                sign=(type&PLUS) ? '+': ((type&SPACE) ? ' ': 0);
        if (sign) size--;
        if (type&SPECIAL)
                if (base==16) size -= 2;
                else if (base==8) size--;
        i=0;
        if (num==0)
                tmp[i++]='0';
        else while (num!=0)
                tmp[i++]=digits[do_div(num,base)];
```
Linux 0.01

```
        if (i>precision) precision=i;
        size -= precision;
        if (!(type&(ZEROPAD+LEFT)))
                while(size-->0)
                        *str++ = ' ';
        if (sign)
                *str++ = sign;
        if (type&SPECIAL)
                if (base==8)
                        *str++ = '0';
                else if (base==16) {
                        *str++ = '0';
                        *str++ = digits[33];
                }
        if (!(type&LEFT))
                while(size-->0)
                        *str++ = c;
        while(i<precision--)
                *str++ = '0';
        while(i-->0)
                *str++ = tmp[i];
        while(size-->0)
                *str++ = ' ';
        return str;
}
```

Autrement dit :

· Les variables c, sign, tmp et i représentent respectivement le type des caractères de remplissage (« 0 » ou espace), le signe, le nombre sous forme d'une chaîne de caractères sans caractères de remplissage et l'index de tmp. Le tableau digits[] contient les chiffres (en particulier au-delà de 9) ; remarquons qu'on aurait pu s'arrêter à « F ».

· On change le tableau des chiffres si le drapeau SMALL est positionné : on utilise des lettres minuscules au lieu de majuscules pour les chiffres au-delà de « 9 ».

· La fonction est valable pour des bases allant de 2 à 36, bien que seules les bases huit, dix et seize soient utilisées.

· Le type des caractères de remplissage, « 0 » ou espace, est ensuite déterminé.

· Le signe de num est déterminé : si num est négatif, le signe est « - » et on ne garde que la valeur absolue de num ; sinon le signe est « + », espace ou le caractère nul suivant le format désiré. Si le signe n'est pas le caractère nul, on doit décrémenter la taille size.

· Si la base est huit ou seize, on doit décrémenter la taille size de un ou deux respectivement, à cause du préfixe « 0 » ou « 0x ».

· On détermine ensuite la chaîne de caractères correspondant à num, que l'on place dans tmp, de façon classique en utilisant la macro auxiliaire de division euclidienne **do_div()**, étudiée ci-après.

· Si precision est inférieur à la longueur de cette chaîne, on change sa valeur en celle de cette longueur (pour être sûr que l'entier est bien représenté).

· On place le nombre d'espaces nécessaires dans str, le signe, puis le préfixe éventuel de la base (« 0 », « 0x » ou « 0X »).

· On place les caractères de remplissage éventuels (ceci se fait en deux fois car certains proviennent de la valeur de size et d'autres de celle de precision) puis on recopie tmp dans str, avant de le renvoyer.

La macro `do_div()`

La macro `do_div(n,base)` place le quotient de la division euclidienne de n par `base` dans n et renvoie le reste. Elle est définie dans le fichier *kernel/vsprintf.c*, :

```
#define do_div(n,base) ({ \
int __res; \
__asm__("divl %4":"=a" (n),"=d" (__res):"0" (n),"1" (0),"r" (base)); \
__res; })
```

3 La fonction `printk()`

Lorsqu'on est en mode noyau, on ne peut pas utiliser la fonction **printf()**. Il a donc été créé la fonction **printk()** (« *k* » pour *Kernel*) qui est tout à fait analogue. Elle est déclarée dans le fichier d'en-têtes *include/linux/kernel.h*.

Cette fonction est définie dans le fichier *kernel/printk.c* :

```
static char buf[1024];

int printk(const char *fmt, ...)
{
        va_list args;
        int i;

        va_start(args, fmt);
        i=vsprintf(buf,fmt,args);
        va_end(args);
        __asm__("push %%fs\n\t"
                "push %%ds\n\t"
                "pop %%fs\n\t"
                "pushl %0\n\t"
                "pushl $_buf\n\t"
                "pushl $0\n\t"
                "call _tty_write\n\t"
                "addl $8,%%esp\n\t"
                "popl %0\n\t"
                "pop %%fs"
                ::"r" (i):"ax","cx","dx");
        return i;
}
```

Autrement dit :

- on utilise la fonction **vsprintf()** pour obtenir la chaîne de caractères formatée voulue, qui est placée dans le tampon buf, d'au plus 1 024 caractères ; le nombre de caractères de cette chaîne de caractères est récupéré dans la variable i ;

- on fait appel, en langage d'assemblage, à la fonction tty_write(channel, buf, nr), avec les paramètres 0, buf et la zéro-ième variable, c'est-à-dire i, ce qui permet d'afficher les i premiers caractères de buf sur la console (car tty = 0 + tty_table désigne la console), ce que l'on souhaite ;

- le registre de segment fs a pris comme valeur celle de ds avant de faire appel à **tty_write()**, pour pouvoir accéder au segment des données du noyau ;

- on ajoute 8 à esp car la fonction **tty_write()** utilise les arguments placés sur la pile sans les dépiler explicitement ;

- on termine en redonnant au registre fs sa valeur d'origine et en renvoyant la longueur de la chaîne de caractères.

4 La fonction `panic()`

La fonction :

```
void panic(const char * str);
```

est déclarée dans le fichier *include/linux/kernel.h*. Elle permet d'écrire « kernel panic: » à l'écran, suivi du message passé en paramètre, puis gèle toute action. Elle est donc utilisée en cas de problème grave.

Cette fonction est définie dans le fichier *kernel/panic.c* :

Linux 0.01
```
volatile void panic(const char * s)
{
        printk("Kernel panic: %s\n\r",s);
        for(;;);
}
```

5 Évolution du noyau

Le fichier d'en-têtes *stdarg.h* n'est plus défini pour les noyaux modernes ; on utilise celui de la bibliothèque C. La fonction **vsprintf()** est maintenant définie dans le fichier *lib/vsprintf.c* :

Linux 2.6.0
```
490 /**
491  * vsprintf - Format a string and place it in a buffer
492  * @buf: The buffer to place the result into
493  * @fmt: The format string to use
494  * @args: Arguments for the format string
495  *
496  * Call this function if you are already dealing with a va_list.
497  * You probably want sprintf instead.
498  */
499 int vsprintf(char *buf, const char *fmt, va_list args)
500 {
501         return vsnprintf(buf, 0xFFFFFFFFUL, fmt, args);
502 }
```

La fonction **vsnprintf()** est définie juste au-dessus dans le même fichier :

Linux 2.6.0
```
230 /**
231  * vsnprintf - Format a string and place it in a buffer
232  * @buf: The buffer to place the result into
233  * @size: The size of the buffer, including the trailing null space
234  * @fmt: The format string to use
235  * @args: Arguments for the format string
236  *
237  * Call this function if you are already dealing with a va_list.
238  * You probably want snprintf instead.
239  */
240 int vsnprintf(char *buf, size_t size, const char *fmt, va_list args)
241 {
242         int len;
243         unsigned long long num;
244         int i, base;
245         char *str, *end, c;
246         const char *s;
247
248         int flags;              /* flags to number() */
249
250         int field_width;        /* width of output field */
251         int precision;          /* min. # of digits for integers; max
252                                    number of chars for from string */
253         int qualifier;          /* 'h', 'l', or 'L' for integer fields */
```

```
254                              /* 'z' support added 23/7/1999 S.H.    */
255                              /* 'z' changed to 'Z' --davidm 1/25/99 */
256
257         str = buf;
258         end = buf + size - 1;
259
260         if (end < buf - 1) {
261                 end = ((void *) -1);
262                 size = end - buf + 1;
263         }
264
265         for (; *fmt; ++fmt) {
266                 if (*fmt!= '%') {
267                         if (str <= end)
268                                 *str = *fmt;
269                         ++str;
270                         continue;
271                 }
272
273                 /* process flags */
274                 flags = 0;
275                 repeat:
276                         ++fmt;            /* this also skips first '%' */
277                         switch (*fmt) {
278                                 case '-': flags |= LEFT; goto repeat;
279                                 case '+': flags |= PLUS; goto repeat;
280                                 case ' ': flags |= SPACE; goto repeat;
281                                 case '#': flags |= SPECIAL; goto repeat;
282                                 case '': flags |= ZEROPAD; goto repeat;
283                         }

[...]

457         if (str <= end)
458                 *str = '\0';
459         else if (size > 0)
460                 /* don't write out a null byte if the buf size is zero */
461                 *end = '\0';
462         /* the trailing null byte doesn't count towards the total
463          * ++str;
464          */
465         return str-buf;
466 }
```

Peu de choses ont changé depuis le noyau 0.01, aussi n'avons-nous pas cité le code dans son intégralité.

La fonction **printk()** est définie dans le fichier *kernel/printk.c* :

```
429 /*
430  * This is printk.  It can be called from any context.  We want it to work.
431  *
432  * We try to grab the console_sem.  If we succeed, it's easy - we log the output and
433  * call the console drivers.  If we fail to get the semaphore we place the output
434  * into the log buffer and return.  The current holder of the console_sem will
435  * notice the new output in release_console_sem() and will send it to the
436  * consoles before releasing the semaphore.
437  *
438  * One effect of this deferred printing is that code which calls printk() and
439  * then changes console_loglevel may break. This is because console_loglevel
440  * is inspected when the actual printing occurs.
441  */
442 asmlinkage int printk(const char *fmt, ...)
443 {
444         va_list args;
445         unsigned long flags;
446         int printed_len;
447         char *p;
448         static char printk_buf[1024];
```

Linux 2.6.0

```
449        static int log_level_unknown = 1;
450
451        if (oops_in_progress) {
452                /* If a crash is occurring, make sure we can't deadlock */
453                spin_lock_init(&logbuf_lock);
454                /* And make sure that we print immediately */
455                init_MUTEX(&console_sem);
456        }
457
458        /* This stops the holder of console_sem just where we want him */
459        spin_lock_irqsave(&logbuf_lock, flags);
460
461        /* Emit the output into the temporary buffer */
462        va_start(args, fmt);
463        printed_len = vsnprintf(printk_buf, sizeof(printk_buf), fmt, args);
464        va_end(args);
465
466        /*
467         * Copy the output into log_buf.  If the caller didn't provide
468         * appropriate log level tags, we insert them here
469         */
470        for (p = printk_buf; *p; p++) {
471                if (log_level_unknown) {
472                        if (p[0]!= '<' || p[1] < '' || p[1] > '7' || p[2]!= '>') {
473                                emit_log_char('<');
474                                emit_log_char(default_message_loglevel + '');
475                                emit_log_char('>');
476                        }
477                        log_level_unknown = 0;
478                }
479                emit_log_char(*p);
480                if (*p == '\n')
481                        log_level_unknown = 1;
482        }
483
484        if (!cpu_online(smp_processor_id())) {
485                /*
486                 * Some console drivers may assume that per-cpu resources have
487                 * been allocated.  So don't allow them to be called by this
488                 * CPU until it is officially up.  We shouldn't be calling into
489                 * random console drivers on a CPU which doesn't exist yet..
490                 */
491                spin_unlock_irqrestore(&logbuf_lock, flags);
492                goto out;
493        }
494        if (!down_trylock(&console_sem)) {
495                /*
496                 * We own the drivers.  We can drop the spinlock and let
497                 * release_console_sem() print the text
498                 */
499                spin_unlock_irqrestore(&logbuf_lock, flags);
500                console_may_schedule = 0;
501                release_console_sem();
502        } else {
503                /*
504                 * Someone else owns the drivers.  We drop the spinlock, which
505                 * allows the semaphore holder to proceed and to call the
506                 * console drivers with the output which we just produced.
507                 */
508                spin_unlock_irqrestore(&logbuf_lock, flags);
509        }
510 out:
511        return printed_len;
512 }
```

Le seul changement essentiel, par rapport à la version 0.01, est que le message est placé dans le tampon de log au lieu d'être affiché directement à l'écran.

La fonction **panic()** est définie dans le fichier *kernel/panic.c* :

```
41 /**
42  *      panic - halt the system
43  *      @fmt: The text string to print
44  *
45  *      Display a message, then perform cleanups. Functions in the panic
46  *      notifier list are called after the filesystem cache is flushed (when possible).
47  *
48  *      This function never returns.
49  */
50
51 NORET_TYPE void panic(const char * fmt, ...)
52 {
53          static char buf[1024];
54          va_list args;
55 #if defined(CONFIG_ARCH_S390)
56          unsigned long caller = (unsigned long) __builtin_return_address(0);
57 #endif
58
59          bust_spinlocks(1);
60          va_start(args, fmt);
61          vsnprintf(buf, sizeof(buf), fmt, args);
62          va_end(args);
63          printk(KERN_EMERG "Kernel panic: %s\n",buf);
64          if (in_interrupt())
65                  printk(KERN_EMERG "In interrupt handler - not syncing\n");
66          else if (!current->pid)
67                  printk(KERN_EMERG "In idle task - not syncing\n");
68          else
69                  sys_sync();
70          bust_spinlocks(0);
71
72 #ifdef CONFIG_SMP
73          smp_send_stop();
74 #endif
75
76          notifier_call_chain(&panic_notifier_list, 0, buf);
77
78          if (panic_timeout > 0)
79          {
80                  int i;
81                  /*
82                   * Delay timeout seconds before rebooting the machine.
83                   * We can't use the "normal" timers since we just panicked..
84                   */
85                  printk(KERN_EMERG "Rebooting in %d seconds..",panic_timeout);
86                  for (i = 0; i < panic_timeout; i++) {
87                          touch_nmi_watchdog();
88                          mdelay(1000);
89                  }
90                  /*
91                   *      Should we run the reboot notifier. For the moment I'm
92                   *      choosing not too. It might crash, be corrupt or do
93                   *      more harm than good for other reasons.
94                   */
95                  machine_restart(NULL);
96          }
97 #ifdef __sparc__
98          {
99                  extern int stop_a_enabled;
100                 /* Make sure the user can actually press L1-A */
101                 stop_a_enabled = 1;
102                 printk(KERN_EMERG "Press L1-A to return to the boot prompt\n");
103         }
104 #endif
```

Linux 2.6.0

```
105 #if defined(CONFIG_ARCH_S390)
106        disabled_wait(caller);
107 #endif
108        local_irq_enable();
109        for (;;)
110            ;
111 }
```

Autrement dit :

1. on affiche sur une ligne « `KERN_EMERG` `"Kernel panic :"` », suivi du texte passé en argument ;

2. si l'on était en train de traiter une interruption, on affiche sur une ligne « `KERN_EMERG` `"In interrupt task - not syncing"` » ;

3. si la tâche active était la tâche par défaut, on affiche sur une ligne « `KERN_EMERG` `"In idle task - not syncing"` » ;

4. sinon, on synchronise les données, c'est-à-dire qu'on sauvegarde sur disque les tampons non encore sauvegardés ;

5. si un délai a été prévu en cas de panique, on affiche sur une ligne « `KERN_EMERG` `"Rebooting in N seconds..."` », où N est remplacé par le nombre de secondes prévu. On redémarre ensuite la machine ;

6. si aucun délai n'a été prévu, on gèle la machine comme dans le cas du noyau 0.01.

Conclusion

Nous avons vu comment traiter le formatage des fonctions du langage C, non pas à propos de la fonction **printf()**, mais de son analogue **printk()** pour l'affichage des messages du noyau. Nous avons également étudié le comportement de Linux en cas de problème qu'il ne sait pas recouvrer, autrement dit en cas de panique : affichage d'un message et gel du système dans le cas du noyau 0.01 ; sauvegarde des tampons et redémarrage ou gel du système (au choix de l'utilisateur) dans le cas du noyau 2.6.0.

Maintenant que nous avons vu la prise en charge de l'affichage, nous pouvons enfin passer aux aspects dynamiques qui nécessitent un affichage (ne serait-ce que pour les messages de panique).

Sixième partie

Aspect dynamique avec affichage

Chapitre 16

Gestionnaires des exceptions

Nous avons vu, dans le chapitre 5, les principes de l'initialisation des interruptions sous Linux et de l'association de leurs gestionnaires. Nous allons maintenant étudier dans ce chapitre les gestionnaires (ou routines de service) des exceptions autres que **page_fault()** : la routine de service de cette dernière exception trouve mieux sa place dans le chapitre 17 sur la gestion de la mémoire.

1 Traitement des exceptions sous Linux

Nous avons vu au chapitre 5 qu'il existe 32 exceptions pour le micro-processeur Intel 80386, dont un certain nombre sont « réservées » :

Numéro	Exception	Gestionnaire
0	Erreur de division	**divide_error()**
1	Débogage	**debug()**
2	NMI	**nmi()**
3	Point d'arrêt	**int3()**
4	Débordement	**overflow()**
5	Vérification de limites	**bounds()**
6	Code d'opération non valide	**invalid_op()**
7	Périphérique non disponible	**device_not_available()**
8	Faute double	**double_fault()**
9	Débordement de coprocesseur	**coprocessor_segment_overrun()**
10	TSS non valide	**invalid_TSS()**
11	Segment non présent	**segment_not_present()**
12	Exception de pile	**stack_segment()**
13	Protection générale	**general_protection()**
14	Défaut de page	**page_fault()**
15	Réservé	**reserved()**
16	Erreur du coprocesseur	**coprocessor_error()**
17 à 31	Réservé	**reserved()**

Nous avons vu également comment Linux associe un gestionnaire à une exception donnée. Nous allons maintenant étudier ces gestionnaires, hormis **page_fault()**.

Dans son noyau 0.01, Linux se contente d'afficher le contenu de tous les registres du processeur sur la console et de terminer le processus qui a levé l'exception.

2 Structure générale des routines

2.1 Définitions des gestionnaires

Les routines de service des exceptions sont définies, hormis **page_fault()**, en langage d'assemblage dans le fichier *kernel/asm.s* :

```
/*
 * asm.s contains the low-level code for most hardware faults.
 * page_exception is handled by the mm, so that isn't here. This
 * file also handles (hopefully) fpu-exceptions due to TS-bit, as
 * the fpu must be properly saved/resored. This hasn't been tested.
 */

.globl _divide_error,_debug,_nmi,_int3,_overflow,_bounds,_invalid_op
.globl _device_not_available,_double_fault,_coprocessor_segment_overrun
.globl _invalid_TSS,_segment_not_present,_stack_segment
.globl _general_protection,_coprocessor_error,_reserved
```

2.2 Structure d'un gestionnaire

La structure des gestionnaires est de l'une des trois formes suivantes :

· Les onze premiers gestionnaires du fichier *kernel/asm.s*, si l'on ne compte pas device_not_available, ont pour structure :

```
_name:
    pushl $do_name
    jmp   no_error_code
```

· Les cinq derniers gestionnaires du fichier *kernel/asm.s* ont pour structure :

```
_name:
    pushl $do_name
    jmp   error_code
```

· la structure du gestionnaire **device_not_available()** est particulière.

Autrement dit, il est fait appel à une fonction C dont le nom est celui du gestionnaire préfixé par do_ ainsi qu'à une routine gérant les erreurs, qui est la même, ou tout au moins l'une des deux variantes, pour tous les gestionnaires sauf un.

Il y a deux variantes pour la routine des erreurs parce que le micro-processeur Intel sauvegarde un numéro d'erreur matérielle pour certaines exceptions et ne le fait pas pour d'autres. Linux préfère uniformiser ce comportement.

2.3 Les fonctions de traitement du code d'erreur

La fonction error_code()

La fonction **error_code()** est définie dans le fichier *kernel/asm.s* :

```
error_code:
        xchgl %eax,4(%esp)              # error code <-> %eax
        xchgl %ebx,(%esp)               # &function <-> %ebx
        pushl %ecx
        pushl %edx
        pushl %edi
        pushl %esi
        pushl %ebp
        push %ds
        push %es
        push %fs
        pushl %eax                      # error code
        lea 44(%esp),%eax               # offset
        pushl %eax
        movl $0x10,%eax
        mov %ax,%ds
        mov %ax,%es
        mov %ax,%fs
        call *%ebx
        addl $8,%esp
        pop %fs
        pop %es
        pop %ds
        popl %ebp
        popl %esi
        popl %edi
        popl %edx
        popl %ecx
        popl %ebx
        popl %eax
        iret
```

Linux 0.01

Au moment d'entrer dans ce code, le sommet de la pile contient l'adresse de la fonction **do_name()** (que l'on vient juste d'empiler et qui tient sur quatre octets) et, en-dessous, le code d'erreur matériel puis la valeur eip sauvegardés par le micro-processeur.

Ce fragment de code réalise les étapes suivantes :

- il échange le deuxième élément de la pile (c'est-à-dire le code d'erreur matériel) et le registre eax ;
- il échange le sommet de la pile (c'est-à-dire l'adresse de la fonction C de nom **do_name()**) et le registre ebx ;
- il sauvegarde dans la pile les autres registres qui risquent d'être utilisés par la fonction C, à savoir les registres ecx, edx, edi, esi, ebp, ds, es et fs ;
- il sauvegarde dans la pile le registre eax, c'est-à-dire le code d'erreur matériel ;
- il place en sommet de pile le mot double se trouvant à l'adresse esp + 44, c'est-à-dire la valeur eip sauvegardée par le micro-processeur lors de la levée de l'exception ;
- il charge les registres ds, es et fs avec le sélecteur 10h, c'est-à-dire le sélecteur du segment de données noyau ;
- il fait appel à la fonction C **do_name()**, dont l'adresse est maintenant dans le registre ebx ;
- il incrémente esp de 8 car la fonction C utilise les deux éléments du sommet de la pile sans les dépiler ;
- il restaure les valeurs des registres sauvegardées.

La fonction `no_error_code()`

La fonction **`no_error_code()`** est également définie dans le fichier *kernel/asm.s* :

```
no_error_code:
        xchgl %eax,(%esp)
        pushl %ebx
        pushl %ecx
        pushl %edx
        pushl %edi
        pushl %esi
        pushl %ebp
        push %ds
        push %es
        push %fs
        pushl $0                    # "error code"
        lea 44(%esp),%edx
        pushl %edx
        movl $0x10,%edx
        mov %dx,%ds
        mov %dx,%es
        mov %dx,%fs
        call *%eax
        addl $8,%esp
        pop %fs
        pop %es
        pop %ds
        popl %ebp
        popl %esi
        popl %edi
        popl %edx
        popl %ecx
        popl %ebx
        popl %eax
        iret
```

Autrement dit, la fonction **`no_error_code()`** réalise à peu près la même chose que la fonction **`error_code()`**, à la différence près que le code d'erreur prend la valeur (fictive) zéro.

Dans les deux cas, lors de l'appel de la fonction C **`do_name()`**, la fonction appelée trouvera au sommet de la pile :

- la valeur `eip` sauvegardée par le micro-processeur lors de la levée de l'exception ;
- le code d'erreur matériel (qui est nul dans le cas où le micro-processeur ne transmet pas de tel code) ;
- les valeurs des registres `fs`, `es`, `ds`, `ebp`, `esi`, `edi`, `edx`, `ecx`, `ebx` et `eax`.

2.4 Les fonctions C des gestionnaires par défaut

Structure

Les fonctions C associées aux gestionnaires et au nom de la forme **`do_name()`**, sont définies dans le fichier *kernel/traps.c*. Elles ont toutes la même structure, sauf **`do_int3()`**. Prenons, par exemple, le cas de **`do_divide_error()`**. Son code est :

```
void do_divide_error(long esp, long error_code)
{
        die("divide error",esp,error_code);
}
```

Elle utilise donc deux mots doubles de la pile, qui correspondent à la valeur `eip` et au code d'erreur. La fonction C se contente de renvoyer à une fonction **`die()`** à trois arguments.

La fonction `die()`

Cette fonction est définie dans le même fichier source que les fonctions précédentes :

Linux 0.01

```
static void die(char * str,long esp_ptr,long nr)
{
        long * esp = (long *) esp_ptr;
        int i;

        printk("%s: %04x\n\r",str,nr&0xffff);
        printk("EIP:\t%04x:%p\nEFLAGS:\t%p\nESP:\t%04x:%p\n",
                esp[1],esp[0],esp[2],esp[4],esp[3]);
        printk("fs: %04x\n",_fs());
        printk("base: %p, limit: %p\n",get_base(current->ldt[1]),
                                        get_limit(0x17));
        if (esp[4] == 0x17) {
                printk("Stack: ");
                for (i=0;i<4;i++)
                        printk("%p ",get_seg_long(0x17,i+(long *)esp[3]));
                printk("\n");
        }
        str(i);
        printk("Pid: %d, process nr: %d\n\r",current->pid,0xffff & i);
        for(i=0;i<10;i++)
                printk("%02x ",0xff & get_seg_byte(esp[1],(i+(char *)esp[0])));
        printk("\n\r");
        do_exit(11);                    /* play segment exception */
}
```

Autrement dit la fonction **die()** :

· affiche sur la console :

- · sur une première ligne : le message passé en premier argument (c'est-à-dire le nom de l'exception en clair, comme nous l'avons vu) ainsi que la limite du segment en hexadécimal (donné sous la forme d'une constante absolue) ;

- · sur une seconde ligne : les valeurs des registres eip (segment et décalage), eflags et esp (segment et décalage) ;

- · sur une troisième ligne : la valeur du registre de segment fs en hexadécimal, en utilisant la macro **_fs()** étudiée ci-après pour obtenir cette valeur ;

- · sur une quatrième ligne : les valeurs de l'adresse de base du segment de code utilisateur du processus qui a levé l'exception et la limite de celui-ci ;

- · sur la cinquième ligne, si le processus se trouvait en mode utilisateur au moment de la levée de l'exception, le prompteur « Stack: » suivi des valeurs des quatre registres de pile obtenues grâce à la macro **get_seg_long()** étudiée ci-après ;

· récupère le numéro du processus en cours (celui qui a levé l'exception) et affiche sur une sixième ligne le PID et le numéro de ce processus ;

· affiche sur une septième ligne dix valeurs de registres, en utilisant la macro **get_seg_byte()** étudiée ci-après ;

· termine le processus en cours current en faisant appel à la fonction **do_exit()**, que nous étudierons plus tard, en renvoyant le code d'erreur 11.

Récursivité
croisée

2.5 Les macros auxiliaires

La macro _fs()

La macro **_fs()**, définie dans le fichier *kernel/traps.c*, permet d'obtenir la valeur du registre fs :

```
#define _fs() ({ \
register unsigned short __res; \
__asm__("mov %%fs,%%ax":"=a" (__res):); \
__res;})
```

La macro get_seg_long()

La macro get_seg_long(seg,addr) définie dans le fichier *kernel/traps.c*, permet de récupérer la valeur du mot double (autrement dit de 4 octets) situé au décalage addr du segment seg :

```
#define get_seg_long(seg,addr) ({ \
register unsigned long __res; \
__asm__("push %%fs;mov %%ax,%%fs;movl %%fs:%2,%%eax;pop %%fs" \
:"=a" (__res):"0" (seg),"m" (*(addr))); \
__res;})
```

La macro get_seg_byte()

La macro get_seg_byte(seg,addr), définie dans le fichier *kernel/traps.c*, permet de récupérer la valeur de l'octet situé au décalage addr du segment seg :

```
#define get_seg_byte(seg,addr) ({ \
register char __res; \
__asm__("push %%fs;mov %%ax,%%fs;movb %%fs:%2,%%al;pop %%fs" \
:"=a" (__res):"0" (seg),"m" (*(addr))); \
__res;})
```

3 La routine int3()

Rappelons que l'interruption int3 est utilisée par les débogueurs pour stopper un programme et afficher son état (contenus des registres et de la mémoire). La routine **int3()** suit le schéma général ci-dessus mais la fonction C associée affiche la valeur de beaucoup de registres sans tuer le processus.

La fonction **do_int3()** est définie dans le fichier *kernel/traps.c* :

```
void do_int3(long * esp, long error_code,
             long fs,long es,long ds,
             long ebp,long esi,long edi,
             long edx,long ecx,long ebx,long eax)
{
        int tr;

        __asm__("str %%ax":"=a" (tr):"0" (0));
        printk("eax\t\tebx\t\tecx\t\tedx\n\r%8x\t%8x\t%8x\t%8x\n\r",
                eax,ebx,ecx,edx);
        printk("esi\t\tedi\t\tebp\t\tesp\n\r%8x\t%8x\t%8x\t%8x\n\r",
                esi,edi,ebp,(long) esp);
        printk("\n\rds\tes\tfs\ttr\n\r%4x\t%4x\t%4x\t%4x\n\r",
                ds,es,fs,tr);
        printk("EIP: %8x   CS: %4x  EFLAGS: %8x\n\r",esp[0],esp[1],esp[2]);
}
```

Autrement dit le gestionnaire :

· récupère la valeur du registre de tâche ;

· affiche :

· sur la première ligne le prompteur « `eax ebx ecx edx` » et sur la ligne d'en-dessous les valeurs de ces registres ;

· sur la troisième ligne le prompteur « `esi edi ebp esp` » et sur la ligne d'en-dessous les valeurs de ces registres ;

· sur la cinquième ligne le prompteur « `ds es fs tr` » et sur la ligne d'en-dessous les valeurs de ces registres ;

· sur le septième ligne les valeurs des registres `eip`, `cs` et `eflags`.

4 La routine `device_not_available()`

4.1 La routine principale

La fonction **`device_not_available()`** est définie dans le fichier *kernel/asm.s* :

```
math_emulate:
        popl %eax
        pushl $_do_device_not_available
        jmp no_error_code
_device_not_available:
        pushl %eax
        movl %cr0,%eax
        bt $2,%eax                      # EM (math emulation bit)
        jc math_emulate
        clts                            # clear TS so that we can use math
        movl _current,%eax
        cmpl _last_task_used_math,%eax
        je 1f                           # shouldn't happen really ...
        pushl %ecx
        pushl %edx
        push %ds
        movl $0x10,%eax
        mov %ax,%ds
        call _math_state_restore
        pop %ds
        popl %edx
        popl %ecx
1:      popl %eax
        iret
```

Linux 0.01

Autrement dit cette routine :

· vérifie si le bit d'émulation du coprocesseur arithmétique est positionné ;

· si c'est le cas, elle fait appel à la sous-routine **`math_emulate()`** située dans le même fichier source : celle-ci fait appel à la fonction **`do_device_not_available()`**, qui se trouve dans le fichier source *kernel/traps.c* et qui a le comportement habituel (affichage sur la console de la nature de l'exception et de la valeur d'un certain nombre de registres) ;

· sinon elle remet l'indicateur `ts` à zéro pour qu'on puisse utiliser le coprocesseur arithmétique, elle vérifie que la dernière utilisation du coprocesseur arithmétique a bien eu lieu par le processus en cours (sinon la routine est terminée, puisque ce cas ne devrait pas arriver), elle empile les valeurs des registres `ecx`, `edx` et `ds` (car ces registres vont être utilisés), passe au segment de code noyau, et fait appel à la fonction **`math_state_restore()`**, étudiée ci-après.

4.2 La fonction `math_state_restore()`

Cette fonction est définie dans le fichier source *kernel/sched.c* :

Linux 0.01

```
/*
 *  'math_state_restore()' saves the current math information in the
 * old math state array, and gets the new ones from the current task
 */
void math_state_restore()
{
        if (last_task_used_math)
                __asm__("fnsave %0"::"m" (last_task_used_math->tss.i387));
        if (current->used_math)
                __asm__("frstor %0"::"m" (current->tss.i387));
        else {
                __asm__("fninit"::);
                current->used_math=1;
        }
        last_task_used_math=current;
}
```

Elle a pour but, lors d'un changement de tâche en particulier, de sauvegarder les informations concernant l'utilisation du coprocesseur arithmétique de l'ancienne tâche et d'obtenir celles de la nouvelle tâche.

5 Évolution du noyau

Les gestionnaires sont maintenant définis, en langage C, dans le fichier *arch/i386/traps.c* et prennent en compte quatre nouvelles exceptions, comme nous l'avons déjà vu à la dernière section du chapitre 5. Donnons, à titre d'exemple, la définition de la fonction **die()** :

Linux 2.6.0

```
255 void die(const char * str, struct pt_regs * regs, long err)
256 {
257         static int die_counter;
258
259         console_verbose();
260         spin_lock_irq(&die_lock);
261         bust_spinlocks(1);
262         handle_BUG(regs);
263         printk("%s: %04lx [#%d]\n", str, err & 0xffff, ++die_counter);
264         show_registers(regs);
265         bust_spinlocks(0);
266         spin_unlock_irq(&die_lock);
267         if (in_interrupt())
268                 panic("Fatal exception in interrupt");
269
270         if (panic_on_oops) {
271                 printk(KERN_EMERG "Fatal exception: panic in 5 seconds\n");
272                 set_current_state(TASK_UNINTERRUPTIBLE);
273                 schedule_timeout(5 * HZ);
274                 panic("Fatal exception");
275         }
276         do_exit(SIGSEGV);
277 }
```

Donnons aussi celle de **do_coprocessor_error()** :

Linux 2.6.0

```
600 /*
601  * Note that we play around with the 'TS' bit in an attempt to get
602  * the correct behaviour even in the presence of the asynchronous
603  * IRQ13 behaviour
604  */
605 void math_error(void *eip)
606 {
```

```
607          struct task_struct * task;
608          siginfo_t info;
609          unsigned short cwd, swd;
610
611          /*
612           * Save the info for the exception handler and clear the error.
613           */
614          task = current;
615          save_init_fpu(task);
616          task->thread.trap_no = 16;
617          task->thread.error_code = 0;
618          info.si_signo = SIGFPE;
619          info.si_errno = 0;
620          info.si_code = __SI_FAULT;
621          info.si_addr = eip;
622          /*
623           * (~cwd & swd) will mask out exceptions that are not set to unmasked
624           * status.  0x3f is the exception bits in these regs, 0x200 is the
625           * C1 reg you need in case of a stack fault, 0x040 is the stack
626           * fault bit.  We should only be taking one exception at a time,
627           * so if this combination doesn't produce any single exception,
628           * then we have a bad program that isn't syncronizing its FPU usage
629           * and it will suffer the consequences since we won't be able to
630           * fully reproduce the context of the exception
631           */
632          cwd = get_fpu_cwd(task);
633          swd = get_fpu_swd(task);
634          switch (((~cwd) & swd & 0x3f) | (swd & 0x240)) {
635                  case 0x000:
636                  default:
637                          break;
638                  case 0x001: /* Invalid Op */
639                  case 0x041: /* Stack Fault */
640                  case 0x241: /* Stack Fault | Direction */
641                          info.si_code = FPE_FLTINV;
642                          /* Should we clear the SF or let user space do it???? */
643                          break;
644                  case 0x002: /* Denormalize */
645                  case 0x010: /* Underflow */
646                          info.si_code = FPE_FLTUND;
647                          break;
648                  case 0x004: /* Zero Divide */
649                          info.si_code = FPE_FLTDIV;
650                          break;
651                  case 0x008: /* Overflow */
652                          info.si_code = FPE_FLTOVF;
653                          break;
654                  case 0x020: /* Precision */
655                          info.si_code = FPE_FLTRES;
656                          break;
657          }
658          force_sig_info(SIGFPE, &info, task);
659  }
660
661  asmlinkage void do_coprocessor_error(struct pt_regs * regs, long error_code)
662  {
663          ignore_fpu_irq = 1;
664          math_error((void *)regs->eip);
665  }
```

L'ensemble des gestionnaires des exceptions est étudié en détail dans le chapitre 11 de [OGO-03] dans le cas du noyau 2.4.

Conclusion

Nous venons de voir la conception des routines de gestion des interruptions levées par le micro-processeur (ou « exceptions »), sauf celle qui concerne la pagination. C'est un chapitre relativement reposant, car aucune nouvelle notion fondamentale n'y est introduite. Tout y repose en effet sur les chapitres précédents. Il n'en sera plus de même dans le chapitre suivant, avec la pagination de la mémoire.

Chapitre 17

Mémoire virtuelle sous Linux

Nous avons vu dans le chapitre 4 comment Linux manipule la mémoire vive à travers le micro-processeur Intel 80386. Nous allons étudier dans ce chapitre comment Linux traite la mémoire virtuelle, traitement qui est du ressort du système d'exploitation mais aidé de nos jours matériellement par le micro-processeur.

1 Étude générale

1.1 Mémoire virtuelle

Lorsqu'on augmente le nombre et la complexité des programmes exécutés simultanément, les besoins en mémoire s'accroissent et ne peuvent pas toujours être satisfaits par la mémoire physique présente. Le système d'exploitation doit donc être en mesure de mettre à la disposition des programmes plus de mémoire qu'il n'en existe réellement. La méthode pour ce faire repose sur la constatation suivante : l'intégralité de la mémoire n'est pas constamment utilisée et il est possible d'en stocker sur disque les parties inactives jusqu'à ce qu'elles soient de nouveau réclamées par un programme.

Le principe de la mémoire virtuelle est le suivant : les adresses que manipule l'utilisateur ne sont pas les *adresses physiques linéaires* ; on les appelle des adresses virtuelles. Un mécanisme permet de traduire les adresses virtuelles en adresses physiques.

L'intérêt est le suivant : on peut s'arranger pour que la plage d'adresses virtuelles soit (bien) plus grande que la plage d'adresses physiques. Bien entendu la taille de la mémoire virtuelle effectivement utilisée à un moment donné est inférieure à la taille de la mémoire physique. Cependant, d'une part, les adresses virtuelles ne sont pas nécessairement contiguës et, d'autre part, d'un moment à l'autre les adresses virtuelles ayant un correspondant physique ne sont pas nécessairement les mêmes. On se sert de paramètres pour déterminer la plage d'adresses virtuelles utilisée jusqu'au prochain changement des paramètres.

1.2 Mise en place de la mémoire virtuelle

Pour déterminer les zones de mémoire qui ne sont pas indispensables et qui peuvent être temporairement transférées sur disque, ainsi que celles qui doivent être rapatriées de toute urgence, il y a deux façons de faire :

· entièrement de façon logicielle, ce qui est alors complètement du ressort du système d'exploitation ;

· certains micro-processeurs facilitent la mise en place de la mémoire virtuelle grâce à la prise en compte de la *pagination*, ce qui est le cas du micro-processeur Intel 80386.

2 Pagination

2.1 Notion

La pagination repose sur les notions de cadre de page, de page et de table de pages :

Cadre de page. La mémoire vive disponible est partitionnée en **cadres de page** (*page frame* en anglais) de taille fixe.

Page. Une **page** est un bloc de données dont la taille est celle d'un cadre de page, qui peut être stocké dans n'importe quel cadre de page ou sur disque.

Table de pages. Un ensemble de **tables de pages** est introduit pour spécifier la correspondance entre les adresses virtuelles et physiques.

Des adresses linéaires contiguës à l'intérieur d'une page correspondent à des adresses physiques contiguës. En revanche, ceci n'est pas le cas pour des pages distinctes.

Les micro-processeurs actuels contiennent des circuits, constituant l'**unité de pagination**, chargés de traduire automatiquement les adresses virtuelles en adresses physiques. Le mécanisme de conversion dans le cas de la **pagination** est le suivant : une adresse mémoire est décomposée en deux parties, un **numéro de page** et un **déplacement** (ou **décalage**, *offset* en anglais) dans la page. Le numéro de page est utilisé comme indice dans un tableau, appelé **table des pages**, qui fournit une adresse physique (de début de page) en mémoire centrale. À cette adresse est ajouté le déplacement pour obtenir l'adresse physique de l'élément mémoire concerné. La figure 17.1 ([CAR-98], p. 286) représente le mécanisme de cette conversion.

Segmentation et pagination relèvent du même principe, la différence entre les deux étant que l'on utilise deux variables pour la segmentation et une seule pour la pagination.

2.2 Pagination à plusieurs niveaux

En raison de la taille de l'espace mémoire adressable, la table des pages n'est que rarement implémentée sous la forme d'une seule table contiguë en mémoire. En effet, comme la table des pages doit être résidente en permanence en mémoire, cela nécessiterait beaucoup trop de mémoire uniquement pour cette table :

· Pour un micro-processeur 16 bits, on peut utiliser un seul niveau de pages. On a, par exemple, des pages de 4 Ko, soit douze bits pour le déplacement. Il reste quatre bits pour les pages, soit 16 pages. On a donc une table de pages de taille raisonnable.

· Pour un micro-processeur 32 bits, on ne peut pas n'utiliser qu'un seul niveau de pagination. Pour des pages de 4 Ko, il reste 20 bits pour les pages, soit une table de 1 M pages. Comme la description de chaque page exige plusieurs octets, cela représente une table de plusieurs Mo, qui occupe trop de place en mémoire vive. On utilise donc deux types de tables de pages, dix octets étant affectés à chaque type de tables.

Par exemple, le micro-processeur Intel 80386 peut adresser quatre giga-octets, la taille des pages mémoire est de quatre kilo-octets, et chaque entrée de la table occupe quatre octets ; sur de tels processeurs une table de page complète utiliserait 1 048 576 entrées, pour une occupation mémoire de quatre méga-octets.

· Pour un micro-processeur 64 bits, on utilise une pagination à trois niveaux.

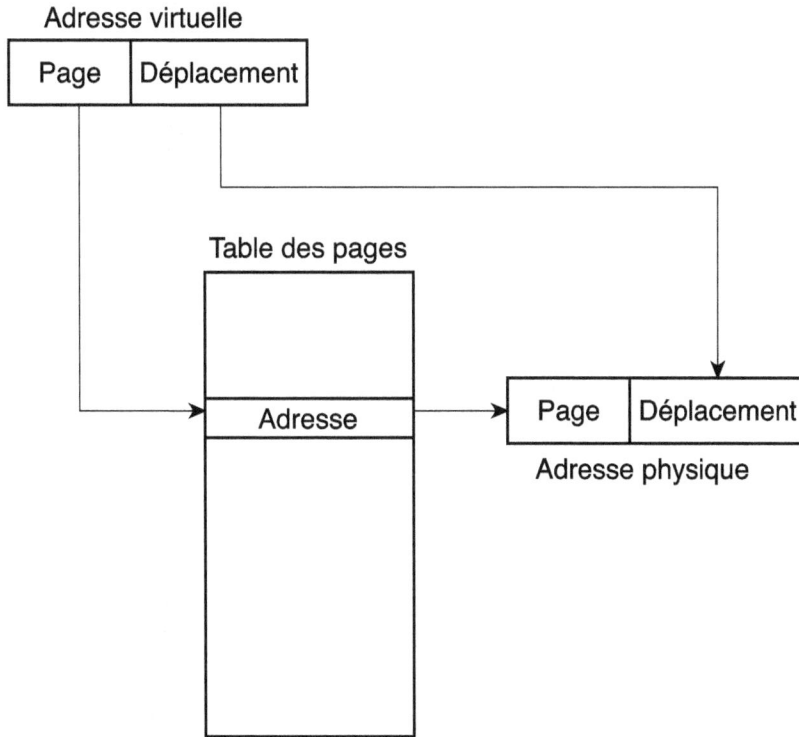

Conversion d'adresse virtuelle en adresse physique

Figure 17.1 : *Pagination*

Catalogues de pages

La table de pages est donc souvent décomposée en plusieurs niveaux, deux au minimum :

· un **catalogue** (ou **répertoire**) **de tables de pages** (*page directory* en anglais) représente le niveau deux ; il contient les adresses des pages qui contiennent, quant à elles, des parties de la table des pages ;

· ces parties sont les tables de pages de niveau un.

La figure 17.2 ([CAR-98], p. 287) représente la conversion d'adresse dans le cas d'une architecture qui utilise une table de pages à deux niveaux.

L'intérêt de cette table de pages à deux niveaux repose sur le fait que la table de pages n'a pas besoin d'être chargée entièrement en mémoire. Si l'on utilise 6 méga-octets (contigus), seules trois pages sont utilisées pour la table des pages :

· la page contenant le catalogue ;

· la page contenant la partie de la table des pages correspondant aux 4 premiers méga-octets de mémoire ;

· la page contenant la partie de la table des pages correspondant aux quatre méga-octets de mémoire suivants (dont seule la moitié des entrées est utilisée).

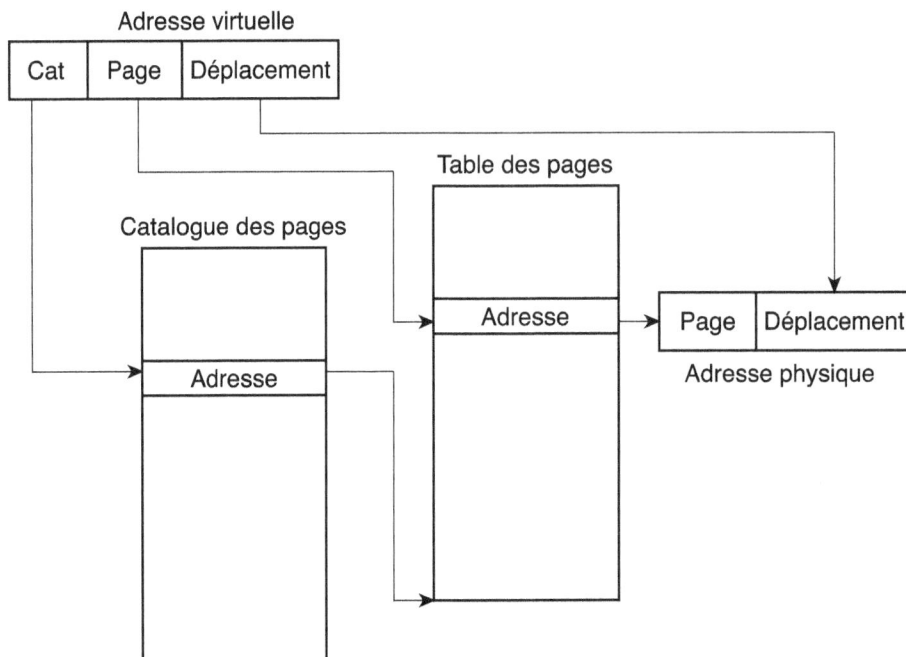

Figure 17.2 : *Table de pages à deux niveaux*

2.3 Protection

Chaque page possède ses propres droits d'accès. L'unité de pagination compare le type d'accès avec les droits d'accès. Si l'accès mémoire n'est pas valide, elle génère une exception de défaut de page.

3 La pagination sous Intel 80386

La pagination (*memory paging* en anglais) est mise en place sur les micro-processeurs Intel depuis le 80386 de façon matérielle grâce à la MMU (*Memory Management Unit*). Puisqu'il s'agit d'un micro-processeur 32 bits, on utilise deux niveaux. Il faut initialiser le catalogue de table de pages, les tables de pages, puis activer la pagination pour pouvoir utiliser les adresses virtuelles.

3.1 Taille des pages

Depuis le 80386, l'unité de pagination des micro-processeurs Intel gère des pages de 4 Ko. Il faut donc 12 bits de déplacement pour situer un octet dans une page, puisque $2^{12} = 4096$.

Le Pentium gère également des pages de 4 Mo (*pagination étendue*) mais ceci n'est évidemment pas pris en compte dans le noyau 0.01.

Le répertoire de tables de pages contient 1024 adresses de 32 bits, qui permettent de localiser jusqu'à 1024 tables de pages. Le répertoire de tables de pages et chaque table de pages ont une taille de 4 Ko. Si les 4 Go de mémoire sont paginés, le système doit allouer 4 Ko de mémoire pour le répertoire de tables de pages et 4 K fois 1024 octets, soit 4 Mo, pour les 1024 tables de pages. Ceci représente un investissement considérable en ressources de mémoire.

Il y a un seul répertoire de pages dont l'adresse physique est stockée dans le registre de contrôle CR3.

3.2 Structure des entrées des tables

Les entrées des répertoires de tables de pages et des tables de pages ont la même structure. Chaque entrée a une taille de 32 bits. Elle comprend les champs suivants :

31 12	11 7	6	5	4	3	2	1	0
Adresse de base	réservé	D	A	P C D	P W T	U / S	R / W	P

· Les bits 12 à 31 permettent de spécifier l'adresse du début du répertoire de tables de pages ou de la table de pages. Ils sont interprétés comme les 20 bits de poids fort de l'adresse physique. En effet puisque chaque cadre de page a une capacité de 4 Ko, son adresse physique est un multiple de 4 096, donc les 12 bits de poids faible de cette adresse sont égaux à 0.

Dans le cas d'un répertoire de tables de pages, le cadre de page contient une table de pages ; dans le cas d'une table de pages, le cadre de page contient une page de données.

· Les bits 7 à 11 sont réservés pour utilisation ultérieure par Intel et doivent être égaux à 0 en attendant.

· Le bit 6 (D pour *Dirty*, c'est-à-dire *modifié*) ne s'applique qu'aux entrées de la table de pages. Il est égal à 0 pour une entrée de répertoire de tables de pages. Il est positionné chaque fois qu'une opération d'écriture est réalisée sur le cadre de page. L'unité de pagination ne remet jamais ce drapeau à 0 ; c'est au système d'exploitation de le faire. Ceci permet de savoir si l'on doit en sauvegarder le contenu sur disque.

· Le bit 5 (A pour *Accessed*) indique si l'on a eu accès à cette table de pages (en lecture ou en écriture). Seul le système d'exploitation peut remettre logiciellement ce bit à zéro.

· Les bits 4 (PCD pour *Page-level Cache Disable*) et 3 (PWT pour *Page-level Writ-Through*) contrôlent la mise en cache et ne nous intéresseront pas ici.

· Le bit 2 (U/S pour *User/Supervisor*) spécifie les privilèges : lorsque ce drapeau est égal à 0, le répertoire ou la table de pages n'est accessible qu'en mode noyau.

· Le bit 1 (R/W pour *Read/Write*) spécifie les droits de lecture et d'écriture : lorsque le drapeau est égal à 0, le répertoire ou la table de pages peuvent être lus et écrits ; lorsqu'il est égal à 1, ils ne peuvent qu'être lus.

· le bit 0 (P pour *Present*) indique si le répertoire ou la table de pages est présent en mémoire vive.

Si ce drapeau est positionné, la page (ou la table de pages) référencée est contenue (présente) en mémoire vive ; s'il vaut zéro, elle n'est pas en mémoire et les autres bits peuvent être utilisés par le système d'exploitation pour son usage propre.

Si ce drapeau est égal à 0 et que l'on essaie de faire appel à cette entrée, l'unité de pagination stocke l'adresse virtuelle dans le registre de contrôle CR2 et génère l'exception 14, c'est-à-dire l'exception de défaut de page (*Page Fault* en anglais).

3.3 Activation de la pagination

Au démarrage des micro-processeurs Intel, la pagination n'est pas activée : les adresses linéaires sont interprétées comme des adresses physiques. Pour activer la pagination, il faut positionner le drapeau PG (bit 31) du registre de contrôle CR0. Il faut avoir initialisé les tables de pages avant cela.

3.4 Structure d'une adresse virtuelle

Les 32 bits d'une adresse virtuelle sont répartis en trois champs :

31 22	21 12	11 0
Directory	Page table	Offset

- le *champ catalogue* (*directory* en anglais) occupe les 10 bits de poids fort ;
- le *champ table* occupe les 10 bits de poids intermédiaire ;
- le *déplacement* (*offset* en anglais) occupe les 12 bits de poids faible.

3.5 Mécanisme de protection matérielle

L'unité de pagination utilise un mécanisme de protection différent de celui de l'unité de segmentation. Alors que les micro-processeurs Intel permettent quatre niveaux de privilège différents pour un segment, seuls deux niveaux de privilèges peuvent être associés aux pages et aux tables de pages. Lorsque le drapeau User/Supervisor vaut 0, la page ne peut être adressée que lorsque le CPL est strictement inférieur à 3. Lorsqu'il est à 1, la page peut toujours être adressée.

De plus, à la place des trois types de droits d'accès (lecture, écriture, exécution) associés à un segment, seulement deux types de droits (lecture, écriture) sont associés à une page. Si le drapeau Read/Write d'une entrée du répertoire de pages ou d'une table de pages vaut 0, la table de pages ou la page correspondante ne peut être lue ; sinon elle peut être lue et modifiée.

Le registre de contrôle CR2 contient l'adresse linéaire de la dernière page à laquelle on a eu accès lors d'une interruption pour faute de pagination.

4 La pagination sous Linux

4.1 Mise en place des éléments

Les éléments de la pagination sont son espace d'adressage, le catalogue des tables de pages et les tables de pages.

Espace d'adressage. Pour le noyau 0.01, les adresses des huit premiers méga-octets d'espace virtuel correspondent aux adresses physiques, comme indiqué dans *boot/head.s* :

```
/*
 * Setup_paging
 *
```

```
* This routine sets up paging by setting the page bit
* in cr0. The page tables are set up, identity-mapping
* the first 8MB. The pager assumes that no illegal
* addresses are produced (ie >4Mb on a 4Mb machine).
*
* NOTE! Although all physical memory should be identity
* mapped by this routine, only the kernel page functions
* use the >1Mb addresses directly. All "normal" functions
* use just the lower 1Mb, or the local data space, which
* will be mapped to some other place - mm keeps track of
* that.
*
* For those with more memory than 8 Mb - tough luck. I've
* not got it, why should you:-) The source is here. Change
* it. (Seriously - it shouldn't be too difficult. Mostly
* change some constants etc. I left it at 8Mb, as my machine
* even cannot be extended past that (ok, but it was cheap:-)
* I've tried to show which constants to change by having
* some kind of marker at them (search for "8Mb"), but I
* won't guarantee that's all:-( )
*/
```

Catalogue des tables de pages. Le catalogue des tables de pages est situé à l'adresse absolue 0, comme indiqué au début du fichier *boot/head.s* :

```
/*
 *  head.s contains the 32-bit startup code.
 *
 * NOTE! Startup happens at absolute address 0x00000000, which is also where
 * the page directory will exist. The startup code will be overwritten by
 * the page directory.
 */
```
Linux 0.01

Son nom est `pg_dir[]`, comme on le voit dans le même fichier :

```
.globl _idt,_gdt,_pg_dir
_pg_dir:
```
Linux 0.01

l'étiquette permettant de le placer à l'adresse absolue 0.

Les tables de pages. Il y a trois tables de pages, nommées `pg0`, `pg1` et `pg2`, la dernière n'étant pas utilisée, comme on le voit une fois de plus sur le fichier *boot/head.s* :

```
.org 0x1000
pg0:
.org 0x2000
pg1:
.org 0x3000
pg2:
                # This is not used yet, but if you
                # want to expand past 8 Mb, you'll have
                # to use it.
```
Linux 0.01

Elles sont situées aux adresses absolues 4 Ko, 8 Ko et 12 Ko.

4.2 Initialisation de la pagination

Le code de la mise en place de la pagination pour le noyau 0.10 se trouve dans le fichier *boot/head.s* :

```
setup_paging:
        movl $1024*3,%ecx
        xorl %eax,%eax
        xorl %edi,%edi          /* pg_dir is at 0x000 */
        cld;rep;stosl
        movl $pg0+7,_pg_dir      /* set present bit/user r/w */
```
Linux 0.01

```
        movl $pg1+7,_pg_dir+4    /* --------- " " --------- */
        movl $pg1+4092,%edi
        movl $0x7ff007,%eax      /* 8Mb - 4096 + 7 (r/w user,p) */
        std
1:      stosl                    /* fill pages backwards - more efficient:-) */
        subl $0x1000,%eax
        jge  1b
        xorl %eax,%eax           /* pg_dir is at 0x0000 */
        movl %eax,%cr3           /* cr3 - page directory start */
        movl %cr0,%eax
        orl  $0x80000000,%eax
        movl %eax,%cr0           /* set paging (PG) bit */
        ret                      /* this also flushes prefetch-queue */
```

Autrement dit :

· On commence par mettre à zéro les douze premiers Ko (1024 × 3 fois un `long`, c'est-à-dire quatre octets) de la mémoire vive, c'est-à-dire le contenu du catalogue des tables de pages et les deux premières tables de pages. La troisième table de pages n'est pas initialisée puisqu'on ne l'utilise pas.

· Le catalogue des tables de pages est ensuite initialisé avec les deux premières pages.

La zéroième entrée du catalogue des tables de pages vaut `pg0+7`, c'est-à-dire que l'adresse de base est celle de la zéroième table de pages `pg0`, les droits valant $7 = 0000111b$, c'est-à-dire qu'elle n'a pas à être sauvegardée sur disque ($D = 0$), qu'on n'y a pas encore eu accès ($A = 0$), qu'elle peut être utilisée par un utilisateur non privilégié ($U/S = 1$), qui peut lire et écrire sur cette table de pages et que celle-ci est présente en mémoire vive.

La première entrée est initialisée de façon analogue avec la première table de pages.

· Les deux tables de pages sont initialisées de façon à ce que les adresses virtuelles correspondent aux adresses physiques, en partant de la fin, avec les mêmes droits (7) que pour le répertoire de tables de pages.

· La pagination est alors activée en chargeant dans le registre `cr3` l'adresse de `pg_dir` et en positionnant le drapeau `PG` du registre `cr0`.

4.3 Zone fixe et zone de mémoire dynamique

La quantité de mémoire virtuelle est de 8 Mo, quelle que soit la quantité de mémoire réelle. La mémoire vive réelle est partagée en deux zones :

· une **zone fixe**, qui contient le code et les données du noyau qui doivent se trouver en mémoire vive en permanence ;

· une zone de **mémoire dynamique** dont les pages font un va-et-vient (*swapping* en anglais) entre la mémoire vive et la partie du disque réservée à ce va-et-vient.

Ces zones sont caractérisées par leurs délimitations, par la quantité de zone fixe et par la zone de va-et-vient :

Délimitation. La zone fixe se situe entre l'adresse absolue 0 et l'adresse repérée par la constante symbolique `BUFFER_END`. La zone de va-et-vient se situe entre l'adresse suivant celle représentée par la constante symbolique `LOW_MEMORY` et l'adresse représentée par la constante symbolique `HIGH_MEMORY`, cette dernière constante prenant la valeur de la quantité de mémoire vive réelle.

Quantité de mémoire réelle. La quantité de mémoire vive réelle est indiquée statiquement avant compilation dans le fichier *include/linux/config.h* (8 Mo par défaut, l'autre choix possible étant 4 Mo) :

```
/* #define LASU_HD */
#define LINUS_HD

/*
 * Amount of ram memory (in bytes, 640k-1M not discounted). Currently 8Mb.
 * Don't make this bigger without making sure that there are enough page
 * directory entries (boot/head.s)
 */
#if      defined(LINUS_HD)
#define HIGH_MEMORY (0x800000)
#elif    defined(LASU_HD)
#define HIGH_MEMORY (0x400000)
#else
#error "must define hd"
#endif
```
Linux 0.01

Quantité de mémoire fixe. La quantité de mémoire fixe est fixée à 640 Ko ou à 2 Mo suivant la quantité de mémoire vive réelle :

```
/* End of buffer memory. Must be 0xA0000, or > 0x100000, 4096-byte aligned */
#if (HIGH_MEMORY>=0x600000)
#define BUFFER_END 0x200000
#else
#define BUFFER_END 0xA0000
#endif
```
Linux 0.01

Zone de va-et-vient. Le début de la zone de va-et-vient est définie dans le fichier *mm/memory.c* :

```
#if (BUFFER_END < 0x100000)
#define LOW_MEM 0x100000
#else
#define LOW_MEM BUFFER_END
#endif
```
Linux 0.01

4.4 Structures de gestion des tables de pages

Une table de pages contient un certain nombre de pages, chacune repérée par un numéro :

Taille de la mémoire dynamique. La taille de la zone de mémoire dynamique est repérée par la constante PAGING_MEMORY, définie dans le fichier *mm/memory.c* :

```
/* these are not to be changed - they are calculated from the above */
#define PAGING_MEMORY (HIGH_MEMORY - LOW_MEM)
```
Linux 0.01

Nombre de pages de va-et-vient. Le nombre de pages pouvant effectuer un va-et-vient entre la mémoire vive et le disque est repéré par la constante symbolique PAGING_PAGES définie dans le fichier *mm/memory.c*. Une page occupant 4 Ko, elle est égale à PAGING_MEMORY/4Ko :

```
#define PAGING_PAGES (PAGING_MEMORY/4096)
-------------------------------------------
#if (PAGING_PAGES < 10)
#error "Won't work"
#endif
```
Linux 0.01

Numérotation des pages de la zone de va-et-vient. Chaque page de la zone de va-et-vient porte un numéro, allant de 0 au nombre de pages moins un. Puisque chaque page fait 4 Ko, il est facile de déterminer le numéro d'une page à partir de son adresse grâce à la macro **MAP_NR()** :

Linux 0.01

```
#define MAP_NR(addr) (((addr)-LOW_MEM)>>12)
```

Table des pages de la zone de va-et-vient. Le noyau doit garder (en mémoire vive ou sur disque) une trace de l'état actuel de chaque cadre de page de la zone de mémoire dynamique. Ceci est l'objet du tableau mem_map[], déclaré dans le fichier *mm/memory.c* :

Linux 0.01

```
static unsigned short mem_map [ PAGING_PAGES ] = {0,};
```

La valeur est nulle si le cadre de page est libre. Elle est supérieure si le cadre de page a été affecté à un ou plusieurs processus ou s'il est utilisé pour des structures de données du noyau.

4.5 Obtention d'un cadre de page libre

La fonction **get_free_page()** permet d'obtenir l'adresse d'un cadre de page libre (le dernier) et 0 s'il n'y en a pas :

Linux 0.01

```
/*
 * Get physical address of first (actually last:-) free page, and mark it
 * used. If no free pages left, return 0.
 */
unsigned long get_free_page(void);
```

S'il existe un cadre de page de libre, la fonction indique qu'il est désormais utilisé.

Elle est définie dans le fichier *mm/memory.c* :

Linux 0.01

```
unsigned long get_free_page(void)
{
register unsigned long __res asm("ax");

__asm__("std; repne; scasw\n\t"
        "jne 1f\n\t"
        "movw $1,2(%%edi)\n\t"
        "sall $12,%%ecx\n\t"
        "movl %%ecx,%%edx\n\t"
        "addl %2,%%edx\n\t"
        "movl $1024,%%ecx\n\t"
        "leal 4092(%%edx),%%edi\n\t"
        "rep; stosl\n\t"
        "movl %%edx,%%eax\n"
        "1:"
        :"=a" (__res)
        :"0" (0),"i" (LOW_MEM),"c" (PAGING_PAGES),
        "D" (mem_map+PAGING_PAGES-1)
        :"di","cx","dx");
return __res;
}
```

Autrement dit :

· on part de l'adresse mem_map + PAGING_PAGES – 1 et on regarde, en décrémentant de deux octets à chaque fois, si le mot pointé est nul :

  · si c'est le cas, on sort de la boucle ;

  · sinon on continue en répétant au plus PAGING_PAGES fois ;

· si l'on est sorti de la boucle après être passé par toutes les entrées de la table, aucune n'est nulle ; il n'y a donc pas de cadre de page libre, on renvoie 0 ;

- sinon :
  - on met l'entrée pointée à 1 pour indiquer que le cadre de pages n'est plus libre ;
  - on multiplie le compteur `ecx` par 4 096 (= 2^{12}) ; on obtient ainsi le déplacement de l'adresse physique de la page dans la zone de va-et-vient ;
  - on vide le contenu de la page :
    - on ajoute `edx` (l'adresse de la page 0) à `ecx` ;
    - on copie cette valeur dans un pointeur auquel on ajoute 4 092 de façon à pointer sur le dernier mot double de la page ;
    - on met les données à zéro en partant du pointeur et en décrémentant de 4 octets, c'est-à-dire d'un mot double, à chaque fois ($1024 \times 4 = 4\ 096$) ;
  - on renvoie l'adresse physique du début de la page.

Remarquons que le contenu d'une page est vidé en partant de la fin et en décrémentant jusqu'au début car Linus TORVALDS considère que c'est plus rapide, comme nous l'avons vu dans un des commentaires du code de `setup_paging`.

4.6 Libération d'un cadre de page

La fonction **`free_page()`** permet de libérer le cadre de page dont on donne l'adresse physique en argument :

```
/*
 * Free a page of memory at physical address 'addr'. Used by
 * 'free_page_tables()'
 */
void free_page(unsigned long addr);
```
Linux 0.01

Elle est définie dans le fichier *mm/memory.c* :

```
void free_page(unsigned long addr)
{
        if (addr<LOW_MEM) return;
        if (addr>HIGH_MEMORY)
                panic("trying to free nonexistent page");
        addr -= LOW_MEM;
        addr >>= 12;
        if (mem_map[addr]--) return;
        mem_map[addr]=0;
        panic("trying to free free page");
}
```
Linux 0.01

Autrement dit :

- on ne fait rien si le cadre de page se trouve dans la zone de mémoire fixe ;
- on affiche un message d'erreur et on gèle le système si le cadre de page est situé au-delà de la zone de mémoire dynamique ou s'il n'était pas utilisé ;
- on place zéro au bon endroit de la table `mem_map[]` sinon.

5 Traitement de l'exception de défaut de page

Nous avons vu, au chapitre 16, que l'exception 14 du micro-processeur Intel `80386` est levée lorsqu'on essaie d'accéder à une page non présente en mémoire et que le gestionnaire associé à cette exception sous Linux est **`page_fault()`**. Nous allons étudier celui-ci dans cette section.

5.1 Le code principal

La fonction **page_fault()** est définie dans le fichier *mm/page.s* :

Linux 0.01

```
/*
 * page.s contains the low-level page-exception code.
 * the real work is done in mm.c
 */

.globl _page_fault

_page_fault:
        xchgl %eax,(%esp)
        pushl %ecx
        pushl %edx
        push %ds
        push %es
        push %fs
        movl $0x10,%edx
        mov %dx,%ds
        mov %dx,%es
        mov %dx,%fs
        movl %cr2,%edx
        pushl %edx
        pushl %eax
        testl $1,%eax
        jne 1f
        call _do_no_page
        jmp 2f
1:      call _do_wp_page
2:      addl $8,%esp
        pop %fs
        pop %es
        pop %ds
        popl %edx
        popl %ecx
        popl %eax
        iret
```

Autrement dit :

- le contenu de l'emplacement mémoire désigné par le sommet de la pile, contenant le code d'erreur et celui du registre eax sont échangés ;
- les contenus des registres dont on va se servir sont, traditionnellement, sauvegardés sur la pile ;
- les registres ds, es et fs prennent, traditionnellement également, la valeur du sélecteur du segment de données en noyau ;
- le contenu du registre cr2, qui contient l'adresse linéaire de la dernière page à laquelle on a accédé avant l'interruption de défaut de page, est placé dans edx ;
- les contenus des registres edx et eax sont placés sur la pile, il s'agit des paramètres de la fonction (**do_no_page()** ou **do_wp_page()**) qui va être appelée ;
- si le code d'erreur est 1, c'est qu'on a essayé d'accéder à une page qui n'est pas présente en mémoire, on fait alors appel à la fonction **do_no_page()** ; sinon c'est qu'un processus essaye d'accéder en écriture à une page partagée et protégée en lecture seule, on fait alors appel à la fonction **do_wp_page()** (« wp » pour *write protected*).
- au retour de la fonction appelée, on incrémente la pile de 8 car, comme d'habitude, les paramètres utilisés par la fonction appelée ne sont pas dépilés ;
- on restaure les valeurs des registres.

5.2 Exception d'essai d'écriture sur une page en lecture seule

Code principal

La fonction **do_wp_page()** est définie dans le fichier *mm/memory.c* :

```
/*
 * This routine handles present pages, when users try to write
 * to a shared page. It is done by copying the page to a new address
 * and decrementing the shared-page counter for the old page.
 */
void do_wp_page(unsigned long error_code,unsigned long address)
{
        un_wp_page((unsigned long *)
                (((address>>10) & 0xffc) + (0xfffff000 &
                *((unsigned long *) ((address>>20) &0xffc)))));

}
```

Linux 0.01

Autrement dit, comme l'indique le commentaire, la page est copiée à une nouvelle adresse et le compteur de partage de l'ancienne page est décrémenté. Ceci est effectué en faisant appel à la fonction auxiliaire **un_wp_page()**.

Fonction auxiliaire

La fonction **un_wp_page()** est définie dans le fichier *mm/memory.c* :

```
void un_wp_page(unsigned long * table_entry)
{
        unsigned long old_page,new_page;

        old_page = 0xfffff000 & *table_entry;
        if (old_page >= LOW_MEM && mem_map[MAP_NR(old_page)]==1) {
                *table_entry |= 2;
                return;
        }
        if (!(new_page=get_free_page()))
                do_exit(SIGSEGV);
        if (old_page >= LOW_MEM)
                mem_map[MAP_NR(old_page)]--;
        *table_entry = new_page | 7;
        copy_page(old_page,new_page);
}
```

Linux 0.01

Autrement dit :

- si la page concernée n'est pas partagée, sa protection est simplement modifiée afin de rendre l'écriture possible et on a terminé ;
- sinon on cherche une page libre ; si l'on n'y parvient pas, on termine le processus en envoyant le signal SIGSEGV ; la fonction **do_exit()** sera étudiée plus tard ;

Récursivité croisée

- on décrémente le nombre de références à l'ancienne page ;
- les droits d'accès de la nouvelle page sont positionnés de telle façon que l'on puisse écrire ;
- on copie le contenu de l'ancienne page dans la nouvelle en utilisant la macro **copy_page()**.

Macro auxiliaire

La macro auxiliaire **copy_page()** est définie dans le fichier *mm/memory.c* :

```
#define copy_page(from,to) \
__asm__("cld; rep; movsl"::"S" (from),"D" (to),"c" (1024):"cx","di","si")
```

Linux 0.01

autrement dit 1 024 octets sont copiés de l'ancienne page vers la nouvelle.

5.3 Exception de page non présente

Code principal

La fonction **do_no_page()** est définie dans le fichier *mm/memory.c* :

Linux 0.01

```
void do_no_page(unsigned long error_code,unsigned long address)
{
        unsigned long tmp;

        if (tmp=get_free_page())
                if (put_page(tmp,address))
                        return;
        do_exit(SIGSEGV);
}
```

Autrement dit :

· on essaie d'obtenir l'adresse d'une page libre ; si l'on n'y arrive pas, on termine le processus en envoyant le signal SIGSEGV ;

· on essaie d'allouer la page ainsi trouvée à l'adresse virtuelle et de l'initialiser avec des zéros, en utilisant la fonction auxiliaire **put_page()** ; si l'on n'y arrive pas, on termine le processus en envoyant le signal SIGSEGV.

Fonction auxiliaire

La fonction **put_page()** est définie dans le fichier *mm/memory.c* :

Linux 0.01

```
/*
 * This function puts a page in memory at the wanted address.
 * It returns the physical address of the page gotten, 0 if
 * out of memory (either when trying to access page-table or
 * page.)
 */
unsigned long put_page(unsigned long page,unsigned long address)
{
        unsigned long tmp, *page_table;

/* NOTE!!! This uses the fact that _pg_dir=0 */

        if (page < LOW_MEM || page > HIGH_MEMORY)
                printk("Trying to put page %p at %p\n",page,address);
        if (mem_map[(page-LOW_MEM)>>12]!= 1)
                printk("mem_map disagrees with %p at %p\n",page,address);
        page_table = (unsigned long *) ((address>>20) & 0xffc);
        if ((*page_table)&1)
                page_table = (unsigned long *) (0xfffff000 & *page_table);
        else {
                if (!(tmp=get_free_page()))
                        return 0;
                *page_table = tmp|7;
                page_table = (unsigned long *) tmp;
        }
        page_table[(address>>12) & 0x3ff] = page | 7;
        return page;
}
```

Autrement dit :

· si l'adresse de la page ne se trouve pas dans la zone de mémoire dynamique, un message est affiché à l'écran en utilisant la fonction **printk()** (là où on pourrait s'attendre à **panic()**) ;

· si la table des pages dit que la page est présente, un message est affiché à l'écran ;

· si la page est réellement non présente :
  · on essaie d'obtenir l'adresse d'une page libre ; si l'on n'y parvient pas, on s'arrête en renvoyant zéro ;
  · on initialise les droits d'accès de cette nouvelle page ;
· on renvoie l'adresse de la page.

6 Évolution du noyau

Les constantes et macros permettant de gérer les pages sont définies dans le fichier *include/asm-i386/page.h* :

```
 4 /* PAGE_SHIFT determines the page size */
 5 #define PAGE_SHIFT        12
 6 #define PAGE_SIZE         (1UL << PAGE_SHIFT)
 7 #define PAGE_MASK         (~(PAGE_SIZE-1))
 8
 9 #define LARGE_PAGE_MASK (~(LARGE_PAGE_SIZE-1))
10 #define LARGE_PAGE_SIZE (1UL << PMD_SHIFT)

[...]

26 /*
27  *      On older X86 processors it's not a win to use MMX here it seems.
28  *      Maybe the K6-III?
29  */
30
31 #define clear_page(page)        memset((void *)(page), 0, PAGE_SIZE)
32 #define copy_page(to,from)      memcpy((void *)(to), (void *)(from), PAGE_SIZE)

[...]

36 #define clear_user_page(page, vaddr, pg)        clear_page(page)
37 #define copy_user_page(to, from, vaddr, pg)     copy_page(to, from)

[...]

49 typedef struct { unsigned long pte_low; } pte_t;
50 typedef struct { unsigned long pmd; } pmd_t;
51 typedef struct { unsigned long pgd; } pgd_t;

[...]

80 /*
81  * This handles the memory map.. We could make this a config
82  * option, but too many people screw it up, and too few need
83  * it.
84  *
85  * A __PAGE_OFFSET of 0xC0000000 means that the kernel has
86  * a virtual address space of one gigabyte, which limits the
87  * amount of physical memory you can use to about 950MB.
88  *
89  * If you want more physical memory than this then see the CONFIG_HIGHMEM4G
90  * and CONFIG_HIGHMEM64G options in the kernel configuration.
91  */

[...]

117 #ifdef __ASSEMBLY__
118 #define __PAGE_OFFSET           (0xC0000000)
119 #else
120 #define __PAGE_OFFSET           (0xC0000000UL)
121 #endif
122
123
```

Linux 2.6.0

```
124 #define PAGE_OFFSET             ((unsigned long)__PAGE_OFFSET)
125 #define VMALLOC_RESERVE         ((unsigned long)__VMALLOC_RESERVE)
126 #define MAXMEM                  (-__PAGE_OFFSET-__VMALLOC_RESERVE)

[...]

127 #define __pa(x)                 ((unsigned long)(x)-PAGE_OFFSET)
128 #define __va(x)                 ((void *)((unsigned long)(x)+PAGE_OFFSET))
129 #define pfn_to_kaddr(pfn)       __va((pfn) << PAGE_SHIFT)
130 #ifndef CONFIG_DISCONTIGMEM
131 #define pfn_to_page(pfn)        (mem_map + (pfn))
132 #define page_to_pfn(page)       ((unsigned long)((page) - mem_map))
133 #define pfn_valid(pfn)          ((pfn) < max_mapnr)
134 #endif /*!CONFIG_DISCONTIGMEM */
135 #define virt_to_page(kaddr)     pfn_to_page(__pa(kaddr) >> PAGE_SHIFT)
136
137 #define virt_addr_valid(kaddr)  pfn_valid(__pa(kaddr) >> PAGE_SHIFT)
138
139 #define VM_DATA_DEFAULT_FLAGS   (VM_READ | VM_WRITE | VM_EXEC | \
140                                  VM_MAYREAD | VM_MAYWRITE | VM_MAYEXEC)
```

Linux utilise maintenant une *mémoire virtuelle* inspirée de son système de fichiers virtuel. L'entité fondamentale en est la *zone de mémoire virtuelle*, de type struct vm_area_struct, défini dans le fichier *include/linux/mm.h* :

Linux 2.6.0

```
33  /*
34   * Linux kernel virtual memory manager primitives.
35   * The idea being to have a "virtual" mm in the same way
36   * we have a virtual fs - giving a cleaner interface to the
37   * mm details, and allowing different kinds of memory mappings
38   * (from shared memory to executable loading to arbitrary
39   * mmap() functions).
40   */
41
42  /*
43   * This struct defines a memory VMM memory area. There is one of these
44   * per VM-area/task.  A VM area is any part of the process virtual memory
45   * space that has a special rule for the page-fault handlers (i.e. a shared
46   * library, the executable area etc.).
47   *
48   * This structure is exactly 64 bytes on ia32.  Please think very, very hard
49   * before adding anything to it.
50   */
51  struct vm_area_struct {
52          struct mm_struct * vm_mm;      /* The address space we belong to. */
53          unsigned long vm_start;        /* Our start address within vm_mm. */
54          unsigned long vm_end;          /* The first byte after our end address
55                                            within vm_mm. */
56
57          /* linked list of VM areas per task, sorted by address */
58          struct vm_area_struct *vm_next;
59
60          pgprot_t vm_page_prot;         /* Access permissions of this VMA. */
61          unsigned long vm_flags;        /* Flags, listed below. */
62
63          struct rb_node vm_rb;
64
65          /*
66           * For areas with an address space and backing store,
67           * one of the address_space->i_mmap{,shared} lists,
68           * for shm areas, the list of attaches, otherwise unused.
69           */
70          struct list_head shared;
71
72          /* Function pointers to deal with this struct. */
73          struct vm_operations_struct * vm_ops;
74
75          /* Information about our backing store: */
```

```
76          unsigned long vm_pgoff;          /* Offset (within vm_file) in PAGE_SIZE
77                                              units, *not* PAGE_CACHE_SIZE */
78          struct file * vm_file;           /* File we map to (can be NULL). */
79          void * vm_private_data;          /* was vm_pte (shared mem) */
80  };
81
82  /*
83   * vm_flags..
84   */
85  #define VM_READ         0x00000001       /* currently active flags */
86  #define VM_WRITE        0x00000002
87  #define VM_EXEC         0x00000004
88  #define VM_SHARED       0x00000008
89
90  #define VM_MAYREAD      0x00000010       /* limits for mprotect() etc */
91  #define VM_MAYWRITE     0x00000020
92  #define VM_MAYEXEC      0x00000040
93  #define VM_MAYSHARE     0x00000080
94
95  #define VM_GROWSDOWN    0x00000100       /* general info on the segment */
96  #define VM_GROWSUP      0x00000200
97  #define VM_SHM          0x00000400       /* shared memory area, don't swap out */
98  #define VM_DENYWRITE    0x00000800       /* ETXTBSY on write attempts.. */
99
100 #define VM_EXECUTABLE   0x00001000
101 #define VM_LOCKED       0x00002000
102 #define VM_IO           0x00004000       /* Memory mapped I/O or similar */
103
104                                          /* Used by sys_madvise() */
105 #define VM_SEQ_READ     0x00008000       /* App will access data sequentially */
106 #define VM_RAND_READ    0x00010000       /* App will not benefit from clustered reads */
107
108 #define VM_DONTCOPY     0x00020000       /* Do not copy this vma on fork */
109 #define VM_DONTEXPAND   0x00040000       /* Cannot expand with mremap() */
110 #define VM_RESERVED     0x00080000       /* Don't unmap it from swap_out */
111 #define VM_ACCOUNT      0x00100000       /* Is a VM accounted object */
112 #define VM_HUGETLB      0x00400000       /* Huge TLB Page VM */
113 #define VM_NONLINEAR    0x00800000       /* Is non-linear (remap_file_pages) */
114
115 #ifndef VM_STACK_DEFAULT_FLAGS           /* arch can override this */
116 #define VM_STACK_DEFAULT_FLAGS VM_DATA_DEFAULT_FLAGS
117 #endif
118
119 #ifdef CONFIG_STACK_GROWSUP
120 #define VM_STACK_FLAGS   (VM_GROWSUP | VM_STACK_DEFAULT_FLAGS | VM_ACCOUNT)
121 #else
122 #define VM_STACK_FLAGS   (VM_GROWSDOWN | VM_STACK_DEFAULT_FLAGS | VM_ACCOUNT)
123 #endif
```

Cette structure est définie comme une classe dont l'ensemble des méthodes est du type vm_operations_struct, défini dans le même fichier :

```
138 /*
139  * These are the virtual MM functions - opening of an area, closing and
140  * unmapping it (needed to keep files on disk up-to-date etc.), pointer
141  * to the functions called when a no-page or a wp-page exception occurs.
142  */
143 struct vm_operations_struct {
144         void (*open)(struct vm_area_struct * area);
145         void (*close)(struct vm_area_struct * area);
146         struct page * (*nopage)(struct vm_area_struct * area, unsigned long address,
                                    int unused);
147         int (*populate)(struct vm_area_struct * area, unsigned long address,
                            unsigned long len, pgprot_t prot, unsigned long pgoff, int nonblock);
148 };
```

Linux 2.6.0

Le type `mm_struct` est défini récursivement avec le type ci-dessus dans le fichier *include/linux/sched.h* :

Linux 2.6.0

```
185 struct mm_struct {
186         struct vm_area_struct * mmap;           /* list of VMAs */
187         struct rb_root mm_rb;
188         struct vm_area_struct * mmap_cache;     /* last find_vma result */
189         unsigned long free_area_cache;          /* first hole */
190         pgd_t * pgd;
191         atomic_t mm_users;                      /* How many users with user space? */
192         atomic_t mm_count;                      /* How many references to "struct mm_struct"
                                                       (users count as 1) */
193         int map_count;                          /* number of VMAs */
194         struct rw_semaphore mmap_sem;
195         spinlock_t page_table_lock;             /* Protects task page tables and mm->rss */
196
197         struct list_head mmlist;                /* List of all active mm's.  These are
                                                       globally strung
198                                                  * together off init_mm.mmlist, and are
                                                       protected
199                                                  * by mmlist_lock
200                                                  */
201
202         unsigned long start_code, end_code, start_data, end_data;
203         unsigned long start_brk, brk, start_stack;
204         unsigned long arg_start, arg_end, env_start, env_end;
205         unsigned long rss, total_vm, locked_vm;
206         unsigned long def_flags;
207         cpumask_t cpu_vm_mask;
208         unsigned long swap_address;
209
210         unsigned long saved_auxv[40]; /* for /proc/PID/auxv */
211
212         unsigned dumpable:1;
213 #ifdef CONFIG_HUGETLB_PAGE
214         int used_hugetlb;
215 #endif
216         /* Architecture-specific MM context */
217         mm_context_t context;
218
219         /* coredumping support */
220         int core_waiters;
221         struct completion *core_startup_done, core_done;
222
223         /* aio bits */
224         rwlock_t               ioctx_list_lock;
225         struct kioctx          *ioctx_list;
226
227         struct kioctx          default_kioctx;
228 };
```

Ses champs les plus importants sont l'adresse du répertoire de pages `pgd` de la ligne 190 et la liste `mmap` de zones de mémoire virtuelle de la ligne 186.

Le gestionnaire de l'exception de défaut de page est défini dans le fichier *arch/i386/mm/fault.c* :

Linux 2.6.0

```
202 /*
203  * This routine handles page faults.  It determines the address,
204  * and the problem, and then passes it off to one of the appropriate
205  * routines.
206  *
207  * error_code:
208  *      bit 0 == 0 means no page found, 1 means protection fault
209  *      bit 1 == 0 means read, 1 means write
210  *      bit 2 == 0 means kernel, 1 means user-mode
211  */
212 asmlinkage void do_page_fault(struct pt_regs *regs, unsigned long error_code)
```

```
213 {
214         struct task_struct *tsk;
215         struct mm_struct *mm;
216         struct vm_area_struct * vma;
217         unsigned long address;
218         unsigned long page;
219         int write;
220         siginfo_t info;
221
222         /* get the address */
223         __asm__("movl %%cr2,%0":"=r" (address));
224
225         /* It's safe to allow irq's after cr2 has been saved */
226         if (regs->eflags & (X86_EFLAGS_IF|VM_MASK))
227                 local_irq_enable();
228
229         tsk = current;
230
231         info.si_code = SEGV_MAPERR;
232
233         /*
234          * We fault-in kernel-space virtual memory on-demand. The
235          * 'reference' page table is init_mm.pgd.
236          *
237          * NOTE! We MUST NOT take any locks for this case. We may
238          * be in an interrupt or a critical region, and should
239          * only copy the information from the master page table,
240          * nothing more.
241          *
242          * This verifies that the fault happens in kernel space
243          * (error_code & 4) == 0, and that the fault was not a
244          * protection error (error_code & 1) == 0.
245          */
246         if (unlikely(address >= TASK_SIZE)) {
247                 if (!(error_code & 5))
248                         goto vmalloc_fault;
249                 /*
250                  * Don't take the mm semaphore here. If we fixup a prefetch
251                  * fault we could otherwise deadlock.
252                  */
253                 goto bad_area_nosemaphore;
254         }
255
256         mm = tsk->mm;
257
258         /*
259          * If we're in an interrupt, have no user context or are running in an
260          * atomic region then we must not take the fault..
261          */
262         if (in_atomic() ||!mm)
263                 goto bad_area_nosemaphore;
264
265         down_read(&mm->mmap_sem);
266
267         vma = find_vma(mm, address);
268         if (!vma)
269                 goto bad_area;
270         if (vma->vm_start <= address)
271                 goto good_area;
272         if (!(vma->vm_flags & VM_GROWSDOWN))
273                 goto bad_area;
274         if (error_code & 4) {
275                 /*
276                  * accessing the stack below %esp is always a bug.
277                  * The "+ 32" is there due to some instructions (like
278                  * pusha) doing post-decrement on the stack and that
279                  * doesn't show up until later..
280                  */
281                 if (address + 32 < regs->esp)
282                         goto bad_area;
```

```
283             }
284         if (expand_stack(vma, address))
285             goto bad_area;
286 /*
287  * Ok, we have a good vm_area for this memory access, so
288  * we can handle it..
289  */
290 good_area:
291         info.si_code = SEGV_ACCERR;
292         write = 0;
293         switch (error_code & 3) {
294             default:        /* 3: write, present */
295 #ifdef TEST_VERIFY_AREA
296                 if (regs->cs == KERNEL_CS)
297                     printk("WP fault at %08lx\n", regs->eip);
298 #endif
299                 /* fall through */
300             case 2:         /* write, not present */
301                 if (!(vma->vm_flags & VM_WRITE))
302                     goto bad_area;
303                 write++;
304                 break;
305             case 1:         /* read, present */
306                 goto bad_area;
307             case 0:         /* read, not present */
308                 if (!(vma->vm_flags & (VM_READ | VM_EXEC)))
309                     goto bad_area;
310         }
311
312  survive:
313         /*
314          * If for any reason at all we couldn't handle the fault,
315          * make sure we exit gracefully rather than endlessly redo
316          * the fault.
317          */
318         switch (handle_mm_fault(mm, vma, address, write)) {
319             case VM_FAULT_MINOR:
320                 tsk->min_flt++;
321                 break;
322             case VM_FAULT_MAJOR:
323                 tsk->maj_flt++;
324                 break;
325             case VM_FAULT_SIGBUS:
326                 goto do_sigbus;
327             case VM_FAULT_OOM:
328                 goto out_of_memory;
329             default:
330                 BUG();
331         }
332
333         /*
334          * Did it hit the DOS screen memory VA from vm86 mode?
335          */
336         if (regs->eflags & VM_MASK) {
337             unsigned long bit = (address - 0xA0000) >> PAGE_SHIFT;
338             if (bit < 32)
339                 tsk->thread.screen_bitmap |= 1 << bit;
340         }
341         up_read(&mm->mmap_sem);
342         return;
343
344 /*
345  * Something tried to access memory that isn't in our memory map..
346  * Fix it, but check if it's kernel or user first..
347  */
348 bad_area:
349         up_read(&mm->mmap_sem);
350
351 bad_area_nosemaphore:
352         /* User mode accesses just cause a SIGSEGV */
```

```
353        if (error_code & 4) {
354            /*
355             * Valid to do another page fault here because this one came
356             * from user space.
357             */
358            if (is_prefetch(regs, address))
359                return;
360
361            tsk->thread.cr2 = address;
362            /* Kernel addresses are always protection faults */
363            tsk->thread.error_code = error_code | (address >= TASK_SIZE);
364            tsk->thread.trap_no = 14;
365            info.si_signo = SIGSEGV;
366            info.si_errno = 0;
367            /* info.si_code has been set above */
368            info.si_addr = (void *)address;
369            force_sig_info(SIGSEGV, &info, tsk);
370            return;
371        }
372
373 #ifdef CONFIG_X86_F00F_BUG
374        /*
375         * Pentium F0 0F C7 C8 bug workaround.
376         */
377        if (boot_cpu_data.f00f_bug) {
378            unsigned long nr;
379
380            nr = (address - idt_descr.address) >> 3;
381
382            if (nr == 6) {
383                do_invalid_op(regs, 0);
384                return;
385            }
386        }
387 #endif
388
389 no_context:
390        /* Are we prepared to handle this kernel fault? */
391        if (fixup_exception(regs))
392            return;
393
394        /*
395         * Valid to do another page fault here, because if this fault
396         * had been triggered by is_prefetch fixup_exception would have
397         * handled it.
398         */
399        if (is_prefetch(regs, address))
400            return;
401
402 /*
403  * Oops. The kernel tried to access some bad page. We'll have to
404  * terminate things with extreme prejudice.
405  */
406
407        bust_spinlocks(1);
408
409        if (address < PAGE_SIZE)
410            printk(KERN_ALERT "Unable to handle kernel NULL pointer dereference");
411        else
412            printk(KERN_ALERT "Unable to handle kernel paging request");
413        printk(" at virtual address %08lx\n",address);
414        printk(" printing eip:\n");
415        printk("%08lx\n", regs->eip);
416        asm("movl %%cr3,%0":"=r" (page));
417        page = ((unsigned long *) __va(page))[address >> 22];
418        printk(KERN_ALERT "*pde = %08lx\n", page);
419        /*
420         * We must not directly access the pte in the highpte
421         * case, the page table might be allocated in highmem.
422         * And let's rather not kmap-atomic the pte, just in case
```

```
423              * it's allocated already.
424              */
425 #ifndef CONFIG_HIGHPTE
426          if (page & 1) {
427                  page &= PAGE_MASK;
428                  address &= 0x003ff000;
429                  page = ((unsigned long *) __va(page))[address >> PAGE_SHIFT];
430                  printk(KERN_ALERT "*pte = %08lx\n", page);
431          }
432 #endif
433          die("Oops", regs, error_code);
434          bust_spinlocks(0);
435          do_exit(SIGKILL);
436
437 /*
438  * We ran out of memory, or some other thing happened to us that made
439  * us unable to handle the page fault gracefully.
440  */
441 out_of_memory:
442          up_read(&mm->mmap_sem);
443          if (tsk->pid == 1) {
444                  yield();
445                  down_read(&mm->mmap_sem);
446                  goto survive;
447          }
448          printk("VM: killing process %s\n", tsk->comm);
449          if (error_code & 4)
450                  do_exit(SIGKILL);
451          goto no_context;
452
453 do_sigbus:
454          up_read(&mm->mmap_sem);
455
456          /* Kernel mode? Handle exceptions or die */
457          if (!(error_code & 4))
458                  goto no_context;
459
460          /* User space => ok to do another page fault */
461          if (is_prefetch(regs, address))
462                  return;
463
464          tsk->thread.cr2 = address;
465          tsk->thread.error_code = error_code;
466          tsk->thread.trap_no = 14;
467          info.si_signo = SIGBUS;
468          info.si_errno = 0;
469          info.si_code = BUS_ADRERR;
470          info.si_addr = (void *)address;
471          force_sig_info(SIGBUS, &info, tsk);
472          return;
473
474 vmalloc_fault:
475          {
476                  /*
477                   * Synchronize this task's top level page-table
478                   * with the 'reference' page table.
479                   *
480                   * Do _not_ use "tsk" here. We might be inside
481                   * an interrupt in the middle of a task switch..
482                   */
483                  int index = pgd_index(address);
484                  pgd_t *pgd, *pgd_k;
485                  pmd_t *pmd, *pmd_k;
486                  pte_t *pte_k;
487
488                  asm("movl %%cr3,%0":"=r" (pgd));
489                  pgd = index + (pgd_t *)__va(pgd);
490                  pgd_k = init_mm.pgd + index;
491
492                  if (!pgd_present(*pgd_k))
```

```
493                   goto no_context;
494
495           /*
496            * set_pgd(pgd, *pgd_k); here would be useless on PAE
497            * and redundant with the set_pmd() on non-PAE.
498            */
499
500           pmd = pmd_offset(pgd, address);
501           pmd_k = pmd_offset(pgd_k, address);
502           if (!pmd_present(*pmd_k))
503                   goto no_context;
504           set_pmd(pmd, *pmd_k);
505
506           pte_k = pte_offset_kernel(pmd_k, address);
507           if (!pte_present(*pte_k))
508                   goto no_context;
509           return;
510       }
511 }
```

Autrement dit :

1. on déclare des entités du type structure de processus, structure de mémoire, zone de mémoire, une adresse et un numéro de page ;

2. on récupère l'adresse qui a levé l'exception ;

3. on permet que d'autres exceptions soient prises en compte, alors que cela n'était plus possible tant qu'on n'avait pas récupéré l'adresse fautive ;

4. si une erreur de protection est intervenue dans l'espace mémoire noyau, on synchronise le niveau le plus haut des catalogues de page avec celui de référence et on a terminé ;

5. si la faute a été levée lors du traitement d'une interruption, on envoie un signal SIGSEGV ;

6. et ainsi de suite en essayant de déterminer l'origine de la faute et en y remédiant de façon appropriée.

Conclusion

La notion de mémoire virtuelle permet d'adresser beaucoup plus d'espace mémoire que ce dont la machine dispose physiquement, le surplus se trouvant sur le disque dur. Les microprocesseurs *Intel* proposent deux procédés d'aide à la gestion de la mémoire virtuelle : la segmentation et la pagination. Linux utilise le second, présent sur de nombreux types de microprocesseurs, comme nous l'avons vu.

Septième partie

Fichiers réguliers

Chapitre 18

Le pilote du disque dur

Nous allons voir dans ce chapitre comment on accède au périphérique qu'est le disque dur à travers Linux. Nous ne nous intéressons ici qu'au seul type de disque dur traité dans le noyau 0.01, à savoir les disques durs de l'IBM PC-AT, et plus généralement les disques durs IDE qui sont compatibles.

1 Géométrie des disques durs

1.1 Description générale

Constitution d'un disque dur

Pratiquement, de nos jours, tous les ordinateurs ont des **disques** pour stocker des informations, les disques possédant trois avantages par rapport à la mémoire centrale :

1. la capacité de stockage est beaucoup plus importante ;
2. le prix de l'octet est beaucoup plus faible ;
3. les informations ne sont pas perdues lorsqu'on éteint l'ordinateur.

Un **disque dur** (*hard disk* en anglais), comme tout périphérique, est constitué :

· d'une partie électro-mécanique, le disque dur proprement dit, appelé aussi **lecteur de disque** (*disk drive* en anglais) ;

· et d'une carte d'interface électronique permettant, à travers les divers ports d'entrée-sortie qui lui sont reliés, d'une part de traduire les commandes qui lui sont envoyées et, d'autre part, de transférer les données.

Nous allons rappeler, dans cette section, le principe de fonctionnement du lecteur de disque, en insistant sur les concepts nécessaires à sa programmation.

Caractéristiques d'un lecteur de disque

Un disque est composé de **cylindres**, qui contiennent chacun autant de **pistes** qu'il y a de têtes placées verticalement. Les pistes se divisent en **secteurs**, le nombre de secteurs étant compris entre 8 et 32.

Tous les secteurs contiennent le même nombre d'octets, bien que ceux situés au bord du disque aient une plus grande longueur que ceux qui sont plus proche du centre. L'espace en trop n'est pas utilisé.

Temps d'accès

Le **temps de lecture** ou d'écriture d'un secteur du disque dépend de trois facteurs :

· **temps de recherche** : temps qu'il faut pour positionner le bras sur le bon cylindre ;

· **délai de rotation** : temps qu'il faut pour positionner le secteur requis sous la tête ;

· **temps de transfert** des données.

Le temps de recherche est le plus important pour la plupart des disques ; sa réduction améliore sensiblement les performances du système.

1.2 Prise en charge par Linux

Structure des caractéristiques d'un disque dur

La description des caractéristiques d'un disque dur (nombre de pistes, nombre de secteurs par piste...) nécessaires pour Linux est l'objet de la structure `hd_i_struct` définie dans le fichier `kernel/hd.c` :

Linux 0.01
```
/*
 *   This struct defines the HD's and their types.
 *   Currently defined for CP3044's, ie a modified
 *   type 17.
 */
static struct hd_i_struct{
        int head,sect,cyl,wpcom,lzone,ctl;
        } hd_info[]= { HD_TYPE };
```

dont les champs représentent les caractéristiques géométriques du lecteur :

· le nombre de têtes (autrement dit de pistes),

· le nombre de secteurs par piste,

· le nombre de cylindres,

ainsi que des caractéristiques utiles pour le contrôleur :

· le code de précompensation (`wpcom` pour *Write PreCOMpensation*), dont nous verrons qu'il ne sert à rien pour les contrôleurs IDE,

· une donnée qui n'est pas utilisée non plus par le contrôleur IDE,

· la valeur à placer dans le registre de sortie numérique du contrôleur pour que celui-ci accepte les commandes et émette une requête de disque dur après celle-ci.

Table des disques durs

Comme nous l'avons vu sur l'extrait de code ci-dessus, une table des disques durs appelée `hd_info[]` permet de connaître les caractéristiques des disques durs présents dans la configuration matérielle.

Cette table est initialisée par défaut pour un disque dur CP3044, celui que possédait Linus TORVALDS à l'époque. La constante HD_TYPE est définie dans le fichier `include/linux/config.h` :

Linux 0.01
```
/* #define LASU_HD */
#define LINUS_HD
--------------------
/*
```

```
 * HD type. If 2, put 2 structures with a comma. If just 1, put
 * only 1 struct. The structs are { HEAD, SECTOR, TRACKS, WPCOM, LZONE, CTL }
 *
 * NOTE. CTL is supposed to be 0 for drives with less than 8 heads, and
 * 8 if heads >= 8. Don't know why, and I haven't tested it on a drive with
 * more than 8 heads, but that is what the bios-listings seem to imply. I
 * just love not having a manual.
 */
#if      defined(LASU_HD)
#define HD_TYPE { 7,35,915,65536,920,0 }
#elif    defined(LINUS_HD)
#define HD_TYPE { 5,17,980,300,980,0 },{ 5,17,980,300,980,0 }
#else
#error   "must define a hard-disk type"
#endif
```

qui permet par défaut, pour le noyau 0.01, de choisir entre deux configurations avant la compilation du noyau. On peut également choisir les caractéristiques de son propre disque dur.

Constantes symboliques des caractéristiques

Les valeurs des caractéristiques des disques durs sont également données sous forme de constantes symboliques dans le fichier *include/linux/hdreg.h* :

```
/* currently supports only 1 hd, put type here */                          Linux 0.01
#define HARD_DISK_TYPE 17
/*
 * Ok, hard-disk-type is currently hardcoded. Not beautiful,
 * but easier. We don't use BIOS for anything else, why should
 * we get HD-type from it? Get these values from Reference Guide.
 */
#if HARD_DISK_TYPE == 17
#define _CYL    977
#define _HEAD   5
#define __WPCOM 300
#define _LZONE  977
#define _SECT   17
#define _CTL    0
#elif HARD_DISK_TYPE == 18
#define _CYL    977
#define _HEAD   7
#define __WPCOM (-1)
#define _LZONE  977
#define _SECT   17
#define _CTL    0
#else
#error Define HARD_DISK_TYPE and parameters, add your own entries as well
#endif

/* Controller wants just wp-com/4 */
#if __WPCOM >= 0
#define _WPCOM ((__WPCOM)>>2)
#else
#define _WPCOM __WPCOM
#endif
```

Nombre de disques durs

Le contrôleur de disques durs permet de posséder deux disques durs, d'où l'intérêt des constantes MAX_HD et NR_HD, toutes les deux définies dans le fichier *kernel/hd.c* :

```
#define MAX_HD          2                                                  Linux 0.01
--------------------------
#define NR_HD ((sizeof (hd_info))/(sizeof (struct hd_i_struct)))
```

2 Le contrôleur de disque dur IDE

Le disque dur fut introduit par IBM dans les années 1960 (sous la forme de deux disques interchangeables de 30 Mo chacun, d'où le nom de *Winchester*, d'après la carabine utilisée par John WAYNE dans les westerns de l'époque, qui tirait deux coups de cartouche 30). La société Seagate introduisit un disque dur ST506 de 5 pouces 1/4 au début des années 1980 (d'une capacité de 5 Mo), puis des disques d'une plus grande capacité, en particulier le ST412/506 utilisé pour le PC/XT, avec une carte contrôleur distincte du lecteur de disque.

À la fin de l'année 1984, Compaq a initié le développement d'une nouvelle interface, dite interface bus AT ou IDE (pour *Intelligent Drive Electronics*) : le disque dur comprend sa carte contrôleur propre qui se connecte directement au bus AT. Ceci a conduit au standard ATA (pour *AT Attachment*) en mars 1989 de la part d'un pool d'entreprises. Cette interface reste un standard de nos jours ; c'est celle utilisée pour le noyau Linux 0.01.

La documentation sur l'interface IDE se trouve dans [ATAPI].

L'interface physique des disques durs IDE concerne le concepteur des ordinateurs. Les registres et les commandes intéressent le programmeur (système).

2.1 Les registres IDE

Le micro-processeur accède au contrôleur des disques IDE au moyen de plusieurs registres de celui-ci (dont l'ensemble est appelé *AT task file* en anglais). Les adresses des ports d'entrée-sortie de ceux-ci (pour l'IBM-PC, bien sûr) ainsi que leurs fonctions sont compatibles avec l'interface ST506 de l'IBM PC-AT (mais pas avec celle de l'IBM PC/XT).

Cet ensemble de registres est divisé en deux groupes, dont les adresses de port de base, sur l'IBM PC, sont 1F0h et 3F0h :

Registre	Adresse	Largeur	Lecture/Écriture (R/W)
Registre des données	1F0h	16	R/W
Registre des erreurs	1F1h	8	R
Précompensation	1F1h	8	W
Compteur de secteur	1F2h	8	R/W
Numéro de secteur	1F3h	8	R/W
Cylindre LSB	1F4h	8	R/W
Cylindre MSB	1F5h	8	R/W
Disque/Tête	1F6h	8	R/W
Registre de statut	1F7h	8	R
Registre de commande	1F7h	8	W
Registre de statut bis	3F6h	8	R
Registre de sortie numérique	3F6h	8	W
Adresse du lecteur	3F7h	8	R

Exercice — Vérifiez que, sur votre système, le premier disque dur utilise bien ces deux plages d'adresses de ports.

Registre des données

Le *registre des données*, qui est le seul registre de seize bits, permet au micro-processeur de transférer les données, en lecture et en écriture, entre le micro-processeur et le disque dur.

Registre de statut

Le *registre de statut* ne peut être lu que par le micro-processeur. Il contient des informations concernant la dernière commande active. La structure de ce registre est la suivante :

7	6	5	4	3	2	1	0
BSY	RDY	WFT	SKC	DRQ	CORR	IDX	ERR

- BSY (pour *BuSY*) : 1 = le lecteur travaille, 0 = le lecteur ne travaille pas ;
- RDY (pour *ReaDY*) : 1 = le lecteur est prêt, 0 = le lecteur n'est pas prêt ;
- WFT (pour *Write FaulT*) : 1 = erreur d'écriture, 0 = pas d'erreur d'écriture ;
- SKC (pour *SeeK Control*) : 1 = positionnement de la tête effectué, 0 = positionnement en train de s'effectuer ;
- DRQ (pour *Data ReQuest*) : 1 = des données peuvent être transférées, 0 = aucune donnée ne peut être transférée ;
- CORR (pour *CORRectable data error*) : 1 = erreur de données, 0 = pas d'erreur de données. Le contrôleur positionne le bit CORR pour informer le micro-processeur qu'il a corrigé une erreur au moyen des octets ECC : il s'agit d'octets supplémentaires permettant de corriger les erreurs.
- IDX (pour *InDeX*) : 1 = on vient de passer l'index de disque, 0 = index de disque non passé. Lors du passage du début d'une piste sous la tête de lecture/écriture, le contrôleur positionne le bit IDX pendant quelques instants.
- ERR (pour *ERRor*) : 1 = le registre des erreurs contient des informations sur les erreurs, 0 = le registre des erreurs ne contient pas d'information sur les erreurs.

Registre des erreurs

Le micro-processeur peut seulement lire le *registre des erreurs*. Celui-ci contient les informations sur les erreurs survenues lors de la dernière commande si les bits ERR et BSY du registre des statuts sont tous les deux égaux à zéro. La structure de ce registre est la suivante :

7	6	5	4	3	2	1	0
BBK	UNC	MC	NID	MCR	ABT	NTO	NDM

- BBK (pour *Bad BlocK*) : 1 = secteur marqué mauvais par l'hôte, 0 = pas d'erreur ;
- UNC (pour *UNCorrectable*) : 1 = erreur de données que l'on n'a pas pu corriger, 0 = pas d'erreur de données ou erreur que l'on a pu corriger ;
- NID (pour *Not IDentifier*) : 1 = marqueur ID non trouvé, 0 = pas d'erreur ;
- ABT (pour *ABorT*) : 1 = commande abandonnée, 0 = commande exécutée ;
- NTO (pour *No Track 0*) : 1 = piste 0 non trouvée, 0 = pas d'erreur ;

- NDM (pour *No Data Mark*) : 1 = marqueur d'adresse de données non trouvé, 0 = pas d'erreur.
  Pour le IDE étendu seulement :
- MC (pour *Medium Changed*) : 1 = disque (CD-ROM) changé, 0 = disque non changé ;
- MCR (pour *Medium Change Required*) : 1 = changer de disque, 0 = pas d'erreur.

Registre de précompensation

Le *registre de précompensation* est seulement implémenté pour des raisons de compatibilité avec l'ensemble des registres du PC-AT d'origine. Les données communiquées par le micro-processeur sont ignorées : la précompensation se fait de façon interne sans intervention du micro-processeur.

Registre de compteur de secteurs

Le *registre de compteur de secteurs* peut être lu et écrit par le micro-processeur pour définir le nombre de secteurs à lire, à écrire ou à vérifier. La valeur 0 correspond à 256 secteurs. Après chaque transfert d'un secteur, le nombre est décrémenté de un, ainsi le registre peut-il être lu pour savoir combien il reste de secteurs à transférer.

Registre de numéro de secteur

Le *registre de numéro de secteur* spécifie le premier secteur à transférer. Ce registre est également mis à jour après chaque transfert de secteur.

Registres de cylindre

Les deux *registres de numéro de cylindre* contiennent la partie haute (MSB pour *Most-Significant Byte*) et la partie basse (LSB pour *Least-Significant Byte*) du numéro de cylindre, qui tient sur dix bits (il y a donc deux bits pour MSB et huit bits pour LSB). Ce registre est également mis à jour après chaque transfert de secteur.

Registre de lecteur/tête de lecture

Le *registre des numéros de lecteur et de tête de lecture/écriture* spécifie le disque dur sur lequel la commande doit être exécutée et la tête de lecture/écriture de début du transfert. La structure de ce registre est la suivante :

7	6	5	4	3	2	1	0
1	L	1	DRV	HD3	HD2	HD1	HD0

- DRV (pour *DRive*) : 1 = esclave, 0 = maître ;
- HD3-HD0 : numéro de la tête de lecture-écriture en binaire ;
- L (pour IDE étendu seulement) : 1 = mode LBA (*Logical Block Adressing*), 0 = mode CHS.

Remarquons qu'un maximum de seize têtes peut être adressé.

Registre de commande

Le *registre de commande* permet de passer le code des commandes. Le micro-processeur est seulement capable d'écrire sur ce registre, qui a donc la même adresse de port que le registre de statut (en lecture seulement).

Le contrôleur AT d'origine possède un jeu de huit commandes, quelques-unes possédant quelques variantes. L'exécution d'une commande démarre juste après que celle-ci soit passée, aussi toutes les autres données permettant d'exécuter cette commande doivent-elles être passées avant.

La liste des commandes ainsi que les registres de paramètres concernés sont indiqués ci-dessous :

Commande	SC	SN	CY	DR	HD
Calibrer le lecteur				X	
Lire le secteur	X	X	X	X	X
Écrire le secteur	X	X	X	X	X
Vérifier le secteur	X	X	X	X	X
Formater la piste			X	X	X
Positionner la tête			X	X	X
Diagnostics					
Initialiser les paramètres du lecteur	X			X	

où : SC = compteur de secteurs, SN = numéro de secteur, CY = cylindre, DR = lecteur, HD = tête.

Nous reviendrons sur les commandes dans la section suivante.

Registre de statut bis

Le *registre de statut bis* possède la même structure que le registre de statut. La différence entre les deux est que, lorsque le micro-processeur lit le registre de statut, l'interruption de disque dur (IRQ14 pour le PC) est annihilée, ce qui n'est pas le cas pour le registre bis.

Registre de sortie numérique

Le micro-processeur peut seulement écrire sur le *registre de sortie numérique*, afin de définir le comportement du contrôleur. Sa structure est la suivante :

7	6	5	4	3	2	1	0
x	x	x	x	x	SRST	IEN	x

· SRST (pour *System ReSeT*) : 1 = réinitialiser tous les lecteurs connectés, 0 = accepter les commandes ;
· IEN (pour *Interrupt ENable*) : 1 = IRQ14 toujours masquée, 0 = interruption après chaque commande.

Registre d'adresse de lecteur

Le *registre d'adresse de lecteur*, en lecture seulement, permet de déterminer le lecteur et la tête qui sont actuellement sélectionnés. La structure de ce registre est la suivante :

7	6	5	4	3	2	1	0
x	WTGT	HS3	HS2	HS1	HS0	DS1	DS0

· WTGT (pour *WriTe GaTe*) : 1 = porte d'écriture fermée, 0 = porte d'écriture ouverte ;

· HS3-HS0 : tête de lecture actuellement active (complément à 1 du numéro) ;

· DS1-DS0 : lecteur actuellement sélectionné (complément à 1).

2.2 Les commandes du contrôleur IDE

Les huit commandes principales du contrôleur IDE sont les suivantes :

· *calibrage* du lecteur, c'est-à-dire placer les têtes de lecture/écriture sur le cylindre 0 ;

· lecture de secteurs ;

· écriture de secteurs ;

· vérification de secteurs ;

· formatage d'une piste ;

· recherche ;

· diagnostic ;

· passage des paramètres du lecteur.

Étapes

La programmation et l'exécution des commandes de l'interface IDE se fait en trois phases :

· **phase de commande** : le micro-processeur prépare les registres de paramètres puis passe le code de commande pour démarrer l'exécution ;

· **phase des données** : pour les commandes nécessitant un accès au disque, le lecteur positionne les têtes de lecture/écriture puis transfère les données entre la mémoire principale et le disque dur ;

· **phase des résultats** : le contrôleur fournit des informations de statut à propos de la commande qui vient d'être exécutée et envoie une requête d'interruption de disque dur (*via* l'IRQ14 pour un IBM-PC).

On remarquera que le contrôleur IDE n'utilise pas l'accès direct à la mémoire (DMA).

Calibrage du lecteur : 1Xh

Description — Cette commande place les têtes de lecture/écriture sur le cylindre 0. Après l'envoi de la commande, le contrôleur positionne le bit BSY du registre de statut et essaie de déplacer les têtes sur la piste 0. En cas de succès, le contrôleur efface le bit BSY et envoie une requête IRQ14.

Phase de commande — Pour la phase de commande, les valeurs des registres doivent être :

Registres	Bits							
	7	6	5	4	3	2	1	0
Commande	0	0	0	1	x	x	x	x
Lecteur/tête	1	0	1	DRV	x	x	x	x

où, bien sûr « x » signifie pas d'importance (mais 0 est recommandé) et DRV représente le lecteur (1 = esclave, 0 = maître).

Phase des résultats — Lors de la phase des résultats, le contenu des registres est :

Registres	Bits							
	7	6	5	4	3	2	1	0
Erreur	x	NTO	ABT	x	NID	x	x	x
Cylindre LSB				0				
Cylindre MSB				0				
Lecteur/tête	1	0	1	DRV	HD3	HD2	HD1	HD0
Statut	BSY	RDY	x	SKC	DRQ	x	x	ERR

Lecture de secteurs : 2Xh

Description — Cette commande permet de lire de 1 à 256 secteurs, suivant la valeur placée dans le registre de compteur de secteurs (0 signifiant 256).

Le premier secteur est spécifié par les registres de numéro de secteur, de numéro de cylindre et de numéro de tête.

Après l'envoi de la commande, le contrôleur positionne le bit BSY du registre de statut, essaie de placer les têtes à l'endroit désiré et transfère le contenu du secteur dans le tampon de secteur. Après la lecture de chaque secteur, le bit DRQ est positionné et le contrôleur émet une requête IRQ14. Le gestionnaire de cette requête doit transférer les données du secteur en mémoire vive. En cas de succès et si un secteur de plus doit être lu, le contrôleur positionne BSY, efface DRQ et lit le secteur suivant. L'identification du secteur est automatiquement mise à jour.

Lorsqu'une erreur que l'on ne peut pas corriger intervient, le contrôleur interrompt la commande et l'identification du secteur définit le secteur qui a posé problème. Si une erreur de données a pu être corrigée grâce aux octets d'ECC, le bit CORR du registre de statut est positionné, mais la commande n'est pas interrompue.

Phase de commande — Pour la phase de commande, les valeurs des registres doivent être :

Registres	Bits							
	7	6	5	4	3	2	1	0
Commande	0	0	1	0	0	0	L	R
Compteur de secteurs	nombre de secteurs à lire							
Numéro de secteur	S7	S6	S5	S4	S3	S2	S1	S0
Cylindre LSB	C7	C6	C5	C4	C3	C2	C1	C0
Cylindre MSB	0	0	0	0	0	0	C9	C8
Lecteur/tête	1	0	1	DRV	HD3	HD2	HD1	HD0

avec deux paramètres :

· L (pour *Long-bit*) : 1 = les données du secteur et les octets ECC doivent être lus, 0 = seules les données du secteur sont à lire.

Bien entendu, au cas où L = 1, le contrôleur ne peut pas essayer de corriger une erreur éventuelle.

· R (pour *Retry disable*) : 1 = la réexécution automatique de la commande n'est pas enclenchée, 0 = réexécution automatique en cas d'erreur.

Phase des résultats — Lors de la phase des résultats, le contenu des registres est le suivant :

Registres	Bits							
	7	6	5	4	3	2	1	0
Erreur	NDM	x	ABT	x	NID	x	UNC	BBK
Compteur de secteurs	0							
Numéro de secteur	S7	S6	S5	S4	S3	S2	S1	S0
Cylindre LSB	C7	C6	C5	C4	C3	C2	C1	C0
Cylindre MSB	0	0	0	0	0	0	C9	C8
Lecteur/tête	1	0	1	DRV	HD3	HD2	HD1	HD0
Statut	BSY	RDY	x	x	DRQ	COR	x	ERR

Bien entendu, en cas d'interruption, le registre de compteur de secteurs indique le nombre de secteurs qui restaient à lire.

Écriture de secteurs : 3Xh

Description — Cette commande permet d'écrire de 1 à 256 secteurs, suivant la valeur placée dans le registre de compteur de secteurs (0 signifiant 256).

Le premier secteur est spécifié par les registres de numéro de secteur, de numéro de cylindre et de numéro de tête.

Après l'envoi de la commande, le contrôleur positionne le bit BSY du registre de statut, essaie de placer les têtes à l'endroit désiré et prépare le tampon de secteur pour recevoir les données depuis la mémoire vive. Après l'écriture de chaque secteur, le bit DRQ est positionné et efface le bit BSY. Le micro-processeur peut maintenant transférer les données du secteur, éventuellement avec les octets ECC, *via* le registre des données dans le tampon du secteur. Lorsque les données sont transférées, le contrôleur efface le bit DRQ et positionne à nouveau le bit BSY. Le lecteur écrit alors les données sur le disque. En cas de succès et si un secteur de plus doit être écrit, le contrôleur efface BSY, positionne DRQ et émet une requête IRQ14. Le gestionnaire d'interruption transfère alors les données pour le secteur suivant depuis la mémoire vive et ainsi de suite. L'identification du secteur est automatiquement mise à jour. Lorsque tous les secteurs sont écrits, le contrôleur émet une interruption IRQ14 de plus pour entrer dans la phase des résultats.

Lorsqu'une erreur qui ne peut pas être corrigée intervient, le contrôleur interrompt la commande et l'identification du secteur définit le secteur qui a posé problème.

Phase de commande — Pour la phase de commande, les valeurs des registres doivent être :

Registres	Bits							
	7	6	5	4	3	2	1	0
Commande	0	0	1	1	0	0	L	R
Compteur de secteurs	nombre de secteurs à écrire							
Numéro de secteur	S7	S6	S5	S4	S3	S2	S1	S0
Cylindre LSB	C7	C6	C5	C4	C3	C2	C1	C0
Cylindre MSB	0	0	0	0	0	0	C9	C8
Lecteur/tête	1	0	1	DRV	HD3	HD2	HD1	HD0

avec deux paramètres :

- L (pour *Long-bit*) : 1 = les données du secteur et les octets ECC doivent être écrits, 0 = seules les données du secteur sont à écrire.

  Bien entendu, au cas où L = 1, le contrôleur n'engendre pas lui-même les octets ECC.

- R (pour *Retry disable*) : 1 = la réexécution automatique de la commande n'est pas enclenchée, 0 = réexécution automatique en cas d'erreur.

Phase des résultats — Lors de la phase des résultats, le contenu des registres est :

Registres	Bits							
	7	6	5	4	3	2	1	0
Erreur	NDM	x	ABT	x	NID	x	x	BBK
Compteur de secteurs				0				
Numéro de secteur	S7	S6	S5	S4	S3	S2	S1	S0
Cylindre LSB	C7	C6	C5	C4	C3	C2	C1	C0
Cylindre MSB	0	0	0	0	0	0	C9	C8
Lecteur/tête	1	0	1	DRV	HD3	HD2	HD1	HD0
Statut	BSY	RDY	WFT	x	DRQ	x	x	ERR

Bien entendu, en cas d'interruption, le registre de compteur de secteurs indique le nombre de secteurs qui restaient à écrire.

Vérification de secteurs : 4Xh

Description — Cette commande permet de vérifier un ou plusieurs secteurs. Le contrôleur lit un ou plusieurs secteurs dans le tampon de secteur et effectue la vérification ECC, mais ne transfère pas les données lues en mémoire vive.

Au début de la phase des résultats, le contrôleur émet une requête IRQ14. En revanche, aucune interruption n'est émise après la vérification de chaque secteur individuel.

Phase de commande — Pour la phase de commande, les valeurs des registres doivent être :

Registres	Bits							
	7	6	5	4	3	2	1	0
Commande	0	1	0	0	0	0	0	R
Compteur de secteurs	nombre de secteurs à vérifier							
Numéro de secteur	S7	S6	S5	S4	S3	S2	S1	S0
Cylindre LSB	C7	C6	C5	C4	C3	C2	C1	C0
Cylindre MSB	0	0	0	0	0	0	C9	C8
Lecteur/tête	1	0	1	DRV	HD3	HD2	HD1	HD0

avec un paramètre : R (pour *Retry disable*) : 1 = la réexécution automatique de la commande n'est pas enclenchée, 0 = réexécution automatique en cas d'erreur.

Phase des résultats — Lors de la phase des résultats, le contenu des registres est :

Registres	Bits							
	7	6	5	4	3	2	1	0
Erreur	NDM	x	ABT	x	NID	x	UNC	BBK
Compteur de secteurs	0							
Numéro de secteur	S7	S6	S5	S4	S3	S2	S1	S0
Cylindre LSB	C7	C6	C5	C4	C3	C2	C1	C0
Cylindre MSB	0	0	0	0	0	0	C9	C8
Lecteur/tête	1	0	1	DRV	HD3	HD2	HD1	HD0
Statut	BSY	RDY	x	x	DRQ	COR	x	ERR

Bien entendu, en cas d'interruption, le registre de compteur de secteurs indique le nombre de secteurs qui restaient à vérifier.

Formatage d'une piste : 50h

Description — Cette commande permet de formater une piste du disque dur. Sur la plupart des lecteurs IDE, cette commande peut être utilisée en *mode natif* ou en *mode translation* :

· En **mode natif**, un formatage de bas niveau de la piste indiquée est effectué.

Dès que l'octet de commande est passé, le contrôleur positionne le bit BSY et prépare le tampon de secteur à recevoir les données de formatage depuis le micro-processeur. Le contrôleur efface alors le bit BSY, positionne le bit DRQ et se met en attente des 256 mots avec données de formatage depuis le micro-processeur. Le micro-processeur peut donc alors transférer les données *via* le registre des données au tampon de secteur. Les **données de formatage** consistent en deux octets pour chaque secteur de la piste : l'octet de poids faible indique le *drapeau du secteur* et l'octet de poids fort le numéro de secteur. Un drapeau de secteur 00h signifie un secteur à formater normalement ; une valeur 80h indique un secteur à marquer comme corrompu. Les données de formatage sont écrites dans le **tampon de formatage** avec l'octet de poids faible en premier. Notons que le tampon de formatage contient toujours 512 octets, même si le nombre de secteurs par piste est inférieur à 256. Les octets inutiles sont ignorés par le contrôleur mais doivent être transférés pour que le contrôleur positionne le bit BSY et démarre l'opération de formatage.

Lorsque le transfert des données de formatage est terminé, le bit DRQ est effacé et le bit BSY est positionné. Le contrôleur démarre alors l'opération de formatage de la piste indiquée. Après détection de l'impulsion d'index indiquant le début physique de la piste, les champs ID des secteurs sont réécrits et les champs de données des secteurs sont remplis avec la valeur d'octet 6Ch correspondant au caractère « 1 ». Après le formatage, le contrôleur efface le bit BSY et émet une interruption IRQ14.

Pour une opération de formatage en mode natif, on doit donc très bien connaître la géométrie du lecteur physique.

· Pour un **formatage en mode translation**, le contrôleur écrit seulement les données du secteur avec des octets de valeur 6Ch, les marques ID n'étant pas changées. Il ne s'agit pas d'un formatage réel, puisque la structure du volume n'est pas changée. Pour le nombre de secteurs par piste, on a alors à indiquer le nombre de secteurs logiques, les frontières n'ayant pas de sens ici. Avec d'autres valeurs, beaucoup de contrôleurs répondront par un message d'erreur ID mark not found et interrompront l'opération de formatage.

Phase de commande — Pour la phase de commande, les valeurs des registres doivent être :

Registres	Bits							
	7	6	5	4	3	2	1	0
Commande	0	1	0	1	0	0	0	0
Compteur de secteurs	nombre de secteurs par piste							
Cylindre LSB	C7	C6	C5	C4	C3	C2	C1	C0
Cylindre MSB	0	0	0	0	0	0	C9	C8
Lecteur/tête	1	0	1	DRV	HD3	HD2	HD1	HD0

Phase des résultats — Lors de la phase des résultats, le contenu des registres est le suivant :

Registres	Bits							
	7	6	5	4	3	2	1	0
Erreur	NDM	x	ABT	x	NID	x	x	x
Numéro de secteur	S7	S6	S5	S4	S3	S2	S1	S0
Cylindre LSB	C7	C6	C5	C4	C3	C2	C1	C0
Cylindre MSB	0	0	0	0	0	0	C9	C8
Lecteur/tête	1	0	1	DRV	HD3	HD2	HD1	HD0
Statut	BSY	RDY	x	x	DRQ	x	x	ERR

Recherche : `7Xh`

Cette commande permet de déplacer les têtes de lecture/écriture sur une piste donnée. Dès le transfert de l'octet de commande, le contrôleur positionne le bit BSY et commence la recherche. En cas de succès, le contrôleur efface le bit BSY, positionne le bit SKC et émet une interruption IRQ14. Le disque n'a pas besoin d'être formaté pour effectuer la commande correctement.

Phase de commande — Pour la phase de commande, les valeurs des registres doivent être :

Registres	Bits							
	7	6	5	4	3	2	1	0
Commande	0	1	1	1	x	x	x	x
Cylindre LSB	C7	C6	C5	C4	C3	C2	C1	C0
Cylindre MSB	0	0	0	0	0	0	C9	C8
Lecteur/tête	1	0	1	DRV	HD3	HD2	HD1	HD0

Phase des résultats — Lors de la phase des résultats, le contenu des registres est le suivant :

Registres	Bits							
	7	6	5	4	3	2	1	0
Erreur	NDM	NT0	ABT	x	NID	x	x	x
Cylindre LSB	C7	C6	C5	C4	C3	C2	C1	C0
Cylindre MSB	0	0	0	0	0	0	C9	C8
Lecteur/tête	1	0	1	DRV	HD3	HD2	HD1	HD0
Statut	BSY	RDY	x	SKC	DRQ	x	x	ERR

Diagnostic : `90h`

Description — Cette commande permet de démarrer la routine interne de diagnostic pour vérifier la partie électronique du contrôleur.

Le micro-processeur ne peut envoyer cette commande que si le bit `BSY` est effacé. Le bit `RDY` ne concerne que le lecteur (la partie mécanique) et il est donc sans influence sur la commande de diagnostic.

Les informations de diagnostic sont renvoyées dans le registre des erreurs mais la signification n'est pas la signification habituelle. Le bit `ERR` du registre de statut est toujours égal à 0 après un diagnostic.

Phase de commande — Pour la phase de commande, les valeurs des registres doivent être :

Registres	Bits							
	7	6	5	4	3	2	1	0
Commande	1	0	0	1	0	0	0	0

Phase des résultats — Lors de la phase des résultats, le contenu des registres est le suivant :

Registres	Bits							
	7	6	5	4	3	2	1	0
Erreur	SD	MD6	MD5	MD4	MD3	MD2	MD1	MD0
Statut	BSY	x	x	x	DRQ	x	x	0

où :

· `SD` (pour *Slave Disk*) : 0 = esclave OK ou non présent, 1 = erreur pour le disque esclave pour au moins une des fonctions de diagnostic ;
· `MD` (pour *Master Disk*) :
  · 1 = disque maître OK ;
  · 2 = erreur dans le circuit de formatage ;
  · 3 = erreur dans le tampon ;
  · 4 = erreur dans le circuit logique d'`ECC` ;
  · 5 = erreur du micro-processeur ;
  · 6 = erreur sur le circuit d'interfaçage.

Passage des paramètres du disque : `91h`

Description — Cette commande permet de spécifier la géométrie logique du lecteur concerné.

Dans le registre du nombre de secteurs, on doit spécifier le nombre de secteurs logiques par piste logique et dans le registre de lecteur/tête, le nombre de têtes logiques du lecteur. En mode translation, le circuit logique de translation du contrôleur traduit la géométrie logique en géométrie physique réelle du lecteur.

Phase de commande — Pour la phase de commande, les valeurs des registres doivent être :

Registres	Bits							
	7	6	5	4	3	2	1	0
Commande	1	0	0	1	0	0	0	1
Compteur de secteurs	nombre de secteurs par piste							
Lecteur/tête	1	0	1	DRV	HD3	HD2	HD1	HD0

Phase des résultats — Lors de la phase des résultats, le contenu des registres est le suivant :

Registres	Bits							
	7	6	5	4	3	2	1	0
Statut	BSY	RDY	x	x	DRQ	x	x	x

3 Prise en charge du contrôleur par Linux

3.1 Constantes liées au contrôleur

Linux spécifie les caractéristiques du contrôleur sous forme de constantes symboliques :

Disque dur. Nous avons déjà vu que certaines caractéristiques du contrôleur sont insérées dans la table des disques durs, à savoir les champs wpcom, lzone et ctl.

Nous avons vu que le code de précompensation ne sert à rien pour le contrôleur IDE. Linus TORVALDS a repris les valeurs du BIOS.

On peut remarquer également le commentaire (erroné) sur la valeur de CTL.

Repérage des registres IDE. Les registres IDE sont repérés par des constantes symboliques définies dans le fichier *include/linux/hdreg.h* :

```
/*
 * This file contains some defines for the AT-hd-controller.
 * Various sources. Check out some definitions (see comments with
 * a ques).
 */
-----------------------------------------------------------------
/* Hd controller regs. Ref: IBM AT Bios-listing */
#define HD_DATA     0x1f0   /* _CTL when writing */
#define HD_ERROR    0x1f1   /* see err-bits */
#define HD_NSECTOR  0x1f2   /* nr of sectors to read/write */
#define HD_SECTOR   0x1f3   /* starting sector */
#define HD_LCYL     0x1f4   /* starting cylinder */
#define HD_HCYL     0x1f5   /* high byte of starting cyl */
#define HD_CURRENT  0x1f6   /* 101dhhhh , d=drive, hhhh=head */
#define HD_STATUS   0x1f7   /* see status-bits */
#define HD_PRECOMP HD_ERROR /* same io address, read=error,*/
                            /* write=precomp */
#define HD_COMMAND HD_STATUS /* same io address, read=status, write=cmd */

#define HD_CMD      0x3f6
```

Linux 0.01

Structure du registre des statuts. La structure du registre des statuts est détaillée dans le même fichier source :

```
/* Bits of HD_STATUS */
#define ERR_STAT    0x01
#define INDEX_STAT  0x02
#define ECC_STAT    0x04    /* Corrected error */
#define DRQ_STAT    0x08
#define SEEK_STAT   0x10
#define WRERR_STAT  0x20
#define READY_STAT  0x40
#define BUSY_STAT   0x80
```

Linux 0.01

Structure du registre des erreurs. La structure du registre des erreurs est détaillée également, toujours dans le même fichier source :

Linux 0.01

```
/* Bits for HD_ERROR */
#define MARK_ERR      0x01    /* Bad address mark ? */
#define TRK0_ERR      0x02    /* couldn't find track 0 */
#define ABRT_ERR      0x04    /* ? */
#define ID_ERR        0x10    /* ? */
#define ECC_ERR       0x40    /* ? */
#define BBD_ERR       0x80    /* ? */
```

Commandes. Les commandes du contrôleur IDE utilisées par Linux sont repérées par des constantes symboliques définies dans le fichier *include/linux/hdreg.h*, avec le préfixe WIN (certainement pour *Write IN*) :

Linux 0.01

```
/* Values for HD_COMMAND */
#define WIN_RESTORE    0x10
#define WIN_READ       0x20
#define WIN_WRITE      0x30
#define WIN_VERIFY     0x40
#define WIN_FORMAT     0x50
#define WIN_INIT       0x60
#define WIN_SEEK       0x70
#define WIN_DIAGNOSE   0x90
#define WIN_SPECIFY    0x91
```

Il s'agit du recalibrage, de la lecture de secteurs (des données uniquement, pas de lecture des octets ECC), de l'écriture de secteurs (des données uniquement), de la vérification de secteurs, du formatage d'une piste, d'initialisation, de recherche d'une piste, de diagnostic et de la spécification de la géométrie du disque.

3.2 Routine d'interruption matérielle du disque dur

Le câblage des compatibles IBM-PC fait que l'interruption matérielle associée au disque dur est IRQ14. Nous avons déjà vu que cela correspond à l'interruption int 2Eh sous Linux. Le gestionnaire associé est **hd_interrupt()**, cette association se faisant dans le corps de la fonction **hd_init()**, définie dans le fichier *kernel/hd.c* :

Linux 0.01

```
void hd_init(void)
{
-----------------------------------------
        set_trap_gate(0x2E,&hd_interrupt);
-----------------------------------------
}
```

et appelée par la fonction **main()** de *init/main.c*.

Le gestionnaire d'interruption lui-même est défini, en langage d'assemblage, dans le fichier *kernel/system_call.s* :

Linux 0.01

```
_hd_interrupt:
        pushl %eax
        pushl %ecx
        pushl %edx
        push %ds
        push %es
        push %fs
        movl $0x10,%eax
        mov %ax,%ds
        mov %ax,%es
        movl $0x17,%eax
        mov %ax,%fs
```

```
        movb $0x20,%al
        outb %al,$0x20          # EOI to interrupt controller #1
        jmp 1f                  # give port chance to breathe
1:      jmp 1f
1:      outb %al,$0xA0          # same to controller #2
        movl _do_hd,%eax
        testl %eax,%eax
        jne 1f
        movl $_unexpected_hd_interrupt,%eax
1:      call *%eax              # "interesting" way of handling intr.
        pop %fs
        pop %es
        pop %ds
        popl %edx
        popl %ecx
        popl %eax
        iret
```

Autrement dit, la gestion de l'interruption matérielle du disque dur consiste à :

· sauvegarder sur la pile les registres qui vont être utilisés, à savoir les registres eax, ecx, edx, ds, es et fs ;

· faire référencer les registres de segment de données ds et es sur le sélecteur du segment des données en mode noyau 10h ;

· faire référencer le registre de segment de données fs sur le sélecteur du segment des données en mode utilisateur 17h ;

· envoyer une commande d'accusé de réception d'interruption EOI à chacun des deux PIC ;

· considérer une fonction, dont l'adresse est passée en paramètre avant l'envoi de la commande au contrôleur, cette fonction (qui constitue le gestionnaire proprement dit) dépendant de la commande ; pour cela une (variable de) fonction **do_hd()** est définie dans le fichier *kernel/hd.c* :

```
/*
 * This is the pointer to a routine to be executed at every hd-interrupt.
 * Interesting way of doing things, but should be rather practical.
 */
void (*do_hd)(void) = NULL;
```
Linux 0.01

· vérifier que l'adresse de cette fonction n'est pas zéro, ce qui signifierait qu'on a oublié d'initialiser cette fonction ; si c'est zéro, il est fait appel à la fonction **unexpected_hd_interrupt()** ;

· faire appel à cette fonction (passée en paramètre) ;

· restaurer les registres sauvegardés sur la pile.

Nous venons de voir que si la fonction passée en argument n'est pas valable, il est fait appel à la fonction d'avertissement **unexpected_hd_interrupt()**. Celle-ci est définie dans le fichier *kernel/hd.c* :

```
void unexpected_hd_interrupt(void)
{
        panic("Unexpected HD interrupt\n\r");
}
```
Linux 0.01

Elle se contente d'afficher un message d'erreur et de geler le système d'exploitation.

3.3 Passage des commandes

Le passage des commandes au contrôleur de disque dur IDE sous Linux est effectué grâce à la fonction **hd_out()**, définie dans le fichier *kernel/hd.c* :

```
static void hd_out(unsigned int drive,unsigned int nsect,unsigned int sect,
                unsigned int head,unsigned int cyl,unsigned int cmd,
                void (*intr_addr)(void));
```

Les paramètres de cette fonction sont :

· le lecteur de disque (maître ou esclave) ;
· le nombre de secteurs à lire ou à écrire ;
· le numéro du premier secteur ;
· le numéro de tête de lecture/écriture ;
· le numéro de cylindre ;
· la commande à effectuer (de préfixe WIN, dont nous avons défini la liste ci-dessus) ;
· l'adresse de la fonction **do_hd()** devant intervenir dans la routine de service de l'interruption IRQ14 : en effet, nous avons vu que le contrôleur émet une requête du disque dur (IRQ14 sur l'IBM-PC) après chaque commande (si le registre de sortie numérique du contrôleur est programmé pour cela, ce qui est le cas pour Linux) et que cette routine de service fait appel à une fonction paramètre **do_hd()**.

Le corps de cette fonction est le suivant :

Linux 0.01

```
static void hd_out(unsigned int drive,unsigned int nsect,unsigned int sect,
                unsigned int head,unsigned int cyl,unsigned int cmd,
                void (*intr_addr)(void))
{
        register int port asm("dx");

        if (drive>1 || head>15)
                panic("Trying to write bad sector");
        if (!controller_ready())
                panic("HD controller not ready");
        do_hd = intr_addr;
        outb(_CTL,HD_CMD);
        port=HD_DATA;
        outb_p(_WPCOM,++port);
        outb_p(nsect,++port);
        outb_p(sect,++port);
        outb_p(cyl,++port);
        outb_p(cyl>>8,++port);
        outb_p(0xA0|(drive<<4)|head,++port);
        outb(cmd,++port);
}
```

Autrement dit les actions effectuées par cette fonction sont les suivantes :

· un contrôle est fait sur le numéro de disque et sur le nombre de têtes (mais pas sur les autres paramètres) ; on affiche un message d'erreur et on gèle le système en cas de problème ;
· on vérifie que le contrôleur de disque est prêt à recevoir une commande en utilisant la fonction auxiliaire **controller_ready()** ; on affiche un message d'erreur et on gèle le système en cas de problème ;
· on place la fonction passée en paramètre comme fonction **do_hd()** de la routine de service de l'interruption matérielle IRQ14 ;

- on place les paramètres de la commande du contrôleur dans les registres adéquats :
  - _CTL dans HD_CMD, c'est-à-dire 0 dans le registre de sortie numérique, ce qui force le contrôleur IDE à accepter une commande et à émettre une requête de disque dur après celle-ci ;
  - la valeur de précompensation _WPCOM dans le registre de précompensation (ce qui n'a pas d'effet pour les contrôleurs IDE) ;
  - le nombre de secteurs à lire dans le registre adéquat du contrôleur ;
  - le numéro du premier secteur dans le registre adéquat du contrôleur ;
  - les huit premiers bits du numéro de cylindre dans le registre de cylindre LSB ;
  - les huit bits de poids fort du numéro de cylindre dans le registre de cylindre MSB ;
  - le numéro de lecteur et le numéro de tête dans le registre de lecteur/tête ;
  - et enfin, la commande dans le registre de commande.

3.4 Fonction d'attente du contrôleur

Nous avons vu que nous ne pouvons passer une commande au contrôleur de disque IDE que si le bit RDY du registre de statut est positionné et le bit BSY ne l'est pas, autrement dit si le contenu de ce registre est 4Xh.

Sous Linux, on teste (au plus) 1000 fois ce registre jusqu'à ce que le contrôleur soit prêt. La fonction suivante sert donc à la fois de fonction d'attente et, éventuellement, d'avertissement de l'existence d'un problème :

```
static int controller_ready(void)
{
        int retries=1000;

        while (--retries && (inb(HD_STATUS)&0xc0)!=0x40);
        return (retries);
}
```

Linux 0.01

3.5 Récupération des erreurs

Pour vérifier si une commande s'est bien déroulée, on utilise la fonction **win_result()**, définie dans le fichier *kernel/hd.c* :

```
static int win_result(void)
{
        int i=inb(HD_STATUS);

        if ((i & (BUSY_STAT | READY_STAT | WRERR_STAT | SEEK_STAT | ERR_STAT))
                == (READY_STAT | SEEK_STAT))
                return(0); /* ok */
        if (i&1) i=inb(HD_ERROR);
        return (1);
}
```

Linux 0.01

Autrement dit :

- on lit le contenu du registre de statut du contrôleur ;
- si aucun des bits BSY, WFT et ERR n'est positionné, il n'y a pas eu de problème, on renvoie donc 0 ;
- sinon, si le bit ERR est positionné, le contenu du registre des erreurs du contrôleur est lu (mais n'est pas utilisé) ; dans tous les cas, il y a eu un problème et donc la valeur 1 est renvoyée.

4 Partitionnement du disque dur

4.1 Un choix d'IBM

La capacité des disques durs est devenue de plus en plus importante. Le système d'exploitation privilégié MS-DOS des micro-ordinateurs IBM-PC de l'époque ne pouvait gérer que des disques durs d'une capacité inférieure à 32 Mo, puis à 2 Go à partir de la version 4.0. L'idée fut alors de partitionner le disque dur physique en plusieurs disques durs virtuels (ou logiques).

Cette notion de partition fut très rapidement récupérée pour placer plusieurs systèmes d'exploitation différents, et plusieurs systèmes de fichiers, sur le même disque dur, par exemple le couple MS-DOS/Windows et Linux.

Secteur de partition

Les informations sur la partition du disque dur pourraient se trouver en mémoire RAM, en CMOS par exemple. Cette façon de faire présente cependant plusieurs inconvénients : si l'on déplace un disque dur d'un ordinateur à un autre, on doit changer la RAM ; il en est de même si l'on décide de changer le partitionnement.

Une meilleure technique consiste à utiliser un secteur présent sur chaque disque dur : le secteur 1 de la piste 0 et de la tête 0, c'est-à-dire le premier secteur physique du disque dur. Ce secteur est appelé le secteur de partition. Il contient les informations sur les différentes partitions, stockées au moyen des entrées de partition dans une table des partitions.

Structure du secteur de partition

La structure des 512 octets du secteur de partition, décidée par IBM et devenue un standard de fait, est la suivante :

`00h/0` : Programme

`1BEh/446` : Table des partitions

`1FEh/510` : Signature (AA55h)

- les deux derniers octets portent la signature `AA55h` pour indiquer au BIOS qu'il s'agit d'un disque système ;
- les 64 octets précédents constituent la *table des partitions*, contenant quatre entrées de 16 octets ;
- rappelons que le BIOS charge le premier secteur et l'exécute (il s'agit du secteur d'amorçage pour les disquettes) ; il reste donc 446 octets pour contenir un petit programme qui vérifie la cohérence de la table de partition et appeler le secteur d'amorçage. Si la table de partition est endommagée ou inconsistante, le programme peut par exemple afficher un message d'erreur et terminer le processus de chargement.

Structure de la table des partitions

La table des partitions contient des entrées pour au plus quatre partitions, en ordre inverse des partitions :

Déplacement	Taille	Contenu
1BEh (446)	16	Partition 4
1CEh (462)	16	Partition 3
1DEh (478)	16	Partition 2
1EEh (494)	16	Partition 1

Structure d'une entrée de partition

Chaque entrée de la table de partition possède la structure suivante :

Déplacement	Taille	Contenu
00h (0)	1	Drapeau d'amorçage
01h (1)	3	Début de la partition
04h (4)	1	Indication du système
05h (5)	3	Fin de la partition
08h (8)	4	Secteur de début par rapport au début du disque
0Ch (12)	4	Nombre de secteurs dans la partition

· le drapeau d'amorçage est égal à 80h si la partition correspondante contient un secteur d'amorçage (on dit que la **partition** est **active**) et à 0 sinon ;

· le secteur physique du début de la partition est spécifié sur trois octets de la façon suivante :

01h							
H7	H6	H5	H4	H3	H2	H1	H0

02h							
C9	C8	S5	S4	S3	S2	S1	S0

03h							
C7	C6	C5	C4	C3	C2	C1	C0

avec H pour tête (*head*), C pour cylindre et S pour secteur ;

· les valeurs de l'indication du système étaient à l'origine : 0 pour FAT non DOS, 1 pour DOS avec une FAT de 12 bits, 4 pour DOS avec une FAT de 16 bits, 5 pour une partition DOS étendue (à partir de DOS 3.30), 6 pour une partition DOS plus grande que 32 Mo (à partir de DOS 4.00) ; ce jeu de valeurs a évidemment été étendu pour prendre en compte les autres systèmes d'exploitation tel que Linux ; Linux ajoutera des valeurs, en particulier : 80h pour la première version de Minix, 81h pour Linux/Minix 2, 82h pour un va-et-vient Linux, 83h pour Linux natif ;

· le secteur physique de fin de partition a la même structure que celui du début de la partition ;

· le numéro de secteur de début est dans le format boutien d'Intel ;

· il en est de même du nombre de secteurs de la partition.

Remarquons que la table de partitions ne peut gérer que les disques durs de moins de 256 têtes, de moins de 1 024 cylindres et de moins de 64 secteurs par piste.

4.2 Utilisation par Linux

Entrée de la table des partitions

La structure d'une entrée de la table des partitions est déclarée dans le fichier *include/linux/hdreg.h* :

Linux 0.01

```
struct partition {
        unsigned char boot_ind;          /* 0x80 - active (unused) */
        unsigned char head;              /* ? */
        unsigned char sector;            /* ? */
        unsigned char cyl;               /* ? */
        unsigned char sys_ind;           /* ? */
        unsigned char end_head;          /* ? */
        unsigned char end_sector;        /* ? */
        unsigned char end_cyl;           /* ? */
        unsigned int start_sect;         /* starting sector counting from 0 */
        unsigned int nr_sects;           /* nr of sectors in partition */
};
```

Partitionnement du disque dur

Le tableau hd[], défini dans le fichier *kernel/hd.c*, conserve l'essentiel sur le partitionnement du disque dur, c'est-à-dire le numéro du premier secteur et le nombre de secteurs de chacune des quatre partitions possibles :

Linux 0.01

```
static struct hd_struct {
        long start_sect;
        long nr_sects;
} hd[5*MAX_HD]={{0,0},};
```

Ce tableau, initialisé à 0 lors de la déclaration, est initialisé avec les valeurs des partitions lors du démarrage du système.

5 Requêtes à un disque dur

On accède aux disques durs grâce à des **requêtes** qui interagissent entre les secteurs et l'anté-mémoire.

5.1 Notion de requête

Lorsqu'un bloc a été lu, il reste en mémoire tant qu'il y a de la place. Lorsqu'un processus souhaite lire ou écrire un bloc du disque, il crée une **requête de périphérique bloc** : cette requête décrit le bloc demandé et le type d'opération à exécuter (lecture ou écriture). Le noyau ne satisfait pas une requête dès qu'elle est créée, en particulier pour les requêtes d'écriture : l'opération d'entrée-sortie est seulement programmée et sera exécutée plus tard. De plus, cette opération est effectuée sur le tampon correspondant plutôt que sur le bloc lui-même. De temps en temps, le tampon est sauvé sur disque ; lors d'une demande de lecture, si le tampon n'existe pas, il est créé.

5.2 Structure des requêtes

Pour Linux, une requête est un élément d'une liste chaînée du type défini par la structure hd_request, déclaré dans le fichier *kernel/hd.c* :

```
static struct hd_request {
        int hd;              /* -1 if no request */
        int nsector;
        int sector;
        int head;
        int cyl;
        int cmd;
        int errors;
        struct buffer_head * bh;
        struct hd_request * next;
} request[NR_REQUEST];
```
Linux 0.01

Elle comprend :

· le numéro du disque dur (0 ou 1, -1 s'il n'y a pas de requête) ;

· le nombre de secteurs par unité d'allocation (deux pour Linux) ;

· la situation physique du secteur, caractérisée par le numéro de secteur, le numéro de tête de lecture/écriture et le numéro de cylindre ;

· la commande à effectuer (lecture ou écriture) ;

· les erreurs éventuellement renvoyées ;

· un pointeur sur l'élément d'antémémoire correspondant ;

· un dernier élément qui en fait une structure auto-référente permettant de construire la liste chaînée des requêtes.

5.3 Tableau des listes de requêtes

Pour le noyau 0.01, il y a 32 listes de requêtes au maximum (comme indiqué au début du fichier *kernel/hd.c*) :

```
#define NR_REQUEST      32
```
Linux 0.01

Les listes de requêtes (32 au plus) sont placées dans le tableau request[], dont nous avons vu la définition ci-dessus.

5.4 Initialisation du disque dur

Nous avons déjà vu que les disques durs sont initialisés lors du démarrage du système par la fonction principale **main()**, située dans le fichier *init/main.c* :

```
void main(void)          /* This really IS void, no error here. */
{                        /* The startup routine assumes (well, ...) this */
-------------------------------------------------------------
        buffer_init();
        hd_init();
-------------------
}
```
Linux 0.01

La fonction **hd_init()** est définie à la fin du fichier *kernel/hd.c* :

```
void hd_init(void)
{
        int i;

        for (i=0; i<NR_REQUEST; i++) {
                request[i].hd = -1;
```
Linux 0.01

```
                    request[i].next = NULL;
            }
            for (i=0; i<NR_HD; i++) {
                    hd[i*5].start_sect = 0;
                    hd[i*5].nr_sects = hd_info[i].head*
                            hd_info[i].sect*hd_info[i].cyl;
            }
            set_trap_gate(0x2E,&hd_interrupt);
            outb_p(inb_p(0x21)&0xfb,0x21);
            outb(inb_p(0xA1)&0xbf,0xA1);
    }
```

Autrement dit :

- les 32 listes de requêtes sont initialisées avec une requête ne correspondant à aucun disque dur et sans successeur ;
- la table des partitions est remplie avec une seule partition par disque dur dont le premier secteur est 0 et dont le nombre de secteurs est le nombre de secteurs du disque (mais ceci sera changé plus tard) ;
- le gestionnaire d'interruption matérielle **hd_interrupt()** est associé à l'IRQ14 (comme nous l'avons déjà vu) ;
- les deux contrôleurs programmables d'interruptions (PIC) sont initialisés.

5.5 Requête de lecture ou d'écriture

Une requête de lecture ou d'écriture d'un bloc sur un disque dur (en fait une partition) est effectuée grâce à la fonction **rw_abs_hd()** (pour *Read/Write ABSolute Hard Disk*) :

```
void rw_abs_hd(int rw,unsigned int nr,unsigned int sec,unsigned int head,
        unsigned int cyl,struct buffer_head * bh);
```

les paramètres étant :

- le type de commande, lecture ou écriture, représenté par l'une des constantes READ et WRITE, celles-ci étant définies dans le fichier *include/linux/fs.h* :

Linux 0.01
```
#define READ 0
#define WRITE 1
```

- les caractéristiques du premier secteur du bloc, à savoir :
  - le numéro de disque dur ;
  - le numéro de secteur ;
  - le numéro de tête de lecture/écriture ;
  - le numéro de cylindre ;
- l'adresse d'un descripteur de tampon associé au bloc.

Cette fonction est définie dans le fichier *kernel/hd.c* :

Linux 0.01
```
void rw_abs_hd(int rw,unsigned int nr,unsigned int sec,unsigned int head,
        unsigned int cyl,struct buffer_head * bh)
{
        struct hd_request * req;

        if (rw!=READ && rw!=WRITE)
                panic("Bad hd command, must be R/W");
        lock_buffer(bh);
repeat:
```

```
        for (req=0+request; req<NR_REQUEST+request; req++)
                if (req->hd<0)
                        break;
        if (req==NR_REQUEST+request) {
                sleep_on(&wait_for_request);
                goto repeat;
        }
        req->hd=nr;
        req->nsector=2;
        req->sector=sec;
        req->head=head;
        req->cyl=cyl;
        req->cmd = ((rw==READ)?WIN_READ:WIN_WRITE);
        req->bh=bh;
        req->errors=0;
        req->next=NULL;
        add_request(req);
        wait_on_buffer(bh);
}
```

Autrement dit :

- si l'ordre n'est pas un ordre de lecture ou d'écriture, un message d'erreur est affiché et on gèle le système ;

- sinon on verrouille le tampon concerné grâce à la fonction auxiliaire **lock_buffer()**, étudiée ci-après ;

- on recherche une liste de requêtes libre ; si l'on en trouve une, elle sera repérée par `req`, sinon on attend qu'une liste de requêtes se libère, en assoupissant le processus en cours, grâce à la fonction auxiliaire **sleep_on()** étudiée ci-après, puis on recommencera lorsqu'une telle liste se sera libérée ;

- on remplit les champs de la requête `req` ;

- on ajoute cette liste de requête aux requêtes en attente de traitement, grâce à la fonction auxiliaire **add_request()**, étudiée ci-après ;

- on place le tampon en attente de traitement, grâce à la fonction auxiliaire **wait_on_ buffer()**, étudiée ci-après.

5.6 Gestion des tampons

Verrouillage d'un tampon

La fonction **lock_buffer()**, définie dans le fichier *kernel/hd.c*, permet de verrouiller un tampon :

```
static inline void lock_buffer(struct buffer_head * bh)
{
        if (bh->b_lock)
                printk("hd.c: buffer multiply locked\n");
        bh->b_lock=1;
}
```
Linux 0.01

Elle consiste à positionner le champ `b_lock` du descripteur de ce tampon, ce qui oblige (moralement) les autres programmes à ne pas l'utiliser. S'il était déjà positionné, on affiche un message d'erreur.

Processus en attente de requête

Une file des processus en attente de traitement d'une requête sur un disque dur est définie dans le fichier *kernel/hd.c* :

```
static struct task_struct * wait_for_request=NULL;
```

Nous verrons comment lui ajouter les processus au fur et à mesure.

Assoupissement d'un processus

La fonction **sleep_on()** est définie dans le fichier *kernel/sched.c* :

```
void sleep_on(struct task_struct **p)
{
        struct task_struct *tmp;

        if (!p)
                return;
        if (current == &(init_task.task))
                panic("task[0] trying to sleep");
        tmp = *p;
        *p = current;
        current->state = TASK_UNINTERRUPTIBLE;
        schedule();
        if (tmp)
                tmp->state=0;
}
```

Autrement dit :

· si la file d'attente de processus est vide, on a immédiatement terminé ;

· si le processus en cours est le processus inactif, on envoie un message d'erreur, car celui-ci ne peut pas être assoupi, et on gèle le système ;

· on place le premier processus de la file d'attente dans l'état 0, c'est-à-dire TASK_RUNNING ;

· on le remplace par le processus en cours, que l'on place dans l'état TASK_UNINTERRUPTIBLE ;

· on fait appel à l'ordonnanceur pour qu'il élise un autre processus (en espérant que l'un d'eux videra la file d'attente).

Mise en attente d'un tampon

La fonction **wait_on_buffer()** de mise en attente d'un tampon est définie dans le fichier *kernel/hd.c* :

```
static inline void wait_on_buffer(struct buffer_head * bh)
{
        cli();
        while (bh->b_lock)
                sleep_on(&bh->b_wait);
        sti();
}
```

Elle consiste à :

· inhiber les interruptions matérielles masquables ;

· garder endormi le processus en cours tant que la file d'attente des processus en attente d'un traitement de requête ne s'est pas vidée ;

· rétablir les interruptions matérielles masquables.

Déverrouillage d'un tampon

Le déverrouillage d'un tampon est effectué grâce à la fonction **unlock_buffer()**, définie dans
le fichier *kernel/hd.c* :

```
static inline void unlock_buffer(struct buffer_head * bh)
{
        if (!bh->b_lock)
                printk("hd.c: free buffer being unlocked\n");
        bh->b_lock=0;
        wake_up(&bh->b_wait);
}
```

Linux 0.01

Elle consiste :

· à afficher un message d'erreur si ce tampon n'était pas verrouillé ;

· à indiquer dans le champ adéquat du tampon qu'il n'est plus verrouillé ;

· à réveiller les processus qui étaient en attente de ce tampon, grâce à la fonction **wake_up()**,
étudiée ci-après.

Réveil des processus

La fonction **wake_up()** est définie dans le fichier *kernel/sched.c* :

```
void wake_up(struct task_struct **p)
{
        if (p && *p) {
                (**p).state=0;
                *p=NULL;
        }
}
```

Linux 0.01

5.7 Ajout d'une requête

Nous avons vu ci-dessus que l'on doit ajouter une requête à une liste de requêtes, une fois ses
champs remplis. Voyons comment le faire.

L'ajout d'une requête est effectué par la fonction **add_request()**, définie dans le fichier
kernel/hd.c :

```
/*
 * add-request adds a request to the linked list.
 * It sets the 'sorting'-variable when doing something
 * that interrupts shouldn't touch.
 */
static void add_request(struct hd_request * req)
{
        struct hd_request * tmp;

        if (req->nsector!= 2)
                panic("nsector!=2 not implemented");
/*
 * Not to mess up the linked lists, we never touch the two first
 * entries (not this_request, as it is used by current interrupts,
 * and not this_request->next, as it can be assigned to this_request).
 * This is not too high a price to pay for the ability of not
 * disabling interrupts.
 */
        sorting=1;
        if (!(tmp=this_request))
                this_request=req;
        else {
```

Linux 0.01

```
                    if (!(tmp->next))
                            tmp->next=req;
                    else {
                            tmp=tmp->next;
                            for (; tmp->next; tmp=tmp->next)
                                    if ((IN_ORDER(tmp,req) ||
!IN_ORDER(tmp,tmp->next)) &&
                                            IN_ORDER(req,tmp->next))
                                            break;
                            req->next=tmp->next;
                            tmp->next=req;
                    }
            }
        sorting=0;
/*
 * NOTE! As a result of sorting, the interrupts may have died down,
 * as they aren't redone due to locking with sorting=1. They might
 * also never have started, if this is the first request in the queue,
 * so we restart them if necessary.
 */
        if (!do_hd)
                do_request();
}
```

Une liste chaînée des requêtes associées au processus en cours est définie dans le fichier *kernel/hd.c* :

Linux 0.01

```
static struct hd_request * this_request = NULL;
```

La variable :

Linux 0.01

```
static int sorting=0;
```

également déclarée dans le fichier *kernel/hd.c*, permet de savoir si l'on est en train de trier les requêtes (aucun accès au disque ne devant être effectué dans ce cas).

La macro IN_ORDER(req1,req2), ayant deux arguments qui sont des requêtes, est définie dans le fichier *kernel/hd.c* :

Linux 0.01

```
#define IN_ORDER(s1,s2) \
((s1)->hd<(s2)->hd || (s1)->hd==(s2)->hd && \
((s1)->cyl<(s2)->cyl || (s1)->cyl==(s2)->cyl && \
((s1)->head<(s2)->head || (s1)->head==(s2)->head && \
((s1)->sector<(s2)->sector))))
```

Elle prend la valeur vraie si le numéro logique du secteur de la requête req1 est strictement plus petit que celui de la requête req2. L'ordre est tout simplement l'ordre lexicographique sur *Lecteur × Cylindre × Tête × Secteur*.

Les étapes de la fonction **add_request()** sont les suivantes :

- on vérifie que l'unité d'allocation correspond à deux secteurs, sinon un message est émis et on gèle le système ;
- on positionne l'indicateur de tri (pour qu'il n'y ait pas d'accès au disque dur) ;
- on ajoute la nouvelle requête en la plaçant au bon endroit pour que la liste, sauf ses deux premiers éléments, soit une liste triée ; pour cela :
  - la requête auxiliaire tmp prend la valeur this_request ;
  - si this_request est la liste vide, il s'agit de la première requête à lui ajouter donc this_request prend tout simplement la valeur req ;

- si `this_request` ne contient qu'un seul élément, la nouvelle requête `req` est tout simplement ajoutée à la liste chaînée `this_request`, sans essayer de trier (comme indiqué dans le commentaire) ;
- sinon on se place au deuxième élément de la liste, on parcourt la liste, en s'arrêtant lorsqu'on a trouvé un élément plus petit que la requête à ajouter, elle-même plus petite que l'élément suivant ; on insère alors la requête entre ces deux éléments ;
- on met l'indicateur de tri à zéro, puisque l'étape de tri est terminée ;
- si la variable de fonction **do_hd()** est définie, on fait appel à la fonction **do_request()** de traitement des requêtes, étudiée ci-après.

5.8 Traitement des requêtes

La fonction **do_request()** de traitement des requêtes est définie dans *kernel/hd.c* :

```
static void do_request(void)
{
        int i,r;

        if (sorting)
                return;
        if (!this_request) {
                do_hd=NULL;
                return;
        }
        if (this_request->cmd == WIN_WRITE) {
                hd_out(this_request->hd,this_request->nsector,this_request->
                        sector,this_request->head,this_request->cyl,
                        this_request->cmd,&write_intr);
                for(i=0; i<3000 &&!(r=inb_p(HD_STATUS)&DRQ_STAT); i++)
                        /* nothing */;
                if (!r) {
                        reset_hd(this_request->hd);
                        return;
                }
                port_write(HD_DATA,this_request->bh->b_data+
                        512*(this_request->nsector&1),256);
        } else if (this_request->cmd == WIN_READ) {
                hd_out(this_request->hd,this_request->nsector,this_request->
                        sector,this_request->head,this_request->cyl,
                        this_request->cmd,&read_intr);
        } else
                panic("unknown hd-command");
}
```

Linux 0.01

Autrement dit :

- si l'on est en train de trier la liste des requêtes, on ne fait rien (la fonction sera rappelée à la fin du tri) ;
- si la liste des requêtes est vide, on a terminé le traitement de la liste des requêtes, on se contente donc de remettre la variable de fonction **do_hd()** à NULL ;
- si la requête n'est ni une lecture, ni une écriture, un message d'erreur est indiqué et on gèle le système ;
- s'il s'agit d'une requête d'écriture :
  - on commence par demander l'écriture du premier secteur de la liste des requêtes en utilisant la fonction **hd_out()** de passage des commandes au contrôleur de disque dur, la fonction à passer en paramètre pour définir complètement le gestionnaire d'interruption étant **write_intr()**, que nous étudierons plus loin ;

- on attend pendant un certain temps que le registre de statut du contrôleur IDE indique que l'on puisse transférer d'autres données ;
- si cette indication de transfert n'intervient pas en un temps raisonnable, le disque dur est réinitialisé en utilisant la fonction **reset_hd()**, étudiée plus loin ;
- si l'indication de transfert intervient, on écrit les données sur le secteur en utilisant la fonction **port_write()**, étudiée ci-dessous ;

- s'il s'agit d'une commande de lecture, on demande de lire le premier secteur de la liste des requêtes, en utilisant la fonction **hd_out()**, la fonction à passer en paramètre pour définir complètement le gestionnaire d'interruption étant alors **read_intr()**, étudiée plus loin.

Les macros de lecture et d'écriture sur un port d'entrée-sortie sont définies en langage d'assemblage dans le fichier *kernel/hd.c* :

Linux 0.01
```
#define port_read(port,buf,nr) \
__asm__("cld;rep;insw"::"d" (port),"D" (buf),"c" (nr):"cx","di")

#define port_write(port,buf,nr) \
__asm__("cld;rep;outsw"::"d" (port),"S" (buf),"c" (nr):"cx","si")
```

Il suffit tout simplement de répéter l'opération 256 fois (256 fois un mot fait bien 512 octets) de lecture ou d'écriture d'un mot sur le port à transférer à l'adresse du tampon.

5.9 Le gestionnaire d'interruption en cas d'écriture

La fonction à passer en paramètre dans le gestionnaire de IRQ14 en cas de demande d'écriture est **write_intr()**. Celle-ci est définie dans le fichier *kernel/hd.c* :

Linux 0.01
```
static void write_intr(void)
{
        if (win_result()) {
                bad_rw_intr();
                return;
        }
        if (--this_request->nsector) {
                port_write(HD_DATA,this_request->bh->b_data+512,256);
                return;
        }
        this_request->bh->b_uptodate = 1;
        this_request->bh->b_dirt = 0;
        wake_up(&wait_for_request);
        unlock_buffer(this_request->bh);
        this_request->hd = -1;
        this_request=this_request->next;
        do_request();
}
```

Autrement dit :

- si la commande ne s'est pas bien déroulée, on essaie à nouveau en faisant appel à la fonction auxiliaire **bad_rw_intr()**, étudiée ci-après, et on a terminé ;
- s'il reste des secteurs à écrire, le premier de ceux-ci est écrit et on a terminé ;
- sinon :
  - on indique que le tampon associé à la requête a été mis à jour ;
  - on indique qu'on n'a plus besoin de reporter ce tampon sur le disque dur ;
  - on réveille les processus qui étaient en attente d'écriture sur ce tampon ;
  - on déverrouille ce tampon ;

- on libère la requête, en ne l'associant plus à aucun des disques durs ;
- on passe à la requête suivante ;
- on fait appel à la fonction **do_request()** pour traiter la requête suivante, si elle existe.

Une mauvaise lecture ou écriture sur le disque dur peut être due à une poussière temporaire. On doit donc réessayer l'opération un certain nombre de fois. Sous Linux, on essaie cinq fois, d'après la constante définie au début du fichier *kernel/hd.c* :

```
/* Max read/write errors/sector */
#define MAX_ERRORS      5
```
Linux 0.01

Le renouvellement de l'essai est fait grâce à la fonction **bad_rw_intr()**, définie dans ce même fichier :

```
static void bad_rw_intr(void)
{
        int i = this_request->hd;

        if (this_request->errors++ >= MAX_ERRORS) {
                this_request->bh->b_uptodate = 0;
                unlock_buffer(this_request->bh);
                wake_up(&wait_for_request);
                this_request->hd = -1;
                this_request=this_request->next;
        }
        reset_hd(i);
}
```
Linux 0.01

Autrement dit :

- si le nombre d'essais est supérieur à cinq, on indique qu'il n'y a pas eu de mise à jour de la requête, on déverrouille le tampon, on réveille les processus en attente de ce tampon, on libère la requête et on passe à la requête suivante ;
- dans tous les cas, on essaie de réinitialiser le disque dur grâce à la fonction auxiliaire **reset_hd()**, étudiée ci après.

5.10 Réinitialisation du disque dur

La fonction **reset_hd()** de réinitialisation du disque dur est définie dans le fichier *kernel/hd.c* :

```
static void reset_hd(int nr)
{
        reset_controller();
        hd_out(nr,_SECT,_SECT,_HEAD-1,_CYL,WIN_SPECIFY,&do_request);
}
```
Linux 0.01

Elle consiste à :

- réinitialiser le contrôleur, grâce à la fonction **reset_controller()**, étudiée ci-dessous ;
- spécifier à nouveau les paramètres du disque dur.

Après la spécification, le contrôleur enverra une interruption matérielle IRQ14. La fonction ajoutée au gestionnaire de cette interruption est alors **do_request()**, ce qui permettra de continuer le traitement des requêtes.

La fonction **reset_controller()** de réinitialisation du contrôleur est définie dans le même fichier source :

Linux 0.01

```
static void reset_controller(void)
{
        int     i;

        outb(4,HD_CMD);
        for(i = 0; i < 1000; i++) nop();
        outb(0,HD_CMD);
        for(i = 0; i < 10000 && drive_busy(); i++) /* nothing */;
        if (drive_busy())
                printk("HD-controller still busy\n\r");
        if((i = inb(ERR_STAT))!= 1)
                printk("HD-controller reset failed: %02x\n\r",i);
}
```

Elle consiste :

· à réinitialiser tous les lecteurs de disque connectés (4 envoyé au registre de sortie numérique du contrôleur) ;

· à attendre un petit peu pour que cette réinitialisation ait le temps de s'effectuer ;

· à demander au contrôleur d'accepter à nouveau les commandes (0 envoyé au registre de sortie numérique du contrôleur) ;

· à attendre un certain temps que le disque ne soit plus occupé (en utilisant la fonction auxiliaire **drive_busy()** étudiée ci-dessous) ;

· à afficher, si le lecteur est encore occupé après ce délai, un message d'erreur ;

Erreur ? · à lire le registre des erreurs du contrôleur (il semble y avoir une erreur dans le fichier source : il devrait s'agir de HD_ERROR et non de ERR_STAT) et à afficher une erreur si la réinitialisation a échoué.

La fonction **drive_busy()** d'attente du disque est également définie dans le même fichier source :

Linux 0.01

```
static int drive_busy(void)
{
        unsigned int i;

        for (i = 0; i < 100000; i++)
                if (READY_STAT == (inb(HD_STATUS) & (BUSY_STAT | READY_STAT)))
                        break;
        i = inb(HD_STATUS);
        i &= BUSY_STAT | READY_STAT | SEEK_STAT;
        if (i == READY_STAT | SEEK_STAT)
                return(0);
        printk("HD controller times out\n\r");
        return(1);
}
```

Autrement dit :

· on lit le registre des statuts du contrôleur de disque et on vérifie que le bit BSY est à zéro et le bit RDY à 1, en recommençant éventuellement un certain nombre de fois ;

· si l'un des bits RDY ou SKC (tête correctement positionnée) du registre des statuts vaut un, le lecteur est prêt et on renvoie 0 ;

· sinon le lecteur est occupé, un message l'indique et on renvoie 1.

5.11 Le gestionnaire d'interruption en cas de lecture

La fonction **read_intr()** à passer en paramètre pour le gestionnaire de IRQ14 en cas de demande de lecture d'un secteur est définie dans le fichier *kernel/hd.c* :

```
static void read_intr(void)
{
        if (win_result()) {
                bad_rw_intr();
                return;
        }
        port_read(HD_DATA,this_request->bh->b_data+
                512*(this_request->nsector&1),256);
        this_request->errors = 0;
        if (--this_request->nsector)
                return;
        this_request->bh->b_uptodate = 1;
        this_request->bh->b_dirt = 0;
        wake_up(&wait_for_request);
        unlock_buffer(this_request->bh);
        this_request->hd = -1;
        this_request=this_request->next;
        do_request();
}
```

Linux 0.01

Autrement dit :

· si la commande ne s'est pas bien déroulée, on essaie à nouveau en faisant appel à la fonction auxiliaire **bad_rw_intr()** et on a terminé ;

· sinon le secteur est lu ;

· on indique qu'il n'y a pas d'erreur ;

· s'il n'y a plus de secteurs à lire, on a terminé ;

· s'il reste des secteurs à lire :

  · on décrémente de un le nombre de secteurs à lire ;

  · on indique que le tampon associé a été mis à jour ;

  · on indique que le tampon associé a été lu ;

  · on réveille les processus qui étaient en attente de lecture de ce tampon ;

  · on déverrouille le tampon ;

  · on libère cette requête ;

  · on passe à la requête suivante dans la liste des requêtes ;

  · on fait appel à la fonction **do_request()** pour traiter la requête suivante, si elle existe.

6 Pilote du disque dur

Le pilote du disque dur proprement dit est représenté par la fonction :

```
void rw_hd(int rw, struct buffer_head * bh);
```

qui sert à lire ou à écrire (suivant la valeur du paramètre rw) le bloc spécifié par le descripteur de tampon bh sur le disque dur (plus exactement, évidemment, d'envoyer une requête de lecture ou d'écriture).

Cette fonction est définie dans le fichier *kernel/hd.c* :

Linux 0.01

```
void rw_hd(int rw, struct buffer_head * bh)
{
        unsigned int block,dev;
        unsigned int sec,head,cyl;

        block = bh->b_blocknr << 1;
        dev = MINOR(bh->b_dev);
        if (dev >= 5*NR_HD || block+2 > hd[dev].nr_sects)
                return;
        block += hd[dev].start_sect;
        dev /= 5;
        __asm__("divl %4":"=a" (block),"=d" (sec):"0" (block),"1" (0),
                "r" (hd_info[dev].sect));
        __asm__("divl %4":"=a" (cyl),"=d" (head):"0" (block),"1" (0),
                "r" (hd_info[dev].head));
        rw_abs_hd(rw,dev,sec+1,head,cyl,bh);
}
```

Autrement dit :

· la variable `block` prend comme valeur le numéro logique du bloc, divisé par deux car on va s'intéresser aux secteurs ;

· la variable `dev` prend comme valeur le numéro mineur de disque dur, qui désigne l'une des quatre partitions de l'un des deux disques durs ;

· une vérification est faite : si `dev` est supérieur au nombre total de partitions ou si `block` est supérieur au nombre de secteurs de la partition choisie, on a terminé ;

· sinon on ajoute le numéro de secteur de départ de la partition choisie pour obtenir le numéro logique du secteur sur le disque dur (et non seulement sur la partition) ;

· on divise `dev` par cinq pour obtenir le numéro de disque dur (0 ou 1) ;

· on détermine le numéro de secteur `sec`, le numéro de tête de lecture/écriture `head` et le numéro de cylindre `cyl` du secteur à lire en langage d'assemblage, en utilisant les éléments de géométrie du disque dur conservés dans `hd_info[]` ;

· on lit les deux secteurs constituant le bloc en faisant appel à la fonction **rw_abs_hd()** étudiée ci-dessus.

7 Évolution du noyau

L'évolution majeure est que, de nos jours, Linux prend en compte d'autres disques durs que les disques IDE, en particulier les disques SCSI, ainsi que beaucoup d'autres périphériques de mémoire de masse (lecteurs de disquettes, de CD-ROM, de DVD, de bandes de sauvegarde, disques ZIP de Iomega, ou clés USB). Tous ces périphériques sont réunis sous la notion plus générale de « périphérique bloc ».

7.1 Périphériques bloc

Chaque périphérique bloc est représenté par une entité du type `block_device`, défini dans le fichier *include/linux/fs.h* :

Linux 2.6.0

```
341 struct block_device {
342        dev_t                   bd_dev;  /* not a kdev_t - it's a search key */
343        struct inode *          bd_inode;      /* will die */
344        int                     bd_openers;
```

```
345            struct semaphore        bd_sem; /* open/close mutex */
346            struct list_head        bd_inodes;
347            void *                  bd_holder;
348            int                     bd_holders;
349            struct block_device *   bd_contains;
350            unsigned                bd_block_size;
351            struct hd_struct *      bd_part;
352            unsigned                bd_part_count;
353            int                     bd_invalidated;
354            struct gendisk *        bd_disk;
355            struct list_head        bd_list;
356 };
```

Les types `hd_struct` et `gendisk` sont définis dans le fichier *drivers/block/genhd.c* :

Linux 2.6.0

```
59 struct hd_struct {
60        sector_t start_sect;
61        sector_t nr_sects;
62        struct kobject kobj;
63        unsigned reads, read_sectors, writes, write_sectors;
64        int policy, partno;
65 };
66
67 #define GENHD_FL_REMOVABLE  1
68 #define GENHD_FL_DRIVERFS   2
69 #define GENHD_FL_CD         8
70 #define GENHD_FL_UP         16
71
72 struct disk_stats {
73        unsigned read_sectors, write_sectors;
74        unsigned reads, writes;
75        unsigned read_merges, write_merges;
76        unsigned read_ticks, write_ticks;
77        unsigned io_ticks;
78        unsigned time_in_queue;
79 };
81 struct gendisk {
82        int major;                      /* major number of driver */
83        int first_minor;
84        int minors;
85        char disk_name[16];             /* name of major driver */
86        struct hd_struct **part;        /* [indexed by minor] */
87        struct block_device_operations *fops;
88        struct request_queue *queue;
89        void *private_data;
90        sector_t capacity;
91
92        int flags;
93        char devfs_name[64];            /* devfs crap */
94        int number;                     /* more of the same */
95        struct device *driverfs_dev;
96        struct kobject kobj;
97
98        struct timer_rand_state *random;
99        int policy;
100
101        unsigned sync_io;              /* RAID */
102        unsigned long stamp, stamp_idle;
103        int in_flight;
104 #ifdef  CONFIG_SMP
105        struct disk_stats *dkstats;
106 #else
107        struct disk_stats dkstats;
108 #endif
109 };
```

Cette dernière structure est définie comme une classe renvoyant à un ensemble d'opérations de type block_device_operations, défini dans le fichier *include/linux/fs.h* :

Linux 2.6.0

```
760 struct block_device_operations {
761         int (*open) (struct inode *, struct file *);
762         int (*release) (struct inode *, struct file *);
763         int (*ioctl) (struct inode *, struct file *, unsigned, unsigned long);
764         int (*media_changed) (struct gendisk *);
765         int (*revalidate_disk) (struct gendisk *);
766         struct module *owner;
767 };
```

Un périphérique bloc s'enregistre en spécifiant son nombre majeur et le nom sous lequel on veut qu'il soit connu, grâce à la fonction **register_blkdev()**, qui renvoie le nombre mineur. Cette fonction est définie dans le fichier *drivers/block/genhd.c* :

Linux 2.6.0

```
60 int register_blkdev(unsigned int major, const char *name)
61 {
62         struct blk_major_name **n, *p;
63         int index, ret = 0;
64         unsigned long flags;
65
66         down_write(&block_subsys.rwsem);
67
68         /* temporary */
69         if (major == 0) {
70                 for (index = ARRAY_SIZE(major_names)-1; index > 0; index--) {
71                         if (major_names[index] == NULL)
72                                 break;
73                 }
74
75                 if (index == 0) {
76                         printk("register_blkdev: failed to get major for %s\n",
77                                 name);
78                         ret = -EBUSY;
79                         goto out;
80                 }
81                 major = index;
82                 ret = major;
83         }
84
85         p = kmalloc(sizeof(struct blk_major_name), GFP_KERNEL);
86         if (p == NULL) {
87                 ret = -ENOMEM;
88                 goto out;
89         }
90
91         p->major = major;
92         strlcpy(p->name, name, sizeof(p->name));
93         p->next = 0;
94         index = major_to_index(major);
95
96         spin_lock_irqsave(&major_names_lock, flags);
97         for (n = &major_names[index]; *n; n = &(*n)->next) {
98                 if ((*n)->major == major)
99                         break;
100        }
101        if (!*n)
102                *n = p;
103        else
104                ret = -EBUSY;
105        spin_unlock_irqrestore(&major_names_lock, flags);
106
107        if (ret < 0) {
108                printk("register_blkdev: cannot get major %d for %s\n",
109                        major, name);
110                kfree(p);
111        }
```

```
112 out:
113         up_write(&block_subsys.rwsem);
114         return ret;
115 }
```

7.2 Géométrie d'un disque dur

La géométrie d'un disque dur est spécifiée par une entité du type `hd_i_struct`, défini dans le fichier *drivers/ide/legacy/hd.c* :

```
121 /*
122  *   This struct defines the HDs and their types.
123  */
124 struct hd_i_struct {
125         unsigned int head,sect,cyl,wpcom,lzone,ctl;
126         int unit;
127         int recalibrate;
128         int special_op;
129 };
130
131 #ifdef HD_TYPE
132 static struct hd_i_struct hd_info[] = { HD_TYPE };
133 static int NR_HD = ((sizeof (hd_info))/(sizeof (struct hd_i_struct)));
134 #else
135 static struct hd_i_struct hd_info[MAX_HD];
136 static int NR_HD;
137 #endif
```

Linux 2.6.0

... la constante `HD_TYPE` devant éventuellement être définie lors de la compilation du noyau.

7.3 Initialisation d'un disque dur traditionnel

La fonction **hd_init()** est définie dans le fichier *drivers/ide/legacy/hd.c* :

```
699 /*
700  * This is the hard disk IRQ description. The SA_INTERRUPT in sa_flags
701  * means we run the IRQ-handler with interrupts disabled:  this is bad for
702  * interrupt latency, but anything else has led to problems on some
703  * machines.
704  *
705  * We enable interrupts in some of the routines after making sure it's
706  * safe.
707  */
708
709 static int __init hd_init(void)
710 {
711         int drive;
712
713         if (register_blkdev(MAJOR_NR,"hd"))
714                 return -1;
715
716         hd_queue = blk_init_queue(do_hd_request, &hd_lock);
717         if (!hd_queue) {
718                 unregister_blkdev(MAJOR_NR,"hd");
719                 return -ENOMEM;
720         }
721
722         blk_queue_max_sectors(hd_queue, 255);
723         init_timer(&device_timer);
724         device_timer.function = hd_times_out;
725         blk_queue_hardsect_size(hd_queue, 512);
726
727 #ifdef __i386__
728         if (!NR_HD) {
```

Linux 2.6.0

```
729                    extern struct drive_info drive_info;
730                    unsigned char *BIOS = (unsigned char *) &drive_info;
731                    unsigned long flags;
732                    int cmos_disks;
733
734                    for (drive=0; drive<2; drive++) {
735                            hd_info[drive].cyl = *(unsigned short *) BIOS;
736                            hd_info[drive].head = *(2+BIOS);
737                            hd_info[drive].wpcom = *(unsigned short *) (5+BIOS);
738                            hd_info[drive].ctl = *(8+BIOS);
739                            hd_info[drive].lzone = *(unsigned short *) (12+BIOS);
740                            hd_info[drive].sect = *(14+BIOS);
741 #ifdef does_not_work_for_everybody_with_scsi_but_helps_ibm_vp
742                            if (hd_info[drive].cyl && NR_HD == drive)
743                                    NR_HD++;
744 #endif
745                            BIOS += 16;
746                    }
747
748          /*
749                  We query CMOS about hard disks: it could be that
750                  we have a SCSI/ESDI/etc controller that is BIOS
751                  compatible with ST-506, and thus showing up in our
752                  BIOS table, but not register compatible, and therefore
753                  not present in CMOS.
754
755                  Furthermore, we will assume that our ST-506 drives
756                  <if any> are the primary drives in the system, and
757                  the ones reflected as drive 1 or 2.
758
759                  The first drive is stored in the high nibble of CMOS
760                  byte 0x12, the second in the low nibble.  This will be
761                  either a 4 bit drive type or 0xf indicating use byte 0x19
762                  for an 8 bit type, drive 1, 0x1a for drive 2 in CMOS.
763
764                  Needless to say, a non-zero value means we have
765                  an AT controller hard disk for that drive.
766
767                  Currently the rtc_lock is a bit academic since this
768                  driver is non-modular, but someday...?        Paul G.
769          */
770
771                  spin_lock_irqsave(&rtc_lock, flags);
772                  cmos_disks = CMOS_READ(0x12);
773                  spin_unlock_irqrestore(&rtc_lock, flags);
774
775                  if (cmos_disks & 0xf0) {
776                          if (cmos_disks & 0x0f)
777                                  NR_HD = 2;
778                          else
779                                  NR_HD = 1;
780                  }
781          }
782 #endif /* __i386__ */
783 #ifdef __arm__
784      if (!NR_HD) {
785              /* We don't know anything about the drive.  This means
786               * that you *MUST* specify the drive parameters to the
787               * kernel yourself.
788               */
789              printk("hd: no drives specified - use hd=cyl,head,sectors"
790                      " on kernel command line\n");
791      }
792 #endif
793      if (!NR_HD)
794              goto out;
795
796      for (drive=0; drive < NR_HD; drive++) {
797              struct gendisk *disk = alloc_disk(64);
798              struct hd_i_struct *p = &hd_info[drive];
```

```
799                     if (!disk)
800                             goto Enomem;
801                     disk->major = MAJOR_NR;
802                     disk->first_minor = drive << 6;
803                     disk->fops = &hd_fops;
804                     sprintf(disk->disk_name, "hd%c", 'a'+drive);
805                     disk->private_data = p;
806                     set_capacity(disk, p->head * p->sect * p->cyl);
807                     disk->queue = hd_queue;
808                     p->unit = drive;
809                     hd_gendisk[drive] = disk;
810                     printk ("%s: %luMB, CHS=%d/%d/%d\n",
811                             disk->disk_name, (unsigned long)get_capacity(disk)/2048,
812                             p->cyl, p->head, p->sect);
813             }
814
815         if (request_irq(HD_IRQ, hd_interrupt, SA_INTERRUPT, "hd", NULL)) {
816                 printk("hd: unable to get IRQ%d for the hard disk driver\n",
817                         HD_IRQ);
818                 goto out1;
819         }
820         if (!request_region(HD_DATA, 8, "hd")) {
821                 printk(KERN_WARNING "hd: port 0x%x busy\n", HD_DATA);
822                 goto out2;
823         }
824         if (!request_region(HD_CMD, 1, "hd(cmd)")) {
825                 printk(KERN_WARNING "hd: port 0x%x busy\n", HD_CMD);
826                 goto out3;
827         }
828
829         /* Let them fly */
830         for(drive=0; drive < NR_HD; drive++)
831                 add_disk(hd_gendisk[drive]);
832
833         return 0;
834
835 out3:
836         release_region(HD_DATA, 8);
837 out2:
838         free_irq(HD_IRQ, NULL);
839 out1:
840         for (drive = 0; drive < NR_HD; drive++)
841                 put_disk(hd_gendisk[drive]);
842         NR_HD = 0;
843 out:
844         del_timer(&device_timer);
845         unregister_blkdev(MAJOR_NR,"hd");
846         blk_cleanup_queue(hd_queue);
847         return -1;
848 Enomem:
849         while (drive--)
850                 put_disk(hd_gendisk[drive]);
851         goto out;
852 }
```

Autrement dit :

· on enregistre le nom correspondant au nombre majeur 3 ; la constante symbolique MAJOR_NR
  est définie un peu plus haut dans le même fichier :

```
100 #define MAJOR_NR HD_MAJOR
```
Linux 2.6.0

Les nombres majeurs sont quant à eux définis dans le fichier *include/linux/major.h* :

```
  4 /*
  5  * This file has definitions for major device numbers.
  6  * For the device number assignments, see Documentation/devices.txt.
  7  */
```
Linux 2.6.0

```
 8
 9 #define UNNAMED_MAJOR          0
10 #define MEM_MAJOR              1
11 #define RAMDISK_MAJOR          1
12 #define FLOPPY_MAJOR           2
13 #define PTY_MASTER_MAJOR       2
14 #define IDE0_MAJOR             3
15 #define HD_MAJOR               IDE0_MAJOR
16 #define PTY_SLAVE_MAJOR        3
17 #define TTY_MAJOR              4
```

· drive_info est récupéré à partir du BIOS de la machine, comme le montrent les fichiers *arch/i386/kernel/setup.c* :

Linux 2.6.0

```
 95 /*
 96  * Setup options
 97  */
 98 struct drive_info_struct { char dummy[32]; } drive_info;
 99 struct screen_info screen_info;

[...]

953 void __init setup_arch(char **cmdline_p)
954 {
955         unsigned long max_low_pfn;
956
957         memcpy(&boot_cpu_data, &new_cpu_data, sizeof(new_cpu_data));
958         pre_setup_arch_hook();
959         early_cpu_init();
960
961         ROOT_DEV = old_decode_dev(ORIG_ROOT_DEV);
962         drive_info = DRIVE_INFO;
963         screen_info = SCREEN_INFO;

[...]

1036 }
```

et *include/asm-i386/setup.h* :

Linux 2.6.0

```
19 /*
20  * This is set up by the setup-routine at boot-time
21  */
22 #define PARAM     ((unsigned char *)empty_zero_page)
23 #define SCREEN_INFO (*(struct screen_info *) (PARAM+0))

[...]

30 #define DRIVE_INFO (*(struct drive_info_struct *) (PARAM+0x80))
```

· on place ces informations récupérées à partir du BIOS dans le tableau hd_info ;

· on renseigne un tableau d'entités du type gendisk ;

· on initialise enfin le gestionnaire d'interruptions des disques durs.

7.4 Contrôleur de disque dur

Les constantes symboliques permettant de gérer le contrôleur d'un disque dur IDE sont définies dans le fichier *include/linux/hdreg.h* :

Linux 2.6.0

```
4 /*
5  * This file contains some defines for the AT-hd-controller.
6  * Various sources.
7  */
8
9 /* ide.c has its own port definitions in "ide.h" */
```

```
10
11 #define HD_IRQ          14
12
13 /* Hd controller regs. Ref: IBM AT Bios-listing */
14 #define HD_DATA         0x1f0          /* _CTL when writing */
15 #define HD_ERROR        0x1f1          /* see err-bits */
16 #define HD_NSECTOR      0x1f2          /* nr of sectors to read/write */
17 #define HD_SECTOR       0x1f3          /* starting sector */
18 #define HD_LCYL         0x1f4          /* starting cylinder */
19 #define HD_HCYL         0x1f5          /* high byte of starting cyl */
20 #define HD_CURRENT      0x1f6          /* 101dhhhh , d=drive, hhhh=head */
21 #define HD_STATUS       0x1f7          /* see status-bits */
22 #define HD_FEATURE      HD_ERROR       /* same io address, read=error, write=feature */
23 #define HD_PRECOMP      HD_FEATURE     /* obsolete use of this port - predates IDE */

24 #define HD_COMMAND      HD_STATUS      /* same io address, read=status, write=cmd */
25
26 #define HD_CMD          0x3f6          /* used for resets */
27 #define HD_ALTSTATUS    0x3f6          /* same as HD_STATUS but doesn't clear irq */
28
29 /* remainder is shared between hd.c, ide.c, ide-cd.c, and the hdparm utility */
30
31 /* Bits of HD_STATUS */
32 #define ERR_STAT           0x01
33 #define INDEX_STAT         0x02
34 #define ECC_STAT           0x04     /* Corrected error */
35 #define DRQ_STAT           0x08
36 #define SEEK_STAT          0x10
37 #define SRV_STAT           0x10
38 #define WRERR_STAT         0x20
39 #define READY_STAT         0x40
40 #define BUSY_STAT          0x80
41
42 /* Bits for HD_ERROR */
43 #define MARK_ERR           0x01     /* Bad address mark */
44 #define TRK0_ERR           0x02     /* couldn't find track 0 */
45 #define ABRT_ERR           0x04     /* Command aborted */
46 #define MCR_ERR            0x08     /* media change request */
47 #define ID_ERR             0x10     /* ID field not found */
48 #define MC_ERR             0x20     /* media changed */
49 #define ECC_ERR            0x40     /* Uncorrectable ECC error */
50 #define BBD_ERR            0x80     /* pre-EIDE meaning:  block marked bad */
51 #define ICRC_ERR           0x80     /* new meaning:  CRC error during transfer */
52
53 /* Bits of HD_NSECTOR */
54 #define CD                 0x01
55 #define IO                 0x02
56 #define REL                0x04
57 #define TAG_MASK           0xf8

[...]

181 /* ATA/ATAPI Commands pre T13 Spec */
182 #define WIN_NOP                      0x00
183 /*
184  *      0x01->0x02 Reserved
185  */
186 #define CFA_REQ_EXT_ERROR_CODE       0x03 /* CFA Request Extended Error Code */
187 /*
188  *      0x04->0x07 Reserved
189  */
190 #define WIN_SRST                     0x08 /* ATAPI soft reset command */
191 #define WIN_DEVICE_RESET             0x08
192 /*
193  *      0x09->0x0F Reserved
194  */
195 #define WIN_RECAL                    0x10
196 #define WIN_RESTORE                  WIN_RECAL
197 /*
198  *      0x10->0x1F Reserved
```

```
199  */
200 #define WIN_READ                      0x20 /* 28-Bit */
201 #define WIN_READ_ONCE                 0x21 /* 28-Bit without retries */
202 #define WIN_READ_LONG                 0x22 /* 28-Bit */
203 #define WIN_READ_LONG_ONCE            0x23 /* 28-Bit without retries */
204 #define WIN_READ_EXT                  0x24 /* 48-Bit */
205 #define WIN_READDMA_EXT               0x25 /* 48-Bit */
206 #define WIN_READDMA_QUEUED_EXT        0x26 /* 48-Bit */
207 #define WIN_READ_NATIVE_MAX_EXT       0x27 /* 48-Bit */
208 /*
209  *      0x28
210  */
211 #define WIN_MULTREAD_EXT              0x29 /* 48-Bit */
212 /*
213  *      0x2A->0x2F Reserved
214  */
215 #define WIN_WRITE                     0x30 /* 28-Bit */
216 #define WIN_WRITE_ONCE                0x31 /* 28-Bit without retries */
217 #define WIN_WRITE_LONG                0x32 /* 28-Bit */
218 #define WIN_WRITE_LONG_ONCE           0x33 /* 28-Bit without retries */
219 #define WIN_WRITE_EXT                 0x34 /* 48-Bit */
220 #define WIN_WRITEDMA_EXT              0x35 /* 48-Bit */
221 #define WIN_WRITEDMA_QUEUED_EXT       0x36 /* 48-Bit */
222 #define WIN_SET_MAX_EXT               0x37 /* 48-Bit */
223 #define CFA_WRITE_SECT_WO_ERASE       0x38 /* CFA Write Sectors without erase */
224 #define WIN_MULTWRITE_EXT             0x39 /* 48-Bit */
225 /*
226  *      0x3A->0x3B Reserved
227  */
228 #define WIN_WRITE_VERIFY              0x3C /* 28-Bit */
229 /*
230  *      0x3D->0x3F Reserved
231  */
232 #define WIN_VERIFY                    0x40 /* 28-Bit - Read Verify Sectors */
233 #define WIN_VERIFY_ONCE               0x41 /* 28-Bit - without retries */
234 #define WIN_VERIFY_EXT                0x42 /* 48-Bit */
235 /*
236  *      0x43->0x4F Reserved
237  */
238 #define WIN_FORMAT                    0x50
239 /*
240  *      0x51->0x5F Reserved
241  */
242 #define WIN_INIT                      0x60
243 /*
244  *      0x61->0x5F Reserved
245  */
246 #define WIN_SEEK                      0x70 /* 0x70-0x7F Reserved */
247
248 #define CFA_TRANSLATE_SECTOR          0x87 /* CFA Translate Sector */
249 #define WIN_DIAGNOSE                  0x90
250 #define WIN_SPECIFY                   0x91 /* set drive geometry translation */
```

7.5 Interruption matérielle d'un disque dur

Le gestionnaire **hd_interrupt()** est défini dans le fichier *drivers/ide/legacy/hd.c* :

```
677 /*
678  * Releasing a block device means we sync() it, so that it can safely
679  * be forgotten about...
680  */
681
682 static irqreturn_t hd_interrupt(int irq, void *dev_id, struct pt_regs *regs)
683 {
684         void (*handler)(void) = do_hd;
685
686         do_hd = NULL;
```

```
687            del_timer(&device_timer);
688            if (!handler)
689                    handler = unexpected_hd_interrupt;
690            handler();
691            local_irq_enable();
692            return IRQ_HANDLED;
693 }
```

7.6 Passage des commandes

La fonction **hd_out()** est définie dans le fichier *drivers/ide/legacy/hd.c* :

```
293 static void hd_out(struct hd_i_struct *disk,                    Linux 2.6.0
294                    unsigned int nsect,
295                    unsigned int sect,
296                    unsigned int head,
297                    unsigned int cyl,
298                    unsigned int cmd,
299                    void (*intr_addr)(void))
300 {
301        unsigned short port;
302
303 #if (HD_DELAY > 0)
304        while (read_timer() - last_req < HD_DELAY)
305                /* nothing */;
306 #endif
307        if (reset)
308                return;
309        if (!controller_ready(disk->unit, head)) {
310                reset = 1;
311                return;
312        }
313        SET_HANDLER(intr_addr);
314        outb_p(disk->ctl,HD_CMD);
315        port=HD_DATA;
316        outb_p(disk->wpcom>>2,++port);
317        outb_p(nsect,++port);
318        outb_p(sect,++port);
319        outb_p(cyl,++port);
320        outb_p(cyl>>8,++port);
321        outb_p(0xA0|(disk->unit<<4)|head,++port);
322        outb_p(cmd,++port);
323 }
```

7.7 Partitionnement des disques durs

L'implémentation du partitionnement est effectuée dans le fichier *include/linux/genhd.h* :

```
45 struct partition {                                               Linux 2.6.0
46        unsigned char boot_ind;       /* 0x80 - active */
47        unsigned char head;           /* starting head */
48        unsigned char sector;         /* starting sector */
49        unsigned char cyl;            /* starting cylinder */
50        unsigned char sys_ind;        /* What partition type */
51        unsigned char end_head;       /* end head */
52        unsigned char end_sector;     /* end sector */
53        unsigned char end_cyl;        /* end cylinder */
54        unsigned int start_sect;      /* starting sector counting from 0 */
55        unsigned int nr_sects;        /* nr of sectors in partition */
56 } __attribute__((packed));
```

7.8 Requêtes à un disque dur

Les requêtes à un disque dur, et plus généralement à un périphérique bloc, sont maintenant du type `request`, défini dans le fichier *include/linux/blkdev.h* :

Linux 2.6.0

```
 87 /*
 88  * try to put the fields that are referenced together in the same cacheline
 89  */
 90 struct request {
 91         struct list_head queuelist; /* looking for ->queue? you must _not_
 92                                      * access it directly, use
 93                                      * blkdev_dequeue_request! */
 94         unsigned long flags;          /* see REQ_ bits below */
 95
 96         /* Maintain bio traversal state for part by part I/O submission.
 97          * hard_* are block layer internals, no driver should touch them!
 98          */
 99
100         sector_t sector;              /* next sector to submit */
101         unsigned long nr_sectors;       /* no. of sectors left to submit */
102         /* no. of sectors left to submit in the current segment */
103         unsigned int current_nr_sectors;
104·
105         sector_t hard_sector;         /* next sector to complete */
106         unsigned long hard_nr_sectors; /* no. of sectors left to complete */
107         /* no. of sectors left to complete in the current segment */
108         unsigned int hard_cur_sectors;
109
110         /* no. of segments left to submit in the current bio */
111         unsigned short nr_cbio_segments;
112         /* no. of sectors left to submit in the current bio */
113         unsigned long nr_cbio_sectors;
114
115         struct bio *cbio;             /* next bio to submit */
116         struct bio *bio;              /* next unfinished bio to complete */
117         struct bio *biotail;
118
119         void *elevator_private;
120
121         int rq_status;  /* should split this into a few status bits */
122         struct gendisk *rq_disk;
123         int errors;
124         unsigned long start_time;
125
126         /* Number of scatter-gather DMA addr+len pairs after
127          * physical address coalescing is performed.
128          */
129         unsigned short nr_phys_segments;
130
131         /* Number of scatter-gather addr+len pairs after
132          * physical and DMA remapping hardware coalescing is performed.
133          * This is the number of scatter-gather entries the driver
134          * will actually have to deal with after DMA mapping is done.
135          */
136         unsigned short nr_hw_segments;
137
138         int tag;
139         char *buffer;
140
141         int ref_count;
142         request_queue_t *q;
143         struct request_list *rl;
144
145         struct completion *waiting;
146         void *special;
147
148         /*
149          * when request is used as a packet command carrier
150          */
```

```
151             unsigned int cmd_len;
152             unsigned char cmd[BLK_MAX_CDB];
153
154             unsigned int data_len;
155             void *data;
156
157             unsigned int sense_len;
158             void *sense;
159
160             unsigned int timeout;
161
162             /*
163              * For Power Management requests
164              */
165             struct request_pm_state *pm;
166 };
```

La requête à un disque dur s'effectue, quant à elle, grâce à la fonction **hd_request()**, définie dans le fichier *drivers/ide/legacy/hd.c* :

Linux 2.6.0

```
569 /*
570  * The driver enables interrupts as much as possible.  In order to do this,
571  * (a) the device-interrupt is disabled before entering hd_request(),
572  * and (b) the timeout-interrupt is disabled before the sti().
573  *
574  * Interrupts are still masked (by default) whenever we are exchanging
575  * data/cmds with a drive, because some drives seem to have very poor
576  * tolerance for latency during I/O. The IDE driver has support to unmask
577  * interrupts for non-broken hardware, so use that driver if required.
578  */
579 static void hd_request(void)
580 {
581             unsigned int block, nsect, sec, track, head, cyl;
582             struct hd_i_struct *disk;
583             struct request *req;
584
585             if (do_hd)
586                     return;
587 repeat:
588             del_timer(&device_timer);
589             local_irq_enable();
590
591             req = CURRENT;
592             if (!req) {
593                     do_hd = NULL;
594                     return;
595             }
596
597             if (reset) {
598                     local_irq_disable();
599                     reset_hd();
600                     return;
601             }
602             disk = req->rq_disk->private_data;
603             block = req->sector;
604             nsect = req->nr_sectors;
605             if (block >= get_capacity(req->rq_disk) ||
606                 ((block+nsect) > get_capacity(req->rq_disk))) {
607                     printk("%s: bad access: block=%d, count=%d\n",
608                             req->rq_disk->disk_name, block, nsect);
609                     end_request(req, 0);
610                     goto repeat;
611             }
612
613             if (disk->special_op) {
614                     if (do_special_op(disk, req))
615                             goto repeat;
616                     return;
617             }
```

```
618          sec   = block % disk->sect + 1;
619          track = block / disk->sect;
620          head  = track % disk->head;
621          cyl   = track / disk->head;
622 #ifdef DEBUG
623          printk("%s: %sing: CHS=%d/%d/%d, sectors=%d, buffer=%p\n",
624                  req->rq_disk->disk_name, (req->cmd == READ)?"read":"writ",
625                  cyl, head, sec, nsect, req->buffer);
626 #endif
627          if (req->flags & REQ_CMD) {
628                  switch (rq_data_dir(req)) {
629                  case READ:
630                          hd_out(disk,nsect,sec,head,cyl,WIN_READ,&read_intr);
631                          if (reset)
632                                  goto repeat;
633                          break;
634                  case WRITE:
635                          hd_out(disk,nsect,sec,head,cyl,WIN_WRITE,&write_intr);
636                          if (reset)
637                                  goto repeat;
638                          if (wait_DRQ()) {
639                                  bad_rw_intr();
640                                  goto repeat;
641                          }
642                          outsw(HD_DATA,req->buffer,256);
643                          break;
644                  default:
645                          printk("unknown hd-command\n");
646                          end_request(req, 0);
647                          break;
648                  }
649          }
650 }
```

En conclusion, la gestion d'un disque dur est maintenant plus structurée et plus claire.

Conclusion

Ce chapitre nous a donné l'occasion d'étudier une carte adaptatrice que l'on insère sur la carte mère, à savoir celle des disques durs IDE, dont la documentation technique ressemble aux normes auxquelles nous sommes désormais habitués. Linux prend en charge une telle carte à travers un grand nombre de constantes symboliques, dont les valeurs sont souvent récupérées par rétro-ingénierie (en consultant le code du BIOS en particulier), faute d'avoir accès à la documentation d'origine.

Il nous a également permis d'étudier le partitionnement des disques durs, notion introduite par IBM mais maintenant prise en compte par tous les systèmes d'exploitation.

L'accès à la mémoire de masse s'effectue grâce à des requêtes dont le haut niveau cache quelquefois le disque dur à proprement parler, mais n'est-ce pas l'objet d'un système d'exploitation ?

Chapitre 19

Gestion de l'antémémoire

Nous avons vu que l'utilisation d'un cache de disque dur permet une utilisation intelligente de la mémoire vive pour réduire les accès aux disques durs, ce qui améliore sensiblement les performances du système. Nous allons en étudier la gestion dans ce chapitre.

1 Description des fonctions

Nous avons décrit la structure de l'antémémoire et vu comment elle est initialisée. Nous allons maintenant voir comment cette antémémoire est gérée. Les fonctions permettant sa gestion sont définies dans le fichier source *fs/buffer.c*. Elles se classent en trois catégories :

· les fonctions de gestion des listes de tampons ;

· les fonctions de service permettant d'accéder aux tampons ;

· les fonctions de réécriture du contenu des tampons sur disque.

1.1 Gestion des listes de tampons

Les fonctions assurant la gestion des listes de tampons sont les suivantes :

`wait_on_buffer()` permet de synchroniser plusieurs processus en mode noyau qui essaient d'accéder au même tampon mémoire ;

`_hashfn(dev,block)` est une macro permettant de déterminer l'index dans la table de hachage du descripteur de tampon correspondant au bloc spécifié par le couple constitué par un périphérique (bloc) `dev` et le numéro de bloc `block` sur ce périphérique ;

`hash(dev,block)` est une macro permettant de déterminer l'élément correspondant de cette table de hachage ;

`insert_into_queues()` permet d'insérer le descripteur de tampon spécifié en paramètre dans la liste des descripteurs de tampon disponibles et dans la table de hachage ; ce descripteur pourra être utilisé ultérieurement pour y placer des données ;

`remove_from_queues()` permet de supprimer le descripteur de tampon spécifié à la fois de la liste des descripteurs de tampon libres et de la table de hachage ;

`find_buffer()` permet de rechercher s'il existe un descripteur de tampon associé au bloc dont on spécifie le périphérique (bloc) et le numéro de bloc ; renvoie l'adresse du descripteur de tampon correspondant s'il existe, ou la valeur NULL en cas d'échec.

1.2 Fonctions d'accès aux tampons

Le module de gestion de l'antémémoire offre des fonctions de service, utilisables par le système de fichiers, pour accéder aux tampons mémoire :

brelse() est appelée pour relâcher le descripteur de tampon dont l'adresse est passée en paramètre ;

get_hash_table(int dev, int block) est appelée pour obtenir le descripteur de tampon, s'il existe, correspondant au périphérique (bloc) dev et au numéro de bloc block ; elle renvoie l'adresse du descripteur ou la valeur NULL en cas d'échec ;

getblk() est appelée pour obtenir un descripteur de tampon correspondant à un périphérique et à un numéro de bloc donnés ;

bread() est appelée pour lire le bloc spécifié par le périphérique bloc et le numéro logique du bloc sur ce périphérique, s'il n'a pas déjà été lu, et renvoyer l'adresse du descripteur de tampon associé à ce bloc ; renvoie NULL si l'on n'arrive pas à lire le bloc.

Remarquons qu'il n'existe aucune fonction qui écrit directement un bloc sur disque. Les opérations d'écriture n'étant jamais critiques pour les performances du système, celles-ci sont toujours reportées.

1.3 Réécriture des tampons modifiés

Deux fonctions permettent de réécrire sur disque les tampons situés en mémoire et qui ont été modifiés :

· la fonction **sync_dev()** réécrit les tampons modifiés sur le disque spécifié ;
· la fonction **sys_sync()** réécrit les tampons modifiés de tous les disques.

La fonction **sys_sync()** sera étudiée au chapitre 27.

2 Implémentation des fonctions de gestion de listes

Nous avons déjà étudié la fonction **wait_on_buffer()** dans le chapitre précédent.

2.1 Fonctions de hachage

Les macros sont définies dans le fichier *fs/buffer.c* :

```
#define _hashfn(dev,block) (((unsigned)(dev^block))%NR_HASH)
#define hash(dev,block) hash_table[_hashfn(dev,block)]
```

2.2 Insertion dans les listes

La fonction **insert_into_queues()** est définie dans le fichier *fs/buffer.c* :

```
static inline void insert_into_queues(struct buffer_head * bh)
{
/* put at end of free list */
        bh->b_next_free = free_list;
        bh->b_prev_free = free_list->b_prev_free;
        free_list->b_prev_free->b_next_free = bh;
        free_list->b_prev_free = bh;
```

```
/* put the buffer in new hash-queue if it has a device */
        bh->b_prev = NULL;
        bh->b_next = NULL;
        if (!bh->b_dev)
                return;
        bh->b_next = hash(bh->b_dev,bh->b_blocknr);
        hash(bh->b_dev,bh->b_blocknr) = bh;
        bh->b_next->b_prev = bh;
}
```

Autrement dit :

· le nouveau descripteur de tampon est d'abord placé à la fin de la liste des descripteurs de tampon disponibles ;

· le nouveau descripteur de tampon n'étant pas dans une liste de descripteurs de tampon utilisés, ses champs b_prev et b_next doivent être nuls ;

· le seul champ non nul est éventuellement celui indiquant le disque dur auquel il est dédié (le champ b_dev) ; s'il n'est associé à aucun disque dur, on a terminé ;

· sinon, on le place dans la table de hachage.

2.3 Suppression des listes

La fonction **remove_from_queues()** est définie dans le fichier *fs/buffer.c* :

```
static inline void remove_from_queues(struct buffer_head * bh)            Linux 0.01
{
/* remove from hash-queue */
        if (bh->b_next)
                bh->b_next->b_prev = bh->b_prev;
        if (bh->b_prev)
                bh->b_prev->b_next = bh->b_next;
        if (hash(bh->b_dev,bh->b_blocknr) == bh)
                hash(bh->b_dev,bh->b_blocknr) = bh->b_next;
/* remove from free list */
        if (!(bh->b_prev_free) ||!(bh->b_next_free))
                panic("Free block list corrupted");
        bh->b_prev_free->b_next_free = bh->b_next_free;
        bh->b_next_free->b_prev_free = bh->b_prev_free;
        if (free_list == bh)
                free_list = bh->b_next_free;
}
```

Autrement dit :

· on supprime le descripteur de la table de hachage ;

· puis on le supprime de la liste des descripteurs de tampon disponibles.

2.4 Recherche d'un descripteur de tampon

La fonction **find_buffer()** est définie dans le fichier *fs/buffer.c* :

```
static struct buffer_head * find_buffer(int dev, int block)              Linux 0.01
{
        struct buffer_head * tmp;

        for (tmp = hash(dev,block); tmp!= NULL; tmp = tmp->b_next)
                if (tmp->b_dev==dev && tmp->b_blocknr==block)
                        return tmp;
        return NULL;
}
```

Autrement dit elle décrit la table de hachage à partir de l'index déterminé par la macro **_hash()** à la recherche d'un élément qui correspond au périphérique et au numéro de bloc spécifiés. Si l'on en trouve un, on en renvoie l'adresse, sinon on renvoie NULL.

3 Réécriture sur un disque donné

La fonction **sync_dev()** est définie dans le fichier *fs/buffer.c* :

```
static int sync_dev(int dev)
{
        int i;
        struct buffer_head * bh;

        bh = start_buffer;
        for (i=0; i<NR_BUFFERS; i++,bh++) {
                if (bh->b_dev!= dev)
                        continue;
                wait_on_buffer(bh);
                if (bh->b_dirt)
                        ll_rw_block(WRITE,bh);
        }
        return 0;
}
```

Autrement dit elle parcourt la table des descripteurs de tampons. À chaque fois que le descripteur de tampon est associé au périphérique spécifié, on bloque le tampon correspondant et, s'il doit être recopié sur le périphérique bloc, on le fait en utilisant la fonction de bas niveau **ll_rw_block()** que nous étudierons dans le chapitre suivant. Si tout s'est bien déroulé, on renvoie 0.

4 Les fonctions de manipulation des tampons

4.1 Relâchement d'un tampon

La fonction **brelse()** est définie dans le fichier *fs/buffer.c* :

```
void brelse(struct buffer_head * buf)
{
        if (!buf)
                return;
        wait_on_buffer(buf);
        if (!(buf->b_count--))
                panic("Trying to free free buffer");
        wake_up(&buffer_wait);
}
```

Autrement dit si aucun descripteur ne correspond, on a terminé. Sinon on bloque le tampon correspondant, on décrémente le compteur d'utilisation de celui-ci, on envoie un message d'erreur et on gèle le système si le tampon était à zéro, puis on réveille les processus en attente du tampon dans le cas contraire.

4.2 Détermination d'un descripteur de tampon

La fonction **get_hash_table()** est définie dans le fichier *fs/buffer.c* :

Linux 0.01

```
/*
 * Why like this, I hear you say... The reason is race-conditions.
 * As we don't lock buffers (unless we are readint them, that is),
 * something might happen to it while we sleep (ie a read-error
 * will force it bad). This shouldn't really happen currently, but
 * the code is ready.
 */
struct buffer_head * get_hash_table(int dev, int block)
{
        struct buffer_head * bh;

repeat:
        if (!(bh=find_buffer(dev,block)))
                return NULL;
        bh->b_count++;
        wait_on_buffer(bh);
        if (bh->b_dev!= dev || bh->b_blocknr!= block) {
                brelse(bh);
                goto repeat;
        }
        return bh;
}
```

Autrement dit elle appelle la fonction **find_buffer()** pour rechercher le descripteur de tampon. Si le descripteur de tampon n'est pas trouvé, elle renvoie la valeur NULL. Si le descripteur de tampon correspondant est trouvé, son compteur d'utilisation est incrémenté et son adresse est renvoyée.

4.3 Création d'un descripteur de tampon

La fonction **getblk()** est la routine de service principale pour le cache de tampon. Lorsque le noyau doit lire ou écrire le contenu d'un bloc sur un périphérique physique, il doit d'abord vérifier si le descripteur du tampon requis se trouve déjà dans le cache du tampon. Si le tampon n'est pas présent, le noyau doit créer une nouvelle entrée dans le cache. Pour ce faire, le noyau appelle **getblk()**, en spécifiant en tant que paramètres l'identificateur du périphérique et le numéro du bloc. Cette fonction est définie dans le fichier *fs/buffer.c* :

Linux 0.01

```
/*
 * Ok, this is getblk, and it isn't very clear, again to hinder
 * race-conditions. Most of the code is seldom used, (ie repeating),
 * so it should be much more efficient than it looks.
 */
struct buffer_head * getblk(int dev,int block)
{
        struct buffer_head * tmp;

repeat:
        if (tmp=get_hash_table(dev,block))
                return tmp;
        tmp = free_list;
        do {
                if (!tmp->b_count) {
                        wait_on_buffer(tmp);      /* we still have to wait */
                        if (!tmp->b_count)        /* on it, it might be dirty */
                                break;
                }
                tmp = tmp->b_next_free;
        } while (tmp!= free_list || (tmp=NULL));
        /* Kids, don't try THIS at home ^^^^^. Magic */
```

```
        if (!tmp) {
                printk("Sleeping on free buffer ..");
                sleep_on(&buffer_wait);
                printk("ok\n");
                goto repeat;
        }
        tmp->b_count++;
        remove_from_queues(tmp);
/*
 * Now, when we know nobody can get to this node (as it's removed from the
 * free list), we write it out. We can sleep here without fear of race-
 * conditions.
 */
        if (tmp->b_dirt)
                sync_dev(tmp->b_dev);
/* update buffer contents */
        tmp->b_dev=dev;
        tmp->b_blocknr=block;
        tmp->b_dirt=0;
        tmp->b_uptodate=0;
/* NOTE!! While we possibly slept in sync_dev(), somebody else might have
 * added "this" block already, so check for that. Thank God for goto's.
 */
        if (find_buffer(dev,block)) {
                tmp->b_dev=0;            /* ok, someone else has beaten us */
                tmp->b_blocknr=0;        /* to it - free this block and */
                tmp->b_count=0;          /* try again */
                insert_into_queues(tmp);
                goto repeat;
        }
/* and then insert into correct position */
        insert_into_queues(tmp);
        return tmp;
}
```

Autrement dit :

· elle appelle la fonction **get_hash_table()** pour vérifier si le tampon requis se trouve déjà dans le cache ; si c'est le cas, elle renvoie l'adresse du descripteur de tampon correspondant et elle a terminé ;

· si le tampon ne se trouve pas dans le cache, un nouveau descripteur de tampon doit être alloué ; on parcourt donc la liste free_list à la recherche d'un emplacement libre ;

· s'il n'existe pas d'emplacement libre, elle assoupit le processus en attendant qu'un emplacement se libère (en affichant régulièrement des messages à l'écran) ;

· lorsqu'un emplacement libre a été localisé, elle incrémente son compteur d'utilisation et enlève ce descripteur de tampon de la liste des emplacements libres et de la table de hachage ;

· si le tampon n'a pas été écrit sur le disque alors qu'il a des données valides, on force l'écriture ;

· on met alors à jour le contenu du descripteur de tampon ;

· le tampon a pu être créé par quelqu'un d'autre lors de l'assoupissement ; s'il en est ainsi on libère le descripteur en le replaçant dans la liste des descripteurs de tampons libres et dans la table de hachage et on revient au début (pour renvoyer l'adresse du descripteur de tampon adéquat) ;

· sinon on insère le descripteur de tampon dans la table de hachage et on en renvoie l'adresse.

4.4 Lecture d'un tampon

La fonction **bread()** est définie dans le fichier *fs/buffer.c* :

```
/*
 * bread() reads a specified block and returns the buffer that contains
 * it. It returns NULL if the block was unreadable.
 */
struct buffer_head * bread(int dev,int block)
{
        struct buffer_head * bh;

        if (!(bh=getblk(dev,block)))
                panic("bread: getblk returned NULL\n");
        if (bh->b_uptodate)
                return bh;
        ll_rw_block(READ,bh);
        if (bh->b_uptodate)
                return bh;
        brelse(bh);
        return (NULL);
}
```

Autrement dit :

1. on fait appel à la fonction **getblk()** pour obtenir l'adresse du descripteur de tampon associé ; si l'on n'y parvient pas, on affiche un message d'erreur et on gèle le système ;

2. si l'on a lu au moins une fois le contenu de ce bloc, on renvoie l'adresse du descripteur de tampon ;

3. sinon on lit le contenu du bloc sur le disque, en faisant appel à la fonction **ll_rw_block()** que nous étudierons dans le chapitre suivant, et on renvoie l'adresse du descripteur de tampon si l'on est arrivé à lire ;

4. sinon, c'est qu'on n'arrive pas à obtenir les informations voulues, le descripteur de tampon est donc relâché et on renvoie NULL.

5 Évolution du noyau

La gestion de l'antémémoire est toujours définie principalement dans le fichier *fs/buffer.c*. Il nous suffit de donner la liste commentée des principales fonctions internes pour en comprendre l'architecture générale :

```
54 /*
55  * Debug/devel support stuff
56  */
57
58 void __buffer_error(char *file, int line)
```

est appelée lorsqu'une erreur se produit à propos du tampon.

```
73 inline void
74 init_buffer(struct buffer_head *bh, bh_end_io_t *handler, void *private)
```

est appelée, une seule fois, pour initialiser l'antémémoire.

```
80 /*
81  * Return the address of the waitqueue_head to be used for this
82  * buffer_head
83  */
84 wait_queue_head_t *bh_waitq_head(struct buffer_head *bh)
```

permet d'obtenir l'adresse du premier élément de la file d'attente à laquelle appartient l'élément passé en argument.

Linux 2.6.0

```
 90 void wake_up_buffer(struct buffer_head *bh)
```

réveille le tampon, c'est-à-dire permet son utilisation.

Linux 2.6.0

```
100 void unlock_buffer(struct buffer_head *bh)
```

verrouille le tampon.

Linux 2.6.0

```
118 /*
119  * Block until a buffer comes unlocked.  This doesn't stop it
120  * from becoming locked again - you have to lock it yourself
121  * if you want to preserve its state.
122  */
123 void __wait_on_buffer(struct buffer_head * bh)
```

verrouille le tampon jusqu'à ce qu'un tampon soit déverrouillé.

Linux 2.6.0

```
202 /*
203  * Write out and wait upon all the dirty data associated with a block
204  * device via its mapping.  Does not take the superblock lock.
205  */
206 int sync_blockdev(struct block_device *bdev)
```

force l'écriture des tampons associés à ce périphérique bloc sur celui-ci, sans verrouiller le super-bloc.

Linux 2.6.0

```
222 /*
223  * Write out and wait upon all dirty data associated with this
224  * superblock.  Filesystem data as well as the underlying block
225  * device.  Takes the superblock lock.
226  */
227 int fsync_super(struct super_block *sb)
```

force l'écriture des tampons associés au périphérique bloc désigné par son super-bloc sur le périphérique.

Linux 2.6.0

```
243 /*
244  * Write out and wait upon all dirty data associated with this
245  * device.   Filesystem data as well as the underlying block
246  * device.  Takes the superblock lock.
247  */
248 int fsync_bdev(struct block_device *bdev)
```

force l'écriture des tampons associés à ce périphérique bloc sur celui-ci, en verrouillant le super-bloc.

Linux 2.6.0

```
259 /*
260  * sync everything.  Start out by waking pdflush, because that writes back
261  * all queues in parallel.
262  */
263 static void do_sync(unsigned long wait)
```

force l'écriture de tous les tampons.

Linux 2.6.0

```
276 asmlinkage long sys_sync(void)
```

fonction d'appel de l'appel système de synchronisation.

Linux 2.6.0

```
282 void emergency_sync(void)
```

met en place une synchronisation en urgence, lors d'une situation de panique.

```
287 /*
288  * Generic function to fsync a file.
289  *
290  * filp may be NULL if called via the msync of a vma.
291  */
292
293 int file_fsync(struct file *filp, struct dentry *dentry, int datasync)
```

Linux 2.6.0

force l'écriture des tampons associés à un fichier.

```
314 asmlinkage long sys_fsync(unsigned int fd)
```

Linux 2.6.0

fonction d'appel de l'appel système de synchronisation des tampons associés à un fichier.

```
391 /*
392  * Various filesystems appear to want __find_get_block to be non-blocking.
393  * But it's the page lock which protects the buffers.  To get around this,
394  * we get exclusion from try_to_free_buffers with the blockdev mapping's
395  * private_lock.
396  *
397  * Hack idea: for the blockdev mapping, i_bufferlist_lock contention
398  * may be quite high.  This code could TryLock the page, and if that
399  * succeeds, there is no need to take private_lock. (But if
400  * private_lock is contended then so is mapping->page_lock).
401  */
402 static struct buffer_head *
403 __find_get_block_slow(struct block_device *bdev, sector_t block, int unused)
```

Linux 2.6.0

trouve un bloc, sans être une opération prioritaire.

```
442 /* If invalidate_buffers() will trash dirty buffers, it means some kind
443    of fs corruption is going on. Trashing dirty data always imply losing
444    information that was supposed to be just stored on the physical layer
445    by the user.
446
447    Thus invalidate_buffers in general usage is not allowed to trash
448    dirty buffers. For example ioctl(FLSBLKBUF) expects dirty data to
449    be preserved.  These buffers are simply skipped.
450
451    We also skip buffers which are still in use.  For example this can
452    happen if a userspace program is reading the block device.
453
454    NOTE: In the case where the user removed a removable-media-disk even if
455    there's still dirty data not synced on disk (due a bug in the device driver
456    or due to an error of the user), by not destroying the dirty buffers we could
457    generate corruption also on the next media inserted, thus a parameter is
458    necessary to handle this case in the most safe way possible (trying
459    to not corrupt also the new disk inserted with the data belonging to
460    the old now corrupted disk). Also for the ramdisk the natural thing
461    to do in order to release the ramdisk memory is to destroy dirty buffers.
462
463    These are two special cases. Normal usage imply the device driver
464    to issue a sync on the device (without waiting I/O completion) and
465    then an invalidate_buffers call that doesn't trash dirty buffers.
466
467    For handling cache coherency with the blkdev pagecache the 'update' case
468    has been introduced. It is needed to re-read from disk any pinned
469    buffer. NOTE: re-reading from disk is destructive so we can do it only
470    when we assume nobody is changing the buffercache under our I/O and when
471    we think the disk contains more recent information than the buffercache.
472    The update == 1 pass marks the buffers we need to update, the update == 2
473    pass does the actual I/O. */
474 void invalidate_bdev(struct block_device *bdev, int destroy_dirty_buffers)
```

Linux 2.6.0

détruit les tampons associés au périphérique bloc passé en argument.

Linux 2.6.0

```
485 /*
486  * Kick pdflush then try to free up some ZONE_NORMAL memory.
487  */
488 static void free_more_memory(void)
```

essaie de libérer de la mémoire vive.

Linux 2.6.0

```
504 /*
505  * I/O completion handler for block_read_full_page() - pages
506  * which come unlocked at the end of I/O.
507  */
508 static void end_buffer_async_read(struct buffer_head *bh, int uptodate)
```

lit un tampon de façon asynchrone.

Linux 2.6.0

```
561 /*
562  * Completion handler for block_write_full_page() - pages which are unlocked
563  * during I/O, and which have PageWriteback cleared upon I/O completion.
564  */
565 void end_buffer_async_write(struct buffer_head *bh, int uptodate)
```

écrit sur un tampon de façon asynchrone.

Linux 2.6.0

```
607 /*
608  * If a page's buffers are under async readin (end_buffer_async_read
609  * completion) then there is a possibility that another thread of
610  * control could lock one of the buffers after it has completed
611  * but while some of the other buffers have not completed.  This
612  * locked buffer would confuse end_buffer_async_read() into not unlocking
613  * the page.  So the absence of BH_Async_Read tells end_buffer_async_read()
614  * that this buffer is not under async I/O.
615  *
616  * The page comes unlocked when it has no locked buffer_async buffers
617  * left.
618  *
619  * PageLocked prevents anyone starting new async I/O reads any of
620  * the buffers.
621  *
622  * PageWriteback is used to prevent simultaneous writeout of the same
623  * page.
624  *
625  * PageLocked prevents anyone from starting writeback of a page which is
626  * under read I/O (PageWriteback is only ever set against a locked page).
627  */
628 void mark_buffer_async_read(struct buffer_head *bh)
```

indique qu'on lit ce tampon de façon asynchrone, ce qui en interdit l'accès à d'autres processus.

Linux 2.6.0

```
635 void mark_buffer_async_write(struct buffer_head *bh)
```

indique qu'on écrit sur ce tampon de façon asynchrone.

Linux 2.6.0

```
1006 /*
1007  * Create the appropriate buffers when given a page for data area and
1008  * the size of each buffer.. Use the bh->b_this_page linked list to
1009  * follow the buffers created.  Return NULL if unable to create more
1010  * buffers.
1011  *
1012  * The retry flag is used to differentiate async IO (paging, swapping)
1013  * which may not fail from ordinary buffer allocations.
1014  */
1015 static struct buffer_head *
1016 create_buffers(struct page * page, unsigned long size, int retry)
```

crée une liste de tampons.

Linux 2.6.0

```
1265 /*
1266  * Decrement a buffer_head's reference count.  If all buffers against a page
1267  * have zero reference count, are clean and unlocked, and if the page is clean
1268  * and unlocked then try_to_free_buffers() may strip the buffers from the page
1269  * in preparation for freeing it (sometimes, rarely, buffers are removed from
1270  * a page but it ends up not being freed, and buffers may later be reattached).
1271  */
1272 void __brelse(struct buffer_head * buf)
```

libère un tampon.

Linux 2.6.0

```
1432 /*
1433  * Perform a pagecache lookup for the matching buffer.  If it's there, refresh
1434  * it in the LRU and mark it as accessed.  If it is not present then return
1435  * NULL
1436  */
1437 struct buffer_head *
1438 __find_get_block(struct block_device *bdev, sector_t block, int size)
```

indique qu'on écrit sur ce tampon de façon asynchrone.

Linux 2.6.0

```
1453 /*
1454  * __getblk will locate (and, if necessary, create) the buffer_head
1455  * which corresponds to the passed block_device, block and size. The
1456  * returned buffer has its reference count incremented.
1457  *
1458  * __getblk() cannot fail - it just keeps trying.  If you pass it an
1459  * illegal block number, __getblk() will happily return a buffer_head
1460  * which represents the non-existent block.  Very weird.
1461  *
1462  * __getblk() will lock up the machine if grow_dev_page's try_to_free_buffers()
1463  * attempt is failing.  FIXME, perhaps?
1464  */
1465 struct buffer_head *
1466 __getblk(struct block_device *bdev, sector_t block, int size)
```

trouve l'adresse du descripteur de tampon associé à un bloc d'un périphérique bloc.

Linux 2.6.0

```
1487 /**
1488  * __bread() - reads a specified block and returns the bh
1489  * @block: number of block
1490  * @size: size (in bytes) to read
1491  *
1492  * Reads a specified block, and returns buffer head that contains it.
1493  * It returns NULL if the block was unreadable.
1494  */
1495 struct buffer_head *
1496 __bread(struct block_device *bdev, sector_t block, int size)
```

lit un bloc, le place dans un tampon et renvoie l'adresse du descripteur de tampon associé.

Linux 2.6.0

```
1641 /*
1642  * We attach and possibly dirty the buffers atomically wrt
1643  * __set_page_dirty_buffers() via private_lock.  try_to_free_buffers
1644  * is already excluded via the page lock.
1645  */
1646 void create_empty_buffers(struct page *page,
1647                           unsigned long blocksize, unsigned long b_state)
```

crée des tampons vides.

Linux 2.6.0

```
2694 /**
2695  * ll_rw_block: low-level access to block devices (DEPRECATED)
2696  * @rw: whether to %READ or %WRITE or maybe %READA (readahead)
2697  * @nr: number of &struct buffer_heads in the array
2698  * @bhs: array of pointers to &struct buffer_head
```

```
2699  *
2700  * ll_rw_block() takes an array of pointers to &struct buffer_heads,
2701  * and requests an I/O operation on them, either a %READ or a %WRITE.
2702  * The third %READA option is described in the documentation for
2703  * generic_make_request() which ll_rw_block() calls.
2704  *
2705  * This function drops any buffer that it cannot get a lock on (with the
2706  * BH_Lock state bit), any buffer that appears to be clean when doing a
2707  * write request, and any buffer that appears to be up-to-date when doing
2708  * read request.  Further it marks as clean buffers that are processed for
2709  * writing (the buffer cache won't assume that they are actually clean until
2710  * the buffer gets unlocked).
2711  *
2712  * ll_rw_block sets b_end_io to simple completion handler that marks
2713  * the buffer up-to-date (if approriate), unlocks the buffer and wakes
2714  * any waiters.
2715  *
2716  * All of the buffers must be for the same device, and must also be a
2717  * multiple of the current approved size for the device.
2718  */
2719 void ll_rw_block(int rw, int nr, struct buffer_head *bhs[])
```

C'est la fonction de lecture-écriture de bas niveau décrite à propos du noyau 0.01, et désormais abandonnée.

```
2919 /*
2920  * Buffer-head allocation
2921  */
2922 static kmem_cache_t *bh_cachep;
```

C'est la variable indiquant le début de la liste des descripteurs de tampons.

```
2954 struct buffer_head *alloc_buffer_head(int gfp_flags)
```

alloue un descripteur de tampon.

```
2967 void free_buffer_head(struct buffer_head *bh)
```

libère un descripteur de tampon.

```
2978 static void
2979 init_buffer_head(void *data, kmem_cache_t *cachep, unsigned long flags)
```

initialise la liste des descripteurs de tampons.

```
3018 void __init buffer_init(void)
```

initialise l'antémémoire.

Conclusion

Nous avons vu le rôle d'antémémoire du disque dur, avec les tampons qui évitent d'avoir à accéder à tout moment au disque (opération en effet beaucoup plus lente que le recours à la mémoire vive). Ceci nous a permis de comprendre pourquoi ce qu'on pense avoir consigné sur un disque reste dans un tampon et ne sera réellement enregistré qu'au moment d'une « synchronisation ». Nous allons étudier les périphériques bloc de façon plus générale au chapitre suivant.

Chapitre 20

Les périphériques bloc

Nous allons voir, dans ce chapitre, comment on traite les périphériques bloc. En fait, le seul périphérique bloc pour le noyau 0.01 est le disque dur.

1 Vue d'ensemble

La figure 20.1 ([BOV-01], p. 384) illustre l'architecture d'un pilote de périphérique bloc et les composants principaux qui interagissent avec lui lors d'une opération d'entrée-sortie.

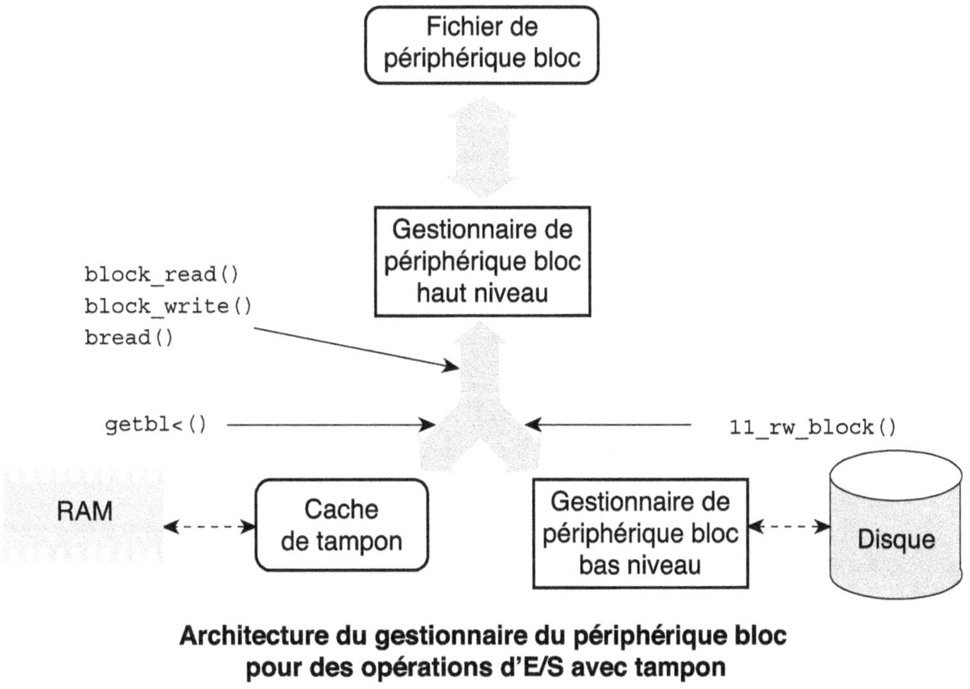

**Architecture du gestionnaire du périphérique bloc
pour des opérations d'E/S avec tampon**

Figure 20.1 : *Périphérique bloc*

Un pilote de périphérique bloc est fractionné en deux parties : un **pilote haut niveau**, qui s'interface avec le système de fichiers, et un **pilote bas niveau**, qui traite le périphérique matériel.

Supposons qu'un processus émette un appel système **read()** ou **write()** sur un fichier de périphérique bloc. Le gestionnaire de fichiers exécute la méthode **readX()** ou **writeX()** de l'objet fichier X correspondant et appelle alors une procédure dans un gestionnaire de périphérique haut niveau. Cette procédure exécute toutes les actions liées à la requête en lecture ou en écriture spécifique au périphérique matériel. Linux offre deux fonctions générales, appelées **block_read()** et **block_write()**, qui prennent soin de presque tout. Par conséquent, dans la plupart des cas, les pilotes de périphériques matériels de haut niveau n'ont rien à faire et les méthodes **readX()** et **writeX()** du fichier de périphérique pointent, respectivement, sur **block_read()** et **block_write()**.

Certains gestionnaires de périphériques bloc exigent cependant leurs propres pilotes de périphérique haut niveau spécifique. Par exemple, le pilote de périphérique du lecteur de disquette doit vérifier que la disquette dans le lecteur n'a pas été changée par l'utilisateur depuis le dernier accès au disque. Si une nouvelle disquette a été insérée, le pilote de périphérique doit invalider tous les tampons déjà remplis avec des données de l'ancienne disquette.

Même lorsqu'un pilote de périphérique haut niveau contient ses propres méthodes **readX()** et **writeX()**, celles-ci finissent habituellement par appeler **block_read()** et **block_write()**. Ces fonctions traduisent la requête d'accès d'un fichier de périphérique d'entrée-sortie en requête pour certains blocs à partir du périphérique matériel correspondant. Les blocs requis peuvent déjà être présents en mémoire centrale, donc **block_read()** et **block_write()** appellent l'un et l'autre la fonction **getblk()** pour contrôler d'abord le cache au cas où un bloc aurait déjà été lu et serait resté inchangé depuis un accès précédent. Si le bloc n'est pas dans le cache, la fonction **getblk()** doit traiter sa requête à partir du périphérique bloc en appelant la fonction **ll_rw_block()**. Cette dernière fonction active un pilote de bas niveau qui traite le contrôleur de périphérique pour exécuter l'opération demandée sur le périphérique bloc.

Les opérations d'entrée-sortie avec tampon sont également déclenchées lorsque le système de fichiers veut accéder à un certain bloc spécifique directement. Par exemple, si le noyau doit lire un nœud d'information à partir du système de fichiers du disque, il doit transférer les données à partir des blocs de la partition correspondante du disque. L'accès direct à des blocs spécifiques est exécuté par la fonction **bread()** qui, à son tour, appelle les fonctions **getblk()** et **ll_rw_block()**.

Lorsqu'un chemin de contrôle du noyau arrête d'accéder à un tampon, il peut appeler la fonction **brelse()** pour décrémenter le compteur d'utilisation correspondant.

2 Accès à bas niveau

2.1 Détermination des périphériques bloc

Les nombres majeurs des périphériques d'entrée-sortie qui sont des périphériques bloc sont déterminés par la macro :

```
IS_BLOCKDEV()
```

définie dans le fichier *include/linux/fs.h* :

```
/* devices are as follows: (same as minix, so we can use the minix
 * file system. These are major numbers.)
 *
 * 0 - unused (nodev)
```

```
* 1 - /dev/mem
* 2 - /dev/fd
* 3 - /dev/hd
* 4 - /dev/ttyx
* 5 - /dev/tty
* 6 - /dev/lp
* 7 - unnamed pipes
*/

#define IS_BLOCKDEV(x) ((x)==2 || (x)==3)
```

Remarquons que seuls les lecteurs de disquettes et les disques durs sont des périphériques bloc.

2.2 Table des pilotes de bas niveau

La table `rd_blk[]`, définie dans le fichier *fs/block_dev.c*, est le tableau des pilotes de lecture-écriture de bas niveau. L'index dans ce tableau correspond au nombre majeur du périphérique. Dans le cas du noyau 0.01, on a :

```
typedef void (*blk_fn)(int rw, struct buffer_head * bh);

static blk_fn rd_blk[]={
        NULL,            /* nodev */
        NULL,            /* dev mem */
        NULL,            /* dev fd */
        rw_hd,           /* dev hd */
        NULL,            /* dev ttyx */
        NULL,            /* dev tty */
        NULL};           /* dev lp */
```

Linux 0.01

autrement dit le pilote de périphérique n'est défini que pour les disques durs. Il ne l'est pas pour les lecteurs de disquettes. Il ne l'est pas non plus pour les autres nombres majeurs, ce qui est normal puisqu'ils ne correspondent pas à des périphériques bloc.

2.3 Fonction d'accès à bas niveau

La fonction :

```
void ll_rw_block(int rw, struct buffer_head * bh);
```

(pour *Low Level Read/Write BLOCK*) crée une requête de périphérique bloc. Elle reçoit les paramètres suivants :

· le type d'opération, rw, dont la valeur peut être READ ou WRITE ;

· l'adresse d'un descripteur de tampon bh spécifiant le bloc, précédemment initialisé.

La constante NR_BLK_DEV (pour *NumbeR BLocK DEVice*) représente le nombre maximal de pilotes de périphériques bloc. Il s'agit en fait de la dimension de la table des pilotes de bas niveau, définie dans le fichier *fs/block_dev.c* :

```
#define NR_BLK_DEV ((sizeof (rd_blk))/(sizeof (rd_blk[0])))
```

Linux 0.01

La fonction **ll_rw_block()** est définie dans le fichier *fs/block_dev.c* :

```
void ll_rw_block(int rw, struct buffer_head * bh)
{
        blk_fn blk_addr;
        unsigned int major;

        if ((major=MAJOR(bh->b_dev)) >= NR_BLK_DEV ||!(blk_addr=rd_blk[major]))
```

Linux 0.01

```
                panic("Trying to read nonexistent block-device");
        blk_addr(rw, bh);
}
```

Autrement dit :

· si le nombre majeur du périphérique associé au bloc passé en paramètre est supérieur à la dimension de la table rd_blk ou s'il n'y a pas de pilote de bas niveau associé à celui-ci dans la table, un message est affiché à l'écran et le système est gelé ;

· sinon on fait appel au pilote de bas niveau associé au nombre majeur, tel qu'il est défini dans la table rd_blk[], avec les mêmes arguments que la fonction **ll_rw_block()**.

3 Les fonctions de lecture et d'écriture de bloc

Les fonctions **block_read()** et **block_write()** sont appelées par un pilote de périphérique haut niveau chaque fois qu'un processus émet une opération de lecture ou d'écriture sur un fichier de périphérique bloc.

3.1 Fonction d'écriture

La fonction :

```
int block_write(int dev, long * pos, char * buf, int count);
```

reçoit les paramètres suivants :

· le descripteur d'un périphérique bloc ;

· l'adresse de la position du premier octet à écrire sur ce périphérique ;

· l'adresse d'une zone mémoire dans l'espace d'adressage en mode utilisateur depuis laquelle la fonction devra lire les données à écrire sur le périphérique ;

· le nombre d'octets à transférer.

Elle renvoie le nombre d'octets effectivement écrits (ou, plus exactement, mis en attente d'écriture).

Cette fonction est définie dans le fichier *fs/block_dev.c* :

```
int block_write(int dev, long * pos, char * buf, int count)
{
        int block = *pos / BLOCK_SIZE;
        int offset = *pos % BLOCK_SIZE;
        int chars;
        int written = 0;
        struct buffer_head * bh;
        register char * p;

        while (count>0) {
                bh = bread(dev,block);
                if (!bh)
                        return written?written:-EIO;
                chars = (count<BLOCK_SIZE) ? count: BLOCK_SIZE;
                p = offset + bh->b_data;
                offset = 0;
                block++;
                *pos += chars;
                written += chars;
                count -= chars;
```

```
                while (chars-->0)
                        *(p++) = get_fs_byte(buf++);
                bh->b_dirt = 1;
                brelse(bh);
        }
        return written;
}
```

Les variables utilisées sont :

· `block` : le numéro de bloc logique sur le périphérique ;

· `offset` : le déplacement dans ce bloc ;

· `chars` : le nombre d'octets à écrire dans le bloc ;

· `written` : le nombre d'octets écrits sur le périphérique ;

· `bh` : le descripteur de tampon du bloc considéré ;

· `p` : la position dans le bloc.

Les actions exécutées sont les suivantes :

· on initialise `block` et `offset` en fonction de la valeur de `*pos` passée en paramètre ;

· on initialise `written` à zéro ;

· on effectue une boucle tant qu'il y a des octets à écrire, chaque entrée dans la boucle permettant d'écrire un bloc ;

· à chaque entrée dans la boucle, on détermine l'adresse du descripteur de tampon adéquat ; si l'on n'arrive pas à l'obtenir et s'il restait des octets à écrire, on s'arrête en renvoyant l'opposé du code d'erreur en entrées-sorties ;

· on détermine le nombre d'octets à écrire dans le bloc, qui est égal à la taille d'un bloc ou au nombre d'octets restant à écrire ;

· on initialise la position dans le bloc ;

· on prépare la prochaine entrée dans la boucle :

  · on remet `offset` à zéro ;

  · on incrémente `block` ;

  · on ajoute à `*pos` et à `written` le nombre d'octets à écrire dans ce bloc ;

  · on décrémente `count` du nombre d'octets à écrire dans ce bloc ;

· on transfère le nombre d'octets voulus de la mémoire centrale sur le bloc ;

· on indique que le contenu du bloc a été modifié ;

· on relâche le descripteur de tampon du bloc ;

· à la fin de la boucle, on renvoie le nombre d'octets écrits.

3.2 Fonction de lecture

La fonction :

```
int block_read(int dev, unsigned long * pos, char * buf, int count);
```

reçoit les paramètres suivants :

· le descripteur d'un périphérique bloc ;

· l'adresse de la position du premier octet à lire sur ce périphérique ;

· l'adresse d'une zone mémoire dans l'espace d'adressage en mode utilisateur dans laquelle la fonction devra écrire les données lues sur le périphérique ;

· le nombre d'octets à transférer.

Elle renvoie le nombre d'octets effectivement lus.

Cette fonction est définie dans le fichier *fs/block_dev.c* :

Linux 0.01

```
int block_read(int dev, unsigned long * pos, char * buf, int count)
{
        int block = *pos / BLOCK_SIZE;
        int offset = *pos % BLOCK_SIZE;
        int chars;
        int read = 0;
        struct buffer_head * bh;
        register char * p;

        while (count>0) {
                bh = bread(dev,block);
                if (!bh)
                        return read?read:-EIO;
                chars = (count<BLOCK_SIZE) ? count: BLOCK_SIZE;
                p = offset + bh->b_data;
                offset = 0;
                block++;
                *pos += chars;
                read += chars;
                count -= chars;
                while (chars-->0)
                        put_fs_byte(*(p++),buf++);
                bh->b_dirt = 1;
                brelse(bh);
        }
        return read;
}
```

Les variables utilisées sont :

· `block` : le numéro de bloc logique sur le périphérique ;

· `offset` : le déplacement dans ce bloc ;

· `chars` : le nombre d'octets à lire dans le bloc ;

· `read` : le nombre d'octets lus sur le périphérique ;

· `bh` : le descripteur de tampon du bloc considéré ;

· `p` : la position dans le bloc.

Les actions exécutées sont les suivantes :

· on initialise `block` et `offset` en fonction de la valeur de `*pos` passée en paramètre ;

· on initialise `read` à zéro ;

· on effectue une boucle tant qu'il y a des octets à lire, chaque entrée dans la boucle permettant de lire un bloc ;

· à chaque entrée dans la boucle, on détermine l'adresse du descripteur de tampon adéquat ; si l'on n'arrive pas à l'obtenir et s'il restait des octets à lire, on s'arrête en renvoyant l'opposé du code d'erreur en entrées-sorties ;

· on détermine le nombre d'octets à lire dans le bloc, qui est égal à la taille d'un bloc ou au nombre d'octets restant à lire ;

· on initialise la position dans le bloc ;

- on prépare la prochaine entrée dans la boucle :
  - on remet `offset` à zéro ;
  - on incrémente `block` ;
  - on ajoute à `*pos` et à `read` le nombre d'octets à lire dans ce bloc ;
  - on décrémente `count` du nombre d'octets à lire dans ce bloc ;
- on transfère le nombre d'octets voulus du bloc en mémoire centrale ;
- on indique que le contenu du bloc a été modifié ;
- on libère le descripteur de tampon ;
- à la fin de la boucle, on renvoie le nombre d'octets lus.

4 Évolution du noyau

Le changement essentiel provient de ce que les périphériques sont maintenant des fichiers. Il faut donc implémenter pour eux les fonctions du système virtuel de fichiers. Le fichier essentiel demeure *fs/block_dev.c*, dont il nous suffit de citer les principales fonctions :

```
29 static sector_t max_block(struct block_device *bdev)
```
Linux 2.6.0

permet d'obtenir le nombre de blocs du périphérique passé en argument ;

```
42 /* Kill _all_ buffers, dirty or not.. */
43 static void kill_bdev(struct block_device *bdev)
```
Linux 2.6.0

détruit tous les tampons ;

```
49 int set_blocksize(struct block_device *bdev, int size)
```
Linux 2.6.0

spécifie la taille d'un bloc du périphérique passé en argument ;

```
75 int sb_set_blocksize(struct super_block *sb, int size)
```
Linux 2.6.0

spécifie la taille d'un bloc du périphérique désigné par son super-bloc ;

```
 99 static int
100 blkdev_get_block(struct inode *inode, sector_t iblock,
101                  struct buffer_head *bh, int create)
```
Linux 2.6.0

renvoie l'adresse du descripteur de tampon du bloc spécifié par un descripteur de nœud d'information et un numéro de bloc ;

```
112 static int
113 blkdev_get_blocks(struct inode *inode, sector_t iblock,
114                   unsigned long max_blocks, struct buffer_head *bh, int create)
```
Linux 2.6.0

renvoie l'adresse d'une liste de descripteurs de tampons des blocs consécutifs spécifiés par un descripteur de nœud d'information, le numéro du premier bloc et le nombre de blocs ;

```
157 /*
158  * private llseek:
159  * for a block special file file->f_dentry->d_inode->i_size is zero
160  * so we compute the size by hand (just as in block_read/write above)
161  */
162 static loff_t block_llseek(struct file *file, loff_t offset, int origin)
```
Linux 2.6.0

renvoie l'emplacement dans le bloc physique du caractère numéro `offset` (si `origin` = `SEEK_SET`) dans le fichier `file`. Il s'agit par exemple de `offset` - `SIZE` si ce caractère se trouve sur le deuxième bloc ;

Linux 2.6.0

```
190 /*
191  *      Filp may be NULL when we are called by an msync of a vma
192  *      since the vma has no handle.
193  */
194
195 static int block_fsync(struct file *filp, struct dentry *dentry, int datasync)
```

force l'écriture sur le périphérique bloc d'un fichier ;

Linux 2.6.0

```
207 static kmem_cache_t * bdev_cachep;
```

Cette variable détermine le début de la liste des descripteurs de tampons ;

Linux 2.6.0

```
209 struct bdev_inode {
210         struct block_device bdev;
211         struct inode vfs_inode;
212 };
```

C'est la structure d'un descripteur de nœud d'information de périphérique bloc ;

Linux 2.6.0

```
219 static struct inode *bdev_alloc_inode(struct super_block *sb)
```

alloue un descripteur de nœud d'information de périphérique bloc ;

Linux 2.6.0

```
227 static void bdev_destroy_inode(struct inode *inode)
```

détruit un descripteur de nœud d'information de périphérique bloc ;

Linux 2.6.0

```
232 static void init_once(void * foo, kmem_cache_t * cachep, unsigned long flags)
```

initialise l'antémémoire du périphérique bloc ;

Linux 2.6.0

```
255 static void bdev_clear_inode(struct inode *inode)
```

remet à zéro les champs d'un descripteur de nœud d'information de périphérique bloc ;

Linux 2.6.0

```
267 static struct super_operations bdev_sops = {
268         .statfs = simple_statfs,
269         .alloc_inode = bdev_alloc_inode,
270         .destroy_inode = bdev_destroy_inode,
271         .drop_inode = generic_delete_inode,
272         .clear_inode = bdev_clear_inode,
273 };
```

C'est la déclaration de la liste des opérations applicables aux périphériques bloc, en tant qu'instantiation de système de fichiers virtuel ;

Linux 2.6.0

```
275 static struct super_block *bd_get_sb(struct file_system_type *fs_type,
276         int flags, const char *dev_name, void *data)
```

renvoie le super-bloc d'un système de fichiers de périphérique bloc.

Linux 2.6.0

```
281 static struct file_system_type bd_type = {
282         .name        = "bdev",
283         .get_sb      = bd_get_sb,
284         .kill_sb     = kill_anon_super,
285 };
```

C'est la déclaration du type de fichiers des périphériques bloc ;

Linux 2.6.0

```
290 void __init bdev_cache_init(void)
```

initialise l'antémémoire des périphériques bloc lors du démarrage du système ;

```
334 struct block_device *bdget(dev_t dev)
```

Linux 2.6.0

renvoie le descripteur de périphérique bloc associé à un périphérique (bloc) ;

```
459 void bd_release(struct block_device *bdev)
```

Linux 2.6.0

libère un périphérique bloc ;

```
471 /*
472  * Tries to open block device by device number.  Use it ONLY if you
473  * really do not have anything better - i.e. when you are behind a
474  * truly sucky interface and all you are given is a device number.  _Never_
475  * to be used for internal purposes.  If you ever need it - reconsider
476  * your API.
477  */
478 struct block_device *open_by_devnum(dev_t dev, unsigned mode, int kind)
```

Linux 2.6.0

ouvre un périphérique bloc spécifié par son numéro de périphérique ;

```
521 static void bd_set_size(struct block_device *bdev, loff_t size)
```

Linux 2.6.0

spécifie la taille d'un bloc d'un périphérique bloc ;

```
534 static int do_open(struct block_device *bdev, struct inode *inode, struct file *file)
```

Linux 2.6.0

ouvre un fichier situé sur un périphérique bloc ;

```
737 int blkdev_close(struct inode * inode, struct file * filp)
```

Linux 2.6.0

ferme un fichier situé sur un périphérique bloc ;

```
744 static ssize_t blkdev_file_write(struct file *file, const char __user *buf,
745                                  size_t count, loff_t *ppos)
```

Linux 2.6.0

écrit sur un fichier situé sur un périphérique bloc.

```
771 struct file_operations def_blk_fops = {
772         .open           = blkdev_open,
773         .release        = blkdev_close,
774         .llseek         = block_llseek,
775         .read           = generic_file_read,
776         .write          = blkdev_file_write,
777         .aio_read       = generic_file_aio_read,
778         .aio_write      = blkdev_file_aio_write,
779         .mmap           = generic_file_mmap,
780         .fsync          = block_fsync,
781         .ioctl          = blkdev_ioctl,
782         .readv          = generic_file_readv,
783         .writev         = generic_file_writev,
784         .sendfile       = generic_file_sendfile,
785 };
```

Linux 2.6.0

C'est l'instantiation des opérations permises sur un fichier situé sur un périphérique bloc ;

```
789 int ioctl_by_bdev(struct block_device *bdev, unsigned cmd, unsigned long arg)
```

Linux 2.6.0

sert aux commandes spéciales sur un périphérique bloc ;

```
801 /**
802  * lookup_bdev  - lookup a struct block_device by name
803  *
804  * @path:        special file representing the block device
805  *
806  * Get a reference to the blockdevice at @path in the current
```

Linux 2.6.0

```
807   * namespace if possible and return it.  Return ERR_PTR(error)
808   * otherwise.
809   */
810  struct block_device *lookup_bdev(const char *path)
```

renvoie l'adresse du descripteur de périphérique bloc spécifié par son nom ;

Linux 2.6.0

```
844  /**
845   * open_bdev_excl  -  open a block device by name and set it up for use
846   *
847   * @path:       special file representing the block device
848   * @flags:      %MS_RDONLY for opening read-only
849   * @kind:       usage (same as the 4th paramter to blkdev_get)
850   * @holder:     owner for exclusion
851   *
852   * Open the blockdevice described by the special file at @path, claim it
853   * for the @holder and properly set it up for @kind usage.
854   */
855  struct block_device *open_bdev_excl(const char *path, int flags,
856                                    int kind, void *holder)
```

ouvre un périphérique bloc spécifié par son nom ;

Linux 2.6.0

```
887  /**
888   * close_bdev_excl  -  release a blockdevice openen by open_bdev_excl()
889   *
890   * @bdev:       blockdevice to close
891   * @kind:       usage (same as the 4th paramter to blkdev_get)
892   *
893   * This is the counterpart to open_bdev_excl().
894   */
895  void close_bdev_excl(struct block_device *bdev, int kind)
```

ferme un périphérique bloc spécifié par son nom.

Conclusion

Nous avons décrit la gestion des périphériques bloc, un peu artificielle pour le noyau 0.01 dans la mesure où ses seuls périphériques bloc sont les disques durs. Mais ceci a permis de préparer l'avenir, pour harmoniser les opérations sur les disques durs, les lecteurs de disquettes, les lecteurs de CD-ROM, les lecteurs de DVD, les clés USB et autres, pris en charge dans le noyau 2.6.0 sans complications démesurées. Passons maintenant au niveau des fichiers, en commençant par la gestion de leur structure fondamentale : le nœud d'information.

Chapitre 21

Gestion des nœuds d'information

Nous allons voir, dans ce chapitre, comment le noyau gère les nœuds d'information sous Linux.

1 Chargement d'un super-bloc

La fonction :

```
inline struct super_block * get_super(int dev);
```

permet de charger en mémoire le descripteur du super-bloc du périphérique bloc spécifié en paramètre et d'en renvoyer l'adresse. Elle renvoie NULL si elle n'arrive pas à l'obtenir.

Cette fonction est définie dans le fichier *include/linux/fs.h* :

```
extern inline struct super_block * get_super(int dev)
{
        struct super_block * s;

        for(s = 0+super_block;s < NR_SUPER+super_block; s++)
                if (s->s_dev == dev)
                        return s;
        return NULL;
}
```

Autrement dit la table des super-blocs (montée lors de l'amorçage du système) est parcourue. Si un des huit super-blocs de celle-ci correspond au périphérique spécifié, on en renvoie l'adresse, sinon on renvoie NULL.

2 Gestion des tables de bits des données

Les tables de bits des données sont gérées par les fonctions **new_block()**, qui cherche un bloc de données libre sur un périphérique bloc et en renvoie le numéro logique, et **free_block()** qui libère un bloc de données spécifié par un périphérique (bloc) et le numéro logique du bloc.

2.1 Recherche d'un bloc de données libre

La fonction :

```
int new_block(int dev);
```

cherche un bloc libre sur le périphérique (bloc) spécifié et renvoie le numéro logique de celui-ci (la numérotation commençant à 1). Elle renvoie 0 si elle ne parvient pas à trouver de bloc libre.

Cette fonction est définie dans le fichier *fs/bitmap.c* :

```
int new_block(int dev)
{
        struct buffer_head * bh;
        struct super_block * sb;
        int i,j;

        if (!(sb = get_super(dev)))
                panic("trying to get new block from nonexistent device");
        j = 8192;
        for (i=0; i<8; i++)
                if (bh=sb->s_zmap[i])
                        if ((j=find_first_zero(bh->b_data))<8192)
                                break;
        if (i>=8 ||!bh || j>=8192)
                return 0;
        if (set_bit(j,bh->b_data))
                panic("new_block: bit already set");
        bh->b_dirt = 1;
        j += i*8192 + sb->s_firstdatazone-1;
        if (j >= sb->s_nzones)
                return 0;
        if (!(bh=getblk(dev,j)))
                panic("new_block: cannot get block");
        if (bh->b_count!= 1)
                panic("new block: count is!= 1");
        clear_block(bh->b_data);
        bh->b_uptodate = 1;
        bh->b_dirt = 1;
        brelse(bh);
        return j;
}
```

Les variables utilisées sont :

- bh qui désigne l'adresse du descripteur de tampon du bloc que l'on lit ;
- sb qui désigne l'adresse du super-bloc du périphérique spécifié ;
- i qui est l'indice dans la table des bits ;
- j qui est le numéro logique de bloc recherché.

Les actions effectuées sont les suivantes :

- le super-bloc du périphérique spécifié est chargé en mémoire vive ; si l'on n'y arrive pas, un message est affiché et le système est gelé ;
- j est initialisé à 8 192 (un bloc contient deux secteurs de 512 octets, contenant chacun huit bits, soit 8 192 bits ; on aurait pu éviter l'utilisation de ce nombre magique) ;
- on parcourt la table des bits de zone, c'est-à-dire que l'on charge, l'un après l'autre, chacun des huit blocs de cette table et, pour chacun d'eux, on cherche le numéro du premier bit égal à zéro, en utilisant la macro auxiliaire **find_first_zero()**, étudiée ci-après ; on arrête la recherche dès que l'on a trouvé un zéro ;
- si l'on n'a pas trouvé de bloc libre (c'est-à-dire si i est supérieur ou égal à 8, si bh est nul ou si j est supérieur ou égal à 8 192), on renvoie 0 ;
- sinon on met à 1 le bit correspondant dans la table des bits de zone, grâce à la macro auxiliaire **set_bit()** étudiée ci-après, pour indiquer que le bloc n'est plus libre ; si ce bit était déjà égal à 1, on affiche un message et on gèle le système ;
- on indique que le descripteur de tampon du bloc sur lequel se trouve ce bit a été modifié ;
- le numéro logique du bloc libre trouvé est égal à : j + i × 8192 + sb->s_firstdatazone-1;

- si ce numéro est supérieur au nombre de blocs (zones) du périphérique, on renvoie 0 ;
- on charge le descripteur de tampon de ce bloc ; si l'on n'y arrive pas, on affiche un message d'erreur et on gèle le système ;
- si le compteur d'utilisation de ce descripteur n'est pas nul, il y a un problème ; on affiche donc un message d'erreur et on gèle le système ;
- on initialise les données à zéro, grâce à la macro auxiliaire **clear_block()** étudiée ci-après ;
- on indique que le descripteur du tampon est valide et qu'il a été modifié ;
- on relâche le descripteur de tampon et on renvoie le numéro logique trouvé j.

2.2 Macros auxiliaires

Recherche d'un bit nul

La macro **find_first_zero()** est définie en langage d'assemblage dans le fichier *fs/bitmap.c* :

```
#define find_first_zero(addr) ({ \
int __res; \
__asm__("cld\n" \
        "1:\tlodsl\n\t" \
        "notl %%eax\n\t" \
        "bsfl %%eax,%%edx\n\t" \
        "je 2f\n\t" \
        "addl %%edx,%%ecx\n\t" \
        "jmp 3f\n" \
        "2:\taddl $32,%%ecx\n\t" \
        "cmpl $8192,%%ecx\n\t" \
        "jl 1b\n" \
        "3:" \
:"=c" (__res):"c" (0),"S" (addr):"ax","dx","si"); \
__res;})
```

Marquage de l'occupation d'un bloc

La macro **set_bit()** est définie en langage d'assemblage dans le fichier *fs/bitmap.c* :

```
#define set_bit(nr,addr) ({\
register int res __asm__("ax"); \
__asm__("btsl %2,%3\n\tsetb %%al":"=a" (res):"0" (0),"r" (nr),"m" (*(addr))); \
res;})
```

Initialisation d'un bloc à zéro

La macro **clear_block()** est définie en langage d'assemblage dans le fichier *fs/bitmap.c* :

```
#define clear_block(addr) \
__asm__("cld\n\t" \
        "rep\n\t" \
        "stosl" \
        ::"a" (0),"c" (BLOCK_SIZE/4),"D" ((long) (addr)):"cx","di")
```

Démarquage de l'occupation d'un bloc

La macro **clear_bit()** est définie en langage d'assemblage dans le fichier *fs/bitmap.c* :

```
#define clear_bit(nr,addr) ({\
register int res __asm__("ax"); \
__asm__("btrl %2,%3\n\tsetnb %%al":"=a" (res):"0" (0),"r" (nr),"m" (*(addr))); \
res;})
```

2.3 Libération d'un bloc de données

La fonction :

```
void free_block(int dev, int block);
```

permet de libérer un bloc spécifié par le numéro de son périphérique et son numéro logique sur celui-ci.

Cette fonction est définie dans le fichier *fs/bitmap.c* :

Linux 0.01

```
void free_block(int dev, int block)
{
        struct super_block * sb;
        struct buffer_head * bh;

        if (!(sb = get_super(dev)))
                panic("trying to free block on nonexistent device");
        if (block < sb->s_firstdatazone || block >= sb->s_nzones)
                panic("trying to free block not in datazone");
        bh = get_hash_table(dev,block);
        if (bh) {
                if (bh->b_count!= 1) {
                        printk("trying to free block (%04x:%d), count=%d\n",
                                dev,block,bh->b_count);
                        return;
                }
                bh->b_dirt=0;
                bh->b_uptodate=0;
                brelse(bh);
        }
        block -= sb->s_firstdatazone - 1;
        if (clear_bit(block&8191,sb->s_zmap[block/8192]->b_data)) {
                printk("block (%04x:%d) ",dev,block+sb->s_firstdatazone-1);
                panic("free_block: bit already cleared");
        }
        sb->s_zmap[block/8192]->b_dirt = 1;
}
```

Autrement dit :

· le super-bloc du périphérique spécifié est chargé en mémoire vive ; si l'on n'y arrive pas, un message est affiché et le système est gelé ;

· si le numéro du bloc à libérer est inférieur au numéro du premier bloc des données ou s'il est supérieur au nombre de blocs, un message est affiché et le système est gelé ;

· on charge le descripteur de tampon correspondant à ce bloc ;

· si le compteur d'utilisation de ce descripteur n'est pas égal à 1, il y a un problème ; on affiche un message d'erreur et on a terminé ;

· on indique que le tampon n'a pas été modifié et qu'il n'est pas valide et on libère le descripteur de tampon ;

· on met à 0 le bit correspondant dans la table des bits de zone, grâce à la macro auxiliaire **clear_bit()**, pour indiquer que le bloc est (à nouveau) libre ; si ce bit était déjà égal à 0, on affiche un message et on gèle le système ;

· on indique que le descripteur de tampon du bloc sur lequel se trouve ce bit a été modifié.

3 Les fonctions internes des nœuds d'information

Il y a deux types de fonctions internes concernant les nœuds d'information :

· les *fonctions de synchronisation* assurent la synchronisation entre plusieurs processus en mode noyau accédant au même descripteur de nœud d'information ; elles permettent de verrouiller le nœud d'information, de le déverrouiller et d'attendre qu'il ne soit plus verrouillé ;

· les *fonctions de lecture et d'écriture* font le lien entre les nœuds d'information sur disque et les descripteurs de nœud d'information.

3.1 Verrouillage d'un descripteur de nœud

La fonction :

```
static inline void lock_inode(struct m_inode * inode)
```

permet de verrouiller le descripteur de nœud d'information spécifié par son adresse, c'est-à-dire que sa valeur ne peut plus être changée (le temps qu'il soit écrit sur disque).

Cette fonction est définie dans le fichier *fs/inode.c* :

```
static inline void lock_inode(struct m_inode * inode)
{
        cli();
        while (inode->i_lock)
                sleep_on(&inode->i_wait);
        inode->i_lock=1;
        sti();
}
```
Linux 0.01

Autrement dit :

· les interruptions matérielles masquables sont inhibées ;

· si le nœud d'information est déjà verrouillé (par un autre processus), le processus qui veut le verrouiller est assoupi le temps nécessaire ;

· le champ de blocage du descripteur de nœud d'information est positionné à 1 (le cas échéant dès qu'il est libéré par l'autre processus) ;

· les interruptions matérielles masquables sont réactivées.

3.2 Déverrouillage d'un descripteur de nœud

La fonction :

```
static inline void unlock_inode(struct m_inode * inode);
```

permet de déverrouiller le descripteur de nœud d'information spécifié par son adresse.

Elle est définie dans le fichier *fs/inode.c* :

```
static inline void unlock_inode(struct m_inode * inode)
{
        inode->i_lock=0;
        wake_up(&inode->i_wait);
}
```
Linux 0.01

Autrement dit :

· le champ de blocage de ce descripteur de nœud d'information est remis à zéro ;

· la liste des processus en attente de cé nœud est réactivée.

3.3 Fonction d'attente de déverrouillage

La fonction :

```
static inline void wait_on_inode(struct m_inode * inode);
```

permet d'attendre que le descripteur de nœud d'information spécifié par son adresse soit déverrouillé.

Elle est définie dans le fichier *fs/inode.c* :

Linux 0.01

```
static inline void wait_on_inode(struct m_inode * inode)
{
        cli();
        while (inode->i_lock)
                sleep_on(&inode->i_wait);
        sti();
}
```

autrement dit elle a le même corps que la fonction de verrouillage, à cela près que le champ de blocage n'est pas positionné à 1 lorsque les autres processus en ont terminé avec ce descripteur de nœud d'information.

3.4 Écriture d'un nœud d'information sur disque

La fonction :

```
void write_inode(struct m_inode * inode);
```

permet d'écrire un nœud d'information sur disque, en spécifiant l'adresse de son descripteur.

Elle est définie dans le fichier *fs/inode.c* :

Linux 0.01

```
static void write_inode(struct m_inode * inode)
{
        struct super_block * sb;
        struct buffer_head * bh;
        int block;

        lock_inode(inode);
        sb=get_super(inode->i_dev);
        block = 2 + sb->s_imap_blocks + sb->s_zmap_blocks +
                (inode->i_num-1)/INODES_PER_BLOCK;
        if (!(bh=bread(inode->i_dev,block)))
                panic("unable to read i-node block");
        ((struct d_inode *)bh->b_data)
                [(inode->i_num-1)%INODES_PER_BLOCK] =
                        *(struct d_inode *)inode;
        bh->b_dirt=1;
        inode->i_dirt=0;
        brelse(bh);
        unlock_inode(inode);
}
```

Autrement dit :

- le nœud d'information est verrouillé ;
- le super-bloc associé au périphérique bloc du nœud d'information est chargé en mémoire ;
- le numéro du bloc contenant le nœud d'information est localisé grâce aux informations du super-bloc (on passe le bloc d'amorçage, le super-bloc, les blocs de la table de bits des nœuds d'information, les blocs de la table de bits des zones pour arriver aux blocs contenant les nœuds d'information) ;

Le nombre de nœuds d'information par bloc est défini dans `include/linux/fs.h` :

```
#define INODES_PER_BLOCK ((BLOCK_SIZE)/(sizeof (struct d_inode)))
```
Linux 0.01

- on récupère l'adresse du descripteur de tampon du bloc correspondant ; si l'on n'y arrive pas, on affiche un message d'erreur et on gèle le système ;
- on transfère la partie disque du descripteur de nœud d'information ;
- on indique que le descripteur de tampon du bloc a été modifié et que les modifications du descripteur de nœud d'information ont été prises en compte ;
- on termine en libérant le descripteur de tampon du bloc et en déverrouillant le descripteur de nœud d'information.

3.5 Lecture d'un nœud d'information sur disque

La fonction :

```
void read_inode(struct m_inode * inode);
```

permet de lire un nœud d'information sur le disque, en spécifiant l'adresse du descripteur de celui-ci.

Elle est définie dans le fichier `fs/inode.c` :

```
static void read_inode(struct m_inode * inode)
{
        struct super_block * sb;
        struct buffer_head * bh;
        int block;

        lock_inode(inode);
        sb=get_super(inode->i_dev);
        block = 2 + sb->s_imap_blocks + sb->s_zmap_blocks +
                (inode->i_num-1)/INODES_PER_BLOCK;
        if (!(bh=bread(inode->i_dev,block)))
                panic("unable to read i-node block");
        *(struct d_inode *)inode =
                ((struct d_inode *)bh->b_data)
                        [(inode->i_num-1)%INODES_PER_BLOCK];
        brelse(bh);
        unlock_inode(inode);
}
```
Linux 0.01

Autrement dit :

- le descripteur du nœud d'information est verrouillé ;
- le super-bloc associé au périphérique bloc du nœud d'information est chargé en mémoire ;
- le numéro du bloc contenant le nœud d'information est localisé grâce aux informations du super-bloc ;

- on récupère l'adresse du descripteur de tampon du bloc correspondant ; si l'on n'y arrive pas, on affiche un message d'erreur et on gèle le système ;
- on transfère sur le descripteur du nœud d'information le bon endroit de la zone des données ;
- on termine en libérant le descripteur de tampon du bloc et en déverrouillant le descripteur de nœud d'information.

4 Gestion des blocs sur noeud d'information

Les nœuds d'information conservent les numéros logiques des blocs du périphérique bloc qui constituent un fichier (situé sur un périphérique bloc). Il faut donc pouvoir insérer ces numéros de blocs dans les nœuds d'information (et les lire). Ceci est l'objet de la gestion des blocs sur nœud d'information.

Cette gestion se fait essentiellement à l'aide des fonctions **create_block()** et **bmap()** sous Linux.

4.1 Détermination du numéro de bloc physique

La fonction :

```
int bmap(struct m_inode * inode,int block);
```

(pour *Block MAPping*) renvoie le numéro de bloc physique correspondant à un descripteur de nœud d'information et à un numéro logique de bloc dans ce nœud d'information. Elle renvoie 0 si ce bloc ne correspond à rien.

Elle est définie dans le fichier *fs/inode.c* :

Linux 0.01
```
int bmap(struct m_inode * inode,int block)
{
        return _bmap(inode,block,0);
}
```

en faisant appel à la fonction :

Linux 0.01
```
int _bmap(struct m_inode * inode,int block,int create);
```

analogue avec le paramètre supplémentaire create qui prend la valeur 1 s'il faut créer le bloc s'il n'existe pas et 0 sinon. Dans notre cas, nous n'avons pas à créer de bloc, d'où la valeur 0. Nous allons étudier ci-après cette fonction auxiliaire.

4.2 Agrégation d'un bloc physique

La fonction :

```
int create_block(struct m_inode * inode, int block);
```

renvoie le numéro de bloc physique correspondant à un descripteur de nœud d'information et à un numéro logique de bloc dans ce nœud d'information. Elle cherche un bloc libre et l'agrège s'il n'existe pas. Elle renvoie 0 si ce bloc ne correspond à rien et s'il n'existe plus de bloc libre.

Elle est définie dans le fichier *fs/inode.c* :

```
int create_block(struct m_inode * inode, int block)                          Linux 0.01
{
        return _bmap(inode,block,1);
}
```

en faisant appel à la même fonction auxiliaire que dans la sous-section précédente.

4.3 Implémentation de la fonction auxiliaire

La fonction **_bmap()** est définie dans le fichier *fs/inode.c* :

```
static int _bmap(struct m_inode * inode,int block,int create)                Linux 0.01
{
        struct buffer_head * bh;
        int i;

        if (block<0)
                panic("_bmap: block<0");
        if (block >= 7+512+512*512)
                panic("_bmap: block>big");
        if (block<7) {
                if (create &&!inode->i_zone[block])
                        if (inode->i_zone[block]=new_block(inode->i_dev)) {
                                inode->i_ctime=CURRENT_TIME;
                                inode->i_dirt=1;
                        }
                return inode->i_zone[block];
        }
        block -= 7;
        if (block<512) {
                if (create &&!inode->i_zone[7])
                        if (inode->i_zone[7]=new_block(inode->i_dev)) {
                                inode->i_dirt=1;
                                inode->i_ctime=CURRENT_TIME;
                        }
                if (!inode->i_zone[7])
                        return 0;
                if (!(bh = bread(inode->i_dev,inode->i_zone[7])))
                        return 0;
                i = ((unsigned short *) (bh->b_data))[block];
                if (create &&!i)
                        if (i=new_block(inode->i_dev)) {
                                ((unsigned short *) (bh->b_data))[block]=i;
                                bh->b_dirt=1;
                        }
                brelse(bh);
                return i;
        }
        block -= 512;
        if (create &&!inode->i_zone[8])
                if (inode->i_zone[8]=new_block(inode->i_dev)) {
                        inode->i_dirt=1;
                        inode->i_ctime=CURRENT_TIME;
                }
        if (!inode->i_zone[8])
                return 0;
        if (!(bh=bread(inode->i_dev,inode->i_zone[8])))
                return 0;
        i = ((unsigned short *)bh->b_data)[block>>9];
        if (create &&!i)
                if (i=new_block(inode->i_dev)) {
                        ((unsigned short *) (bh->b_data))[block>>9]=i;
                        bh->b_dirt=1;
                }
        brelse(bh);
```

```
        if (!i)
                return 0;
        if (!(bh=bread(inode->i_dev,i)))
                return 0;
        i = ((unsigned short *)bh->b_data)[block&511];
        if (create &&!i)
                if (i=new_block(inode->i_dev)) {
                        ((unsigned short *) (bh->b_data))[block&511]=i;
                        bh->b_dirt=1;
                }
        brelse(bh);
        return i;
}
```

Les actions effectuées sont les suivantes :

- si le numéro logique de bloc est inférieur à 0 ou supérieur ou égal à $7 + 512 + 512 \times 512$ (sur MINIX, il y a 7 blocs référencés directement, un bloc d'indirection simple et un bloc d'indirection double), un message d'erreur est affiché et le système est gelé ;

- si le numéro de bloc logique est strictement inférieur à sept, il est référencé directement sur MINIX :
  - dans le cas d'une création, si le bloc n'existe pas, on cherche un bloc libre sur le périphérique, on place son adresse à l'emplacement adéquat du nœud d'information ; si l'on a trouvé un tel bloc, on change la date de dernier changement de contenu du descripteur de nœud d'information et on indique que le descripteur de nœud d'information a été modifié ;
  - on renvoie le numéro de bloc correspondant au nœud d'information (qui est 0 si le bloc n'existe pas) ;

- dans le cas de l'utilisation du bloc d'indirection simple :
  - dans le cas où la création est permise, si le bloc d'indirection simple ne fait pas référence à un bloc physique, on cherche un bloc libre sur le périphérique, que l'on prendra désormais comme bloc d'indirection simple ;
  - si le bloc d'indirection simple ne fait pas référence à un bloc physique, c'est-à-dire si son numéro a la valeur zéro, on renvoie 0 ;
  - on charge le descripteur de tampon de bloc correspondant à ce bloc d'indirection simple ; si l'on n'y arrive pas, on renvoie 0 ;
  - on peut alors lire le numéro de bloc physique correspondant au numéro de bloc logique ;
  - s'il ne fait pas référence à un bloc physique (c'est-à-dire s'il est égal à 0) et si la création est permise, on cherche un bloc libre sur le périphérique qui sera désormais ce bloc ;
  - on libère le descripteur de tampon dont on n'a plus besoin et on renvoie le numéro de bloc physique trouvé ;

- dans le cas du bloc d'indirection double :
  - dans le cas où la création est permise, si le bloc d'indirection double ne fait pas référence à un bloc physique, on cherche un bloc libre sur le périphérique que l'on prendra désormais comme bloc d'indirection double ;
  - si le bloc d'indirection double ne fait pas référence à un bloc physique, c'est-à-dire si son numéro a la valeur zéro, on renvoie 0 ;
  - on charge le descripteur de tampon correspondant à ce bloc d'indirection double ; si l'on n'y arrive pas, on renvoie 0 ;
  - le numéro logique du bloc secondaire dans lequel se trouve le nœud d'information voulu se trouve à l'emplacement block divisé par 512 (puisqu'un bloc secondaire contient 512

numéros de nœuds d'information), divisé par deux (puisqu'un numéro occupe deux octets), soit à l'emplacement `block` divisé par 2^9 ;

· on peut alors lire le numéro `i` de bloc physique du bloc secondaire dans lequel se trouve le nœud d'information voulu ;

· si `i` ne fait pas référence à un bloc physique (c'est-à-dire s'il est égal à 0) et si la création est permise, on cherche un bloc libre sur le périphérique qui sera désormais ce bloc ;

· on libère le descripteur de tampon dont on n'a plus besoin ;

· si `i` ne fait pas référence à un bloc physique (en particulier si la création n'est pas permise), on renvoie 0 ;

· on charge le descripteur de tampon correspondant à ce bloc secondaire ; si l'on n'y arrive pas, on renvoie 0 ;

· on peut alors lire le numéro `i` du bloc physique dans lequel se trouve le nœud d'information voulu (qui correspond à l'adresse `block` modulo 512) sur le bloc secondaire ;

· si `i` ne fait pas référence à un bloc physique (c'est-à-dire s'il est égal à 0) et si la création est permise, on cherche un bloc libre sur le périphérique qui sera désormais ce bloc ;

· on libère le descripteur de tampon dont on n'a plus besoin et on renvoie le numéro de bloc physique trouvé.

5 Mise à zéro d'un nœud d'information sur disque

La fonction de gestion interne :

```
void truncate(struct m_inode * inode);
```

permet de mettre à zéro le contenu du fichier spécifié par l'adresse de son descripteur de nœud d'information.

Son implémentation fait appel à deux fonctions auxiliaires de mise à zéro d'un bloc d'indirection simple, d'une part, et d'un bloc d'indirection double, d'autre part.

5.1 Mise à zéro d'un bloc d'indirection simple

La fonction :

```
void free_ind(int dev,int block)
```

permet de mettre à zéro un bloc de données d'indirection simple sur disque, ce bloc étant spécifié par son numéro de périphérique et par son numéro logique de bloc à l'intérieur de celui-ci.

Elle est définie dans le fichier *fs/truncate.c* :

```
static void free_ind(int dev,int block)
{
        struct buffer_head * bh;
        unsigned short * p;
        int i;

        if (!block)
                return;
        if (bh=bread(dev,block)) {
                p = (unsigned short *) bh->b_data;
```

Linux 0.01

```
                for (i=0;i<512;i++,p++)
                        if (*p)
                                free_block(dev,*p);
                brelse(bh);
        }
        free_block(dev,block);
}
```

Autrement dit :

· s'il s'agit d'un bloc non référencé, on ne fait rien ;

· sinon on charge en mémoire vive le descripteur de tampon du bloc d'indirection simple considéré ;

· on libère les 512 blocs sur disque référencés par ce bloc d'indirection simple ;

· on libère le descripteur de tampon ;

· on libère le bloc d'indirection simple lui-même.

5.2 Mise à zéro d'un bloc d'indirection double

La fonction :

```
void free_dind(int dev,int block)
```

permet de mettre à zéro un bloc d'indirection double sur disque, ce bloc étant spécifié par son
numéro de périphérique et par son numéro logique de bloc à l'intérieur de celui-ci.

Elle est définie dans le fichier *fs/truncate.c* :

Linux 0.01
```
static void free_dind(int dev,int block)
{
        struct buffer_head * bh;
        unsigned short * p;
        int i;

        if (!block)
                return;
        if (bh=bread(dev,block)) {
                p = (unsigned short *) bh->b_data;
                for (i=0;i<512;i++,p++)
                        if (*p)
                                free_ind(dev,*p);
                brelse(bh);
        }
        free_block(dev,block);
}
```

Autrement dit :

· s'il s'agit d'un bloc non référencé, on ne fait rien ;

· sinon on charge en mémoire vive le descripteur de tampon du bloc d'indirection double considéré ;

· on met à zéro les 512 blocs d'indirection simple correspondant à ce bloc d'indirection double ;

· on libère le descripteur de tampon ;

· on libère le bloc d'indirection double lui-même.

5.3 Implémentation

La fonction **truncate()** est définie dans le fichier *fs/truncate.c* :

```
void truncate(struct m_inode * inode)
{
        int i;

        if (!(S_ISREG(inode->i_mode) || S_ISDIR(inode->i_mode)))
                return;
        for (i=0;i<7;i++)
                if (inode->i_zone[i]) {
                        free_block(inode->i_dev,inode->i_zone[i]);
                        inode->i_zone[i]=0;
                }
        free_ind(inode->i_dev,inode->i_zone[7]);
        free_dind(inode->i_dev,inode->i_zone[8]);
        inode->i_zone[7] = inode->i_zone[8] = 0;
        inode->i_size = 0;
        inode->i_dirt = 1;
        inode->i_mtime = inode->i_ctime = CURRENT_TIME;
}
```

Linux 0.01

Les actions effectuées sont les suivantes :

- s'il ne s'agit pas du nœud d'information d'un fichier régulier ou d'un répertoire, on n'a rien à faire ;
- sinon on met à zéro les sept premiers blocs référencés par la table i_zone[] ;
- on met à zéro le bloc d'indirection simple référencé par i_zone[7] ;
- on met à zéro le bloc d'indirection double référencé par i_zone[8] ;
- on réinitialise à zéro la table i_zone[] ;
- on réinitialise la taille du fichier à zéro ;
- on indique que le descripteur du nœud d'information a été modifié ;
- les dates de dernière modification et du dernier changement de contenu sont mises à jour.

6 Fonctions de service des nœuds d'information

Les fonctions de service concernant les nœuds d'information sont les suivantes :

- **sync_inodes()** permet de réécrire sur disque tous les nœuds d'information présents en mémoire ;
- **iput()** est appelée lorsqu'un processus cesse d'utiliser un nœud d'information ;
- **get_empty_inode()** est appelée pour obtenir un descripteur de nœud d'information libre ;
- **get_pipe_inode()** est appelée pour obtenir un nœud d'information correspondant à un tube de communication ;
- **iget()** est appelée pour obtenir un descripteur de nœud d'information correspondant à un périphérique bloc et un numéro de nœud d'information sur celui-ci.

Nous allons étudier ces fonctions de service, sauf **get_pipe_inode()**, qui sera vue lors de l'étude des tubes.

6.1 Synchronisation des nœuds d'information

La fonction :

```
void sync_inodes(void);
```

permet de réécrire sur disque tous les nœuds d'information présents en mémoire.

Elle est définie dans le fichier *fs/inode.c* :

```
void sync_inodes(void)
{
        int i;
        struct m_inode * inode;

        inode = 0+inode_table;
        for(i=0; i<NR_INODE; i++,inode++) {
                wait_on_inode(inode);
                if (inode->i_dirt &&!inode->i_pipe)
                        write_inode(inode);
        }
}
```

Autrement dit la table des descripteurs de nœud d'information est parcourue : pour chacun des descripteurs de nœud d'information, on attend qu'il soit déverrouillé et s'il a été modifié et qu'il ne correspond pas à un tube de communication, on écrit son contenu sur disque.

6.2 Recherche d'un nouveau descripteur de nœud d'information

La fonction :

```
struct m_inode * get_empty_inode(void);
```

permet de chercher un descripteur de nœud d'information non utilisé et d'en renvoyer l'adresse.

Elle est définie dans le fichier *fs/inode.c* :

```
struct m_inode * get_empty_inode(void)
{
        struct m_inode * inode;
        int inr;

        while (1) {
                inode = NULL;
                inr = last_allocated_inode;
                do {
                        if (!inode_table[inr].i_count) {
                                inode = inr + inode_table;
                                break;
                        }
                        inr++;
                        if (inr>=NR_INODE)
                                inr=0;
                } while (inr!= last_allocated_inode);
                if (!inode) {
                        for (inr=0; inr<NR_INODE; inr++)
                                printk("%04x: %6d\t",inode_table[inr].i_dev,
                                        inode_table[inr].i_num);
                        panic("No free inodes in mem");
                }
                last_allocated_inode = inr;
                wait_on_inode(inode);
                while (inode->i_dirt) {
```

```
                        write_inode(inode);
                        wait_on_inode(inode);
                }
                if (!inode->i_count)
                        break;
        }
        memset(inode,0,sizeof(*inode));
        inode->i_count = 1;
        return inode;
}
```

en utilisant la variable `last_allocated_inode` :

```
static volatile int last_allocated_inode = 0;
```
Linux 0.01

qui conserve le numéro du dernier descripteur de nœud d'information alloué.

Les actions sont les suivantes :

· on parcourt la table des descripteurs de nœud d'information, en partant du numéro qui suit celui du dernier descripteur alloué, et en revenant éventuellement au début (puisque des descripteurs de nœud d'information ont pu être libérés), à la recherche d'un emplacement libre (parmi les 32 possibles) ;

· si l'on n'en trouve pas, on affiche le contenu de la table des descripteurs de nœud d'information, un message d'erreur et on gèle le système ;

· sinon on met à jour la variable `last_allocated_inode` ;

· on attend que ce descripteur de nœud d'information soit déverrouillé, qu'il ne soit plus marqué modifié et que son compteur d'utilisation soit à 0 ;

· on remplit le descripteur d'information avec des zéros en utilisant la fonction **memset()**, étudiée ci-après ;

· on positionne le compteur d'utilisation de ce nœud d'information à 1 et on renvoie son adresse.

6.3 Remplissage d'une zone de mémoire

La fonction :

```
memset(void * s,char c,int count)
```

permet de remplir la zone de mémoire vive débutant à l'adresse s avec count caractères c. Il s'agit d'une fonction de la bibliothèque standard du C.

Elle est définie dans le fichier *include/string.h* :

```
extern inline void * memset(void * s,char c,int count)
{
__asm__("cld\n\t"
        "rep\n\t"
        "stosb"
        ::"a" (c),"D" (s),"c" (count)
        :"cx","di");
return s;
}
```
Linux 0.01

6.4 Libération d'un nœud d'information en table des bits

La fonction suivante permet de libérer un nœud d'information spécifié par l'adresse de son descripteur :

```
void free_inode(struct m_inode * inode)
```

Elle est définie dans le fichier *fs/bitmap.c* :

Linux 0.01

```
void free_inode(struct m_inode * inode)
{
        struct super_block * sb;
        struct buffer_head * bh;

        if (!inode)
                return;
        if (!inode->i_dev) {
                memset(inode,0,sizeof(*inode));
                return;
        }
        if (inode->i_count>1) {
                printk("trying to free inode with count=%d\n",inode->i_count);
                panic("free_inode");
        }
        if (inode->i_nlinks)
                panic("trying to free inode with links");
        if (!(sb = get_super(inode->i_dev)))
                panic("trying to free inode on nonexistent device");
        if (inode->i_num < 1 || inode->i_num > sb->s_ninodes)
                panic("trying to free inode 0 or nonexistent inode");
        if (!(bh=sb->s_imap[inode->i_num>>13]))
                panic("nonexistent imap in superblock");
        if (clear_bit(inode->i_num&8191,bh->b_data))
                panic("free_inode: bit already cleared");
        bh->b_dirt = 1;
        memset(inode,0,sizeof(*inode));
}
```

Autrement dit :

- si le descripteur de nœud d'information ne fait référence à rien, on a terminé ;
- si le périphérique est le disque virtuel en mémoire (*ramdisk* en anglais), on libère la mémoire vive correspondante et on a terminé ;
- si le compteur d'utilisation est strictement supérieur à 1, il y a un problème ; on affiche alors un message et on gèle le système ;
- si le nombre de liens à ce nœud d'information n'est pas nul, il y a un problème ; on affiche alors un message et on gèle le système ;
- le super-bloc du périphérique spécifié est chargé en mémoire vive ; si l'on n'y arrive pas, un message est affiché et le système est gelé ;
- si le numéro du bloc à libérer est strictement inférieur à 1 ou s'il est supérieur au nombre des nœuds d'information du disque, un message est affiché et le système est gelé ;
- on récupère le descripteur de tampon correspondant à ce bloc ; si l'on n'y arrive pas, un message est affiché et on gèle le système ;
- on met à 0 le bit correspondant dans la table des bits des nœuds d'information, pour indiquer que le bloc est (à nouveau) libre ; si ce bit était déjà à 0, on affiche un message et on gèle le système ;
- on indique que le descripteur de tampon du bloc sur lequel se trouve ce bit a été modifié ;
- on libère la mémoire vive associée au descripteur du nœud d'information.

6.5 Relâchement d'un nœud d'information

La fonction :

```
void iput(struct m_inode * inode);
```

sert à indiquer que le descripteur du nœud d'information dont l'adresse est spécifiée n'est plus utilisé par le processus.

Si son compteur d'utilisation est supérieur à 1, il est simplement décrémenté. Dans le cas contraire, cela signifie que le descripteur de nœud d'information n'est plus du tout utilisé, on peut donc le libérer et réveiller les processus en attente d'un descripteur de nœud d'information disponible.

Cette fonction est définie dans le fichier *fs/inode.c* :

```
void iput(struct m_inode * inode)                                              Linux 0.01
{
        if (!inode)
                return;
        wait_on_inode(inode);
        if (!inode->i_count)
                panic("iput: trying to free free inode");
        if (inode->i_pipe) {
                wake_up(&inode->i_wait);
                if (--inode->i_count)
                        return;
                free_page(inode->i_size);
                inode->i_count=0;
                inode->i_dirt=0;
                inode->i_pipe=0;
                return;
        }
        if (!inode->i_dev || inode->i_count>1) {
                inode->i_count--;
                return;
        }
repeat:
        if (!inode->i_nlinks) {
                truncate(inode);
                free_inode(inode);
                return;
        }
        if (inode->i_dirt) {
                write_inode(inode);     /* we can sleep - so do again */
                wait_on_inode(inode);
                goto repeat;
        }
        inode->i_count--;
        return;
}
```

Autrement dit :

· si l'adresse ne correspond à rien, on a terminé ; sinon on attend que le descripteur de nœud d'information soit déverrouillé ;

· si le compteur d'utilisation est nul, on affiche un message d'erreur et on gèle le système ;

· nous verrons au moment de l'étude des tubes de communication ce que l'on fait dans le cas où le nœud d'information correspond à un tube ;

· si le périphérique bloc est valide et si le compteur d'utilisation est strictement supérieur à 1, on se contente de décrémenter celui-ci et on a terminé ;

· si le nombre de liens sur ce nœud d'information est nul, on libère le nœud d'information correspondant, on l'indique dans la table des bits des nœuds d'information et on a terminé ;

· si le descripteur de nœud d'information a été modifié, on l'écrit sur disque, on attend qu'il soit déverrouillé et on recommence ;

· dans le cas où le nœud d'information n'a plus été modifié, on décrémente son compteur d'utilisation et on a terminé.

6.6 Recherche d'un nœud d'information libre sur disque

La fonction :

```
struct m_inode * new_inode(int dev)
```

cherche un nœud d'information libre sur le périphérique (bloc) spécifié, le charge en mémoire vive et renvoie l'adresse de son descripteur.

Elle est définie dans le fichier *fs/bitmap.c* :

```
struct m_inode * new_inode(int dev)
{
        struct m_inode * inode;
        struct super_block * sb;
        struct buffer_head * bh;
        int i,j;

        if (!(inode=get_empty_inode()))
                return NULL;
        if (!(sb = get_super(dev)))
                panic("new_inode with unknown device");
        j = 8192;
        for (i=0; i<8; i++)
                if (bh=sb->s_imap[i])
                        if ((j=find_first_zero(bh->b_data))<8192)
                                break;
        if (!bh || j >= 8192 || j+i*8192 > sb->s_ninodes) {
                iput(inode);
                return NULL;
        }
        if (set_bit(j,bh->b_data))
                panic("new_inode: bit already set");
        bh->b_dirt = 1;
        inode->i_count=1;
        inode->i_nlinks=1;
        inode->i_dev=dev;
        inode->i_dirt=1;
        inode->i_num = j + i*8192;
        inode->i_mtime = inode->i_atime = inode->i_ctime = CURRENT_TIME;
        return inode;
}
```

Les variables utilisées sont :

· inode qui désigne l'adresse du descripteur de nœud d'information que l'on renverra ;

· sb qui désigne l'adresse du super-bloc du périphérique spécifié ;

· bh qui désigne l'adresse du descripteur de tampon du bloc que l'on lit ;

· i qui est l'indice sur la table des bits ;

· j qui est le numéro logique de bloc recherché.

Les actions effectuées sont les suivantes :

· on cherche un descripteur de nœud d'information libre, dont on renverra l'adresse une fois qu'il sera renseigné ; si l'on n'en trouve pas, on renvoie NULL ;

· le super-bloc du périphérique spécifié est chargé en mémoire vive ; si l'on n'y arrive pas, un message est affiché et le système est gelé ;

· j est initialisé à 8 192 (encore l'utilisation de ce nombre magique) ;

· on parcourt la table des bits des nœuds d'information, c'est-à-dire que l'on charge, l'un après l'autre, chacun des huit blocs de cette table et, pour chacun d'eux, on cherche le numéro du premier bit égal à zéro ; on arrête la recherche dès que l'on a trouvé un zéro ;

· si l'on n'a pas trouvé de bloc libre (c'est-à-dire si bh est nul, si j est supérieur ou égal à 8192 ou si $j + i \times 8192$ est supérieur au nombre de nœuds d'information du périphérique), on libère le descripteur de nœud d'information et on renvoie NULL ;

· sinon on positionne à 1 le bit correspondant dans la table de bits des nœuds d'information, pour indiquer que ce nœud d'information sur disque n'est plus libre ; si ce bit était déjà égal à 1, on affiche un message d'erreur et on gèle le système ;

· on indique que le descripteur de tampon du bloc sur lequel se trouve ce bit a été modifié ;

· on indique que le nombre de liens à ce nœud d'information sur disque est égal à 1 ;

· on indique le périphérique associé à ce nœud d'information sur disque ;

· on indique que le descripteur du nœud d'information a été modifié ;

· le numéro logique du nœud d'information sur disque trouvé est égal à $j + i \times 8192$; on l'indique sur le descripteur de nœud d'information ;

· on modifie les dates de modification et de dernier changement de contenu du descripteur de nœud d'information et on renvoie son adresse.

6.7 Chargement d'un nœud d'information

La fonction :

```
struct m_inode * iget(int dev,int nr);
```

permet de charger en mémoire vive le nœud d'information spécifié par le numéro de périphérique et le numéro du nœud d'information sur celui-ci. Elle renvoie l'adresse du descripteur de nœud d'information correspondant.

Elle est définie dans le fichier *fs/inode.c* :

```
struct m_inode * iget(int dev,int nr)                                          Linux 0.01
{
        struct m_inode * inode, * empty;

        if (!dev)
                panic("iget with dev==0");
        empty = get_empty_inode();
        inode = inode_table;
        while (inode < NR_INODE+inode_table) {
                if (inode->i_dev!= dev || inode->i_num!= nr) {
                        inode++;
                        continue;
                }
                wait_on_inode(inode);
                if (inode->i_dev!= dev || inode->i_num!= nr) {
```

```
                    inode = inode_table;
                    continue;
            }
            inode->i_count++;
            if (empty)
                    iput(empty);
            return inode;
        }
        if (!empty)
                return (NULL);
        inode=empty;
        inode->i_dev = dev;
        inode->i_num = nr;
        read_inode(inode);
        return inode;
}
```

Autrement dit :

- si le périphérique est le disque virtuel en mémoire vive, il y a un problème ; on affiche alors un message d'erreur pour l'indiquer et on gèle le système ;
- on cherche un descripteur de nœud d'information libre ;
- on parcourt la table des descripteurs de nœud d'information pour voir si ce nœud d'information est déjà référencé ; si c'est le cas, on attend qu'il soit déverrouillé, on incrémente son compteur d'utilisation, on libère le descripteur libre ci-dessus et on renvoie l'adresse du descripteur que l'on vient de trouver ;
- sinon, si l'on n'a pas trouvé de descripteur libre, on renvoie NULL ;
- sinon on renvoie l'adresse de ce descripteur après l'avoir renseigné.

7 Évolution du noyau

Le fichier principal concernant la gestion des nœuds d'information sur les noyaux Linux modernes est toujours *fs/inode.c*, même si son contenu a quelque peu changé. La liste des principales fonctions internes permet d'en saisir l'architecture générale :

Linux 2.6.0
```
60 /*
61  * Each inode can be on two separate lists. One is
62  * the hash list of the inode, used for lookups. The
63  * other linked list is the "type" list:
64  *  "in_use" - valid inode, i_count > 0, i_nlink > 0
65  *  "dirty"  - as "in_use" but also dirty
66  *  "unused" - valid inode, i_count = 0
67  *
68  * A "dirty" list is maintained for each super block,
69  * allowing for low-overhead inode sync() operations.
70  */
[...]
99 static kmem_cache_t * inode_cachep;
```

Cette variable précise le début de la liste des descripteurs de nœuds d'information ;

Linux 2.6.0
```
101 static struct inode *alloc_inode(struct super_block *sb)
```

alloue un nouveau descripteur de nœud d'information associé au système de fichiers spécifié par son super-bloc ;

Linux 2.6.0
```
158 void destroy_inode(struct inode *inode)
```

détruit un descripteur de nœud d'information ;

Linux 2.6.0
```
170 /*
171  * These are initializations that only need to be done
172  * once, because the fields are idempotent across use
173  * of the inode, so let the slab aware of that.
174  */
175 void inode_init_once(struct inode *inode)
```

instantie un descripteur de nœud d'information ;

Linux 2.6.0
```
200 static void init_once(void * foo, kmem_cache_t * cachep, unsigned long flags)
```

initialise la liste des descripteurs de nœuds d'information ;

Linux 2.6.0
```
209 /*
210  * inode_lock must be held
211  */
212 void __iget(struct inode * inode)
```

prend la main sur un descripteur de nœud d'information qui était verrouillé ;

Linux 2.6.0
```
226 /**
227  * clear_inode - clear an inode
228  * @inode: inode to clear
229  *
230  * This is called by the filesystem to tell us
231  * that the inode is no longer useful. We just
232  * terminate it with extreme prejudice.
233  */
234 void clear_inode(struct inode *inode)
```

remet à zéro les champs d'un descripteur de nœud d'information ;

Linux 2.6.0
```
257 /*
258  * dispose_list - dispose of the contents of a local list
259  * @head: the head of the list to free
260  *
261  * Dispose-list gets a local list with local inodes in it, so it doesn't
262  * need to worry about list corruption and SMP locks.
263  */
264 static void dispose_list(struct list_head *head)
```

libère une liste de descripteurs de nœuds d'information ;

Linux 2.6.0
```
285 /*
286  * Invalidate all inodes for a device.
287  */
288 static int invalidate_list(struct list_head *head, struct super_block * sb,
                              struct list_head * dispose)
```

libère tous les descripteurs de nœuds d'information d'un périphérique bloc spécifié par son super-bloc ;

Linux 2.6.0
```
486 /*
487  * Called with the inode lock held.
488  * NOTE: we are not increasing the inode-refcount, you must call __iget()
489  * by hand after calling find_inode now! This simplifies iunique and won't
490  * add any additional branch in the common code.
491  */
492 static struct inode * find_inode(struct super_block * sb, struct hlist_head *head,
                                    int (*test)(struct inode *, void *), void *data)
```

renvoie l'adresse d'un descripteur de nœud d'information ;

Linux 2.6.0

```
513 /*
514  * find_inode_fast is the fast path version of find_inode, see the comment at
515  * iget_locked for details.
516  */
517 static struct inode * find_inode_fast(struct super_block * sb, struct hlist_head *head,
                                         unsigned long ino)
```

renvoie l'adresse d'un descripteur de nœud d'information spécifié par un super-bloc et un numéro ;

Linux 2.6.0

```
538 /**
539  *      new_inode       - obtain an inode
540  *      @sb: superblock
541  *
542  *      Allocates a new inode for given superblock.
543  */
544 struct inode *new_inode(struct super_block *sb)
```

crée un nouveau descripteur de nœud d'information associé au périphérique bloc spécifié par son super-bloc et en renvoie l'adresse ;

Linux 2.6.0

```
565 void unlock_new_inode(struct inode *inode)
```

déverrouille un descripteur de nœud d'information nouvellement obtenu ;

Linux 2.6.0

```
742 /**
743  * ifind - internal function, you want ilookup5() or iget5().
744  * @sb:         super block of file system to search
745  * @head:       the head of the list to search
746  * @test:       callback used for comparisons between inodes
747  * @data:       opaque data pointer to pass to @test
748  *
749  * ifind() searches for the inode specified by @data in the inode
750  * cache. This is a generalized version of ifind_fast() for file systems where
751  * the inode number is not sufficient for unique identification of an inode.
752  *
753  * If the inode is in the cache, the inode is returned with an incremented
754  * reference count.
755  *
756  * Otherwise NULL is returned.
757  *
758  * Note, @test is called with the inode_lock held, so can't sleep.
759  */
760 static inline struct inode *ifind(struct super_block *sb,
761                 struct hlist_head *head, int (*test)(struct inode *, void *),
762                 void *data)
```

renvoie l'adresse d'un descripteur de nœud d'information ;

Linux 2.6.0

```
937 /**
938  *      __insert_inode_hash - hash an inode
939  *      @inode: unhashed inode
940  *      @hashval: unsigned long value used to locate this object in the
941  *              inode_hashtable.
942  *
943  *      Add an inode to the inode hash for this superblock.
944  */
945 void __insert_inode_hash(struct inode *inode, unsigned long hashval)
```

insère un descripteur de nœud d'information dans une liste de hachage ;

```
955 /**
956  *      remove_inode_hash - remove an inode from the hash
957  *      @inode: inode to unhash
958  *
959  *      Remove an inode from the superblock.
960  */
961 void remove_inode_hash(struct inode *inode)
```

retire un descripteur de nœud d'information d'une liste de hachage ;

```
970 /*
971  * Tell the filesystem that this inode is no longer of any interest and should
972  * be completely destroyed.
973  *
974  * We leave the inode in the inode hash table until *after* the filesystem's
975  * ->delete_inode completes.  This ensures that an iget (such as nfsd might
976  * instigate) will always find up-to-date information either in the hash or on
977  * disk.
978  *
979  * I_FREEING is set so that no-one will take a new reference to the inode while
980  * it is being deleted.
981  */
982 void generic_delete_inode(struct inode *inode)
```

détruit un descripteur de nœud d'information ;

```
1077 /**
1078  *      iput    - put an inode
1079  *      @inode: inode to put
1080  *
1081  *      Puts an inode, dropping its usage count. If the inode use count hits
1082  *      zero the inode is also then freed and may be destroyed.
1083  */
1084 void iput(struct inode *inode)
```

libère un descripteur de nœud d'information ;

```
1102 /**
1103  *      bmap    - find a block number in a file
1104  *      @inode: inode of file
1105  *      @block: block to find
1106  *
1107  *      Returns the block number on the device holding the inode that
1108  *      is the disk block number for the block of the file requested.
1109  *      That is, asked for block 4 of inode 1 the function will return the
1110  *      disk block relative to the disk start that holds that block of the
1111  *      file.
1112  */
1113 sector_t bmap(struct inode * inode, sector_t block)
```

renvoie le numéro de bloc associé à un descripteur de nœud d'information ;

```
1136 /**
1137  *      update_atime    -       update the access time
1138  *      @inode: inode accessed
1139  *
1140  *      Update the accessed time on an inode and mark it for writeback.
1141  *      This function automatically handles read only file systems and media,
1142  *      as well as the "noatime" flag and inode specific "noatime" markers.
1143  */
1144 void update_atime(struct inode *inode)
```

met à jour l'heure du dernier accès à un descripteur de nœud d'information ;

Linux 2.6.0

```
1318 void wake_up_inode(struct inode *inode)
```

réveille un descripteur de nœud d'information ;

Linux 2.6.0

```
1330 /*
1331  * Initialize the waitqueues and inode hash table.
1332  */
1333 void __init inode_init(unsigned long mempages)
```

initialise les files d'attente et la table de hachage des descripteurs de nœuds d'information.

Conclusion

Nous venons de voir la gestion des descripteurs de nœuds d'information, à la base de la gestion des fichiers et des répertoires, qui sont eux visibles par l'utilisateur. Nous pouvons maintenant aborder leur gestion interne.

Chapitre 22

Gestion interne des fichiers réguliers et des répertoires

Nous allons voir dans ce chapitre comment les répertoires et les fichiers réguliers sont gérés en mode noyau.

1 Montage d'un système de fichiers

1.1 Chargement d'un super-bloc

La fonction :

```
struct super_block * do_mount(int dev);
```

permet de charger en mémoire le super-bloc du périphérique (bloc) spécifié et de renvoyer l'adresse de son descripteur. Elle renvoie NULL si elle n'y arrive pas pour une raison ou pour une autre.

Elle est définie dans le fichier *fs/super.c* :

```
struct super_block * do_mount(int dev)
{
        struct super_block * p;
        struct buffer_head * bh;
        int i,block;

        for(p = &super_block[0]; p < &super_block[NR_SUPER]; p++ )
                if (!(p->s_dev))
                        break;
        p->s_dev = -1;          /* mark it in use */
        if (p >= &super_block[NR_SUPER])
                return NULL;
        if (!(bh = bread(dev,1)))
                return NULL;
        *p = *((struct super_block *) bh->b_data);
        brelse(bh);
        if (p->s_magic!= SUPER_MAGIC) {
                p->s_dev = 0;
                return NULL;
        }
        for (i=0;i<I_MAP_SLOTS;i++)
                p->s_imap[i] = NULL;
        for (i=0;i<Z_MAP_SLOTS;i++)
                p->s_zmap[i] = NULL;
        block=2;
        for (i=0; i < p->s_imap_blocks; i++)
                if (p->s_imap[i]=bread(dev,block))
                        block++;
                else
```

Linux 0.01

```
                              break;
        for (i=0; i < p->s_zmap_blocks; i++)
                if (p->s_zmap[i]=bread(dev,block))
                        block++;
                else
                        break;
        if (block!= 2+p->s_imap_blocks+p->s_zmap_blocks) {
                for(i=0;i<I_MAP_SLOTS;i++)
                        brelse(p->s_imap[i]);
                for(i=0;i<Z_MAP_SLOTS;i++)
                        brelse(p->s_zmap[i]);
                p->s_dev=0;
                return NULL;
        }
        p->s_imap[0]->b_data[0] |= 1;
        p->s_zmap[0]->b_data[0] |= 1;
        p->s_dev = dev;
        p->s_isup = NULL;
        p->s_imount = NULL;
        p->s_time = 0;
        p->s_rd_only = 0;
        p->s_dirt = 0;
        return p;
}
```

Autrement dit :

- on déclare un descripteur de super-bloc p, dont l'adresse sera renvoyée par la fonction, ainsi qu'un descripteur de tampon de bloc, pour lire le bloc de disque correspondant ;

- on cherche un emplacement de descripteur de super-bloc libre dans la table des huit super-blocs ; on utilisera le premier qui est libre (c'est-à-dire dont le champ s_dev est égal à 0) ; si l'on n'en trouve pas, on renvoie NULL, sinon on indique qu'il n'est plus libre (en mettant le champ du périphérique associé à -1) ; on vérifie que ce super-bloc est bien dans la table, sinon on renvoie la valeur NULL ;

- on charge le premier bloc du périphérique spécifié ; on renvoie NULL si l'on n'y parvient pas ;

- les premiers champs du descripteur de super-bloc sont remplis avec les valeurs du super-bloc du périphérique spécifié et on libère le descripteur de tampon, dont on n'a plus besoin ;

- si le super-bloc ne se termine pas par le nombre magique 137Fh, il ne s'agit pas d'une partition MINIX : on libère l'emplacement de la table des super-blocs occupé par celui-ci et on renvoie NULL ;

- on initialise les deux tables de blocs de données et de nœuds d'information du descripteur de super-bloc avec la valeur NULL ;

- on remplit ces deux tables tout en chargeant les blocs correspondants du périphérique bloc ; si l'on n'arrive pas à les remplir correctement, on libère tout et on renvoie NULL ;

- on indique explicitement que le premier bloc de données et le premier bloc de nœud d'information ne sont pas libres dans les tables de bits adéquates ;

- on indique que le périphérique associé à l'emplacement choisi de la table des super-blocs est le périphérique spécifié ;

- le pointeur sur le descripteur de nœud d'information du système de fichiers monté s_isup est initialisé à NULL, car sans intérêt pour un super-bloc ;

- il en est de même pour le pointeur sur le descripteur de nœud d'information où est effectué le montage s_imount ;

- la date de dernière mise à jour est initialisée à 0 ;

- l'indicateur de lecture seule est mis à 0, car on doit pouvoir écrire sur le super-bloc ;
- l'indicateur de modification est également mis à zéro, car on n'a pas encore modifié le super-bloc (on vient juste de le lire) ;
- on renvoie l'adresse du descripteur de super-bloc.

1.2 Initialisation du système de fichiers

La fonction :

```
void mount_root(void);
```

permet d'initialiser le système de fichiers, en montant à sa racine les fichiers du périphérique bloc racine.

Le périphérique racine est repéré par la constante symbolique ROOT_DEV, définie dans le fichier *include/linux/config.h* :

```
/* Root device at bootup. */
#if      defined(LINUS_HD)
#define ROOT_DEV 0x306
#elif    defined(LASU_HD)
#define ROOT_DEV 0x302
#else
#error "must define HD"
#endif
```
Linux 0.01

Il s'agit donc de la seconde partition du deuxième disque dur ou de la seconde partition du premier disque dur. Linus TORVALDS avait certainement soit MINIX, soit MS-DOS sur les premières partitions de ses deux disques durs.

La fonction est définie dans le fichier *fs/super.c* :

```
void mount_root(void)
{
        int i,free;
        struct super_block * p;
        struct m_inode * mi;

        if (32!= sizeof (struct d_inode))
                panic("bad i-node size");
        for(i=0;i<NR_FILE;i++)
                file_table[i].f_count=0;
        for(p = &super_block[0]; p < &super_block[NR_SUPER]; p++)
                p->s_dev = 0;
        if (!(p=do_mount(ROOT_DEV)))
                panic("Unable to mount root");
        if (!(mi=iget(ROOT_DEV,1)))
                panic("Unable to read root i-node");
        mi->i_count += 3;       /* NOTE! it is logically used 4 times, not 1 */
        p->s_isup = p->s_imount = mi;
        current->pwd = mi;
        current->root = mi;
        free=0;
        i=p->s_nzones;
        while (-- i >= 0)
                if (!set_bit(i&8191,p->s_zmap[i>>13]->b_data))
                        free++;
        printk("%d/%d free blocks\n\r",free,p->s_nzones);
        free=0;
        i=p->s_ninodes+1;
        while (-- i >= 0)
                if (!set_bit(i&8191,p->s_imap[i>>13]->b_data))
                        free++;
```
Linux 0.01

```
        printk("%d/%d free inodes\n\r",free,p->s_ninodes);
}
```

Autrement dit :

- si le type structuré nœud d'information sur disque n'occupe pas 32 octets (taille d'un nœud d'information du système Minix), il y a un problème : on affiche alors un message et le système est gelé ; mais tel est bien le cas, comme nous l'avons vu lors de la définition de la structure d_inode ;

- on initialise le champ f_count de tous les éléments de la table des fichiers à zéro, puisque ces éléments ne sont encore référencés par aucun répertoire ;

- on initialise tous les champs s_dev des huit super-blocs à zéro, puisque ceux-ci ne sont encore associés à aucun périphérique ;

- on monte le périphérique bloc racine, qui occupera donc le premier super-bloc ; si l'on n'y parvient pas, on affiche un message et on gèle le système ;

- on charge en mémoire le premier nœud d'information du périphérique racine ; si l'on n'y parvient pas, on affiche un message et on gèle le système ;

- le champ i_count de ce nœud d'information en mémoire est incrémenté de trois car, contrairement à l'initialisation des autres nœuds, il est utilisé quatre fois et non une fois, comme nous allons le voir dans les deux actions suivantes ;

- on initialise les champs s_isup et s_imount du super-bloc racine avec ce nœud d'information, car il s'agit à la fois du nœud du système de fichiers monté et de celui où est effectué le montage ;

- les répertoires racine et de travail du processus en cours, c'est-à-dire du premier processus, correspondent également à ce nœud d'information ;

- on calcule le nombre de blocs de données libres et on affiche ce nombre ainsi que le nombre total de blocs du périphérique racine ;

- on calcule le nombre de nœuds d'information libres et on affiche ce nombre ainsi que le nombre total de nœuds d'information du périphérique racine.

1.3 Lecture de la table des partitions

La lecture de la table des partitions est effectuée par l'appel système **setup()**, appelé (une seule fois) par la fonction **init()** lors du démarrage du système.

La fonction de code **sys_setup()** est définie dans le fichier *kernel/hd.c* :

Linux 0.01
```
/* This may be used only once, enforced by 'static int callable' */
int sys_setup(void)
{
        static int callable = 1;
        int i,drive;
        struct partition *p;

        if (!callable)
                return -1;
        callable = 0;
        for (drive=0; drive<NR_HD; drive++) {
                rw_abs_hd(READ,drive,1,0,0,(struct buffer_head *) start_buffer);
                if (!start_buffer->b_uptodate) {
                        printk("Unable to read partition table of drive %d\n\r",
                                drive);
```

```
                    panic("");
        }
        if (start_buffer->b_data[510]!= 0x55 || (unsigned char)
            start_buffer->b_data[511]!= 0xAA) {
                printk("Bad partition table on drive %d\n\r",drive);
                panic("");
        }
        p = 0x1BE + (void *)start_buffer->b_data;
        for (i=1;i<5;i++,p++) {
                hd[i+5*drive].start_sect = p->start_sect;
                hd[i+5*drive].nr_sects = p->nr_sects;
        }
    }
    printk("Partition table%s ok.\n\r",(NR_HD>1)?"s":"");
    mount_root();
    return (0);
}
```

Autrement dit :

· Cet appel système ne devant être appelé qu'une seule fois, s'il est appelé une deuxième fois, -1 est renvoyé ;

· pour chaque disque dur :

   · le premier secteur (le secteur de partition) est placé au tout début du cache du disque dur ;

   · si on n'arrive pas à le lire (ce qui se traduit par le champ b_update du tampon égal à 0), un message d'erreur est affiché et on gèle le système ;

   · si ce secteur n'est pas un secteur d'amorçage (c'est-à-dire s'il ne se termine pas par AA55h), un message d'erreur est affiché et on gèle le système ;

   · sinon, la table de partition est placée dans le tableau d'entrées de la table de partition p ;

   · le premier secteur et le nombre de secteurs de chacune des quatre partitions possibles sont reportés dans le tableau hd[] ;

· un message de succès est affiché, la fonction d'initialisation du système de fichiers **mount_root()** est appelée et on renvoie 0.

2 Gestion des répertoires

2.1 Étude générale des répertoires

Notion de répertoire

Le système mémorise les noms, attributs et adresses des fichiers dans des **répertoires** ou **catalogues** (*directory* ou *folder* en anglais), qui sont eux-mêmes, dans beaucoup de systèmes, des fichiers.

Un répertoire contient un certain nombre d'entrées, une par fichier. Chaque entrée contient, par exemple, le nom du fichier, ses attributs et les adresses sur le disque où les données sont stockées. Une entrée peut, dans un autre système, contenir le nom du fichier et un pointeur sur une structure qui contient les attributs et les adresses sur le disque.

Lorsque l'ouverture d'un fichier est requise, le système d'exploitation recherche le nom du fichier à ouvrir dans le répertoire. Il extrait alors les attributs et les adresses sur le disque, soit directement à partir de l'entrée du répertoire, soit à partir de la structure de données sur laquelle pointe l'entrée du répertoire. Toutes les références ultérieures au fichier utilisent ces informations alors présentes en mémoire.

Un répertoire est un fichier spécial maintenu par le système de fichiers qui contient une liste d'entrées. Pour un utilisateur, une entrée est un fichier auquel on peut accéder grâce à son nom. Un nom d'entrée doit être unique dans un répertoire donné.

Hiérarchie des répertoires

Le nombre de répertoires varie d'un système à un autre.

Répertoire unique. La méthode la plus simple, du point de vue de la conception, consiste à garder la trace de tous les fichiers des utilisateurs dans un seul répertoire. Cependant, s'il y a plusieurs utilisateurs et s'ils choisissent des noms de fichiers identiques, le système devient très vite inutilisable. Ce modèle n'est utilisé que par les systèmes d'exploitation très simples de certains micro-ordinateurs ; ce fut le cas de la première version de MS-DOS.

Un répertoire par utilisateur. On peut améliorer le modèle du répertoire unique en attribuant un répertoire à chaque utilisateur. Cette possibilité élimine les conflits sur les noms entre les utilisateurs mais n'est pas très adaptée si les utilisateurs ont beaucoup de fichiers. Par ailleurs, les utilisateurs souhaitent souvent regrouper leurs fichiers de manière logique.

Arborescence. Une organisation hiérarchique constituée d'une arborescence de répertoires permet à chaque utilisateur d'avoir autant de répertoires qu'il le souhaite et de regrouper les fichiers logiquement.

Les chemins d'accès

Lorsque le système de fichiers se présente sous la forme d'un arbre de répertoires, il faut trouver un moyen pour spécifier les noms des fichiers. On utilise en général l'une des deux méthodes suivantes.

Chemin d'accès absolu. Dans la première méthode, on spécifie un fichier par un **chemin d'accès absolu** constitué du chemin à partir du répertoire racine. Le chemin `/usr/ast/courrier` indique par exemple, sous UNIX, que le répertoire racine contient le sous-répertoire «usr», qui contient lui-même le sous-sous-répertoire «ast», qui contient à son tour le fichier «courrier». Les chemins d'accès absolus partent toujours de la racine et sont uniques.

Chemin d'accès relatif. On rencontre aussi des **chemins d'accès relatifs**. Ils sont utilisés conjointement avec le concept de **répertoire de travail** (ou **répertoire courant**). L'utilisateur désigne un répertoire comme étant son répertoire de travail. Tous les chemins d'accès qui ne commencent pas à la racine sont alors relatifs à ce répertoire courant. Si, par exemple, le répertoire de travail est «`/usr/ast`», on peut référencer le fichier «`/usr/ast/courrier`» par «`courrier`». La forme relative est souvent plus pratique à utiliser, mais elle réalise la même opération que la forme absolue.

Certains programmes doivent accéder à un fichier sans tenir compte du répertoire courant. Ils doivent, dans ce cas, toujours utiliser des chemins d'accès absolus. Imaginons que, par exemple, pour effectuer son traitement, un vérificateur d'orthographe doive lire le fichier «`/usr/lib/dictionnaire`». Il doit utiliser le chemin d'accès absolu car il ne sait pas quel sera le répertoire courant au moment de son démarrage.

Si le vérificateur d'orthographe a besoin d'utiliser un grand nombre de fichiers du répertoire « /usr/lib », il peut déclarer « /usr/lib » comme répertoire courant au moyen d'un appel système et passer simplement « dictionnaire » en premier paramètre à **open**. En remplaçant explicitement le répertoire courant par un nom absolu, il connaît exactement sa position dans l'arborescence des répertoires et peut dès lors utiliser des chemins d'accès relatifs.

Dans la plupart des systèmes, chaque processus a son propre répertoire de travail, de sorte que lorsqu'un processus modifie son répertoire courant et se termine, les autres processus ne sont pas affectés par cette modification. Un processus peut ainsi à tout moment modifier son répertoire courant sans risque.

La plupart des systèmes d'exploitation qui gèrent une arborescence de répertoires possèdent deux entrées de répertoire spéciales « . » et « .. », appelées *point* et *pointpoint*. « Point » désigne le répertoire courant, « pointpoint » son père.

Mise en œuvre des répertoires

Il faut ouvrir un fichier avant de pouvoir le lire. Quand on ouvre un fichier, le système d'exploitation utilise le chemin d'accès donné par l'utilisateur pour localiser l'entrée dans le répertoire. Cette entrée fournit les informations nécessaires pour retrouver les blocs sur le disque. En fonction du système, ces informations peuvent être les adresses disque de tout le fichier (cas d'une allocation contiguë), le numéro du premier bloc (cas des deux méthodes d'allocation par liste chaînée) ou le numéro du nœud d'information. Dans tous les cas, la fonction principale du système est d'établir la correspondance entre les chemins d'accès et les informations requises pour trouver les données.

L'emplacement de stockage des attributs est lié au point précédent. Beaucoup de systèmes les stockent directement dans les entrées des répertoires. Les systèmes qui utilisent des nœuds d'information peuvent les placer dans ces derniers.

Les catalogues de CP/M. Commençons par un système simple, en l'occurrence CP/M (voir [GOL-86]), illustré par la figure ci-dessous ([TAN-87], p. 291).

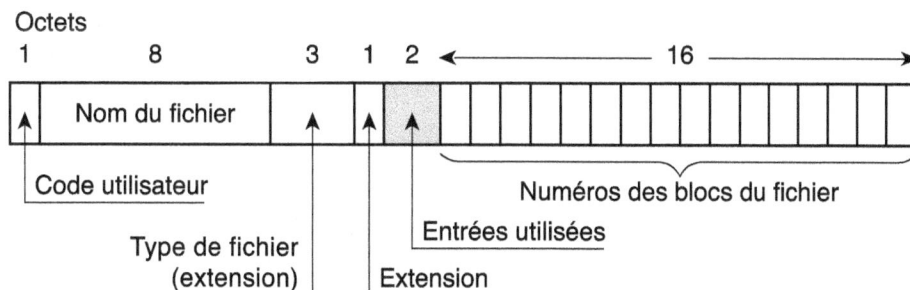

Un répertoire contenant les numéros des blocs des différents fichiers

Figure 22.1 : *CP/M*

Dans ce système, il n'y a qu'un seul répertoire que le système de fichiers doit parcourir pour rechercher un fichier donné. L'entrée des fichiers dans ce répertoire unique contient les numéros des blocs des fichiers ainsi que tous les attributs. Si le fichier utilise plus de blocs que l'entrée ne peut en contenir, le système de fichiers lui alloue une entrée supplémentaire.

Les champs sont les suivants. Le champ *code utilisateur* contient l'identité du propriétaire du fichier. On n'examine pendant une recherche que les entrées qui appartiennent à l'utilisateur connecté. Les deux champs suivants fournissent le *nom* et le *type* du fichier (ce dernier étant devenu *extension* dans le système MS-DOS). Le champ suivant, *extension*, est nécessaire pour les fichiers de plus de 16 blocs, puisqu'ils occupent plus d'une entrée dans le catalogue. Il permet de déterminer l'ordre des différentes entrées. Le champ *entrées utilisées* indique le nombre d'entrées utilisées parmi les 16 entrées de bloc potentielles. Les 16 derniers champs contiennent les numéros des blocs du fichier. Le dernier bloc pouvant ne pas être plein, le système ne peut pas connaître la taille exacte d'un fichier à l'octet près (il mémorise les tailles en nombre de blocs et non en octets).

Les répertoires de MS-DOS. Le système d'exploitation MS-DOS, tout au moins à partir de MS-DOS 2, possède une arborescence de répertoires. La figure 22.2 ([TAN-87], p. 291) montre la structure d'une entrée dans un répertoire MS-DOS. Elle est constituée de 32 octets et contient notamment le nom et le numéro du premier bloc du fichier. Ce numéro sert d'index dans une table, la FAT, pour trouver le numéro du deuxième bloc, et ainsi de suite. En parcourant la chaîne, on peut trouver tous les blocs d'un fichier.

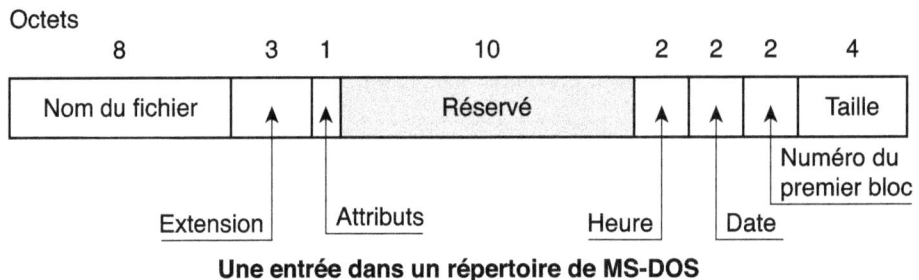

Une entrée dans un répertoire de MS-DOS

Figure 22.2 : *MS-DOS*

À l'exception du répertoire racine qui a une taille fixe (112 entrées pour une disquette de 360 Ko), les répertoires de MS-DOS sont des fichiers et peuvent donc contenir un nombre quelconque d'entrées.

Les répertoires de MS-DOS peuvent contenir d'autres répertoires, ce qui donne un système de fichiers hiérarchiques.

Les répertoires des premiers Unix. La structure d'un répertoire pour les premiers Unix était simple, comme le montre la figure 22.3 ([TAN-87], p. 292).

Chaque entrée contient un nom de fichier et le numéro de son nœud d'information. Toutes les informations concernant le fichier, son type, sa taille, les dates de dernière modification et de dernière consultation, l'identité de son propriétaire, les blocs qu'il occupe sur le disque, sont contenues dans le nœud d'information. Les répertoires des premiers Unix étaient des fichiers pouvant contenir un nombre quelconque de ces entrées de 16 octets. Pour les Unix modernes, tels que Linux, le principe est le même avec une structuration un peu plus complexe pour permettre des noms de fichiers plus longs.

Octets
2   14

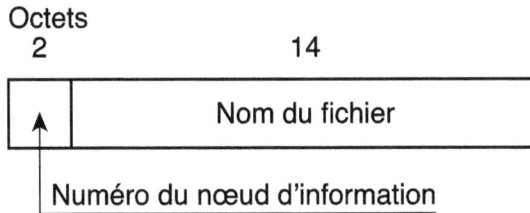

Une entrée dans un répertoire UNIX

Figure 22.3 : UNIX

Recherche d'un fichier

Quand on ouvre un fichier, le système de fichiers doit trouver les blocs du fichier dont on fournit le chemin d'accès. Examinons comment le système recherche le fichier /usr/ast/ courrier. Nous prendrons l'exemple d'UNIX, mais l'algorithme est le même pour tous les systèmes à répertoires hiérarchiques. Le système de fichiers commence par localiser le répertoire racine. Dans le cas d'UNIX, son nœud d'information est toujours situé à un endroit fixe du disque.

Puis il cherche dans le répertoire racine le premier élément du chemin d'accès, usr, pour trouver le nœud d'information du répertoire /usr. À partir du nœud d'information, le système trouve le répertoire /usr et y recherche l'élément suivant, ast. Après avoir trouvé l'entrée de ast, le système peut accéder au nœud d'information de /usr/ast. Ce dernier permet de trouver le répertoire /usr/ast pour y rechercher courrier. Le nœud d'information du fichier est ensuite chargé en mémoire ; il y restera jusqu'à ce que le fichier soit fermé.

Les chemins d'accès relatifs sont traités de la même manière que les chemins absolus, mais la recherche se fait à partir du répertoire de travail et non à partir du répertoire racine. Chaque répertoire possède les entrées « . » et « .. » qui sont placées dans le répertoire au moment de sa création. L'entrée « . » contient le numéro du nœud d'information du répertoire courant et « .. » celui du répertoire père. Une procédure qui recherche ../pierre/prog.c lit « .. » dans le répertoire courant, trouve le numéro du nœud d'information du répertoire père, où elle recherche pierre. Le système n'utilise aucun procédé particulier pour traiter ces noms ; il les considère comme des chaînes ASCII ordinaires.

2.2 Les fichiers répertoire sous Linux

Structure

Un répertoire est une suite d'éléments de la forme numéro nom, c'est-à-dire de couples formés d'un numéro de nœud d'information et d'un nom de fichier.

La structure dir_entry est définie dans le fichier d'en-têtes include/linux/fs.h :

```
struct dir_entry {
        unsigned short inode;
        char name[NAME_LEN];
};
```

Linux 0.01

La longueur maximale d'un nom de fichier étant définie dans le même fichier d'en-têtes :

Linux 0.01
```
#define NAME_LEN 14
```

Utilisation

Lorsqu'un processus appelle une primitive système en lui fournissant un nom de fichier, le noyau doit convertir le nom spécifié en descripteur de fichier. Pour ce faire, il explore chacun des répertoires contenus dans le nom du fichier, et compare chaque entrée de répertoire avec le nom simple de l'élément suivant, comme on peut le voir sur la figure 22.4 ([CAR-98] p. 147).

Table des i-nœuds

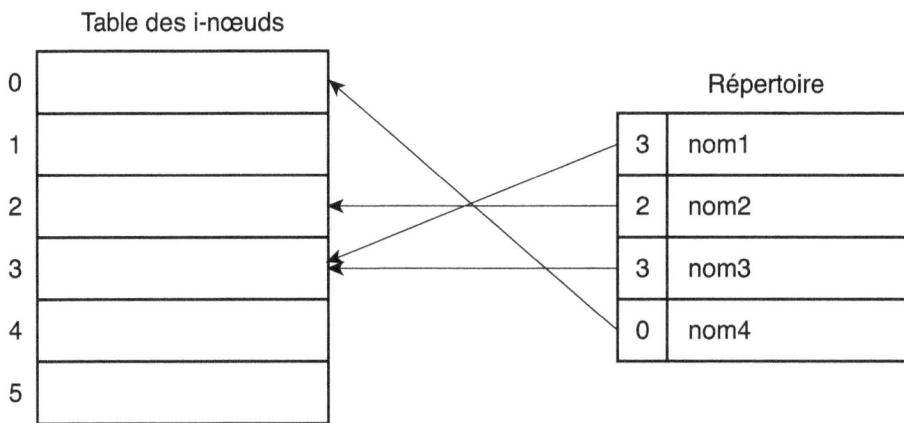

Format d'un répertoire

Figure 22.4 : *Répertoire*

Par exemple, si le nom */home/cep/essai.txt* est spécifié, le noyau effectue les opérations suivantes :

· chargement du nœud d'information de la racine (« / »), et recherche de l'entrée « home » ;

· chargement du nœud d'information de */home* obtenu à l'étape précédente, et recherche de l'entrée « cep » ;

· chargement du nœud d'information de */home/cep* obtenu à l'étape précédente, et recherche de l'entrée « *essai.txt* », ce qui fournit le numéro de nœud d'information désiré.

2.3 Fonctions internes de gestion des répertoires

Descriptions

Les fonctions internes de gestion des répertoires sont les suivantes :

Ajout d'une entrée de répertoire. La fonction :

```
struct buffer_head * add_entry(struct m_inode * dir,
        const char * name, int namelen, struct dir_entry ** res_dir);
```

permet d'ajouter une entrée, spécifiée par une entrée res_dir et un nom (lui-même caractérisé par une adresse en mémoire vive name et sa longueur namelen) dans le répertoire dir, spécifié par un descripteur de nœud d'information.

Elle renvoie soit l'adresse du descripteur de tampon dans lequel l'entrée est placée, soit `NULL` en cas d'échec.

Trouver une entrée de répertoire. La fonction :

```
struct buffer_head * find_entry(struct m_inode * dir,
        const char * name, int namelen, struct dir_entry ** res_dir)
```

permet de trouver une entrée, spécifiée par un nom constitué d'une adresse en mémoire vive `name` et d'une longueur `namelen`, dans le répertoire spécifié par un descripteur de nœud d'information.

La fonction renvoie l'entrée sous la forme de l'adresse du descripteur de tampon disque sur lequel elle a été trouvée et l'entrée elle-même `res_dir` ; elle renvoie `NULL` en cas d'échec.

Comparaison. La fonction booléenne :

```
int match(int len,const char * name,struct dir_entry * de)
```

renvoie 1 si le nom, spécifié par une adresse en mémoire vive `name` et la longueur `len`, est identique à celui de l'entrée de répertoire *de*, 0 sinon.

Comparaison

La fonction **match()** est définie dans le fichier *fs/namei.c* :

```
/*
 * ok, we cannot use strncmp, as the name is not in our data space.
 * Thus we'll have to use match. No big problem. Match also makes
 * some sanity tests.
 *
 * NOTE! unlike strncmp, match returns 1 for success, 0 for failure.
 */
static int match(int len,const char * name,struct dir_entry * de)
{
        register int same __asm__("ax");

        if (!de ||!de->inode || len > NAME_LEN)
                return 0;
        if (len < NAME_LEN && de->name[len])
                return 0;
        __asm__("cld\n\t"
                "fs; repe; cmpsb\n\t"
                "setz %%al"
:"=a" (same)
:"0" (0),"S" ((long) name),"D" ((long) de->name),"c" (len)
:"cx","di","si");
        return same;
}
```

Linux 0.01

Autrement dit :

· si l'entrée de répertoire est `NULL`, si le numéro de nœud d'information associé est nul ou si la longueur du nom est supérieure à la longueur maximale permise pour un nom de fichier, on renvoie 0 ;

· si la longueur du nom est strictement inférieure à la longueur maximale permise pour un nom de fichier et que le `len`-ième caractère du nom de de n'est pas le caractère nul (terminateur des chaînes de caractères), on renvoie 0 ;

· sinon on compare les caractères un à un et on renvoie 0 si l'un des caractères diffère et 1 sinon.

Recherche d'une entrée

La fonction **find_entry()** est définie dans le fichier *fs/namei.c* :

Linux 0.01

```
/*
 *      find_entry()
 *
 * finds an entry in the specified directory with the wanted name. It
 * returns the cache buffer in which the entry was found, and the entry
 * itself (as a parameter - res_dir). It does NOT read the inode of the
 * entry - you'll have to do that yourself if you want to.
 */
static struct buffer_head * find_entry(struct m_inode * dir,
        const char * name, int namelen, struct dir_entry ** res_dir)
{
        int entries;
        int block,i;
        struct buffer_head * bh;
        struct dir_entry * de;

#ifdef NO_TRUNCATE
        if (namelen > NAME_LEN)
                return NULL;
#else
        if (namelen > NAME_LEN)
                namelen = NAME_LEN;
#endif
        entries = dir->i_size / (sizeof (struct dir_entry));
        *res_dir = NULL;
        if (!namelen)
                return NULL;
        if (!(block = dir->i_zone[0]))
                return NULL;
        if (!(bh = bread(dir->i_dev,block)))
                return NULL;
        i = 0;
        de = (struct dir_entry *) bh->b_data;
        while (i < entries) {
                if ((char *)de >= BLOCK_SIZE+bh->b_data) {
                        brelse(bh);
                        bh = NULL;
                        if (!(block = bmap(dir,i/DIR_ENTRIES_PER_BLOCK)) ||
!(bh = bread(dir->i_dev,block))) {
                                i += DIR_ENTRIES_PER_BLOCK;
                                continue;
                        }
                        de = (struct dir_entry *) bh->b_data;
                }
                if (match(namelen,name,de)) {
                        *res_dir = de;
                        return bh;
                }
                de++;
                i++;
        }
        brelse(bh);
        return NULL;
}
```

Autrement dit :

· si la longueur du nom demandé est strictement supérieure à la longueur maximale permise pour un nom de fichier, on renvoie NULL ou on tronque cette longueur suivant que le paramètre de compilation NO_TRUNCATE est positionné ou non ; celui-ci est défini en début de fichier :

Linux 0.01

```
/*
 * comment out this line if you want names > NAME_LEN chars to be
 * truncated. Else they will be disallowed.
 */
/* #define NO_TRUNCATE */
```

- on calcule le nombre `entries` d'entrées du (fichier) répertoire, celui-ci étant égal à la taille du fichier divisée par la taille d'une entrée ;
- on initialise le résultat `*res_dir` à `NULL` ;
- si la longueur du nom demandé est nulle, on renvoie `NULL` ;
- le numéro logique de bloc est initialisé au numéro du premier bloc de données du répertoire ; si celui-ci n'est pas affecté, on renvoie `NULL` ;
- on charge le descripteur de tampon associé à ce bloc ; si l'on n'y parvient pas, on renvoie `NULL` ;
- on parcourt une à une les entrées du répertoire :
  - si la position de l'entrée demande de passer à un autre bloc, on relâche le bloc sous observation, on recherche le numéro logique du bloc suivant et on le charge ; on se sert pour cela de la constante définie dans le fichier d'en-têtes *include/linux/fs.h* :

Linux 0.01

```
#define DIR_ENTRIES_PER_BLOCK /
        ((BLOCK_SIZE)/(sizeof (struct dir_entry)))
```

  - on compare le nom demandé avec celui de l'entrée ; s'il concorde, on affecte à la variable `*res_dir` l'entrée (qui contient le numéro de nœud d'information désiré) et on renvoie l'adresse du descripteur de tampon qui contient cette entrée ;
- si l'on n'a pas trouvé, on relâche le dernier descripteur de tampon utilisé et on renvoie `NULL`.

Ajout d'une entrée

La fonction **add_entry()** est définie dans le fichier *fs/namei.c* :

Linux 0.01

```
/*
 *      add_entry()
 *
 * adds a file entry to the specified directory, using the same
 * semantics as find_entry(). It returns NULL if it failed.
 *
 * NOTE!! The inode part of 'de' is left at 0 - which means you
 * may not sleep between calling this and putting something into
 * the entry, as someone else might have used it while you slept.
 */
static struct buffer_head * add_entry(struct m_inode * dir,
        const char * name, int namelen, struct dir_entry ** res_dir)
{
        int block,i;
        struct buffer_head * bh;
        struct dir_entry * de;

        *res_dir = NULL;
#ifdef NO_TRUNCATE
        if (namelen > NAME_LEN)
                return NULL;
#else
        if (namelen > NAME_LEN)
                namelen = NAME_LEN;
#endif
        if (!namelen)
```

```
                        return NULL;
        if (!(block = dir->i_zone[0]))
                return NULL;
        if (!(bh = bread(dir->i_dev,block)))
                return NULL;
        i = 0;
        de = (struct dir_entry *) bh->b_data;
        while (1) {
                if ((char *)de >= BLOCK_SIZE+bh->b_data) {
                        brelse(bh);
                        bh = NULL;
                        block = create_block(dir,i/DIR_ENTRIES_PER_BLOCK);
                        if (!block)
                                return NULL;
                        if (!(bh = bread(dir->i_dev,block))) {
                                i += DIR_ENTRIES_PER_BLOCK;
                                continue;
                        }
                        de = (struct dir_entry *) bh->b_data;
                }
                if (i*sizeof(struct dir_entry) >= dir->i_size) {
                        de->inode=0;
                        dir->i_size = (i+1)*sizeof(struct dir_entry);
                        dir->i_dirt = 1;
                        dir->i_ctime = CURRENT_TIME;
                }
                if (!de->inode) {
                        dir->i_mtime = CURRENT_TIME;
                        for (i=0; i < NAME_LEN; i++)
                                de->name[i]=(i<namelen)?get_fs_byte(name+i):0;
                        bh->b_dirt = 1;
                        *res_dir = de;
                        return bh;
                }
                de++;
                i++;
        }
        brelse(bh);
        return NULL;
}
```

Autrement dit :

- on initialise le résultat `*res_dir` à `NULL` ;

- si la longueur du nom voulu est strictement supérieure à la longueur maximale permise pour un nom de fichier, on renvoie `NULL` ou on tronque cette longueur suivant que le paramètre de compilation `NO_TRUNCATE` est positionné ou non ;

- si la longueur du nom voulu est nulle, on renvoie `NULL` ;

- le numéro logique de bloc est initialisé au numéro du premier bloc de données du répertoire ; si celui-ci n'est pas affecté, on renvoie `NULL` ;

- on charge le descripteur de tampon associé à ce bloc ; si l'on n'y parvient pas, on renvoie `NULL` ;

- on parcourt les entrées de répertoire une à une :

  - on commence par considérer la première entrée de répertoire et par initialiser son numéro i à 0 ;

  - si l'entrée de répertoire en inspection se trouve dans le bloc, si i fois la taille d'une entrée de répertoire est un nombre strictement inférieur à la taille du répertoire et si le nœud

d'information associé à cette entrée n'est pas affecté, on a trouvé un emplacement libre et on va donc placer cette nouvelle entrée ici ; pour cela :
- on met à jour la date de dernière modification du répertoire ;
- on place le nom voulu dans l'entrée de répertoire ;
- on indique qu'il faudra penser à sauvegarder sur disque le descripteur de tampon ;
- on affecte l'entrée de répertoire sous inspection comme résultat `*res_dir` passé en paramètre ;
- on renvoie l'adresse du descripteur de tampon sous inspection ;
- pour passer à l'entrée suivante :
  - on incrémente le pointeur `de` et `i` ;
  - si l'entrée ne se trouve pas dans le bloc sous inspection :
    - on relâche le descripteur de tampon en cours ;
    - on recherche le numéro logique du bloc suivant ; on s'arrête en renvoyant `NULL` s'il n'y en a pas ;
    - on charge le descripteur de tampon associé à ce bloc ;
    - on charge l'entrée de répertoire associée ;
  - si `i` fois la taille d'une entrée de répertoire est un nombre supérieur à la taille du répertoire :
    - on affecte 0 au numéro de nœud d'information associé à l'entrée de répertoire, indiquant par là qu'actuellement cette entrée de répertoire n'est pas affectée ;
    - on augmente la taille du répertoire en conséquence ;
    - on indique qu'il faudra penser à sauvegarder le répertoire sur disque ;
    - on met à jour la date du dernier changement de contenu ;
- si l'on n'a rien trouvé, on relâche le dernier descripteur de tampon considéré et on renvoie `NULL`.

3 Gestion interne des fichiers réguliers

3.1 Gestion des noms de fichiers

Fonctions internes de gestion des noms de fichiers

L'utilisateur spécifie un fichier par un nom alors que le système le fait grâce à un nœud d'information. Il faut donc faire l'association entre les deux. Les fonctions internes de gestion des noms de fichier sont les suivantes :

Vérification des droits d'accès. La fonction :

```
int permission(struct m_inode * inode,int mask);
```

permet de vérifier les droits d'accès en lecture, écriture ou exécution d'un fichier.

Recherche du répertoire final. La fonction :

```
struct m_inode * get_dir(const char * pathname);
```

traverse le nom (complet) du nom de fichier jusqu'à ce qu'il trouve le répertoire dans lequel se trouve le fichier et renvoie l'adresse du descripteur de nœud d'information associé ; elle renvoie `NULL` en cas d'échec.

Recherche d'un répertoire. La fonction :

```
struct m_inode * dir_namei(const char * pathname,
        int * namelen, const char ** name);
```

renvoie l'adresse du descripteur de nœud d'information du répertoire (final) dans lequel se trouve le fichier spécifié par le nom complet `pathname`, ainsi que le nom de celui-ci (sans le chemin), spécifié par l'adresse en mémoire vive `*name` et sa longueur `namelen`.

Association. La fonction :

```
struct m_inode * namei(const char * pathname);
```

renvoie l'adresse du descripteur de nœud d'information associé à un nom de fichier.

Vérification des droits d'accès

La fonction **permission()** est définie dans le fichier `fs/namei.c` :

Linux 0.01
```
/*
 *      permission()
 *
 * is used to check for read/write/execute permissions on a file.
 * I don't know if we should look at just the euid or both euid and
 * uid, but that should be easily changed.
 */
static int permission(struct m_inode * inode,int mask)
{
        int mode = inode->i_mode;

/* special case: not even root can read/write a deleted file */
        if (inode->i_dev &&!inode->i_nlinks)
                return 0;
        if (!(current->uid && current->euid))
                mode=0777;
        else if (current->uid==inode->i_uid || current->euid==inode->i_uid)
                mode >>= 6;
        else if (current->gid==inode->i_gid || current->egid==inode->i_gid)
                mode >>= 3;
        return mode & mask & 0007;
}
```

Autrement dit :

- si le nombre de liens est nul, c'est-à-dire si le fichier a été détruit, on renvoie 0 ;
- sinon on détermine le mode à utiliser ;
- on renvoie les droits d'accès.

Recherche du répertoire final

La fonction **get_dir()** est définie dans le fichier source `fs/namei.c` :

Linux 0.01
```
/*
 *      get_dir()
 *
 * Getdir traverses the pathname until it hits the topmost directory.
 * It returns NULL on failure.
 */
static struct m_inode * get_dir(const char * pathname)
{
        char c;
        const char * thisname;
        struct m_inode * inode;
        struct buffer_head * bh;
        int namelen,inr,idev;
```

```
        struct dir_entry * de;

        if (!current->root ||!current->root->i_count)
                panic("No root inode");
        if (!current->pwd ||!current->pwd->i_count)
                panic("No cwd inode");
        if ((c=get_fs_byte(pathname))=='/') {
                inode = current->root;
                pathname++;
        } else if (c)
                inode = current->pwd;
        else
                return NULL;        /* empty name is bad */
        inode->i_count++;
        while (1) {
                thisname = pathname;
                if (!S_ISDIR(inode->i_mode) ||!permission(inode,MAY_EXEC)) {
                        iput(inode);
                        return NULL;
                }
                for(namelen=0;(c=get_fs_byte(pathname++))&&(c!='/');namelen++)
                        /* nothing */;
                if (!c)
                        return inode;
                if (!(bh = find_entry(inode,thisname,namelen,&de))) {
                        iput(inode);
                        return NULL;
                }
                inr = de->inode;
                idev = inode->i_dev;
                brelse(bh);
                iput(inode);
                if (!(inode = iget(idev,inr)))
                        return NULL;
        }
}
```

Autrement dit :

- si le répertoire racine n'est pas affecté pour le processus ou si son compteur d'utilisation est nul, il y a un problème ; on envoie alors un message d'erreur et on gèle le système ;
- on fait de même pour le répertoire actif ;
- on lit le premier caractère du nom (complet) de fichier ; s'il s'agit de « / », le descripteur de nœud d'information à prendre en compte est celui du répertoire racine et on passe au caractère suivant du nom de fichier ; sinon si le caractère est le caractère nul, on renvoie NULL ; sinon le descripteur de nœud d'information à prendre en compte est celui du répertoire de travail ;
- on incrémente le compteur d'utilisation du nœud d'information pris en compte ;
- on va parcourir chacun des répertoires du nom (complet) du fichier jusqu'à ce qu'on arrive au répertoire qui contient le fichier ; pour cela, à chaque étape :
  - on initialise thisname avec le suffixe restant de pathname ;
  - si le nœud d'information ne correspond pas à un répertoire ou si l'on ne possède pas les droits d'accès adéquats, on le relâche et on renvoie NULL ;

  Pour tester les droits d'accès, on utilise les constantes symboliques suivantes, définies dans le fichier *fs/namei.c* :

```
#define MAY_EXEC 1
#define MAY_WRITE 2
#define MAY_READ 4
```

· on lit le nom de fichier jusqu'à ce qu'on rencontre « / » ou le caractère nul ;

· si l'on rencontre le caractère nul, le répertoire sur lequel on se trouve est celui qui nous intéresse ; on renvoie donc le descripteur de nœud d'information de celui-ci ;

· sinon on cherche l'entrée de répertoire correspondante ; si l'on n'y arrive pas, on relâche le nœud d'information et on renvoie NULL ;

· on récupère le numéro logique du nœud d'information suivant ;

· on relâche le descripteur de tampon chargé par l'action précédente ;

· on relâche le descripteur de nœud d'information sous inspection ;

· on charge le descripteur de nœud d'information correspondant au répertoire suivant ; si l'on n'y arrive pas, on renvoie NULL.

Recherche d'un répertoire

La fonction **dir_namei()** est définie dans le fichier *fs/namei.c* :

```
/*
 *      dir_namei()
 *
 * dir_namei() returns the inode of the directory of the
 * specified name, and the name within that directory.
 */
static struct m_inode * dir_namei(const char * pathname,
        int * namelen, const char ** name)
{
        char c;
        const char * basename;
        struct m_inode * dir;

        if (!(dir = get_dir(pathname)))
                return NULL;
        basename = pathname;
        while (c=get_fs_byte(pathname++))
                if (c=='/')
                        basename=pathname;
        *namelen = pathname-basename-1;
        *name = basename;
        return dir;
}
```

Autrement dit :

· on détermine le nœud d'information du répertoire dans lequel se trouve le fichier en utilisant la fonction décrite dans la section précédente ; si l'on n'y arrive pas, on renvoie NULL ;

· on parcourt le nom complet du fichier en le réinitialisant à chaque fois fois que l'on rencontre « / » au suffixe suivant ce caractère ; on détermine bien ainsi le nom du fichier (sans son chemin d'accès) ;

· on obtient facilement la longueur du nom trouvé ;

· on renvoie l'adresse du descripteur du nœud d'information sur lequel se trouve l'entrée de répertoire du fichier.

Association

La fonction **namei()** est définie dans le fichier *fs/namei.c* :

```
/*
 *      namei()
 *
 * is used by most simple commands to get the inode of a specified name.
 * Open, link etc use their own routines, but this is enough for things
 * like 'chmod' etc.
 */
struct m_inode * namei(const char * pathname)
{
        const char * basename;
        int inr,dev,namelen;
        struct m_inode * dir;
        struct buffer_head * bh;
        struct dir_entry * de;

        if (!(dir = dir_namei(pathname,&namelen,&basename)))
                return NULL;
        if (!namelen)                   /* special case: '/usr/' etc */
                return dir;
        bh = find_entry(dir,basename,namelen,&de);
        if (!bh) {
                iput(dir);
                return NULL;
        }
        inr = de->inode;
        dev = dir->i_dev;
        brelse(bh);
        iput(dir);
        dir=iget(dev,inr);
        if (dir) {
                dir->i_atime=CURRENT_TIME;
                dir->i_dirt=1;
        }
        return dir;
}
```

Linux 0.01

Autrement dit :

- on détermine le répertoire final dans lequel se trouve le fichier ainsi que son nom court, grâce à la fonction étudiée dans la section précédente ; si l'on n'y arrive pas, on renvoie NULL ;

- si la longueur du nom de fichier court est nulle, autrement dit si le nom long se termine par le caractère « / », on renvoie l'adresse du descripteur du nœud d'information associé au répertoire final ;

- sinon on charge l'entrée de répertoire du répertoire final ;

- si l'on n'arrive pas à charger le descripteur de tampon correspondant, on relâche le descripteur de nœud d'information et on renvoie NULL ;

- on détermine le numéro logique du nœud d'information du fichier et le numéro du périphérique sur lequel il se trouve ;

- on relâche le descripteur de tampon et le descripteur de nœud d'information dont on n'a plus besoin ;

- on charge le descripteur de nœud d'information du fichier ;

- s'il est non nul, on met à jour la date du dernier accès et on indique qu'il faudra penser à le sauvegarder sur disque ; on renvoie l'adresse de ce descripteur de nœud d'information.

3.2 Lecture et écriture dans un fichier régulier

Lecture dans un fichier régulier

La fonction :

```
int file_read(struct m_inode * inode, struct file * filp, char * buf, int count);
```

permet de lire `count` caractères, à placer à l'emplacement mémoire dont le premier octet a pour adresse `buf`, à partir du fichier régulier spécifié par son descripteur `filp` et son descripteur de nœud d'information `inode`. Elle renvoie le nombre d'octets réellement lus.

Elle est définie dans le fichier *fs/file_dev.c* :

Linux 0.01
```
int file_read(struct m_inode * inode, struct file * filp, char * buf, int count)
{
        int left,chars,nr;
        struct buffer_head * bh;

        if ((left=count)<=0)
                return 0;
        while (left) {
                if (nr = bmap(inode,(filp->f_pos)/BLOCK_SIZE)) {
                        if (!(bh=bread(inode->i_dev,nr)))
                                break;
                } else
                        bh = NULL;
                nr = filp->f_pos % BLOCK_SIZE;
                chars = MIN( BLOCK_SIZE-nr , left );
                filp->f_pos += chars;
                left -= chars;
                if (bh) {
                        char * p = nr + bh->b_data;
                        while (chars-->0)
                                put_fs_byte(*(p++),buf++);
                        brelse(bh);
                } else {
                        while (chars-->0)
                                put_fs_byte(0,buf++);
                }
        }
        inode->i_atime = CURRENT_TIME;
        return (count-left)?(count-left):-ERROR;
}
```

Autrement dit :

· si le nombre d'octets à lire est négatif ou nul, on renvoie zéro ;

· sinon on initialise le nombre `left` de caractères restants à lire à `count` et tant que ce nombre n'est pas nul, on effectue les actions suivantes :

  · on détermine le numéro logique `nr` du bloc correspondant à la position `f_pos` dans le fichier de nœud d'information associé `inode` ; si ce numéro est non nul, on charge en mémoire le descripteur de tampon `bh` correspondant à ce bloc ; si l'on n'y arrive pas, on marque `bh` égal à `NULL` ;

  · `nr` prend alors la valeur du numéro d'octet dans ce bloc correspondant à la position dans le fichier ;

  · le nombre `chars` de caractères à lire dans ce bloc est égal au minimum de taille d'un bloc moins la position et du nombre de caractères qui restent à lire ; on utilise pour déterminer ce nombre la macro **MIN()** définie dans le même fichier source :

Linux 0.01
```
#define MIN(a,b) (((a)<(b))?(a):(b))
```

- la nouvelle position dans le fichier est alors égale à l'ancienne position plus le nombre de caractères lus dans ce bloc ;
- le nombre de caractères qui restent à lire est égal au nombre de caractères qui restaient à lire moins le nombre de caractères lus dans ce bloc ;
- si bh est nul, on positionne p à l'adresse de la zone des données du descripteur de tampon plus la position, on transfère chars octets depuis cette adresse vers le tampon et on relâche le descripteur de tampon ; si bh est non nul, on se contente de transférer chars octets nuls vers le tampon ;
- on actualise la date de dernier accès au nœud d'information ;
- on renvoie le nombre d'octets lus ou l'opposé du code d'erreur ERROR.

Écriture dans un fichier régulier

La fonction :

```
int file_write(struct m_inode * inode, struct file * filp, char * buf,
            int count);
```

permet d'écrire count caractères, à prendre depuis l'emplacement mémoire buf, dans le fichier régulier spécifié par son descripteur filp et son nœud d'information inode. Elle renvoie le nombre d'octets réellement écrits.

Elle est définie dans le fichier *fs/file_dev.c* :

```
int file_write(struct m_inode * inode, struct file * filp, char * buf, int count)     Linux 0.01
{
        off_t pos;
        int block,c;
        struct buffer_head * bh;
        char * p;
        int i=0;

/*
 * ok, append may not work when many processes are writing at the same time
 * but so what. That way leads to madness anyway.
 */
        if (filp->f_flags & O_APPEND)
                pos = inode->i_size;
        else
                pos = filp->f_pos;
        while (i<count) {
                if (!(block = create_block(inode,pos/BLOCK_SIZE)))
                        break;
                if (!(bh=bread(inode->i_dev,block)))
                        break;
                c = pos % BLOCK_SIZE;
                p = c + bh->b_data;
                bh->b_dirt = 1;
                c = BLOCK_SIZE-c;
                if (c > count-i) c = count-i;
                pos += c;
                if (pos > inode->i_size) {
                        inode->i_size = pos;
                        inode->i_dirt = 1;
                }
                i += c;
                while (c-->0)
                        *(p++) = get_fs_byte(buf++);
                brelse(bh);
        }
        inode->i_mtime = CURRENT_TIME;
        if (!(filp->f_flags & O_APPEND)) {
```

```
                filp->f_pos = pos;
                inode->i_ctime = CURRENT_TIME;
        }
        return (i?i:-1);
}
```

Autrement dit :

- si le mode d'accès est en ajout, l'index prend la valeur de la taille du fichier, sinon celle de la position sauvegardée dans le descripteur de fichier ;
- on initialise le nombre i de caractères écrits à zéro ;
- tant que le nombre de caractères écrits est strictement inférieur au nombre de caractères à écrire, on effectue les actions suivantes :
  - on détermine/crée le numéro logique block du bloc correspondant à la position dans le fichier de nœud d'information associé inode ; si ce numéro est non nul, on charge en mémoire le descripteur de tampon bh correspondant à ce bloc ;
  - c prend alors la valeur du numéro d'octet dans ce bloc correspondant à la position dans le fichier ;
  - on positionne p à l'adresse de la zone des données du descripteur de tampon plus la position ;
  - on indique qu'il faudra penser à sauvegarder le descripteur de tampon sur disque ;
  - le nombre c de caractères que l'on peut écrire dans le bloc est égal au minimum entre la taille d'un bloc moins la position et le nombre de caractères qu'il reste à écrire, ce que l'on calcule directement sans utiliser de fonction auxiliaire ;
  - la nouvelle position dans le fichier sera alors égale à l'ancienne position plus le nombre de caractères écrits dans ce bloc ; si cette position est strictement supérieure à la taille du fichier, on met à jour cette taille et on indique qu'il faudra penser à sauvegarder le descripteur de nœud d'information sur disque ;
  - le nombre de caractères écrits est égal au nombre de caractères qui avaient déjà été écrits plus le nombre de caractères écrits dans ce bloc ;
  - on transfère c octets depuis le tampon vers la position déterminée dans le bloc ;
  - on relâche le descripteur de tampon ;
- on actualise la date de dernière modification du nœud d'information ;
- si on n'est pas en mode d'ajout, on met à jour la position de l'index dans le descripteur de fichier et on change la date de dernier changement de contenu ;
- on renvoie le nombre d'octets écrits ou -1 en cas d'erreur.

4 Évolution du noyau

Le changement essentiel est que Linux considère maintenant un système de fichiers virtuel (VFS pour *Virtual FileSystem*). Cela lui permet de prendre en compte de nombreux types de systèmes de fichiers, et non plus seulement MINIX.

4.1 Montage d'un système de fichiers

La fonction **do_mount()** concerne maintenant les systèmes de fichiers que l'on veut monter en spécifiant leur nom. Elle est définie dans le fichier *fs/namespace.c* :

```
726 /*
727  * Flags is a 32-bit value that allows up to 31 non-fs dependent flags to
728  * be given to the mount() call (ie: read-only, no-dev, no-suid etc).
729  *
730  * data is a (void *) that can point to any structure up to
731  * PAGE_SIZE-1 bytes, which can contain arbitrary fs-dependent
732  * information (or be NULL).
733  *
734  * Pre-0.97 versions of mount() didn't have a flags word.
735  * When the flags word was introduced its top half was required
736  * to have the magic value 0xC0ED, and this remained so until 2.4.0-test9.
737  * Therefore, if this magic number is present, it carries no information
738  * and must be discarded.
739  */
740 long do_mount(char * dev_name, char * dir_name, char *type_page,
741                   unsigned long flags, void *data_page)
742 {
743        struct nameidata nd;
744        int retval = 0;
745        int mnt_flags = 0;
746
747        /* Discard magic */
748        if ((flags & MS_MGC_MSK) == MS_MGC_VAL)
749                flags &= ~MS_MGC_MSK;
750
751        /* Basic sanity checks */
752
753        if (!dir_name ||!*dir_name ||!memchr(dir_name, 0, PAGE_SIZE))
754                return -EINVAL;
755        if (dev_name &&!memchr(dev_name, 0, PAGE_SIZE))
756                return -EINVAL;
757
758        /* Separate the per-mountpoint flags */
759        if (flags & MS_NOSUID)
760                mnt_flags |= MNT_NOSUID;
761        if (flags & MS_NODEV)
762                mnt_flags |= MNT_NODEV;
763        if (flags & MS_NOEXEC)
764                mnt_flags |= MNT_NOEXEC;
765        flags &= ~(MS_NOSUID|MS_NOEXEC|MS_NODEV);
766
767        /* ... and get the mountpoint */
768        retval = path_lookup(dir_name, LOOKUP_FOLLOW, &nd);
769        if (retval)
770                return retval;
771
772        retval = security_sb_mount(dev_name, &nd, type_page, flags, data_page);
773        if (retval)
774                goto dput_out;
775
776        if (flags & MS_REMOUNT)
777                retval = do_remount(&nd, flags & ~MS_REMOUNT, mnt_flags,
778                                       data_page);
779        else if (flags & MS_BIND)
780                retval = do_loopback(&nd, dev_name, flags & MS_REC);
781        else if (flags & MS_MOVE)
782                retval = do_move_mount(&nd, dev_name);
783        else
784                retval = do_add_mount(&nd, type_page, flags, mnt_flags,
785                                       dev_name, data_page);
786 dput_out:
787        path_release(&nd);
788        return retval;
789 }
```

Linux 2.6.0

La fonction permettant de charger le super-bloc d'un périphérique s'appelle maintenant **get_super()**. Elle est définie dans le fichier *fs/super.c* :

Linux 2.6.0

```
370 /**
371  *      get_super - get the superblock of a device
372  *      @bdev: device to get the superblock for
373  *
374  *      Scans the superblock list and finds the superblock of the file system
375  *      mounted on the device given. %NULL is returned if no match is found.
376  */
377
378 struct super_block * get_super(struct block_device *bdev)
379 {
380         struct list_head *p;
381         if (!bdev)
382                 return NULL;
383 rescan:
384         spin_lock(&sb_lock);
385         list_for_each(p, &super_blocks) {
386                 struct super_block *s = sb_entry(p);
387                 if (s->s_bdev == bdev) {
388                         s->s_count++;
389                         spin_unlock(&sb_lock);
390                         down_read(&s->s_umount);
391                         if (s->s_root)
392                                 return s;
393                         drop_super(s);
394                         goto rescan;
395                 }
396         }
397         spin_unlock(&sb_lock);
398         return NULL;
399 }
```

La table des super-blocs est définie un peu plus haut dans le même fichier :

Linux 2.6.0

```
43 LIST_HEAD(super_blocks);
44 spinlock_t sb_lock = SPIN_LOCK_UNLOCKED;
45
46 /**
47  *      alloc_super     -       create new superblock
48  *
49  *      Allocates and initializes a new &struct super_block.  alloc_super()
50  *      returns a pointer new superblock or %NULL if allocation had failed.
51  */
52 static struct super_block *alloc_super(void)
53 {
54         struct super_block *s = kmalloc(sizeof(struct super_block),  GFP_USER);
55         static struct super_operations default_op;
56
57         if (s) {
58                 memset(s, 0, sizeof(struct super_block));
59                 if (security_sb_alloc(s)) {
60                         kfree(s);
61                         s = NULL;
62                         goto out;
63                 }
64                 INIT_LIST_HEAD(&s->s_dirty);
65                 INIT_LIST_HEAD(&s->s_io);
66                 INIT_LIST_HEAD(&s->s_files);
67                 INIT_LIST_HEAD(&s->s_instances);
68                 INIT_HLIST_HEAD(&s->s_anon);
69                 init_rwsem(&s->s_umount);
70                 sema_init(&s->s_lock, 1);
71                 down_write(&s->s_umount);
72                 s->s_count = S_BIAS;
73                 atomic_set(&s->s_active, 1);
74                 sema_init(&s->s_vfs_rename_sem,1);
75                 sema_init(&s->s_dquot.dqio_sem, 1);
```

```
76                     sema_init(&s->s_dquot.dqonoff_sem, 1);
77                     init_rwsem(&s->s_dquot.dqptr_sem);
78                     s->s_maxbytes = MAX_NON_LFS;
79                     s->dq_op = sb_dquot_ops;
80                     s->s_qcop = sb_quotactl_ops;
81                     s->s_op = &default_op;
82             }
83 out:
84         return s;
85 }
```

L'initialisation du système de fichiers est effectuée grâce à la fonction **mount_root()**, définie dans le fichier *init/do_mounts.c* :

```
346 void __init mount_root(void)                                              Linux 2.6.0
347 {
348 #ifdef CONFIG_ROOT_NFS
349         if (MAJOR(ROOT_DEV) == UNNAMED_MAJOR) {
350                 if (mount_nfs_root())
351                         return;
352
353                 printk(KERN_ERR "VFS: Unable to mount root fs via NFS, trying floppy.\n");
354                 ROOT_DEV = Root_FD0;
355         }
356 #endif
357 #ifdef CONFIG_BLK_DEV_FD
358         if (MAJOR(ROOT_DEV) == FLOPPY_MAJOR) {
359                 /* rd_doload is 2 for a dual initrd/ramload setup */
360                 if (rd_doload==2) {
361                         if (rd_load_disk(1)) {
362                                 ROOT_DEV = Root_RAM1;
363                                 root_device_name = NULL;
364                         }
365                 } else
366                         change_floppy("root floppy");
367         }
368 #endif
369         create_dev("/dev/root", ROOT_DEV, root_device_name);
370         mount_block_root("/dev/root", root_mountflags);
371 }
```

Cette dernière renvoie à la fonction **mount_block_root()**, définie un peu plus haut dans le même fichier :

```
253 static int __init do_mount_root(char *name, char *fs, int flags, void *data)   Linux 2.6.0
254 {
255         int err = sys_mount(name, "/root", fs, flags, data);
256         if (err)
257                 return err;
258
259         sys_chdir("/root");
260         ROOT_DEV = current->fs->pwdmnt->mnt_sb->s_dev;
261         printk("VFS: Mounted root (%s filesystem)%s.\n",
262                 current->fs->pwdmnt->mnt_sb->s_type->name,
263                 current->fs->pwdmnt->mnt_sb->s_flags & MS_RDONLY?
264                 " readonly": "");
265         return 0;
266 }
267
268 void __init mount_block_root(char *name, int flags)
269 {
270         char *fs_names = __getname();
271         char *p;
272         char b[BDEVNAME_SIZE];
273
274         get_fs_names(fs_names);
275 retry:
276         for (p = fs_names; *p; p += strlen(p)+1) {
```

```
277                    int err = do_mount_root(name, p, flags, root_mount_data);
278                    switch (err) {
279                            case 0:
280                                    goto out;
281                            case -EACCES:
282                                    flags |= MS_RDONLY;
283                                    goto retry;
284                            case -EINVAL:
285                                    continue;
286                    }
287                    /*
288                     * Allow the user to distinguish between failed open
289                     * and bad superblock on root device.
290                     */
291                    __bdevname(ROOT_DEV, b);
292                    printk("VFS: Cannot open root device \"%s\" or %s\n",
293                            root_device_name, b);
294                    printk("Please append a correct \"root=\" boot option\n");
295
296                    panic("VFS: Unable to mount root fs on %s", b);
297            }
298        panic("VFS: Unable to mount root fs on %s", __bdevname(ROOT_DEV, b));
299 out:
300        putname(fs_names);
301 }
```

4.2 Gestion des répertoires et des fichiers

Nous avons déjà vu au chapitre 7 que les entrées de répertoire sont maintenant des entités du type `dentry` et que l'ensemble des opérations portant sur celles-ci est une entité du type `dentry_operations`.

Donnons la liste des fonctions principales du fichier *fs/namei.c* :

Linux 2.6.0

```
151 /*
152  *      vfs_permission()
153  *
154  * is used to check for read/write/execute permissions on a file.
155  * We use "fsuid" for this, letting us set arbitrary permissions
156  * for filesystem access without changing the "normal" uids which
157  * are used for other things..
158  */
159 int vfs_permission(struct inode * inode, int mask)
[...]
207 int permission(struct inode * inode,int mask, struct nameidata *nd)
[...]
225 /*
226  * get_write_access() gets write permission for a file.
227  * put_write_access() releases this write permission.
228  * This is used for regular files.
229  * We cannot support write (and maybe mmap read-write shared) accesses and
230  * MAP_DENYWRITE mmappings simultaneously. The i_writecount field of an inode
231  * can have the following values:
232  * 0: no writers, no VM_DENYWRITE mappings
233  * < 0: (-i_writecount) vm_area_structs with VM_DENYWRITE set exist
234  * > 0: (i_writecount) users are writing to the file.
235  *
236  * Normally we operate on that counter with atomic_{inc,dec} and it's safe
237  * except for the cases where we don't hold i_writecount yet. Then we need to
238  * use {get,deny}_write_access() - these functions check the sign and refuse
239  * to do the change if sign is wrong. Exclusion between them is provided by
240  * spinlock (arbitration_lock) and I'll rip the second arsehole to the first
241  * who will try to move it in struct inode - just leave it here.
242  */
```

vérifie les droits d'accès à un fichier ;

Linux 2.6.0

```
333 /*
334  * This is called when everything else fails, and we actually have
335  * to go to the low-level filesystem to find out what we should do..
336  *
337  * We get the directory semaphore, and after getting that we also
338  * make sure that nobody added the entry to the dcache in the meantime..
339  * SMP-safe
340  */
341 static struct dentry * real_lookup(struct dentry * parent, struct qstr * name,
                                  struct nameidata *nd)
```

renvoie le descripteur de répertoire d'un répertoire spécifié par son répertoire parent et son nom dans celui-ci.

Linux 2.6.0

```
516 struct path {
517        struct vfsmount *mnt;
518        struct dentry *dentry;
519 };
```

C'est la structure d'un « chemin » constitué d'un point de montage et d'un répertoire ;

Linux 2.6.0

```
521 /*
522  *  It's more convoluted than I'd like it to be, but... it's still fairly
523  *  small and for now I'd prefer to have fast path as straight as possible.
524  *  It _is_ time-critical.
525  */
526 static int do_lookup(struct nameidata *nd, struct qstr *name,
527                      struct path *path)
```

renvoie le chemin d'un fichier spécifié par son nom ;

Linux 2.6.0

```
559 /*
560  * Name resolution.
561  *
562  * This is the basic name resolution function, turning a pathname
563  * into the final dentry.
564  *
565  * We expect 'base' to be positive and a directory.
566  */
567 int link_path_walk(const char * name, struct nameidata *nd)
```

renvoie le répertoire dans lequel se trouve un fichier spécifié par son nom ;

Linux 2.6.0

```
956 /*
957  *      namei()
958  *
959  * is used by most simple commands to get the inode of a specified name.
960  * Open, link etc use their own routines, but this is enough for things
961  * like 'chmod' etc.
962  *
963  * namei exists in two versions: namei/lnamei. The only difference is
964  * that namei follows links, while lnamei does not.
965  * SMP-safe
966  */
```

renvoie le descripteur de nœud d'information d'un fichier spécifié par son nom.

Linux 2.6.0

```
994  /*
995   *      Check whether we can remove a link victim from directory dir, check
996   *  whether the type of victim is right.
997   *  1. We can't do it if dir is read-only (done in permission())
998   *  2. We should have write and exec permissions on dir
999   *  3. We can't remove anything from append-only dir
1000  *  4. We can't do anything with immutable dir (done in permission())
1001  *  5. If the sticky bit on dir is set we should either
1002  *      a. be owner of dir, or
```

```
1003 *        b. be owner of victim, or
1004 *        c. have CAP_FOWNER capability
1005 *  6. If the victim is append-only or immutable we can't do antyhing with
1006 *     links pointing to it.
1007 *  7. If we were asked to remove a directory and victim isn't one - ENOTDIR.
1008 *  8. If we were asked to remove a non-directory and victim isn't one - EISDIR.
1009 *  9. We can't remove a root or mountpoint.
1010 * 10. We don't allow removal of NFS sillyrenamed files; it's handled by
1011 *     nfs_async_unlink().
1012 */
1013 static inline int may_delete(struct inode *dir,struct dentry *victim,int isdir)
```

Cette fonction contrôle si l'on peut détruire un lien.

Linux 2.6.0

```
/*      Check whether we can create an object with dentry child in directory
1041 *  dir.
1042 *  1. We can't do it if child already exists (open has special treatment for
1043 *     this case, but since we are inlined it's OK)
1044 *  2. We can't do it if dir is read-only (done in permission())
1045 *  3. We should have write and exec permissions on dir
1046 *  4. We can't do it if dir is immutable (done in permission())
1047 */
1048 static inline int may_create(struct inode *dir, struct dentry *child,
1049                              struct nameidata *nd)
```

Cette fonction vérifie si l'on peut créer un sous-répertoire dans un répertoire ;

Linux 2.6.0

```
1124 int vfs_create(struct inode *dir, struct dentry *dentry, int mode,
1125                struct nameidata *nd)
```

crée un sous-répertoire dans un répertoire ;

Linux 2.6.0

```
1148 int may_open(struct nameidata *nd, int acc_mode, int flag)
```

vérifie les droits en ouverture d'un fichier ;

Linux 2.6.0

```
1222 /*
1223 *      open_namei()
1224 *
1225 * namei for open - this is in fact almost the whole open-routine.
1226 *
1227 * Note that the low bits of "flag" aren't the same as in the open
1228 * system call - they are 00 - no permissions needed
1229 *                        01 - read permission needed
1230 *                        10 - write permission needed
1231 *                        11 - read/write permissions needed
1232 * which is a lot more logical, and also allows the "no perm" needed
1233 * for symlinks (where the permissions are checked later).
1234 * SMP-safe
1235 */
1236 int open_namei(const char * pathname, int flag, int mode, struct nameidata *nd)
```

ouvre un fichier spécifié par son nom ;

Linux 2.6.0

```
1394 /**
1395 * lookup_create - lookup a dentry, creating it if it doesn't exist
1396 * @nd: nameidata info
1397 * @is_dir: directory flag
1398 *
1399 * Simple function to lookup and return a dentry and create it
1400 * if it doesn't exist.  Is SMP-safe.
1401 */
1402 struct dentry *lookup_create(struct nameidata *nd, int is_dir)
```

crée un répertoire ;

```
1424 int vfs_mknod(struct inode *dir, struct dentry *dentry, int mode, dev_t dev)
[...]
1450 asmlinkage long sys_mknod(const char __user * filename, int mode, unsigned dev)
```
Linux 2.6.0

enregistre un périphérique et le place dans la hiérarchie des fichiers ;

```
1499 int vfs_mkdir(struct inode *dir, struct dentry *dentry, int mode)
[...]
1523 asmlinkage long sys_mkdir(const char __user * pathname, int mode)
```
Linux 2.6.0

crée un répertoire ;

```
1554 /*
1555  * We try to drop the dentry early: we should have
1556  * a usage count of 2 if we're the only user of this
1557  * dentry, and if that is true (possibly after pruning
1558  * the dcache), then we drop the dentry now.
1559  *
1560  * A low-level filesystem can, if it choses, legally
1561  * do a
1562  *
1563  *      if (!d_unhashed(dentry))
1564  *              return -EBUSY;
1565  *
1566  * if it cannot handle the case of removing a directory
1567  * that is still in use by something else..
1568  */
1569 static void d_unhash(struct dentry *dentry)
```
Linux 2.6.0

retire une entrée de répertoire de la liste de hachage ;

```
1586 int vfs_rmdir(struct inode *dir, struct dentry *dentry)
[...]
1620 asmlinkage long sys_rmdir(const char __user * pathname)
```
Linux 2.6.0

efface un répertoire ;

```
1661 int vfs_unlink(struct inode *dir, struct dentry *dentry)
[...]
1691 /*
1692  * Make sure that the actual truncation of the file will occur outside its
1693  * directory's i_sem.  Truncate can take a long time if there is a lot of
1694  * writeout happening, and we don't want to prevent access to the directory
1695  * while waiting on the I/O.
1696  */
1697 asmlinkage long sys_unlink(const char __user * pathname)
```
Linux 2.6.0

détruit un lien symbolique ;

```
1745 int vfs_symlink(struct inode *dir, struct dentry *dentry, const char *oldname)
[...]
1768 asmlinkage long sys_symlink(const char __user * oldname, const char __user * newname)
[...]
1801 int vfs_link(struct dentry *old_dentry, struct inode *dir, struct dentry *new_dentry)
[...]
1841 /*
1842  * Hardlinks are often used in delicate situations.  We avoid
1843  * security-related surprises by not following symlinks on the
1844  * newname.  --KAB
1845  *
1846  * We don't follow them on the oldname either to be compatible
1847  * with linux 2.0, and to avoid hard-linking to directories
1848  * and other special files.  --ADM
1849  */
1850 asmlinkage long sys_link(const char __user * oldname, const char __user * newname)
```
Linux 2.6.0

crée un lien symbolique ;

Linux 2.6.0

```
1887 /*
1888  * The worst of all namespace operations - renaming directory. "Perverted"
1889  * doesn't even start to describe it. Somebody in UCB had a heck of a trip...
1890  * Problems:
1891  *      a) we can get into loop creation. Check is done in is_subdir().
1892  *      b) race potential - two innocent renames can create a loop together.
1893  *         That's where 4.4 screws up. Current fix: serialization on
1894  *         sb->s_vfs_rename_sem. We might be more accurate, but that's another
1895  *         story.
1896  *      c) we have to lock _three_ objects - parents and victim (if it exists).
1897  *         And that - after we got ->i_sem on parents (until then we don't know
1898  *         whether the target exists). Solution: try to be smart with locking
1899  *         order for inodes. We rely on the fact that tree topology may change
1900  *         only under ->s_vfs_rename_sem _and_ that parent of the object we
1901  *         move will be locked. Thus we can rank directories by the tree
1902  *         (ancestors first) and rank all non-directories after them.
1903  *         That works since everybody except rename does "lock parent, lookup,
1904  *         lock child" and rename is under ->s_vfs_rename_sem.
1905  *         HOWEVER, it relies on the assumption that any object with ->lookup()
1906  *         has no more than 1 dentry. If "hybrid" objects will ever appear,
1907  *         we'd better make sure that there's no link(2) for them.
1908  *      d) some filesystems don't support opened-but-unlinked directories,
1909  *         either because of layout or because they are not ready to deal with
1910  *         all cases correctly. The latter will be fixed (taking this sort of
1911  *         stuff into VFS), but the former is not going away. Solution: the same
1912  *         trick as in rmdir().
1913  *      e) conversion from fhandle to dentry may come in the wrong moment - when
1914  *         we are removing the target. Solution: we will have to grab ->i_sem
1915  *         in the fhandle_to_dentry code. [FIXME - current nfsfh.c relies on
1916  *         ->i_sem on parents, which works but leads to some truely excessive
1917  *         locking].
1918  */
1919 int vfs_rename_dir(struct inode *old_dir, struct dentry *old_dentry,
1920                    struct inode *new_dir, struct dentry *new_dentry)
[...]
1964 int vfs_rename_other(struct inode *old_dir, struct dentry *old_dentry,
1965                      struct inode *new_dir, struct dentry *new_dentry)
[...]
1994 int vfs_rename(struct inode *old_dir, struct dentry *old_dentry,
1995               struct inode *new_dir, struct dentry *new_dentry)
[...]
2035 static inline int do_rename(const char * oldname, const char * newname)
[...]
2111 asmlinkage long sys_rename(const char __user * oldname, const char __user * newname)
```

change le nom d'un répertoire ou d'un fichier.

Linux 2.6.0

```
2276 struct inode_operations page_symlink_inode_operations = {
2277        .readlink       = page_readlink,
2278        .follow_link    = page_follow_link,
2279 };
```

C'est l'instantiation des opérations sur les liens symboliques.

Conclusion

Nous venons de voir la gestion des fichiers et des répertoires, de façon interne (au niveau de l'espace noyau). L'aspect utilisateur sera traité au chapitre 27. Encore faut-il que l'utilisateur puisse fournir des données à l'ordinateur ! Ceci nous conduit donc à étudier la gestion du clavier, objet du prochain chapitre.

Huitième partie

Périphériques caractère

Chapitre 23

Le clavier

Nous allons voir dans ce chapitre comment le clavier est pris en charge par Linux.

1 Principe du logiciel de lecture au clavier

1.1 Modes brut et structuré

La tâche fondamentale du **pilote du clavier** est de lire les caractères entrés au clavier et de les fournir aux programmes des utilisateurs.

On peut adopter deux approches différentes pour le pilote du clavier :

Mode brut. Le pilote peut lire les données entrées et les transmettre sans modification. Un programme qui lit sur le terminal obtient donc une suite de codes ASCII : on ne lui fournit quand même pas le code des touches ; cela serait trop primaire et dépendrait beaucoup trop de la machine utilisée. On parle de **mode données brutes** (en anglais *raw mode*).

Cette approche convient bien pour les éditeurs sophistiqués comme Emacs qui permettent aux utilisateurs de lier une action particulière à chaque caractère ou suite de caractères. Elle signifie néanmoins que le programme recevra 11 codes ASCII au lieu de 5 si un utilisateur tape *dste* au lieu de *date*, puis corrige l'erreur en appuyant trois fois sur la touche d'effacement et en retapant *ate*.

Mode structuré. La plupart des programmes utilisateur ne veulent pas tant de détails. Ils souhaitent simplement obtenir les données corrigées : (« date » et non « dste<erase><erase><erase>ate »), et non la manière de les corriger. Cette remarque conduit à la deuxième approche : le pilote se charge de tout ce qui se rapporte à l'édition d'une ligne et ne fournit aux programmes des utilisateurs que les lignes corrigées. On parle de **mode données structurées** (en anglais *cooked mode*) depuis UNIX BSD 4.3.

De nombreux systèmes fournissent ces deux modes et permettent le passage de l'un à l'autre par un appel système.

1.2 Tampon de lecture

Notion et intérêt

La première tâche du pilote du clavier est de lire les caractères tapés. Le pilote doit traiter un caractère dès qu'il le reçoit :

· Si chaque frappe provoque une interruption matérielle, le pilote peut lire le caractère au cours du traitement de cette interruption. Si les interruptions sont transformées en messages par le logiciel de bas niveau, on peut placer le nouveau caractère dans le message.

· Il peut aussi être directement placé dans un **tampon** (dit **de lecture**) en mémoire vive, le message ne servant qu'à signaler l'arrivée d'un nouveau caractère. Cette deuxième méthode est plus sûre si les messages ne peuvent être envoyés qu'à des processus qui les attendent : le caractère ne sera pas perdu si le pilote n'a pas fini de traiter le caractère précédent.

Si le terminal est en mode données structurées, les caractères doivent être mémorisés jusqu'à ce que la ligne soit terminée, puisque l'utilisateur peut à tout moment décider de la modifier. Si le terminal est en mode données brutes, il faut aussi placer les caractères dans un tampon puisque le programme peut ne pas les lire immédiatement. On a donc besoin de tampons dans les deux cas.

Implémentation des tampons

On peut réaliser un **tampon de caractères** de deux manières différentes, comme indiqué sur la figure 23.1 ([TAN-87], p. 185) :

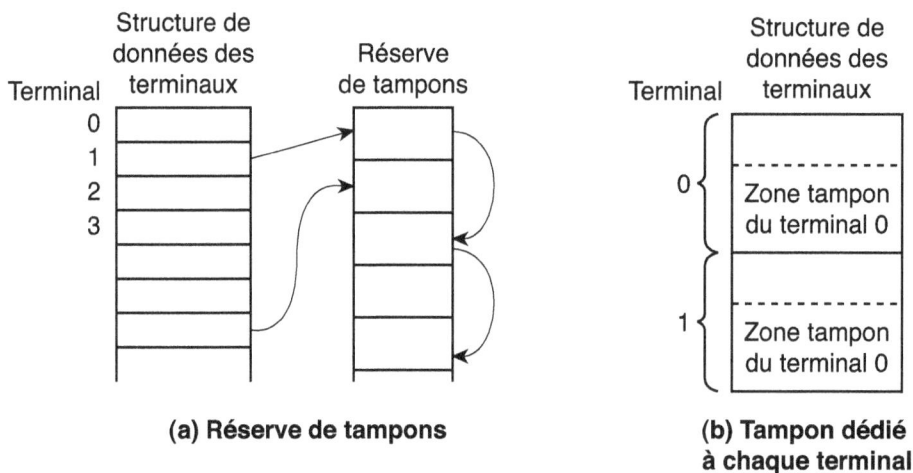

(a) Réserve de tampons

(b) Tampon dédié à chaque terminal

Figure 23.1 : *Tampon de caractères*

· Le pilote peut réserver un **ensemble de tampons** qui contiennent chacun une dizaine de caractères. Chaque terminal possède alors une structure de données qui contient un pointeur sur les tampons qui lui sont alloués. Les tampons d'un même terminal forment une liste chaînée. Le nombre des tampons chaînés augmente avec le nombre de caractères tapés et non encore utilisés. Ces tampons sont remis dans la réserve des tampons lorsque les caractères sont transmis au programme de l'utilisateur.

· La deuxième approche consiste à placer le tampon directement dans la structure de données associée à chaque terminal. Il n'y a plus de réserve de tampons.

Voyons les avantages et les inconvénients de chacune de ces méthodes. Il arrive fréquemment aux utilisateurs de démarrer une commande qui prend un peu de temps (par exemple une compilation) et de taper à l'avance une ou deux lignes de commandes. Il faut donc que le pilote réserve de la place pour environ 200 caractères. Sur un grand ordinateur qui possède 100 terminaux connectés, la deuxième technique requiert 20 Ko. Il est alors préférable d'adopter la solution de la réserve de tampons où 5 Ko seront sans doute suffisants. Un tampon réservé pour chaque terminal rend le pilote plus simple (pas de liste chaînée à gérer). Cette technique est donc préférable pour les ordinateurs personnels qui n'ont qu'un ou deux terminaux.

1.3 Quelques problèmes pour le pilote

Le pilote de clavier doit traiter un certain nombre de problèmes :

Écho. Bien que le clavier et l'écran soient des éléments distincts, les utilisateurs s'attendent à ce que le caractère tapé s'affiche à l'écran. Certains terminaux affichent automatiquement (fonction effectuée par le matériel) tout ce qui est entré au clavier. Ce procédé est gênant pour les mots de passe et limite énormément la souplesse des éditeurs et des programmes sophistiqués. Heureusement, la plupart des terminaux n'affichent pas les caractères tapés. Le logiciel s'acquitte alors de cette tâche en affichant l'écho des caractères tapés.

Cette technique de l'écho est compliquée à mettre en œuvre puisque l'utilisateur peut entrer des données alors qu'un programme affiche des résultats à l'écran. Le pilote du clavier doit donc savoir où il doit mettre les nouvelles données pour qu'elles ne soient pas effacées par les résultats affichés.

Traitement du dépassement de ligne. L'utilisateur tape parfois plus de 80 caractères alors que le terminal ne peut en afficher que 80 sur une ligne. Il faut donc dans certaines applications replier cette ligne. Certains pilotes tronquent tout simplement la ligne à 80 caractères.

Traitement des codes. Si le clavier fournit les codes des touches au lieu des codes ASCII, comme c'est le cas de l'IBM PC, le pilote doit faire correspondre ces codes au moyen de tables de conversion internes.

2 Interface du clavier sur l'IBM-PC

Décrivons le clavier, et surtout son interface, de façon à comprendre le rôle du pilote de clavier implémenté sous Linux.

2.1 Aspect physique

L'aspect physique d'un clavier se juge par son aspect extérieur, par le repérage des touches et par la façon dont les données sont transmises à l'unité centrale :

Aspect extérieur. Le clavier est constitué essentiellement d'une *planche* munie de nombreuses *touches* et, éventuellement, de voyants lumineux (*LED* en anglais).

Le PC a été livré successivement avec trois claviers :

· le clavier PC/XT a accompagné le PC d'origine ainsi que le PC/XT ;

· le clavier AT a accompagné le PC/AT ;

· le clavier étendu, dit aussi clavier MF II (pour *Multi-Function 2*).

Les fonctions des touches ont une compatibilité ascendante en ce sens que l'on retrouve toujours une touche donnée sur le clavier plus récent, bien que pas nécessairement au même endroit, avec des touches supplémentaires à chaque fois.

Le nombre de touches est le même, pour un clavier donné, pour tous les pays, mais les caractères gravés sur chacune d'elles dépendent de celui-ci. Nous allons décrire à chaque fois le clavier américain, dit en disposition qwerty en référence aux premières lettres de la première ligne des lettres, et le clavier français, dit en disposition azerty.

Repérage des touches. L'intérieur du clavier est constitué d'une matrice de décodage constituée de fils de cuivre, reliée à un micro-contrôleur déterminant le numéro de la touche sur laquelle on a appuyé (ou que l'on vient de relâcher) et envoyant ce numéro, appelé scan code, par une liaison série à travers le câble.

On peut voir sur la figure 23.2 ([MES-93], p. 1011) les *scan codes* des claviers étendus 102 touches et 101 touches.

On peut remarquer que les *scan codes* des touches de même nom (par exemple la touche majuscule gauche et la touche majuscule droite) sont identiques. Il y a donc un problème avec les touches qui ont été dédoublées : elles ont le même *scan code* et un programme ne pourra donc pas distinguer si l'on a appuyé, par exemple, sur la touche <Alt> gauche ou droite. Les concepteurs du clavier étendu ont eu une bonne idée : lorsqu'on appuie ou qu'on relâche une touche double, le précode E0h ou E1h est d'abord envoyé pour la touche dédoublée, suivi par le *scan code*. Il s'agit du précode E0h pour la touche <PAUSE> et du précode E1h pour toutes les autres nouvelles touches.

Transmission des données à l'unité centrale. Lorsqu'on appuie ou lorsqu'on relâche une touche, le micro-contrôleur du clavier déclenche une interruption IRQ1 et entrepose le *scan code* correspondant dans un tampon de sortie (il s'agit bien d'une sortie vue du point de vue du clavier), situé au port B du PPI 8255, c'est-à-dire au port d'adresse 60h.

2.2 Make-code et break-code

Le micro-contrôleur du clavier envoie le *scan code* d'une touche lorsqu'on appuie sur celle-ci (on parle alors de make-code), mais également une donnée lorsqu'on relâche celle-ci (on parle de break-code).

Le *break-code* d'une touche est simplement le *scan-code* de celle-ci avec un 1 pour le septième bit, c'est-à-dire qu'on lui a ajouté 128.

Le *break-code* est utilisé, par exemple, pour savoir si l'on a appuyé sur la touche Majuscule et qu'on ne l'a pas relâchée. Ceci permet de savoir, de façon logicielle, si l'on veut un « c » ou un « C ».

2.3 Les registres du contrôleur de clavier

Description

Du côté de la carte mère, l'interface du clavier est en fait constituée de quatre registres d'un octet, dits registres du contrôleur de clavier : le tampon d'entrée, le tampon de sortie, le registre de contrôle et le registre de statut.

On utilise les deux ports d'adresses 60h et 64h sur l'IBM-PC pour accéder à ces quatre registres du contrôleur de clavier. Il suffit de deux ports puisque chacun de ces registres est seulement accessible soit en écriture, soit en lecture, comme l'indique le tableau suivant :

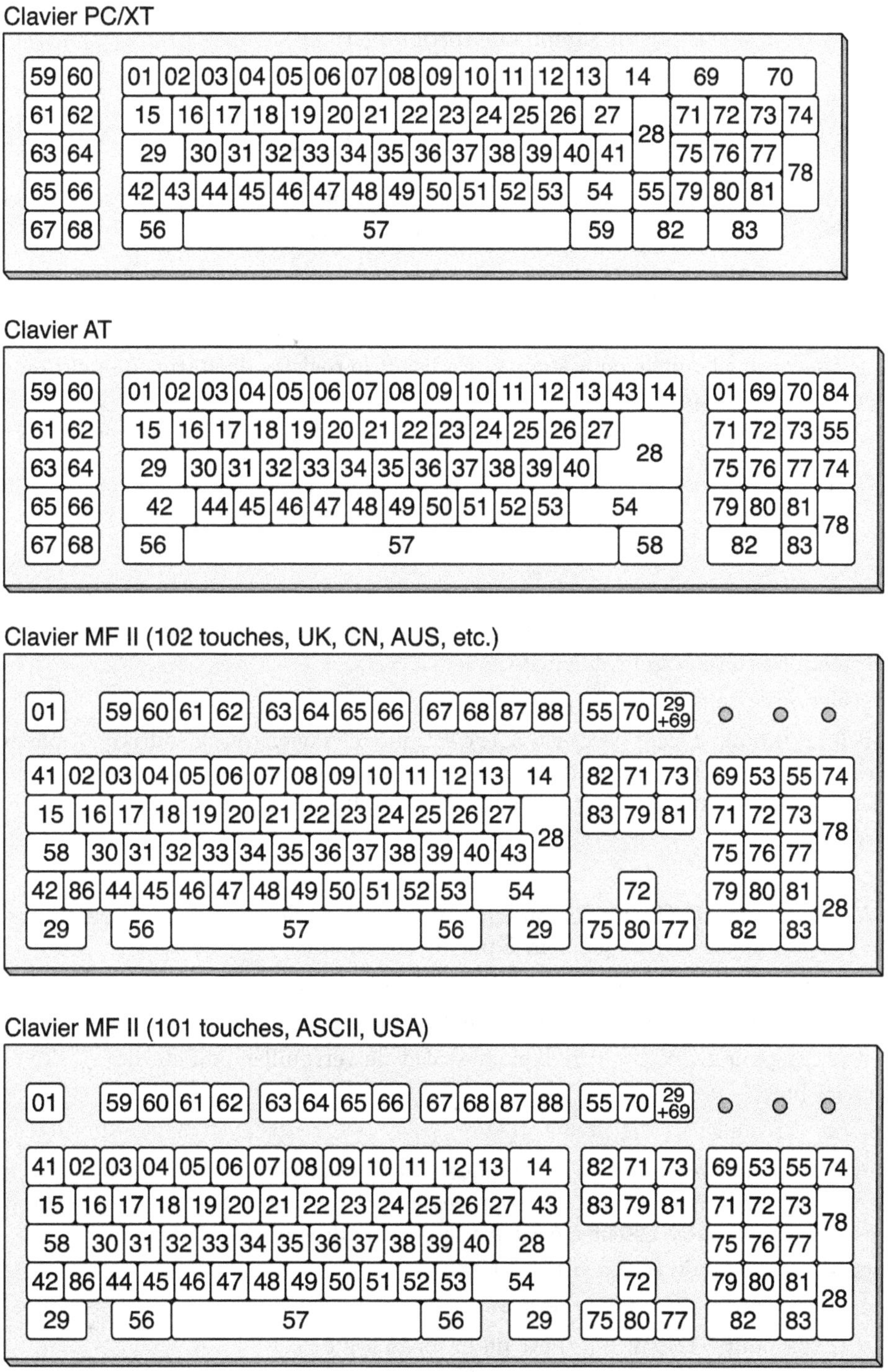

Clavier PC/XT

59	60		01	02	03	04	05	06	07	08	09	10	11	12	13	14		69		70	

Figure 23.2 : *Scan codes*

Port	Registre	Mode d'accès
60h	Tampon de sortie	R
60h	Tampon d'entrée	W
64h	Registre de contrôle	W
64h	Registre de statut	R

Le contrôleur de clavier du PC/XT est seulement capable de transférer les *scan codes* *via* le port d'adresse 60h et de produire une interruption matérielle.

Structure du registre de statut

On a besoin d'en savoir un peu plus sur le registre de statut pour pouvoir déterminer le *scan code* d'une touche sur laquelle on a appuyé. En lisant le registre de statut, on peut déterminer l'état du contrôleur de clavier.

La structure de ce registre est la suivante :

7	6	5	4	3	2	1	0
PARE	TIM	AUXB	KEYL	C/D	SYSF	INPB	OUTB

- Le bit 7 (PARE pour *PARity Error*) indique si une erreur de parité est intervenue lors du dernier transfert du clavier (ou du périphérique auxiliaire à partir du PS/2) :
  - 1 : dernier octet avec erreur de parité ;
  - 0 : dernier octet sans erreur de parité.
- Si le bit 6 (TIM pour *TIMer*) est égal à 1, c'est que le clavier (ou la souris) n'a pas répondu à une requête dans la période de durée prédéfinie ; dans ce cas, on doit reformuler la requête en utilisant la commande Resend que nous verrons plus loin :
  - 1 : erreur ;
  - 0 : pas d'erreur.
- Le bit 5 (AUXB pour *AUXiliary Bit*) indique si un octet de données de la souris est disponible dans le tampon de sortie (uniquement à partir du PS/2) :
  - 1 : données pour le périphérique auxiliaire ;
  - 0 : pas de données pour le périphérique auxiliaire.
- Le bit 4 (KEYL pour *KEY Lock*) indique le statut de verrouillage du clavier :
  - 1 : clavier libre ;
  - 0 : clavier verrouillé.
- Le bit 3 (C/D pour *Command/Data*) indique si le dernier octet écrit était un octet de commande, qui a été transféré par le micro-processeur *via* le port d'adresse 64h, ou un octet de données que le micro-processeur a écrit *via* le port d'adresse 60h :
  - 1 : octet de commande écrit *via* le port 64h ;
  - 0 : octet de données écrit *via* le port 60h.
- Le bit 2 (SYSF pour *SYStem Flag*) est un drapeau système :
  - 1 : auto-test satisfaisant ;
  - 0 : réinitialisation.

· Le bit 1 (INPB pour *INPut Bit*) donne le statut du tampon d'entrée, c'est-à-dire indique si un caractère est encore présent dans le tampon d'entrée ou si le micro-processeur peut en envoyer un autre :
  · 1 : données de l'unité centrale dans le tampon d'entrée ;
  · 0 : tampon d'entrée vide.
· Le bit 0 (OUTB pour *OUTput Bit*) donne l'état du tampon de sortie :
  · 1 : octet de données provenant du clavier disponible dans le tampon de sortie ;
  · 0 : tampon de sortie vide.

Lorsqu'un octet de données est présent, provenant soit du clavier (OUTB égal à 1), soit de la souris (AUXB égal à 1), dès que le micro-processeur lit cet octet, AUXB ou OUTB est mis à 0 automatiquement. Avant de lire le tampon de sortie du contrôleur, en utilisant une instruction IN, il faut toujours vérifier, *via* OUTB et AUXB, que le contrôleur a bien transféré un octet dans le tampon d'entrée. Ceci peut prendre du temps. Le contrôleur de clavier ne peut pas accepter d'autre caractère *via* son tampon d'entrée tant que le micro-processeur n'a pas récupéré le dernier caractère lu, situé dans le tampon de sortie.

2.4 Principe de lecture des *scan codes*

Nous sommes maintenant en mesure de récupérer les caractères du clavier, ou plus exactement leurs *scan codes*.

Pour lire un *scan code*, on scrute l'arrivée d'un 1 pour le bit OUTB du registre de statut du contrôleur de clavier. Lorsqu'il apparaît, on peut récupérer la valeur du *scan code* dans le tampon de sortie du contrôleur de clavier.

Dans la configuration de l'IBM-PC, ceci doit être fait par la routine de service associée à l'interruption IRQ1. Le BIOS implémente une telle routine de service, en mode réel, mais Linux n'utilise pas le BIOS et doit donc implémenter sa propre routine de service.

2.5 Le port 61h

Sur un IBM-PC, le port 61h comprend plusieurs bits permettant des fonctions diverses sans vraiment de lien entre elles. Le bit 7 du registre se situant derrière ce port concerne le clavier :

· bit 7 à 0 : active les données clavier (autorise l'IRQ1) ;
· bit 7 à 1 : désactive les données clavier (annule l'IRQ1).

3 Principe du traitement du clavier sous Linux

Comme nous l'avons déjà vu au chapitre 8, un système d'exploitation tel que Linux ne traite pas le clavier en tant que tel. Le clavier constitue une partie d'un des terminaux, appelé *console*, ce qui évite de dupliquer le traitement du mode structuré. Nous avons vu en particulier que Linux attribue deux tampons au clavier :

· un tampon de lecture brute ;
· un tampon de lecture structurée.

3.1 Le gestionnaire du clavier

Nous avons vu que, lorsqu'on enfonce (ou relâche) une touche du clavier, le micro-contrôleur du clavier envoie une interruption matérielle IRQ1. Avec le déplacement des interruptions matérielles de Linux, celle-ci correspond maintenant à l'interruption int 21h.

Il faut donc concevoir et placer le gestionnaire correspondant. Sous Linux, celui-ci traite à la fois le mode brut, placé dans un premier tampon, et le mode structuré, placé dans un second tampon.

3.2 Initialisation du gestionnaire de clavier

L'initialisation du gestionnaire du clavier est la deuxième action de la fonction **con_init()**, du fichier *kernel/console.c* :

Linux 0.01

```
        set_trap_gate(0x21,&keyboard_interrupt);
```

qui nous donne le nom du gestionnaire du clavier, à savoir **keyboard_interrupt()**.

3.3 Grandes étapes du gestionnaire de clavier

Le gestionnaire du clavier est défini dans le fichier *kernel/keyboard.s* :

Linux 0.01

```
mode:      .byte 0          /* caps, alt, ctrl and shift mode */
leds:      .byte 2          /* num-lock, caps, scroll-lock mode (nom-lock on) */
e0:        .byte 0

/*
 *  con_int is the real interrupt routine that reads the
 *  keyboard scan-code and converts it into the appropriate
 *  ascii character(s).
 */
_keyboard_interrupt:
        pushl %eax
        pushl %ebx
        pushl %ecx
        pushl %edx
        push %ds
        push %es
        movl $0x10,%eax
        mov %ax,%ds
        mov %ax,%es
        xorl %al,%al            /* %eax is scan code */
        inb $0x60,%al
        cmpb $0xe0,%al
        je set_e0
        cmpb $0xe1,%al
        je set_e1
        call key_table(,%eax,4)
        movb $0,e0
e0_e1:  inb $0x61,%al
        jmp 1f
1:      jmp 1f
1:      orb $0x80,%al
        jmp 1f
1:      jmp 1f
1:      outb %al,$0x61
        jmp 1f
1:      jmp 1f
1:      andb $0x7F,%al
        outb %al,$0x61
        movb $0x20,%al
```

```
        outb %al,$0x20
        pushl $0
        call _do_tty_interrupt
        addl $4,%esp
        pop %es
        pop %ds
        popl %edx
        popl %ecx
        popl %ebx
        popl %eax
        iret
set_e0: movb $1,e0
        jmp e0_e1
set_e1: movb $2,e0
        jmp e0_e1
```

Autrement dit le gestionnaire de clavier :

· sauvegarde les registres susceptibles d'être utilisés dans la pile, comme toute sous-routine ;

· positionne les registres ds et es avec le sélecteur 10h, celui du segment de données noyau, ce qui est également classique ;

· traite le mode données brutes, traitement sur lequel nous allons revenir plus en détail ci-après ;

· envoie un accusé de fin de traitement de l'interruption au PIC ;

· fait appel à la fonction **do_tty_interrupt()**, pour le traitement du mode structuré, sur lequel nous reviendrons plus loin ; on commence par placer 0 au sommet de la pile pour passer le paramètre 0 à cette fonction ; celle-ci utilise quatre octets de la pile sans les dépiler explicitement, on ajoute donc 4 au registre esp après l'appel ;

· restaure classiquement les valeurs des registres.

4 Traitement du mode données brutes

4.1 Grandes étapes

Détaillons le code du gestionnaire de clavier concernant le traitement des données brutes :

· La variable e0 prend l'une des valeurs suivantes :
  · 0 si l'on n'a pas appuyé sur une touche nouvelle auparavant ;
  · 1 si l'on a appuyé sur une nouvelle touche du clavier AT, sauf la nouvelle touche PAUSE ;
  · 2 si l'on a appuyé sur la nouvelle touche PAUSE.

· Le gestionnaire :
  · lit la valeur du tampon d'entrée de l'interface matérielle du clavier ;
  · vérifie si cette valeur est une des touches nouvelles :
    · si celle-ci est E0h, il s'agit du préfixe d'une nouvelle touche du clavier AT (sauf PAUSE), on place donc la constante 1 dans la variable e0 et on continue ;
    · si celle-ci est E1h, il s'agit du préfixe de la nouvelle touche PAUSE, on place donc la constante 2 dans la variable e0 et on continue ;
    · si ce n'est ni E0h, ni E1h, on appelle une procédure, dont l'adresse est repérée par le tableau key_table[], pour déterminer le caractère ASCII correspondant puis on réinitialise la variable e0 à 0 et on continue ;

· désactive le clavier le temps de traiter les données (en lisant le registre du port 61h, en mettant son bit 7 à 1 et en le réécrivant), intercale quelques instructions fictives pour obtenir une pause, puis le réactive.

4.2 Détermination de la fonction de traitement

On a vu que le gestionnaire de clavier fait appel à une fonction dont l'adresse se trouve dans le tableau key_table[] pour déterminer le caractère sur lequel on a appuyé. La définition de ce tableau se trouve également dans le fichier *kernel/keyboard.s* :

Linux 0.01

```
/*
 * This table decides which routine to call when a scan-code has been
 * gotten. Most routines just call do_self, or none, depending if
 * they are make or break.
 */
key_table:
        .long none,do_self,do_self,do_self      /* 00-03 s0 esc 1 2 */
        .long do_self,do_self,do_self,do_self    /* 04-07 3 4 5 6 */
        .long do_self,do_self,do_self,do_self    /* 08-0B 7 8 9 0 */
        .long do_self,do_self,do_self,do_self    /* 0C-0F + ' bs tab */
        .long do_self,do_self,do_self,do_self    /* 10-13 q w e r */
        .long do_self,do_self,do_self,do_self    /* 14-17 t y u i */
        .long do_self,do_self,do_self,do_self    /* 18-1B o p } ^ */
        .long do_self,ctrl,do_self,do_self       /* 1C-1F enter ctrl a s */
        .long do_self,do_self,do_self,do_self    /* 20-23 d f g h */
        .long do_self,do_self,do_self,do_self    /* 24-27 j k l | */
        .long do_self,do_self,lshift,do_self     /* 28-2B { para lshift , */
        .long do_self,do_self,do_self,do_self    /* 2C-2F z x c v */
        .long do_self,do_self,do_self,do_self    /* 30-33 b n m , */
        .long do_self,minus,rshift,do_self       /* 34-37 . - rshift * */
        .long alt,do_self,caps,func              /* 38-3B alt sp caps f1 */
        .long func,func,func,func                /* 3C-3F f2 f3 f4 f5 */
        .long func,func,func,func                /* 40-43 f6 f7 f8 f9 */
        .long func,num,scroll,cursor             /* 44-47 f10 num scr home */
        .long cursor,cursor,do_self,cursor       /* 48-4B up pgup - left */
        .long cursor,cursor,do_self,cursor       /* 4C-4F n5 right + end */
        .long cursor,cursor,cursor,cursor        /* 50-53 dn pgdn ins del */
        .long none,none,do_self,func             /* 54-57 sysreq ? < f11 */
        .long func,none,none,none                /* 58-5B f12 ? ? ? */
        .long none,none,none,none                /* 5C-5F ? ? ? ? */
        .long none,none,none,none                /* 60-63 ? ? ? ? */
        .long none,none,none,none                /* 64-67 ? ? ? ? */
        .long none,none,none,none                /* 68-6B ? ? ? ? */
        .long none,none,none,none                /* 6C-6F ? ? ? ? */
        .long none,none,none,none                /* 70-73 ? ? ? ? */
        .long none,none,none,none                /* 74-77 ? ? ? ? */
        .long none,none,none,none                /* 78-7B ? ? ? ? */
        .long none,none,none,none                /* 7C-7F ? ? ? ? */
        .long none,none,none,none                /* 80-83 ? br br br */
        .long none,none,none,none                /* 84-87 br br br br */
        .long none,none,none,none                /* 88-8B br br br br */
        .long none,none,none,none                /* 8C-8F br br br br */
        .long none,none,none,none                /* 90-93 br br br br */
        .long none,none,none,none                /* 94-97 br br br br */
        .long none,none,none,none                /* 98-9B br br br br */
        .long none,unctrl,none,none              /* 9C-9F br unctrl br br */
        .long none,none,none,none                /* A0-A3 br br br br */
        .long none,none,none,none                /* A4-A7 br br br br */
        .long none,none,unlshift,none            /* A8-AB br br unlshift br */
        .long none,none,none,none                /* AC-AF br br br br */
        .long none,none,none,none                /* B0-B3 br br br br */
        .long none,none,unrshift,none            /* B4-B7 br br unrshift br */
        .long unalt,none,uncaps,none             /* B8-BB unalt br uncaps br */
        .long none,none,none,none                /* BC-BF br br br br */
        .long none,none,none,none                /* C0-C3 br br br br */
        .long none,none,none,none                /* C4-C7 br br br br */
```

```
        .long none,none,none,none          /* C8-CB br br br br */
        .long none,none,none,none          /* CC-CF br br br br */
        .long none,none,none,none          /* D0-D3 br br br br */
        .long none,none,none,none          /* D4-D7 br br br br */
        .long none,none,none,none          /* D8-DB br ? ? ? */
        .long none,none,none,none          /* DC-DF ? ? ? ? */
        .long none,none,none,none          /* E0-E3 e0 e1 ? ? */
        .long none,none,none,none          /* E4-E7 ? ? ? ? */
        .long none,none,none,none          /* E8-EB ? ? ? ? */
        .long none,none,none,none          /* EC-EF ? ? ? ? */
        .long none,none,none,none          /* F0-F3 ? ? ? ? */
        .long none,none,none,none          /* F4-F7 ? ? ? ? */
        .long none,none,none,none          /* F8-FB ? ? ? ? */
        .long none,none,none,none          /* FC-FF ? ? ? ? */
```

Il y est fait référence à dix-huit fonctions :

- **do_self()** lorsqu'il s'agit d'un caractère qui peut être traité immédiatement (les caractères affichables et quelques autres) ;
- **none()** lorsqu'on ne veut pas traiter (essentiellement les *break-codes*) ;
- **ctrl()** pour le *make-code* de la touche de contrôle ;
- **lshift()** pour le *make-code* de la touche majuscule gauche ;
- **minus()** pour la touche moins ;
- **rshift()** pour le *make-code* de la touche majuscule droite ;
- **alt()** pour le *make-code* de la touche d'alternative ;
- **caps()** pour le *make-code* de la touche de bloquage du mode majuscule ;
- **func()** pour les touches de fonction F1 à F12 ;
- **num()** pour la touche de verrouillage numérique ;
- **scroll()** pour la touche de bloquage du défilement écran ;
- **cursor()** pour les touches de déplacement du curseur ;
- **unctrl()** pour le *break-code* de la touche de contrôle ;
- **unlshift()** pour le *break-code* de la touche majuscule gauche ;
- **unrshift()** pour le *break-code* de la touche majuscule droite ;
- **unalt()** pour le *break-code* de la touche d'alternative ;
- **uncaps()** pour le *break-code* de la touche de bloquage du mode majuscule.

Ces fonctions sont définies dans le même fichier *kernel/keyboard.s*. Elles ont pour rôle de déterminer le code ASCII à envoyer au tampon des données brutes du clavier. Nous allons maintenant étudier les actions effectuées par ces fonctions.

4.3 Cas des touches préfixielles

Notion

Les touches préfixielles, comme la touche majuscule, ont pour rôle de changer la signification de la touche sur laquelle on va appuyer.

On peut distinguer deux sortes de touches préfixielles : celles qui ont un effet tant qu'on appuie dessus et celles qui bloquent un état.

Zones de données du clavier

Sous Linux, les touches préfixielles se contentent de changer la valeur des variables appelées mode et leds, en se servant également de la valeur de la variable e0 :

Linux 0.01

```
mode:    .byte 0          /* caps, alt, ctrl and shift mode */
leds:    .byte 2          /* num-lock, caps, scroll-lock mode (nom-lock on) */
e0:      .byte 0
```

Ces variables jouent donc le rôle de la zone des données du clavier du BIOS, bien qu'on ne connaisse pas sous Linux son emplacement en mémoire centrale.

Appui sur une touche

La variable mode est un champ de bits dont la structure est la suivante :

7	6	5	4	3	2	1	0
caps	0	alt gr	lalt	rctrl	lctrl	rshift	lshift

où 1 signifie que l'on est en train d'appuyer sur la touche. Ceci se déduit du code ci-dessous (sauf pour caps) :

Linux 0.01

```
ctrl:    movb $0x04,%al
         jmp 1f
alt:     movb $0x10,%al
1:       cmpb $0,e0
         je 2f
         addb %al,%al
2:       orb %al,mode
         ret

unctrl:  movb $0x04,%al
         jmp 1f
unalt:   movb $0x10,%al
1:       cmpb $0,e0
         je 2f
         addb %al,%al
2:       notb %al
         andb %al,mode
         ret

lshift:
         orb $0x01,mode
         ret

unlshift:
         andb $0xfe,mode
         ret

rshift:
         orb $0x02,mode
         ret

unrshift:
         andb $0xfd,mode
         ret
```

Blocage d'une touche

La variable leds est également un champ de bits dont la structure est la suivante :

7	6	5	4	3	2	1	0
0	0	0	0	0	CapsLock	NumLock	ScrollLock

où 1 signifie que l'état est bloqué, comme le montre le code suivant :

```
caps:   testb $0x80,mode
        jne 1f
        xorb $4,leds
        xorb $0x40,mode
        orb $0x80,mode
set_leds:
        call kb_wait
        movb $0xed,%al          /* set leds command */
        outb %al,$0x60
        call kb_wait
        movb leds,%al
        outb %al,$0x60
        ret

uncaps: andb $0x7f,mode
        ret

scroll:
        xorb $1,leds
        jmp set_leds

num:    xorb $2,leds
        jmp set_leds
```

Linux 0.01

L'étiquette 1 référencée après `caps` semble renvoyer à un `ret` beaucoup plus bas.

Manipulation des voyants lumineux du clavier

Dans le cas du bloquage d'un état, il faut également tenir compte de l'action à effectuer sur les voyants lumineux. Rappelons que ceux-ci se manipulent, sur un IBM-PC, à travers le port `60h` : on envoie d'abord `EDh` pour prévenir qu'une commande suit, puis la valeur (qui reprend la structure de `leds`).

Attente du tampon

La fonction **kb_wait()** permet d'attendre que le tampon du contrôleur du clavier soit vidé :

```
/*
 * kb_wait waits for the keyboard controller buffer to empty.
 * there is no timeout - if the buffer doesn't empty, we hang.
 */
kb_wait:
        pushl %eax
1:      inb $0x64,%al
        testb $0x02,%al
        jne 1b
        popl %eax
        ret
```

Linux 0.01

4.4 Cas d'une touche normale

Une **touche normale** est une touche qui ne change pas la signification des touches suivantes ; elle renvoie un seul caractère.

Le *break-code* d'une touche normale renvoie à la fonction **none()** qui, comme son nom l'indique, ne fait rien puisqu'on a immédiatement une instruction `ret`.

Cas du make-code

Le *make-code* d'une touche normale est traité par la fonction **do_self()**, dont le code est le suivant :

```
/*
 * do_self handles "normal" keys, ie keys that don't change meaning
 * and which have just one character returns.
 */
do_self:
        lea alt_map,%ebx
        testb $0x20,mode               /* alt-gr */
        jne 1f
        lea shift_map,%ebx
        testb $0x03,mode
        jne 1f
        lea key_map,%ebx
1:      movb (%ebx,%eax),%al
        orb %al,%al
        je none
        testb $0x4c,mode               /* ctrl or caps */
        je 2f
        cmpb $'a,%al
        jb 2f
        cmpb $'z,%al
        ja 2f
        subb $32,%al
2:      testb $0x0c,mode               /* ctrl */
        je 3f
        cmpb $64,%al
        jb 3f
        cmpb $64+32,%al
        jae 3f
        subb $64,%al
3:      testb $0x10,mode               /* left alt */
        je 4f
        orb $0x80,%al
4:      andl $0xff,%eax
        xorl %ebx,%ebx
        call put_queue
none:   ret
```

Autrement dit on détermine le code ASCII de la touche sur laquelle on a appuyé en se servant de trois tableaux, on change ce code ASCII suivant qu'on appuie simultanément sur certaines autres touches, puis on place le code ASCII ainsi obtenu dans le tampon des données brutes du clavier en faisant appel à la fonction **put_queue()** que nous étudierons un peu plus tard.

Les tableaux de caractères

Le code ASCII varie suivant que l'on n'appuie sur aucune autre touche en même temps, que l'on appuie également sur la touche Alt ou que l'on appuie sur l'une des touches Majuscule ou lorsque le mode majuscule est bloqué :

· Lorsqu'on appuie sur la touche Alt, ce que l'on sait en consultant la variable mode, le tableau de caractères utilisé est le tableau alt_map[] (défini dans le même fichier) :

```
alt_map:
        .byte 0,0
        .ascii "\0@\0$\0\0{[]}\\\0"
        .byte 0,0
        .byte 0,0,0,0,0,0,0,0,0,0,0
        .byte '~,10,0
        .byte 0,0,0,0,0,0,0,0,0,0,0
        .byte 0,0
        .byte 0,0,0,0,0,0,0,0,0,0,0
```

```
        .byte 0,0,0,0          /* 36-39 */
        .fill 16,1,0           /* 3A-49 */
        .byte 0,0,0,0,0        /* 4A-4E */
        .byte 0,0,0,0,0,0,0    /* 4F-55 */
        .byte '|
        .fill 10,1,0
```

Il s'agit presque toujours du caractère nul, évidemment, et sinon des quelques caractères qui apparaissent en troisième position sur le clavier (finnois!).

· Lorsqu'on appuie sur l'une des touches `Majuscule` ou lorsque le mode majuscule est bloqué, on se sert du tableau `shift_map[]` :

```
shift_map:
        .byte 0,27
        .ascii "!\"#$%&/()=?`"
        .byte 127,9
        .ascii "QWERTYUIOP]^"
        .byte 10,0
        .ascii "ASDFGHJKL\\["
        .byte 0,0
        .ascii "*ZXCVBNM;:_"
        .byte 0,'*,0,32          /* 36-39 */
        .fill 16,1,0             /* 3A-49 */
        .byte '-,0,0,0,'+        /* 4A-4E */
        .byte 0,0,0,0,0,0,0      /* 4F-55 */
        .byte '>
        .fill 10,1,0
```
Linux 0.01

Il y a évidemment beaucoup plus de caractères non nuls. Si la variable `mode` est égale à 3, on se servira de ce tableau.

· Dans tous les autres cas, on se sert du tableau `key_map[]` :

```
key_map:
        .byte 0,27
        .ascii "1234567890+'"
        .byte 127,9
        .ascii "qwertyuiop}"
        .byte 0,10,0
        .ascii "asdfghjkl|{"
        .byte 0,0
        .ascii "'zxcvbnm,.-"
        .byte 0,'*,0,32          /* 36-39 */
        .fill 16,1,0             /* 3A-49 */
        .byte '-,0,0,0,'+        /* 4A-4E */
        .byte 0,0,0,0,0,0,0      /* 4F-55 */
        .byte '<
        .fill 10,1,0
```
Linux 0.01

Traitement spécial

Rappelons que le *make-code* se trouve dans le registre `eax` au moment d'entrer dans cette fonction. Les actions sont les suivantes :

· on place dans le registre `al` l'octet se trouvant à l'adresse `eax + ebx`, c'est-à-dire le caractère que l'on veut, au vu des tables ci-dessus ;

· si `al` est nul, on a terminé ;

· si la valeur de la variable `mode` est `4Ch`, c'est-à-dire si l'on appuie simultanément sur la touche `Caps` ou `Ctrl`, et si l'on est dans l'intervalle entre « a » et « z », on enlève 32 à la valeur de `al`.

· si la valeur de la variable `mode` est `Ch`, c'est-à-dire si l'on appuie simultanément sur la touche `ctrl`, et si l'on est dans l'intervalle 64..64+32, on enlève 64 à la valeur de `al` ;

· enfin, si la valeur de la variable mode est 10h, c'est-à-dire si l'on appuie simultanément sur la touche Alt gauche, on met systématiquement le bit de plus haut poids à 1.

4.5 Les touches de déplacement du curseur

Traitement

Les touches de déplacement du curseur envoient un caractère ASCII déterminé comme les autres dans le cas du mode brut. C'est seulement au moment du traitement des données structurées que l'on interprétera ces codes.

Que ce soient les touches de déplacement d'origine, les touches rajoutées ou les touches du clavier numérique, les touches de déplacement du curseur sont traitées par la fonction **cursor()** dont le code est le suivant :

Linux 0.01

```
/*
 *	cursor-key/numeric keypad cursor keys are handled here.
 *	checking for numeric keypad etc.
 */
cursor:
		subb $0x47,%al
		jb 1f
		cmpb $12,%al
		ja 1f
		jne cur2			/* check for ctrl-alt-del */
		testb $0x0c,mode
		je cur2
		testb $0x30,mode
		jne reboot
cur2:	cmpb $0x01,e0			/* e0 forces cursor movement */
		je cur
		testb $0x02,leds		/* not num-lock forces cursor */
		je cur
		testb $0x03,mode		/* shift forces cursor */
		jne cur
		xorl %ebx,%ebx
		movb num_table(%eax),%al
		jmp put_queue
1:		ret

cur:	movb cur_table(%eax),%al
		cmpb $'9,%al
		ja ok_cur
		movb $'~,%ah
ok_cur: shll $16,%eax
		movw $0x5b1b,%ax
		xorl %ebx,%ebx
		jmp put_queue

num_table:
		.ascii "789 456 1230,"
cur_table:
		.ascii "HA5 DGC YB623"
```

Autrement dit :

· si l'on appuie simultanément sur les touches CTRL-ALT-SUP, on fait appel à la fonction **reboot()**, étudiée ci-après, pour redémarrer le système ;

· sinon on envoie un caractère ASCII dans le tampon du clavier, en utilisant l'une des deux tables num_table[] ou cur_table[] suivant que l'on doit considérer la touche comme une touche de déplacement ou non.

Le redémarrage

La fonction de redémarrage **reboot()** est définie un peu plus bas dans le fichier :

Linux 0.01

```
/*
 * This routine reboots the machine by asking the keyboard
 * controller to pulse the reset-line low.
 */
reboot:
        call kb_wait
        movw $0x1234,0x472      /* don't do memory check */
        movb $0xfc,%al          /* pulse reset and A20 low */
        outb %al,$0x64
die:    jmp die
```

Autrement dit on place 1234h à l'adresse absolue 472h pour obtenir un redémarrage à chaud (c'est-à-dire, en particulier, que la mémoire n'est pas vérifiée à nouveau), puis on envoie la valeur FCh au port 64h, dont le circuit électronique s'occupe, sur un IBM-PC, du redémarrage proprement dit.

Remarquons qu'il s'agit d'un redémarrage assez brusque : les tampons en attente, par exemple, ne sont pas sauvegardés.

4.6 Les touches de fonction

Le *make-code* des touches F1 à F12 est traité par la fonction **func()** dont le code est le suivant :

Linux 0.01

```
/*
 * this routine handles function keys
 */
func:
        subb $0x3B,%al
        jb end_func
        cmpb $9,%al
        jbe ok_func
        subb $18,%al
        cmpb $10,%al
        jb end_func
        cmpb $11,%al
        ja end_func
ok_func:
        cmpl $4,%ecx            /* check that there is enough room */
        jl end_func
        movl func_table(,%eax,4),%eax
        xorl %ebx,%ebx
        jmp put_queue
end_func:
        ret

/*
 * function keys send F1:'esc [ [ A' F2:'esc [ [ B' etc.
 */
func_table:
        .long 0x415b5b1b,0x425b5b1b,0x435b5b1b,0x445b5b1b
        .long 0x455b5b1b,0x465b5b1b,0x475b5b1b,0x485b5b1b
        .long 0x495b5b1b,0x4a5b5b1b,0x4b5b5b1b,0x4c5b5b1b
```

en se servant de la table func_table[].

4.7 La touche moins

Le cas de la touche « – » du clavier numérique doit être traité à part car elle peut être interprétée comme « – » ou comme « / » :

```
/*
 * minus has a routine of its own, as a 'E0h' before
 * the scan code for minus means that the numeric keypad
 * slash was pushed.
 */
minus:  cmpb $1,e0
        jne do_self
        movl $'/,%eax
        xorl %ebx,%ebx
        jmp put_queue
```

4.8 Mise en tampon brut du clavier

Comme nous l'avons vu ci-dessus, après avoir déterminé le code ASCII associé à la touche sur laquelle on est en train d'appuyer, il est fait appel à la fonction **put_queue()** pour introduire ce code (ou caractère, selon le point de vue) dans le tampon des données brutes du clavier. Nous allons voir quel est le rôle de cette fonction.

La fonction **put_queue()** est définie dans le fichier *kernel/keyboard.s* :

```
size      = 1024    /* must be a power of two! And MUST be the same
                        as in tty_io.c!!!! */
head = 4
tail = 8
proc_list = 12
buf = 16
----------------------------
/*
 * This routine fills the buffer with max 8 bytes, taken from
 * %ebx:%eax. (%edx is high). The bytes are written in the
 * order %al,%ah,%eal,%eah,%bl,%bh ... until %eax is zero.
 */
put_queue:
        pushl %ecx
        pushl %edx
        movl _table_list,%edx          # read-queue for console
        movl head(%edx),%ecx
1:      movb %al,buf(%edx,%ecx)
        incl %ecx
        andl $size-1,%ecx
        cmpl tail(%edx),%ecx           # buffer full - discard everything
        je 3f
        shrdl $8,%ebx,%eax
        je 2f
        shrl $8,%ebx
        jmp 1b
2:      movl %ecx,head(%edx)
        movl proc_list(%edx),%ecx
        testl %ecx,%ecx
        je 3f
        movl $0,(%ecx)
3:      popl %edx
        popl %ecx
        ret
```

Le code ASCII du caractère se trouve en général, lors de l'appel de la fonction, dans le registre al. Nous avons vu cependant qu'il peut y avoir jusqu'à 8 caractères à placer dans le tampon.

Ceux-ci sont alors placés, lors de l'appel de la fonction, dans les registres `ebx` et `eax`, dans l'ordre `al`, `ah`, `eal`, `eah`, `bl`, `bh`, `ebl`, `ebh`. On suit les étapes suivantes :

· on sauvegarde sur la pile les valeurs des registres `ecx` et `edx`, ceux-ci devant être utilisés dans la procédure ;

· on place l'adresse de la liste des tampons du terminal, `table_list[]`, dans le registre `edx` ; il s'agit également, et c'est ce qui nous intéresse ici, de l'adresse du tampon des données brutes du clavier ; rappelons-nous que la structure de ce tampon, définie dans le fichier *include/ linux/tty.h* est :

Linux 0.01

```
#define TTY_BUF_SIZE 1024

struct tty_queue {
        unsigned long data;
        unsigned long head;
        unsigned long tail;
        struct task_struct * proc_list;
        char buf[TTY_BUF_SIZE];
};
```

On a défini au début du fichier source qui nous intéresse la taille `size` du tampon (déjà définie dans le fichier *tty.h* et non dans *tty_io.c*, comme il est indiqué par mégarde), Erreur ? ainsi que les adresses relatives des champs `head`, `tail`, `proc_list` et `buf` ;

· on place dans `ecx` le déplacement de la tête du tampon, c'est-à-dire `[edx + head]` ;

· on place au bon endroit dans le tampon, c'est-à-dire à l'adresse `edx + ecx + buf`, la valeur de l'octet se trouvant dans le registre `al`, c'est-à-dire le code ASCII du caractère qui vient d'être saisi ;

· on incrémente `ecx`, prévoyant l'emplacement du caractère suivant ; l'incrémentation se fait modulo 1 024, évidemment, d'où la présence de la conjonction ;

· si le tampon est plein, c'est-à-dire si la valeur de la tête du tampon est égale à celle de la queue, on abandonne (momentanément) la mise en tampon ;

· sinon on place le caractère suivant en effectuant une rotation à gauche de 8 bits sur les registres `ebx:eax`, et on recommence jusqu'à ce que `eax` prenne la valeur 0.

5 Traitement du mode structuré

5.1 Appel

Nous avons vu que le gestionnaire du clavier, après avoir placé le caractère ASCII de la touche sur laquelle on a appuyé, fait appel à la fonction **do_tty_interrupt()**. Celle-ci est définie dans le fichier *kernel/tty_io.c* et fait juste appel au mode structuré :

Linux 0.01

```
/*
 * Jeh, sometimes I really like the 386.
 * This routine is called from an interrupt,
 * and there should be absolutely no problem
 * with sleeping even in an interrupt (I hope).
 * Of course, if somebody proves me wrong, I'll
 * hate intel for all time:-). We'll have to
 * be careful and see to reinstating the interrupt
 * chips before calling this, though.
 */
void do_tty_interrupt(int tty)
{
        copy_to_cooked(tty_table+tty);
}
```

Puisqu'on avait placé 0 sur la pile avant de faire appel à cette fonction, on a `tty = 0`. Nous avons vu au chapitre 8 la définition de `tty_table[]` comme implémentation du terminal. La valeur de `tty_table + tty` est égale à la voie de communication correspondant à la console.

5.2 Passage du tampon brut au tampon structuré

Nous avons vu que les caractères lus sont d'abord placés dans le tampon de lecture brut. Ils sont ensuite, après traitement correspondant au paramétrage choisi, placé dans le tampon de lecture structuré.

Cela se fait par appel à la fonction **copy_to_cooked()** définie dans le fichier *kernel/tty_io.c* :

Linux 0.01

```
void copy_to_cooked(struct tty_struct * tty)
{
        signed char c;

        while (!EMPTY(tty->read_q) &&!FULL(tty->secondary)) {
                GETCH(tty->read_q,c);
                if (c==13)
                        if (I_CRNL(tty))
                                c=10;
                        else if (I_NOCR(tty))
                                continue;
                        else;
                else if (c==10 && I_NLCR(tty))
                        c=13;
                if (I_UCLC(tty))
                        c=tolower(c);
                if (L_CANON(tty)) {
                        if (c==ERASE_CHAR(tty)) {
                                if (EMPTY(tty->secondary) ||
                                   (c=LAST(tty->secondary))==10 ||
                                    c==EOF_CHAR(tty))
                                        continue;
                                if (L_ECHO(tty)) {
                                        if (c<32)
                                                PUTCH(127,tty->write_q);
                                        PUTCH(127,tty->write_q);
                                        tty->write(tty);
                                }
                                DEC(tty->secondary.head);
                                continue;
                        }
                        if (c==STOP_CHAR(tty)) {
                                tty->stopped=1;
                                continue;
                        }
                        if (c==START_CHAR(tty)) {
                                tty->stopped=0;
                                continue;
                        }
                }
                if (!L_ISIG(tty)) {
                        if (c==INTR_CHAR(tty)) {
                                tty_intr(tty,SIGINT);
                                continue;
                        }
                }
                if (c==10 || c==EOF_CHAR(tty))
                        tty->secondary.data++;
                if (L_ECHO(tty)) {
                        if (c==10) {
                                PUTCH(10,tty->write_q);
                                PUTCH(13,tty->write_q);
```

```
                    } else if (c<32) {
                        if (L_ECHOCTL(tty)) {
                            PUTCH('^',tty->write_q);
                            PUTCH(c+64,tty->write_q);
                        }
                    } else
                        PUTCH(c,tty->write_q);
                    tty->write(tty);
                }
            PUTCH(c,tty->secondary);
        }
        wake_up(&tty->secondary.proc_list);
}
```

Nous avons déjà étudié les macros **EMPTY()**, **FULL()**, **GETCH()**, **I_CRNL()**, **I_NOCR()**, **I_NLCR()**, **I_UCLC()**, **L_CANON()**, **ERASE_CHAR()**, **LAST()**, **EOF_CHAR()**, **L_ECHO()**, **PUTCH()**, **DEC()**, **STOP_CHAR()**, **START_CHAR()**, **L_ISIG()**, **INTR_CHAR()**, **EOF_CHAR()** et **L_ECHO()** lors de l'étude de l'affichage.

Il est inutile de s'occuper de la fonction **tty_intr()** pour l'instant. En effet, la valeur de pgrp est 0 pour la console alors que le code de cette fonction, défini dans le fichier /kernel/tty_io.c est :

```
void tty_intr(struct tty_struct * tty, int signal)                          Linux 0.01
{
        int i;

        if (tty->pgrp <= 0)
                return;
        for (i=0;i<NR_TASKS;i++)
                if (task[i] && task[i]->pgrp==tty->pgrp)
                        task[i]->signal |= 1<<(signal-1);
}
```

donc on ne fait rien dans le cas du clavier.

Tant qu'il reste des caractères dans le tampon brut et que le tampon structuré n'est pas plein, on fait passer (après transformation) un caractère du premier dans le second :

· on récupère donc un caractère du tampon brut ;

· on étudie les transformations éventuelles à lui appliquer :

  · s'il s'agit du caractère de retour chariot, de code ASCII 13 (notez l'utilisation d'un nombre magique au lieu d'une constante), on le transforme ou non suivant les paramètres choisis ;

  · de même s'il s'agit du passage à la ligne, de code ASCII 10 ;

  · si l'on doit transformer les minuscules en majuscules, on le fait ;

  · on traite ensuite le mode canonique, de façon suffisamment claire pour qu'il n'y ait rien à dire ;

  · on passe alors au traitement du mode ISIG ;

  · on traite alors le cas où le caractère, éventuellement après les transformations précédentes, est celui du passage à la ligne, et que cela correspond à la fin de fichier ;

· on s'occupe de l'écho à l'écran ;

· on place le caractère transformé dans le tampon structuré ;

· on réveille les processus en attente de ce tampon structuré.

6 Évolution du noyau

Quatre changements concernent le traitement du clavier sous Linux :

- c'est un périphérique caractère parmi d'autres ; il suffit maintenant d'implémenter les fonctions spécifiques de ce périphérique par rapport au périphérique caractère virtuel ;
- le pilote fait l'objet du fichier *drivers/char/keyboard.c*, maintenant écrit en langage C ;
- les 256 caractères possibles sont pris en compte au lieu de seuls les 128 premiers ;
- enfin, la partie visible par l'utilisateur est qu'on peut s'adapter à la langue pour laquelle a été conçu le clavier physique, et non plus seulement pour le finnois.

Quelques extraits significatifs du fichier *drivers/char/keyboard.c* mettront ces modifications en évidence :

Linux 2.6.0
```
1  /*
2   * linux/drivers/char/keyboard.c
3   *
4   * Written for linux by Johan Myreen as a translation from
5   * the assembly version by Linus (with diacriticals added)
6   *
7   * Some additional features added by Christoph Niemann (ChN), March 1993
8   *
9   * Loadable keymaps by Risto Kankkunen, May 1993
10  *
11  * Diacriticals redone & other small changes, aeb@cwi.nl, June 1993
12  * Added decr/incr_console, dynamic keymaps, Unicode support,
13  * dynamic function/string keys, led setting,   Sept 1994
14  * 'Sticky' modifier keys, 951006.
15  *
16  * 11-11-96: SAK should now work in the raw mode (Martin Mares)
17  *
18  * Modified to provide 'generic' keyboard support by Hamish Macdonald
19  * Merge with the m68k keyboard driver and split-off of the PC low-level
20  * parts by Geert Uytterhoeven, May 1997
21  *
22  * 27-05-97: Added support for the Magic SysRq Key (Martin Mares)
23  * 30-07-98: Dead keys redone, aeb@cwi.nl.
24  * 21-08-02: Converted to input API, major cleanup. (Vojtech Pavlik)
25  */
```

Le pilote est maintenant écrit en langage C et non plus en langage d'assemblage.

Linux 2.6.0
```
71 /*
72  * Handler Tables.
73  */
74
75 #define K_HANDLERS\
76         k_self,         k_fn,           k_spec,         k_pad,\
77         k_dead,         k_cons,         k_cur,          k_shift,\
78         k_meta,         k_ascii,        k_lock,         k_lowercase,\
79         k_slock,        k_dead2,        k_ignore,       k_ignore
80
81 typedef void (k_handler_fn)(struct vc_data *vc, unsigned char value,
82                         char up_flag, struct pt_regs *regs);
83 static k_handler_fn K_HANDLERS;
84 static k_handler_fn *k_handler[16] = { K_HANDLERS };
```

On trouve maintenant une table des gestionnaires du clavier que l'on peut configurer à volonté ; une table par défaut est mise en place.

Linux 2.6.0
```
86 #define FN_HANDLERS\
87         fn_null,        fn_enter,       fn_show_ptregs, fn_show_mem,\
88         fn_show_state,  fn_send_intr,   fn_lastcons,    fn_caps_toggle,\
```

```
89        fn_num,         fn_hold,         fn_scroll_forw, fn_scroll_back,\
90        fn_boot_it,     fn_caps_on,      fn_compose,     fn_SAK,\
91        fn_dec_console, fn_inc_console,  fn_spawn_con,   fn_bare_num
92
93 typedef void (fn_handler_fn)(struct vc_data *vc, struct pt_regs *regs);
94 static fn_handler_fn FN_HANDLERS;
95 static fn_handler_fn *fn_handler[] = { FN_HANDLERS };
```

On trouve de même une table des fonctions de traitement, et une table par défaut est ici encore installée.

```
 97 /*
 98  * Variables exported for vt_ioctl.c
 99  */
100
101 /* maximum values each key_handler can handle */
102 const int max_vals[] = {
103         255, ARRAY_SIZE(func_table) - 1, ARRAY_SIZE(fn_handler) - 1, NR_PAD - 1,
104         NR_DEAD - 1, 255, 3, NR_SHIFT - 1, 255, NR_ASCII - 1, NR_LOCK - 1,
105         255, NR_LOCK - 1, 255
106 };
107
108 const int NR_TYPES = ARRAY_SIZE(max_vals);
109
110 struct kbd_struct kbd_table[MAX_NR_CONSOLES];
111 static struct kbd_struct *kbd = kbd_table;
112 static struct kbd_struct kbd0;
```

Linux 2.6.0

Le clavier étant un élément de la console, ou plus exactement de plusieurs consoles virtuelles, on lui associe des variables utilisées par celles-ci.

```
158 /*
159  * Translation of scancodes to keycodes. We set them on only the first attached
160  * keyboard - for per-keyboard setting, /dev/input/event is more useful.
161  */
162 int getkeycode(unsigned int scancode)
163 {
164         struct list_head * node;
165         struct input_dev *dev = NULL;
166
167         list_for_each(node,&kbd_handler.h_list) {
168                 struct input_handle * handle = to_handle_h(node);
169                 if (handle->dev->keycodesize) {
170                         dev = handle->dev;
171                         break;
172                 }
173         }
174
175         if (!dev)
176                 return -ENODEV;
177
178         if (scancode < 0 || scancode >= dev->keycodemax)
179                 return -EINVAL;
180
181         return INPUT_KEYCODE(dev, scancode);
182 }
183
184 int setkeycode(unsigned int scancode, unsigned int keycode)
185 {
186         struct list_head * node;
187         struct input_dev *dev = NULL;
188         int i, oldkey;
189
190         list_for_each(node,&kbd_handler.h_list) {
191                 struct input_handle *handle = to_handle_h(node);
192                 if (handle->dev->keycodesize) {
193                         dev = handle->dev;
194                         break;
```

Linux 2.6.0

```
195                           }
196                   }
197
198           if (!dev)
199                   return -ENODEV;
200
201           if (scancode < 0 || scancode >= dev->keycodemax)
202                   return -EINVAL;
203
204           oldkey = INPUT_KEYCODE(dev, scancode);
205           INPUT_KEYCODE(dev, scancode) = keycode;
206
207           clear_bit(oldkey, dev->keybit);
208           set_bit(keycode, dev->keybit);
209
210           for (i = 0; i < dev->keycodemax; i++)
211                   if (INPUT_KEYCODE(dev,i) == oldkey)
212                           set_bit(oldkey, dev->keybit);
213
214           return 0;
215 }
```

La traduction du *scan-code* en caractère fait maintenant l'objet de fonctions C paramétrables.

Linux 2.6.0

```
217 /*
218  * Making beeps and bells.
219  */
220 static void kd_nosound(unsigned long ignored)
[...]
238 void kd_mksound(unsigned int hz, unsigned int ticks)
```

La génération des *beeps* (ou sons de cloche) est maintenant prise en compte.

Linux 2.6.0

```
292 /*
293  * Helper Functions.
294  */
295 static void put_queue(struct vc_data *vc, int ch)
```

Cette fonction permet d'insérer un caractère dans la file d'attente en entrée de la console.

Linux 2.6.0

```
885 /*
886  * This routine is the bottom half of the keyboard interrupt
887  * routine, and runs with all interrupts enabled. It does
888  * console changing, led setting and copy_to_cooked, which can
889  * take a reasonably long time.
890  *
891  * Aside from timing (which isn't really that important for
892  * keyboard interrupts as they happen often), using the software
893  * interrupt routines for this thing allows us to easily mask
894  * this when we don't want any of.the above to happen.
895  * This allows for easy and efficient race-condition prevention
896  * for kbd_refresh_leds => input_event(dev, EV_LED, ...) => ...
897  */
898
899 static void kbd_bh(unsigned long dummy)
900 {
901           struct list_head * node;
902           unsigned char leds = getleds();
903
904           if (leds!= ledstate) {
905                   list_for_each(node,&kbd_handler.h_list) {
906                           struct input_handle * handle = to_handle_h(node);
907                           input_event(handle->dev, EV_LED, LED_SCROLLL,!!(leds & 0x01));
908                           input_event(handle->dev, EV_LED, LED_NUML,   !!(leds & 0x02));
909                           input_event(handle->dev, EV_LED, LED_CAPSL,  !!(leds & 0x04));
910                           input_sync(handle->dev);
911                   }
912           }
913
```

```
914          ledstate = leds;
915 }
```

C'est le gestionnaire de l'interruption matérielle liée au clavier.

```
936 #if defined(CONFIG_X86) || defined(CONFIG_IA64) || defined(CONFIG_ALPHA)
      || defined(CONFIG_MIPS) || defined(CONFIG_PPC) || defined(CONFIG_SPARC32)
      || defined(CONFIG_SPARC64) || defined(CONFIG_PARISC)
937
938 static unsigned short x86_keycodes[256] =
939         { 0,  1,  2,  3,  4,  5,  6,  7,  8,  9, 10, 11, 12, 13, 14, 15,
940          16, 17, 18, 19, 20, 21, 22, 23, 24, 25, 26, 27, 28, 29, 30, 31,
941          32, 33, 34, 35, 36, 37, 38, 39, 40, 41, 42, 43, 44, 45, 46, 47,
942          48, 49, 50, 51, 52, 53, 54, 55, 56, 57, 58, 59, 60, 61, 62, 63,
943          64, 65, 66, 67, 68, 69, 70, 71, 72, 73, 74, 75, 76, 77, 78, 79,
944          80, 81, 82, 83, 43, 85, 86, 87, 88,115,119,120,121,375,123, 90,
945         284,285,309,298,312, 91,327,328,329,331,333,335,336,337,338,339,
946         367,288,302,304,350, 92,334,512,116,377,109,111,373,347,348,349,
947         360, 93, 94, 95, 98,376,100,101,321,316,354,286,289,102,351,355,
948         103,104,105,275,287,279,306,106,274,107,294,364,358,363,362,361,
949         291,108,381,281,290,272,292,305,280, 99,112,257,258,359,270,114,
950         118,117,125,374,379,115,112,125,121,123,264,265,266,267,268,269,
951         271,273,276,277,278,282,283,295,296,297,299,300,301,293,303,307,
952         308,310,313,314,315,317,318,319,320,357,322,323,324,325,326,330,
953         332,340,365,342,343,344,345,346,356,113,341,368,369,370,371,372 };
```

Linux 2.6.0

C'est la table par défaut des 256 caractères (à comparer aux 127 de Linux 0.01).

```
1148 static char kbd_name[] = "kbd";
```

Linux 2.6.0

C'est le nom du périphérique.

```
1150 /*
1151  * When a keyboard (or other input device) is found, the kbd_connect
1152  * function is called. The function then looks at the device, and if it
1153  * likes it, it can open it and get events from it. In this (kbd_connect)
1154  * function, we should decide which VT to bind that keyboard to initially.
1155  */
1156 static struct input_handle *kbd_connect(struct input_handler *handler,
1157                                          struct input_dev *dev,
1158                                          struct input_device_id *id)
1159 {
1160         struct input_handle *handle;
1161         int i;
1162
1163         for (i = KEY_RESERVED; i < BTN_MISC; i++)
1164                 if (test_bit(i, dev->keybit)) break;
1165
1166         if ((i == BTN_MISC) &&!test_bit(EV_SND, dev->evbit))
1167                 return NULL;
1168
1169         if (!(handle = kmalloc(sizeof(struct input_handle), GFP_KERNEL)))
1170                 return NULL;
1171         memset(handle, 0, sizeof(struct input_handle));
1172
1173         handle->dev = dev;
1174         handle->handler = handler;
1175         handle->name = kbd_name;
1176
1177         input_open_device(handle);
1178         kbd_refresh_leds(handle);
1179
1180         return handle;
1181 }
```

Linux 2.6.0

Voilà l'initialisation du clavier en tant que périphérique.

Linux 2.6.0

```
1189 static struct input_device_id kbd_ids[] = {
1190        {
1191                .flags = INPUT_DEVICE_ID_MATCH_EVBIT,
1192                .evbit = { BIT(EV_KEY) },
1193        },
1194
1195        {
1196                .flags = INPUT_DEVICE_ID_MATCH_EVBIT,
1197                .evbit = { BIT(EV_SND) },
1198        },
1199
1200        { },     /* Terminating entry */
1201 };
[...]
1205 static struct input_handler kbd_handler = {
1206        .event          = kbd_event,
1207        .connect        = kbd_connect,
1208        .disconnect     = kbd_disconnect,
1209        .name           = "kbd",
1210        .id_table       = kbd_ids,
1211 };
```

On trouve ici la déclaration statique du clavier.

Linux 2.6.0

```
1213 int __init kbd_init(void)
1214 {
1215        int i;
1216
1217        kbd0.ledflagstate = kbd0.default_ledflagstate = KBD_DEFLEDS;
1218        kbd0.ledmode = LED_SHOW_FLAGS;
1219        kbd0.lockstate = KBD_DEFLOCK;
1220        kbd0.slockstate = 0;
1221        kbd0.modeflags = KBD_DEFMODE;
1222        kbd0.kbdmode = VC_XLATE;
1223
1224        for (i = 0; i < MAX_NR_CONSOLES; i++)
1225                kbd_table[i] = kbd0;
1226
1227        input_register_handler(&kbd_handler);
1228
1229        tasklet_enable(&keyboard_tasklet);
1230        tasklet_schedule(&keyboard_tasklet);
1231
1232        return 0;
1233 }
```

C'est l'initialisation du clavier lors du démarrage du système

Conclusion

L'étude du pilote de périphérique du clavier nous a conduits à analyser une autre puce électronique des micro-ordinateurs compatibles PC, représentée par les registres du contrôleur du clavier. Le passage du mode brut au mode structuré, déjà rencontré dans un autre contexte à propos du pilote d'écran, est pratiquement de l'histoire ancienne désormais.

Le clavier est du type périphérique caractère. D'autres représentants en sont les liaisons série, que nous étudierons dans le chapitre suivant.

Chapitre 24

Les liaisons série

Nous allons voir dans ce chapitre comment le pilote des deux liaisons série, appelées COM1 et COM2 sur les PC, est conçu pour Linux. Nous commencerons par une étude générale de la liaison série et du standard RS-232.

1 Étude générale

Jusqu'à maintenant nous avons vu comment accéder à un périphérique grâce à une liaison parallèle, qui est la façon naturelle d'un micro-processeur pour communiquer. Cependant la liaison parallèle possède un inconvénient matériel majeur : le câble de liaison est limité à quelques mètres (disons cinq) ; au-delà, les huit bits de données ne sont plus synchronisés. Au-delà des cinq mètres, on utilise donc une *liaison série*, ce qui permet des communications lointaines et n'exige en théorie qu'un seul fil de données (en fait deux ou trois avec la terre et l'accusé de réception).

Dans une liaison série, les données sont transmises un bit à la fois (et non plus un ou plusieurs octets à la fois). Bien entendu la transmission sera plus lente mais, comme nous l'avons déjà dit, elle pourra s'effectuer entre endroits plus éloignés.

On distingue deux types de communications série : les *communications série asynchrones* et les *communications série synchrones*.

1.1 Communication série asynchrone

Définition

Dans une communication série asynchrone, les octets sont transmis de façon irrégulière. Il faut donc un marqueur pour indiquer le début de l'envoi d'un certain nombre de bits, convenu à l'avance, et un marqueur pour en indiquer la fin.

L'application typique de la communication série asynchrone est l'interface entre le clavier et l'unité centrale.

Caractéristiques

Une communication série asynchrone se caractérise par la nature et le nombre de ses bits de début et d'arrêt et par son taux de transmission :

Bit de début et bit d'arrêt. La technique courante pour les communications série asynchrones consiste à maintenir le signal à un niveau haut (une **marque**, en anglais *mark*) jusqu'à ce qu'une donnée soit transmise. Chaque caractère transmis doit commencer par un bit de niveau 0 (une espace, en anglais *space*), appelé le bit de début (en anglais *start bit*). Il est utilisé pour synchroniser le transmetteur et le receveur. La donnée, d'un octet, est alors envoyée en commençant par le bit de poids le plus faible. On termine par un ou deux bits d'arrêt (en anglais *stop bit*) à niveau haut.

Exemple — Le schéma 24.1 ([UFF-87], p. 515) montre les niveaux logiques pour la transmission de l'octet 7Bh dans le cas de deux bits d'arrêt.

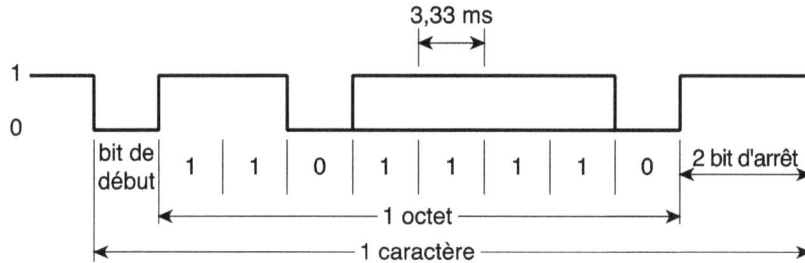

Format des données série en asynchrone standard.
L'octet de données est encadré par un bit de début et un ou deux
bits d'arrêt. Dans cet exemple, l'octet de données est 7Bh.

Figure 24.1 : *Niveaux logiques*

Taux de transmission. Le taux de transmission, ou débit (en anglais *data rate*), est exprimé en bits par seconde (bps) ou en caractères par seconde.

Exemple 1 — *Calculons le débit dans le cas de l'exemple précédent où la durée d'un bit est de 3.33 ms.*

Puisque la durée d'un bit est de 3.33 ms, le débit est de 1/3.33 ms = 300 bits/s. Puisqu'il y a 11 bits par caractère, il faudra 11 × 3.33 ms = 36.63 ms pour transmettre un caractère. Le débit est donc de 1/36.63 ms = 27.3 caractères par seconde.

Exemple 2 — *Les modems actuels transmettent les données par ligne téléphonique à un débit de 9 600, 14 400, 28 800 ou 57 600 bps. Si un fichier d'un 1 Mo doit être transmis, calculer le temps de transmission dans les deux cas extrêmes.*

(a) Dans le cas de 9 600 bps, on a : 1 048 576 caractères × 11 × 1 s/9 600 caractères = 1202 s = 20 minutes et 2 secondes.

(b) Dans le cas de 57 600 bps, on a : 1 048 576 caractères × 11 × 1 s/57 600 caractères = 201 s = 3 minutes et 21 secondes.

Construction d'un port série

Le matériel pour un port série n'est pas complexe. Comme le montre la figure 24.2 ([UFF-87], p. 516), un port série est tout simplement un port parallèle dans lequel on ne considère qu'un seul bit.

Si l'adresse du port est 0, pour envoyer un bit de données à ce port on peut utiliser l'instruction OUT 0,AL.

La donnée du bit 0 du registre AL sera transmise. De même, l'instruction IN AL,0 permet de recevoir un bit de données en série sur le bit 0 de AL.

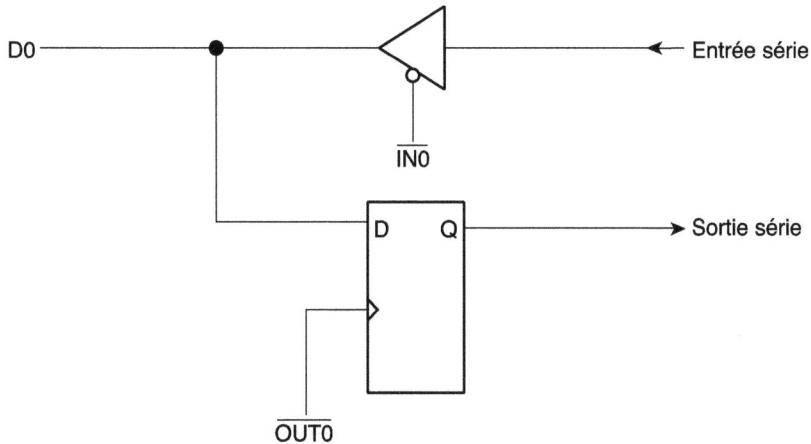

Port d'entrée et de sortie d'un seul bit

Figure 24.2 : *Port série simple*

Programmation d'une communication série : envoi

Pour transmettre des données en série, il faut sérialiser celles-ci et ajouter le bit de début et les bits d'arrêt, et ceci par programmation. De même, lors de la réception, il faut détecter le début d'une donnée et la convertir sous forme parallèle.

La portion de programme suivant, écrit en langage d'assemblage MASM, concerne la transmission pour le matériel de la figure 24.2 :

```
; Fonction: transmetteur de données en série.
;           La procédure DELAY détermine le débit.
; Entrée:   Le caractère à transmettre dans AL.
; Sortie:   Donnée en série sur le bit 0 de DPORT.

        EXTRN DELAY:NEAR
        DPORT EQU 00h
CODE    SEGMENT
        ASSUME CS:CODE

SERIE   PROC NEAR
        MOV CX,10    ; 10 bits/caractère
        CLC          ; Bit de début
        RCL AL,1     ; mis en position 1
TRANS:  OUT DPORT,AL ; transmission du bit
        CALL DELAY   ; attente
        RCR AL,1     ; bit suivant
        STC          ; bit de stop
        LOPP TRANS   ; à faire 10 fois
        RET
SERIE   ENDP
        CODE ENDS
        END
```

Chaque bit à transmettre est mis en position 0 de l'accumulateur grâce à une rotation et transmis. La procédure DELAY détermine le débit. Les bits de début et d'arrêt sont insérés en remettant à zéro et en positionnant le bit de retenue, et en effectuant une rotation de cet indicateur dans le registre AL.

Programmation d'une communication série : réception

Recevoir puis transformer les données transmises en série exige un programme un peu plus complexe que dans le cas de l'envoi. L'organigramme 24.3 en donne la structure ([UFF-87], p. 518) :

· Le programme commence par attendre la transition de 1 à 0 du bit de début. Une fois celle-ci détectée, le milieu de la durée de ce bit est localisé en attendant la durée d'un demi DELAY. Si l'entrée est encore 0, on suppose que le bit de début est valide et le programme attend un autre bit (prenant ainsi en considération le milieu de chaque bit).

· Chaque bit est lu et on effectue une rotation à droite, en se servant du bit de retenue. Après huit rotations, l'octet est obtenu. La neuvième lecture devrait lire le premier bit d'arrêt. Si ce bit est à niveau bas, une erreur de synchronisation (*framing error* en anglais) est indiquée, c'est-à-dire que le programme n'est pas synchronisé avec les données envoyées. Si le bit est à niveau haut, l'octet de données peut être sauvé et le programme commence à chercher le bit de début suivant.

Synchronisation du transmetteur et du receveur

Nous avons supposé ci-dessus que les débits du transmetteur et du receveur étaient parfaitement synchronisés. Mais il y a peu de chance que ceci soit réalisé, surtout en engendrant DELAY de façon logicielle.

La figure 24.4 ([UFF-87], p. 519) montre le résultat lorsque le débit est trop rapide ou trop lent. Dans ces deux cas les erreurs s'accumulent. Si l'on regarde ce qui se passe au milieu de la transmission d'un bit, l'erreur maximum permise fait que le neuvième bit sera décalé à droite ou à gauche d'un demi DELAY. Si tous les bits sont décalés de la même façon, la quantité d'erreur sur un bit sera de $1/2$ durée $/ 9 = 1/18$ durée d'un bit. Ceci signifie que les débits du transmetteur et du receveur doivent coïncider avec une erreur d'au plus 5.6%.

La technique asynchrone doit s'auto-synchroniser après chaque caractère. Bien sûr le prix à payer est que la longueur de chaque octet de donnée doit être accrue de deux bits, soit de 25%.

Notion d'UART

Nous venons de voir le principe de la transmission des données en communication série asynchrone. Écrire un programme compatible avec les différents protocoles de communication asynchrone est une tâche immense. C'est de plus une utilisation inefficace du micro-processeur, puisque celui-ci passera son temps à attendre le caractère suivant.

Pour ces raisons, les compagnies de circuits intégrés ont conçu des circuits spécialisés, appelés circuits **Universal Asynchronous Receiver/Transmitter**, ou **UART**. Ces circuits comprennent en général une partie transmission et une partie réception séparées, mais situées dans le même boîtier. Des registres internes permettent de programmer les paramètres de transmission. Des registres de statut permettent de piloter l'état BUSY/READY. D'autres registres de statut indiquent l'occurrence d'une erreur de synchronisation (bit de début non valide), une erreur de parité, ou d'autres types d'erreurs.

Organigramme de récupération des données série asynchrone

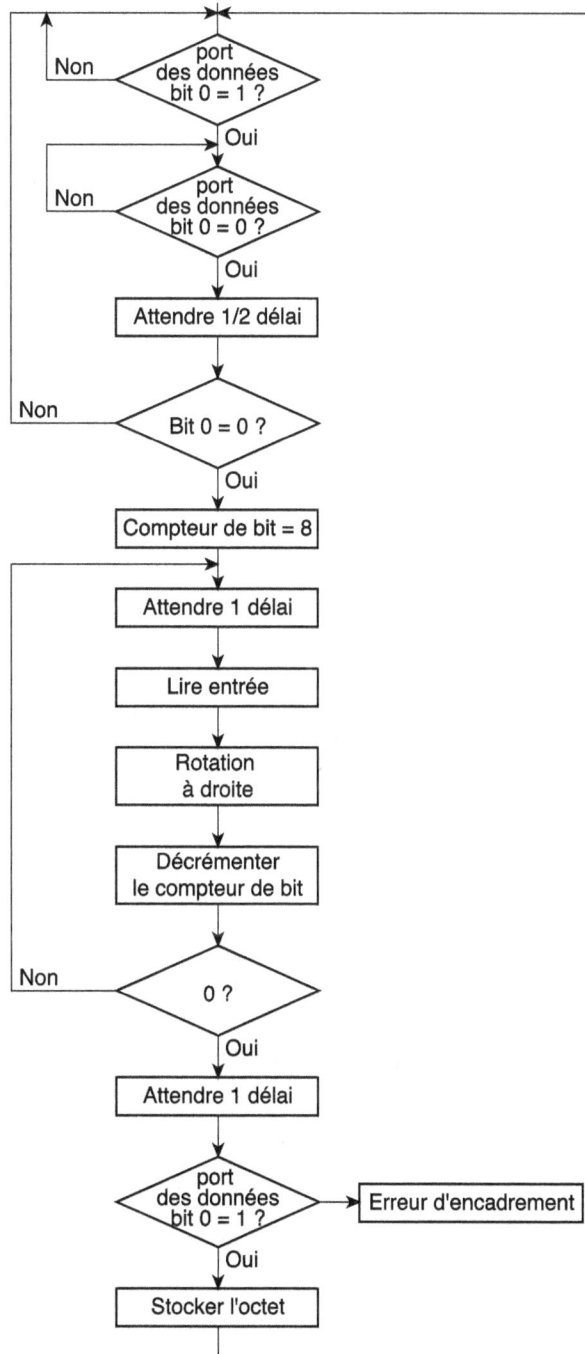

Figure 24.3 : *Réception*

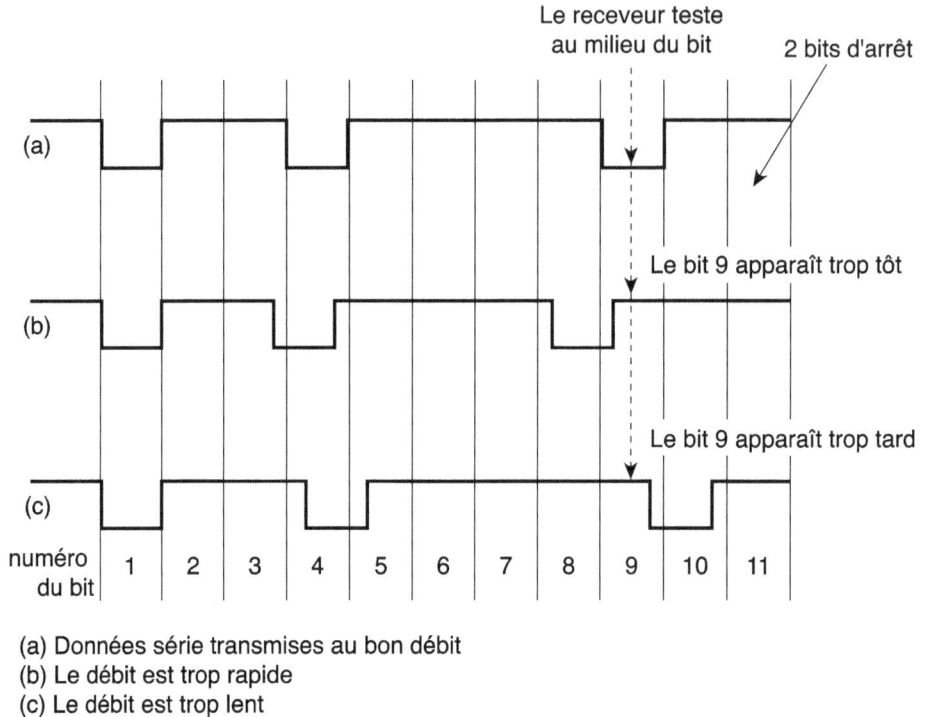

Figure 24.4 : *Synchronisation*

(a) Données série transmises au bon débit
(b) Le débit est trop rapide
(c) Le débit est trop lent

L'UART exige un signal d'horloge adéquat. Beaucoup d'UART utilisent un signal avec une fréquence égale à 16 fois le débit attendu, ce qui permet de débiter la durée d'un bit en 16 tranches et de se centrer le plus exactement possible.

Un port série piloté par UART apparaît au micro-processeur comme un port parallèle classique. Lorsque le tampon de transmission est vide, tous les bits du mot à transmettre sont envoyés au port en une seule fois (en parallèle). De même, tous les bits du mot reçu sont entrés en une seule fois lorsque la donnée à recevoir est prête. Le travail de conversion des données de série en parallèle, ou de parallèle en série, a été transféré à l'UART.

1.2 Communication série synchrone

Les bits de début et d'arrêt d'une donnée série asynchrone représentent un gaspillage qui réduit le débit. On peut les éviter en *synchronisant* les données.

Il faut alors savoir où débutent les données et à quel moments il faut tester. Ceci est l'objet d'un **protocole**. Nous allons étudier ci-dessous un de ces protocoles.

Principe

Puisqu'il n'y a pas de bit de début, un caractère spécial (dit **caractère de synchronisation**, en anglais *sync character*) est nécessaire pour les communications série synchrones. Ce caractère indique au receveur que la donnée est ce qui suit. L'UART doit être dans un mode spécial, dit **mode de recherche**, pour que le caractère de synchronisation puisse être détecté.

Puisqu'il n'y a pas de bit d'arrêt, un signal d'horloge accompagne en général les données synchrones pour entretenir la synchronisation. Lorsque les données série synchrone sont transmises sur le réseau téléphonique, il n'est pas possible de fournir un canal d'horloge séparé. Dans ce cas, on utilise un **modem synchrone** qui code les données et le signal d'horloge en un seul signal. Le modem récepteur sépare les signaux de données et d'horloge.

Une différence entre les données série synchrone et asynchrone est que le débit d'horloge pour les données synchrone est le même que le débit des données.

Protocole Bisync

Dans le **protocole Bisync**, plusieurs caractères ASCII sont utilisés pour contrôler le transfert des données. Ceux-ci sont indiqués dans le tableau ci-dessous :

Caractère	Code ASCII	Description
SYN	16h	Caractère de SYNchronisation
PAD	FFh	*end of frame PAD*
DLE	10h	*Data link escape*
ENQ	05h	*Enquiry*
SOH	01h	*Start Of Header*
STX	02h	*Start Of Text*
ITB	0Fh	*end of Intermediate Transmission Block*
ETB	17h	*End of Transmission Block*
ETX	03h	*End of TeXt*

Exemple d'un *cadre* (en anglais *frame*) de message synchrone :
```
SYN SYN STX champ de données ETX BCC PAD
```

De la même façon qu'une donnée asynchrone est encadrée (en anglais *to frame*) par des bits de début et d'arrêt, les données synchrones sont encadrées par des codes de contrôle spéciaux. Deux caractères de synchronisation SYN sont envoyés, suivis par le caractère STX (début de texte), suivi des données (100 octets ou plus), suivi de ETX (fin de texte), suivi d'un bloc de détection des erreurs (**BCC** pour *Block Check Character*), suivi de PAD (caractère de remplissage envoyé lorsqu'il n'y a pas de données à transmettre).

Calculer le pourcentage de gaspillage avec le protocole bisync *en supposant que le bloc de données soit de 100 octets.*   Exercice

Le protocole *bisync* nécessite six octets supplémentaires (en supposant que le BCC soit de 16 bits) pour 100 octets de données ; le surplus est donc de 6 %. Dans le cas de données asynchrones, il faut trois bits supplémentaires pour chaque octet, soit un surplus de 38 %.

1.3 Le standard d'interface série RS-232

Notion

Le `standard` `RS-232` est le standard le plus utilisé pour l'interface série. Il a été publié pour la première fois en 1969, à l'époque pour décrire l'interface entre un terminal et un modem. Il a connu plusieurs révisions, le niveau actuel étant `RS-232E`.

Ce standard porte sur les caractéristiques électriques, sur la description des signaux et sur l'interface mécanique (en particulier les deux connecteurs à 9 et à 25 broches).

Le standard est mis en place sur les micro-ordinateurs compatibles PC mais interfère peu avec le système d'exploitation. Nous n'avons donc pas besoin de l'étudier en détail pour la conception de Linux. Seuls les signaux de contrôle du modem nous intéressent.

Les six signaux de contrôle du modem

Dans la terminologie `RS-232`, le terminal est appelé un **DTE** (pour *Data Terminal Equipment*) et le modem un **DCE** (pour *Data Communication Equipment*). Six signaux ont été définis pour contrôler le transfert des données entre un terminal (`DTE`) et un modem (`DCE`) :

$\overline{DCD}$ (pour *Data Carrier Detect*) : ce signal est émis par le `DCE` pour indiquer que le modem a détecté une porteuse valide sur un site éloigné.

$\overline{DTR}$ (pour *Data Terminal Ready*) : ce signal est émis par le `DTE` pour indiquer qu'il est présent et prêt à communiquer.

$\overline{DSR}$ (pour *Data Set Ready*) : ce signal est émis par le `DCE`, en réponse à $\overline{DTR}$, pour indiquer que le `DCE` est en fonctionnement et connecté au canal de communication.

$\overline{RTS}$ (pour *Request To Send*) : ce signal est émis par le `DTE` pour indiquer qu'il est prêt à transmettre des données.

$\overline{CTS}$ (pour *Clear To Send*) : ce signal est émis par le `DCE` pour accuser réception de $\overline{RTS}$; il indique que le `DCE` est prêt à transmettre.

$\overline{RI}$ (pour *RIng*) : ce signal est émis par le `DCE` (modem) et actif en synchronisation avec le signal de sonnerie du téléphone.

2 L'UART PC16550D

Les concepteurs de l'IBM-PC ont d'abord choisi l'`UART` `NS8250` de *National Semiconductor*, puis le `NS16450` et enfin le `PC16550D`. Puisque la plupart des compatibles PC fournissent deux ports série `COM1` et `COM2`, *National Semiconductor* propose également le `NPC16552D` qui est une version double du `PC16550D`, c'est-à-dire qu'il en contient deux dans un seul boîtier.

La présentation physique et la description des broches de l'`UART` nous intéressent peu pour la conception d'un système d'exploitation : elles sont prises en compte par les concepteurs de l'IBM-PC ou d'autres micro-ordinateurs. En revanche, la description de ses registres, leurs numéros de port (déterminés par les concepteurs de l'IBM-PC) et sa programmation nous sont indispensables.

2.1 Le brochage

Nom de quelques broches

Comme nous l'avons déjà dit, le brochage intéresse le concepteur de l'ordinateur, celui de l'IBM-PC dans notre cas, mais non le programmeur. Le nom et le rôle de quelques broches interviennent cependant pour la programmation :

D0-D7 : connexions des données entre l'UART et le micro-processeur (bidirectionnel).

A0-A2 : trois broches d'adresse qui permettent de sélectionner un des huit ports d'entrée-sortie derrière lesquels se trouvent les registres internes de l'UART.

SIN : broche d'entrée depuis le câble de communication.

SOUT : broche de sortie vers le câble de communication.

INTR : cette broche permet de requérir une interruption matérielle ; sa mise en fonctionnement se programme à l'aide d'un des registres, comme nous le verrons.

Cas de l'IBM-PC

Dans le cas de l'IBM-PC :

· les ports d'entrée-sortie occupent la plage 3F8h-3FFh pour COM1 et la plage 2F8h-2FFh pour COM2.

  Dans la suite, on parle des ports 0 à 7, suivant l'adresse indiquée aux trois broches d'adresse. Il faut comprendre, par exemple, que le port 1 de COM1 est celui d'adresse 3F9h.

· la broche d'interruption est reliée à IRQ4 pour COM1 et à IRQ3 pour COM2.

2.2 L'ensemble de registres

Les huit ports d'entrée-sortie permettent l'accès à 12 registres, certains étant en entrée ou en sortie seulement, certains dépendant du septième bit du registre du port 3, appelé DLAB, comme le montre le tableau suivant :

Port	DLAB	Lecture/écriture	Registre
0	0	R	RBR
0	0	W	THR
0	1		DLL
1	0		IER
1	1		DLM
2		R	IIR
2		W	FCR
3			LCR
4			MCR
5			LSR
6			MSR
7			SCR

Nous allons décrire ces douze registres.

Registre LCR

Le registre LCR (pour *Line Control Register*, de port 3) permet de programmer le format d'une liaison série asynchrone :

· Les bits 0 et 1 (appelés WLS0 et WLS1 pour *Word Length Select bit* 0 et 1) spécifient le nombre de bits par caractère :

Bit 1	Bit 0	Longueur d'un caractère
0	0	5 bits
0	1	6 bits
1	0	7 bits
1	1	8 bits

· Le bit 2 (appelé STB pour *STop Bit*) spécifie le nombre de bits d'arrêt : 0 sélectionne un bit d'arrêt ; 1 sélectionne deux bits d'arrêt.
· Le bit 3 (appelé OPEN) spécifie qu'il faut vérifier la parité lorsqu'il est égal à 1.
· Le bit 4 (appelé EPS pour *Even Parity Select*) permet de sélectionner la parité paire (lorsqu'il est égal à 1) ou impaire (lorsqu'il est égal à 0). Il n'a d'effet que lorsque le bit OPEN est sélectionné.
· Le bit 5 (*Stick Parity*) permet de positionner le bit de parité toujours à 0 lorsqu'il est égal à 0, toujours à 1 lorsqu'il est égal à 1.
· Le bit 6 (*Set Break*) a pour effet de transmettre continuellement une condition *break* (c'est-à-dire que le signal SOUT est toujours égal à 0) lorsqu'il est positionné.
· Le bit 7 (appelé DLAB pour *Divisor Latch Access Bit*) détermine le rôle des ports 0 et 1 : lorsqu'il est égal à 0, les ports 0 et 1 permettent l'accès aux registres RBR (en lecture seulement), THR (en écriture seulement) et IER ; lorsqu'il est égal à 1, les ports 0 et 1 permettent l'accès aux registres DLL et DLM.

Registres DLL et DLM

Les registres DLL (pour *Divisor Latch Least*) et DLM (pour *Divisor Latch Most*) correspondent respectivement aux ports 0 et 1 lorsque DLAB = 1. Ils contiennent alors les seize bits (0 à 15) du **diviseur de fréquence**.

Par exemple si un cristal de fréquence 18,432 Mhz est utilisé, pour un débit de 2 400 bps et une fréquence 16 fois celle attendue, on doit utiliser un diviseur de fréquence de 480, soit 01E0h ; on doit donc écrire E0h sur le port 0 et 01h sur le port 1.

Registre MCR

Le registre MCR (pour *Modem Control Register*, de port 4) permet :

· d'activer et de désactiver les deux signaux de contrôle $\overline{DTR}$ et $\overline{RTS}$ du modem DTE :
  · le bit 0 (appelé DTR pour *Data Terminal Ready*) contient la négation du signal $\overline{DTR}$,
  · le bit 1 (appelé RTS pour *Request To Send*) contient la négation du signal $\overline{RTS}$;
· de contrôler les broches de sortie $\overline{OUT1}$ et $\overline{OUT2}$:
  · le bit 2 contient la négation du signal $\overline{OUT1}$,
  · le bit 3 contient la négation du signal $\overline{OUT2}$;

· de tester l'UART : lorsque le bit 4 (Loop) est égal à 1, la sortie du transmetteur est reliée en interne à l'entrée du receveur (de plus la broche SOUT est à haut et la broche SIN désactivée).

Les bits 5 à 7 sont en permanence égaux à 0.

Registre RBR

On accède au registre RBR (pour *Receiver Buffer Register*) en lecture sur le port 0 lorsque DLAB = 0. Ce registre permet de recevoir les données, qu'il transmet à une file d'attente FIFO ; le premier bit reçu est le bit 0 et ainsi de suite jusqu'au bit 7.

Registre THR

On accède au registre THR (pour *Transmitter Holding Register*) en écriture sur le port 0 lorsque DLAB = 0. Ce registre permet de transmettre les données à une file d'attente FIFO.

Registre IER

On accède au registre IER (pour *Interrupt Enable Register*) grâce au port 1 lorsque DLAB = 0.

L'interruption matérielle reliée à l'UART peut être activée lorsque l'un des événements suivants survient :

· le receveur détecte une condition d'erreur, telle qu'une erreur de synchronisation ; le type d'erreur peut être déterminé en lisant le registre LSR ;
· le receveur FIFO est plein ;
· le registre THR est vide ;
· aucun des six signaux de contrôle du modem ne change d'état.

Le registre IER permet à chacune des quatre sources d'interruption d'être activée ou désactivée. Les bits 4 à 7 sont égaux à 0 tandis que :

· le bit 0 (ERBFI pour *Enable Received Bad data Fault Interrupt*) permet d'activer l'envoi d'une interruption matérielle en cas de mauvaise réception d'une donnée ;
· le bit 1 (ETBEI pour *Enable Transmitter holding register Empty Interrupt*) permet d'activer l'envoi d'une interruption matérielle lorsque la file d'attente d'envoi devient vide ;
· le bit 2 (ELSI pour *Enable receiver Line Status Interrupt*) permet d'activer l'envoi d'une interruption matérielle lorsqu'une erreur est intervenue ;
· le bit 3 (EDSSI pour *Enable modem Status Interrupt*) permet d'activer l'envoi d'une interruption matérielle lorsqu'aucun des six signaux de contrôle du modem ne change d'état.

Registre IIR

Le registre IIR (pour *Interrupt Identification Register*) est lu (uniquement) sur le port 2.

Lorsqu'une interruption matérielle intervient de la part de l'UART, le micro-processeur ne peut pas savoir quel événement l'a déclenchée. Les bits 0 à 3 de ce registre permettent de coder cette information, le bit 3 n'intervenant qu'en mode FIFO :

· 0001b : pas d'interruption ;
· 0110b : interruption due à une erreur ; c'est celle de priorité la plus haute ; il faut lire le registre LSR pour obtenir le type d'erreur ;

- `0100b` : interruption, de priorité 2, déclenchée lorsqu'il n'y a pas de donnée disponible en réception ;
- `1100b` : interruption, également de priorité 2, déclenchée lorsqu'aucun caractère n'a été retiré de ou placé dans la file d'attente durant une durée déterminée à l'avance ;
- `0010b` : interruption, de priorité 3, déclenchée lorsque le registre `THR` est vide ;
- `0000b` : interruption, de priorité 4, déclenchée lorsqu'il y a un problème avec le modem ; il faut lire le registre `MCR` pour obtenir plus de détails sur la nature du problème.

Les bits 4 et 5 sont toujours égaux à 0.

Les bits 6 et 7 permettent de savoir si le mode `FIFO` est activé.

Registre LSR

Le registre `LSR` (pour *Line Status Register*), correspondant au port 5, fournit des informations de statut sur le transfert des données :

- le bit 0 (appelé `DR` pour *Data Ready*) est égal à 1 lorsqu'un caractère a été complètement reçu ; il est mis à 0 lorsque toutes les données du tampon de réception ou de la file d'attente `FIFO` ont été lues ;
- le bit 1 (appelé `OE` pour *Overrun Error*) est égal à 1 lorsqu'une donnée dans le tampon n'a pas été lue et qu'une nouvelle donnée a été écrite à sa place ;
- le bit 2 (appelé `PE` pour *Parity Error*) est égal à 1 lorsque la parité du caractère reçu ne concorde pas avec le test choisi dans le registre `LCR` ;
- le bit 3 (appelé `FE` pour *Framing Error*) est égal à 1 lorsque le bit d'arrêt du caractère reçu n'est pas valide ;
- le bit 4 (appelé `BI` pour *Break Interrupt*) est égal à 1 lorsqu'une condition `break` est rencontrée, à savoir le niveau 0 durant toute la durée d'un caractère ;
- le bit 5 (appelé `THRE` pour *Transmitter Holding Register Empty*) est égal à 1 lorsque la file d'attente `FIFO` de transmission est vide ou lorsque le registre d'envoi est prêt à recevoir un nouveau caractère (en mode non `FIFO`) ;
- le bit 6 (appelé `TEMT` pour *Transmitter EMpTy*) est égal à 1 lorsque la file d'attente `FIFO` de transmission (ou le registre d'envoi en mode non `FIFO`) et le registre *transmitter shift register* sont vides ;
- le bit 7 (*Receiver Error*) est égal à 1 lorsqu'il y a au moins une erreur de parité, une erreur de synchronisation ou une indication `break`, en mode `FIFO` uniquement.

Registre MSR

Le registre `MSR` (pour *Modem Status Register*), correspondant au port 6, permet de piloter l'état en cours des signaux de contrôle du modem :

- le bit 4 (appelé `CTS` pour *Clear To Send*) est l'opposé du signal $\overline{CTS}$;
- le bit 5 (appelé `DSR` pour *Data Set Ready*) est l'opposé du signal $\overline{DSR}$;
- le bit 6 (appelé `RI` pour *Ring Indicator*) est l'opposé du signal $\overline{RI}$;
- le bit 7 (appelé `DCD` pour *Data Carrier Detect*) est l'opposé du signal $\overline{DCD}$;

Les bits 0 à 3 disent si ces indicateurs ont changé depuis le dernier accès au registre MSR :

· le bit 0 (appelé DCTS pour *Delta Clear To Send*) concerne le signal $\overline{CTS}$;
· le bit 1 (appelé DDSR pour *Delta Data Set Ready*) concerne le signal $\overline{DSR}$;
· le bit 2 (appelé TERI pour *Trailing Edge Ring Indicator*) concerne le signal $\overline{RI}$;
· le bit 3 (appelé DDCD pour *Delta Data Carrier Detect*) concerne le signal $\overline{DCD}$.

Registre FCR

Le registre FCR (pour *Fifo Control Register*), correspondant en écriture seulement au port 2, permet de contrôler la file d'attente :

· le bit 0 permet d'activer le mode FIFO lorsqu'il est égal à 1 ;
· le bit 1 permet de mettre à zéro tous les octets de la file d'attente de réception ;
· le bit 2 permet de mettre à zéro tous les octets de la file d'attente d'émission ;
· le bit 3 permet de déterminer le mode DMA ;
· les bits 4 et 5 sont réservés ;
· les bits 6 et 7 permettent de spécifier quand on doit considérer une file d'attente comme pleine.

Registre SCR

Le registre SCR (pour *SCratch Register*), correspondant au port 7, permet de détenir des données temporaires ; il n'a pas d'effet sur l'UART.

2.3 Programmation de l'UART

La programmation d'une liaison série *via* l'UART est effectuée en deux phases :

· l'UART doit être initialisé de façon à opérer à un certain débit avec les paramètres de communication adéquats (nombre de bits par caractère, nombre de bits d'arrêt, type de parité et états initiaux des signaux de contrôle du modem) ;
· des routines de service pour le transfert doivent être écrites pour les interruptions matérielles associées à l'UART.

3 Cas de Linux

3.1 Initialisation des liaisons série

Code principal

La fonction **rs_init()** est définie dans le fichier *kernel/serial.c*, appelée par la fonction **tty_init()**, elle-même appelée par la fonction **main()** :

```
void rs_init(void)                                          Linux 0.01
{
        set_intr_gate(0x24,rs1_interrupt);
        set_intr_gate(0x23,rs2_interrupt);
        init(tty_table[1].read_q.data);
        init(tty_table[2].read_q.data);
        outb(inb_p(0x21)&0xE7,0x21);
}
```

Autrement dit :

· on associe les gestionnaires d'interruption **rs1_interrupt()** et **rs2_interrupt()** aux interruptions matérielles correspondantes IRQ4 et IRQ3 ;

· on initialise l'UART en utilisant la fonction auxiliaire **init()** définie dans le même fichier source (et uniquement visible dans ce fichier, elle ne doit pas être confondue avec la fonction **init()** de *main.c*), le numéro de port d'entrée-sortie associé étant passé en paramètre (plus exactement l'adresse du port 0 de l'UART) ; nous étudierons cette fonction un peu plus loin ;

· on active les deux interruptions matérielles à travers le PIC.

Les paramètres

Rappelons que nous avons vu au chapitre 8 qu'il n'y a qu'un seul terminal, implémenté comme tableau de trois voies de communication (pour la console et pour deux liaisons série — pour le modem), de nom tty_table[]. Rappelons que les caractéristiques de la première liaison série qui nous intéressent ici sont les suivantes :

· Les paramètres de la voie de communication sont :
  · pas de transformation des caractères en entrée ;
  · le caractère newline est transformé en return en sortie ;
  · le débit est de 2 400 baud ;
  · les caractères sont codés sur huit bits ;
  · on est en mode non canonique ;
  · pas de discipline de ligne ;
  · les caractères de contrôle sont ceux vus au chapitre 8 ;
· la fonction d'écriture est la fonction **rs_write()** ;
· l'adresse du port d'entrée-sortie est égale à 3F8h, numéro de port du premier port série sur les compatibles PC.

Les caractéristiques de la seconde liaison série sont les mêmes, sauf que le numéro du port d'entrée-sortie est égal à 2F8h, valeur du second port série sur les compatibles PC.

La fonction d'initialisation

La fonction **init()** est définie dans le fichier *kernel/serial.c* :

```
static void init(int port)
{
        outb_p(0x80,port+3);    /* set DLAB of line control reg */
        outb_p(0x30,port);      /* LS of divisor (48 -> 2400 bps */
        outb_p(0x00,port+1);    /* MS of divisor */
        outb_p(0x03,port+3);    /* reset DLAB */
        outb_p(0x0b,port+4);    /* set DTR,RTS, OUT_2 */
        outb_p(0x0d,port+1);    /* enable all intrs but writes */
        (void)inb(port);        /* read data port to reset things (?) */
}
```

Autrement dit :

· le registre LCR est mis à 80h, c'est-à-dire que le bit DLAB est positionné à 1 pour pouvoir accéder au diviseur de fréquence ;

· le diviseur de fréquence est initialisé à 0030h, soit 48, pour obtenir un débit de 2 400 baud ;

· le registre LCR est initialisé à 3h = 00000011b, c'est-à-dire en particulier que DLAB prend la valeur 0 pour pouvoir lire et écrire, et que les caractères sont de taille 8 bits sans contrôle de parité ;

· le registre MCR de contrôle du modem est initialisé à Bh = 00001011b pour indiquer que le modem n'a pas de données à transmettre, qu'il n'en a pas reçu, positionner OUT_1 à 1, OUT_2 à 0 et que l'UART n'est pas mis en mode test ;

· le registre IER est initialisé à Dh = 00001101b pour activer l'envoi des interruptions matérielles sauf celle concernant la file d'envoi vide ;

· le registre RBR est lu (sans conviction).

La fonction d'écriture

La fonction **rs_write()** est appelée lorsqu'on place un caractère dans le tampon d'écriture de l'une des liaisons série. Elle est définie dans le fichier *kernel/serial.c* :

```
/*
 * This routine gets called when tty_write has put something into
 * the write_queue. It must check wheter the queue is empty, and
 * set the interrupt register accordingly
 *
 *      void _rs_write(struct tty_struct * tty);
 */
void rs_write(struct tty_struct * tty)
{
        cli();
        if (!EMPTY(tty->write_q))
                outb(inb_p(tty->write_q.data+1)|0x02,tty->write_q.data+1);
        sti();
}
```

Linux 0.01

Autrement dit :

· les interruptions matérielles (masquables) sont désactivées ;

· si le tampon d'écriture n'est pas vide (ce qui devrait être le cas), le contenu du registre IER de l'UART est lu, on positionne le bit 1 (c'est-à-dire l'activation de l'interruption matérielle dans le cas d'une file d'attente d'envoi vide), et on le renvoie au registre IER de l'UART ;

· les interruptions matérielles sont réactivées.

3.2 Gestionnaires d'interruption

Code principal

Le code principal des gestionnaires **rs1_interrupt()** et **rs2_interrupt()** est défini, en langage d'assemblage, dans le fichier *kernel/rs_io.s* :

```
/*
 *      rs_io.s
 *
 * This module implements the rs232 io interrupts.
 */
.text
.globl _rs1_interrupt,_rs2_interrupt

size    = 1024                          /* must be power of two!
                                           and must match the value
                                           in tty_io.c!!! */
/* these are the offsets into the read/write buffer structures */
```

Linux 0.01

```
rs_addr = 0
head = 4
tail = 8
proc_list = 12
buf = 16
startup = 256           /* chars left in write queue when we restart it */
/*
 * These are the actual interrupt routines. They look where
 * the interrupt is coming from, and take appropriate action.
 */
.align 2
_rs1_interrupt:
        pushl $_table_list+8
        jmp rs_int
.align 2
_rs2_interrupt:
        pushl $_table_list+16
rs_int:
        pushl %edx
        pushl %ecx
        pushl %ebx
        pushl %eax
        push %es
        push %ds                /* as this is an interrupt, we cannot */
        pushl $0x10             /* know that bs is ok. Load it */
        pop %ds
        pushl $0x10
        pop %es
        movl 24(%esp),%edx
        movl (%edx),%edx
        movl rs_addr(%edx),%edx
        addl $2,%edx            /* interrupt ident. reg */
rep_int:
        xorl %eax,%eax
        inb %dx,%al
        testb $1,%al
        jne end
        cmpb $6,%al             /* this shouldn't happen, but ... */
        ja end
        movl 24(%esp),%ecx
        pushl %edx
        subl $2,%edx
        call jmp_table(,%eax,2) /* NOTE! not *4, bit0 is 0 already */
        popl %edx
        jmp rep_int
end:    movb $0x20,%al
        outb %al,$0x20          /* EOI */
        pop %ds
        pop %es
        popl %eax
        popl %ebx
        popl %ecx
        popl %edx
        addl $4,%esp            # jump over _table_list entry
        iret

jmp_table:
        .long modem_status,write_char,read_char,line_status
```

Le code est le même pour les deux routines de service, à part bien sûr l'adresse du tampon de lecture :

- on place sur la pile l'adresse du tampon de lecture et on sauvegarde, traditionnellement, les valeurs des registres utilisés dans la routine ;

- les registres ds et es prennent, là encore traditionnellement, la valeur du sélecteur du segment de données noyau ;

· on place alors l'adresse du port d'entrée-sortie de la liaison série dans le registre edx, puis celle du port + 2, c'est-à-dire celle du registre IIR de l'UART ;

· on lit la valeur du registre IIR et on traite toutes les causes d'interruption jusqu'à ce qu'on tombe sur la valeur 1, c'est-à-dire plus de cause d'interruption ; on terminera alors la sous-routine en allant à la fin ;

· si la valeur est 6, ce qui ne devrait pas arriver puisque ce n'est pas une des valeurs prévues, on va également à la fin ;

· sinon :

  · on place l'adresse du tampon de lecture dans le registre ecx ;

  · on sauvegarde la valeur du registre IIR sur la pile ;

  · le registre edx prend à nouveau l'adresse du port d'entrée-sortie ;

  · on appelle la procédure correspondant à la cause d'interruption en se servant de la table jmp_table[], à savoir :

    · la routine **modem_status()** si le contenu de IIR (divisé par 2) est 0, c'est-à-dire si l'on a rencontré un problème avec le modem ;

    · la routine **write_char()** si le contenu de IIR est 1, c'est-à-dire si le registre THR est vide, donc une demande d'écriture ;

    · la routine **read_char()** si le contenu de IIR est 2, c'est-à-dire pas de donnée disponible en réception, donc une demande de lecture ;

    · la routine **line_status()** si le contenu de IIR est 3, c'est-à-dire qu'il faut lire le registre LSR pour plus d'explication sur le type d'erreur ;

  · on récupère la valeur de edx et on passe à la cause d'interruption suivante ;

· on envoie un signal EOI d'accusé de réception de l'interruption ;

· on restaure les valeurs des registres de segment ;

· on dépile l'adresse du tampon de lecture.

Gestionnaire du problème avec le modem

La fonction **modem_status()** est définie, en langage d'assemblage, dans le fichier *kernel/rs_io.s* :

```
modem_status:
        addl $6,%edx            /* clear intr by reading modem status reg */
        inb %dx,%al
        ret
```
Linux 0.01

Elle se contente de lire le registre MSR de l'UART sans en tenir compte.

Gestionnaire des erreurs

La fonction **line_status()** est définie, en langage d'assemblage, dans le fichier *kernel/rs_io.s* :

```
line_status:
        addl $5,%edx            /* clear intr by reading line status reg. */
        inb %dx,%al
        ret
```
Linux 0.01

Elle se contente de lire le registre LSR de l'UART sans en tenir compte.

Gestionnaire de lecture

La fonction **read_char()** est définie, en langage d'assemblage, dans le fichier *kernel/rs_io.s* :

Linux 0.01

```
read_char:
        inb %dx,%al
        movl %ecx,%edx
        subl $_table_list,%edx
        shrl $3,%edx
        movl (%ecx),%ecx              # read-queue
        movl head(%ecx),%ebx
        movb %al,buf(%ecx,%ebx)
        incl %ebx
        andl $size-1,%ebx
        cmpl tail(%ecx),%ebx
        je 1f
        movl %ebx,head(%ecx)
        pushl %edx
        call _do_tty_interrupt
        addl $4,%esp
1:      ret
```

Autrement dit :

- un caractère est lu sur le port de numéro contenu dans le registre dx, c'est-à-dire sur le registre RBR de l'UART ;
- on place l'adresse du tampon de lecture dans le registre edx, on lui soustrait l'adresse de la table des tampons et on divise par 8, ce qui donne le numéro de canal (0 pour la console, 1 pour COM1 et 2 pour COM2) ;
- on place l'adresse du tampon de lecture (brut) dans le registre ecx ;
- le registre ebx prend la valeur du début de ce tampon ;
- on place le caractère lu à la bonne place dans le tampon ;
- on incrémente ebx pour indiquer qu'un caractère de plus a été lu et on termine comme dans le cas d'une lecture au clavier, tout en faisant appel au passage dans le tampon structuré.

Gestionnaire d'écriture

La fonction **write_char()** est définie, en langage d'assemblage, dans *kernel/rs_io.s* :

Linux 0.01

```
write_char:
        movl 4(%ecx),%ecx             # write-queue
        movl head(%ecx),%ebx
        subl tail(%ecx),%ebx
        andl $size-1,%ebx             # nr chars in queue
        je write_buffer_empty
        cmpl $startup,%ebx
        ja 1f
        movl proc_list(%ecx),%ebx     # wake up sleeping process
        testl %ebx,%ebx               # is there any?
        je 1f
        movl $0,(%ebx)
1:      movl tail(%ecx),%ebx
        movb buf(%ecx,%ebx),%al
        outb %al,%dx
        incl %ebx
        andl $size-1,%ebx
        movl %ebx,tail(%ecx)
        cmpl head(%ecx),%ebx
        je write_buffer_empty
        ret
```

Autrement dit :

· on place l'adresse du tampon d'écriture dans le registre de segment `ecx` ;

· on place l'adresse du numéro de caractère à écrire dans le registre de segment `ebx` ;

· si le tampon d'écriture est vide on fait appel à la fonction auxiliaire **write_buffer_ empty()**, celle-ci ayant pour tâche de réveiller les processus en attente et de désactiver l'envoi d'une interruption matérielle en cas de file d'attente d'envoi vide ;

· sinon on place dans `ebx` le nombre de caractères laissés dans le tampon d'écriture ; la variable `startup` est définie au début du fichier source :

Linux 0.01

```
startup = 256          /* chars left in write queue when we restart it */
```

· s'il ne reste pas de caractère à écrire, on réveille les processus en attente et on met `ebx` à 0 ;

· on place le caractère à écrire dans le registre `al`, on l'envoie sur le port de sortie désigné par le registre `dx`, on met à jour le numéro du prochain caractère à écrire dans la file d'attente d'écriture ; si celle-ci est alors vide, on fait appel à la fonction **write_buffer_empty()**.

La fonction auxiliaire **write_buffer_empty()** est définie dans le même fichier :

Linux 0.01

```
write_buffer_empty:
        movl proc_list(%ecx),%ebx      # wake up sleeping process
        testl %ebx,%ebx                # is there any?
        je 1f
        movl $0,(%ebx)
1:      incl %edx
        inb %dx,%al
        jmp 1f
1:      jmp 1f
1:      andb $0xd,%al                  /* disable transmit interrupt */
        outb %al,%dx
        ret
```

Autrement dit :

· on réveille le premier processus en attente ;

· s'il n'y en a aucun en attente, on place 0 dans le registre `ebx` ;

· on incrémente `edx`, c'est-à-dire qu'on passe au port IER de l'UART, on lit le contenu de ce registre, on met à 0 le bit 1 et on envoie le résultat au registre IER, c'est-à-dire qu'on désactive l'envoi d'une interruption matérielle dans le cas d'une file d'attente d'envoi vide.

Ce bit 1 est donc initialisé à zéro et on le fait passer à 1 à chaque fois que l'on ajoute un caractère dans le tampon d'écriture de la liaison série.

4 Évolution du noyau

On trouve deux fichiers d'en-têtes concernant les liaisons série. Le premier est *include/ linux/serial.h* :

Linux 2.6.0

```
33 struct serial_struct {
34        int      type;
35        int      line;
36        unsigned int    port;
37        int      irq;
38        int      flags;
39        int      xmit_fifo_size;
40        int      custom_divisor;
41        int      baud_base;
```

```
42          unsigned short  close_delay;
43          char    io_type;
44          char    reserved_char[1];
45          int     hub6;
46          unsigned short  closing_wait; /* time to wait before closing */
47          unsigned short  closing_wait2; /* no longer used... */
48          unsigned char   *iomem_base;
49          unsigned short  iomem_reg_shift;
50          unsigned int    port_high;
51          unsigned long   iomap_base;      /* cookie passed into ioremap */
52  };
```

Il définit maintenant un type « liaison série » au vu des nombreuses possibilités que cela renferme (débit, numéro d'accès direct à la mémoire et autres).

Ses types d'UART reconnus par Linux font l'objet de constantes symboliques :

Linux 2.6.0

```
61  /*
62   * These are the supported serial types.
63   */
64  #define PORT_UNKNOWN    0
65  #define PORT_8250       1
66  #define PORT_16450      2
67  #define PORT_16550      3
68  #define PORT_16550A     4
69  #define PORT_CIRRUS     5          /* usurped by cyclades.c */
70  #define PORT_16650      6
71  #define PORT_16650V2    7
72  #define PORT_16750      8
73  #define PORT_STARTECH   9          /* usurped by cyclades.c */
74  #define PORT_16C950     10         /* Oxford Semiconductor */
75  #define PORT_16654      11
76  #define PORT_16850      12
77  #define PORT_RSA        13         /* RSA-DV II/S card */
78  #define PORT_MAX        13
```

Le deuxième est *include/linux/serial_reg.h* :

Linux 2.6.0

```
9    * These are the UART port assignments, expressed as offsets from the base
10   * register.  These assignments should hold for any serial port based on
11   * a 8250, 16450, or 16550(A).
12   */
```

Il décrit les numéros de ports des UART compatibles avec celui d'origine :

Linux 2.6.0

```
17  #define UART_RX         0          /* In:  Receive buffer (DLAB=0) */
18  #define UART_TX         0          /* Out: Transmit buffer (DLAB=0) */
19  #define UART_DLL        0          /* Out: Divisor Latch Low (DLAB=1) */
20  #define UART_TRG        0          /* (LCR=BF) FCTR bit 7 selects Rx or Tx
21                                      * In: Fifo count
22                                      * Out: Fifo custom trigger levels
23                                      * XR16C85x only */
24
25  #define UART_DLM        1          /* Out: Divisor Latch High (DLAB=1) */
26  #define UART_IER        1          /* Out: Interrupt Enable Register */
27  #define UART_FCTR       1          /* (LCR=BF) Feature Control Register
28                                      * XR16C85x only */
29
30  #define UART_IIR        2          /* In:  Interrupt ID Register */
31  #define UART_FCR        2          /* Out: FIFO Control Register */
32  #define UART_EFR        2          /* I/O: Extended Features Register */
33                                     /* (DLAB=1, 16C660 only) */
34
35  #define UART_LCR        3          /* Out: Line Control Register */
36  #define UART_MCR        4          /* Out: Modem Control Register */
37  #define UART_LSR        5          /* In:  Line Status Register */
38  #define UART_MSR        6          /* In:  Modem Status Register */
39  #define UART_SCR        7          /* I/O: Scratch Register */
```

```
40 #define UART_EMSR        7          /* (LCR=BF) Extended Mode Select Register
41                                      * FCTR bit 6 selects SCR or EMSR
42                                      * XR16c85x only */
```

Il décrit également les constantes liées au registre de contrôle :

```
69 /*
70  * These are the definitions for the Line Control Register
71  *
72  * Note: if the word length is 5 bits (UART_LCR_WLEN5), then setting
73  * UART_LCR_STOP will select 1.5 stop bits, not 2 stop bits.
74  */
75 #define UART_LCR_DLAB   0x80     /* Divisor latch access bit */
76 #define UART_LCR_SBC    0x40     /* Set break control */
77 #define UART_LCR_SPAR   0x20     /* Stick parity (?) */
78 #define UART_LCR_EPAR   0x10     /* Even parity select */
79 #define UART_LCR_PARITY 0x08     /* Parity Enable */
80 #define UART_LCR_STOP   0x04     /* Stop bits: 0=1 stop bit, 1= 2 stop bits */
81 #define UART_LCR_WLEN5  0x00     /* Wordlength: 5 bits */
82 #define UART_LCR_WLEN6  0x01     /* Wordlength: 6 bits */
83 #define UART_LCR_WLEN7  0x02     /* Wordlength: 7 bits */
84 #define UART_LCR_WLEN8  0x03     /* Wordlength: 8 bits */
```
Linux 2.6.0

Il décrit encore les constantes du registre de statut :

```
86 /*
87  * These are the definitions for the Line Status Register
88  */
89 #define UART_LSR_TEMT   0x40     /* Transmitter empty */
90 #define UART_LSR_THRE   0x20     /* Transmit-hold-register empty */
91 #define UART_LSR_BI     0x10     /* Break interrupt indicator */
92 #define UART_LSR_FE     0x08     /* Frame error indicator */
93 #define UART_LSR_PE     0x04     /* Parity error indicator */
94 #define UART_LSR_OE     0x02     /* Overrun error indicator */
95 #define UART_LSR_DR     0x01     /* Receiver data ready */
```
Linux 2.6.0

Celles du registre d'identification :

```
97 /*
98  * These are the definitions for the Interrupt Identification Register
99  */
100 #define UART_IIR_NO_INT 0x01     /* No interrupts pending */
101 #define UART_IIR_ID     0x06     /* Mask for the interrupt ID */
102
103 #define UART_IIR_MSI    0x00     /* Modem status interrupt */
104 #define UART_IIR_THRI   0x02     /* Transmitter holding register empty */
105 #define UART_IIR_RDI    0x04     /* Receiver data interrupt */
106 #define UART_IIR_RLSI   0x06     /* Receiver line status interrupt */
```
Linux 2.6.0

Celles du registre des interruptions :

```
108 /*
109  * These are the definitions for the Interrupt Enable Register
110  */
111 #define UART_IER_MSI    0x08     /* Enable Modem status interrupt */
112 #define UART_IER_RLSI   0x04     /* Enable receiver line status interrupt */
113 #define UART_IER_THRI   0x02     /* Enable Transmitter holding register int. */
114 #define UART_IER_RDI    0x01     /* Enable receiver data interrupt */
115 /*
116  * Sleep mode for ST16650 and TI16750.
117  * Note that for 16650, EFR-bit 4 must be selected as well.
118  */
119 #define UART_IERX_SLEEP 0x10     /* Enable sleep mode */
```
Linux 2.6.0

Celles du registre de contrôle du modem :

Linux 2.6.0

```
121 /*
122  * These are the definitions for the Modem Control Register
123  */
124 #define UART_MCR_LOOP   0x10    /* Enable loopback test mode */
125 #define UART_MCR_OUT2   0x08    /* Out2 complement */
126 #define UART_MCR_OUT1   0x04    /* Out1 complement */
127 #define UART_MCR_RTS    0x02    /* RTS complement */
128 #define UART_MCR_DTR    0x01    /* DTR complement */
```

Et celles du registre de statut du modem :

Linux 2.6.0

```
129
130 /*
131  * These are the definitions for the Modem Status Register
132  */
133 #define UART_MSR_DCD    0x80    /* Data Carrier Detect */
134 #define UART_MSR_RI     0x40    /* Ring Indicator */
135 #define UART_MSR_DSR    0x20    /* Data Set Ready */
136 #define UART_MSR_CTS    0x10    /* Clear to Send */
137 #define UART_MSR_DDCD   0x08    /* Delta DCD */
138 #define UART_MSR_TERI   0x04    /* Trailing edge ring indicator */
139 #define UART_MSR_DDSR   0x02    /* Delta DSR */
140 #define UART_MSR_DCTS   0x01    /* Delta CTS */
141 #define UART_MSR_ANY_DELTA 0x0F /* Any of the delta bits! */
```

Le fichier principal concernant les liaisons série est *drivers/char/generic_serial.c* :

Linux 2.6.0

```
1 /*
2  *  generic_serial.c
3  *
4  *  Copyright (C) 1998/1999 R.E.Wolff@BitWizard.nl
5  *
6  *  written for the SX serial driver.
7  *     Contains the code that should be shared over all the serial drivers.
8  *
```

Son en-tête précise sa fonction.

Linux 2.6.0

```
63 void gs_put_char(struct tty_struct * tty, unsigned char ch)
```

Cette fonction transmet un caractère à l'UART ;

Linux 2.6.0

```
105 int gs_write(struct tty_struct * tty, int from_user,
106                   const unsigned char *buf, int count)
```

transmet plusieurs caractères à l'UART ;

Linux 2.6.0

```
420 void gs_flush_buffer(struct tty_struct *tty)
```

force la transmission des caractères fournis à l'UART ;

Linux 2.6.0

```
471 void gs_stop(struct tty_struct * tty)
```

arrête la transmission de caractères par l'UART ;

Linux 2.6.0

```
493 void gs_start(struct tty_struct * tty)
```

entame la transmission de caractères par l'UART ;

Linux 2.6.0

```
544 void gs_hangup(struct tty_struct *tty)
```

déconnecte le périphérique relié à la liaison série ;

```
693 void gs_close(struct tty_struct * tty, struct file * filp)
```
Linux 2.6.0

ferme le fichier associé à la liaison série.

```
787 static unsigned int     gs_baudrates[] = {
788   0, 50, 75, 110, 134, 150, 200, 300, 600, 1200, 1800, 2400, 4800,
789   9600, 19200, 38400, 57600, 115200, 230400, 460800, 921600
790 };
```
Linux 2.6.0

C'est l'ensemble des débits pris en charge par Linux ;

```
793 void gs_set_termios (struct tty_struct * tty,
794                     struct termios * old_termios)
[...]
910 /* Must be called with interrupts enabled */
911 int gs_init_port(struct gs_port *port)
[...]
970 int gs_setserial(struct gs_port *port, struct serial_struct *sp)
[...]
```
Linux 2.6.0

initialise une liaison série ;

```
1001 /*
1002  *      Generate the serial struct info.
1003  */
1004
1005 int gs_getserial(struct gs_port *port, struct serial_struct *sp)
```
Linux 2.6.0

renvoie des informations sur une liaison série.

Conclusion

L'étude des liaisons série nous a permis d'aborder un nouveau type de puces électroniques présentes sur la carte mère : les transmetteurs/récepteurs asynchones universels, ou UART. Nous allons étudier dans le chapitre suivant les périphériques caractère de manière plus générale.

Chapitre 25

Les périphériques caractère

Nous allons voir, dans ce chapitre, comment on traite les périphériques caractère. En fait, les seuls périphériques caractère pour le noyau 0.01 sont le clavier et les deux liaisons série.

1 Fonctions de lecture/écriture

On a accès à un périphérique caractère grâce à une fonction de lecture/écriture. Comme nous l'avons déjà vu dans le cas des périphériques bloc, il faut distinguer la fonction de lecture/écriture de haut niveau des fonctions de bas niveau, une par type de périphérique caractère, auxquelles la première fait appel.

1.1 Fonction d'accès de haut niveau

La fonction :

```
int rw_char(int rw,int dev, char * buf, int count);
```

(pour *Read/Write CHARacter*) permet de lire ou d'écrire un certain nombre de caractères sur un périphérique caractère. Elle reçoit les paramètres suivants :

· le type d'opération, rw, dont la valeur peut être READ ou WRITE ;

· le numéro du périphérique dev ;

· l'adresse buf du tampon de mémoire vive dans lequel placer les caractères lus ou aller chercher les caractères à écrire ;

· le nombre count de caractères à lire ou à écrire.

1.2 Fonctions d'accès de bas niveau

Type

Il existe plusieurs types de périphériques caractère, chaque type étant caractérisé par un pilote de périphériques, chacun étant repéré par un nombre majeur.

Pour un type donné, autrement dit pour un nombre majeur donné, on doit implémenter une fonction de lecture/écriture de bas niveau :

```
rw_type(int rw,unsigned minor,char * buf,int count);
```

qui reçoit les paramètres suivants :

· le type d'opération, rw, dont la valeur peut être READ ou WRITE ;

- le numéro mineur du périphérique `minor` ;
- l'adresse `buf` du tampon de mémoire vive dans lequel placer les caractères lus ou aller chercher les caractères à écrire ;
- le nombre `count` de caractères à lire ou à écrire.

Le type d'une telle fonction est défini dans le fichier *fs/char_dev.c* :

```
typedef (*crw_ptr)(int rw,unsigned minor,char * buf,int count);
```

Table des fonctions d'accès de bas niveau

Rappelons la liste des périphériques dans le cas du noyau 0.01, et en particulier les nombres majeurs associés, que l'on trouve dans le fichier *include/linux/fs.h* :

```
/* devices are as follows: (same as minix, so we can use the minix
 * file system. These are major numbers.)
 *
 * 0 - unused (nodev)
 * 1 - /dev/mem
 * 2 - /dev/fd
 * 3 - /dev/hd
 * 4 - /dev/ttyx
 * 5 - /dev/tty
 * 6 - /dev/lp
 * 7 - unnamed pipes
 */
```

La table `crw_table[]` (pour *ChaRacter Write*), qui est définie dans le fichier *fs/char_dev.c*, fournit la liste des fonctions de lecture/écriture de bas niveau des périphériques caractère. L'index dans cette table correspond au nombre majeur du périphérique. Dans le cas du noyau Linux 0.01, on a :

```
static crw_ptr crw_table[]={
        NULL,                  /* nodev */
        NULL,                  /* /dev/mem */
        NULL,                  /* /dev/fd */
        NULL,                  /* /dev/hd */
        rw_ttyx,               /* /dev/ttyx */
        rw_tty,                /* /dev/tty */
        NULL,                  /* /dev/lp */
        NULL};                 /* unnamed pipes */
```

autrement dit le pilote de périphérique n'est défini que pour les terminaux.

1.3 Implémentation de la fonction d'accès de haut niveau

La constante `NRDEVS` (pour *NumbeR DEViceS*) représente le nombre de pilotes de périphériques. Elle est définie dans le fichier *fs/char_dev.c* :

```
#define NRDEVS ((sizeof (crw_table))/(sizeof (crw_ptr)))
```

La fonction **rw_char()** est définie dans le fichier *fs/char_dev.c* :

```
int rw_char(int rw,int dev, char * buf, int count)
{
        crw_ptr call_addr;

        if (MAJOR(dev)>=NRDEVS)
                panic("rw_char: dev>NRDEV");
        if (!(call_addr=crw_table[MAJOR(dev)])) {
                printk("dev: %04x\n",dev);
```

```
                    panic("Trying to r/w from/to nonexistent character device");
        }
        return call_addr(rw,MINOR(dev),buf,count);
}
```

Autrement dit :

· si le nombre majeur du périphérique passé en paramètre est supérieur au nombre de pilotes de périphériques ou s'il n'y a pas de pilote de bas niveau associé à celui-ci dans la table, un message est affiché à l'écran et le système est gelé ;

· sinon on fait appel au pilote de bas niveau associé au nombre majeur, tel qu'il est défini dans la table crw_table[], avec les mêmes arguments que la fonction **rw_char()**, sauf le numéro de périphérique remplacé par le nombre mineur de celui-ci.

2 Fonctions d'accès de bas niveau des terminaux

2.1 Cas d'un terminal quelconque

La fonction d'accès à bas niveau **rw_ttyx()** dans le cas d'un terminal est définie dans le fichier *fs/char_dev.c* :

```
static int rw_ttyx(int rw,unsigned minor,char * buf,int count)        Linux 0.01
{
        return ((rw==READ)?tty_read(minor,buf,count):
                tty_write(minor,buf,count));
}
```

autrement dit on fait appel à la fonction de lecture ou d'écriture des terminaux suivant la valeur du paramètre rw, ces deux fonctions ayant été étudiées antérieurement.

2.2 Cas du terminal en cours

La fonction d'accès à bas niveau **rw_tty()** dans le cas du terminal associé au processus en cours est définie dans le fichier *fs/char_dev.c* :

```
static int rw_tty(int rw,unsigned minor,char * buf,int count)        Linux 0.01
{
        if (current->tty<0)
                return -EPERM;
        return rw_ttyx(rw,current->tty,buf,count);
}
```

autrement dit si aucun terminal n'est associé au processus en cours, on renvoie l'opposé du code d'erreur EPERM, c'est-à-dire un problème avec les droits d'accès, et sinon on utilise la fonction pour les terminaux avec comme terminal celui qui est associé au processus en cours.

3 Évolution du noyau

Chaque périphérique caractère est représenté par une entité du type char_device, défini dans le fichier *fs/char_dev.c* :

```
33 static struct char_device_struct {                                 Linux 2.6.0
34         struct char_device_struct *next;
35         unsigned int major;
36         unsigned int baseminor;
```

```
37          int minorct;
38          const char *name;
39          struct file_operations *fops;
40          struct cdev *cdev;              /* will die */
41 } *chrdevs[MAX_PROBE_HASH];
```

C'est une classe au sens de la programmation orientée objet, son champ `fops` représentant les opérations (qui sont celles de n'importe quel système de fichiers).

Chaque périphérique doit être enregistré, grâce à la fonction **register_chrdev()** définie dans le même fichier :

Linux 2.6.0
```
191 int register_chrdev(unsigned int major, const char *name,
192                 struct file_operations *fops)
193 {
194         struct char_device_struct *cd;
195         struct cdev *cdev;
196         char *s;
197         int err = -ENOMEM;
198
199         cd = __register_chrdev_region(major, 0, 256, name);
200         if (IS_ERR(cd))
201                 return PTR_ERR(cd);
202
203         cdev = cdev_alloc();
204         if (!cdev)
205                 goto out2;
206
207         cdev->owner = fops->owner;
208         cdev->ops = fops;
209         strcpy(cdev->kobj.name, name);
210         for (s = strchr(cdev->kobj.name, '/'); s; s = strchr(s, '/'))
211                 *s = '!';
212
213         err = cdev_add(cdev, MKDEV(cd->major, 0), 256);
214         if (err)
215                 goto out;
216
217         cd->cdev = cdev;
218
219         return major? 0: cd->major;
220 out:
221         kobject_put(&cdev->kobj);
222 out2:
223         kfree(__unregister_chrdev_region(cd->major, 0, 256));
224         return err;
225 }
```

Des opérations génériques sont définies, toujours dans le même fichier :

Linux 2.6.0
```
252 /*
253  * Called every time a character special file is opened
254  */
255 int chrdev_open(struct inode * inode, struct file * filp)

[...]

321 /*
322  * Dummy default file-operations: the only thing this does
323  * is contain the open that then fills in the correct operations
324  * depending on the special file...
325  */
326 struct file_operations def_chr_fops = {
327         .open = chrdev_open,
328 };
```

Conclusion

Les périphériques caractère, limités au clavier et aux liaisons série pour le noyau 0.01, comprennent à la fois des fonctions de bas niveau (spécifiques à chaque type de périphérique caractère) et des fonctions de haut niveau. Ces dernières sont implémentées comme instantiation d'un système de fichiers virtuel pour le noyau 2.6.0.

Neuvième partie

Communication par tubes

Chapitre 26

Communication par tubes sous Linux

Nous allons étudier comment les tubes de communication sont mis en place sous Linux.

1 Étude générale

1.1 Notion

Les **tubes de communication** (*pipes* en anglais) constituent un mécanisme de communication entre processus. La transmission des données entre processus s'effectue à travers un canal de communication : les données écrites à une extrémité du canal sont lues à l'autre extrémité comme l'indique la figure 26.1 ([CAR-98], p. 367). D'un point de vue algorithmique, on peut comparer un tube de communication à une file d'attente de caractères. Avec ce système, lorsqu'une donnée est lue dans le tube, elle en est retirée automatiquement.

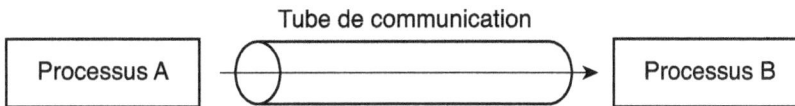

Communication entre deux processus par tubes

Figure 26.1 : *Tube de communication*

Les tubes n'offrent pas de communication structurée. La lecture des données est indépendante de l'écriture, il n'est donc pas possible au niveau des appels système de connaître la taille, l'expéditeur ou le destinataire des données contenues dans le tube.

Une utilisation courante du mécanisme des tubes de communication est réalisée à travers l'interpréteur de commandes lors de l'enchaînement de commandes telles que :

```
# ls | more
```

Dans cet exemple, un tube est créé. Le premier processus `ls` envoie le résultat de la commande dans le tube, au lieu de l'envoyer sur la sortie standard. Ce résultat est récupéré par la commande (processus) `more` qui le traite et affiche son résultat sur la sortie standard.

La gestion des tubes de communication est intégrée dans le système de fichiers. L'accès aux tubes de communication est réalisé par des descripteurs d'entrée-sortie : un descripteur pour la lecture dans le tube de communication et un descripteur pour l'écriture dans le tube.

1.2 Types de tubes de communication

Il y a deux types de tubes de communication :

· Historiquement, le premier type de tubes de communication est le **tube anonyme**. Il est créé par un processus grâce à l'appel système **pipe()**, qui renvoie une paire de descripteurs de fichiers. Ceux-ci sont ensuite manipulés exactement comme des fichiers en ce qui concerne les opérations de fermeture, de lecture et d'écriture.

· Les tubes anonymes présentent un inconvénient : la transmission des descripteurs associés ne se fait que par héritage vers ses descendants ; ils ne permettent donc la communication qu'entre processus dont un ancêtre commun est le créateur du tube. Les **tubes nommés** (FIFO ou *named pipe* en anglais) permettent de lever cette contrainte.

Linux n'implémente que les tubes anonymes dans sa version 0.01. De nos jours, les deux types sont implémentés.

2 Gestion interne sous Linux

Un tube anonyme est un fichier particulier du système de fichiers.

2.1 Descripteur de nœud d'information d'un tube

Notion

Un tube anonyme n'étant pas un fichier sur disque, il ne possède pas de nœud d'information proprement dit. Il possède, par contre, un descripteur de nœud d'information.

Le descripteur du nœud d'information d'un tube est caractérisé par le fait que son champ :

```
i_pipe
```

est positionné à 1.

Taille d'un tube anonyme

La taille d'un tube anonyme semble infinie à l'utilisateur. Cependant, pour des raisons de performances, elle est limitée à 4 Ko (taille d'un cadre de page). Cette limite correspond à la valeur limite pour la réalisation d'une écriture atomique dans le tube. L'utilisateur peut écrire plus de données dans le tube, mais il n'aura pas de garantie d'atomicité de l'opération.

Gestion de la file d'attente

La gestion de la file d'attente d'un tube anonyme se fait grâce aux macros suivantes, définies dans le fichier *include/linux/fs.h* :

```
#define PIPE_HEAD(inode) (((long *)((inode).i_zone))[0])
#define PIPE_TAIL(inode) (((long *)((inode).i_zone))[1])
#define PIPE_SIZE(inode) ((PIPE_HEAD(inode)-PIPE_TAIL(inode))&(PAGE_SIZE-1))
#define PIPE_EMPTY(inode) (PIPE_HEAD(inode)==PIPE_TAIL(inode))
#define PIPE_FULL(inode) (PIPE_SIZE(inode)==(PAGE_SIZE-1))
#define INC_PIPE(head) \
__asm__("incl %0\n\tandl $4095,%0"::"m" (head))
```

Création d'un descripteur de nœud d'information de tube

On effectue la création d'un descripteur de nœud d'information de tube anonyme grâce à la fonction :

```
struct m_inode * get_pipe_inode(void)
```

Cette fonction est définie dans le fichier *fs/inode.c* :

```
struct m_inode * get_pipe_inode(void)
{
        struct m_inode * inode;

        if (!(inode = get_empty_inode()))
                return NULL;
        if (!(inode->i_size=get_free_page())) {
                inode->i_count = 0;
                return NULL;
        }
        inode->i_count = 2;      /* sum of readers/writers */
        PIPE_HEAD(*inode) = PIPE_TAIL(*inode) = 0;
        inode->i_pipe = 1;
        return inode;
}
```

Linux 0.01

Autrement dit :

· on cherche un descripteur de nœud d'information libre ; si l'on n'en trouve pas, on renvoie NULL ;

· on cherche une page libre ; si l'on n'en trouve pas, le compteur d'utilisation du descripteur précédent est positionné à zéro et on renvoie NULL ; sinon l'adresse de cette page libre est sauvée dans le champ inode->i_size ;

· la taille du nœud d'information est initialisée à la taille d'un cadre de page, le compteur d'utilisation à 2 (car le tube est utilisé par le processus émetteur et par le processus récepteur) ;

· on initialise la tête et la queue de la file d'attente à zéro ;

· on indique qu'il s'agit d'un descripteur de nœud d'information de tube anonyme ;

· on renvoie l'adresse du descripteur du nœud d'information.

2.2 Opérations d'entrée-sortie

Les fonctions internes de lecture et d'écriture sur un tube anonyme sont les suivantes :

```
int read_pipe(struct m_inode * inode, char * buf, int count);
int write_pipe(struct m_inode * inode, char * buf, int count);
```

avec des paramètres dont le rôle est évident.

Fonction de lecture

La fonction de lecture est définie dans le fichier *fs/pipe.c* :

```
int read_pipe(struct m_inode * inode, char * buf, int count)
{
        char * b=buf;

        while (PIPE_EMPTY(*inode)) {
                wake_up(&inode->i_wait);
```

Linux 0.01

```
                        if (inode->i_count!= 2) /* are there any writers left? */
                                return 0;
                        sleep_on(&inode->i_wait);
        }
        while (count>0 &&!(PIPE_EMPTY(*inode))) {
                count --;
                put_fs_byte(((char *)inode->i_size)[PIPE_TAIL(*inode)],b++);
                INC_PIPE( PIPE_TAIL(*inode) );
        }
        wake_up(&inode->i_wait);
        return b-buf;
}
```

Autrement dit :

- tant que la file d'attente est vide : on réveille les processus en attente ; si le compteur d'utilisation est différent de deux, on renvoie 0 ; on assoupit les processus en attente ;

- lorsque la file d'attente n'est pas vide et que le nombre d'octets à lire est strictement positif, on décrémente le nombre d'octets restant à lire, on transfère l'octet en tête de la file d'attente dans le tampon et on incrémente l'adresse de la tête de la file d'attente ;

- on réveille les processus en attente et on renvoie le nombre d'octets lus.

Fonction d'écriture

La fonction d'écriture est définie dans le fichier *fs/pipe.c* :

Linux 0.01

```
int write_pipe(struct m_inode * inode, char * buf, int count)
{
        char * b=buf;

        wake_up(&inode->i_wait);
        if (inode->i_count!= 2) { /* no readers */
                current->signal |= (1<<(SIGPIPE-1));
                return -1;
        }
        while (count-->0) {
                while (PIPE_FULL(*inode)) {
                        wake_up(&inode->i_wait);
                        if (inode->i_count!= 2) {
                                current->signal |= (1<<(SIGPIPE-1));
                                return b-buf;
                        }
                        sleep_on(&inode->i_wait);
                }
                ((char *)inode->i_size)[PIPE_HEAD(*inode)] = get_fs_byte(b++);
                INC_PIPE( PIPE_HEAD(*inode) );
                wake_up(&inode->i_wait);
        }
        wake_up(&inode->i_wait);
        return b-buf;
}
```

Autrement dit :

- les processus en attente sont réveillés ;

- si le nombre d'utilisateurs est différent de deux, le signal SIGPIPE est envoyé au processus en cours et on renvoie -1 ;

- tant que le nombre de caractères à écrire est strictement supérieur à zéro :

  - tant que la file d'attente du tube n'est pas pleine : on réveille les processus en attente ; si le nombre d'utilisateurs est différent de deux, le signal SIGPIPE est envoyé au processus en cours et on renvoie le nombre d'octets effectivement écrits dans cette file d'attente ; on assoupit les processus ;

· on transfère un octet du tampon d'écriture en queue de la file d'attente du tube ;

· on réveille les processus en attente ;

· on réveille les processus en attente et on renvoie le nombre d'octets effectivement écrits.

3 Évolution du noyau

Comme nous l'avons déjà dit, les versions modernes du noyau Linux implémentent aussi les tubes nommés. On pourra consulter le chapitre 18 de [BOV-01] à ce propos. Pour les tubes anonymes, le fichier principal à prendre en compte demeure *fs/pipe.c* :

```
/* Drop the inode semaphore and wait for a pipe event, atomically */
35 void pipe_wait(struct inode * inode)
```
Linux 2.6.0

attend un événement concernant les tubes ;

```
46 static ssize_t
47 pipe_read(struct file *filp, char __user *buf, size_t count, loff_t *ppos)
```
Linux 2.6.0

lit dans un tube ;

```
128 static ssize_t
129 pipe_write(struct file *filp, const char __user *buf, size_t count, loff_t *ppos)
```
Linux 2.6.0

écrit dans un tube.

```
228 static int
229 pipe_ioctl(struct inode *pino, struct file *filp,
230           unsigned int cmd, unsigned long arg)
```
Linux 2.6.0

Cette fonction met en place les commandes spéciales pour un tube ;

```
240 /* No kernel lock held - fine */
241 static unsigned int
242 pipe_poll(struct file *filp, poll_table *wait)
```
Linux 2.6.0

permet de savoir s'il y a des données en attente dans un tube ;

```
264 static int
265 pipe_release(struct inode *inode, int decr, int decw)
```
Linux 2.6.0

libère un tube ;

```
285 static int
286 pipe_read_fasync(int fd, struct file *filp, int on)
```
Linux 2.6.0

lit de façon asynchrone dans un tube ;

```
302 static int
303 pipe_write_fasync(int fd, struct file *filp, int on)
```
Linux 2.6.0

écrit de façon asynchrone dans un tube.

```
401 /*
402  * The file_operations structs are not static because they
403  * are also used in linux/fs/fifo.c to do operations on FIFOs.
404  */
405 struct file_operations read_fifo_fops = {
406     .llseek          = no_llseek,
```
Linux 2.6.0

```
407          .read          = pipe_read,
408          .write         = bad_pipe_w,
409          .poll          = fifo_poll,
410          .ioctl         = pipe_ioctl,
411          .open          = pipe_read_open,
412          .release       = pipe_read_release,
413          .fasync        = pipe_read_fasync,
414 };
```

Cette structure rassemble les opérations sur les tubes en tant qu'instantiations du système de fichiers virtuel ;

Linux 2.6.0
```
471 struct inode* pipe_new(struct inode* inode)
```

alloue un nouveau tube.

Linux 2.6.0
```
497 static struct vfsmount *pipe_mnt;
498 static int pipefs_delete_dentry(struct dentry *dentry)
499 {
500          return 1;
501 }
502 static struct dentry_operations pipefs_dentry_operations = {
503          .d_delete      = pipefs_delete_dentry,
504 };
```

Ces éléments rassemblent les opérations sur les répertoires pour l'instantiation du système de fichiers virtuel pour les tubes ;

Linux 2.6.0
```
505
506 static struct inode * get_pipe_inode(void)
```

renvoie un descripteur de nœud d'information de tube ;

Linux 2.6.0
```
538 int do_pipe(int *fd)
```

crée un tube.

Linux 2.6.0
```
620 /*
621  * pipefs should _never_ be mounted by userland - too much of security hassle,
622  * no real gain from having the whole whorehouse mounted. So we don't need
623  * any operations on the root directory. However, we need a non-trivial
624  * d_name - pipe: will go nicely and kill the special-casing in procfs.
625  */
626
627 static struct super_block *pipefs_get_sb(struct file_system_type *fs_type,
628          int flags, const char *dev_name, void *data)
629 {
630          return get_sb_pseudo(fs_type, "pipe:", NULL, PIPEFS_MAGIC);
631 }
```

Ce sont les opérations sur le super-bloc pour l'instantiation du système de fichiers virtuel pour les tubes.

Linux 2.6.0
```
633 static struct file_system_type pipe_fs_type = {
634          .name          = "pipefs",
635          .get_sb        = pipefs_get_sb,
636          .kill_sb       = kill_anon_super,
637 };
```

C'est la déclaration du système de fichiers des tubes ;

```
639 static int __init init_pipe_fs(void)
640 {
641         int err = register_filesystem(&pipe_fs_type);
642         if (!err) {
643                 pipe_mnt = kern_mount(&pipe_fs_type);
644                 if (IS_ERR(pipe_mnt)) {
645                         err = PTR_ERR(pipe_mnt);
646                         unregister_filesystem(&pipe_fs_type);
647                 }
648         }
649         return err;
650 }
```

Linux 2.6.0

initialise le système de fichiers des tubes.

Conclusion

La communication par tubes s'implémente très facilement. Dans le cas du noyau 2.6.0, il s'agit d'une instantiation du système de fichiers virtuel. Ainsi se termine l'étude de la gestion interne du noyau. Nous pouvons maintenant aborder le mode utilisateur.

Dixième partie

Le mode utilisateur

Chapitre 27

Appels système du système de fichiers

Nous allons voir, dans ce chapitre, comment la gestion des fichiers vue par les programmeurs est implémentée sous Linux, autrement dit nous étudions les appels système associés.

1 Les fichiers des points de vue utilisateur et programmeur

1.1 Les fichiers du point de vue utilisateur

Nom des fichiers

Un fichier a un **nom** symbolique, qui doit suivre certaines règles de syntaxe.

Dans le cas d'Unix, un nom de fichier est une chaîne de caractères quelconque n'utilisant pas le caractère « / ». Sa longueur maximale dépend du système mais on peut écrire un nom de 255 caractères dont les 14 premiers sont significatifs, c'est-à-dire que deux noms commençant par les mêmes quatorze premières lettres seront considérés comme identiques.

Unix

Mode d'accès aux fichiers

Du point de vue du système de fichiers, un utilisateur peut référencer un élément du fichier en spécifiant le nom du fichier et l'**index** linéaire de l'élément dans le fichier. Il existe deux façons d'accéder à cet index :

Accès séquentiel. Les premiers systèmes d'exploitation n'offraient qu'un seul type d'accès aux fichiers : l'*accès séquentiel*. Dans ces systèmes, un processus pouvait lire tous les octets (ou les enregistrements) d'un fichier dans l'ordre à partir du début du fichier, mais il ne pouvait pas les lire dans le désordre. Les fichiers séquentiels peuvent cependant être rembobinés et donc être lus autant de fois que nécessaire. Le mode d'accès séquentiel est pratique lorsque le support de stockage est une bande magnétique plutôt qu'un disque.

Accès direct. L'arrivée des disques a autorisé la lecture d'octets (ou d'enregistrements) dans le désordre, ainsi que l'accès à des enregistrements à partir d'une clé et non plus à partir de leur position. Les fichiers dont les octets ou les enregistrements peuvent être lus dans un ordre quelconque sont appelés des *fichiers à accès direct* (en anglais *random access file*).

Les fichiers à accès direct sont indispensables à de nombreuses applications, par exemple les systèmes de gestion de bases de données. Si un client d'une compagnie aérienne veut réserver une place sur un vol particulier, le programme de réservation doit pouvoir accéder aux enregistrements de ce vol sans avoir à parcourir les enregistrements de milliers d'autres vols.

Deux méthodes permettent de spécifier la position de départ de la lecture. Dans la première, chaque opération de lecture indique la position dans le fichier à laquelle la lecture doit débuter. Dans la deuxième, une opération spéciale, dite de positionnement (*seek* en anglais), permet de se positionner à un endroit donné. À la suite de ce positionnement, la lecture peut débuter à partir de cette nouvelle position courante.

Attributs des fichiers

Chaque fichier possède un nom et des données. De plus, tous les systèmes d'exploitation associent des informations supplémentaires à chaque fichier, par exemple la date et l'heure de création du fichier ainsi que sa taille. On appelle ces informations complémentaires les attributs du fichier.

La liste des attributs varie considérablement d'un système d'exploitation à un autre.

La table suivante donne quelques attributs possibles :

Champ	Signification
Protection	Qui peut accéder au fichier et de quelle façon
Mot de passe	Mot de passe requis pour accéder au fichier
Créateur	Personne qui a créé le fichier
Propriétaire	Propriétaire actuel
Lecture seule	Indicateur : 0 pour lecture/écriture, 1 pour lecture seule
Fichier caché	Indicateur : 0 pour fichier normal, 1 pour ne pas afficher dans les listages
Fichier système	Indicateur : 0 pour fichier normal, 1 pour fichier système
À archiver	Indicateur : 0 si la version a déjà été archivée, 1 si à archiver
Texte/binaire	Indicateur : 0 pour fichier texte, 1 pour fichier binaire
Accès direct	Indicateur : 0 pour accès séquentiel, 1 pour accès direct
Fichier temporaire	Indicateur : 0 pour fichier normal, 1 pour supprimer le fichier lorsque le processus est terminé
Verrouillage	Indicateur : 0 pour fichier non verrouillé, 1 pour fichier verrouillé
Date de création	Date et heure de la création du fichier
Date du dernier accès	Date et heure du dernier accès au fichier
Date modification	Date et heure de la dernière modification
Taille effective	Nombre d'octets du fichier
Taille maximale	Taille maximale autorisée pour le fichier

· Les quatre premiers attributs sont liés à la protection du fichier et indiquent les personnes qui peuvent y accéder. Certains systèmes demandent à l'utilisateur d'entrer un **mot de passe** avant d'accéder à un fichier. Dans ce cas, le mot de passe (chiffré) fait partie du fichier.

· Les **indicateurs** sont des bits ou des petits champs qui contrôlent ou autorisent certaines propriétés :

  · Les **fichiers cachés** n'apparaissent pas à l'affichage lorsqu'on demande de lister les fichiers.

  · L'**indicateur d'archivage** est un bit qui indique si le fichier a été modifié depuis la dernière sauvegarde sur disque. Si c'est le cas, le fichier sera sauvegardé lors de la prochaine sauvegarde et le bit remis à zéro.

  · L'**indicateur de fichier temporaire** autorise la suppression automatique du fichier lorsque le processus qui l'a créé se termine.

· Les **différentes dates** mémorisent les dates et heures de création, de dernier accès et de dernière modification. Elles sont utiles dans de nombreux cas. Par exemple, un fichier source modifié après la création de l'objet correspondant doit être recompilé.

· La **taille effective** indique la taille actuelle du fichier. Quelques systèmes d'exploitation de grands ordinateurs imposent de spécifier la **taille maximale** du fichier lors de sa création afin de réserver l'espace de stockage à l'avance. Les mini-ordinateurs et les ordinateurs personnels sont assez malins pour se tirer d'affaire sans cette information.

1.2 Les fichiers du point de vue du programmeur

Les fichiers permettent de stocker des informations et de les rechercher ultérieurement. Les systèmes d'exploitation fournissent des méthodes variées pour réaliser le stockage et la recherche. Les principaux appels système relatifs aux fichiers sont les suivants :

Création. Le fichier est créé sans données. Cet appel système a pour but d'indiquer la création du fichier et de fixer un certain nombre de paramètres.

Suppression. Le fichier devenu inutile est supprimé pour libérer de l'espace sur le disque. Il existe toujours un appel système à cette fin. Certains systèmes d'exploitation offrent même la possibilité de supprimer automatiquement les fichiers non utilisés pendant un nombre de jours donnés.

Ouverture. Un fichier doit être ouvert avant qu'un processus puisse l'utiliser. L'appel système d'ouverture permet au système d'exploitation de charger en mémoire vive les attributs et la liste des adresses des blocs constituant le fichier sur le disque afin d'accélérer les accès ultérieurs.

Fermeture. Lorsqu'il n'y a plus d'accès au fichier, les attributs et la liste des adresses des blocs constituant le fichier ne sont plus nécessaires. Le fichier doit être fermé pour libérer de l'espace dans les tables internes situées en mémoire vive. De nombreux systèmes incitent les utilisateurs à fermer les fichiers en imposant un nombre maximum de fichiers ouverts par processus.

Lecture. Des données sont lues à partir du fichier. En général, les octets sont lus à partir de la position courante. L'appelant doit spécifier le nombre d'octets demandés ainsi que l'adresse d'une mémoire tampon de réception.

Écriture. Des données sont écrites dans le fichier à partir de la position courante. Si la position courante est située à la fin du fichier, la taille du fichier augmente. Si la position courante est à l'intérieur du fichier, les anciennes données sont remplacées et définitivement perdues.

Ajout. Cet appel système est une version restreinte de l'écriture qui ajoute des données à la fin du fichier. Les systèmes d'exploitation qui ont un nombre restreint d'appels système ne disposent pas en général de cet appel. Il existe souvent plusieurs manières pour effectuer une opération de sorte que ces systèmes permettent néanmoins d'émuler l'ajout en utilisant d'autres appels système.

Positionnement. Pour les fichiers à accès direct, il faut indiquer la position des données à lire ou à écrire. L'appel système de positionnement, souvent utilisé, modifie la position courante dans le fichier. À la suite de cet appel, les données sont lues ou écrites à partir de la nouvelle position courante.

Récupération des attributs. Les processus doivent quelquefois lire les attributs des fichiers pour effectuer certaines opérations. Il leur faut donc pouvoir accéder aux attributs.

Positionnement des attributs. Certains attributs peuvent être modifiés par les utilisateurs et renseignés après la création du fichier. Cet appel système réalise cette opération. Les informations relatives à la protection constituent un exemple évident d'attributs modifiables (par les personnes autorisées). La plupart des indicateurs le sont également.

Changement de nom. Il est fréquent de vouloir modifier le nom d'un fichier. Cet appel système réalise cette opération. Il n'est pas vraiment indispensable puisqu'un fichier peut toujours être copié dans un fichier qui porte le nouveau nom et l'ancien fichier supprimé, ce qui suffit en général.

2 Appels système Unix d'entrée-sortie sur fichier

2.1 Ouverture et fermeture de fichiers

Ouverture de fichier

Tout fichier doit être ouvert avant que l'on puisse lire ou écrire des données. La syntaxe de l'appel système **open()** est la suivante :

```
#include <sys/types.h>
#include <sys/stat.h>
#include <fcntl.h>
#include <unistd.h>

int open(const char * filename, int flag, int mode);
```

Le paramètre `filename` spécifie le nom que l'on veut donner au fichier à ouvrir. Le paramètre `flag` spécifie le mode d'ouverture, détaillé ci-après. Le paramètre `mode` spécifie les droits d'accès à positionner sur le fichier lors de la création, également détaillés ci-après.

L'appel système renvoie soit le descripteur d'entrée-sortie correspondant au fichier ouvert, soit la valeur -1 en cas d'échec. Dans ce dernier cas, la variable `errno` prend l'une des valeurs suivantes :

· EACCES : l'accès spécifié n'est pas possible ;

- EEXIST : le nom `filename` spécifié correspond déjà à un nom de fichier existant alors que les options O_CREAT et O_EXCL ont été positionnées ;
- EFAULT : le nom `filename` (plus exactement le chemin) contient une adresse non valide ;
- EISDIR : le nom se réfère à un répertoire alors que le mode d'accès spécifie l'écriture ;
- EMFILE : le nombre maximum de fichiers ouverts par le processus en cours a été atteint ;
- ENAMETOOLONG : le nom spécifié est trop long ;
- ENOMEM : le noyau n'a pas pu allouer de mémoire pour ses descripteurs internes ;
- ENOENT : le nom se réfère à un fichier qui n'existe pas alors que l'option CREAT n'est pas positionnée ;
- ENOSPC : le système de fichiers est saturé ;
- ENOTDIR : un des composants du chemin indiqué dans le nom de fichier, utilisé comme nom de répertoire, n'est pas un répertoire ;
- EROFS : le système de fichiers est en lecture seule alors que le mode d'accès demandé exigerait l'écriture ;
- ETXTBSY : le nom se réfère à un programme binaire en cours d'exécution alors que le mode d'accès spécifié exigerait l'écriture.

Dans le cas de Linux 0.01, les valeurs de ces constantes, situées dans le fichier *include/errno.h*, sont les suivantes :

Linux 0.01

```
#define ENOENT        2
------------------------------
#define ENOMEM       12
#define EACCES       13
#define EFAULT       14
------------------------------
#define EEXIST       17
------------------------------
#define ENOTDIR      20
#define EISDIR       21
------------------------------
#define EMFILE       24
------------------------------
#define ETXTBSY      26
------------------------------
#define ENOSPC       28
------------------------------
#define EROFS        30
------------------------------
#define ENAMETOOLONG 36
```

Mode d'ouverture

Le mode d'ouverture est exprimé en fonction de constantes symboliques définies dans le fichier d'en-tête *fcntl.h* :

- O_RDONLY pour un accès en lecture seule ;
- O_WRONLY pour un accès en écriture seule ;
- O_RDWR pour un accès en lecture et en écriture.

D'autres options d'ouverture peuvent également être spécifiées en combinant les valeurs suivantes par une disjonction binaire (opérateur « | » du langage C) :

- O_CREAT : création d'un fichier s'il n'existe pas ;

- O_EXCL : provoque une erreur si O_CREAT est spécifié et si le fichier existe déjà ;
- O_TRUNC : suppression du contenu précédent du fichier si un fichier de même nom existait déjà ;
- O_APPEND : ouverture en mode ajout ; toute écriture est effectuée en fin du fichier ;
- O_NONBLOCK : ouverture en mode non bloquant ;
- O_SYNC : ouverture du fichier en **mode synchrone**, c'est-à-dire que toute mise à jour est écrite immédiatement sur le disque.

Dans le cas de Linux 0.01, les valeurs de ces constantes sont les suivantes :

Linux 0.01
```
/* open/fcntl - NOCTTY, NDELAY isn't implemented yet */
#define O_ACCMODE      00003
#define O_RDONLY          00
#define O_WRONLY          01
#define O_RDWR            02
#define O_CREAT        00100   /* not fcntl */
#define O_EXCL         00200   /* not fcntl */
#define O_NOCTTY       00400   /* not fcntl */
#define O_TRUNC        01000   /* not fcntl */
#define O_APPEND       02000
#define O_NONBLOCK     04000   /* not fcntl */
#define O_NDELAY       O_NONBLOCK
```

Droits d'accès

Les droits d'accès à positionner (paramètre mode) sont exprimés par la combinaison binaire de constantes symboliques définies dans le fichier d'en-tête *sys/stat.h* :

- S_ISUID : bit *setuid* ;
- S_ISGID : bit *setgid* ;
- S_ISVTX : bit *sticky* ;
- S_IRUSR : droit de lecture pour le propriétaire ;
- S_IWUSR : droit d'écriture pour le propriétaire ;
- S_IXUSR : droit d'exécution pour le propriétaire ;
- S_IRWXU : droits de lecture, d'écriture et d'exécution pour le propriétaire ;
- S_IRGRP : droit de lecture pour le groupe d'utilisateurs ;
- S_IWGRP : droit d'écriture pour le groupe d'utilisateurs ;
- S_IXGRP : droit d'exécution pour le groupe d'utilisateurs ;
- S_IRWXG : droits de lecture, d'écriture et d'exécution pour le groupe d'utilisateurs ;
- S_IROTH : droit de lecture pour le reste des utilisateurs ;
- S_IWOTH : droit d'écriture pour le reste des utilisateurs ;
- S_IXOTH : droit d'exécution pour le reste des utilisateurs ;
- S_IRWXO : droits de lecture, d'écriture et d'exécution pour le reste des utilisateurs.

Dans le cas de Linux 0.01, les valeurs de ces constantes sont les suivantes :

Linux 0.01
```
#define S_ISUID  0004000
#define S_ISGID  0002000
#define S_ISVTX  0001000
----------------------
#define S_IRWXU 00700
#define S_IRUSR 00400
```

```
#define S_IWUSR 00200
#define S_IXUSR 00100

#define S_IRWXG 00070
#define S_IRGRP 00040
#define S_IWGRP 00020
#define S_IXGRP 00010

#define S_IRWXO 00007
#define S_IROTH 00004
#define S_IWOTH 00002
#define S_IXOTH 00001
```

Création d'un fichier

On peut vouloir insister sur le fait que le fichier que l'on ouvre ne doit pas contenir de données (le contenu sera effacé si le fichier existait déjà). La syntaxe de l'appel système **creat()** est la suivante :

```
#include <sys/types.h>
#include <fcntl.h>
#include <unistd.h>

int creat(const char * filename, int flag);
```

Les paramètres et la valeur de retour ont la même signification que dans le cas de l'ouverture.

Fermeture d'un fichier

Après utilisation d'un fichier, un processus doit utiliser l'appel système **close()** afin de le fermer. La syntaxe est :

```
#include <unistd.h}

int close(int fd);
```

Le paramètre `fd` correspond à un descripteur d'entrée-sortie retourné par l'appel **open()**. La valeur 0 est renvoyée en cas de succès. En cas d'échec, la valeur -1 est renvoyée ; la seule valeur possible de `errno` est alors `EBADF`, indiquant que le descripteur spécifié par `fd` n'est pas valide.

Dans le cas de Linux 0.01, la valeur de la nouvelle constante symbolique est la suivante :

```
#define EBADF            9
```

Linux 0.01

2.2 Lecture et écriture de données

Deux appels système permettent à un processus de lire ou d'écrire des données dans un fichier préalablement ouvert par **open()**. UNIX considère les fichiers comme une suite d'octets sans aucune structure et n'impose aucune restriction sur les données qu'un processus peut lire ou écrire dans un fichier. Si un fichier doit être structuré, c'est à l'application de le gérer.

Lecture de données

La lecture des données est effectuée par l'appel système **read()** :

```
#include <unistd.h>

int read(unsigned int fd, char * buf, int count);
```

L'appel provoque la lecture de données depuis le fichier dont le descripteur d'entrée-sortie est passé grâce au paramètre `fd`. Les données lues sont placées dans le tampon mémoire dont l'adresse est spécifiée par `buf` et dont `count` indique la taille en octets.

L'appel renvoie le nombre d'octets qui ont été lus depuis le fichier (0 dans le cas où la fin du fichier est atteinte) ou la valeur -1 en cas d'échec. En cas d'échec, la variable `errno` prend l'une des valeurs suivantes :

- `EBADF` : le descripteur d'entrée-sortie spécifié n'est pas valide ;
- `EFAULT` : `buf` contient une adresse non valide ;
- `EINTR` : l'appel système a été interrompu par la réception d'un signal ;
- `EINVAL` : `fd` se réfère à un objet sur lequel la lecture n'est pas possible ;
- `EIO` : une erreur d'entrée-sortie s'est produite ;
- `EISDIR` : `fd` se réfère à un répertoire.

Dans le cas du noyau Linux 0.01, les valeurs des nouvelles constantes symboliques sont les suivantes :

Linux 0.01

```
#define EINTR        4
#define EIO          5
------------------------
#define EINVAL       22
```

Écriture de données

L'appel système **write()** permet d'écrire des données dans un fichier :

```
#include <unistd.h>

int write(unsigned int fd, char * buf, int count);
```

Les données dont l'adresse est contenue dans `buf` et dont la longueur en octets est passée dans le paramètre `count` sont écrites dans le fichier spécifié par le descripteur d'entrée-sortie `fd`.

L'appel système renvoie le nombre d'octets écrits dans le fichier, ou la valeur -1 en cas d'erreur. En cas d'échec, la variable `errno` prend l'une des valeurs suivantes :

- `EBADF` : le descripteur d'entrée-sortie spécifié n'est pas valide ;
- `EFAULT` : `buf` contient une adresse non valide ;
- `EINTR` : l'appel système a été interrompu par la réception d'un signal ;
- `EINVAL` : `fd` se réfère à un objet sur lequel l'écriture n'est pas possible ;
- `EIO` : une erreur d'entrée-sortie s'est produite ;
- `EISDIR` : `fd` se réfère à un répertoire ;
- `EPIPE` : `fd` se réfère à un tube sur lequel il n'existe plus de processus lecteur ;
- `ENOSPC` : le système de fichiers est saturé.

Dans le cas de Linux 0.01, les valeurs des nouvelles constantes symboliques, situées dans le fichier *include/errno.h*, sont les suivantes :

Linux 0.01

```
#define ENOSPC       28
------------------------
#define EPIPE        32
```

Exemple

Le programme suivant utilise les fonctions d'entrée-sortie sur fichiers pour copier le contenu d'un fichier dans un autre :

```c
/* copie.c */

#include <sys/types.h>
#include <sys/stat.h>
#include <fcntl.h>
#include <unistd.h>
#include <errno.h>
#include <stdio.h>

void main(int argc, char *argv[])
{
  int fd1;
  int fd2;
  char buffer[1024];
  int n;

  /* Contrôle des arguments */
  if (argc!= 3)
      printf("Usage: %s source cible\n", argv[0]);

  /* Ouverture du fichier source */
  else
     {
     fd1 = open(argv[1], O_RDONLY, S_IRUSR);
     if (fd1 == -1)
       printf("erreur ouverture 1");

  /* Ouverture du fichier cible */
     else
        {
        fd2 = open(argv[2], O_WRONLY | O_TRUNC | O_CREAT,
             S_IRUSR | S_IWUSR);
        if (fd2 == -1)
          printf("erreur ouverture 2");

  /* Boucle de copie (lecture dans source, écriture dans cible) */
        else
           {
           do
             {
             n = read(fd1, (void *) buffer, sizeof(buffer));
             if (n > 0)
               if (write(fd2, (void *) buffer, n)!= n)
                  {
                  printf("erreur écriture");
                  n = 0;
                  }
             }
           while (n > 0);

  /* Fermeture des fichiers */
           close(fd1);
           close(fd2);

  /* Terminaison */
           }
        }
     }
}
```

2.3 Positionnement dans un fichier

Les appels système **read()** et **write()** permettent d'effectuer des lectures et des écritures séquentielles de données. Il n'existe pas de primitives permettant d'effectuer des lectures ou écritures directes dans la mesure où aucune structuration n'est gérée par le noyau. Cependant, il est possible de modifier la valeur du pointeur de lecture-écriture d'un fichier grâce à l'appel système **lseek()**.

Syntaxe

L'appel système **lseek()** permet de positionner le pointeur de lecture-écriture :

```
#include <unistd.h>

int lseek(int fd, off_t offset, int origin);
```

Le paramètre `fd` représente le descripteur d'entrée-sortie associé au fichier, `offset` définit le déplacement en octets du pointeur de lecture-écriture par rapport à une base spécifiée par `origin`, dont les valeurs possibles sont décrites ci-après.

L'appel système renvoie la nouvelle position courante en octets par rapport au début du fichier, ou la valeur -1 en cas d'échec. Dans ce dernier cas, la variable `errno` prend l'une des valeurs suivantes :

· EBADF : le descripteur d'entrée-sortie spécifié n'est pas valide ;

· EINVAL : le paramètre `origin` spécifie une valeur non valide ;

· ESPIPE : le paramètre `fd` se réfère à un tube.

Dans le cas de Linux 0.01, la valeur de la nouvelle constante symbolique, située dans le fichier *include/errno.h*, est la suivante :

Linux 0.01
```
#define ESPIPE          29
```

Le type déplacement `off_t` est défini dans le fichier *include/sys/types.h* :

Linux 0.01
```
typedef long off_t;
```

Valeur de l'origine

Le paramètre `origin` doit prendre l'une des trois valeurs suivantes :

· SEEK_SET : positionnement par rapport au début du fichier ;

· SEEK_CUR : positionnement par rapport à la position en cours ;

· SEEK_END : positionnement par rapport à la fin du fichier.

Les valeurs de ces constantes symboliques sont définies dans le fichier d'en-têtes *include/unistd.h* :

Linux 0.01
```
/* lseek */
#define SEEK_SET        0
#define SEEK_CUR        1
#define SEEK_END        2
```

Exemple

Il n'existe pas d'appel système permettant d'obtenir la position en cours dans un fichier. Il est toutefois possible d'appeler **lseek()** sans modifier la position en cours et d'exploiter son résultat :

```
/* position.c */

#include <unistd.h>
#include <sys/types.h>

off_t tell(int fd)
    {
    return lseek(fd, (off_t) 0, SEEK_CUR);
    }
```

2.4 Sauvegarde des données modifiées

Lorsqu'un utilisateur demande à ce que des données soient écrites dans un fichier, le système place tout d'abord celles-ci dans des tampons de la mémoire cache du disque dur, puis il sauvegarde régulièrement sur disque les données en attente (grâce au processus update). Si le fichier a été ouvert avec l'option O_SYNC, les modifications effectuées sont écrites de manière synchrone sur disque.

La sauvegarde dans des tampons mémoire, et non directement sur disque, est particulièrement intéressante au niveau des performances pour plusieurs raisons :

· les processus écrivant dans des fichiers ne sont pas suspendus pendant les écritures, le noyau se chargeant d'écrire les données sur disque de manière asynchrone ;

· si plusieurs processus accèdent aux mêmes fichiers, seule la première lecture doit être effectuée depuis le disque ; les lectures suivantes des mêmes données se ramènent à un transfert de données entre les tampons mémoire de la mémoire cache et les espaces d'adressage des différents processus.

L'écriture asynchrone des données pose néanmoins un problème de fiabilité : si une panne, par exemple une coupure de courant, se produit entre l'appel de **write()** et l'écriture réelle des données sur disque, les modifications sont perdues.

UNIX offre un appel système permettant de provoquer l'écriture sur disque des données modifiées au moment de son appel. L'appel système :

```
#include <unistd.h>

int sync(void);
```

provoque l'écriture de toutes les données modifiées.

3 Implémentation Linux des entrées-sorties

3.1 Appel système d'ouverture

L'appel système d'ouverture **open()** renvoie pratiquement tout le travail à la fonction interne **open_namei()** qui travaille au niveau des nœuds d'information.

Fonction d'ouverture d'un nœud d'information

La fonction :

```
int open_namei(const char * pathname, int flag, int mode,
        struct m_inode ** res_inode);
```

permet de charger le descripteur du nœud d'information associé au fichier spécifié par son nom complet, son mode d'ouverture et ses droits d'accès, ces deux derniers paramètres étant les mêmes que dans le cas de la fonction **open()**.

Elle renvoie 0 si tout se passe bien et l'opposé du code d'erreur sinon. L'adresse du descripteur de nœud d'information résultat est renvoyée en tant que paramètre *res_inode.

Cette fonction est définie dans le fichier *fs/namei.c* :

Linux 0.01

```
/*
 *      open_namei()
 *
 * namei for open - this is in fact almost the whole open-routine.
 */
int open_namei(const char * pathname, int flag, int mode,
        struct m_inode ** res_inode)
{
        const char * basename;
        int inr,dev,namelen;
        struct m_inode * dir, *inode;
        struct buffer_head * bh;
        struct dir_entry * de;

        if ((flag & O_TRUNC) &&!(flag & O_ACCMODE))
                flag |= O_WRONLY;
        mode &= 0777 & ~current->umask;
        mode |= I_REGULAR;
        if (!(dir = dir_namei(pathname,&namelen,&basename)))
                return -ENOENT;
        if (!namelen) {                     /* special case: '/usr/' etc */
                if (!(flag & (O_ACCMODE|O_CREAT|O_TRUNC))) {
                        *res_inode=dir;
                        return 0;
                }
                iput(dir);
                return -EISDIR;
        }
        bh = find_entry(dir,basename,namelen,&de);
        if (!bh) {
                if (!(flag & O_CREAT)) {
                        iput(dir);
                        return -ENOENT;
                }
                if (!permission(dir,MAY_WRITE)) {
                        iput(dir);
                        return -EACCES;
                }
                inode = new_inode(dir->i_dev);
                if (!inode) {
                        iput(dir);
                        return -ENOSPC;
                }
                inode->i_mode = mode;
                inode->i_dirt = 1;
                bh = add_entry(dir,basename,namelen,&de);
                if (!bh) {
                        inode->i_nlinks--;
                        iput(inode);
                        iput(dir);
                        return -ENOSPC;
                }
```

```
                de->inode = inode->i_num;
                bh->b_dirt = 1;
                brelse(bh);
                iput(dir);
                *res_inode = inode;
                return 0;
        }
        inr = de->inode;
        dev = dir->i_dev;
        brelse(bh);
        iput(dir);
        if (flag & O_EXCL)
                return -EEXIST;
        if (!(inode=iget(dev,inr)))
                return -EACCES;
        if ((S_ISDIR(inode->i_mode) && (flag & O_ACCMODE)) ||
            permission(inode,ACC_MODE(flag))!=ACC_MODE(flag)) {
                iput(inode);
                return -EPERM;
        }
        inode->i_atime = CURRENT_TIME;
        if (flag & O_TRUNC)
                truncate(inode);
        *res_inode = inode;
        return 0;
}
```

Autrement dit :

· on commence par positionner correctement le mode d'ouverture et les droits d'accès en fonction de ce qui est demandé, d'une part, et ce qui est permis au processus, d'autre part ;

· on charge le nœud d'information du fichier dans lequel se trouve l'entrée du répertoire final dans lequel on doit placer le fichier ; si l'on n'y arrive pas, on renvoie l'opposé du code d'erreur ENOENT ;

· si la longueur du nom du fichier est nulle, c'est-à-dire si l'on désigne un répertoire, et si c'est compatible avec ce qui est demandé, on renvoie l'adresse du descripteur de nœud d'information du répertoire en paramètre et 0 en sortie ; sinon on relâche le descripteur du nœud d'information du répertoire et on renvoie l'opposé du code d'erreur EISDIR ;

· sinon on cherche l'entrée de répertoire du fichier et on charge le descripteur de tampon du bloc qui le contient ; si l'on n'y arrive pas :

  · hors du cas d'une création, on relâche le descripteur de nœud d'information et on renvoie l'opposé du code d'erreur ENOENT ;

  · s'il s'agit d'une création mais que l'on ne possède pas les droits d'accès adéquats, on relâche le descripteur de nœud d'information et on renvoie l'opposé du code d'erreur EACCES ;

  · parce qu'il s'agit d'une création pour laquelle on possède les droits d'accès :

    · on cherche un descripteur de nœud d'information libre ; si l'on n'y parvient pas, on relâche le descripteur de nœud d'information concernant le répertoire et on renvoie l'opposé du code d'erreur ENOSPC ;

    · on initialise les champs mode et dirt de ce nouveau descripteur de nœud d'information ;

    · on ajoute une entrée de répertoire dans le répertoire ayant pour paramètre le nom de fichier voulu tout en chargeant le descripteur de tampon du bloc contenant ce répertoire ;

    · si l'on n'y arrive pas, on décrémente le compteur de liens du descripteur de nœud d'information du fichier, on relâche les nœuds d'information du fichier et du répertoire et on renvoie l'opposé du code d'erreur ENOSPC ;

- on renseigne le champ concernant le numéro du nœud d'information de l'entrée de répertoire ;
- on indique qu'il faudra penser à sauvegarder sur disque le descripteur de tampon et on le relâche ;
- on relâche le descripteur de nœud d'information du répertoire, on renvoie l'adresse du descripteur du nœud d'information du fichier en paramètre et 0 en sortie ;

- sinon :
  - on renseigne les champs sur le numéro de nœud d'information et de périphérique ;
  - on relâche le descripteur de tampon et le descripteur de nœud d'information du répertoire ;
  - si l'on a demandé de générer une erreur si le fichier existe déjà, on renvoie l'opposé du code d'erreur EEXIST ; remarquons que l'erreur ne devrait se produire que si le fichier existe déjà et qu'on a demandé sa création mais, dans le cas de cette implémentation, l'erreur se produit également sans O_CREAT mais avec O_EXCL ;
  - on charge le descripteur de nœud d'information du fichier ; si l'on n'y parvient pas, on renvoie l'opposé du code d'erreur EACCES ;
  - si l'on ne possède pas les droits permettant d'accéder au fichier, on relâche le descripteur de nœud d'information du fichier et on renvoie l'opposé du code d'erreur EPERM ;
  - on indique la date du dernier accès au noeud d'information ;
  - si l'on a demandé de supprimer le contenu précédent du fichier, on le fait en faisant appel à la fonction de gestion interne **truncate()** ;
  - on renvoie l'adresse du descripteur de nœud d'information du fichier en paramètre et 0 en sortie.

La fonction de code de l'appel système

La fonction de code **sys_open()** de l'appel système **open()** est définie dans le fichier *fs/open.c* :

Linux 0.01

```
int sys_open(const char * filename,int flag,int mode)
{
        struct m_inode * inode;
        struct file * f;
        int i,fd;

        mode &= 0777 & ~current->umask;
        for(fd=0; fd<NR_OPEN; fd++)
                if (!current->filp[fd])
                        break;
        if (fd>=NR_OPEN)
                return -EINVAL;
        current->close_on_exec &= ~(1<<fd);
        f=0+file_table;
        for (i=0; i<NR_FILE; i++,f++)
                if (!f->f_count) break;
        if (i>=NR_FILE)
                return -EINVAL;
        (current->filp[fd]=f)->f_count++;
        if ((i=open_namei(filename,flag,mode,&inode))<0) {
                current->filp[fd]=NULL;
                f->f_count=0;
                return i;
        }
/* ttys are somewhat special (ttyxx major==4, tty major==5) */
        if (S_ISCHR(inode->i_mode))
                if (MAJOR(inode->i_zone[0])==4) {
```

```
                    if (current->leader && current->tty<0) {
                            current->tty = MINOR(inode->i_zone[0]);
                            tty_table[current->tty].pgrp = current->pgrp;
                    }
            } else if (MAJOR(inode->i_zone[0])==5)
                    if (current->tty<0) {
                            iput(inode);
                            current->filp[fd]=NULL;
                            f->f_count=0;
                            return -EPERM;
                    }
    f->f_mode = inode->i_mode;
    f->f_flags = flag;
    f->f_count = 1;
    f->f_inode = inode;
    f->f_pos = 0;
    return (fd);
}
```

Autrement dit :

- les droits d'accès sont éventuellement modifiés en fonction du masque des droits d'accès du processus (on ne peut pas ouvrir le fichier en lecture si le processus n'en a pas le droit) ;
- on recherche un emplacement non utilisé dans la table des descripteurs de fichiers du processus ; si l'on n'en trouve pas, on s'arrête et l'opposé du code d'erreur EINVAL est renvoyé ;
- on marque le fichier pour qu'il soit fermé lors de la fin du processus ;
- on cherche un emplacement libre dans la table globale des descripteurs de fichiers ; si l'on n'en trouve pas, on s'arrête et l'opposé du code d'erreur EINVAL est renvoyé ; si l'on en trouve un, la valeur de filp[fd], avec la valeur du descripteur fd déterminée ci-dessus, est initialisée avec le descripteur de fichier ainsi déterminé et son compteur d'utilisation f_count est incrémenté ;
- on essaie d'associer un nœud d'information au fichier grâce à la fonction **open_namei()** ; si l'on n'y parvient pas, le descripteur de fichier est initialisé à NULL, f_count est ramené à 0 et on s'arrête en renvoyant le code d'erreur transmis par **open_namei()** ;
- le cas des fichiers de périphérique caractère, c'est-à-dire des terminaux, est un peu spécial :
  - dans le cas d'un des terminaux, si le processus en cours est chef de session et qu'aucun terminal ne lui est associé, on lui en associe un ;
  - dans le cas du terminal en cours, si aucun terminal n'est associé au processus en cours, on libère le descripteur de nœud d'information et on renvoie l'opposé du code d'erreur EPERM ;
- on renseigne les champs du fichier et on renvoie le descripteur de fichier.

3.2 Appel système de création

La fonction de code **sys_creat()** associée à l'appel système **creat()** est définie dans le fichier *fs/open.c* :

```
int sys_creat(const char * pathname, int mode)
{
        return sys_open(pathname, O_CREAT | O_TRUNC, mode);
}
```
Linux 0.01

c'est-à-dire que l'on fait appel à la fonction ci-dessus avec la valeur adéquate du mode d'ouverture.

3.3 Appel système de fermeture

La fonction de code **sys_close()** de l'appel système **close()** est définie dans le fichier *fs/open.c* :

Linux 0.01

```
int sys_close(unsigned int fd)
{
        struct file * filp;

        if (fd >= NR_OPEN)
                return -EINVAL;
        current->close_on_exec &= ~(1<<fd);
        if (!(filp = current->filp[fd]))
                return -EINVAL;
        current->filp[fd] = NULL;
        if (filp->f_count == 0)
                panic("Close: file count is 0");
        if (--filp->f_count)
                return (0);
        iput(filp->f_inode);
        return (0);
}
```

Autrement dit :

· si le descripteur de fichier est plus grand que le nombre de descripteurs de fichiers permis, on s'arrête et on renvoie l'opposé du code d'erreur EINVAL ; sinon on enlève ce descripteur de la liste des fichiers à fermer lors de la fin du processus ;

· si filp[fd] n'était associé à aucun fichier, on s'arrête et on renvoie l'opposé du code d'erreur EINVAL ; sinon on met cette valeur à NULL, puisqu'elle ne sera plus associée à un fichier ;

· si le compteur d'utilisation f_count était déjà égal à 0, on envoie un message d'erreur et on gèle le système ; sinon on décrémente sa valeur ;

· si l'on était le dernier utilisateur du fichier (f_count = 1), on libère le descripteur de nœud d'information associé au fichier ;

· on renvoie la valeur 0.

3.4 Appel système de lecture des données

Code principal

La fonction de code **sys_read()** de l'appel système **read()** est définie dans le fichier *fs/read_write.c* :

Linux 0.01

```
int sys_read(unsigned int fd,char * buf,int count)
{
        struct file * file;
        struct m_inode * inode;

        if (fd>=NR_OPEN || count<0 ||!(file=current->filp[fd]))
                return -EINVAL;
        if (!count)
                return 0;
        verify_area(buf,count);
        inode = file->f_inode;
        if (inode->i_pipe)
                return (file->f_mode&1)?read_pipe(inode,buf,count):-1;
        if (S_ISCHR(inode->i_mode))
                return rw_char(READ,inode->i_zone[0],buf,count);
        if (S_ISBLK(inode->i_mode))
                return block_read(inode->i_zone[0],&file->f_pos,buf,count);
```

```
        if (S_ISDIR(inode->i_mode) || S_ISREG(inode->i_mode)) {
                if (count+file->f_pos > inode->i_size)
                        count = inode->i_size - file->f_pos;
                if (count<=0)
                        return 0;
                return file_read(inode,file,buf,count);
        }
        printk("(Read)inode->i_mode=%06o\n\r",inode->i_mode);
        return -EINVAL;
}
```

Autrement dit :

· si le descripteur de fichier est plus grand que le nombre permis de descripteurs de fichiers, si le nombre d'octets à lire est négatif ou si le descripteur n'est associé à aucun fichier ouvert, on s'arrête en renvoyant l'opposé du code d'erreur EINVAL ;

· si le nombre d'octets à lire vaut 0, on n'a rien à faire donc on s'arrête en renvoyant 0 ;

· on vérifie qu'il y a suffisamment de place disponible en mémoire vive pour le tampon, grâce à la fonction auxiliaire **verify_area()**, que nous étudierons ci-après ;

· l'adresse du descripteur du nœud d'information du fichier est placée dans la variable inode ;

· si le fichier est un tube de communication :

  · si le mode de lecture est permis, on lit dans ce tube en utilisant la fonction **read_pipe()** de lecture pour les tubes et on renvoie le nombre d'octets lus ;

  · si le mode de lecture n'est pas permis, on s'arrête en renvoyant -1 ;

· si le fichier est situé sur un périphérique caractère, ce que l'on détermine en utilisant la macro **S_ISCHR()** étudiée ci-après, on lit à la façon de ces périphériques en utilisant la fonction **rw_char()** ;

· si le fichier est situé sur un périphérique bloc, ce que l'on détermine en utilisant la macro **S_ISBLK()** étudiée ci-après, on lit à la façon de ces périphériques en utilisant la fonction **block_read()** ;

· si le fichier est un répertoire ou un fichier régulier, ce que l'on détermine en utilisant les macros **S_ISDIR()** et **S_ISREG()** étudiées ci-après :

  · si le nombre d'octets à lire est supérieur au nombre d'octets restant dans le fichier à partir de la position actuelle, on ramène count au nombre d'octets restant ;

  · on lit à la façon de ces fichiers en utilisant la fonction **file_read()** ;

· sinon on affiche un message indiquant que le fichier n'est pas d'un type reconnu et on renvoie l'opposé du code d'erreur EINVAL.

Pour faire bref, cet appel système se contente de renvoyer vers la fonction de lecture de plus bas niveau adéquate.

Vérification des droits d'accès en écriture de la mémoire

Les fonctions dont nous allons parler maintenant concernent, à proprement parler, la gestion de la mémoire et non la gestion des fichiers. Nous les plaçons cependant à ce niveau car c'est le seul endroit où elles sont utilisées.

La fonction **verify_area()** est définie dans le fichier *kernel/fork.c* :

Linux 0.01

```
void verify_area(void * addr,int size)
{
        unsigned long start;

        start = (unsigned long) addr;
        size += start & 0xfff;
        start &= 0xfffff000;
        start += get_base(current->ldt[2]);
        while (size>0) {
                size -= 4096;
                write_verify(start);
                start += 4096;
        }
}
```

Autrement dit on vérifie, page après page, si l'on peut écrire en utilisant la fonction auxiliaire **write_verify()**.

La fonction **write_verify()** est définie dans le fichier *mm/memory.c* :

Linux 0.01

```
void write_verify(unsigned long address)
{
        unsigned long page;

        if (!( (page = *((unsigned long *) ((address>>20) & 0xffc)) )&1))
                return;
        page &= 0xfffff000;
        page += ((address>>10) & 0xffc);
        if ((3 & *(unsigned long *) page) == 1)  /* non-writeable, present */
                un_wp_page((unsigned long *) page);
        return;
}
```

Autrement dit :

· rappelons, voir chapitre 17, que les bits 22 à 31 d'une adresse virtuelle déterminent l'entrée dans le catalogue de tables de pages et que les bits 12 à 21 déterminent l'entrée dans la table de pages ; on commence par regarder l'entrée dans la table de pages pour la page concernée : si le bit 1 est égal à 1, on peut écrire sur la page ; dans ce cas, on n'a rien à faire, on termine donc ;

· sinon on met les trois derniers octets de l'entrée dans la table de pages à 0, ce qui indique en particulier que la page n'est pas présente ;

· si les bits 1 et 0 sont positionnés, la page est présente mais on ne peut pas écrire dessus, on fait alors appel à la fonction **un_wp_pag()** soit pour changer les droits d'accès à la page (si elle n'est pas partagée), soit pour en copier le contenu sur une nouvelle page sur laquelle on peut écrire.

Macros de détermination de type de fichiers

Le type d'un fichier peut être testé par des macro-instructions :

· **S_ISREG()** : vrai si le fichier est un fichier régulier, faux sinon ;

· **S_ISDIR()** : vrai si le fichier est un répertoire, faux sinon ;

· **S_ISCHR()** : vrai si le fichier est un fichier spécial caractère, faux sinon ;

· **S_ISBLK()** : vrai si le fichier est un fichier spécial bloc, faux sinon ;

· **S_ISFIFO()** : vrai si le fichier est un tube nommé, faux sinon.

Ces macro-instructions sont définies dans le fichier *include/sys/stat.h* :

```
#define S_IFMT   00170000
#define S_IFREG  0100000
#define S_IFBLK  0060000
#define S_IFDIR  0040000
#define S_IFCHR  0020000
#define S_IFIFO  0010000
----------------------

#define S_ISREG(m)        (((m) & S_IFMT) == S_IFREG)
#define S_ISDIR(m)        (((m) & S_IFMT) == S_IFDIR)
#define S_ISCHR(m)        (((m) & S_IFMT) == S_IFCHR)
#define S_ISBLK(m)        (((m) & S_IFMT) == S_IFBLK)
#define S_ISFIFO(m)       (((m) & S_IFMT) == S_IFIFO)
```

Linux 0.01

3.5 Appel système d'écriture des données

La fonction de code **sys_write()** de l'appel système **write()** est définie dans le fichier *fs/read_write.c* :

```
int sys_write(unsigned int fd,char * buf,int count)
{
        struct file * file;
        struct m_inode * inode;

        if (fd>=NR_OPEN || count <0 ||!(file=current->filp[fd]))
                return -EINVAL;
        if (!count)
                return 0;
        inode=file->f_inode;
        if (inode->i_pipe)
                return (file->f_mode&2)?write_pipe(inode,buf,count):-1;
        if (S_ISCHR(inode->i_mode))
                return rw_char(WRITE,inode->i_zone[0],buf,count);
        if (S_ISBLK(inode->i_mode))
                return block_write(inode->i_zone[0],&file->f_pos,buf,count);
        if (S_ISREG(inode->i_mode))
                return file_write(inode,file,buf,count);
        printk("(Write)inode->i_mode=%06o\n\r",inode->i_mode);
        return -EINVAL;
}
```

Linux 0.01

Autrement dit :

· si le descripteur de fichier est plus grand que le nombre permis de descripteurs de fichiers, si le nombre d'octets à écrire est négatif ou si le descripteur n'est associé à aucun fichier ouvert, on s'arrête en renvoyant l'opposé du code d'erreur EINVAL ;

· si le nombre d'octets à écrire vaut 0, on n'a rien à faire donc on s'arrête en renvoyant 0 ;

· on initialise inode avec le descripteur du nœud d'information du fichier ;

· si le fichier est un tube de communication et si le mode d'écriture est permis, on écrit sur ce tube en utilisant la fonction **write_pipe()** et on renvoie le nombre d'octets écrits ; si le mode d'écriture n'est pas permis, on s'arrête en renvoyant -1 ;

· si le fichier est situé sur un périphérique caractère, on écrit à la façon de ces périphériques en utilisant la fonction **rw_char()** ;

· si le fichier est situé sur un périphérique bloc, on écrit à la façon de ces périphériques en utilisant la fonction **block_write()** ;

· si le fichier est un fichier régulier, on écrit à la façon de ces fichiers en utilisant la fonction **file_write()** ;

· sinon on envoie un message indiquant que le fichier n'est pas d'un type reconnu et on renvoie l'opposé du code d'erreur EINVAL.

Pour faire bref, cet appel système se contente de renvoyer vers la fonction d'écriture de plus bas niveau adéquate.

3.6 Appel système de positionnement

La fonction de code **sys_lseek()** de l'appel système **lseek()** est définie dans le fichier *fs/read_write.c* :

```
int sys_lseek(unsigned int fd,off_t offset, int origin)
{
        struct file * file;
        int tmp;

        if (fd >= NR_OPEN ||!(file=current->filp[fd]) ||!(file->f_inode)
            ||!IS_BLOCKDEV(MAJOR(file->f_inode->i_dev)))
                return -EBADF;
        if (file->f_inode->i_pipe)
                return -ESPIPE;
        switch (origin) {
                case 0:
                        if (offset<0) return -EINVAL;
                        file->f_pos=offset;
                        break;
                case 1:
                        if (file->f_pos+offset<0) return -EINVAL;
                        file->f_pos += offset;
                        break;
                case 2:
                        if ((tmp=file->f_inode->i_size+offset) < 0)
                                return -EINVAL;
                        file->f_pos = tmp;
                        break;
                default:
                        return -EINVAL;
        }
        return file->f_pos;
}
```

Autrement dit :

· si le descripteur de fichier est plus grand que le nombre permis de descripteurs de fichiers, si le descripteur n'est associé à aucun fichier ouvert, si le fichier n'a pas de descripteur de nœud d'information ou si le fichier n'est pas associé à un périphérique bloc, on s'arrête en renvoyant l'opposé du code d'erreur EBADF ;

· si le fichier est un tube de communication, on s'arrête en renvoyant l'opposé du code d'erreur ESPIPE ;

· si l'origine est le début du fichier : si le décalage est négatif, on s'arrête en renvoyant l'opposé du code d'erreur EINVAL ; sinon on positionne le décalage à la position demandée ;

· si l'origine est la position en cours : si la somme du décalage et de la position en cours est négative, on s'arrête en renvoyant l'opposé du code d'erreur EINVAL ; sinon on positionne le décalage à la position demandée ;

· si l'origine est la fin du fichier : si la somme du décalage et de la taille du fichier est négative, on s'arrête en renvoyant l'opposé du code d'erreur EINVAL ; sinon on positionne le décalage à la position demandée ;

· si l'origine n'est pas une de ces valeurs, on renvoie l'opposé du code d'erreur EINVAL.

On voit l'intérêt d'avoir placé le champ f_pos dans le descripteur de fichier : ceci rend l'opération de positionnement quasiment triviale. On remarquera que l'origine n'est pas comparée aux trois constantes symboliques la caractérisant, mais aux constantes 0, 1 et 2.

3.7 Appel système de sauvegarde des données

La fonction de code **sys_sync()** de l'appel système **sync()** est définie dans le fichier *fs/buffer.c* :

```
int sys_sync(void)
{
        int i;
        struct buffer_head * bh;

        sync_inodes();                 /* write out inodes into buffers */
        bh = start_buffer;
        for (i=0; i<NR_BUFFERS; i++,bh++) {
                wait_on_buffer(bh);
                if (bh->b_dirt)
                        ll_rw_block(WRITE,bh);
        }
        return 0;
}
```

Linux 0.01

Autrement dit :

· on réécrit sur disque tous les nœuds d'information présents en mémoire vive ;

· on considère tous les descripteurs de tampon de bloc, l'un après l'autre ; dès qu'ils ne sont plus occupés et s'ils doivent être sauvegardés, on les réécrit sur disque ;

· on renvoie 0.

4 Liens et fichiers partagés

4.1 Étude générale

Notion de lien

Lorsque plusieurs utilisateurs travaillent sur un projet commun, ils doivent souvent partager des fichiers. Il est donc souhaitable qu'un fichier partagé apparaisse simultanément dans plusieurs répertoires qui appartiennent éventuellement à des utilisateurs différents. On dit qu'il existe un lien (en anglais *link*) entre le fichier du premier répertoire et celui du second.

Remarquons que le système de fichiers devient alors un *graphe orienté acyclique* (en anglais DAG pour *Directed Acyclic Graph*) et n'est plus un arbre.

Problèmes de conception

Si le partage des fichiers est pratique pour les utilisateurs, il soulève quelques problèmes aux concepteurs du système d'exploitation :

· Si, par exemple, les répertoires contiennent les adresses des fichiers sur le disque, comme dans CP/M, il faut faire une copie des adresses dans le second répertoire au moment de la création du lien.

- Si l'on modifie le fichier dans l'un des répertoires, les nouveaux blocs n'apparaissent que dans le répertoire de l'utilisateur qui a effectué la modification. Les changements ne seront pas perçus par l'autre utilisateur, ce qui va à l'encontre du principe de partage.

On peut résoudre ce problème de deux manières différentes :

- La première solution consiste à mémoriser les blocs dans une petite structure de données particulière associée au fichier et qui n'est pas située dans le répertoire. Le répertoire pointe alors sur cette structure. C'est l'approche adoptée dans Unix, où la petite structure est le nœud d'information.

- La deuxième solution consiste à créer un nouveau fichier d'un type nouveau (lien), qui est placé dans le second répertoire lorsque ce dernier établit un lien avec un des fichiers du premier répertoire. Ce nouveau fichier contient simplement le chemin d'accès du fichier partagé. Lorsqu'on lit le fichier de lien, le système d'exploitation s'aperçoit qu'il est du type lien et va lire le fichier partagé dans le premier répertoire. On parle de lien symbolique dans le cas d'Unix.

Chacune de ces méthodes a ses inconvénients :

- Dans la première méthode, au moment où on établit le lien, le nœud d'information indique que le second est le propriétaire du fichier. La création du lien ne change pas le propriétaire mais elle augmente le nombre de liens, valeur qui est mémorisée dans le nœud d'information. Le système connaît ainsi le nombre de fois où le fichier est référencé.

  Si le premier utilisateur décide de supprimer le fichier, le système est confronté à un problème. S'il supprime le fichier et détruit son nœud d'information, l'entrée dans le second répertoire pointera sur un nœud d'information non valide. Si, par la suite, le système réaffecte le nœud d'information à un autre fichier, le lien du deuxième répertoire pointera sur ce nouveau fichier, ce qui est encore plus grave. Le système peut déterminer à partir du nombre de liens dans le nœud d'information si le fichier est toujours utilisé, mais il ne peut pas trouver les répertoires qui contiennent les liens afin de détruire les entrées correspondantes. Par ailleurs, on ne peut pas mémoriser dans les nœuds d'information des pointeurs sur ces répertoires, puisque le nombre de liens n'est pas limité.

  Le système ne peut faire qu'une seule chose : retirer l'entrée du fichier dans le répertoire du premier en gardant le nœud d'information intact, et mettre le nombre de liens à une valeur inférieure. Le second utilisateur est alors le seul qui possède une entrée de répertoire pointant sur ce fichier, détenu par le premier utilisateur. Si le système tient des comptes ou possède des quotas, il continue d'affecter au premier utilisateur l'utilisation du fichier, et ce jusqu'à ce que le second utilisateur le supprime. À cet instant, le nombre de liens passe dans notre exemple à 0 et le fichier est effacé du disque.

- Avec les liens symboliques, ce problème ne se pose pas, puisque seul le propriétaire d'un fichier a un pointeur sur son nœud d'information. Les utilisateurs qui ont établi des liens ont des chemins d'accès au fichier et non des pointeurs sur un nœud d'information. Le fichier est détruit lorsque le *propriétaire* le supprime. On ne peut plus dès lors accéder au fichier au moyen des liens symboliques, puisque le système ne le trouve pas. La destruction d'un lien symbolique, par contre, n'affecte pas le fichier.

  Le problème des liens symboliques est qu'ils provoquent une surconsommation du temps processeur (en anglais *overhead*). Il faut lire le fichier qui contient le chemin d'accès, puis parcourir l'arborescence jusqu'à ce qu'on atteigne le nœud d'information. Ce cheminement peut demander de nombreux accès au disque. Il faut, de plus, un nœud d'information pour chaque lien symbolique et un bloc de disque supplémentaire pour mémoriser le chemin d'accès. Cependant si le chemin est suffisamment court, il peut être placé directement dans le nœud d'information afin d'optimiser les opérations. Les liens symboliques présentent l'avantage de pouvoir constituer des liens vers des fichiers situés sur n'importe quel ordinateur à distance : outre le chemin d'accès sur la machine même, il faut placer l'adresse réseau de la machine dans le chemin d'accès.

· Les liens, symboliques ou non, engendrent un autre problème. Les liens permettent aux fichiers d'avoir plusieurs chemins d'accès. Les programmes qui parcourent tous les répertoires pour en traiter les fichiers rencontrent donc les fichiers partagés à différentes reprises. Par exemple, un programme qui sauvegarde sur bande tous les fichiers d'un répertoire et de ses sous-répertoires peut enregistrer plusieurs fois le même fichier. Si l'on restaure la bande sur une autre machine, on risque d'obtenir plusieurs copies des fichiers partagés à la place de liens si le programme de sauvegarde n'est pas très élaboré.

· Un dernier problème est la possibilité d'engendrer des boucles infinies si un lien fait référence, directement ou non, à lui-même.

4.2 Création de liens symboliques sous Unix

L'appel système **link()** :

```
#include <unistd.h>

int link(const char * filename1, const char * filename2);
```

crée un lien symbolique, dont le nom est spécifié par le paramètre `filename2`, sur le fichier dont le nom est passé dans le paramètre `filename1`. Le fichier existant et le lien doivent se trouver sur le même système de fichiers et ne doivent pas être des répertoires.

En cas d'échec, -1 est renvoyé et `errno` prend l'une des valeurs suivantes :

· `EACCES` : le processus n'a pas accès en lecture au répertoire contenant le fichier spécifié par `filename1` ou en écriture au répertoire contenant le fichier spécifié par `filename2` ;

· `EEXIST` : le paramètre `filename2` spécifie un nom de fichier qui existe déjà ;

· `EFAULT` : l'un des paramètres, `filename1` ou `filename2`, contient une adresse non valide ;

· `ELOOP` : un cycle de liens symboliques a été rencontré ;

· `EMLINK` : le nombre maximal de liens symboliques a été atteint ;

· `ENAMETOOLONG` : l'un des paramètres, `filename1` ou `filename2`, spécifie un nom de fichier trop long ;

· `ENOENT` : le fichier source `filename1` n'existe pas ;

· `ENOMEM` : le noyau n'a pas pu allouer de mémoire pour ses descripteurs internes ;

· `ENOSPC` : le système de fichiers est saturé ;

· `ENOTDIR` : un des composants de `filename1` ou de `filename2`, utilisé comme nom de répertoire, n'est pas un répertoire ;

· `EPERM` : le système de fichiers contenant les fichiers spécifiés par `filename1` et `filename2` ne supporte pas la création de liens symboliques, ou `filename1` correspond à un nom de répertoire ;

· `EROFS` : le système de fichiers est en lecture seule ;

· EXDEV : les fichiers spécifiés par `filename1` et `filename2` se trouvent dans des systèmes de fichiers différents.

Dans le cas de Linux 0.01, les valeurs des nouvelles constantes symboliques, situées dans le fichier *include/errno.h*, sont les suivantes :

Linux 0.01

```
#define EPERM            1
------------------------
#define EXDEV           18
------------------------
#define EMLINK          31
```

4.3 Implémentation sous Linux

La fonction de code **sys_link()** de l'appel système **link()** est définie dans le fichier *fs/namei.c* :

Linux 0.01

```
int sys_link(const char * oldname, const char * newname)
{
        struct dir_entry * de;
        struct m_inode * oldinode, * dir;
        struct buffer_head * bh;
        const char * basename;
        int namelen;

        oldinode=namei(oldname);
        if (!oldinode)
                return -ENOENT;
        if (!S_ISREG(oldinode->i_mode)) {
                iput(oldinode);
                return -EPERM;
        }
        dir = dir_namei(newname,&namelen,&basename);
        if (!dir) {
                iput(oldinode);
                return -EACCES;
        }
        if (!namelen) {
                iput(oldinode);
                iput(dir);
                return -EPERM;
        }
        if (dir->i_dev!= oldinode->i_dev) {
                iput(dir);
                iput(oldinode);
                return -EXDEV;
        }
        if (!permission(dir,MAY_WRITE)) {
                iput(dir);
                iput(oldinode);
                return -EACCES;
        }
        bh = find_entry(dir,basename,namelen,&de);
        if (bh) {
                brelse(bh);
                iput(dir);
                iput(oldinode);
                return -EEXIST;
        }
        bh = add_entry(dir,basename,namelen,&de);
        if (!bh) {
                iput(dir);
                iput(oldinode);
                return -ENOSPC;
        }
        de->inode = oldinode->i_num;
```

```
        bh->b_dirt = 1;
        brelse(bh);
        iput(dir);
        oldinode->i_nlinks++;
        oldinode->i_ctime = CURRENT_TIME;
        oldinode->i_dirt = 1;
        iput(oldinode);
        return 0;
}
```

Autrement dit :

- on charge le descripteur de nœud d'information correspondant à l'ancien fichier ; si l'on n'y parvient pas, on renvoie l'opposé du code d'erreur ENOENT ;

- si l'ancien fichier n'est pas un fichier régulier, on libère le descripteur de nœud d'information et on renvoie l'opposé du code d'erreur EPERM ;

- on cherche le répertoire de destination correspondant au nouveau nom de fichier ; si l'on n'y parvient pas, on libère le descripteur de nœud d'information et on renvoie l'opposé du code d'erreur EACCES ;

- si la longueur du nom du nouveau fichier est nulle, on libère les descripteurs de nœud d'information de l'ancien fichier et du répertoire et on renvoie l'opposé du code d'erreur EPERM ;

- si le périphérique bloc du nouveau fichier est différent de celui de l'ancien, on libère les descripteurs de nœud d'information de l'ancien fichier et du répertoire et on renvoie l'opposé du code d'erreur EXDEV ;

- si les droits d'accès du répertoire indiquent qu'on ne peut pas écrire, on libère les descripteurs de nœud d'information de l'ancien fichier et du répertoire et on renvoie l'opposé du code d'erreur EACCES ;

- on regarde si la cible existe déjà ; si oui, on relâche le descripteur de tampon de ce répertoire, on libère les descripteurs de nœud d'information de l'ancien fichier et du répertoire et on renvoie l'opposé du code d'erreur EEXIST ;

- on ajoute l'entrée de répertoire adéquate sur le répertoire final du nouveau nom de fichier ; si l'on n'y parvient pas, on libère les descripteurs de nœud d'information de l'ancien fichier et du répertoire et on renvoie l'opposé du code d'erreur ENOSPC ;

- on donne comme numéro de nœud d'information de la nouvelle entrée celui de l'ancien fichier ;

- on indique qu'il faudra penser à sauvegarder sur disque le descripteur de tampon du répertoire et on relâche celui-ci ;

- on libère le descripteur de nœud d'information du répertoire ;

- on incrémente le compteur d'utilisation du descripteur de nœud d'information de l'ancien fichier, on met à jour la date du dernier changement de contenu, on indique qu'il faudra penser à le sauvegarder sur disque et on le relâche ;

- on renvoie zéro.

5 Manipulations des fichiers

5.1 Les appels système Unix

Suppression de fichiers

L'appel système **unlink()** permet de supprimer un lien, et donc un fichier s'il s'agit du dernier lien. Sa syntaxe est la suivante :

```
#include <unistd.h>

int unlink(const char * filename);
```

Le fichier spécifié par le paramètre filename est supprimé si le processus appelant possède les droits d'accès suffisants, c'est-à-dire le droit d'écriture sur le répertoire contenant le fichier.

En cas d'échec, la variable errno prend l'une des valeurs suivantes :

- EACCÈS : le processus en cours n'a pas accès en écriture au répertoire contenant le fichier spécifié par filename ;
- EFAULT : le paramètre filename contient une adresse non valide ;
- ENAMETOOLONG : le paramètre filename spécifie un nom de fichier trop long ;
- ENOENT : le paramètre filename se réfère à un nom de fichier qui n'existe pas ;
- ENOMEM : le noyau n'a pas pu allouer de mémoire pour ses descripteurs internes ;
- ENOTDIR : un des composants de filename, utilisé comme nom de répertoire, n'est pas un répertoire ;
- EPERM : le paramètre filename spécifie le nom d'un répertoire ;
- EROFS : le système de fichiers est en lecture seule.

Modification des droits d'accès à un fichier

Les droits d'accès à un fichier sont positionnés lors de la création du fichier, par un appel à **open()**. Ils peuvent également être modifiés ensuite, grâce à l'appel système **chmod()**.

Sa syntaxe est la suivante :

```
#include <sys/types.h>
#include <sys/stat.h>

int chmod(const char * filename, mode_t mode);
```

On modifie ainsi les droits d'accès au fichier dont le nom est passé dans le paramètre filename. Le paramètre mode définit les nouveaux droits d'accès à positionner : il est similaire au troisième paramètre de l'appel système open.

Cet appel système n'est autorisé que pour l'utilisateur propriétaire du fichier et le super-utilisateur.

En cas d'erreur de l'appel système, la variable errno prend l'une des valeurs suivantes :

- EFAULT : le paramètre filename contient une adresse non valide ;
- ELOOP : un cycle de liens symboliques a été rencontré ;
- ENAMETOOLONG : le paramètre filename spécifie un nom de fichier trop long ;
- ENOENT : le paramètre filename se réfère à un fichier qui n'existe pas ;

- ENOMEM : le noyau n'a pas pu allouer de mémoire pour ses descripteurs internes ;
- ENOTDIR : un des composants du paramètre filename, utilisé comme nom de répertoire, n'est pas un répertoire ;
- EPERM : le processus ne possède pas les droits du propriétaire du fichier, et n'est pas privilégié ;
- EROFS : le système de fichiers est en lecture seule.

Vérification des droits d'accès à un fichier

Un processus peut tester s'il a accès à un fichier. Pour ce faire, UNIX offre l'appel système **access()**, dont la syntaxe est la suivante :

```
#include <unistd.h>

int access(const char * filename, mode_t mode);
```

Le paramètre mode représente les droits d'accès à tester, exprimé par une combinaison des constantes symboliques suivantes :

- F_OK : test d'existence du fichier ;
- R_OK : test d'accès en lecture ;
- W_OK : test d'accès en écriture ;
- X_OK : test d'accès en exécution.

L'appel système retourne la valeur 0 si l'accès est possible, la valeur -1 sinon. Dans ce dernier cas, la variable errno prend l'une des valeurs suivantes :

- EACCES : l'accès est refusé ;
- EFAULT : le paramètre filename contient une adresse non valide ;
- EINVAL : la valeur spécifiée par mode n'est pas valide ;
- ELOOP : un cycle de liens symboliques a été rencontré ;
- ENAMETOOLONG : le paramètre filename spécifie un nom de fichier trop long ;
- ENOENT : le paramètre filename se réfère à un nom de fichier qui n'existe pas ;
- ENOMEM : le noyau n'a pas pu allouer de mémoire pour ses descripteurs internes ;
- ENOTDIR : un des composants du paramètre filename, utilisé comme nom de répertoire, n'est pas un répertoire.

Les constantes symboliques servant à spécifier mode sont définies dans le fichier *include/ unistd.h* :

```
/* access */
#define F_OK    0
#define X_OK    1
#define W_OK    2
#define R_OK    4
```
Linux 0.01

Modification de l'utilisateur propriétaire

Lors de la création d'un fichier, l'utilisateur et le groupe propriétaires sont initialisés selon l'identité du processus appelant. UNIX fournit l'appel système **chown()** permettant de modifier le propriétaire d'un fichier.

La syntaxe de cet appel système est la suivante :

```
#include <sys/types.h>
#include <unistd.h>

int chown(const char * filename, uid_t owner, gid_t group);
```

qui permet de modifier l'utilisateur et le groupe propriétaires du fichier dont le nom est passé dans le paramètre `pathname`. Le paramètre `owner` représente l'identificateur du nouvel utilisateur propriétaire, `group` représente l'identificateur du nouveau groupe. Chacun de ces deux paramètres peut être omis en spécifiant la valeur -1.

Seul un processus possédant les droits du super-utilisateur peut modifier l'utilisateur propriétaire d'un fichier. Le propriétaire d'un fichier ne peut modifier le groupe que s'il est membre du nouveau groupe.

En cas d'erreur de l'appel système, la variable `errno` prend l'une des valeurs suivantes :

- `EFAULT` : le paramètre `filename` contient une adresse non valide ;
- `ELOOP` : un cycle de liens symboliques a été rencontré ;
- `ENAMETOOLONG` : le paramètre `filename` spécifie un nom de fichier trop long ;
- `ENOENT` : le paramètre `filename` se réfère à un nom de fichier qui n'existe pas ;
- `ENOMEM` : le noyau n'a pas pu allouer de mémoire pour ses descripteurs internes ;
- `ENOTDIR` : un des composants du paramètre `filename`, utilisé comme nom de répertoire, n'est pas un répertoire ;
- `EPERM` : le processus ne possède pas les privilèges nécessaires ;
- `EROFS` : le système de fichiers est en lecture seule.

Les types `uid_t` et `gid_t` sont définis dans le fichier d'en-têtes *include/sys/types.h* :

```
typedef unsigned short uid_t;
typedef unsigned char gid_t;
```

5.2 Implémentation sous Linux

Suppression de fichier

La fonction de code **sys_unlink()** de l'appel système **unlink()** est définie dans le fichier *fs/namei.c* :

```
int sys_unlink(const char * name)
{
        const char * basename;
        int namelen;
        struct m_inode * dir, * inode;
        struct buffer_head * bh;
        struct dir_entry * de;

        if (!(dir = dir_namei(name,&namelen,&basename)))
                return -ENOENT;
        if (!namelen) {
                iput(dir);
                return -ENOENT;
        }
        if (!permission(dir,MAY_WRITE)) {
                iput(dir);
                return -EPERM;
```

```
        }
        bh = find_entry(dir,basename,namelen,&de);
        if (!bh) {
                iput(dir);
                return -ENOENT;
        }
        inode = iget(dir->i_dev, de->inode);
        if (!inode) {
                printk("iget failed in delete (%04x:%d)",dir->i_dev,de->inode);
                iput(dir);
                brelse(bh);
                return -ENOENT;
        }
        if (!S_ISREG(inode->i_mode)) {
                iput(inode);
                iput(dir);
                brelse(bh);
                return -EPERM;
        }
        if (!inode->i_nlinks) {
                printk("Deleting nonexistent file (%04x:%d), %d\n",
                        inode->i_dev,inode->i_num,inode->i_nlinks);
                inode->i_nlinks=1;
        }
        de->inode = 0;
        bh->b_dirt = 1;
        brelse(bh);
        inode->i_nlinks--;
        inode->i_dirt = 1;
        inode->i_ctime = CURRENT_TIME;
        iput(inode);
        iput(dir);
        return 0;
}
```

Autrement dit :

- on charge le descripteur de nœud d'information du répertoire correspondant au fichier ; si l'on n'y parvient pas, on renvoie l'opposé du code d'erreur ENOENT ;

- si la longueur du nom du fichier est nulle, on libère le descripteur de nœud d'information et on renvoie l'opposé du code d'erreur ENOENT ;

- si les droits d'accès du répertoire indiquent qu'on ne peut pas écrire, on libère le descripteur de nœud d'information et on renvoie l'opposé du code d'erreur EPERM ;

- on charge le descripteur de tampon du bloc du répertoire final du fichier ; si l'on n'y parvient pas, on relâche le descripteur de nœud d'information et on renvoie l'opposé du code d'erreur ENOENT ;

- on charge le descripteur de nœud d'information du fichier ; si l'on n'y parvient pas, on affiche un message à l'écran, on libère le descripteur de nœud d'information du répertoire, on relâche le descripteur de tampon et on renvoie l'opposé du code d'erreur ENOENT ;

- si le fichier n'est pas un fichier régulier, on libère les descripteurs de nœud d'information du fichier et du répertoire, on relâche le descripteur de tampon et on renvoie l'opposé du code d'erreur EPERM ;

- si le nombre de liens du fichier est nul, on affiche un message à l'écran indiquant qu'on essaie de supprimer un fichier qui n'existe pas et on met à 1 le nombre de liens ;

- on donne zéro comme numéro de nœud d'information de l'entrée de répertoire du fichier ;

- on indique qu'il faudra penser à sauvegarder sur disque le descripteur de tampon du répertoire et on relâche celui-ci ;

- on décrémente le compteur de liens du descripteur de nœud d'information du fichier, on met à jour la date du dernier changement de contenu, on indique qu'il faudra penser à le sauvegarder sur disque et on le relâche ;
- on libère le descripteur de nœud d'information du répertoire ;
- on renvoie zéro.

Modification des droits d'accès à un fichier

La fonction de code **sys_chmod()** de l'appel système **chmod()** est définie dans le fichier *fs/open.c* :

Linux 0.01

```
int sys_chmod(const char * filename,int mode)
{
        struct m_inode * inode;

        if (!(inode=namei(filename)))
                return -ENOENT;
        if (current->uid && current->euid)
                if (current->uid!=inode->i_uid && current->euid!=inode->i_uid) {
                        iput(inode);
                        return -EACCES;
                } else
                        mode = (mode & 0777) | (inode->i_mode & 07000);
        inode->i_mode = (mode & 07777) | (inode->i_mode & ~07777);
        inode->i_dirt = 1;
        iput(inode);
        return 0;
}
```

Autrement dit :

- on charge le descripteur de nœud d'information du fichier désigné par son nom ; si l'on n'y parvient pas, on renvoie l'opposé du code d'erreur ENOENT ;
- si ni l'utilisateur réel du processus en cours, ni l'utilisateur effectif n'est le super-utilisateur :
  - si le propriétaire, réel et effectif, du fichier est différent du propriétaire du processus, on relâche le descripteur de nœud d'information et on renvoie l'opposé du code d'erreur EACCES ;
  - sinon on positionne les droits d'accès comme désiré ;
- on indique les nouveaux droits d'accès du nœud d'information, on indique qu'il faudra penser à le sauvegarder sur disque, on relâche le descripteur de nœud d'information et on renvoie 0.

Vérification des droits d'accès

La fonction de code **sys_access()** de l'appel système **access()** est définie dans le fichier *fs/open.c* :

Linux 0.01

```
int sys_access(const char * filename,int mode)
{
        struct m_inode * inode;
        int res;

        mode &= 0007;
        if (!(inode=namei(filename)))
                return -EACCES;
        res = inode->i_mode & 0777;
        iput(inode);
        if (!(current->euid && current->uid))
                if (res & 0111)
                        res = 0777;
                else
```

```
                       res = 0666;
        if (current->euid == inode->i_uid)
                res >>= 6;
        else if (current->egid == inode->i_gid)
                res >>= 6;
        if ((res & 0007 & mode) == mode)
                return 0;
        return -EACCES;
}
```

Autrement dit :

· on ne s'intéresse qu'aux droits d'accès demandés pour les autres utilisateurs ;

· on charge le descripteur de nœud d'information du fichier désigné par son nom ; si l'on n'y parvient pas, on renvoie l'opposé du code d'erreur EACCES ;

· on récupère les droits d'accès sur le nœud d'information (moins les bits *setuid* et autres) ;

· on relâche le descripteur de nœud d'information du fichier ;

· si l'utilisateur réel du processus en cours ou l'utilisateur effectif est le super-utilisateur, s'il y a des droit d'exécution pour le propriétaire, pour le groupe et pour les autres, le résultat sera « 0777 » et « 0666 » dans le cas contraire, c'est-à-dire les droits habituels du super-utilisateur ;

· si le propriétaire effectif du processus en cours est le propriétaire du fichier, le résultat est décalé de 6 positions vers la droite ;

· si le groupe effectif du processus est le groupe du fichier, le résultat devrait être décalé de 3 positions vers la droite ; en fait il l'est ici de 6, ce qui est certainement une erreur ; Erreur ?

· si les trois premiers bits du mode demandé sont égaux aux trois premiers bits des droits d'accès du nœud d'information, on renvoie 0 pour indiquer qu'on est d'accord ;

· dans tous les autres cas, on renvoie l'opposé du code d'erreur EACCES.

Modification de l'utilisateur propriétaire

La fonction de code **sys_chown()** de l'appel système **chown()** est définie dans le fichier *fs/open.c* :

```
int sys_chown(const char * filename,int uid,int gid)       Linux 0.01
{
        struct m_inode * inode;

        if (!(inode=namei(filename)))
                return -ENOENT;
        if (current->uid && current->euid) {
                iput(inode);
                return -EACCES;
        }
        inode->i_uid=uid;
        inode->i_gid=gid;
        inode->i_dirt=1;
        iput(inode);
        return 0;
}
```

Autrement dit :

· on charge le descripteur de nœud d'information du fichier désigné par son nom ; si l'on n'y parvient pas, on renvoie l'opposé du code d'erreur ENOENT ;

- si ni l'utilisateur réel du processus en cours, ni l'utilisateur effectif n'est le super-utilisateur, on relâche le descripteur de nœud d'information et on renvoie l'opposé du code d'erreur EACCES ;
- on remplace l'utilisateur du fichier par celui passé en paramètre ;
- on remplace le groupe du fichier par celui passé en paramètre ;
- on indique qu'il faudra penser à sauvegarder le descripteur de nœud d'information sur disque, on le relâche et on renvoie 0.

6 Gestion des répertoires

Les appels système de gestion des répertoires varient davantage d'un système à un autre que ceux relatifs aux fichiers. Nous passons donc directement à ceux d'UNIX.

6.1 Les appels système Unix

Création de répertoire

Un répertoire est créé par l'appel système **mkdir()** dont la syntaxe est la suivante :

```
#include <sys/types.h>
#include <fcntl.h>
#include <unistd.h>

int mkdir(const char *pathname, mode_t mode);
```

Le nom du répertoire à créer est spécifié par le paramètre pathname. Le paramètre mode indique les droits d'accès à positionner sur le nouveau répertoire ; il est similaire au troisième paramètre de l'appel système **open()**.

Un répertoire est créé. Il est vide à l'exception des fichiers « . » et « .. » qui sont placés dans le répertoire automatiquement par le système.

En cas d'échec, la variable errno prend l'une des valeurs suivantes :

- EACCES : le processus n'a pas accès en écriture au répertoire père du répertoire que l'on veut créer ;
- EEXIST : pathname spécifie un nom de fichier qui existe déjà ;
- EFAULT : pathname contient une adresse non valide ;
- ELOOP : un cycle de liens symboliques a été rencontré ;
- ENAMETOOLONG : pathname spécifie un nom de répertoire trop long ;
- ENOMEM : le noyau n'a pas pu allouer de mémoire pour ses descripteurs internes ;
- ENOTDIR : un des composants de pathname, utilisé comme nom de répertoire, n'est pas un répertoire ;
- EROFS : le système de fichiers est en lecture seule ;
- ENOSPC : le système de fichiers est saturé.

Suppression de répertoire

L'appel système **rmdir()** permet de supprimer un répertoire. Ce dernier doit être vide, à l'exception des entrées « . » et « .. » (qui ne peuvent pas être supprimées).

La syntaxe de cet appel système est la suivante :

```
#include <unistd.h>

int rmdir(const char *pathname);
```

Le paramètre `pathname` indique le répertoire à supprimer.

En cas d'échec, la variable `errno` prend l'une des valeurs suivantes :

- `EACCES` : le processus n'a pas accès en écriture au répertoire père du répertoire que l'on veut supprimer ;
- `EBUSY` : `pathname` spécifie le nom d'un répertoire utilisé comme répertoire courant ou racine du processus ;
- `EFAULT` : `pathname` contient une adresse non valide ;
- `ELOOP` : un cycle de liens symboliques a été rencontré ;
- `ENAMETOOLONG` : `pathname` spécifie un nom de répertoire trop long ;
- `ENOENT` : `pathname` se réfère à un nom de répertoire qui n'existe pas ;
- `ENOMEM` : le noyau n'a pas pu allouer de mémoire pour ses descripteurs internes ;
- `ENOTDIR` : un des composants de `pathname`, utilisé comme nom de répertoire, n'est pas un répertoire ou `pathname` ne spécifie pas le nom d'un répertoire ;
- `EROFS` : le système de fichiers est en lecture seule ;
- `ENOTEMPTY` : le répertoire spécifié par `pathname` n'est pas vide.

Changement de répertoire de travail

À tout processus est associé un répertoire de travail. Les noms de fichiers relatifs utilisés par le processus sont résolus à partir de celui-ci. L'appel système **chdir()** permet à un processus de modifier son répertoire de travail.

La syntaxe de cet appel système est la suivante :

```
#include <unistd.h>

int chdir(const char * filename);
```

Le paramètre `filename` spécifie le nom du nouveau répertoire de travail.

En cas d'échec, la variable `errno` prend l'une des valeurs suivantes :

- `EFAULT` : `filename` contient une adresse non valide ;
- `ELOOP` : un cycle de liens symboliques a été rencontré ;
- `ENOENT` : `filename` se réfère à un nom de fichier qui n'existe pas ;
- `ENAMETOOLONG` : `filename` spécifie un nom de répertoire trop long ;
- `ENOMEM` : le noyau n'a pas pu allouer de mémoire pour ses descripteurs internes ;
- `ENOTDIR` : un des composants de `filename`, utilisé comme nom de répertoire, n'est pas un répertoire ou `filename` ne spécifie pas le nom d'un répertoire ;
- `EPERM` : le processus n'a pas accès en exécution au répertoire spécifié par `filename`.

Changement de répertoire racine local

À tout processus est associé un répertoire racine local, qui peut être différent du répertoire racine du système de fichiers. Les noms de fichiers absolus utilisés par le processus sont résolus à partir de ce répertoire. Normalement, ce répertoire est le même pour tous les processus et correspond à la racine de l'arborescence des fichiers, mais un processus possédant les droits du super-utilisateur peut modifier son répertoire racine local afin de restreindre à une sous-arborescence l'ensemble des fichiers auxquels il peut accéder.

Nous verrons qu'en fait, à tort, tout le monde peut le faire sous Linux 0.01.

L'appel système **chroot()** permet à un processus de modifier son répertoire racine local.

La principale application de **chroot()** consiste à exécuter une application dans un environnement restreint pour des raisons de sécurité. Les serveurs FTP anonymes utilisent cet appel système pour n'offrir qu'une sous-arborescence de leurs fichiers aux utilisateurs non identifiés.

La syntaxe est la suivante :

```
#include <unistd.h>

int chroot(const char * filename);
```

Le paramètre `filename` spécifie le nom du nouveau répertoire racine local. En cas de succès, **chroot()** renvoie la valeur 0, et le processus courant est restreint à l'ensemble des fichiers et répertoires contenus dans la sous-arborescence située sous le répertoire spécifié.

En cas d'échec, **chroot()** renvoie la valeur -1 et la variable `errno` prend l'une des valeurs suivantes :

· `EFAULT` : `filename` contient une adresse non valide ;
· `ENOENT` : `filename` se réfère à un nom de fichier qui n'existe pas ;
· `ELOOP` : un cycle de liens symboliques a été rencontré ;
· `ENAMETOOLONG` : `filename` spécifie un nom de répertoire trop long ;
· `ENOMEM` : le noyau n'a pas pu allouer de mémoire pour ses descripteurs internes ;
· `ENOTDIR` : un des composants de `filename`, utilisé comme nom de répertoire, n'est pas un répertoire ou `filename` ne spécifie pas le nom d'un répertoire ;
· `EPERM` : le processus n'a pas accès en exécution au répertoire spécifié par `filename`.

6.2 Implémentation

Création de répertoire

La fonction de code **sys_mkdir()** de l'appel système **mkdir()** est définie dans le fichier *fs/namei.c* :

```
int sys_mkdir(const char * pathname, int mode)
{
        const char * basename;
        int namelen;
        struct m_inode * dir, * inode;
        struct buffer_head * bh, *dir_block;
        struct dir_entry * de;

        if (current->euid && current->uid)
```

```
                return -EPERM;
        if (!(dir = dir_namei(pathname,&namelen,&basename)))
                return -ENOENT;
        if (!namelen) {
                iput(dir);
                return -ENOENT;
        }
        if (!permission(dir,MAY_WRITE)) {
                iput(dir);
                return -EPERM;
        }
        bh = find_entry(dir,basename,namelen,&de);
        if (bh) {
                brelse(bh);
                iput(dir);
                return -EEXIST;
        }
        inode = new_inode(dir->i_dev);
        if (!inode) {
                iput(dir);
                return -ENOSPC;
        }
        inode->i_size = 32;
        inode->i_dirt = 1;
        inode->i_mtime = inode->i_atime = CURRENT_TIME;
        if (!(inode->i_zone[0]=new_block(inode->i_dev))) {
                iput(dir);
                inode->i_nlinks--;
                iput(inode);
                return -ENOSPC;
        }
        inode->i_dirt = 1;
        if (!(dir_block=bread(inode->i_dev,inode->i_zone[0]))) {
                iput(dir);
                free_block(inode->i_dev,inode->i_zone[0]);
                inode->i_nlinks--;
                iput(inode);
                return -ERROR;
        }
        de = (struct dir_entry *) dir_block->b_data;
        de->inode=inode->i_num;
        strcpy(de->name,".");
        de++;
        de->inode = dir->i_num;
        strcpy(de->name,"..");
        inode->i_nlinks = 2;
        dir_block->b_dirt = 1;
        brelse(dir_block);
        inode->i_mode = I_DIRECTORY | (mode & 0777 & ~current->umask);
        inode->i_dirt = 1;
        bh = add_entry(dir,basename,namelen,&de);
        if (!bh) {
                iput(dir);
                free_block(inode->i_dev,inode->i_zone[0]);
                inode->i_nlinks=0;
                iput(inode);
                return -ENOSPC;
        }
        de->inode = inode->i_num;
        bh->b_dirt = 1;
        dir->i_nlinks++;
        dir->i_dirt = 1;
        iput(dir);
        iput(inode);
        brelse(bh);
        return 0;
}
```

Autrement dit :

Erreur ?

- si ni le propriétaire effectif, ni le propriétaire réel du processus en cours n'est le super-utilisateur, on renvoie l'opposé du code d'erreur EPERM ; ainsi, dans cette version de Linux, seul le super-utilisateur peut créer des répertoires ;

- on charge le descripteur du nœud d'information du répertoire final dans lequel on veut créer le répertoire ; si l'on n'y arrive pas, on renvoie l'opposé du code d'erreur ENOENT ;

- si la longueur du nom de répertoire que l'on veut créer est nulle, on relâche le descripteur de nœud d'information et on renvoie l'opposé du code d'erreur ENOENT ;

- si le processus ne possède pas la permission d'écrire sur ce répertoire final, on relâche le descripteur de nœud d'information et on renvoie l'opposé du code d'erreur EPERM ;

- on charge le descripteur de tampon du bloc du répertoire devant contenir la nouvelle entrée de répertoire ; si l'on n'y parvient pas, on relâche ce descripteur de tampon ainsi que le descripteur de nœud d'information puis on renvoie l'opposé du code d'erreur EEXIST ;

- on cherche un nœud d'information libre sur le périphérique voulu ; si l'on n'en trouve pas, on relâche le descripteur de nœud d'information du répertoire et on renvoie l'opposé du code d'erreur ENOSPC ;

- on renseigne certains champs de ce nouveau descripteur de nœud d'information, à savoir sa taille (nécessairement 32, taille d'une entrée de répertoire), le fait qu'il faudra penser à le sauvegarder sur disque ainsi que les dates de dernière modification et de dernier accès ;

- on cherche un bloc libre sur le périphérique, on l'affecte comme premier bloc de données du nœud d'information d'entrée de répertoire ; si l'on n'y parvient pas, on relâche le descripteur de nœud d'information de répertoire, on décrémente le nombre de liens du descripteur de nœud d'information d'entrée de répertoire, on relâche celui-ci également et on renvoie l'opposé du code d'erreur ENOSPC ;

- on répète qu'il faudra penser à sauvegarder sur disque ce descripteur de nœud d'information d'entrée de répertoire ;

- on charge en mémoire le descripteur de tampon du bloc adéquat du répertoire final ; si l'on n'y parvient pas, on relâche le descripteur de nœud d'information du répertoire, on libère le descripteur de bloc, on décrémente le nombre de liens du descripteur de nœud d'information d'entrée de répertoire et on renvoie l'opposé du code d'erreur ERROR ;

- on considère la première entrée de répertoire du nouveau répertoire et on renseigne ses deux champs pour qu'elle corresponde au répertoire « . » ;

- on passe à l'entrée de répertoire suivante et on renseigne ses deux champs pour qu'elle corresponde au répertoire « .. » ;

- on indique que le nombre de liens de ce nœud de nouveau répertoire est deux (à savoir les deux entrées de répertoire précédentes) ;

- on indique qu'il faudra penser à sauvegarder sur disque le descripteur de tampon du bloc considéré et on le relâche ;

- on indique les droits d'accès du nœud d'information du nouveau répertoire et qu'il faudra penser à le sauvegarder sur disque ;

- on ajoute la nouvelle entrée de répertoire au répertoire final ; si l'on n'y parvient pas, on relâche le nœud d'information du répertoire, on libère le bloc, on indique que le nombre de liens du nœud d'information du nouveau répertoire est 0, on relâche ce descripteur de nœud d'information et on renvoie l'opposé du code d'erreur ENOSPC ;

- on associe le numéro du nœud d'information de cette nouvelle entrée de répertoire au répertoire final;
- on indique qu'il faudra penser à sauvegarder sur disque le descripteur de tampon;
- on incrémente le nombre de liens du nœud d'information du répertoire final;
- on indique qu'il faudra penser à sauvegarder sur disque ce nœud d'information;
- on relâche les descripteurs de nœud d'information du répertoire et de la nouvelle entrée de répertoire ainsi que le descripteur de tampon, et on renvoie 0.

Suppression de répertoire

La fonction de code **sys_rmdir()** de l'appel système **rmdir()** est définie dans le fichier *fs/namei.c* :

```
int sys_rmdir(const char * name)                                            Linux 0.01
{
        const char * basename;
        int namelen;
        struct m_inode * dir, * inode;
        struct buffer_head * bh;
        struct dir_entry * de;

        if (current->euid && current->uid)
                return -EPERM;
        if (!(dir = dir_namei(name,&namelen,&basename)))
                return -ENOENT;
        if (!namelen) {
                iput(dir);
                return -ENOENT;
        }
        bh = find_entry(dir,basename,namelen,&de);
        if (!bh) {
                iput(dir);
                return -ENOENT;
        }
        if (!permission(dir,MAY_WRITE)) {
                iput(dir);
                brelse(bh);
                return -EPERM;
        }
        if (!(inode = iget(dir->i_dev, de->inode))) {
                iput(dir);
                brelse(bh);
                return -EPERM;
        }
        if (inode == dir) {     /* we may not delete ".", but "../dir" is ok */
                iput(inode);
                iput(dir);
                brelse(bh);
                return -EPERM;
        }
        if (!S_ISDIR(inode->i_mode)) {
                iput(inode);
                iput(dir);
                brelse(bh);
                return -ENOTDIR;
        }
        if (!empty_dir(inode)) {
                iput(inode);
                iput(dir);
                brelse(bh);
                return -ENOTEMPTY;
        }
        if (inode->i_nlinks!= 2)
                printk("empty directory has nlink!=2 (%d)",inode->i_nlinks);
```

```
        de->inode = 0;
        bh->b_dirt = 1;
        brelse(bh);
        inode->i_nlinks=0;
        inode->i_dirt=1;
        dir->i_nlinks--;
        dir->i_ctime = dir->i_mtime = CURRENT_TIME;
        dir->i_dirt=1;
        iput(dir);
        iput(inode);
        return 0;
}
```

Autrement dit :

Erreur ?

- si ni le propriétaire effectif, ni le propriétaire réel du processus en cours n'est le super-utilisateur, on renvoie l'opposé du code d'erreur EPERM ; ainsi, dans cette version de Linux, seul le super-utilisateur peut supprimer des répertoires ;

- on charge le descripteur de nœud d'information du répertoire final dont on veut supprimer un répertoire ; si l'on n'y arrive pas, on renvoie l'opposé du code d'erreur ENOENT ;

- si la longueur du nom de répertoire que l'on veut supprimer est nulle, on relâche le descripteur de nœud d'information et on renvoie l'opposé du code d'erreur ENOENT ;

- on charge le descripteur de tampon du bloc du répertoire contenant l'entrée de répertoire à supprimer ; si l'on n'y parvient pas, on relâche le descripteur de nœud d'information et on renvoie l'opposé du code d'erreur ENOENT ;

- si le processus ne possède pas la permission d'écrire sur ce répertoire final, on relâche le descripteur de nœud d'information et le descripteur de tampon et on renvoie l'opposé du code d'erreur EPERM ;

- on charge le descripteur de nœud d'information du répertoire à supprimer ; si l'on n'y parvient pas, on relâche le descripteur de nœud d'information du répertoire et le descripteur de tampon et on renvoie l'opposé du code d'erreur EPERM ;

- si le répertoire à supprimer est « . », on relâche les descripteurs de nœud d'information de l'entrée de répertoire et du répertoire ainsi que le descripteur de tampon et on renvoie l'opposé du code d'erreur EPERM ;

- si le nœud d'information de l'entrée de répertoire n'est pas indiqué comme répertoire, on relâche les descripteurs de nœud d'information de l'entrée de répertoire et du répertoire ainsi que le descripteur de tampon et on renvoie l'opposé du code d'erreur ENOTDIR ;

- si l'entrée de répertoire n'est pas vide, on relâche les descripteurs de nœud d'information de l'entrée de répertoire et du répertoire ainsi que le descripteur de tampon et on renvoie l'opposé du code d'erreur ENOTEMPTY ;

- si le nombre de liens du nœud d'information de l'entrée de répertoire n'est pas égal à deux, on affiche un message d'erreur (mais on continue) ;

- on indique que le numéro de nœud d'information de l'entrée de répertoire est nul ;

- on indique qu'il faudra penser à sauvegarder sur disque le descripteur de tampon et on le relâche ;

- on indique que le nombre de liens du nœud d'information de l'entrée de répertoire est nul et qu'il faudra penser à sauvegarder sur disque son descripteur ;

· on décrémente le nombre de liens du nœud d'information du répertoire final, on met à jour les dates de dernier changement et de dernière modification, on indique qu'il faudra penser à le sauvegarder sur disque et on relâche son descripteur ;

· on relâche le descripteur de nœud d'information de l'entrée de répertoire et on renvoie 0.

Changement de répertoire de travail

La fonction de code **sys_chdir()** de l'appel système **chdir()** est définie dans le fichier *fs/ open.c* :

```
int sys_chdir(const char * filename)
{
        struct m_inode * inode;

        if (!(inode = namei(filename)))
                return -ENOENT;
        if (!S_ISDIR(inode->i_mode)) {
                iput(inode);
                return -ENOTDIR;
        }
        iput(current->pwd);
        current->pwd = inode;
        return (0);
}
```

Linux 0.01

Autrement dit :

· on charge le nœud d'information correspondant au nom de fichier indiqué ; si l'on n'y parvient pas, on renvoie l'opposé du code d'erreur ENOENT ;

· si ce fichier n'est pas un fichier de répertoire, on relâche le descripteur de nœud d'information et on renvoie l'opposé du code d'erreur ENOTDIR ;

· on relâche le descripteur de nœud d'information du répertoire courant, on le remplace par celui que l'on vient de charger et on renvoie 0.

Changement de répertoire racine local

La fonction de code **sys_chroot()** de l'appel système **chroot()** est définie dans le fichier *fs/open.c* :

```
int sys_chroot(const char * filename)
{
        struct m_inode * inode;

        if (!(inode=namei(filename)))
                return -ENOENT;
        if (!S_ISDIR(inode->i_mode)) {
                iput(inode);
                return -ENOTDIR;
        }
        iput(current->root);
        current->root = inode;
        return (0);
}
```

Linux 0.01

Autrement dit :

· on charge le nœud d'information correspondant au nom de fichier indiqué ; si l'on n'y parvient pas, on renvoie l'opposé du code d'erreur ENOENT ;

· si ce fichier n'est pas un fichier de répertoire, on relâche le descripteur de nœud d'information et on renvoie l'opposé du code d'erreur ENOTDIR ;

· on relâche le descripteur de nœud d'information du répertoire racine local, on le remplace par celui que l'on vient de charger et on renvoie 0.

7 Autres appels système

7.1 Duplication de descripteur d'entrée-sortie

Description

Les descripteurs d'entrée-sortie renvoyés par l'appel système **open()** et utilisés par tous les appels système d'entrée-sortie peuvent être dupliqués. Cela signifie qu'un processus a la possibilité d'accéder au même fichier ouvert par plusieurs descripteurs d'entrée-sortie.

Deux appels système sont disponibles pour effectuer la duplication d'un descripteur :

```
#include <unistd.h>

int dup(int oldfd);
int dup2(int oldfd, int newfd);
```

L'appel système **dup()** duplique le descripteur oldfd et renvoie un autre descripteur correspondant au même fichier ouvert en cas de succès, ou -1 en cas d'échec.

L'appel système **dup2()** rend le descripteur newfd équivalent à oldfd. Si newfd correspondait à un fichier ouvert, ce dernier est fermé avant la duplication. Il renvoie le nouveau descripteur d'entrée-sortie ou -1 en cas d'échec.

En cas d'erreur, la variable errno prend l'une des valeurs suivantes :

· EBADF : le descripteur d'entrée-sortie spécifié n'est pas valide ;

· EMFILE : le nombre maximal de fichiers ouverts par le processus en cours a été atteint.

Remarquons que ce mécanisme de duplication de descripteurs est particulièrement intéressant pour les redirections. Un processus peut rediriger son entrée ou sa sortie standard vers un fichier et utiliser ensuite de manière transparente les fonctions de la bibliothèque standard, les lectures et/ou les écritures se faisant dans des fichiers et non depuis le clavier ou sur l'écran.

Implémentation

Les fonctions de code **sys_dup()** et **sys_dup2()** des appels système **dup()** et **dup2()** sont définies dans le fichier *fs/fcntl.c* :

Linux 0.01
```
static int dupfd(unsigned int fd, unsigned int arg)
{
        if (fd >= NR_OPEN ||!current->filp[fd])
                return -EBADF;
        if (arg >= NR_OPEN)
                return -EINVAL;
        while (arg < NR_OPEN)
                if (current->filp[arg])
                        arg++;
                else
                        break;
        if (arg >= NR_OPEN)
                return -EMFILE;
        current->close_on_exec &= ~(1<<arg);
        (current->filp[arg] = current->filp[fd])->f_count++;
        return arg;
}
```

```
int sys_dup2(unsigned int oldfd, unsigned int newfd)
{
        sys_close(newfd);
        return dupfd(oldfd,newfd);
}

int sys_dup(unsigned int fildes)
{
        return dupfd(fildes,0);
}
```

La fonction interne **dupfd()** effectue la même chose que l'appel système **dup2()** sans fermer le deuxième fichier s'il était ouvert. On en déduit facilement le code des appels système **dup()** et **dup2()**. Plus exactement :

· si le descripteur de fichier à dupliquer est supérieur au nombre de descripteurs possible ou si le descripteur n'est pas valide, on renvoie l'opposé du code d'erreur EBADF ;

· si le descripteur de fichier à dupliquer est supérieur au nombre de descripteurs possible, on renvoie l'opposé du code d'erreur EINVAL ;

· on recherche le premier descripteur de fichier libre ; si l'on n'en trouve pas, on renvoie l'opposé du code d'erreur EMFILE ;

· on indique qu'il faudra fermer ce nouveau fichier à la fin de l'exécution ;

· on associe comme fichier à ce descripteur le fichier associé au descripteur à dupliquer, on incrémente le compteur d'utilisation et on renvoie ce descripteur.

7.2 Récupération des attributs des fichiers

Description

Il y a deux appels système permettant d'obtenir les attributs d'un fichier : **stat()** et **fstat()**.

Ces appels système ont la syntaxe suivante :

```
#include <sys/stat.h>
#include <unistd.h>

int stat(const char * filename, struct stat * stat_buf);
int fstat(int fildes, struct stat * stat_buf);
```

L'appel système **stat()** renvoie les attributs d'un fichier, (dont le nom est passé dans le paramètre filename) vers un tampon mémoire (dont l'adresse est spécifiée par le paramètre stat_buf).

L'appel système **fstat()** permet d'obtenir les attributs d'un fichier ouvert dont le descripteur est passé dans le paramètre fildes.

En cas d'échec, la variable errno prend l'une des valeurs suivantes :

· EBADF : le descripteur d'entrée-sortie spécifié n'est pas valide ;

· EFAULT : l'un des paramètres stat_buf ou filename contient une adresse non valide ;

· ENAMETOOLONG : le paramètre filename spécifie un nom de fichier trop long ;

· ENOENT : le paramètre filename se réfère à un nom de fichier qui n'existe pas ;

· ENOMEM : le noyau n'a pas pu allouer de mémoire pour ses descripteurs internes ;

· ENOTDIR : un des composants de `filename`, utilisé comme nom de répertoire, n'est pas un répertoire.

La structure `stat` est définie dans le fichier *include/sys/stat.h* :

Linux 0.01

```
struct stat {
        dev_t    st_dev;
        ino_t    st_ino;
        umode_t  st_mode;
        nlink_t  st_nlink;
        uid_t    st_uid;
        gid_t    st_gid;
        dev_t    st_rdev;
        off_t    st_size;
        time_t   st_atime;
        time_t   st_mtime;
        time_t   st_ctime;
};
```

la signification des champs étant la suivante :

· `st_dev` : identificateur du système de fichiers ;

· `st_ino` : numéro de nœud d'information ;

· `st_mode` : mode du fichier (type et droits d'accès) ;

· `st_nlinks` : nombre de liens ;

· `st_uid` : identificateur de l'utilisateur propriétaire ;

· `st_gid` : identificateur du groupe propriétaire ;

· `st_rdev` : identificateur de périphérique dans le cas d'un fichier spécial ;

· `size` : taille en octets ;

· `st_atime` : date du dernier accès ;

· `st_mtime` : date de la dernière modification du contenu ;

· `st_ctime` : date de dernière modification.

Les champs `st_atime`, `st_mtime` et `st_ctime` contiennent des dates exprimées en nombre de secondes écoulées depuis le 1er janvier 1970. On utilise généralement les fonctions fournies par la bibliothèque standard pour les gérer.

Les divers types utilisés sont définis dans le fichier *include/sys/types.h* :

Linux 0.01

```
typedef long time_t;
--------------------
typedef unsigned short uid_t;
typedef unsigned char gid_t;
typedef unsigned short dev_t;
typedef unsigned short ino_t;
----------------------------
typedef unsigned short umode_t;
typedef unsigned char nlink_t;
-----------------------------
typedef long off_t;
```

Le champ `st_mode` contient à la fois le type du fichier et ses droits d'accès.

Implémentation

La fonction de code **sys_stat()** de l'appel système **stat()** est définie dans le fichier *fs/stat.c* :

```
int sys_stat(char * filename, struct stat * statbuf)
{
        int i;
        struct m_inode * inode;

        if (!(inode=namei(filename)))
                return -ENOENT;
        i=cp_stat(inode,statbuf);
        iput(inode);
        return i;
}
```
Linux 0.01

Autrement dit :

· on charge le nœud d'information associé au nom du fichier ; si l'on n'y parvient pas, on renvoie l'opposé du code d'erreur ENOENT ;

· on copie l'état du fichier depuis ce nœud d'information à l'emplacement mémoire indiqué, en utilisant la fonction interne **cp_stat()** ;

· on libère le descripteur de nœud d'information.

La fonction interne **cp_stat()** de copie de l'état d'un fichier est définie dans le fichier *fs/ stat.c* :

```
static int cp_stat(struct m_inode * inode, struct stat * statbuf)
{
        struct stat tmp;
        int i;

        verify_area(statbuf,sizeof (* statbuf));
        tmp.st_dev = inode->i_dev;
        tmp.st_ino = inode->i_num;
        tmp.st_mode = inode->i_mode;
        tmp.st_nlink = inode->i_nlinks;
        tmp.st_uid = inode->i_uid;
        tmp.st_gid = inode->i_gid;
        tmp.st_rdev = inode->i_zone[0];
        tmp.st_size = inode->i_size;
        tmp.st_atime = inode->i_atime;
        tmp.st_mtime = inode->i_mtime;
        tmp.st_ctime = inode->i_ctime;
        for (i=0; i<sizeof (tmp); i++)
                put_fs_byte(((char *) &tmp)[i],&((char *) statbuf)[i]);
        return (0);
}
```
Linux 0.01

Autrement dit :

· on vérifie que l'on peut bien écrire sur le tampon en mémoire vive ;

· on copie les champs adéquats dans une variable temporaire ;

· on copie cette variable temporaire à l'emplacement mémoire indiqué ;

· on renvoie 0.

La fonction de code **sys_fstat()** de l'appel système **fstat()** est définie dans le fichier *fs/ stat.c* :

```
int sys_fstat(unsigned int fd, struct stat * statbuf)
{
        struct file * f;
        struct m_inode * inode;

        if (fd >= NR_OPEN ||!(f=current->filp[fd]) ||!(inode=f->f_inode))
```
Linux 0.01

```
                    return -ENOENT;
        return cp_stat(inode,statbuf);
}
```

Autrement dit :

- si le numéro du descripteur est supérieur au nombre de descripteurs permis, s'il ne correspond pas à un fichier ouvert ou s'il n'y a pas de nœud d'information correspondant, on renvoie l'opposé du code d'erreur ENOENT ;
- sinon on copie l'état du fichier depuis ce nœud d'information à l'emplacement mémoire indiqué, en utilisant la fonction interne **cp_stat()**.

7.3 Dates associées aux fichiers

Description

Les dates associées à un fichier peuvent être modifiées. En effet, toute opération sur un fichier conduit le noyau à mettre à jour une ou plusieurs dates (atime, ctime, mtime). Il est également possible à un utilisateur de modifier les dates atime et mtime en utilisant l'appel système **utime()**.

L'appel système **utime()** :

```
#include <sys/types.h>
#include <utime.h>

int utime(const char *filename, struct utimbuf *times);
```

modifie les dates de dernier accès et de dernière modification du contenu du fichier dont le nom est spécifié par le paramètre filename.

Le type structuré utimbuf est défini dans le fichier d'en-têtes *include/utime.h* :

Linux 0.01
```
struct utimbuf {
        time_t actime;
        time_t modtime;
};
```

Il contient deux champs :

- actime : date de dernier accès ;
- modtime : date de dernière modification du contenu.

En cas d'erreur, la variable errno prend l'une des valeurs suivantes :

- EACCES : le processus n'a pas accès en écriture au fichier spécifié par filename ;
- EFAULT : l'un des paramètres filename ou times contient une adresse non valide ;
- ENAMETOOLONG : le paramètre filename spécifie un nom de fichier trop long ;
- ENOENT : le paramètre filename se réfère à un nom de fichier qui n'existe pas ;
- ENOMEM : le noyau n'a pas pu allouer de mémoire pour ses descripteurs internes ;
- ENOTDIR : l'un des composants de filename, utilisé comme nom de répertoire, n'est pas un répertoire.

Implémentation

La fonction de code **sys_utime()** de l'appel système **utime()** est définie dans le fichier *fs/open.c* :

```
int sys_utime(char * filename, struct utimbuf * times)
{
        struct m_inode * inode;
        long actime,modtime;

        if (!(inode=namei(filename)))
                return -ENOENT;
        if (times) {
                actime = get_fs_long((unsigned long *) &times->actime);
                modtime = get_fs_long((unsigned long *) &times->modtime);
        } else
                actime = modtime = CURRENT_TIME;
        inode->i_atime = actime;
        inode->i_mtime = modtime;
        inode->i_dirt = 1;
        iput(inode);
        return 0;
}
```
Linux 0.01

Autrement dit :

· on essaie de charger le nœud d'information correspondant au fichier ; si l'on n'y parvient pas, on renvoie l'opposé du code d'erreur ENOENT ;

· si times est non nul, on récupère les valeurs passées en paramètre dans des variables temporaires, sinon on initialise ces variables temporaires à la date en cours ;

· on renseigne le descripteur de nœud d'information avec les nouvelles valeurs et on indique qu'il faudra penser à le sauvegarder sur disque ;

· on libère le descripteur de nœud d'information et on renvoie 0.

7.4 Propriétés des fichiers ouverts

Description

L'appel système **fcntl()** (pour *File CoNTroL*) permet d'effectuer des opérations diverses et variées sur un fichier ouvert.

La syntaxe de cet appel système est la suivante :

```
#include <unistd.h>
#include <fcntl.h>

int fcntl(int fd, int cmd);
int fcntl(int fd, int cmd, long arg);
```

l'opération réalisée dépendant du paramètre de commande cmd.

Le paramètre de commande peut prendre l'une des valeurs suivantes, définies dans le fichier *include/fcntl.h* :

· F_DUPFD : c'est l'équivalent de l'appel système **dup2()** ; le descripteur d'entrée-sortie fd est dupliqué dans le descripteur arg ;

· F_GETFD : renvoie la valeur du drapeau close-on-exec ; si ce drapeau a la valeur nulle, le fichier reste ouvert si le processus en cours appelle une primitive de type **exec()** pour exécuter un nouveau programme, sinon le fichier est automatiquement fermé lors de l'appel de **exec()** ;

· F_SETFD : positionne le drapeau close-on-exec ;

· F_GETFL : renvoie les options utilisées lors de l'ouverture du fichier (paramètre flags de l'appel système **open()**) ;

· F_SETFL : modifie les options d'ouverture ; seules les options O_APPEND et O_NONBLOCK peuvent être positionnées.

En cas d'échec, la variable errno prend l'une des valeurs suivantes :

· EBADF : le descripteur d'entrée-sortie spécifié n'est pas valide ;

· EINVAL : l'un des arguments cmd ou arg spécifie une valeur non valide ;

· EMFILE : le nombre maximal de fichiers ouverts par le processus en cours a été atteint (dans le cas de la requête F_DUPFD).

Implémentation

Les valeurs des constantes définies dans le fichier *include/fcntl.h* sont les suivantes dans le cas du noyau 0.01 :

Linux 0.01
```
/* Defines for fcntl-commands. Note that currently
 * locking isn't supported, and other things aren't really
 * tested.
 */
#define F_DUPFD         0           /* dup */
#define F_GETFD         1           /* get f_flags */
#define F_SETFD         2           /* set f_flags */
#define F_GETFL         3           /* more flags (cloexec) */
#define F_SETFL         4
#define F_GETLK         5           /* not implemented */
#define F_SETLK         6
#define F_SETLKW        7
```

La fonction de code **sys_fcntl()** de l'appel système **fcntl()** est définie dans le fichier *fs/fcntl.c* :

Linux 0.01
```
int sys_fcntl(unsigned int fd, unsigned int cmd, unsigned long arg)
{
        struct file * filp;

        if (fd >= NR_OPEN ||!(filp = current->filp[fd]))
                return -EBADF;
        switch (cmd) {
                case F_DUPFD:
                        return dupfd(fd,arg);
                case F_GETFD:
                        return (current->close_on_exec>>fd)&1;
                case F_SETFD:
                        if (arg&1)
                                current->close_on_exec |= (1<<fd);
                        else
                                current->close_on_exec &= ~(1<<fd);
                        return 0;
                case F_GETFL:
                        return filp->f_flags;
                case F_SETFL:
                        filp->f_flags &= ~(O_APPEND | O_NONBLOCK);
                        filp->f_flags |= arg & (O_APPEND | O_NONBLOCK);
                        return 0;
                case F_GETLK:   case F_SETLK:   case F_SETLKW:
                        return -1;
```

```
            default:
                    return -1;
        }
}
```

Autrement dit :

- si le descripteur de fichier est supérieur au nombre permis ou s'il n'est pas associé à un fichier ouvert, on renvoie l'opposé du code d'erreur EBADF ;

- dans le cas de F_DUPFD, on fait comme pour **dup2()** ;

- dans le cas de F_GETFD, on renvoie ce qui est annoncé ;

- dans le cas de F_SETFD, on positionne ce qu'il faut et on renvoie 0 ;

- dans les autres cas, on renvoie -1 car il ne sont pas implémentés.

7.5 Montage et démontage de systèmes de fichiers

Description

UNIX fournit les appels système **mount()** et **umount()** pour monter et démonter des systèmes de fichiers. En d'autres termes, les systèmes de fichiers sont connectés et déconnectés logiquement de l'arborescence des fichiers. Ces appels sont réservés aux processus possédant les droits du super-utilisateur.

La syntaxe de ces appels système est la suivante :

```
#include <unistd.h>
#include <linux/fs.h>

int mount(const char * specialfile, const char * dir, int rwflag);
int umount(const char * specialfile);
```

L'appel système **mount()** permet de monter le système de fichiers présent sur le périphérique dont le nom est passé dans le paramètre specialfile. Le paramètre dir indique le nom du **point de montage**, c'est-à-dire le nom du répertoire à partir duquel le système de fichiers doit être rendu accessible. Le paramètre rwflags spécifie les options de montage.

L'appel système **umount()** permet de démonter un système de fichiers monté précédemment par appel à **mount()**. Elle accepte en paramètre aussi bien un nom de fichier spécial qu'un nom de point de montage.

Les options de montage possibles devraient être définies dans le fichier d'en-têtes *include/ linux/fs.h*. Elles ne le sont pas pour le noyau 0.01 puisque ces appels système ne sont pas implémentés.

En cas d'échec de **mount()**, la variable errno prend l'une des valeurs suivantes :

- EBUSY : le périphérique spécifié par specialfile est déjà monté ;

- EFAULT : l'un des paramètres specialfile ou dir contient une adresse non valide ;

- ENAMETOOLONG : l'un des paramètres specialfile ou dir spécifie un nom trop long ;

- ENOENT : l'un des paramètres specialfile ou dir se réfère à un nom de fichier qui n'existe pas ;

- ENOMEM : le noyau n'a pas pu allouer de mémoire pour ses descripteurs internes ;

- ENOTBLK : le paramètre specialfile ne spécifie pas un nom de fichier spécial ;

- ENOTDIR : l'un des composants de `specialfile` ou de `dir`, utilisé comme nom de répertoire, n'est pas un répertoire ou `dir` ne spécifie pas un nom de répertoire ;
- EPERM : le processus ne possède pas les privilèges nécessaires.

En cas d'échec de **umount()**, la variable `errno` prend l'une des valeurs suivantes :

- EBUSY : le système de fichiers spécifié contient des fichiers ouverts ;
- EFAULT : le système de fichiers spécifié contient une adresse non valide ;
- ENAMETOOLONG : le paramètre `specialfile` spécifie un nom trop long ;
- ENOENT : le paramètre `specialfile` se réfère à un nom de fichier qui n'existe pas ;
- ENOMEM : le noyau n'a pas pu allouer de mémoire pour ses descripteurs internes ;
- ENOTBLK : le paramètre `specialfile` ne spécifie pas un nom de fichier spécial ;
- ENOTDIR : l'un des composants de `specialfile`, utilisé comme nom de répertoire, n'est pas un répertoire ;
- EPERM : le processus ne possède pas les privilèges nécessaires.

Implémentation

Les fonctions de code **sys_mount()** et **sys_umount()** de non implémentation des appels système **mount()** et **umount()** sont définies dans le fichier *fs/sys.c* :

Linux 0.01
```
int sys_mount()
{
        return -ENOSYS;
}

int sys_umount()
{
        return -ENOSYS;
}
```

8 Évolution du noyau

L'intérêt de respecter la norme POSIX est que les appels système ne changent pas d'un noyau à l'autre ; seule l'implémentation diffère. Les fichiers *fs/namei.c*, *fs/open.c*, *fs/read_write.c*, *fs/fcntl.c* et *fs/stat.c* existent toujours, même si leur contenu a légèrement changé.

Citons, à titre d'exemple, l'implémentation de l'appel système **open()**, située dans le fichier *fs/open.c* :

Linux 2.6.0
```
902 /*
903  * Install a file pointer in the fd array.
904  *
905  * The VFS is full of places where we drop the files lock between
906  * setting the open_fds bitmap and installing the file in the file
907  * array.  At any such point, we are vulnerable to a dup2() race
908  * installing a file in the array before us.  We need to detect this and
909  * fput() the struct file we are about to overwrite in this case.
910  *
911  * It should never happen - if we allow dup2() do it, _really_ bad things
912  * will follow.
913  */
914
915 void fd_install(unsigned int fd, struct file * file)
916 {
```

```
917              struct files_struct *files = current->files;
918              spin_lock(&files->file_lock);
919              if (unlikely(files->fd[fd] != NULL))
920                      BUG();
921              files->fd[fd] = file;
922              spin_unlock(&files->file_lock);
923 }
924
925 EXPORT_SYMBOL(fd_install);
926
927 asmlinkage long sys_open(const char __user * filename, int flags, int mode)
928 {
929              char * tmp;
930              int fd, error;
931
932 #if BITS_PER_LONG != 32
933              flags |= O_LARGEFILE;
934 #endif
935              tmp = getname(filename);
936              fd = PTR_ERR(tmp);
937              if (!IS_ERR(tmp)) {
938                      fd = get_unused_fd();
939                      if (fd >= 0) {
940                              struct file *f = filp_open(tmp, flags, mode);
941                              error = PTR_ERR(f);
942                              if (IS_ERR(f))
943                                      goto out_error;
944                              fd_install(fd, f);
945                      }
946 out:
947                      putname(tmp);
948              }
949              return fd;
950
951 out_error:
952              put_unused_fd(fd);
953              fd = error;
954              goto out;
955 }
```

Conclusion

Ce chapitre est un peu long car nous avons pris la peine de décrire les appels système avant d'en aborder l'implémentation. Le principe de l'implémentation elle-même est relativement simple : il fait en effet appel aux fonctions de gestion interne étudiées dans les chapitres précédents. La plus grande partie du code est occupée par le traitement des exceptions, c'est-à-dire des erreurs que pourrait commettre l'utilisateur.

Chapitre 28

Appels système concernant les processus

Rappelons qu'il existe deux points de vue concernant les processus :

· les processus vus par le noyau ;

· le point de vue utilisateur des processus, ou plus exactement des programmeurs des applications, concerne les appels système. Il s'agit tout d'abord de leur création, du changement de programme et de leur terminaison. Il s'agit également des demandes d'informations sur ceux-ci ou des changements de droits d'accès.

Nous avons déjà étudié le point de vue noyau des processus au chapitre 11. Nous allons maintenant passer aux appels système concernant les processus.

1 Création des processus

1.1 Description des appels système

Vue d'ensemble

Les deux actions les plus importantes pour un processus sont sa création et sa terminaison :

Création. Les systèmes Unix se basent sur la création de processus pour satisfaire les requêtes des utilisateurs. Typiquement, le processus interpréteur de commandes crée un nouveau processus à chaque fois que l'utilisateur saisit une nouvelle commande.

L'idée d'Unix est de créer un processus en deux étapes :

· dans une première étape, le processus en cours, appelé processus père, crée un clone de lui-même, appelé processus fils, son descripteur comprenant les mêmes données que le processus père, à part son numéro d'identification (différent de celui de son père) ; on utilise l'appel système **fork()** (pour « fourche », puisque le même processus peut prendre deux chemins différents) pour créer le clone ;

· dans une deuxième étape, le code du processus fils est changé ; on utilise pour cela l'appel système **execve()** ou l'une de ses variantes.

Nous verrons l'intérêt de cette création en deux étapes lors de l'implémentation : la première étape concerne surtout ce qui a rapport au micro-processeur alors que la seconde dépend du système de fichiers et du format d'exécutable choisis.

Terminaison. Un processus se termine automatiquement lorsqu'il cesse d'exécuter la fonction **main()**, ce qui est déclenché par l'utilisation de l'instruction return. Il dispose également d'appels système spécifiques, que nous étudierons plus tard.

L'appel système `fork()`

La syntaxe de l'appel système **`fork()`** est la suivante :

```
#include <unistd.h>

int fork(void)};
```

Lors d'un appel de **`fork()`**, le processus en cours est dupliqué : une copie qui lui est conforme, à l'exception de son identificateur, est créée. Au retour de **`fork()`**, deux processus, le père et le fils, sont donc en train d'exécuter le même code.

L'appel système **`fork()`** renvoie la valeur 0 au processus fils et l'identificateur du processus créé au processus père. Ceci permet de différencier le code qui doit être exécuté par le processus père de celui qui doit être exécuté par le processus fils.

En cas d'échec, **`fork()`** renvoie la valeur -1, et la variable errno prend l'une des deux valeurs suivantes :

- EAGAIN : le nombre maximal de processus pour l'utilisateur en cours, ou pour le système, a été atteint ;
- ENOMEM : le noyau n'a pas pu allouer suffisamment de mémoire pour créer le nouveau processus.

Le programme suivant :

```
/* testfork.c */

#include <stdio.h>
#include <unistd.h>

void main(void)
    {
      int pid;

      pid = fork();
      if (pid == -1)
        printf("Erreur de création\n");
      else if (pid == 0)
        printf("Je suis le fils: pid = %d\n", pid);
      else
        printf("Je suis le père: pid = %d\n", pid);
    }
```

permet de créer un processus fils. Son exécution donne, par exemple :

```
Je suis le père: pid = 654
Je suis le fils: pid = 0
```

ce qui montre que les deux processus, père et fils, sont bien en train de s'exécuter tous les deux en parallèle.

Lors d'une autre exécution, le fils peut être affiché avant le père : cela dépend de l'ordonnanceur.

L'appel système `execve()`

L'appel système :

```
#include <unistd.h>

int execve(const char *filename, char ** argv, char ** envp);
```

permet au processus en cours d'exécuter un nouveau programme :

- l'argument `filename` est le nom du programme à exécuter ; il s'agit du nom d'un fichier exécutable, au format *a.out ZMAGIC* uniquement pour le noyau 0.01 ;
- l'argument `argv` est un tableau de chaînes de caractères représentant la liste des arguments de ce programme ; le premier argument est le nom du programme (cette information est donc dupliquée) ; le dernier élément de ce tableau doit être `NULL` ;
- l'argument `envp` est également un tableau de chaînes de caractères permettant de personnaliser les **variables d'environnement** spécifiques ; ce tableau doit aussi se terminer par `NULL` ; cet argument est rarement utilisé, ce qui permet au nouveau processus d'hériter du même environnement que le processus père.

  Chacun des éléments doit contenir l'adresse d'une chaîne de caractères de la forme :

  `nom_de_variable=valeur`.

Lorsqu'un appel système **execve()** réussit, l'image du processus en cours est remplacée par celle du nouveau programme. L'appel ne reviendra jamais, la valeur de retour n'a donc pas d'importance dans ce cas.

Le nouveau programme n'hérite d'aucun code et d'aucune donnée du programme en cours. Les signaux et gestionnaires de signal sont effacés. Cependant, les informations de sécurité et le `PID` du processus sont conservés. Cela inclut l'`uid` du propriétaire du processus, bien que les bits *setuid* et *setgid* puissent modifier ce comportement. De plus, les descripteurs de fichier, sauf ceux prévus par `close_on_exec`, restent ouverts pour que le nouveau programme puisse les utiliser.

En cas d'échec, **execve()** renvoie la valeur -1, et la variable `errno` prend l'une des valeurs suivantes :

- `E2BIG` : la liste des arguments ou des variables d'environnement est de taille trop importante ;
- `EACCES` : le processus n'a pas accès en exécution au fichier spécifié par `filename` ;
- `EFAULT` : le paramètre `filename` contient une adresse non valide ;
- `ENAMETOOLONG` : le paramètre `filename` spécifie un nom de fichier trop long ;
- `ENOENT` : le paramètre `filename` se réfère à un nom de fichier qui n'existe pas ;
- `ENOEXEC` : le fichier spécifié par `filename` n'est pas un programme exécutable ;
- `ENOMEM` : la mémoire disponible est trop réduite pour exécuter le programme ;
- `ENOTDIR` : l'un des composants de `filename`, utilisé comme nom de répertoire, n'est pas un répertoire ;
- `EPERM` : le système de fichiers contenant le fichier spécifié par `filename` a été monté avec des options interdisant l'exécution des programmes.

Dans le cas de Linux 0.01, les valeurs des nouvelles constantes symboliques, définies dans le fichier *include/errno.h*, sont les suivantes :

```
#define E2BIG          7
#define ENOEXEC        8
```

Donnons un exemple de programme dans lequel le code du processus fils est remplacé :

```
/* testexec.c */

#include <stdio.h>
#include <unistd.h>

void main(void)
    {
    char * argv[3];
    char * envp[1];

    argv[0] = "/bin/ls";
    argv[1] = "-l";
    argv[2] = NULL;

    envp[0] = NULL;

    printf("Exemple d\'utilisation de execve():\n");
    execve("/bin/ls", argv, envp);
    printf("Ne devrait pas être affiché\n");
    }
```

L'exécution donne, par exemple :

```
linux:/windows/C/applis/info/linux/conception/cours/ch11 # ./a.out
Exemple d'utilisation de execve():
total 288
-rwxr-xr-x   1 root     root         5142 Jul  7 10:11 a.out
-rwxr-xr-x   1 root     root          774 Jul  7 10:06 ch11.aux
-rwxr-xr-x   1 root     root        20892 Jul  7 10:06 ch11.dvi
-rwxr-xr-x   1 root     root         2754 Jul  7 10:06 ch11.log
-rwxr-xr-x   1 root     root        92547 Jul  7 10:06 ch11.ps
-rwxr-xr-x   1 root     root        16436 Jul  7 10:05 ch11.tex
-rwxr-xr-x   1 root     root        10036 Jul  6 10:30 ch11.tex~
-rwxr-xr-x   1 root     root          359 Jul  7 10:11 testexec.c
-rwxr-xr-x   1 root     root           57 Jul  7 10:06 testexec.c~
-rwxr-xr-x   1 root     root          329 Jul  4 15:33 testfork.c
-rwxr-xr-x   1 root     root           37 Jul  4 15:26 testfork.c~
linux:/windows/C/applis/info/linux/conception/cours/ch11 #
```

On remarque bien qu'il n'y a pas de retour de l'appel système puisque la dernière instruction d'affichage n'est pas exécutée.

1.2 Implémentation de `fork()`

Code principal

La fonction de code **sys_fork()** de l'appel système **fork()** est définie, en langage d'assemblage, dans le fichier *kernel/system_call.s* :

```
_sys_fork:
        call _find_empty_process
        testl %eax,%eax
        js 1f
        push %gs
        pushl %esi
        pushl %edi
        pushl %ebp
        pushl %eax
        call _copy_process
        addl $20,%esp
1:      ret
```

Autrement dit :

- On fait appel à la fonction auxiliaire **find_empty_process()** pour trouver un numéro de processus disponible. On compte sur le fait qu'un tel numéro (non nul) soit renvoyé.
- Si 0 est renvoyé, c'est qu'il n'y a pas de numéro de processus disponible, on a donc terminé (la fonction **find_empty_process()** a placé l'erreur EAGAIN dans errno).
- Sinon on place les valeurs des registres gs, esi, edi, ebp et eax sur la pile et on fait appel à la fonction auxiliaire **copy_process()** qui copie l'environnement dans le processus dont le numéro vient d'être déterminé. On décrémente la pile avant de terminer.

Remarquons qu'on a ainsi créé un nouveau processus mais qu'on ne le démarre pas explicitement. C'est l'ordonnanceur qui le fera se dérouler.

Recherche d'un numéro de processus libre

La fonction **find_empty_process()** est définie dans le fichier *kernel/fork.c* :

```
long last_pid=0;
----------------
int find_empty_process(void)
{
        int i;

        repeat:
                if ((++last_pid)<0) last_pid=1;
                for(i=0; i<NR_TASKS; i++)
                        if (task[i] && task[i]->pid == last_pid) goto repeat;
                for(i=1; i<NR_TASKS; i++)
                        if (!task[i])
                                return i;
        return -EAGAIN;
}
```
Linux 0.01

Autrement dit :

- On commence par chercher un pid utilisé, que l'on place dans la variable globale last_pid. On essaie le pid qui suit le dernier utilisé, en revenant à 1 si l'on est arrivé au dernier numéro possible. Si ce pid est déjà utilisé par un processus, on recommence jusqu'à en trouver un non utilisé. Remarquons qu'il y en a nécessairement un puisqu'il ne peut y avoir que 64 processus en cours (pour le noyau 0.01, plus pour les noyaux ultérieurs, mais toujours en nombre inférieur au nombre de pid possibles).
- On cherche le premier numéro de processus non utilisé, dont on renvoie le numéro de processus ou l'opposé du code d'erreur EAGAIN s'il n'y en a pas de disponible.

Copie de descripteur de processus

La fonction **copy_process()** est définie dans le fichier *kernel/fork.c* :

```
/*
 *  Ok, this is the main fork-routine. It copies the system process
 * information (task[nr]) and sets up the necessary registers. It
 * also copies the data segment in its entirety.
 */
int copy_process(int nr,long ebp,long edi,long esi,long gs,long none,
                long ebx,long ecx,long edx,
                long fs,long es,long ds,
                long eip,long cs,long eflags,long esp,long ss)
{
        struct task_struct *p;
```
Linux 0.01

```
        int i;
        struct file *f;

        p = (struct task_struct *) get_free_page();
        if (!p)
                return -EAGAIN;
        *p = *current;   /* NOTE! this doesn't copy the supervisor stack */
        p->state = TASK_RUNNING;
        p->pid = last_pid;
        p->father = current->pid;
        p->counter = p->priority;
        p->signal = 0;
        p->alarm = 0;
        p->leader = 0;              /* process leadership doesn't inherit */
        p->utime = p->stime = 0;
        p->cutime = p->cstime = 0;
        p->start_time = jiffies;
        p->tss.back_link = 0;
        p->tss.esp0 = PAGE_SIZE + (long) p;
        p->tss.ss0 = 0x10;
        p->tss.eip = eip;
        p->tss.eflags = eflags;
        p->tss.eax = 0;
        p->tss.ecx = ecx;
        p->tss.edx = edx;
        p->tss.ebx = ebx;
        p->tss.esp = esp;
        p->tss.ebp = ebp;
        p->tss.esi = esi;
        p->tss.edi = edi;
        p->tss.es = es & 0xffff;
        p->tss.cs = cs & 0xffff;
        p->tss.ss = ss & 0xffff;
        p->tss.ds = ds & 0xffff;
        p->tss.fs = fs & 0xffff;
        p->tss.gs = gs & 0xffff;
        p->tss.ldt = _LDT(nr);
        p->tss.trace_bitmap = 0x80000000;
        if (last_task_used_math == current)
                __asm__("fnsave %0"::"m" (p->tss.i387));
        if (copy_mem(nr,p)) {
                free_page((long) p);
                return -EAGAIN;
        }
        for (i=0; i<NR_OPEN;i++)
                if (f=p->filp[i])
                        f->f_count++;
        if (current->pwd)
                current->pwd->i_count++;
        if (current->root)
                current->root->i_count++;
        set_tss_desc(gdt+(nr<<1)+FIRST_TSS_ENTRY,&(p->tss));
        set_ldt_desc(gdt+(nr<<1)+FIRST_LDT_ENTRY,&(p->ldt));
        task[nr] = p;   /* do this last, just in case */
        return last_pid;
}
```

Autrement dit :

· Rappelons que le descripteur d'un processus est placé sous Linux au début d'une page contenant ce descripteur ainsi que la pile du mode noyau de ce processus. Un cadre de page libre de la mémoire dynamique est donc recherché pour y placer cette page. S'il n'y en a pas de disponible, l'opposé du code d'erreur EAGAIN est renvoyé. Sinon, l'adresse du cadre de page renvoyé devient l'index du nouveau processus.

· On copie ensuite le contenu du descripteur du processus en cours dans le descripteur du nouveau processus, mais pas la pile du mode noyau.

- Les champs du descripteur du processus fils sont donc, à ce moment-là, tous égaux à ceux du processus père. L'étape suivante consiste à en changer quelques-uns (un nombre assez important tout de même) :
  - l'état du nouveau processus est systématiquement TASK_RUNNING ;
  - le PID du processus fils prend la valeur last_pid, à savoir le numéro déterminé lors de l'appel de la fonction **find_empty_process()** ;
  - le PID du père du processus fils prend la valeur du PID du processus en cours ;
  - le laps de temps est initialisé au laps de temps de base (on donne donc plus de temps au fils qu'au père) ;
  - le drapeau des signaux est initialisé à zéro (un processus qui commence n'a pas encore reçu de signal alors que le processus père a peut-être des signaux en attente) ;
  - le champ alarm est initialisé à zéro pour une raison analogue ;
  - le champ leader est positionné à zéro car, même si le père est le chef d'un groupe, ce n'est pas le cas du fils ;
  - les variables de comptabilité du temps utilisateur utime, du temps système stime, du temps utilisateur de ses fils cutime et du temps système de ses fils cstime sont naturellement toutes initialisées à zéro ;
  - l'heure de démarrage du processus start_time est initialisée à l'heure en cours, c'est-à-dire à jiffies ;
  - le champ tss n'est pas initialisé par la copie du processus père, il faut donc l'initialiser entièrement :
    - back_link est mis à zéro comme d'habitude ;
    - l'adresse du sommet de la pile du mode noyau esp0 est celle de la fin de la page libre que l'on a trouvé, c'est-à-dire PAGE_SIZE + (long) p ;
    - le segment de la pile du mode noyau est le segment des données en mode noyau, de sélecteur 10h ;
    - le pointeur de code eip a pour valeur celle qui est transmise, c'est-à-dire la même valeur que pour le processus père à ce moment-là ; il en est de même pour eflags, ecx, edx, ebx, esp, ebp, esi et edi ;
    - le registre eax prend la valeur zéro, valeur de retour pour le processus fils ;
    - de même les registres de segment es, cs, ss, ds, fs et gs ont la même valeur que pour le processus père à ce moment-là ;
    - l'adresse de la table locale des descripteurs ldt est celle du processus nr, c'est-à-dire du numéro de processus libre déterminé antérieurement ;
    - la table d'utilisation des entrées-sorties trace_bitmap est initialisée par défaut à 80000000h, comme d'habitude ;
  - si le processus en cours, le processus père rappelons-le, est le dernier à avoir utilisé le coprocesseur arithmétique, on sauvegarde les valeurs des registres de ce coprocesseur ;
- la table locale des descripteurs pour le processus fils est initialisée grâce à la fonction auxiliaire **copy_mem()** que nous étudierons ci-après ; si l'on n'y parvient pas, on libère la page et on renvoie l'opposé du code d'erreur EAGAIN ;
- pour tout fichier utilisé par le processus père, on incrémente le nombre de processus utilisant ce fichier (f_count), puisque le processus fils l'utilisera aussi ;

- de même pour les fichiers que sont le répertoire de travail `pwd` et le répertoire racine `root` locaux ;
- les descripteurs de `TSS` et de `LDT` du processus fils sont placés dans la table globale des descripteurs ;
- si tout s'est bien passé, la tâche numéro `nr` est initialisée avec `p` et on renvoie le `PID` du processus fils ; ce `PID` n'est renvoyé qu'au processus père : maintenant le processus fils est également en train de s'exécuter mais il s'agit d'un processus indépendant qui n'est pas concerné par cette ligne de code.

Initialisation de la table locale des descripteurs

Nous avons vu ci-dessus que l'initialisation de la table locale des descripteurs du processus numéro `nr` et de descripteur `p` est effectuée par appel de la fonction :

```
copy_mem(nr,p)
```

Cette fonction est définie dans le fichier *kernel/fork.c* :

```
int copy_mem(int nr,struct task_struct * p)
{
        unsigned long old_data_base,new_data_base,data_limit;
        unsigned long old_code_base,new_code_base,code_limit;

        code_limit=get_limit(0x0f);
        data_limit=get_limit(0x17);
        old_code_base = get_base(current->ldt[1]);
        old_data_base = get_base(current->ldt[2]);
        if (old_data_base!= old_code_base)
                panic("We don't support separate I&D");
        if (data_limit < code_limit)
                panic("Bad data_limit");
        new_data_base = new_code_base = nr * 0x4000000;
        set_base(p->ldt[1],new_code_base);
        set_base(p->ldt[2],new_data_base);
        if (copy_page_tables(old_data_base,new_data_base,data_limit)) {
                free_page_tables(new_data_base,data_limit);
                return -ENOMEM;
        }
        return 0;
}
```

Autrement dit :

- la limite du segment de code en mode utilisateur prend comme valeur celle de la limite du segment de sélecteur `Fh`, c'est-à-dire du segment de code utilisateur (rappelons qu'il n'y en a qu'un pour Linux) ;
- la limite du segment de données en mode utilisateur prend comme valeur celle de la limite du segment de sélecteur `17h`, c'est-à-dire du segment de données utilisateur (rappelons qu'il n'y en a qu'un pour Linux) ;
- on récupère les adresses de base du segment de code utilisateur et du segment de données utilisateur placées pour l'instant dans la `LDT` ; si ces adresses sont différentes, il y a dû y avoir un problème à un moment donné car elles devraient être égales sous Linux ; on affiche donc un message et on gèle le système ;
- la limite du segment des données utilisateur doit être supérieure à celle du segment de code utilisateur ; si tel n'est pas le cas, un message est affiché et on gèle le système ;

- la nouvelle adresse de base du segment de données utilisateur et du segment de code utilisateur est initialisée à nr × 4000000h, ce qui permet de réserver 16 Mo par processus;
- on met en place ces valeurs; si l'on n'y arrive pas, on libère l'emplacement mémoire que l'on commençait à occuper et on renvoie l'opposé du code d'erreur ENOMEM;
- si tout s'est bien déroulé, on renvoie 0.

1.3 Le format d'exécutable *a.out*

Le format d'exécutable *a.out* est le premier format d'exécutable conçu pour UNIX. Sa définition dans le fichier d'en-têtes *a.out.h* apparaît dans la version 7 de l'UNIX d'ATT.

Sections d'un fichier exécutable

Un fichier exécutable au format *a.out* comprend sept parties (dont certaines peuvent être vides), appelées sections :

en-tête
segment de texte
segment des données initialisées
section des transferts de texte
section des transferts de données
table des symboles
table des chaînes de caractères (bss)

- l'en-tête du fichier, de nom exec, contient les paramètres utilisés par le noyau pour charger le fichier en mémoire et l'exécuter, ainsi que par l'éditeur de liens ld pour combiner plusieurs fichiers exécutables; il s'agit de la seule section indispensable;
- le segment de texte contient le code en langage machine (ainsi que des données associées) qui est chargé en mémoire lorsqu'un programme est exécuté; il est en général chargé en lecture seulement pour éviter qu'on puisse le modifier par inadvertance; le nom *texte* pour *code* est traditionnel sous UNIX;
- le segment des données contient les données initialisées; il doit nécessairement être chargé dans une partie de la mémoire vive dans laquelle on puisse écrire;
- la section des transferts de texte (en anglais *text relocations*) contient les informations utilisées par l'éditeur de liens pour mettre à jour les pointeurs dans le segment de texte lorsqu'on combine plusieurs fichiers exécutables;
- la section des transferts de données (en anglais *data relocations*) est l'analogue de la section précédente mais pour les données;
- la table des symboles contient les informations utilisées par l'éditeur de liens pour faire le lien entre les adresses des variables et des fonctions nommées entre les divers fichiers exécutables;
- la table des chaînes de caractères (en anglais *string table*) ou bss (pour *Block Started by Symbol*) contient les valeurs des données non initialisées.

L'intérêt de distinguer deux segments des données, le segment des données initialisées et le bss, est que le segment des données initialisées est de longueur fixe (il s'agit des données dont les types ont une longueur fixée) alors que ce n'est pas le cas du bss (qui contient les données dynamiques, typiquement les chaînes de caractères comme l'indique son nom).

Structure de l'en-tête

La structure de l'en-tête d'un fichier exécutable *a.out* est décrit par la structure exec du fichier *include/a.out.h* :

Linux 0.01

```
struct exec {
  unsigned long a_magic;       /* Use macros N_MAGIC, etc for access */
  unsigned a_text;             /* length of text, in bytes */
  unsigned a_data;             /* length of data, in bytes */
  unsigned a_bss;              /* length of uninitialized data area for file,
                                  in bytes */
  unsigned a_syms;             /* length of symbol table data in file,
                                  in bytes */
  unsigned a_entry;            /* start address */
  unsigned a_trsize;           /* length of relocation info for text,
                                  in bytes */
  unsigned a_drsize;           /* length of relocation info for data,
                                  in bytes */
};
```

Autrement dit :

· a_magic possède un certain nombre de composants accessibles par les macros **N_MAGIC()** et autres pour apporter des informations sur lesquelles nous allons revenir ;
· a_text contient la taille du segment de texte, en octets ;
· a_data contient la taille du segment des données initialisées, en octets ;
· a_bss contient la taille initiale du segment des données non initialisées bss, ce segment étant initialisé à zéro lorsqu'il est chargé en mémoire ;
· a_syms contient la taille en octets de la table des symboles ;
· a_entry contient l'adresse, relativement au début du segment de texte, du point d'entrée du programme, autrement dit celle à laquelle le noyau doit passer la main ; cela permet qu'il ne s'agisse pas toujours du premier octet du segment de texte et de placer, par exemple, le code des sous-programmes avant celui du programme principal ;
· a_trsize contient la taille en octets de la table des transferts de texte ;
· a_drsize contient la taille en octets de la table des transferts de données.

Nombre magique d'un exécutable

Le nombre magique d'un exécutable permet de distinguer les différentes façons de charger le fichier. Il s'agit de l'une des valeurs suivantes :

· OMAGIC : les segments de texte et des données initialisées suivent immédiatement l'en-tête et sont contigus ; de plus, le noyau doit charger ces segments dans une partie de la mémoire sur laquelle on peut écrire ;
· NMAGIC : les segments de texte et des données initialisées suivent immédiatement l'en-tête et sont contigus ; de plus, le noyau doit charger le segment de texte dans une partie de la mémoire sur laquelle on ne peut pas écrire, le segment des données dans une partie où l'on peut écrire, située à la frontière de la page suivant le segment précédent ;
· ZMAGIC : le noyau charge les pages individuelles à la demande ; l'éditeur de lien fait suivre l'en-tête, le segment de texte et le segment des données initialisées de zéros de façon à ce

que leurs tailles soient un multiple de la taille d'une page ; on ne doit pas pouvoir écrire sur les pages du segment de code ; par contre, évidemment, on doit pouvoir écrire sur celles du segment des données initialisées.

Seul le format ZMAGIC est pris en compte par le noyau 0.01.

Ces constantes sont définies dans le fichier *include/a.out.h* :

```
#ifndef OMAGIC
/* Code indicating object file or impure executable.  */
#define OMAGIC 0407
/* Code indicating pure executable.  */
#define NMAGIC 0410
/* Code indicating demand-paged executable.  */
#define ZMAGIC 0413
#endif /* not OMAGIC */
```
Linux 0.01

Remarquons que les constantes indiquées sont indiquées en octal, ce qui est traditionnel.

La macro **N_MAGIC()** permet d'obtenir le nombre magique d'un exécutable au format *a.out*. Elle est définie dans le fichier *include/a.out.h* :

```
#ifndef N_MAGIC
#define N_MAGIC(exec) ((exec).a_magic)
#endif
```
Linux 0.01

Macros

Le fichier *include/a.out.h* contient un certain nombre de macros permettant de tester la cohérence d'un fichier au format *a.out* :

- N_BADMAG (exec) renvoie une valeur non nulle si le champ a_magic ne contient pas une valeur reconnue ;

de déterminer les adresses (relativement au début du fichier) des différentes sections :

- N_HDROFF (exec) renvoie le déplacement (*offset* en anglais) dans le fichier exécutable du début de l'en-tête ;

- N_TXTOFF (exec) renvoie le déplacement dans le fichier exécutable du début du segment de texte ;

- N_DATOFF (exec) renvoie le déplacement dans le fichier exécutable du début du segment des données initialisées ;

- N_TRELOFF (exec) renvoie le déplacement dans le fichier exécutable du début de la table des transferts de texte ;

- N_DRELOFF (exec) renvoie le déplacement dans le fichier exécutable du début de la table des transferts de données ;

- N_SYMOFF (exec) renvoie le déplacement dans le fichier exécutable du début de la table des symboles ;

- N_STROFF (exec) renvoie le déplacement dans le fichier exécutable du début du segment des données non initialisées ;

et de déterminer les adresses des différentes sections en mémoire vive après chargement :

- N_TXTADDR (exec) renvoie l'adresse du segment de texte en mémoire vive après le chargement ;

- `N_DATADDR(exec)` renvoie l'adresse du segment des données initialisées en mémoire vive après le chargement ;
- `N_BSSADDR(exec)` renvoie l'adresse du segment des données non initialisées en mémoire vive après le chargement.

Structure des tables de transfert

La structure d'une entrée d'une table de transfert est définie par la structure `relocation_info` définie dans le fichier *include/a.out.h* :

Linux 0.01

```
#ifndef N_RELOCATION_INFO_DECLARED

/* This structure describes a single relocation to be performed.
   The text-relocation section of the file is a vector of these structures,
   all of which apply to the text section.
   Likewise, the data-relocation section applies to the data section.  */

struct relocation_info
{
  /* Address (within segment) to be relocated.  */
  int r_address;
  /* The meaning of r_symbolnum depends on r_extern.  */
  unsigned int r_symbolnum:24;
  /* Nonzero means value is a pc-relative offset
     and it should be relocated for changes in its own address
     as well as for changes in the symbol or section specified.  */
  unsigned int r_pcrel:1;
  /* Length (as exponent of 2) of the field to be relocated.
     Thus, a value of 2 indicates 1<<2 bytes.  */
  unsigned int r_length:2;
  /* 1 => relocate with value of symbol.
          r_symbolnum is the index of the symbol
          in the file's symbol table.
     0 => relocate with the address of a segment.
          r_symbolnum is N_TEXT, N_DATA, N_BSS or N_ABS
          (the N_EXT bit may be set also, but signifies nothing).  */
  unsigned int r_extern:1;
  /* Four bits that aren't used, but when writing an object file
     it is desirable to clear them.  */
  unsigned int r_pad:4;
};
#endif /* no N_RELOCATION_INFO_DECLARED.  */
```

dont la signification des champs est la suivante :

- `r_address` est l'adresse relative du pointeur qui doit être transféré ; l'adresse est donnée par rapport au début du segment de texte (respectivement du segment des données initialisées) pour une entrée dans la table des transferts de texte (respectivement des données) ;
- `r_symbolnum` contient le numéro ordinal du symbole dans la table des symboles ; la signification diffère si le bit `r_extern` n'est pas positionné ;
- si `r_pcrel` est positionné, l'éditeur de liens suppose qu'il est en train de mettre à jour un pointeur, c'est-à-dire une partie d'une instruction en langage machine en utilisant l'adressage relatif aux PC ;
- `r_length` contient le logarithme binaire de la longueur en octets du pointeur ;
- si `r_extern` est positionné, le transfert a besoin d'une référence extérieure : l'éditeur de liens doit utiliser une adresse de symbole pour mettre à jour le pointeur ; s'il n'est pas positionné, le transfert est local : l'éditeur de liens met à jour le pointeur pour refléter les changements dans les adresses de chargement des divers segments ;

· r_pad n'est pas utilisé dans Linux[1].

Structure de la table des symboles

Une entrée dans la table des symboles est structurée suivant le format spécifié par la structure nlist définie dans le fichier *include/a.out.h* :

```
#ifndef N_NLIST_DECLARED
struct nlist {
  union {
    char *n_name;
    struct nlist *n_next;
    long n_strx;
  } n_un;
  unsigned char n_type;
  char n_other;
  short n_desc;
  unsigned long n_value;
};
#endif
```

Linux 0.01

dont la signification des champs est la suivante :

· n_un.n_strx contient l'adresse relative dans le segment des données non initialisées du nom de ce symbole ; lorsqu'un programme accède à la table des symboles *via* la fonction **nlist()**, ce champ est remplacé par le champ n_un.n_name, qui est un pointeur sur une chaîne de caractères située en mémoire vive ;

· n_type est utilisé par l'éditeur de liens pour déterminer comment s'effectue la mise à jour de la valeur du symbole ; ce champ contient trois sous-champs utilisant des masques de bits : l'éditeur de liens traite les symboles ayant le bit de type N_EXT comme des symboles extérieurs et permet leur référence par d'autres fichiers exécutables ; le masque de N_TYPE sélectionne les bits ayant un intérêt pour l'éditeur de liens :

  · N_UNDF désigne un symbole non défini : l'éditeur de liens doit localiser un symbole externe ayant le même nom dans un autre fichier exécutable ; un cas particulier apparaît lorsque le champ n_value est non nul et qu'aucun fichier exécutable ne définit ce symbole : l'éditeur de liens doit alors résoudre ce symbole comme une adresse du segment bss en réservant un nombre d'octets égal à n_value ; si ce symbole est défini dans plus d'un fichier exécutable et si les tailles demandées ne sont pas les mêmes, l'éditeur de liens choisit la plus grande d'entre elles ;

  · N_ABS désigne un symbole absolu, c'est-à-dire que l'éditeur de liens n'a pas à le mettre à jour ;

  · N_TEXT désigne un symbole de code (une étiquette), c'est-à-dire une adresse que l'éditeur de liens doit mettre à jour lorsqu'il lie des fichiers exécutables ;

  · N_DATA désigne un symbole de données (une variable initialisée), dont le traitement est analogue au précédent ;

  · N_BSS désigne un symbole bss, dont le traitement est analogue aux deux précédents ;

  · N_FN désigne un symbole de nom de fichier ; l'éditeur de liens insère ce symbole avant les autres symboles du fichier exécutable lorsqu'il lie plusieurs fichiers exécutables ; les symboles de noms de fichiers ne sont pas nécessaires pour l'édition des liens ou le chargement mais ils sont utiles pour le débogage ;

---

[1] Il s'agit de quatre bits individuels r_baserel, r_jmptable, r_relative et r_relative.

- le masque N_STAB sélectionne des bits utiles pour les débogueurs symboliques ;
- n_other fournit des informations sur la nature du symbole, indépendantes de la situation du symbole ; les 4 bits de poids faible contiennent une des deux valeurs suivantes :
  - AUX_FUNC associe le symbole associé à une fonction à laquelle on peut faire appel ;
  - AUX_OBJECT associe le symbole associé à des données, qu'elles soient situées dans le segment de texte ou dans le segment des données ;
- n_desc est réservé aux débogueurs ;
- n_value contient la valeur du symbole : pour les symboles de texte et de données (initialisées ou non), il s'agit d'une adresse ; pour les autres symboles, cela dépend par exemple du débogueur.

Les valeurs de ces constantes symboliques définissant les types sont définies dans le même fichier d'en-têtes :

Linux 0.01

```
#ifndef N_UNDF
#define N_UNDF 0
#endif
#ifndef N_ABS
#define N_ABS 2
#endif
#ifndef N_TEXT
#define N_TEXT 4
#endif
#ifndef N_DATA
#define N_DATA 6
#endif
#ifndef N_BSS
#define N_BSS 8
#endif
#ifndef N_COMM
#define N_COMM 18
#endif
#ifndef N_FN
#define N_FN 15
#endif

#ifndef N_EXT
#define N_EXT 1
#endif
#ifndef N_TYPE
#define N_TYPE 036
#endif
#ifndef N_STAB
#define N_STAB 0340
#endif
```

Segment des données non initialisées

La structure du segment des données non initialisées est la suivante :

- la longueur, dont le type est unsigned long, représente la taille du segment en octets ;
- elle est suivie d'une suite de chaînes des caractères, chacune étant terminée par le symbole nul.

1.4 Implémentation de `execve()`

Définitions des macros

Les macros sont définies dans le fichier *include/a.out.h* :

```
#ifndef N_BADMAG
#define N_BADMAG(x)                                        \
 (N_MAGIC(x)!= OMAGIC && N_MAGIC(x)!= NMAGIC               \
  && N_MAGIC(x)!= ZMAGIC)
#endif

#define _N_BADMAG(x)                                       \
 (N_MAGIC(x)!= OMAGIC && N_MAGIC(x)!= NMAGIC               \
  && N_MAGIC(x)!= ZMAGIC)

#define _N_HDROFF(x) (SEGMENT_SIZE - sizeof (struct exec))

#ifndef N_TXTOFF
#define N_TXTOFF(x) \
 (N_MAGIC(x) == ZMAGIC ? _N_HDROFF((x)) + sizeof (struct exec): \
                                      sizeof (struct exec))
#endif

#ifndef N_DATOFF
#define N_DATOFF(x) (N_TXTOFF(x) + (x).a_text)
#endif

#ifndef N_TRELOFF
#define N_TRELOFF(x) (N_DATOFF(x) + (x).a_data)
#endif

#ifndef N_DRELOFF
#define N_DRELOFF(x) (N_TRELOFF(x) + (x).a_trsize)
#endif

#ifndef N_SYMOFF
#define N_SYMOFF(x) (N_DRELOFF(x) + (x).a_drsize)
#endif

#ifndef N_STROFF
#define N_STROFF(x) (N_SYMOFF(x) + (x).a_syms)
#endif

/* Address of text segment in memory after it is loaded.  */
#ifndef N_TXTADDR
#define N_TXTADDR(x) 0
#endif

/* Address of data segment in memory after it is loaded.
   Note that it is up to you to define SEGMENT_SIZE
   on machines not listed here.  */
#if defined(vax) || defined(hp300) || defined(pyr)
#define SEGMENT_SIZE PAGE_SIZE
#endif
#ifdef  hp300
#define PAGE_SIZE       4096
#endif
#ifdef  sony
#define SEGMENT_SIZE    0x2000
#endif /* Sony.  */
#ifdef is68k
#define SEGMENT_SIZE    0x20000
#endif
#if defined(m68k) && defined(PORTAR)
#define PAGE_SIZE       0x400
#define SEGMENT_SIZE    PAGE_SIZE
#endif
```

Linux 0.01

```
#define PAGE_SIZE       4096
#define SEGMENT_SIZE    1024

#define _N_SEGMENT_ROUND(x) (((x) + SEGMENT_SIZE - 1) & ~(SEGMENT_SIZE - 1))

#define _N_TXTENDADDR(x) (N_TXTADDR(x)+(x).a_text)

#ifndef N_DATADDR
#define N_DATADDR(x) \
    (N_MAGIC(x)==OMAGIC? (_N_TXTENDADDR(x)) \
: (_N_SEGMENT_ROUND (_N_TXTENDADDR(x))))
#endif

/* Address of bss segment in memory after it is loaded.  */
#ifndef N_BSSADDR
#define N_BSSADDR(x) (N_DATADDR(x) + (x).a_data)
#endif
```

Le code principal

La fonction de code **sys_execve()** de l'appel système **execve()** est définie, en langage d'assemblage, dans le fichier *kernel/system_call.s* :

Linux 0.01

```
_sys_execve:
        lea EIP(%esp),%eax
        pushl %eax
        call _do_execve
        addl $4,%esp
        ret
```

Autrement dit :

· on place l'adresse de l'instruction en cours sur la pile ;

· on fait appel à la fonction **do_execve()**, étudiée ci-après ;

· on décrémente la pile car, comme d'habitude, la fonction utilise les paramètres sans les dépiler explicitement.

La fonction do_execve()

La fonction **do_execve()** est définie dans le fichier *fs/exec.c* :

Linux 0.01

```
/*
 * 'do_execve()' executes a new program.
 */
int do_execve(unsigned long * eip,long tmp,char * filename,
        char ** argv, char ** envp)
{
        struct m_inode * inode;
        struct buffer_head * bh;
        struct exec ex;
        unsigned long page[MAX_ARG_PAGES];
        int i,argc,envc;
        unsigned long p;

        if ((0xffff & eip[1])!= 0x000f)
                panic("execve called from supervisor mode");
        for (i=0; i<MAX_ARG_PAGES; i++)         /* clear page-table */
                page[i]=0;
        if (!(inode=namei(filename)))           /* get executables inode */
                return -ENOENT;
        if (!S_ISREG(inode->i_mode)) {          /* must be regular file */
                iput(inode);
                return -EACCES;
        }
```

```
        i = inode->i_mode;
        if (current->uid && current->euid) {
                if (current->euid == inode->i_uid)
                        i >>= 6;
                else if (current->egid == inode->i_gid)
                        i >>= 3;
        } else if (i & 0111)
                i=1;
        if (!(i & 1)) {
                iput(inode);
                return -ENOEXEC;
        }
        if (!(bh = bread(inode->i_dev,inode->i_zone[0]))) {
                iput(inode);
                return -EACCES;
        }
        ex = *((struct exec *) bh->b_data);      /* read exec-header */
        brelse(bh);
        if (N_MAGIC(ex)!= ZMAGIC || ex.a_trsize || ex.a_drsize ||
                ex.a_text+ex.a_data+ex.a_bss>0x3000000 ||
                inode->i_size < ex.a_text+ex.a_data+ex.a_syms+N_TXTOFF(ex)) {
                iput(inode);
                return -ENOEXEC;
        }
        if (N_TXTOFF(ex)!= BLOCK_SIZE)
                panic("N_TXTOFF!= BLOCK_SIZE. See a.out.h.");
        argc = count(argv);
        envc = count(envp);
        p = copy_strings(envc,envp,page,PAGE_SIZE*MAX_ARG_PAGES-4);
        p = copy_strings(argc,argv,page,p);
        if (!p) {
                for (i=0; i<MAX_ARG_PAGES; i++)
                        free_page(page[i]);
                iput(inode);
                return -1;
        }
/* OK, This is the point of no return */
        for (i=0; i<32; i++)
                current->sig_fn[i] = NULL;
        for (i=0; i<NR_OPEN; i++)
                if ((current->close_on_exec>>i)&1)
                        sys_close(i);
        current->close_on_exec = 0;
        free_page_tables(get_base(current->ldt[1]),get_limit(0x0f));
        free_page_tables(get_base(current->ldt[2]),get_limit(0x17));
        if (last_task_used_math == current)
                last_task_used_math = NULL;
        current->used_math = 0;
        p += change_ldt(ex.a_text,page)-MAX_ARG_PAGES*PAGE_SIZE;
        p = (unsigned long) create_tables((char *)p,argc,envc);
        current->brk = ex.a_bss +
                (current->end_data = ex.a_data +
                (current->end_code = ex.a_text));
        current->start_stack = p & 0xfffff000;
        i = read_area(inode,ex.a_text+ex.a_data);
        iput(inode);
        if (i<0)
                sys_exit(-1);
        i = ex.a_text+ex.a_data;
        while (i&0xfff)
                put_fs_byte(0,(char *) (i++));
        eip[0] = ex.a_entry;             /* eip, magic happens:-) */
        eip[3] = p;                      /* stack pointer */
        return 0;
}
```

Une quantité de mémoire vive du mode noyau est réservée aux arguments et à l'environnement, celle-ci étant définie dans le fichier *fs/exec.c* :

```
/*
 * MAX_ARG_PAGES defines the number of pages allocated for arguments
 * and envelope for the new program. 32 should suffice, this gives
 * a maximum env+arg of 128kB!
 */
#define MAX_ARG_PAGES 32
```

Les actions effectuées par la fonction **do_execve()** sont les suivantes :

· on vérifie que l'appel à cette fonction est bien effectué en mode utilisateur ; dans le cas contraire, c'est-à-dire si l'on est en mode noyau, un message d'erreur est affiché et on gèle le système ;

· l'emplacement mémoire réservé aux arguments et à l'environnement est initialisé à zéro ;

· on essaie de charger le nœud d'information correspondant au fichier exécutable, celui-ci étant spécifié par son nom ; si l'on n'y arrive pas, on renvoie l'opposé du code d'erreur ENOENT ;

· s'il ne correspond pas à un fichier régulier, on libère le descripteur de nœud d'information et on renvoie l'opposé du code d'erreur EACCES ;

· on vérifie les droits d'exécution de ce fichier ; si l'on ne possède pas les bons droits d'exécution, on libère le descripteur de nœud d'information et on renvoie l'opposé du code d'erreur ENOEXEC ;

· on essaie de charger le premier bloc de ce nœud d'information ; si l'on n'y arrive pas, on libère le descripteur de nœud d'information et on renvoie l'opposé du code d'erreur EACCES ;

· on récupère l'en-tête du fichier exécutable et on libère le descripteur de bloc ;

· si le nombre magique n'est pas ZMAGIC, si les tables de transfert ne sont pas vides, si la taille est supérieure à une certaine constante ou si la taille du fichier n'est pas compatible avec l'en-tête, on libère le descripteur de nœud d'information et on renvoie l'opposé du code d'erreur ENOEXEC ;

· si le déplacement dans le fichier exécutable du début du segment de texte n'est pas égal à la taille d'un bloc, il y a un problème ; on affiche un message et on gèle le système ;

· on détermine le nombre d'arguments et de variables d'environnement en utilisant la fonction auxiliaire **count()**, étudiée ci-après ;

· on utilise la fonction auxiliaire **copy_strings()**, étudiée ci-après, pour placer l'environnement et les arguments dans la partie de l'emplacement mémoire en mode noyau réservée à cet effet ; si l'on n'y arrive pas, on libère cette partie de la mémoire ainsi que le descripteur de nœud d'information et on renvoie -1 ;

· on commence alors à changer les paramètres du processus en cours :

　· les fonctions de détournement des signaux sont mises à zéro ;

　· les fichiers qui doivent être fermés à la fin de l'exécution du programme le sont ;

　· on libère les pages de la LDT du processus en cours ;

　· si le dernier processus à avoir utilisé le coprocesseur arithmétique est celui que nous sommes en train de remplacer, on met last_task_used_math à NULL puisque ce processus avec ce programme n'existera plus ;

　· le processus en cours avec le nouveau programme n'a jamais utilisé le coprocesseur arithmétique puisqu'on commence : on l'indique ;

- on initialise la LDT en utilisant la fonction auxiliaire **change_ldt()**, étudiée ci-après ;
- on parcourt les chaînes de caractères d'environnement et d'arguments, on crée les tables de pointeurs correspondantes et on place les adresses sur la pile, en utilisant la fonction auxiliaire **create_tables()**, étudiée ci-après ;
- on initialise le pointeur de pile du processus suivant le nombre d'arguments ;
- on charge le code et les données en s'aidant de la fonction auxiliaire **read_area()**, étudiée ci-après, et on libère le descripteur de nœud d'information ; si l'on n'y arrive pas, on termine en renvoyant le code d'erreur -1 ;
- on initialise le pointeur d'instructions avec la valeur du point d'entrée du programme et le pointeur de pile avec le bon emplacement et on renvoie 0.

Nombre de chaînes de caractères

La fonction **count()** est définie dans le fichier *fs/exec.c* :

```
/*
 * count() counts the number of arguments/envelopes
 */
static int count(char ** argv)
{
        int i=0;
        char ** tmp;

        if (tmp = argv)
                while (get_fs_long((unsigned long *) (tmp++)))
                        i++;

        return i;
}
```

Linux 0.01

autrement dit elle dénombre les caractères nuls (terminateurs de chaînes de caractères) du tableau de chaînes de caractères et donc le nombre de chaînes de caractères.

Chargement des arguments

La fonction **copy_strings()** est définie dans le fichier *fs/exec.c* :

```
/*
 * 'copy_string()' copies argument/envelope strings from user
 * memory to free pages in kernel mem. These are in a format ready
 * to be put directly into the top of new user memory.
 */
static unsigned long copy_strings(int argc,char ** argv,unsigned long *page,
                unsigned long p)
{
        int len,i;
        char *tmp;

        while (argc-- > 0) {
                if (!(tmp = (char *)get_fs_long(((unsigned long *) argv)+argc)))
                        panic("argc is wrong");
                len=0;          /* remember zero-padding */
                do {
                        len++;
                } while (get_fs_byte(tmp++));
                if (p-len < 0)          /* this shouldn't happen - 128kB */
                        return 0;
                i = ((unsigned) (p-len)) >> 12;
                while (i<MAX_ARG_PAGES &&!page[i]) {
                        if (!(page[i]=get_free_page()))
                                return 0;
```

Linux 0.01

```
                                i++;
                        }
                        do {
                                --p;
                                if (!page[p/PAGE_SIZE])
                                        panic("nonexistent page in exec.c");
                                ((char *) page[p/PAGE_SIZE])[p%PAGE_SIZE] =
                                        get_fs_byte(--tmp);
                        } while (--len);
                }
                return p;
        }
```

Autrement dit, pour les `argc` arguments :

- la `i`-ième chaîne de caractères de `argv` est récupérée, ce qui suppose de passer de `i` caractères espace et d'aller jusqu'au prochain caractère nul ; si l'on n'y arrive pas, un message d'erreur est affiché et on gèle le système ;

- si l'on dépasse la capacité mémoire réservée, on s'arrête en renvoyant 0, mais cela ne devrait pas arriver avec 128 Ko ;

- on réserve le nombre de pages nécessaire pour y placer cet argument et on le place à cet endroit ;

- on renvoie l'adresse du dernier argument.

Changement de LDT

La fonction **change_ldt()** est définie dans le fichier *fs/exec.c* :

```
static unsigned long change_ldt(unsigned long text_size,unsigned long * page)
{
        unsigned long code_limit,data_limit,code_base,data_base;
        int i;

        code_limit = text_size+PAGE_SIZE -1;
        code_limit &= 0xFFFFF000;
        data_limit = 0x4000000;
        code_base = get_base(current->ldt[1]);
        data_base = code_base;
        set_base(current->ldt[1],code_base);
        set_limit(current->ldt[1],code_limit);
        set_base(current->ldt[2],data_base);
        set_limit(current->ldt[2],data_limit);
/* make sure fs points to the NEW data segment */
        __asm__("pushl $0x17\n\tpop %%fs"::);
        data_base += data_limit;
        for (i=MAX_ARG_PAGES-1; i>=0; i--) {
                data_base -= PAGE_SIZE;
                if (page[i])
                        put_page(page[i],data_base);
        }
        return data_limit;
}
```

Autrement dit :

- la limite du segment de code est égale à la taille du code plus la taille d'une page (moins un pour tenir compte de 0), le tout évidemment tronqué à 4 Go ;

- la limite du segment des données est uniformément égale à 64 Mo ;

- les adresses de base du segment de code et du segment des données sont toutes les deux égales à celle du segment de code attribué lors de l'étape **fork()** ;

- le registre `fs` pointe sur le segment de données utilisateur ;
- les arguments sont placés dans le segment de données ;
- on renvoie l'adresse de la fin des arguments.

Création des tables d'arguments

La fonction **create_tables()** est définie dans le fichier *fs/exec.c* :

```
/*
 * create_tables() parses the env- and arg-strings in new user
 * memory and creates the pointer tables from them, and puts their
 * addresses on the "stack", returning the new stack pointer value.
 */
static unsigned long * create_tables(char * p,int argc,int envc)
{
        unsigned long *argv,*envp;
        unsigned long * sp;

        sp = (unsigned long *) (0xfffffffc & (unsigned long) p);
        sp -= envc+1;
        envp = sp;
        sp -= argc+1;
        argv = sp;
        put_fs_long((unsigned long)envp,--sp);
        put_fs_long((unsigned long)argv,--sp);
        put_fs_long((unsigned long)argc,--sp);
        while (argc-->0) {
                put_fs_long((unsigned long) p,argv++);
                while (get_fs_byte(p++)) /* nothing */;
        }
        put_fs_long(0,argv);
        while (envc-->0) {
                put_fs_long((unsigned long) p,envp++);
                while (get_fs_byte(p++)) /* nothing */;
        }
        put_fs_long(0,envp);
        return sp;
}
```

Linux 0.01

Autrement dit :

- le pointeur de pile est initialisé avec la valeur passée en argument ;
- il est décrémenté du nombre de variables d'environnement plus une ; là débuteront les adresses des variables d'environnement ;
- le pointeur de pile est ensuite décrémenté du nombre d'arguments plus un ; là débuteront les adresses des arguments ;
- on place ensuite sur la pile les valeurs de envp, de argv et de argc ;
- on place les argc arguments (chaînes de caractères) aux adresses indiquées par la pile ;
- on place une valeur nulle ;
- on place les envc variables d'environnement (chaînes de caractères) aux adresses indiquées par la pile ;
- on place une valeur nulle et on renvoie le pointeur de pile.

Chargement du code

La fonction :

```
int read_area(struct m_inode * inode,long size);
```

copie les *size* premiers octets du fichier spécifié par son descripteur de nœud d'information dans les *size* premiers octets du segment de données utilisateur du processus.

Elle renvoie le nombre de blocs lus.

Elle est définie dans le fichier *fs/exec.c* :

Linux 0.01

```
/*
 * read_area() reads an area into %fs:mem.
 */
int read_area(struct m_inode * inode,long size)
{
        struct buffer_head * dind;
        unsigned short * table;
        int i,count;

        if ((i=read_head(inode,(size+BLOCK_SIZE-1)/BLOCK_SIZE)) ||
            (size -= BLOCK_SIZE*6)<=0)
                return i;
        if ((i=read_ind(inode->i_dev,inode->i_zone[7],size,BLOCK_SIZE*6)) ||
            (size -= BLOCK_SIZE*512)<=0)
                return i;
        if (!(i=inode->i_zone[8]))
                return 0;
        if (!(dind = bread(inode->i_dev,i)))
                return -1;
        table = (unsigned short *) dind->b_data;
        for(count=0; count<512; count++)
                if ((i=read_ind(inode->i_dev,*(table++),size,
                    BLOCK_SIZE*(518+count))) || (size -= BLOCK_SIZE*512)<=0)
                        return i;
        panic("Impossibly long executable");
}
```

Autrement dit :

- on lit le nombre adéquat de blocs parmi les blocs 1 à 6 de la zone des données du nœud d'information, c'est-à-dire sans utiliser de bloc d'indirection, grâce à la fonction auxiliaire **read_head()** étudiée ci-après ; si la taille nécessite moins de 6 blocs, on renvoie le nombre de blocs lus ;

- on lit le nombre de blocs suivants nécessaires, nécessitant des blocs d'indirection simple, en utilisant la fonction auxiliaire **read_ind()** étudiée ci-après ; si c'est suffisant, on renvoie le nombre de blocs lus ;

- si ce n'est pas suffisant, on a besoin du bloc d'indirection double ; si le bloc d'indirection double n'existe pas, on renvoie 0 ; sinon on charge son descripteur de tampon en mémoire ; si l'on n'y arrive pas, on renvoie -1 ;

- on lit le nombre adéquat de blocs parmi ces blocs d'indirection double ;

- si c'est suffisant, on renvoie le nombre de blocs lus ; sinon on affiche un message d'erreur et on gèle le système.

La fonction **read_head()** est définie dans le même fichier source :

Linux 0.01

```
/*
 * read_head() reads blocks 1-6 (not 0). Block 0 has already been
 * read for header information.
 */
int read_head(struct m_inode * inode,int blocks)
{
        struct buffer_head * bh;
        int count;
```

```
        if (blocks>6)
                blocks=6;
        for(count = 0; count<blocks; count++) {
                if (!inode->i_zone[count+1])
                        continue;
                if (!(bh=bread(inode->i_dev,inode->i_zone[count+1])))
                        return -1;
                cp_block(bh->b_data,count*BLOCK_SIZE);
                brelse(bh);
        }
        return 0;
}
```

Autrement dit :

· si le nombre nécessaire de blocs est supérieur à 6, on ne lira grâce à cette fonction que les six premiers ;

· si ces blocs existent, on charge leurs descripteurs de tampon en mémoire vive ; on renvoie -1 si l'on n'y parvient pas ;

· on copie le contenu de chacun de ces blocs au début du segment de données du processus en utilisant la macro auxiliaire **cp_block()**, étudiée ci-après ;

· on libère les descripteurs de tampon et on renvoie 0.

La macro **cp_block()** est définie, en langage d'assemblage, dans le même fichier source :

```
#define cp_block(from,to) \
__asm__("pushl $0x10\n\t" \
        "pushl $0x17\n\t" \
        "pop %%es\n\t" \
        "cld\n\t" \
        "rep\n\t" \
        "movsl\n\t" \
        "pop %%es" \
        ::"c" (BLOCK_SIZE/4),"S" (from),"D" (to) \
        :"cx","di","si")
```
Linux 0.01

avec un code qui se comprend aisément.

La fonction **read_ind()** est définie dans le même fichier source :

```
int read_ind(int dev,int ind,long size,unsigned long offset)
{
        struct buffer_head * ih, * bh;
        unsigned short * table,block;

        if (size<=0)
                panic("size<=0 in read_ind");
        if (size>512*BLOCK_SIZE)
                size=512*BLOCK_SIZE;
        if (!ind)
                return 0;
        if (!(ih=bread(dev,ind)))
                return -1;
        table = (unsigned short *) ih->b_data;
        while (size>0) {
                if (block=*(table++))
                        if (!(bh=bread(dev,block))) {
                                brelse(ih);
                                return -1;
                        } else {
                                cp_block(bh->b_data,offset);
                                brelse(bh);
                        }
                size -= BLOCK_SIZE;
                offset += BLOCK_SIZE;
```
Linux 0.01

```
        }
        brelse(ih);
        return 0;
}
```

avec un code qui se comprend aisément.

2 Gestion des attributs

2.1 Description des appels système

Lecture des attributs du processus en cours

Les appels système suivants permettent à un processus d'obtenir les attributs qui le caractérisent :

· **getpid()** renvoie l'identificateur du processus en cours ;

· **getuid()** renvoie l'identificateur d'utilisateur réel du processus en cours ;

· **geteuid()** renvoie l'identificateur de l'utilisateur effectif du processus en cours ;

· **getgid()** renvoie l'identificateur de groupe réel du processus en cours ;

· **getegid()** renvoie l'identificateur de groupe effectif du processus en cours ;

· **getppid()** renvoi l'identificateur du père du processus en cours.

Leur syntaxe est la suivante :

```
#include <unistd.h>

int getpid(void);
int getuid(void);
int geteuid(void);
int getgid(void);
int getegid(void);
int getppid(void);
```

Modification des attributs

Un processus peut, dans certaines circonstances, vouloir modifier ses attributs. UNIX fournit deux appels système à cet effet :

· L'appel système **setuid()** permet à un processus de modifier son identificateur d'utilisateur effectif. Le processus doit posséder les droits du super-utilisateur ou le nouvel identificateur doit être égal à l'ancien ou à l'identificateur d'utilisateur sauvegardé. Dans le cas où le processus possède les droits du super-utilisateur, l'identificateur d'utilisateur réel et l'identificateur d'utilisateur sauvegardé sont modifiés tous les deux, ce qui signifie qu'un processus possédant les privilèges du super-utilisateur qui modifie son identificateur d'utilisateur par **setuid()** ne peut plus ensuite restaurer ses privilèges.

· L'appel système **setgid()** permet à un processus de modifier son identificateur de groupe effectif. Le processus doit posséder les droits du super-utilisateur ou le nouvel identificateur doit être égal à l'ancien ou à l'identificateur de groupe sauvegardé. Dans le cas où le processus possède les droits du super-utilisateur, l'identificateur de groupe réel et l'identificateur de groupe sauvegardé sont modifiés tous les deux.

Leur syntaxe est la suivante :

```
#include <unistd.h>

int setuid(uid_t uid);
int setgid(gid_t gid);
```

Ces appels système retournent la valeur 0 en cas de succès et la valeur -1 en cas d'échec. Dans ce dernier cas, la variable errno prend la valeur EPERM pour indiquer que le processus ne possède pas les privilèges nécessaires pour modifier ses identificateurs.

2.2 Implémentation

Lecture des attributs du processus en cours

Les fonctions de code de ces appels système sont définies dans le fichier *kernel/sched.c* de façon très simple :

```
int sys_getpid(void)
{
        return current->pid;
}

int sys_getppid(void)
{
        return current->father;
}

int sys_getuid(void)
{
        return current->uid;
}

int sys_geteuid(void)
{
        return current->euid;
}

int sys_getgid(void)
{
        return current->gid;
}

int sys_getegid(void)
{
        return current->egid;
}
```

Linux 0.01

Modification des attributs

La fonction de code **sys_setuid()** de l'appel système **setuid()** est définie dans le fichier *kernel/sys.c* de façon naturelle :

```
int sys_setuid(int uid)
{
        if (current->euid && current->uid)
                if (uid==current->uid || current->suid==current->uid)
                        current->euid=uid;
                else
                        return -EPERM;
        else
                current->euid=current->uid=uid;
        return 0;
}
```

Linux 0.01

Il semblerait qu'il y ait une erreur, la ligne :

```
            if (uid==current->uid || current->suid==current->uid)
```

devrait s'écrire :

```
            if (uid==current->uid || current->suid==uid)
```

La fonction de code **sys_setgid()** de l'appel système **setgid()** est définie dans le fichier *kernel/sys.c* de façon analogue :

```
int sys_setgid(int gid)
{
        if (current->euid && current->uid)
                if (current->gid==gid || current->sgid==gid)
                        current->egid=gid;
                else
                        return -EPERM;
        else
                current->gid=current->egid=gid;
        return 0;
}
```

3 Gestion des groupes et des sessions de processus

3.1 Description des appels système

Gestion des groupes

UNIX fournit plusieurs appels système permettant de gérer les groupes de processus :

setpgid() modifie le groupe associé à un processus que l'on spécifie ;

setgrp() modifie le numéro du groupe du processus en cours en lui donnant le numéro de ce processus ;

getpgroup() permet d'obtenir le numéro de groupe d'un processus.

La syntaxe en est la suivante :

```
#include <unistd.h>

int setpgid(pid_t pid,pid_t pgid);
int setpgrp(void);
int getpgroup(void);
```

· **setpgid()** modifie le groupe associé au processus spécifié par le paramètre pid, le paramètre pgid spécifiant le nouveau numéro du groupe ; si pid est nul, la modification s'applique au processus en cours ; si pgid est nul, le numéro du processus en cours est utilisé comme numéro de groupe ;

· **setgrp()** correspond à l'appel système setpgid(0,0).

En cas d'échec de ces appels système, la variable errno prend l'une des valeurs suivantes :

· EINVAL : le paramètre pgid contient une valeur négative ;

· EPERM : le processus n'est pas autorisé à modifier le groupe auquel appartient le processus spécifié par pid ;

· ESRCH : le processus spécifié par pid n'existe pas.

Gestion des sessions de processus

Un processus peut, dans certaines circonstances, vouloir modifier la session à laquelle il appartient. UNIX fournit deux appels système à cet effet :

- **setsid()** crée une nouvelle session ; le processus en cours ne doit pas être chef d'un groupe de processus ; à l'issue de cet appel, le processus en cours est à la fois le chef d'une nouvelle session et le chef d'un nouveau groupe de processus ; le numéro du processus en cours est utilisé comme identificateur de la nouvelle session et du nouveau groupe de processus ; à l'issue de cet appel, aucun terminal ne lui est encore associé ; l'association d'un terminal de contrôle à une session est effectuée automatiquement lorsque le processus chef de la session ouvre un périphérique terminal ou pseudo-terminal non encore associé ;

- **getsid()** renvoie le numéro de session du processus spécifié.

La syntaxe est la suivante :

```
#include <unistd.h>

pid_t setsid(void);
pid_t getsid(pid_t pid):
```

- dans le cas de **setsid()**, l'identificateur renvoyé est celui de la nouvelle session ; en cas d'échec, la valeur -1 est renvoyée et la variable errno prend la valeur EPERM, qui indique que le processus en cours est déjà chef d'un groupe de processus ;

- **getsid()** renvoie le numéro de la session associée au processus spécifié par le paramètre pid ; si pid est nul, le numéro de la session du processus en cours est renvoyé ; en cas d'échec, la valeur -1 est renvoyée et la variable errno prend la valeur ESRCH, qui indique que le processus spécifié par le paramètre pid n'existe pas.

3.2 Implémentation

Gestion des groupes

La fonction de code **sys_setpgid()** de l'appel système **setpgid()** est définie dans le fichier *kernel/sys.c* :

```
/*
 * This needs some heavy checking ...
 * I just haven't get the stomach for it. [...]
 */
int sys_setpgid(int pid, int pgid)
{
        int i;

        if (!pid)
                pid = current->pid;
        if (!pgid)
                pgid = pid;
        for (i=0; i<NR_TASKS; i++)
                if (task[i] && task[i]->pid==pid) {
                        if (task[i]->leader)
                                return -EPERM;
                        if (task[i]->session!= current->session)
                                return -EPERM;
                        task[i]->pgrp = pgid;
                        return 0;
                }
        return -ESRCH;
}
```

Linux 0.01

Autrement dit :

- si le paramètre `pid` est nul, celui-ci prend le numéro du processus en cours ;
- si le paramètre `pgid` est nul, celui-ci prend la valeur du paramètre `pid` ;
- on parcourt la table des tâches ; lorsqu'on rencontre un élément de cette table affecté dont le numéro de `pid` est égal au paramètre `pid` :
  - si cette tâche est le chef de son groupe, on renvoie l'opposé du code d'erreur EPERM ;
  - si cette tâche est le chef de session de la session en cours, on renvoie également l'opposé du code d'erreur EPERM ;
  - sinon le champ `pgrp` de cette tâche prend la valeur du paramètre `pgid` et on renvoie 0 ;
- si l'on n'a pas trouvé de telle tâche, on renvoie l'opposé du code d'erreur ESRCH.

La fonction de code **sys_getprgp()** de l'appel système **getprgp()** est définie dans le fichier *kernel/sys.c* de façon très simple :

Linux 0.01

```
int sys_getpgrp(void)
{
        return current->pgrp;
}
```

Gestion des sessions

La fonction de code **sys_setsid()** de l'appel système **setsid()** est définie dans le fichier *kernel/sys.c* :

Linux 0.01

```
int sys_setsid(void)
{
        if (current->uid && current->euid)
                return -EPERM;
        if (current->leader)
                return -EPERM;
        current->leader = 1;
        current->session = current->pgrp = current->pid;
        current->tty = -1;
        return current->pgrp;
}
```

Autrement dit :

- si ni le propriétaire réel, ni le propriétaire effectif du processus en cours n'est le super-utilisateur, on renvoie l'opposé du code d'erreur EPERM ;
- si le processus en cours est chef de son groupe, on renvoie l'opposé du code d'erreur EPERM ;
- sinon on indique que le processus devient chef de son groupe, le numéro de session et le numéro de groupe du processus en cours prennent comme valeur l'identificateur du processus en cours, on indique qu'aucun terminal n'est associé au processus et on renvoie le numéro de groupe.

La fonction **sys_getsid()** n'est pas implémentée dans le noyau 0.01.

4 Terminaison du processus en cours

4.1 Description de l'appel système

Le processus en cours se termine automatiquement lorsqu'il cesse d'exécuter la fonction **main()**, ce qui est déclenché par l'utilisation de l'instruction `return`. Il dispose également d'un appel système lui permettant d'arrêter explicitement son exécution :

```
#include <unistd.h>

void _exit(int status);
```

Le paramètre `status` spécifie le code de retour, compris entre 0 et 255, à communiquer au processus père. Par convention, un processus doit renvoyer la valeur 0 en cas de terminaison normale, et une valeur non nulle en cas de terminaison après une erreur.

Si le processus en cours possède des processus fils, ceux-ci sont alors rattachés au processus de numéro 0. Le signal `SIGHLD` est envoyé au processus père pour le prévenir de la terminaison de l'un de ses processus fils.

4.2 Implémentation

Le code principal

La fonction de code **sys_exit()** de l'appel système **_exit()** est définie dans le fichier *kernel/exit.c* :

```
int sys_exit(int error_code)                                              Linux 0.01
{
        return do_exit((error_code&0xff)<<8);
}
```

en faisant appel à la fonction **do_exit()** définie dans le même fichier source.

Cette dernière est définie de la façon suivante :

```
int do_exit(long code)                                                    Linux 0.01
{
        int i;

        free_page_tables(get_base(current->ldt[1]),get_limit(0x0f));
        free_page_tables(get_base(current->ldt[2]),get_limit(0x17));
        for (i=0; i<NR_TASKS; i++)
                if (task[i] && task[i]->father == current->pid)
                        task[i]->father = 0;
        for (i=0; i<NR_OPEN; i++)
                if (current->filp[i])
                        sys_close(i);
        iput(current->pwd);
        current->pwd=NULL;
        iput(current->root);
        current->root=NULL;
        if (current->leader && current->tty >= 0)
                tty_table[current->tty].pgrp = 0;
        if (last_task_used_math == current)
                last_task_used_math = NULL;
        if (current->father) {
                current->state = TASK_ZOMBIE;
                do_kill(current->father,SIGCHLD,1);
                current->exit_code = code;
        } else
                release(current);
        schedule();
        return (-1);    /* just to suppress warnings */
}
```

Autrement dit :

· on libère les segments de code et de données utilisateur en faisant appel à la fonction auxiliaire **free_page_tables()**, étudiée ci-après ;

- on recherche les processus fils du processus en cours (celui qui va se terminer) et on leur attribue le processus 0 comme processus père ;
- on ferme les (descripteurs de) fichiers utilisés par le processus ;
- on relâche le descripteur de nœud d'information correspondant au répertoire de travail du processus et on indique qu'il n'a pas de répertoire de travail ;
- on relâche le descripteur de nœud d'information correspondant au répertoire racine local du processus et on indique qu'il n'a pas de répertoire racine local ;
- si le processus est le chef de sa session et qu'il est associé à un terminal, on met à zéro le numéro de groupe de ce terminal ;
- si le processus est le dernier à avoir utilisé le coprocesseur arithmétique, on met à zéro la variable globale de dernière utilisation de celui-ci ;
- si le père du processus n'est pas le processus inactif, on indique que son état est TASK_ZOMBIE, on envoie le signal SIGHLD au père du processus et on renseigne le champ exit_code du processus avec le code d'erreur passé en paramètre ; sinon on libère le descripteur du processus en utilisant la fonction auxiliaire **release()**, étudiée ci-après ;
- on fait appel au gestionnaire des tâches pour donner la main à un autre processus ;
- on ne devrait normalement jamais atteindre la dernière instruction, mais elle est syntaxiquement obligatoire en langage C.

Libération des segments de code et de données

La fonction **free_page_tables()** est définie dans le fichier *mm/memory.c* :

Linux 0.01
```
/*
 * This function frees a continuous block of page tables, as needed
 * by 'exit()'. As does copy_page_tables(), this handles only 4Mb blocks.
 */
int free_page_tables(unsigned long from,unsigned long size)
{
        unsigned long *pg_table;
        unsigned long * dir, nr;

        if (from & 0x3fffff)
                panic("free_page_tables called with wrong alignment");
        if (!from)
                panic("Trying to free up swapper memory space");
        size = (size + 0x3fffff) >> 22;
        dir = (unsigned long *) ((from>>20) & 0xffc); /* _pg_dir = 0 */
        for (; size-->0; dir++) {
                if (!(1 & *dir))
                        continue;
                pg_table = (unsigned long *) (0xfffff000 & *dir);
                for (nr=0; nr<1024; nr++) {
                        if (1 & *pg_table)
                                free_page(0xfffff000 & *pg_table);
                        *pg_table = 0;
                        pg_table++;
                }
                free_page(0xfffff000 & *dir);
                *dir = 0;
        }
        invalidate();
        return 0;
}
```

Autrement dit :

- si l'origine n'est pas un multiple de 3 Mo, il y a un problème ; on affiche alors un message d'erreur et on gèle le système ;
- si l'origine est nulle, il y a un problème car il s'agit de l'espace mémoire réservé au noyau ; on affiche alors un message d'erreur et on gèle le système ;
- on ajoute 3 Mo à la taille (pour tenir compte de l'espace réservé au noyau) et on divise par 2^{22} pour obtenir le nombre de pages ;
- on initialise dir avec le bon emplacement du catalogue de pages ;
- tant qu'il reste des cadres de page à libérer :
  - si aucun numéro de page n'est associé, on passe à l'itération suivante de la boucle ; sinon on se place sur la table de pages adéquate ;
  - on libère, parmi les 1 024 cadres de page de cette table de pages, celles qui étaient utilisées et on indique qu'elles ne le sont plus ;
  - on libère le cadre de page du catalogue de page et on indique qu'il n'est plus utilisé ;
- on réinitialise le catalogue de pages en utilisant la macro **invalidate()**, étudiée ci-après, et on renvoie 0.

Remarquons que le processus inactif est appelé « *swapper* » dans le message de panique.

La macro **invalidate()** est définie dans le fichier *kernel/memory.c* :

```
#define invalidate() \
__asm__("movl %%eax,%%cr3"::"a" (0))
```
Linux 0.01

Autrement dit on place 0 dans le registre cr3 du micro-processeur Intel 80386 pour indiquer que l'adresse de base du catalogue de pages est 0 (ainsi que pour donner la valeur de deux broches du micro-processeur pour indiquer qu'il faut utiliser la pagination).

Libération d'un descripteur de processus

La fonction **release()** est définie dans le fichier *kernel/exit.c* :

```
void release(struct task_struct * p)
{
        int i;

        if (!p)
                return;
        for (i=1; i<NR_TASKS; i++)
                if (task[i]==p) {
                        task[i]=NULL;
                        free_page((long)p);
                        schedule();
                        return;
                }
        panic("trying to release nonexistent task");
}
```
Linux 0.01

Autrement dit :

- si l'adresse du descripteur de processus est nulle, on ne fait rien ;
- on cherche le numéro du processus associé à ce descripteur de processus, on met à NULL l'adresse du descripteur de processus associé à ce numéro de processus, on libère le cadre de page du descripteur de processus et on fait appel au gestionnaire de tâches pour donner la main à un autre processus ;

· si l'on ne trouve pas le numéro de processus associé à ce descripteur de processus, on affiche un message d'erreur et on gèle le système.

Génération de l'appel système **_exit()**

La génération de l'appel système **_exit()** est effectuée dans le fichier *lib/_exit.c* :

```
volatile void _exit(int exit_code)
{
        __asm__("int $0x80"::"a" (__NR_exit),"b" (exit_code));
}
```

5 Attente de la fin d'un processus fils

5.1 Les appels système

Nous avons vu comment créer un processus fils et remplacer son programme. Avec cette façon de faire, les deux processus père et fils s'exécutent simultanément. Ceci est quelquefois ce qui est voulu, mais pas toujours : on peut aussi vouloir que le processus père continue l'exécution de son programme à la fin de l'exécution de celui du processus fils. C'est par exemple le cas de l'interpréteur de commandes. Un processus peut attendre la terminaison d'un processus fils grâce aux appels système **wait()** et **waitpid()**.

Leur syntaxe est la suivante :

```
#include <sys/types.h>
#include <sys/wait.h>

pid_t wait(int *statusp);

pid_t waitpid(pid_t pid, int *statusp, int options);
```

L'appel système **wait()** suspend l'exécution du processus en cours jusqu'à ce qu'un processus fils se termine. Si un processus est déjà terminé, **wait()** renvoie le résultat immédiatement.

L'appel système **waitpid()** suspend l'exécution du processus en cours jusqu'à ce que le processus fils spécifié par le paramètre pid se termine. Si le processus fils correspondant à pid s'est déjà terminé, **waitpid()** renvoie le résultat immédiatement. Le résultat de **waitpid()** dépend de la valeur du paramètre pid :

· si pid est positif, il spécifie le numéro du processus fils à attendre ;

· si pid est nul, il spécifie tout processus fils dont le numéro de groupe de processus est égal à celui du processus appelant ;

· si pid est égal à -1, il spécifie d'attendre la terminaison du premier processus fils ; dans ce cas, **waitpid()** offre la même sémantique que **wait()** ;

· si pid est strictement inférieur à -1, il spécifie tout programme fils dont le numéro de groupe de processus est égal à la valeur absolue de pid.

Deux constantes, déclarées dans *include/sys/wait.h*, peuvent être utilisées pour initialiser le paramètre options, afin de modifier le comportement de l'appel système :

· WNOHANG : provoque un retour immédiat si aucun processus fils ne s'est encore terminé ;

· WUNTRACED : provoque la prise en compte des fils dont l'état change, c'est-à-dire des processus fils dont l'état est passé de « prêt » à « suspendu ».

L'appel système renvoie le numéro du processus fils qui s'est terminé, ou la valeur -1 en cas d'échec.

L'état du processus fils est renvoyé dans la variable dont l'adresse est passée dans le paramètre `statusp`. L'interprétation de cet état est effectuée grâce à des macro-instructions définies dans le fichier d'en-têtes `include/sys/wait.h` :

- **WIFEXITED()** : non nul si le processus fils s'est terminé par un appel à **exit()** ;
- **WEXITSTATUS()** : code de retour transmis par le processus fils lors de sa terminaison ;
- **WIFSIGNALED()** : non nul si le processus fils a été interrompu par la réception d'un signal ;
- **WTERMSIG()** : numéro du signal ayant provoqué la terminaison du processus fils ;
- **WIFSTOPPED()** : non nul si le processus fils est passé de l'état « prêt » à l'état « suspendu » ;
- **WSTOPSIG()** : numéro du signal ayant causé la suspension du processus fils.

L'exécution du programme suivant montre que, contrairement au programme *testfork.c*, le processus père attend que le processus fils se termine avant de continuer son déroulement :

```
/* testwait.c */

#include <stdio.h>
#include <unistd.h>
#include <sys/wait.h>

void main(void)
    {
        int pid;
        int i;

        pid = fork();
        if (pid == -1)
          printf("Erreur de création\n");
        else if (pid == 0)
          {
          for(i = 0; i < 100; i++)
              printf("Je suis le fils: pid = %d\n", pid);
          }
        else
          {
          printf("Je suis le père: pid = %d\n", pid);
          printf("en attente de terminaison.\n");
          waitpid(pid, NULL, 0);
          for(i = 0; i < 10; i++)
              {
              printf("Processus fils terminé.\n");
              }
          }
    }
```

5.2 Implémentation

Les constantes WNOHANG et WUNTRACED sont définies dans le fichier d'en-têtes *include/sys/wait.h* :

```
/* options for waitpid, WUNTRACED not supported */
#define WNOHANG        1
#define WUNTRACED      2
```

Linux 0.01

Les macros sont définies dans le fichier d'en-têtes *include/sys/wait.h* :

Linux 0.01

```
#define WIFEXITED(s)    (!((s)&0xFF))
#define WIFSTOPPED(s)   (((s)&0xFF)==0x7F)
#define WEXITSTATUS(s)  (((s)>>8)&0xFF)
#define WTERMSIG(s)     ((s)&0x7F)
#define WSTOPSIG(s)     (((s)>>8)&0xFF)
#define WIFSIGNALED(s)  (((unsigned int)(s)-1 & 0xFFFF) < 0xFF)
```

La fonction de code **sys_waitpid()** de l'appel système **waitpid()** est définie dans le fichier *kernel/exit.c* :

Linux 0.01

```
int sys_waitpid(pid_t pid,int * stat_addr, int options)
{
        int flag=0;
        struct task_struct ** p;

        verify_area(stat_addr,4);
repeat:
        for(p = &LAST_TASK; p > &FIRST_TASK; --p)
                if (*p && *p!= current &&
                    (pid==-1 || (*p)->pid==pid ||
                    (pid==0 && (*p)->pgrp==current->pgrp) ||
                    (pid<0 && (*p)->pgrp==-pid)))
                        if ((*p)->father == current->pid) {
                                flag=1;
                                if ((*p)->state==TASK_ZOMBIE) {
                                        put_fs_long((*p)->exit_code,
                                                (unsigned long *) stat_addr);
                                        current->cutime += (*p)->utime;
                                        current->cstime += (*p)->stime;
                                        flag = (*p)->pid;
                                        release(*p);
                                        return flag;
                                }
                        }
        if (flag) {
                if (options & WNOHANG)
                        return 0;
                sys_pause();
                if (!(current->signal &= ~(1<<(SIGCHLD-1))))
                        goto repeat;
                else
                        return -EINTR;
        }
        return -ECHILD;
}
```

Autrement dit :

- on vérifie qu'il y a quatre octets de libres à l'adresse indiquée pour le statut ;
- on parcourt les tâches, en partant de la dernière, à la recherche de la tâche dont le numéro d'identification est celui du paramètre pid (ou de l'une des autres conditions énoncées ci-dessus) ; si le processus père de cette tâche est le processus en cours :
  - on positionne la variable flag à 1 pour traitement ultérieur ;
  - si cette tâche est zombie :
    - on place le code de sortie à l'emplacement indiqué ;
    - on ajoute la durée utilisateur de ce processus fils à la durée utilisateur des processus fils du processus en cours ;
    - on ajoute la durée système de ce processus fils à la durée système des processus fils du processus en cours ;
    - on positionne la variable flag à la valeur du pid du processus fils ;

- on relâche le processus fils ;
- on renvoie la valeur de flag ;
- si cette tâche n'est pas zombie et que l'on a positionné WNOHANG, on renvoie 0 ;
- sinon on fait une pause et si le signal SIGCHLD a été envoyé au processus père, on recommence ;
- sinon on renvoie l'opposé du code d'erreur EINTR ;
- si l'on ne trouve pas le processus fils, on renvoie l'opposé du code d'erreur ECHILD.

6 Autres appels système

6.1 L'appel système **break()**

L'appel système **break()** permet de définir l'adresse de la fin de la zone de code.

La fonction de code **sys_break()** de non implémentation de cet appel système est définie dans le fichier *kernel/sys.c* :

```
int sys_break()
{
        return -ENOSYS;
}
```
Linux 0.01

6.2 L'appel système **acct()**

L'appel système **acct()** (pour *ACCounTing*) permet de tenir à jour la liste des processus qui se sont terminés.

Sa syntaxe est la suivante :

```
#include <unistd.h>

int acct(const char * filename);
```

Lorsqu'on fait un appel à cette fonction avec un nom de fichier comme paramètre, le nom de tout processus qui se termine est ajouté à ce fichier. Un argument NULL termine le processus de comptabilisation.

La fonction de code **sys_acct()** de non implémentation de cet appel système est définie dans le fichier *kernel/sys.c* :

```
int sys_acct()
{
        return -ENOSYS;
}
```
Linux 0.01

7 Évolution du noyau

Comme nous l'avons dit dans le chapitre précédent, suivre la norme POSIX a pour intérêt de ne modifier ni la liste des appels système, ni leur signification. Le grand changement est évidemment la prise en charge de plusieurs formats d'exécutables, dont en particulier ELF (*Executable and Linking Format*) utilisé par les UNIX SVR4 et Solaris 2.x, devenu le standard

Linux depuis 1994. Ce format est décrit, entre autres, dans la section 2 du chapitre 3 de [CAR-98].

La fonction execve a changé de sémantique :

```
#include <unistd.h>

int execve(const char *filename, char ** argv, char ** envp);
```

L'argument filename y est maintenant le nom d'un programme binaire ou d'un fichier de commandes commençant par la ligne *#!nom_d_interpreteur*.

La fonction de code **sys_fork()**, qui dépend de l'architecture du micro-processeur, est désormais définie dans le fichier *arch/i386/kernel/process.c* :

Linux 2.6.0
```
570 asmlinkage int sys_fork(struct pt_regs regs)
571 {
572         return do_fork(SIGCHLD, regs.esp, &regs, 0, NULL, NULL);
573 }
```

Elle renvoie à la fonction **do_fork()** définie dans le fichier *kernel/fork.c* :

Linux 2.6.0
```
1132 /*
1133  *  Ok, this is the main fork-routine.
1134  *
1135  * It copies the process, and if successful kick-starts
1136  * it and waits for it to finish using the VM if required.
1137  */
1138 long do_fork(unsigned long clone_flags,
1139              unsigned long stack_start,
1140              struct pt_regs *regs,
1141              unsigned long stack_size,
1142              int __user *parent_tidptr,
1143              int __user *child_tidptr)
1144 {
1145         struct task_struct *p;
1146         int trace = 0;
1147         long pid;
1148
1149         if (unlikely(current->ptrace)) {
1150                 trace = fork_traceflag (clone_flags);
1151             if (trace)
1152                     clone_flags |= CLONE_PTRACE;
1153         }
1154
1155         p = copy_process(clone_flags, stack_start, regs,
1156           stack_size, parent_tidptr, child_tidptr);
1157         /*
1158          * Do this prior waking up the new thread - the thread pointer
1159          * might get invalid after that point, if the thread exits quickly.
1160          */
1160         pid = IS_ERR(p)? PTR_ERR(p): p->pid;
1161
1162         if (!IS_ERR(p)) {
1163                 struct completion vfork;
1164
1165                 if (clone_flags & CLONE_VFORK) {
1166                         p->vfork_done = &vfork;
1167                         init_completion(&vfork);
1168                 }
1169
1170                 if ((p->ptrace & PT_PTRACED) || (clone_flags & CLONE_STOPPED)) {
1171                         /*
1172                          * We'll start up with an immediate SIGSTOP.
1173                          */
1174                         sigaddset(&p->pending.signal, SIGSTOP);
1175                         set_tsk_thread_flag(p, TIF_SIGPENDING);
```

```
1176                        }
1177
1178                        p->state = TASK_STOPPED;
1179        if (!(clone_flags & CLONE_STOPPED))
1180                wake_up_forked_process(p);        /* do this last */
1181        ++total_forks;
1182
1183        if (unlikely (trace)) {
1184                current->ptrace_message = pid;
1185                ptrace_notify ((trace << 8) | SIGTRAP);
1186        }
1187
1188        if (clone_flags & CLONE_VFORK) {
1189                wait_for_completion(&vfork);
1190                if (unlikely (current->ptrace & PT_TRACE_VFORK_DONE))
1191                        ptrace_notify ((PTRACE_EVENT_VFORK_DONE << 8) | SIGTRAP);
1192        } else
1193                /*
1194                 * Let the child process run first, to avoid most of the
1195                 * COW overhead when the child exec()s afterwards.
1196                 */
1197                set_need_resched();
1198        }
1199        return pid;
1200 }
```

De même, la fonction de code **sys_execve()** est définie dans le fichier *arch/i386/kernel/process.c* :

Linux 2.6.0

```
605 /*
606  * sys_execve() executes a new program.
607  */
608 asmlinkage int sys_execve(struct pt_regs regs)
609 {
610        int error;
611        char * filename;
612
613        filename = getname((char __user *) regs.ebx);
614        error = PTR_ERR(filename);
615        if (IS_ERR(filename))
616                goto out;
617        error = do_execve(filename,
618                        (char __user * __user *) regs.ecx,
619                        (char __user * __user *) regs.edx,
620                        &regs);
621        if (error == 0) {
622                current->ptrace &= ~PT_DTRACE;
623                /* Make sure we don't return using sysenter.. */
624                set_thread_flag(TIF_IRET);
625        }
626        putname(filename);
627 out:
628        return error;
629 }
```

Elle renvoie à la fonction **do_execve()** définie dans le fichier *fs/exec.c* :

Linux 2.6.0

```
1062 /*
1063  * sys_execve() executes a new program.
1064  */
1065 int do_execve(char * filename,
1066        char __user *__user *argv,
1067        char __user *__user *envp,
1068        struct pt_regs * regs)
1069 {
1070        struct linux_binprm bprm;
1071        struct file *file;
1072        int retval;
1073
```

```
1074            sched_balance_exec();
1075
1076            file = open_exec(filename);
1077
1078            retval = PTR_ERR(file);
1079            if (IS_ERR(file))
1080                    return retval;
1081
1082            bprm.p = PAGE_SIZE*MAX_ARG_PAGES-sizeof(void *);
1083            memset(bprm.page, 0, MAX_ARG_PAGES*sizeof(bprm.page[0]));
1084
1085            bprm.file = file;
1086            bprm.filename = filename;
1087            bprm.interp = filename;
1088            bprm.sh_bang = 0;
1089            bprm.loader = 0;
1090            bprm.exec = 0;
1091            bprm.security = NULL;
1092            bprm.mm = mm_alloc();
1093            retval = -ENOMEM;
1094            if (!bprm.mm)
1095                    goto out_file;
1096
1097            retval = init_new_context(current, bprm.mm);
1098            if (retval < 0)
1099                    goto out_mm;
1100
1101            bprm.argc = count(argv, bprm.p / sizeof(void *));
1102            if ((retval = bprm.argc) < 0)
1103                    goto out_mm;
1104
1105            bprm.envc = count(envp, bprm.p / sizeof(void *));
1106            if ((retval = bprm.envc) < 0)
1107                    goto out_mm;
1108
1109            retval = security_bprm_alloc(&bprm);
1110            if (retval)
1111                    goto out;
1112
1113            retval = prepare_binprm(&bprm);
1114            if (retval < 0)
1115                    goto out;
1116
1117            retval = copy_strings_kernel(1, &bprm.filename, &bprm);
1118            if (retval < 0)
1119                    goto out;
1120
1121            bprm.exec = bprm.p;
1122            retval = copy_strings(bprm.envc, envp, &bprm);
1123            if (retval < 0)
1124                    goto out;
1125
1126            retval = copy_strings(bprm.argc, argv, &bprm);
1127            if (retval < 0)
1128                    goto out;
1129
1130            retval = search_binary_handler(&bprm,regs);
1131            if (retval >= 0) {
1132                    free_arg_pages(&bprm);
1133
1134                    /* execve success */
1135                    security_bprm_free(&bprm);
1136                    return retval;
1137            }
1138
1139 out:
1140        /* Something went wrong, return the inode and free the argument pages */
1141        free_arg_pages(&bprm);
1142
1143        if (bprm.security)
```

```
1144                  security_bprm_free(&bprm);
1145
1146 out_mm:
1147          if (bprm.mm)
1148                  mmdrop(bprm.mm);
1149
1150 out_file:
1151          if (bprm.file) {
1152                  allow_write_access(bprm.file);
1153                  fput(bprm.file);
1154          }
1155          return retval;
1156 }
```

Les fonctions de code **sys_setgid()**, **sys_setuid()**, **sys_getsid()**, **sys_setsid()** et autres sont définies dans le fichier *kernel/sys.c*.

Les fonctions de code **sys_exit()** et **sys_waitpid()** sont définies dans le fichier *kernel/exit.c*. La fonction **sys_wait()** n'est plus implémentée.

Conclusion

Ce chapitre est presque aussi long que le précédent, pour les mêmes raisons. Il nous a donné l'occasion d'étudier le format d'exécutables *a.out*, qui n'est plus utilisé de nos jours. Le lecteur intéressé par les formats modernes pourra débuter son exploration par le format ELF.

Chapitre 29

Les autres appels système sous Linux

Nous allons nous intéresser, dans ce chapitre, aux appels système qui ne concernent ni le système de fichiers, ni les processus, à savoir :

- les appels système concernant la mesure du temps ;
- les appels système concernant l'ordonnancement des tâches ;
- les appels système concernant les signaux ;
- les appels système concernant les périphériques ;
- les appels système concernant la mémoire vide ;
- les appels système concernant les tubes de communication ;
- des appels système non implémentés.

1 Appels système de mesure du temps

1.1 Liste

Date et heure

Des appels système permettent aux processus de lire et de modifier la date et l'heure :

- **time()** renvoie le nombre de secondes écoulées depuis le premier janvier 1970 zéro heure ;
- **stime()** fixe cette durée ; cet appel système ne peut être exécuté que par le super-utilisateur ;
- **ftime()** devrait renvoyer, dans une structure de données de type timeb, le nombre de secondes écoulées depuis le premier janvier 1970 zéro heure, le nombre de millisecondes écoulées dans la dernière seconde, le fuseau horaire (*time zone* en anglais) et un champ identifiant si un décalage horaire d'été doit être appliqué ; cette fonction n'est pas implémentée dans le noyau 0.01.

La syntaxe de ces appels système est la suivante :

```
#include <time.h>

time_t time(time_t * tp);
int stime(time_t * tp);
```

Le type time_t est défini dans le fichier *include/time.h* :

```
#ifndef _TIME_T
#define _TIME_T
typedef long time_t;
#endif
```

Minuteur

Un appel système permet aux processus de créer des minuteurs : **alarm()** envoie un signal SIGALRM au processus qui l'a invoqué lorsqu'un intervalle de temps spécifique s'est écoulé.

La syntaxe de cet appel système est la suivante :

```
#include <unistd.h>

long alarm(long seconds);
```

1.2 Implémentation

Implémentation de `time()`

La fonction de code **sys_time()** de l'appel système **time()** est définie dans le fichier *kernel/sys.c* :

Linux 0.01
```
int sys_time(long * tloc)
{
        int i;

        i = CURRENT_TIME;
        if (tloc) {
                verify_area(tloc,4);
                put_fs_long(i,(unsigned long *)tloc);
        }
        return i;
}
```

Autrement dit :

· si l'adresse indiquée pour déposer le résultat est définie, on vérifie qu'il y a bien quatre octets de disponibles à cet emplacement et on y dépose le résultat :

· dans tous les cas, on renvoie également le résultat.

Implémentation de `stime()`

La fonction de code **sys_stime()** de l'appel système **stime()** est définie dans le fichier *kernel/sys.c* :

Linux 0.01
```
int sys_stime(long * tptr)
{
        if (current->euid && current->uid)
                return -1;
        startup_time = get_fs_long((unsigned long *)tptr) - jiffies/HZ;
        return 0;
}
```

Autrement dit :

· si le propriétaire du processus n'est pas le super-utilisateur, on renvoie -1 ;

· sinon on positionne la variable globale startup_time à la valeur désirée moins le temps écoulé depuis le démarrage de l'ordinateur et on renvoie 0.

Implémentation de `ftime()`

La fonction de code **sys_ftime()** de non implémentation de l'appel système **ftime()** est définie dans le fichier *kernel/sys.c* :

```
int sys_ftime()
{
        return -ENOSYS;
}
```

Implémentation de **alarm()**

La fonction de code **sys_alarm()** de l'appel système **alarm()** est définie dans le fichier *kernel/sched.c* :

```
int sys_alarm(long seconds)
{
        current->alarm = (seconds>0)?(jiffies+HZ*seconds):0;
        return seconds;
}
```

autrement dit si le nombre de secondes passé en paramètre est strictement positif, on initialise le champ alarm du processus en cours à l'heure à laquelle il faudra intervenir et on renvoie la valeur donnée en paramètre.

2 Appels système liés à l'ordonnancement

2.1 Priorité des processus

Description

Il n'existe qu'un seul appel système lié à l'ordonnancement pour le noyau 0.01 de Linux : il s'agit de l'appel système **nice()** qui permet à un processus de changer sa priorité de base.

L'appel système :

```
#include <unistd.h>

int nice(int val);
```

permet de modifier le laps de temps de base du processus en cours. La valeur du paramètre val est ajoutée au laps de temps de base en cours. Seul un processus privilégié peut spécifier une valeur négative afin d'augmenter sa priorité.

En cas de succès, la valeur 0 est renvoyée, sinon la valeur -1 est renvoyée et la variable errno prend la valeur EPERM, qui indique que le processus appelant ne possède pas les privilèges nécessaires pour augmenter sa priorité.

Implémentation

La fonction de code **sys_nice()** de l'appel système **nice()** est définie dans le fichier *kernel/ sched.c* :

```
int sys_nice(long increment)
{
        if (current->priority-increment>0)
                current->priority -= increment;
        return 0;
}
```

Autrement dit seule la diminution de la priorité est prise en compte, même dans le cas du super-utilisateur.

2.2 Contrôle de l'exécution d'un processus

Description

L'appel système **ptrace()** permet à un processus de contrôler l'exécution d'un autre processus.

Sa syntaxe est la suivante :

```
int ptrace(long request, pid_t pid, long addr, long data);
```

Le paramètre `request` spécifie l'opération à effectuer sur le processus dont le numéro est spécifié par le paramètre `pid`. La signification des paramètres `addr` et `data` dépend de la valeur de `request`.

Nous n'en dirons pas plus ici puisque cet appel système n'est pas implémenté dans le noyau 0.01.

Implémentation

La fonction de code **sys_ptrace()** de non implémentation de l'appel système **ptrace()** est définie dans le fichier *kernel/sys.c* :

Linux 0.01

```
int sys_ptrace()
{
        return -ENOSYS;
}
```

3 Appels système concernant les signaux

3.1 Émission d'un signal

Description

L'appel système **kill()** est utilisé pour envoyer un signal à un processus ou à un groupe de processus.

Sa syntaxe est :

```
#include <signal.h>

int kill(pid_t pid, int sig);
```

Le deuxième argument de l'appel système indique le signal à émettre. Le premier argument représente l'identité du destinataire. Plusieurs cas sont possibles :

· si `pid` est positif, le signal `sig` est envoyé au processus identifié par `pid` ;

· si `pid` est nul, le signal `sig` est envoyé à tous les processus du groupe du processus émetteur ;

· si `pid` est égal à -1, le signal `sig` est envoyé à tous les processus sauf le premier (le programme **init()**) ;

· si `pid` est strictement inférieur à -1, le signal `sig` est envoyé au groupe de processus identifié par la valeur -`pid`.

Si le signal envoyé est nul, l'appel système ne génère pas de signal mais contrôle l'existence du processus destinataire.

Un processus peut envoyer un signal à un autre si son identificateur réel ou effectif est égal à l'identificateur réel ou effectif de l'autre processus. Un processus appartenant au super-utilisateur a bien sûr le droit d'envoyer un signal à tous les autres processus sauf à **init()**.

Si l'appel se déroule correctement, la valeur zéro est renvoyée, sinon, si une erreur s'est produite, -1 est renvoyé et la variable errno prend l'une des valeurs suivantes :

- EINVAL : le signal spécifié n'est pas valide ;
- ESRCH : le processus ou groupe de processus cible n'existe pas ;
- EPERM : la valeur de l'identificateur d'utilisateur effectif du processus appelant est différente de celle du ou des processus cibles.

Implémentation

La fonction de code **sys_kill()** de l'appel système **kill()** est définie dans le fichier *kernel/exit.c* :

```
int sys_kill(int pid,int sig)
{
        do_kill(pid,sig,!(current->uid || current->euid));
        return 0;
}
```

Linux 0.01

faisant appel à la fonction **do_kill()** déjà rencontrée à propos de l'étude des signaux (chapitre 12).

3.2 Déroutement d'un signal

Description

Le processus qui souhaite modifier le comportement par défaut d'un signal déroute celui-ci vers une nouvelle fonction grâce à l'appel système **signal()**.

La syntaxe de cet appel système est la suivante :

```
#include <signal.h>

void (*signal(int _sig, void (*_func)(int)))(int);
```

Le premier argument est le numéro du signal concerné par l'opération. Le second argument est un pointeur sur la fonction de déroutement ou bien l'une des deux constantes (de fonctions) suivantes :

- SIG_IGN pour ignorer le signal ;
- SIG_DFL pour repositionner le comportement par défaut.

La fonction de déroutement prend en paramètre un entier correspondant au numéro de signal qui l'a activée et ne renvoie aucun argument.

La valeur de retour de l'appel système **signal()** est un pointeur sur la fonction de déroutement en place avant l'appel, ou bien la constante SIG_ERR si une erreur s'est produite.

Implémentation

Les deux fonctions `SIG_IGN` et `SIG_DFL` sont définies dans le fichier *include/signal.h* :

Linux 0.01

```
#define SIG_DFL        ((void (*)(int))0)        /* default signal handling */
#define SIG_IGN        ((void (*)(int))1)        /* ignore signal */
```

La fonction de code **sys_signal()** de l'appel système **signal()** est définie dans le fichier *kernel/sched.c* :

Linux 0.01

```
int sys_signal(long signal,long addr,long restorer)
{
        long i;

        switch (signal) {
                case SIGHUP: case SIGINT: case SIGQUIT: case SIGILL:
                case SIGTRAP: case SIGABRT: case SIGFPE: case SIGUSR1:
                case SIGSEGV: case SIGUSR2: case SIGPIPE: case SIGALRM:
                case SIGCHLD:
                        i=(long) current->sig_fn[signal-1];
                        current->sig_fn[signal-1] = (fn_ptr) addr;
                        current->sig_restorer = (fn_ptr) restorer;
                        return i;
                default: return -1;
        }
}
```

Autrement dit dans le cas des treize signaux pour lesquels on peut changer le comportement par défaut, on le fait et on renvoie l'adresse de l'ancienne fonction ; dans les autres cas on renvoie -1.

3.3 Attente d'un signal

Description

Un processus peut se mettre en attente de l'arrivée d'un signal (n'importe lequel) grâce à l'appel système **pause()**.

La syntaxe de cet appel système est la suivante :

```
#include <unistd.h>

int pause(void);
```

La valeur de retour est toujours -1, et la variable `errno` contient la valeur `EINTR`.

Implémentation

La fonction de code **sys_pause()** de l'appel système **pause()** est définie dans le fichier *kernel/sched.c* :

Linux 0.01

```
int sys_pause(void)
{
        current->state = TASK_INTERRUPTIBLE;
        schedule();
        return 0;
}
```

Autrement dit l'état du processus passe à `INTERRUPTIBLE` et on fait appel à l'ordonnanceur des tâches.

4 Appels système concernant les périphériques

4.1 Création d'un fichier spécial

Description

L'appel système **mknod()** permet de créer un fichier spécial.

La syntaxe de cet appel système est :

```
#include <sys/types.h>
#include <sys/stat.h>
#include <fcntl.h>
#include <unistd.h>

int mknod(const char * filename, mode_t mode, dev_t dev);
```

Le paramètre `filename` spécifie le nom du fichier à créer, `mode` indique les droits d'accès et le type du fichier à créer et `dev` contient l'identificateur du périphérique correspondant au fichier spécial.

L'appel système **mknod()** renvoie la valeur 0 en cas de succès ou la valeur -1 en cas d'erreur. Les valeurs possibles de `errno` sont dans ce cas :

- `EACCES` : le processus appelant ne possède pas les droits nécessaires pour créer le fichier spécifié par `filename` ;
- `EEXIST` : le paramètre `filename` spécifie un nom de fichier qui existe déjà ;
- `EINVAL` : le paramètre `mode` contient un type non valide ;
- `EFAULT` : le paramètre `filename` contient une adresse non valide ;
- `ELOOP` : un cycle de liens symboliques a été rencontré ;
- `ENAMETOOLONG` : le paramètre `filename` spécifie un nom de fichier trop long ;
- `ENOMEM` : le noyau n'a pas pu allouer de mémoire pour ses descripteurs internes ;
- `ENOSPC` : le système de fichiers est saturé ;
- `ENOTDIR` : un des composants du paramètre `filename`, utilisé comme nom de répertoire, ne désigne pas un répertoire existant ;
- `EPERM` : le paramètre `mode` spécifie un type autre que `S_IFIFO` et le processus appelant ne possède pas les droits du super-utilisateur ;
- `EROFS` : le système de fichiers est en lecture seule.

Le fichier *include/sys/stat.h* définit des constantes utilisables pour le type du fichier :

- `S_IFREG` : fichier régulier ;
- `S_IFCHR` : fichier spécial en mode caractère ;
- `S_IFBLK` : fichier spécial en mode bloc ;
- `S_IFIFO` : tube de communication nommé.

L'identificateur d'un périphérique est composé de ses numéros majeur et mineur. Plusieurs macro-instructions permettent de manipuler cet identificateur :

- **MAJOR(a)** renvoie le numéro majeur correspondant à l'identificateur de périphérique a ;
- **MINOR(a)** renvoie le numéro mineur correspondant à l'identificateur de périphérique a ;
- **makedev()** renvoie l'identificateur de périphérique correspondant au numéro majeur et au numéro mineur donnés en argument.

Implémentation

Les valeurs des constantes symboliques spécifiant les types de fichiers sont définies dans le fichier *include/sys/stat.h* :

```
#define S_IFMT  00170000
#define S_IFREG 0100000
#define S_IFBLK 0060000
#define S_IFDIR 0040000
#define S_IFCHR 0020000
#define S_IFIFO 0010000
#define S_ISUID 0004000
#define S_ISGID 0002000
#define S_ISVTX 0001000
```

Les macros **MAJOR()** et **MINOR()** sont définies dans le fichier *include/linux/fs.h* :

```
#define MAJOR(a) (((unsigned)(a))>>8)
#define MINOR(a) ((a)&0xff)
```

La macro **makedev()** n'est pas définie dans le cas du noyau 0.01.

La fonction de code **sys_mknod()** de non implémentation de l'appel système **mknod()** est définie dans le fichier *kernel/sys.c* :

```
int sys_mknod()
{
        return -ENOSYS;
}
```

4.2 Opérations de contrôle d'un périphérique

Description

Les entrées-sorties sur périphérique sont effectuées grâce aux appels système standard. Il existe toutefois un appel système, appelé **ioctl()** (pour *Input/Output ConTroL*), qui permet de modifier les paramètres d'un périphérique correspondant à un descripteur d'entrée-sortie.

Sa syntaxe est la suivante :

```
#include <unistd.h>

int ioctl(int fildes, int cmd, char *arg);
```

Le descripteur du périphérique est spécifié par le paramètre fildes, le paramètre cmd indique l'opération à effectuer et arg pointe sur une variable dont le type dépend de l'opération à effectuer.

En cas de succès, **ioctl()** renvoie la valeur 0. En cas d'erreur, la valeur -1 est renvoyée et errno prend l'une des valeurs suivantes :

· EBADF : le descripteur d'entrée-sortie spécifié n'est pas valide ;

· ENOTTY : l'opération spécifiée ne peut pas être appliquée au périphérique correspondant au descripteur fildes ;

· EINVAL : l'opération spécifiée par cmd ou l'argument arg n'est pas valide.

Selon l'opération effectuée et le périphérique concerné, d'autres erreurs, de différentes natures, peuvent également être renvoyées.

Fonction spécifique au périphérique

L'appel système **ioctl()** renvoie à une fonction spécifique à un type de périphérique donné.

Le type ioctl_ptr de cette fonction est défini dans le fichier *fs/ioctl.c* :

```
typedef int (*ioctl_ptr)(int dev,int cmd,int arg);
```
Linux 0.01

Une table ioctl_table[] de ces fonctions est définie dans le même fichier :

```
static ioctl_ptr ioctl_table[]={
        NULL,              /* nodev */
        NULL,              /* /dev/mem */
        NULL,              /* /dev/fd */
        NULL,              /* /dev/hd */
        tty_ioctl,         /* /dev/ttyx */
        tty_ioctl,         /* /dev/tty */
        NULL,              /* /dev/lp */
        NULL};             /* named pipes */
```
Linux 0.01

qui n'attribue une telle fonction qu'aux terminaux.

Le nombre de types de fichiers spéciaux NRDEVS est également défini dans le même fichier :

```
#define NRDEVS ((sizeof (ioctl_table))/(sizeof (ioctl_ptr)))
```
Linux 0.01

Implémentation

La fonction de code **sys_ioctl()** de l'appel système **ioctl()** est définie dans le fichier *fs/ioctl.c*

```
int sys_ioctl(unsigned int fd, unsigned int cmd, unsigned long arg)
{
        struct file * filp;
        int dev,mode;

        if (fd >= NR_OPEN ||!(filp = current->filp[fd]))
                return -EBADF;
        mode=filp->f_inode->i_mode;
        if (!S_ISCHR(mode) &&!S_ISBLK(mode))
                return -EINVAL;
        dev = filp->f_inode->i_zone[0];
        if (MAJOR(dev) >= NRDEVS)
                panic("unknown device for ioctl");
        if (!ioctl_table[MAJOR(dev)])
                return -ENOTTY;
        return ioctl_table[MAJOR(dev)](dev,cmd,arg);
}
```
Linux 0.01

Autrement dit :

· si le descripteur est supérieur au nombre de descripteurs de fichiers qui peuvent être ouverts simultanément, ou si celui-ci ne correspond pas à un fichier ouvert pour le processus, on renvoie l'opposé du code d'erreur EBADF ;

· si le périphérique n'est ni un périphérique caractère, ni un périphérique bloc, on renvoie l'opposé du code d'erreur EINVAL ;

· si le nombre majeur du périphérique est supérieur au nombre de types de périphériques, on affiche un message d'erreur et on gèle le système ;

· s'il n'y a pas de fonction spéciale associée à ce type de périphérique, on renvoie l'opposé du code d'erreur ENOTTY ;

· sinon on fait appel à la fonction spéciale associée avec les arguments adéquats.

5 Appels système concernant la mémoire

5.1 Structure de la mémoire utilisateur

À tout processus est associé un espace d'adressage qui représente les zones de la mémoire allouées au processus. Cet espace d'adressage contient :

- le code du processus ;
- les données du processus, que l'on décompose en deux segments, d'une part `data` qui contient les variables initialisées, et d'autre part `bss` qui contient les variables non initialisées ;
- le code et les données des bibliothèques partagées utilisées par le processus ;
- la pile utilisée par le processus en mode utilisateur.

Les variables suivantes, définies par le compilateur C, permettent de déterminer la structure de l'espace d'adressage :

Variable	Signification
`_end`	adresse de fin de l'espace d'adressage
`_etext`	adresse de fin de la zone de code
`_edata`	adresse de fin de la zone des données initialisées
`__bss_start`	adresse de début du segment BSS
`environ`	adresse de début des variables d'environnement

Le programme suivant montre comment utiliser ces variables pour déterminer la structure de l'espace d'adressage :

```
/* adresses.c */

#include <stdio.h>
#include <stdlib.h>

int        i;          /* variable non initialisée (segment BSS) */
int        j = 2;      /* variable initialisée (segment DATA) */
extern int _end;
extern int _etext;     /* Fin du segment de code */
extern int _edata;     /* Fin du segment des données initialisées */
extern int __bss_start; /* Début du segment BSS */

extern char **environ;  /* Pointeur sur l'environnement */

void main(int argc, char *argv[])
{
  int k;

  printf("Adresse de la fonction main      = %09lx\n", main);
  printf("Adresse du symbole _etext        = %09lx\n", &_etext);
  printf("Adresse de la variable j         = %09lx\n", &j);
  printf("Adresse du symbole _edata        = %09lx\n", &_edata);
  printf("Adresse du symbole __bss_start   = %09lx\n", &__bss_start);
  printf("Adresse de la variable i         = %09lx\n", &i);
  printf("Adresse du symbole _end          = %09lx\n", &_end);
  printf("Adresse de la variable k         = %09lx\n", &k);
  printf("Adresse du premier argument      = %09lx\n", argv[0]);
  printf("Adresse de la première variable = %09lx\n", environ[0]);
}
```

dont voici un exemple d'exécution :

```
# ./a.out
Adresse de la fonction main      = 0080484b0
Adresse du symbole _etext        = 0080485ec
Adresse de la variable j         = 0080498b0
Adresse du symbole _edata        = 0080499b0
Adresse du symbole __bss_start   = 0080499b0
Adresse de la variable i         = 0080499cc
Adresse du symbole _end          = 0080499d0
Adresse de la variable k         = 0bffff4b8
Adresse du premier argument      = 0bffff6ba
Adresse de la première variable  = 0bffff6c2
```

5.2 Changement de la taille du segment des données

Description

Lorsqu'un processus commence son exécution, les segments que nous venons de décrire possèdent une taille fixée par le système d'exploitation (en général la même quel que soit le processus). Il existe donc des fonctions d'allocation et de désallocation de mémoire qui permettent à un processus de manipuler cette taille.

Les allocations et désallocations sont effectuées en modifiant la taille du segment des données non initialisées du processus : lorsqu'une donnée doit être allouée, le segment des données est augmenté du nombre d'octets nécessaires et la donnée peut être stockée dans l'espace mémoire ainsi alloué ; lorsqu'une donnée située en fin du segment des données n'est plus utilisée, sa désallocation consiste simplement à réduire la taille du segment.

L'appel système **brk()** permet à un processus de modifier la taille de son segment des données non initialisées.

La syntaxe de cet appel système est la suivante :

```
#include <unistd.h>

int brk(void * end_data_segment);
```

Le paramètre end_data_segment spécifie l'adresse de la fin du segment des données non initialisées. Il doit être supérieur à l'adresse de fin du segment de code et inférieur de 16 Ko à l'adresse de fin du segment de pile.

En cas de succès, **brk()** renvoie 0. En cas d'échec, la valeur -1 est renvoyée et la variable errno prend la valeur ENOMEM.

Bien qu'il soit possible de gérer dynamiquement la mémoire à l'aide de l'appel système **brk()**, il est relativement fastidieux de procéder de la sorte. En effet, si l'allocation de mémoire est aisée, puisqu'il suffit d'augmenter la taille du segment des données non initialisées, la désallocation est plus ardue, puisqu'il est nécessaire de tenir compte des zones de mémoire utilisées afin de diminuer la taille du segment des données quand cela est nécessaire.

Pour cette raison, on utilise généralement les fonctions d'allocation et de désallocation fournies par la bibliothèque C standard : **malloc()**, **calloc()**, **realloc()** et **free()**.

Implémentation

La fonction de code **sys_brk()** de l'appel système **brk()** est définie dans le fichier *kernel/ sys.c* :

```
int sys_brk(unsigned long end_data_seg)
{
        if (end_data_seg >= current->end_code &&
            end_data_seg < current->start_stack - 16384)
                current->brk = end_data_seg;
        return current->brk;
}
```

Autrement dit si l'adresse demandée est supérieure à celle du segment de code et inférieure de 16 Ko à celle de la fin du segment de pile, on accède à la demande. On renvoie la nouvelle adresse.

5.3 Accès à une adresse physique

Description

L'appel système **phys()** permet à un processus d'accéder directement à une adresse physique et non à une adresse virtuelle. Il date du système d'exploitation Unix V 7. Il est évidemment très dépendant de la machine.

Sa syntaxe est la suivante :

```
int phys(int physnum, char *virtaddr, long size, char *physaddr);
```

Il peut y avoir jusqu'à quatre plages d'adresses concernées en même temps. Le paramètre physnum, compris entre 0 et 3, indique le numéro d'appel à activer. Le paramètre virtaddr spécifie l'adresse virtuelle du processus. Le paramètre size indique le nombre d'octets concernés. Le paramètre physaddr indique l'adresse physique.

Implémentation

La fonction de code **sys_phys()** de non implémentation de l'appel système **phys()** est définie dans le fichier *kernel/sys.c* :

```
int sys_phys()
{
        return -ENOSYS;
}
```

6 Appels système concernant les tubes de communication

6.1 Description

L'appel système **pipe()** permet de créer un tube de communication anonyme. Les tubes de communication nommés sont, quant à eux, créés en utilisant l'appel système **mknod()**. Les autres opérations d'accès aux tubes de communication telles que l'écriture, la lecture, ... sont effectuées grâce aux appels système standard d'entrée-sortie **write()**, **read()** et **lseek()**. Les descripteurs inutilisés peuvent être fermés par l'appel système **close()**.

Par défaut, la lecture dans un tube de communication est bloquante : le processus lecteur reste bloqué jusqu'à ce qu'il lise la quantité de données précisée dans l'appel système **read()**. Deux processus communicants doivent donc adopter un protocole afin d'éviter de se bloquer mutuellement.

La syntaxe de l'appel système **pipe()** est la suivante :

```
#include <unistd.h>

int pipe(int * fildes);
```

Si l'appel s'effectue avec succès, le tableau d'entiers va contenir le descripteur de lecture (`fildes[0]`) et d'écriture (`fildes[1]`) du tube de communication créé. Sinon -1 est renvoyé et la variable `errno` prend l'une des valeurs suivantes :

- `EFAULT` : le tableau passé en paramètre n'est pas valide ;
- `EMFILE` : le nombre maximal de fichiers ouverts par le processus en cours a été atteint ;
- `ENFILE` : le nombre maximal de fichiers ouverts dans le système a été atteint.

L'utilisation d'un tube de communication pour un processus unique n'a que très peu d'intérêt. La création d'un tube de communication anonyme doit donc être suivie de la création d'un processus qui hérite des descripteurs du tube de communication : il peut ainsi communiquer avec le créateur du tube.

6.2 Implémentation

La fonction de code **sys_pipe()** de l'appel système **pipe()** est définie dans le fichier *fs/pipe.c* :

```
int sys_pipe(unsigned long * fildes)                                          Linux 0.01
{
        struct m_inode * inode;
        struct file * f[2];
        int fd[2];
        int i,j;

        j=0;
        for(i=0;j<2 && i<NR_FILE;i++)
                if (!file_table[i].f_count)
                        (f[j++]=i+file_table)->f_count++;
        if (j==1)
                f[0]->f_count=0;
        if (j<2)
                return -1;
        j=0;
        for(i=0;j<2 && i<NR_OPEN;i++)
                if (!current->filp[i]) {
                        current->filp[ fd[j]=i ] = f[j];
                        j++;
                }
        if (j==1)
                current->filp[fd[0]]=NULL;
        if (j<2) {
                f[0]->f_count=f[1]->f_count=0;
                return -1;
        }
        if (!(inode=get_pipe_inode())) {
                current->filp[fd[0]] =
                        current->filp[fd[1]] = NULL;
                f[0]->f_count = f[1]->f_count = 0;
                return -1;
```

```
        }
        f[0]->f_inode = f[1]->f_inode = inode;
        f[0]->f_pos = f[1]->f_pos = 0;
        f[0]->f_mode = 1;                   /* read */
        f[1]->f_mode = 2;                   /* write */
        put_fs_long(fd[0],0+fildes);
        put_fs_long(fd[1],1+fildes);
        return 0;
}
```

Autrement dit :

- on recherche deux emplacements disponibles dans la table des fichiers et on les marque utilisés ; si l'on n'en trouve qu'un, ce n'est pas suffisant, on le libère donc ; si l'on n'en a pas trouvé deux, on renvoie -1 ;

- on recherche deux descripteurs de fichiers disponibles pour le processus en cours et on les associe aux emplacements de fichiers trouvés ci-dessus ; si l'on n'en trouve qu'un, ce n'est pas suffisant, on le libère donc ; si l'on n'en a pas trouvé deux, on renvoie -1 ;

- on charge un descripteur de nœud d'information de tube de communication ; si l'on n'y arrive pas, on libère les deux emplacements de fichier ainsi que les deux descripteurs de fichier et on renvoie -1 ;

- on initialise les deux descripteurs de fichiers : les nœuds d'information associés correspondent tous les deux au descripteur de nœud d'information chargé précédemment ; les positions dans les fichiers sont toutes les deux égales à 0 ; le mode du premier est 1 (pour lecture) et l'autre 2 (pour écriture) ;

- on place les adresses de ces descripteurs de fichiers dans le paramètre de la fonction et on renvoie 0.

7 Autres appels système

Les appels système **gtty()**, **lock()**, **mpx()**, **prof()**, **stty()** et **ustat()** sont listés mais ne sont pas implémentés de façon utilisable.

Les fonctions de code **sys_gtty()**, **sys_lock()**, **sys_mpx()**, **sys_prof()**, **sys_stty()** et **sys_ustat()** de non implémentation de ces appels système sont définies dans le fichier *kernel/sys.c* :

Linux 0.01

```
int sys_ustat(int dev,struct ustat * ubuf)
{
        return -1;
}

int sys_ptrace()
{
        return -ENOSYS;
}

int sys_stty()
{
        return -ENOSYS;
}

int sys_gtty()
{
        return -ENOSYS;
}
----------------------
```

```
int sys_prof()
{
        return -ENOSYS;
}
----------------------
int sys_lock()
{
        return -ENOSYS;
}

int sys_mpx()
{
        return -ENOSYS;
}
```

8 Évolution du noyau

Les appels système absents de POSIX, tels que **lock()** ou **mpx()**, ont disparu. Donnons un tableau indiquant dans quel fichier est définie chaque fonction de code dans le cas du noyau 2.6.0 :

Fonction de code	Fichier source
sys_time()	kernel/time.c
sys_stime()	kernel/time.c
sys_alarm()	kernel/timer.c
sys_nice()	kernel/sched.c
sys_ptrace()	arch/i386/kernel/ptrace.c
sys_kill()	kernel/signal.c
sys_signal()	kernel/signal.c
sys_pause()	kernel/signal.C
sys_mknod()	fs/namei.c
sys_ioctl()	fs/ioctl.c
sys_brk()	mm/mmap.c
sys_pipe()	arch/i386/kernel/sys_i386.c
sys_ustat()	fs/super.c

Citons la première à titre d'exemple :

```
65 /*
66  * sys_stime() can be implemented in user-level using
67  * sys_settimeofday().  Is this for backwards compatibility?  If so,
68  * why not move it into the appropriate arch directory (for those
69  * architectures that need it).
70  */
71
72 asmlinkage long sys_stime(time_t *tptr)
73 {
74         struct timespec tv;
75
76         if (!capable(CAP_SYS_TIME))
```
Linux 2.6.0

```
77                    return -EPERM;
78          if (get_user(tv.tv_sec, tptr))
79                    return -EFAULT;
80
81          tv.tv_nsec = 0;
82          do_settimeofday(&tv);
83          return 0;
84 }
```

La fonction **do_settimeofday()** dépend de l'architecture du micro-processeur. Elle est définie dans le fichier *arch/i386/kernel/time.c* pour les micro-processeurs *Intel* :

Linux 2.6.0

```
136 int do_settimeofday(struct timespec *tv)
137 {
138          time_t wtm_sec, sec = tv->tv_sec;
139          long wtm_nsec, nsec = tv->tv_nsec;
140
141          if ((unsigned long)tv->tv_nsec >= NSEC_PER_SEC)
142                    return -EINVAL;
143
144          write_seqlock_irq(&xtime_lock);
145          /*
146           * This is revolting. We need to set "xtime" correctly. However, the
147           * value in this location is the value at the most recent update of
148           * wall time.  Discover what correction gettimeofday() would have
149           * made, and then undo it!
150           */
151          nsec -= cur_timer->get_offset() * NSEC_PER_USEC;
152          nsec -= (jiffies - wall_jiffies) * TICK_NSEC;
153
154          wtm_sec  = wall_to_monotonic.tv_sec + (xtime.tv_sec - sec);
155          wtm_nsec = wall_to_monotonic.tv_nsec + (xtime.tv_nsec - nsec);
156
157          set_normalized_timespec(&xtime, sec, nsec);
158          set_normalized_timespec(&wall_to_monotonic, wtm_sec, wtm_nsec);
159
160          time_adjust = 0;                    /* stop active adjtime() */
161          time_status |= STA_UNSYNC;
162          time_maxerror = NTP_PHASE_LIMIT;
163          time_esterror = NTP_PHASE_LIMIT;
164          write_sequnlock_irq(&xtime_lock);
165          clock_was_set();
166          return 0;
167 }
```

Conclusion

L'étude des appels système vus dans ce chapitre termine l'analyse du noyau Linux à proprement parler. Nous pouvons désormais nous intéresser au démarrage du système. Avant cela, il faudra implémenter quelques fonctions de la bibliothèque C standard utilisées lors du démarrage (mais pas encore disponibles à travers le compilateur C).

Chapitre 30

Fonctions de la bibliothèque C

Le standard, puis les normes, du langage C prévoient un certain nombre de fonctions utilisateur, déclarées dans les fichiers d'en-têtes standard, qui constituent la *bibliothèque C*, venant renforcer le noyau du langage C. On a besoin de certaines de ces fonctions au démarrage du système avant que l'on puisse accéder à cette bibliothèque proprement dite. Ces fonctions doivent donc être définies lors de la conception du système d'exploitation et insérées dans le noyau lui-même. C'est à l'implémentation de celles-ci que nous allons nous intéresser dans ce chapitre.

1 La fonction `printf()`

1.1 Description

La fonction :

```
int printf(const char *fmt, ...);
```

est déclarée dans le fichier *include/stdio.h* du compilateur C utilisé puisqu'elle fait partie des bibliothèques standard C.

1.2 Implémentation

Cette fonction est implémentée dans le fichier *init/main.c* :

```
static int printf(const char *fmt, ...)
{
        va_list args;
        int i;

        va_start(args, fmt);
        write(1,printbuf,i=vsprintf(printbuf, fmt, args));
        va_end(args);
        return i;
}
```

Linux 0.01

de façon naturelle après ce que nous avons vu au chapitre 15.

2 Fonction concernant les signaux

2.1 Description

La fonction ANSI-C **raise()** permet à un processus de s'envoyer un signal. Son prototype est le suivant :

```
#include <signal.h>

int raise(int sig);
```

En cas d'erreur, une valeur non nulle est renvoyée.

2.2 Implémentation

Cette fonction est équivalente à :

```
kill(getpid(), sig)
```

3 Fonctions sur les chaînes de caractères

Les fonctions habituelles sur les chaînes de caractères sont définies dans *include/string.h* :

Linux 0.01

```
/*
 * This string-include defines all string functions as inline
 * functions. Use gcc. It also assumes ds=es=data space, this should be
 * normal. Most of the string-functions are rather heavily hand-optimized,
 * see especially strtok,strstr,str[c]spn. They should work, but are not
 * very easy to understand. Everything is done entirely within the register
 * set, making the functions fast and clean. String instructions have been
 * used throughout, making for "slightly" unclear code:-)
 *
 *              (C) 1991 Linus Torvalds
 */
extern inline char * strcpy(char * dest,const char *src)
{
__asm__("cld\n"
        "1:\tlodsb\n\t"
        "stosb\n\t"
        "testb %%al,%%al\n\t"
        "jne 1b"
        ::"S" (src),"D" (dest):"si","di","ax");
        return dest;
}

extern inline char * strncpy(char * dest,const char *src,int count)
{
__asm__("cld\n"
        "1:\tdecl %2\n\t"
        "js 2f\n\t"
        "lodsb\n\t"
        "stosb\n\t"
        "testb %%al,%%al\n\t"
        "jne 1b\n\t"
        "rep\n\t"
        "stosb\n"
        "2:"
        ::"S" (src),"D" (dest),"c" (count):"si","di","ax","cx");
return dest;
}

extern inline char * strcat(char * dest,const char * src)
{
```

```
__asm__("cld\n\t"
        "repne\n\t"
        "scasb\n\t"
        "decl %1\n"
        "1:\tlodsb\n\t"
        "stosb\n\t"
        "testb %%al,%%al\n\t"
        "jne 1b"
        ::"S" (src),"D" (dest),"a" (0),"c" (0xffffffff):"si","di","ax","cx");
return dest;
}

extern inline char * strncat(char * dest,const char * src,int count)
{
__asm__("cld\n\t"
        "repne\n\t"
        "scasb\n\t"
        "decl %1\n\t"
        "movl %4,%3\n"
        "1:\tdecl %3\n\t"
        "js 2f\n\t"
        "lodsb\n\t"
        "stosb\n\t"
        "testb %%al,%%al\n\t"
        "jne 1b\n"
        "2:\txorl %2,%2\n\t"
        "stosb"
        ::"S" (src),"D" (dest),"a" (0),"c" (0xffffffff),"g" (count)
        :"si","di","ax","cx");
return dest;
}

extern inline int strcmp(const char * cs,const char * ct)
{
register int __res __asm__("ax");
__asm__("cld\n"
        "1:\tlodsb\n\t"
        "scasb\n\t"
        "jne 2f\n\t"
        "testb %%al,%%al\n\t"
        "jne 1b\n\t"
        "xorl %%eax,%%eax\n\t"
        "jmp 3f\n"
        "2:\tmovl $1,%%eax\n\t"
        "jl 3f\n\t"
        "negl %%eax\n"
        "3:"
:"=a" (__res):"D" (cs),"S" (ct):"si","di");
return __res;
}

extern inline int strncmp(const char * cs,const char * ct,int count)
{
register int __res __asm__("ax");
__asm__("cld\n"
        "1:\tdecl %3\n\t"
        "js 2f\n\t"
        "lodsb\n\t"
        "scasb\n\t"
        "jne 3f\n\t"
        "testb %%al,%%al\n\t"
        "jne 1b\n"
        "2:\txorl %%eax,%%eax\n\t"
        "jmp 4f\n"
        "3:\tmovl $1,%%eax\n\t"
        "jl 4f\n\t"
        "negl %%eax\n"
        "4:"
:"=a" (__res):"D" (cs),"S" (ct),"c" (count):"si","di","cx");
return __res;
```

```
}

extern inline char * strchr(const char * s,char c)
{
register char * __res __asm__("ax");
__asm__("cld\n\t"
        "movb %%al,%%ah\n"
        "1:\tlodsb\n\t"
        "cmpb %%ah,%%al\n\t"
        "je 2f\n\t"
        "testb %%al,%%al\n\t"
        "jne 1b\n\t"
        "movl $1,%1\n"
        "2:\tmovl %1,%0\n\t"
        "decl %0"
:"=a" (__res):"S" (s),"0" (c):"si");
return __res;
}

extern inline char * strrchr(const char * s,char c)
{
register char * __res __asm__("dx");
__asm__("cld\n\t"
        "movb %%al,%%ah\n"
        "1:\tlodsb\n\t"
        "cmpb %%ah,%%al\n\t"
        "jne 2f\n\t"
        "movl %%esi,%0\n\t"
        "decl %0\n"
        "2:\ttestb %%al,%%al\n\t"
        "jne 1b"
:"=d" (__res):"0" (0),"S" (s),"a" (c):"ax","si");
return __res;
}

extern inline int strspn(const char * cs, const char * ct)
{
register char * __res __asm__("si");
__asm__("cld\n\t"
        "movl %4,%%edi\n\t"
        "repne\n\t"
        "scasb\n\t"
        "notl %%ecx\n\t"
        "decl %%ecx\n\t"
        "movl %%ecx,%%edx\n"
        "1:\tlodsb\n\t"
        "testb %%al,%%al\n\t"
        "je 2f\n\t"
        "movl %4,%%edi\n\t"
        "movl %%edx,%%ecx\n\t"
        "repne\n\t"
        "scasb\n\t"
        "je 1b\n"
        "2:\tdecl %0"
:"=S" (__res):"a" (0),"c" (0xffffffff),"0" (cs),"g" (ct)
:"ax","cx","dx","di");
return __res-cs;
}

extern inline int strcspn(const char * cs, const char * ct)
{
register char * __res __asm__("si");
__asm__("cld\n\t"
        "movl %4,%%edi\n\t"
        "repne\n\t"
        "scasb\n\t"
        "notl %%ecx\n\t"
        "decl %%ecx\n\t"
        "movl %%ecx,%%edx\n"
        "1:\tlodsb\n\t"
```

```
        "testb %%al,%%al\n\t"
        "je 2f\n\t"
        "movl %4,%%edi\n\t"
        "movl %%edx,%%ecx\n\t"
        "repne\n\t"
        "scasb\n\t"
        "jne 1b\n"
        "2:\tdecl %0"
:"=S" (__res):"a" (0),"c" (0xffffffff),"0" (cs),"g" (ct)
:"ax","cx","dx","di");
return __res-cs;
}


extern inline char * strpbrk(const char * cs,const char * ct)
{
register char * __res __asm__("si");
__asm__("cld\n\t"
        "movl %4,%%edi\n\t"
        "repne\n\t"
        "scasb\n\t"
        "notl %%ecx\n\t"
        "decl %%ecx\n\t"
        "movl %%ecx,%%edx\n"
        "1:\tlodsb\n\t"
        "testb %%al,%%al\n\t"
        "je 2f\n\t"
        "movl %4,%%edi\n\t"
        "movl %%edx,%%ecx\n\t"
        "repne\n\t"
        "scasb\n\t"
        "jne 1b\n\t"
        "decl %0\n\t"
        "jmp 3f\n"
        "2:\txorl %0,%0\n"
        "3:"
:"=S" (__res):"a" (0),"c" (0xffffffff),"0" (cs),"g" (ct)
        :"ax","cx","dx","di");
return __res;
}


extern inline char * strstr(const char * cs,const char * ct)
{
register char * __res __asm__("ax");
__asm__("cld\n\t" \
        "movl %4,%%edi\n\t"
        "repne\n\t"
        "scasb\n\t"
        "notl %%ecx\n\t"
        "decl %%ecx\n\t"        /* NOTE! This also sets Z if searchstring='' */
        "movl %%ecx,%%edx\n"
        "1:\tmovl %4,%%edi\n\t"
        "movl %%esi,%%eax\n\t"
        "movl %%edx,%%ecx\n\t"
        "repe\n\t"
        "cmpsb\n\t"
        "je 2f\n\t"             /* also works for empty string, see above */
        "xchgl %%eax,%%esi\n\t"
        "incl %%esi\n\t"
        "cmpb $0,-1(%%eax)\n\t"
        "jne 1b\n\t"
        "xorl %%eax,%%eax\n\t"
        "2:"
:"=a" (__res):"0" (0),"c" (0xffffffff),"S" (cs),"g" (ct)
:"cx","dx","di","si");
return __res;
}


extern inline int strlen(const char * s)
{
register int __res __asm__("cx");
```

```
__asm__("cld\n\t"
        "repne\n\t"
        "scasb\n\t"
        "notl %0\n\t"
        "decl %0"
:"=c" (__res):"D" (s),"a" (0),"0" (0xffffffff):"di");
return __res;
}

extern char * __strtok;

extern inline char * strtok(char * s,const char * ct)
{
register char * __res __asm__("si");
__asm__("testl %1,%1\n\t"
        "jne 1f\n\t"
        "testl %0,%0\n\t"
        "je 8f\n\t"
        "movl %0,%1\n"
        "1:\txorl %0,%0\n\t"
        "movl $-1,%%ecx\n\t"
        "xorl %%eax,%%eax\n\t"
        "cld\n\t"
        "movl %4,%%edi\n\t"
        "repne\n\t"
        "scasb\n\t"
        "notl %%ecx\n\t"
        "decl %%ecx\n\t"
        "je 7f\n\t"                     /* empty delimiter-string */
        "movl %%ecx,%%edx\n"
        "2:\tlodsb\n\t"
        "testb %%al,%%al\n\t"
        "je 7f\n\t"
        "movl %4,%%edi\n\t"
        "movl %%edx,%%ecx\n\t"
        "repne\n\t"
        "scasb\n\t"
        "je 2b\n\t"
        "decl %1\n\t"
        "cmpb $0,(%1)\n\t"
        "je 7f\n\t"
        "movl %1,%0\n"
        "3:\tlodsb\n\t"
        "testb %%al,%%al\n\t"
        "je 5f\n\t"
        "movl %4,%%edi\n\t"
        "movl %%edx,%%ecx\n\t"
        "repne\n\t"
        "scasb\n\t"
        "jne 3b\n\t"
        "decl %1\n\t"
        "cmpb $0,(%1)\n\t"
        "je 5f\n\t"
        "movb $0,(%1)\n\t"
        "incl %1\n\t"
        "jmp 6f\n"
        "5:\txorl %1,%1\n"
        "6:\tcmpb $0,(%0)\n\t"
        "jne 7f\n\t"
        "xorl %0,%0\n"
        "7:\ttestl %0,%0\n\t"
        "jne 8f\n\t"
        "movl %0,%1\n"
        "8:"
:"=b" (__res),"=S" (__strtok)
:"0" (__strtok),"1" (s),"g" (ct)
:"ax","cx","dx","di");
return __res;
}
```

4 Évolution du noyau

On n'a plus besoin des fonctions **printf()** et **raise()** lors du démarrage du système, aussi ne sont-elles plus définies dans le noyau.

Les fonctions portant sur les chaînes de caractères sont désormais définies dans le fichier *lib/ string.h* :

```
7   /*
8    * stupid library routines.. The optimized versions should generally be found
9    * as inline code in <asm-xx/string.h>
10   *
11   * These are buggy as well..
12   *

[...]

62  #ifndef __HAVE_ARCH_STRCPY
63  /**
64   * strcpy - Copy a %NUL terminated string
65   * @dest: Where to copy the string to
66   * @src: Where to copy the string from
67   */
68  char * strcpy(char * dest,const char *src)
69  {
70          char *tmp = dest;
71
72          while ((*dest++ = *src++)!= '\0')
73                  /* nothing */;
74          return tmp;
75  }
76  #endif
```

Linux 2.6.0

On les trouve aussi dans un fichier dépendant de l'architecture du micro-processeur, par exemple *include/asm-i386/string.h* :

```
26  #define __HAVE_ARCH_STRCPY
27  static inline char * strcpy(char * dest,const char *src)
28  {
29  int d0, d1, d2;
30  __asm__ __volatile__(
31          "1:\tlodsb\n\t"
32          "stosb\n\t"
33          "testb %%al,%%al\n\t"
34          "jne 1b"
35          : "=&S" (d0), "=&D" (d1), "=&a" (d2)
36          :"" (src),"1" (dest): "memory");
37  return dest;
38  }
```

Linux 2.6.0

Conclusion

L'implémentation de certaines fonctions de la bibliothèque C standard était nécessaire pour le premier noyau Linux, même si elle ne l'est plus pour les noyaux actuels. Ceci nous a permis de voir un début d'implémentation de compilateur C, mais détailler cela davantage sortirait du cadre de cet ouvrage. Nous pouvons maintenant passer au démarrage du système.

Onzième partie

Démarrage du système

Chapitre 31

Démarrage du système Linux

Nous allons voir dans ce chapitre comment Linux prend la main après la phase de démarrage de l'ordinateur par le BIOS.

Nous supposons acquis un minimum de connaissances sur la programmation en mode protégé des micro-processeurs Intel ainsi que sur la procédure de démarrage du BIOS.

Nous allons expliquer ce qui se produit immédiatement après la mise sous tension de l'ordinateur en supposant que le noyau Linux se trouve sur une disquette et que le système de fichiers sur le premier disque dur soit au format MINIX. Il s'agit de copier en mémoire vive l'image du noyau Linux et de l'exécuter. Nous allons donc étudier comment le noyau, et donc le système entier, est amorcé. L'amorçage (*boot* en anglais) consiste à placer une partie du noyau en mémoire vive, à initialiser les structures de données du noyau, à créer certains processus et à transférer le contrôle à l'un d'eux.

L'amorçage d'un ordinateur est une tâche fastidieuse et longue puisque, initialement, la mémoire vive et tout périphérique matériel se trouvent dans un état aléatoire, imprévisible.

1 Source et grandes étapes

Il y a quatre étapes dans le cas de Linux : chargement de l'image du noyau, initialisation en langage d'assemblage, initialisation en langage C et exécution du processus `init()`.

1.1 Fichiers sources concernés

Dans la version 0.01, l'amorçage de Linux est l'objet des deux fichiers en langage d'assemblage : *boot/boot.s* et *boot/head.s*, ainsi que du fichier en langage C *init/main.c*.

1.2 Début de l'amorçage

Rappelons que lorsqu'un micro-processeur Intel est mis sous tension, plus exactement lorsqu'apparaît la bonne valeur logique à la broche RESET de celui-ci, certains registres se voient attribuer des valeurs déterminées. En particulier le code localisé à l'adresse physique FFFFFFF0h de la mémoire vive est exécuté.

Sur un micro-ordinateur compatible PC, cette adresse correspond à une puce de mémoire persistante qui renvoie au BIOS (*Basic Input/Output System*). Le code du BIOS initialise les périphériques de l'ordinateur puis recherche un système d'exploitation à amorcer. À l'origine il s'agissait de lire le premier secteur du premier lecteur de disquettes ; de nos jours on peut paramétrer le BIOS pour qu'il teste plusieurs périphériques. Pour le noyau 0.01, c'est le premier secteur du premier lecteur de disquettes qui nous intéresse. Le BIOS copie ce premier secteur en mémoire vive à l'adresse physique `00007C00h` puis donne la main à cette adresse, de façon à exécuter le code qui vient d'être chargé. On dispose donc de 512 octets pour pouvoir faire quelque chose.

Linux utilise le BIOS lors de la phase d'amorçage pour récupérer le noyau sur la disquette puis ne s'en servira plus jamais. Il ne peut plus s'en servir de toute façon car le BIOS est écrit en code seize bits alors que Linux est entièrement écrit en 32 bits, ce qui est incompatible. Linux doit, en particulier, initialiser à nouveau les périphériques.

❖ Le code sur moins de 512 octets chargé par le BIOS depuis la disquette est le chargeur d'amorçage. Il ne fait pas partie du noyau Linux proprement dit : son rôle consiste à charger l'image du noyau Linux proprement dit en mémoire vive, puis de passer la main à un code appelé **setup()**.

2 Le chargeur d'amorçage

2.1 Les grandes étapes

Comme nous l'avons dit plus haut, lors de l'amorçage à partir d'une disquette, les instructions enregistrées dans le premier secteur de la disquette sont chargées en mémoire vive et exécutées. Le rôle de ce code est de copier les autres secteurs de la disquette contenant l'image du noyau dans la mémoire vive puis de donner la main à ce code.

Le source du chargeur d'amorçage est constitué par la première moitié du fichier en langage d'assemblage *boot.s*. Le début du fichier indique ce qui va être fait :

Linux 0.01

```
|       boot.s
|
| boot.s is loaded at 0x7c00 by the bios-startup routines, and moves itself
| out of the way to address 0x90000, and jumps there.
|
| It then loads the system at 0x10000, using BIOS interrupts. Thereafter
| it disables all interrupts, moves the system down to 0x0000, changes
| to protected mode, and calls the start of system. System then must
| RE-initialize the protected mode in its own tables, and enable
| interrupts as needed.
|
| NOTE! currently system is at most 8*65536 bytes long. This should be no
| problem, even in the future. I want to keep it simple. This 512 kB
| kernel size should be enough - in fact more would mean we'd have to move
| not just these start-up routines, but also do something about the cache-
| memory (block IO devices). The area left over in the lower 640 kB is meant
| for these. No other memory is assumed to be "physical", ie all memory
| over 1Mb is demand-paging. All addresses under 1Mb are guaranteed to match
| their physical addresses.
|
| NOTE1 above is no longer valid in its entirety. cache-memory is allocated
| above the 1Mb mark as well as below. Otherwise it is mainly correct.
```

Le secteur d'amorçage exécute, en mode réel des micro-processeurs Intel, les opérations suivantes :

· transfert du code d'amorçage, copié depuis le premier secteur de la disquette, depuis l'adresse `7C00h` (imposée par le BIOS) à l'adresse `90000h` (qui plaît plus à Linux) ;

· configuration des registres de segments de données et de la pile en mode réel ;

- appel d'une procédure BIOS pour afficher un message de chargement ;
- appel d'une procédure BIOS pour charger l'image du noyau à partir de la disquette et placement de cette image à l'adresse `10000h` de la mémoire vive ;
- initialisation du mode protégé.

2.2 Transfert du code d'amorçage

Le premier secteur de la disquette est copié à l'emplacement `7C00h` de la mémoire vive par le BIOS (pour des raisons propres à IBM pour le chargement de son système d'exploitation). Linux, quant à lui, réserve l'emplacement de `10000h` à `90000h - 1`, soit les **512 Ko** situés entre ces deux adresses au noyau Linux. Le code d'amorçage, qui ne fait pas partie du noyau, est donc transféré à l'adresse `90000h`.

Le code du transfert est le suivant :

```
BOOTSEG  = 0x07c0
INITSEG  = 0x9000
-------------------------
start:
        mov     ax,#BOOTSEG
        mov     ds,ax
        mov     ax,#INITSEG
        mov     es,ax
        mov     cx,#256
        sub     si,si
        sub     di,di
        rep
        movw
```

Linux 0.01

On remarquera que les adresses concernées sont repérées par des constantes symboliques, par exemple l'emplacement du code décidé par le BIOS est repéré par 16 × `BOOTSEG` (pour *BOOT SEGment*, segment d'amorçage), mais que le nombre de mots à copier ($256 \times 2 = 512$) apparaît comme un nombre magique.

2.3 Configuration de la pile en mode réel

Après avoir transféré le code à l'adresse `9000h`, il y a un saut à la ligne suivante dans ce nouvel emplacement du code (le code se trouve aux deux endroits à ce moment-là). Puisqu'il s'agit d'un saut long (« *far jump* »), le contenu du registre de segment de code `cs` est changé. On doit par contre initialiser les registres de segments de données `ds` et `es` ainsi que celui de la pile `ss` à la même valeur que `cs`. Le pointeur de pile (en mode réel) est, de façon un peu arbitraire, initialisé à `90400h` :

```
        jmpi    go,INITSEG
go:     mov     ax,cs
        mov     ds,ax
        mov     es,ax
        mov     ss,ax
        mov     sp,#0x400          | arbitrary value >>512
```

Linux 0.01

2.4 Affichage d'un message de chargement

Un message indiquant que Linux commence à charger le système (« *Loading system ...* » sur la
ligne suivante, puis saut de ligne) est affiché :

Linux 0.01

```
        mov     ah,#0x03        | read cursor pos
        xor     bh,bh
        int     0x10

        mov     cx,#24
        mov     bx,#0x0007      | page 0, attribute 7 (normal)
        mov     bp,#msg1
        mov     ax,#0x1301      | write string, move cursor
        int     0x10
--------------------
msg1:
        .byte 13,10
        .ascii "Loading system ..."
        .byte 13,10,13,10
```

On remarquera l'utilisation de l'interruption 10h du BIOS pour récupérer la position du curseur (fonction 3) et pour afficher une chaîne de caractères (fonction 13h avec al = 01h pour
attribut situé dans le registre bl et déplacement du curseur).

On a besoin de récupérer la position du curseur car la page n'a pas été effacée, on ne sait donc
pas à quelle ligne de l'écran on se trouve.

2.5 Chargement de l'image du noyau

L'image du noyau est chargée depuis la disquette et placée à l'adresse 10000h. Il est fait appel
à deux procédures, **read_it()** et **kill_motor()**, pour cela :

Linux 0.01

```
SYSSEG  = 0x1000                | system loaded at 0x10000 (65536).
------------------------------------
| ok, we've written the message, now
| we want to load the system (at 0x10000)

        mov     ax,#SYSSEG
        mov     es,ax           | segment of 0x010000
        call    read_it
        call    kill_motor
```

Choix du type de disquette d'amorçage

Pour charger l'image du noyau depuis une disquette, on doit connaître le type de disquette,
plus exactement le nombre de secteurs par piste. Ce choix est fait au moment de la compilation
grâce à la constante sectors :

Linux 0.01

```
| NOTE 2! The boot disk type must be set at compile-time, by setting
| the following equ. Having the boot-up procedure hunt for the right
| disk type is severe brain-damage.
| The loader has been made as simple as possible (had to, to get it
| in 512 bytes with the code to move to protected mode), and continuous
| read errors will result in a unbreakable loop. Reboot by hand. It
| loads pretty fast by getting whole sectors at a time whenever possible.

| 1.44Mb disks:
sectors = 18
| 1.2Mb disks:
| sectors = 15
| 720kB disks:
| sectors = 9
```

La sous-routine de lecture

La sous-routine **read_it()** lit le nombre de secteurs nécessaires pour contenir l'image du noyau sur la disquette, piste par piste, et en place le contenu au bon endroit, c'est-à-dire à l'adresse 10000h ou 65 536, repérée par la constante symbolique 16 × SYSSEG (pour *SYStem SEGment*) :

```
SYSSEG  = 0x1000                   | system loaded at 0x10000 (65536).
ENDSEG  = SYSSEG + SYSSIZE
--------------------------
| This routine loads the system at address 0x10000, making sure
| no 64kB boundaries are crossed. We try to load it as fast as
| possible, loading whole tracks whenever we can.
|
| in:   es - starting address segment (normally 0x1000)
|
| This routine has to be recompiled to fit another drive type,
| just change the "sectors" variable at the start of the file
| (originally 18, for a 1.44Mb drive)
|
```
Linux 0.01

On a besoin de connaître le nombre de secteurs par piste, repéré par la variable sectors déjà vue, mais également le nombre de secteurs qui restent à lire sur la piste en cours (et non le nombre de secteurs lus, comme indiqué en anglais) sread, le numéro de la tête de lecture/écriture utilisée head et le numéro de piste en cours track :

```
sread:  .word 1                    | sectors read of current track
head:   .word 0                    | current head
track:  .word 0                    | current track
```
Linux 0.01

On utilisera de plus le registre bx pour détenir le déplacement dans le segment de données repéré par es (qui doit donc être initialisé à 0).

On lit les secteurs, piste par piste, tant qu'on n'est pas arrivé à la fin de l'image du noyau :

```
read_it:
        mov ax,es
        test ax,#0x0fff
die:    jne die                    | es must be at 64kB boundary
        xor bx,bx                  | bx is starting address within segment
rp_read:
        mov ax,es
        cmp ax,#ENDSEG             | have we loaded all yet?
        jb ok1_read
        ret
```
Linux 0.01

On connaît la taille (multiple de la taille d'un secteur) de l'image du noyau grâce à la constante symbolique SYSSIZE générée lors de la compilation des sources.

Rappelons que pour lire un secteur d'un disque avec le BIOS, ou plusieurs secteurs situés sur la même piste, on utilise la fonction 02h de l'interruption 13h, les registres étant initialisés de la façon suivante : Rappels

· le registre AH doit contenir le numéro de la fonction, à savoir 02h ;

· le registre AL doit contenir le nombre de secteurs à lire ;

· le registre CH doit contenir le numéro de cylindre (le premier cylindre étant numéroté 0) ;

· le registre CL contient éventuellement les deux bits de poids forts (bits 6 et 7) du numéro de cylindre et surtout (bits 0 à 5) le numéro du premier secteur à lire (le numéro du premier secteur étant 1) ;

· le registre DH doit contenir le numéro de la tête de lecture-écriture (0 ou 1 pour une disquette) ;

· le registre DL doit contenir le numéro du disque (0 = A, 1 = B, 2 = C... mais aussi 80h pour le premier disque dur, 81h pour le second...) ;

· les registres es:bx doivent contenir l'adresse d'un tampon en mémoire vive, d'une taille suffisante pour contenir la valeur des secteurs à lire.

Si l'opération réussit, l'indicateur cf est positionné à 0 et le registre al contient le nombre effectif de secteurs lus. Sinon cf est positionné à 1.

La sous-routine **read_it()** fait elle-même appel à la procédure **ok1_read()** pour déterminer, d'une part, le numéro du premier secteur à lire, ce numéro devant être placé dans le registre cl, et, d'autre part, le nombre de secteurs à lire (si possible tout le contenu d'une piste), ce nombre devant être placé dans le registre al :

Linux 0.01

```
ok1_read:
        mov ax,#sectors
        sub ax,sread
        mov cx,ax
        shl cx,#9
        add cx,bx
        jnc ok2_read
        je  ok2_read
        xor ax,ax
        sub ax,bx
        shr ax,#9
```

Autrement dit :

· On calcule le nombre de secteurs par piste moins le nombre de secteurs déjà lus sur la piste, que l'on multiplie par 512 et que l'on ajoute à bx pour obtenir la valeur de cx (seule la valeur de cl nous intéressant vraiment).

· Si le nombre de secteurs lus sur la piste est égal au nombre de secteurs par piste, on a terminé de lire la piste ; on fait alors appel à la procédure **ok2_read()** pour déterminer les numéros de tête de lecture et de piste pour la suite. Sinon on place la valeur de bx divisée par 512 dans ax (seule al nous intéressant vraiment) pour obtenir le nombre de secteurs à lire et on passe également à la procédure **ok2_read()**.

La sous-routine **ok2_read()** commence par faire appel à la sous-routine **read_track()** de lecture de secteurs (en général d'une piste complète). Étudions le comportement de celle-ci :

Linux 0.01

```
read_track:
        push ax
        push bx
        push cx
        push dx
        mov dx,track
        mov cx,sread
        inc cx
        mov ch,dl
        mov dx,head
        mov dh,dl
        mov dl,#0
        and dx,#0x0100
        mov ah,#2
        int 0x13
        jc bad_rt
        pop dx
        pop cx
        pop bx
```

```
        pop ax
        ret
bad_rt: mov ax,#0
        mov dx,#0
        int 0x13
        pop dx
        pop cx
        pop bx
        pop ax
        jmp read_track
```

Autrement dit la lecture d'une piste se fait grâce à l'interruption BIOS 13h :

· les registres ax, bx, cx et dx, qui vont être utilisés, sont sauvegardés sur la pile ;

· le numéro de la piste à lire est placé dans le registre ch, en transitant par le registre dx ;

· le numéro du premier secteur à lire est placé dans le registre cl (il est incrémenté de 1 puisque sread représente le nombre de secteurs déjà lus) ;

· le numéro de tête de lecture est placé dans le registre dh ;

· le numéro de disque est placé dans le registre dl ; il s'agit du premier lecteur de disquettes et donc de 0 ;

· on vérifie que le numéro de tête de lecture est 0 ou 1 grâce au and ;

· le numéro de fonction de lecture d'un secteur, à savoir 2, est placé dans le registre ah ;

· nous avons vu que l'opération précédente a permis de déterminer le nombre de secteurs à lire, placé dans le registre al, ainsi que l'adresse du tampon es:bx ; on fait alors appel à l'interruption BIOS 13h pour effectuer la lecture ;

· si tout se passe bien, on restaure les valeurs des registres dx, cx, bx et ax ; lorsqu'il y a un problème de lecture, on réinitialise le disque (fonction 0 de l'interruption 13h) et on recommence l'essai de lecture (on entre éventuellement dans une boucle infinie).

La sous-routine **ok2_read()** lit des secteurs et détermine les numéros de tête de lecture et de piste pour la suite :

```
ok2_read:
        call read_track
        mov  cx,ax
        add  ax,sread
        cmp  ax,#sectors
        jne  ok3_read
        mov  ax,#1
        sub  ax,head
        jne  ok4_read
        inc  track
ok4_read:
        mov head,ax
        xor ax,ax
```

Linux 0.01

Autrement dit on ajoute au registre ax, c'est-à-dire au nombre de secteurs que l'on vient de lire, le nombre de secteurs lus. Si ce nombre de secteurs n'est pas égal au nombre de secteurs par piste, on n'a pas terminé de lire la piste ; on passe donc à la sous-routine **ok3_read()**. Sinon on change le numéro de tête de lecture/écriture et on incrémente éventuellement le numéro de piste (plus précisément lorsqu'on revient à la tête 0), tout en mémorisant le numéro de tête de lecture/écriture dans la variable head et en remettant ax à 0.

La procédure **ok3_read()** permet de mettre les variables à jour :

Linux 0.01

```
ok3_read:
        mov sread,ax
        shl cx,#9
        add bx,cx
        jnc rp_read
        mov ax,es
        add ax,#0x1000
        mov es,ax
        xor bx,bx
        jmp rp_read
```

Autrement dit :

- le nombre de secteurs lus de la piste est contenu dans le registre ax, que l'on transmet à la variable sread ;
- le registre cx contient le nombre de secteurs qui vient d'être lu ; en le multipliant par 512 et en l'ajoutant à bx, on met à jour l'adresse du tampon dans lequel seront placés les secteurs à lire ;
- n'oublions pas que les segments contiennent au plus 64 Ko en mode réel des micro-processeurs Intel ; si bx est strictement inférieur à 64 Ko (ce que l'on sait en regardant si cf = 0), on peut revenir au début de la boucle de lecture des secteurs ; sinon on ajoute 1 000h à l'adresse du segment es, on met bx à 0 et on peut également revenir au début de la boucle de lecture des secteurs.

Routine d'arrêt du moteur du lecteur de disquettes

La routine **kill_motor()** permet d'arrêter le moteur du lecteur de disquettes, ce qui est conseillé puisqu'on n'utilisera plus ce lecteur :

Linux 0.01

```
/*
 * This procedure turns off the floppy drive motor, so
 * that we enter the kernel in a known state, and
 * don't have to worry about it later.
 */
kill_motor:
        push dx
        mov dx,#0x3f2
        mov al,#0
        outb
        pop dx
        ret
```

3 Passage au mode protégé

Le code du passage au mode protégé et à une première initialisation en mode protégé, écrit en langage d'assemblage, est situé dans la seconde moitié du fichier *boot/boot.s*. Il s'agit de la partie qui sera appelée **setup()** dans les noyaux suivants.

3.1 Les grandes étapes

La fonction **setup()** doit initialiser les périphériques de l'ordinateur et configurer l'environnement pour l'exécution du programme du noyau. Bien que le BIOS ait déjà initialisé la plupart des périphériques matériels, Linux réinitialise ceux-ci à sa manière pour en améliorer la portabilité et la fiabilité. La fonction **setup()** exécute les opérations suivantes :

· sauvegarde de la position du curseur graphique ;

· inhibition des interruptions matérielles ;

· transfert du code du système de l'adresse 10 000h à l'adresse 1000h ;

· chargement provisoire de la table des descripteurs d'interruptions (IDT) et de la table globale des descripteurs (GDT) ;

· activation de la broche A20 ;

· reprogrammation du contrôleur d'interruption programmable (PIC) et transfert des 16 interruptions matérielles (lignes d'IRQ) vers la plage de vecteurs 32 à 47 ;

· commutation du micro-processeur du mode réel vers le mode protégé ;

· passage à la fonction startup_32.

3.2 Sauvegarde de la position du curseur graphique

Lors du passage au mode protégé, nous allons perdre l'emplacement où nous étions sur l'écran. Nous avons donc intérêt à le sauvegarder pour les affichages ultérieurs.

La position du curseur est sauvegardée à l'emplacement de mémoire vive 90510h :

```
| if the read went well we get current cursor position and save it for
| posterity.

        mov     ah,#0x03           | read cursor pos
        xor     bh,bh
        int     0x10               | save it in known place, con_init fetches
        mov     [510],dx           | it from 0x90510.
```
Linux 0.01

On utilise l'interruption BIOS 13h, fonction 3, pour obtenir cette position.

3.3 Inhibition des interruptions matérielles

Rappelons qu'avant de passer au mode protégé, on a intérêt à inhiber les interruptions matérielles (masquables), ce que l'on fait ici :

```
| now we want to move to protected mode ...

        cli                        | no interrupts allowed!
```
Linux 0.01

3.4 Transfert du code du système

Le code du système est transféré (pour la dernière fois) de l'adresse 10 000h à l'adresse 0h, c'est-à-dire en début de mémoire vive, en transférant huit fois 64 Ko, soit 512 Ko :

```
| first we move the system to its rightful place

        mov     ax,#0x0000
        cld                        | 'direction'=0, mov moves forward
do_move:
        mov     es,ax              | destination segment
        add     ax,#0x1000
        cmp     ax,#0x9000
        jz      end_move
```
Linux 0.01

```
        mov     ds,ax           | source segment
        sub     di,di
        sub     si,si
        mov     cx,#0x8000
        rep
        movsw
        jmp     do_move
```

3.5 Chargement de tables provisoires de descripteurs

La table globale des descripteurs GDT provisoire comprend 256 entrées dont trois seulement sont initialisées : le descripteur nul, un descripteur de segment de code et un descripteur de segment de données. La table des descripteurs d'interruption IDT provisoire ne comprend, quant à elle, aucune entrée.

```
| then we load the segment descriptors

end_move:
        mov     ax,cs
        mov     ds,ax
        lidt    idt_48          | load idt with 0,0
        lgdt    gdt_48          | load gdt with whatever appropriate
-------------------------------------------------------------------
gdt:
        .word   0,0,0,0         | dummy

        .word   0x07FF          | 8Mb - limit=2047 (2048*4096=8Mb)
        .word   0x0000          | base address=0
        .word   0x9A00          | code read/exec
        .word   0x00C0          | granularity=4096, 386

        .word   0x07FF          | 8Mb - limit=2047 (2048*4096=8Mb)
        .word   0x0000          | base address=0
        .word   0x9200          | data read/write
        .word   0x00C0          | granularity=4096, 386

idt_48:
        .word   0               | idt limit=0
        .word   0,0             | idt base=0L

gdt_48:
        .word   0x800           | gdt limit=2048, 256 GDT entries
        .word   512+gdt,0x9     | gdt base = 0X9xxxx
```

3.6 Activation de la broche A20

Pour des problèmes de compatibilité avec le micro-processeur 8086, les concepteurs de l'IBM PC-AT ont inhibé la broche des adresses A20 (pour ne pas aller au-delà des 1 Mo de mémoire vive d'origine). Lorsqu'on veut passer en mode protégé et aller au-delà du premier Mo, il faut réactiver cette broche A20. C'est l'objet du code qui suit :

```
| that was painless, now we enable A20

        call    empty_8042
        mov     al,#0xD1        | command write
        out     #0x64,al
        call    empty_8042
        mov     al,#0xDF        | A20 on
        out     #0x60,al
        call    empty_8042
----------------------------------------
| This routine checks that the keyboard command queue is empty
```

```
| No timeout is used - if this hangs there is something wrong with
| the machine, and we probably couldn't proceed anyway.
empty_8042:
        .word   0x00eb,0x00eb
        in      al,#0x64        | 8042 status port
        test    al,#2           | is input buffer full?
        jnz     empty_8042      | yes - loop
        ret
```

3.7 Reprogrammation du PIC

Cette étape a été étudiée au chapitre 5.

3.8 Passage au mode protégé

On passe ensuite au mode protégé en activant le bit PE et en effectuant un saut. Le saut a lieu à l'adresse absolue 0, là où le chargeur a placé le code de la fonction **startup_32()** :

```
| Well, now's the time to actually move into protected mode. To make          Linux 0.01
| things as simple as possible, we do no register set-up or anything,
| we let the gnu-compiled 32-bit programs do that. We just jump to
| absolute address 0x00000, in 32-bit protected mode.

        mov     ax,#0x0001      | protected mode (PE) bit
        lmsw    ax              | This is it!
        jmpi    0,8             | jmp offset 0 of segment 8 (cs)
```

4 La fonction startup_32()

4.1 Les grandes étapes

La fonction **startup_32()** est contenue dans le fichier, écrit en langage d'assemblage, *boot/ head.s* :

```
/*                                                                            Linux 0.01
 *  head.s contains the 32-bit startup code.
 *
 * NOTE!!! Startup happens at absolute address 0x00000000, which is also where
 * the page directory will exist. The startup code will be overwritten by
 * the page directory.
 */
```

La fonction **startup_32()** configure l'environnement d'exécution pour le premier processus Linux (processus 0). Elle exécute les opérations suivantes :

· initialisation des registres de segmentation avec des valeurs provisoires ;

· configuration de la pile en mode noyau pour le processus 0 ;

· appel de la fonction **setup_idt()** pour remplir l'IDT de gestionnaires d'interruption nuls ;

· appel de la fonction **setup_gdt()** pour remplir la GDT ;

· initialisation des registres de segment de données et de pile avec les valeurs définitives ;

· vérification de l'activation de la broche A20 ;

· mise en place de l'émulation du coprocesseur arithmétique si celui-ci n'est pas présent ;

· mise en place de la pagination ;

· passage à la fonction **main()**, appelée **start_kernel()** dans les noyaux ultérieurs.

4.2 Initialisation des registres de segmentation

Tous les registres de segmentation (sauf le registre de code) sont initialisés (provisoirement) avec le sélecteur 10h, c'est-à-dire le segment de données provisoire chargé par la fonction **setup()** :

Linux 0.01
```
.globl _idt,_gdt,_pg_dir
_pg_dir:
startup_32:
        movl $0x10,%eax
        mov %ax,%ds
        mov %ax,%es
        mov %ax,%fs
        mov %ax,%gs
```

4.3 Configuration de la pile en mode noyau

Le pointeur de pile est alors initialisé :

Linux 0.01
```
        lss _stack_start,%esp
```

la variable _stack_start étant une variable du compilateur gcc.

4.4 Initialisation provisoire de la table des interruptions

La table des descripteurs d'interruption a déjà été initialisée de façon provisoire avant de passer au mode protégé. Maintenant il est fait appel à la procédure **setup_idt()** :

Linux 0.01
```
        call setup_idt
```

pour remplir cette table avec un gestionnaire par défaut.

L'IDT est stockée dans la table appelée _idt, celle-ci étant déclarée au tout début du fichier *head.s* :

Linux 0.01
```
.globl _idt,_gdt,_pg_dir
```

Le descripteur de l'IDT s'appelle idt_descr :

Linux 0.01
```
idt_descr:
        .word 256*8-1           # idt contains 256 entries
        .long _idt
```

Remarquons que l'IDT contient systématiquement 256 entrées.

L'IDT est définie statiquement de la façon suivante :

Linux 0.01
```
_idt:   .fill 256,8,0           # idt is uninitialized
```

Durant l'initialisation du noyau, la fonction **setup_idt()**, écrite en langage d'assemblage, commence par remplir les 256 entrées de _idt avec la même porte d'interruption, qui référence le gestionnaire d'interruption **ignore_int()** :

Linux 0.01
```
/*
 *  setup_idt
 *
 *  sets up a idt with 256 entries pointing to
 *  ignore_int, interrupt gates. It then loads
 *  idt. Everything that wants to install itself
 *  in the idt-table may do so themselves. Interrupts
```

```
 *   are enabled elsewhere, when we can be relatively
 *   sure everything is ok. This routine will be over-
 *   written by the page tables.
 */
setup_idt:
        lea ignore_int,%edx
        movl $0x00080000,%eax
        movw %dx,%ax                /* selector = 0x0008 = cs */
        movw $0x8E00,%dx            /* interrupt gate - dpl=0, present */
        lea _idt,%edi
        mov $256,%ecx
rp_sidt:
        movl %eax,(%edi)
        movl %edx,4(%edi)
        addl $8,%edi
        dec %ecx
        jne rp_sidt
        lidt idt_descr
        ret
```

La dernière ligne de la procédure précédente (`lidt idt_descr`) correspond au chargement de l'IDT.

Le gestionnaire d'interruption par défaut **ignore_int()** est également écrit en langage d'assemblage dans *head.s*. Il est vraiment très simple dans le cas du noyau 0.01 :

```
/* This is the default interrupt "handler":-) */
.align 2
ignore_int:
        incb 0xb8000+160            # put something on the screen
        movb $2,0xb8000+161         # so that we know something
        iret                        # happened
```
Linux 0.01

puisqu'il se contente d'afficher un caractère semi-graphique (celui de code ASCII modifié 2) en haut à gauche de l'écran pour montrer que quelque chose s'est passé.

4.5 Initialisation de la table globale des descripteurs

Nous avons vu, au chapitre 4 sur la gestion de la mémoire, que Linux n'utilise la segmentation des micro-processeurs Intel que de façon limitée, à laquelle il préfère la pagination, considérant que la segmentation et la pagination sont en partie redondantes.

Linux n'utilise la segmentation que lorsque l'architecture Intel le nécessite. En particulier tous les processus utilisent les mêmes adresses logiques, de sorte que le nombre de segments à définir est très limité et qu'il est possible d'enregistrer tous les descripteurs de segments dans la table globale des descripteurs GDT.

La table globale des descripteurs a déjà été initialisée avant de passer au mode protégé. Maintenant il est fait appel à une procédure :

```
        call setup_gdt
```
Linux 0.01

pour remplir cette table de façon définitive.

La table globale des descripteurs s'appelle _gdt. Elle est déclarée dans le fichier *head.s* :

```
.globl _idt,_gdt,_pg_dir
```
Linux 0.01

La GDT comprend systématiquement 256 descripteurs :

Linux 0.01

```
gdt_descr:
        .word 256*8-1            # so does gdt (not that that's any
        .long _gdt              # magic number, but it works for me:^)
```

Cette table est initialisée statiquement tout à la fin du fichier :

Linux 0.01

```
_gdt:   .quad 0x0000000000000000        /* NULL descriptor */
        .quad 0x00c09a00000007ff        /* 8Mb */
        .quad 0x00c0920000007ff         /* 8Mb */
        .quad 0x0000000000000000        /* TEMPORARY - don't use */
        .fill 252,8,0                   /* space for LDT's and TSS's etc */
```

La GDT comprend donc 256 descripteurs : le descripteur nul, le descripteur du segment de code, le descripteur du segment des données (étudiés au chapitre 4), un descripteur réservé, et 252 places pour les LDT et les TSS des processus, les descripteurs n'étant pas initialisés pour l'instant.

Les sélecteurs pour les quatre segments initialisés sont repérés par des constantes symboliques définies dans le fichier *include/linux/head.h* :

Linux 0.01

```
#define GDT_NUL  0
#define GDT_CODE 1
#define GDT_DATA 2
#define GDT_TMP  3
```

et jamais utilisées.

Le rôle de la procédure **setup_gdt()** est de charger la GDT :

Linux 0.01

```
/*
 *  setup_gdt
 *
 *  This routines sets up a new gdt and loads it.
 *  Only two entries are currently built, the same
 *  ones that were built in init.s. The routine
 *  is VERY complicated at two whole lines, so this
 *  rather long comment is certainly needed:-).
 *  This routine will be overwritten by the page tables.
 */
setup_gdt:
        lgdt gdt_descr
        ret
```

4.6 Valeurs finales des registres de segment de données et de pile

Maintenant que la table globale des descripteurs est initialisée de façon définitive, les registres de segment de données peuvent être initialisés de façon définitive, ainsi que la valeur du pointeur de pile :

Linux 0.01

```
        movl $0x10,%eax         # reload all the segment registers
        mov  %ax,%ds            # after changing gdt. CS was already
        mov  %ax,%es            # reloaded in 'setup_gdt'
        mov  %ax,%fs
        mov  %ax,%gs
        lss  _stack_start,%esp
```

Le sélecteur est celui du segment de données en mode noyau.

4.7 Vérification de l'activation de la broche A20

Si la broche A20 n'est pas activée, on entre dans une boucle infinie :

```
        xorl %eax,%eax
1:      incl %eax              # check that A20 really IS enabled
        movl %eax,0x000000     # loop forever if it isn't
        cmpl %eax,0x100000
        je   1b
```

4.8 Vérification de la présence du coprocesseur arithmétique

Si le coprocesseur arithmétique n'est pas présent, on positionne le bit d'émulation de celui-ci :

```
        movl %cr0,%eax         # check math chip
        andl $0x80000011,%eax  # Save PG,ET,PE
        testl $0x10,%eax
        jne 1f                 # ET is set - 387 is present
        orl $4,%eax            # else set emulate bit
1:      movl %eax,%cr0
```

4.9 Mise en place de la pagination

La pagination est mise en place en faisant appel à la procédure **setup_paging()** :

```
        jmp after_page_tables
--------------------------
.org 0x4000
after_page_tables:
        pushl $0               # These are the parameters to main:-)
        pushl $0
        pushl $0
        pushl $L6              # return address for main, if it decides to.
        pushl $_main
        jmp setup_paging
L6:
        jmp L6                 # main should never return here, but
                               # just in case, we know what happens.
```

On en profite pour utiliser une astuce : lors du retour de la procédure **setup_paging()**, appelée par un saut inconditionnel et non un call, l'adresse de retour sera _main, ce qui permettra de passer au code de la fonction **main()**.

Nous avons étudié le code de setup_paging au chapitre 17.

4.10 Passage à la fonction start_kernel()

On passe alors à la fonction, dite **start_kernel()**, qui est plus exactement la fonction **main()** du fichier *init/main.c*. Nous avons vu dans la section précédente que l'on utilise ici une astuce pour cela : lors du retour de la procédure **setup_paging()**, appelée par un saut inconditionnel et non un call, l'adresse de retour est _main, ce qui permet de passer au code de la fonction **main()** :

```
.org 0x4000
after_page_tables:
        pushl $0               # These are the parameters to main:-)
        pushl $0
```

```
        pushl $0
        pushl $L6                 # return address for main, if it decides to.
        pushl $_main
        jmp setup_paging
L6:
        jmp L6                    # main should never return here, but
                                  # just in case, we know what happens.
```

Si l'on revient de la fonction **main()**, ce qui ne devrait jamais être le cas, on entre dans une boucle infinie.

5 La fonction start_kernel()

5.1 Les grandes étapes

Nous avons vu dans la section précédente que lors du retour de la procédure **setup_paging()**, il est fait appel à _main, donc à la fonction principale du programme C.

Cette fonction **main()** est définie dans le fichier *init/main.c* :

Linux 0.01

```
void main(void)            /* This really IS void, no error here. */
{                          /* The startup routine assumes (well, ...) this */
/*
 * Interrupts are still disabled. Do necessary setups, then
 * enable them
 */
        time_init();
        tty_init();
        trap_init();
        sched_init();
        buffer_init();
        hd_init();
        sti();
        move_to_user_mode();
        if (!fork()) {             /* we count on this going ok */
                init();
        }
/*
 *   NOTE!!   For any other task 'pause()' would mean we have to get a
 * signal to awaken, but task0 is the sole exception (see 'schedule()')
 * as task 0 gets activated at every idle moment (when no other tasks
 * can run). For task0 'pause()' just means we go check if some other
 * task can run, and if not we return here.
 */
        for(;;) pause();
}
```

Cette fonction a pour but d'initialiser les interruptions matérielles puis de faire appel au processus numéro 1, plus précisément :

- la date et l'heure du système sont initialisées par la fonction **time_init()**, comme vu au chapitre 10 ;
- la console est initialisée par la fonction **tty_init()**, étudiée ci-après ;
- les interruptions logicielles sont initialisées en appelant **trap_init()**, comme vu au chapitre 5 ;
- le gestionnaire des tâches est initialisé par la fonction **sched_init()**, comme vu au chapitre 11 ;
- le cache du disque dur est initialisé par la fonction **buffer_init()**, comme vu au chapitre 19 ;

- le disque dur est initialisé par la fonction **hd_init()**, comme vu au chapitre 18 ;
- les interruptions matérielles (masquables) sont réactivées par **sti()** ;
- le mode utilisateur est activé par la macro **move_to_user_mode()**, étudiée un peu plus loin ; on est alors en mode utilisateur et ne retournera jamais en mode noyau, sauf pour réaliser les appels système ; le processus qui s'exécute alors est le processus de numéro 0, dit processus inactif (*idle process* en anglais) qui a deux actions principales :
  - il tourne indéfiniment sans rien faire, sauf effectuer des pauses de temps en temps, ce qui laisse la possibilité à d'autres processus d'être exécutés ;
  - encore faut-il qu'il y ait d'autres processus pour cela, d'où l'intérêt de l'appel système **fork()** ; on essaie donc de créer un nouveau processus, qui sera le processus numéro un, appelé processus noyau ou processus init ; on fait le pari, comme indiqué en commentaire, qu'on y parvient ; le processus fils, donc le processus init, fait appel à la fonction **init()**, que nous étudierons ci-après.

5.2 Initialisation du terminal

Initialisation de l'émulateur sous Linux

La fonction **main()** du noyau Linux fait appel à la fonction **tty_init()** pour initialiser l'émulation d'un terminal, plus spécifiquement d'un terminal VT102, comme il est dit en en-tête du fichier *kernel/console.c* :

```
/*      console.c
 *
 * This module implements the console io functions
 *      'void con_init(void)'
 *      'void con_write(struct tty_queue * queue)'
 * Hopefully this will be a rather complete VT102 implementation.
 *
 */
```

La fonction **tty_init()** est définie dans le fichier *kernel/tty_io.c*, avec un code très simple :

```
void tty_init(void)
{
        rs_init();
        con_init();
}
```

qui renvoie tout simplement à l'initialisation des liaisons série (utilisées par le modem) et à l'initialisation de la console.

Initialisation de la console

La fonction **con_init()** est définie dans le fichier *kernel/console.c* :

```
/*
 *  void con_init(void);
 *
 * This routine initalizes console interrupts, and does nothing
 * else. If you want the screen to clear, call tty_write with
 * the appropriate escape-sequence.
 */
void con_init(void)
{
        register unsigned char a;
```

```
        gotoxy(*(unsigned char *)(0x90000+510),*(unsigned char *)(0x90000+511));
        set_trap_gate(0x21,&keyboard_interrupt);
        outb_p(inb_p(0x21)&0xfd,0x21);
        a=inb_p(0x61);
        outb_p(a|0x80,0x61);
        outb(a,0x61);
}
```

Autrement dit cette fonction :

· place le curseur d'écran à l'endroit où on l'avait abandonné au moment du démarrage, grâce
  à la fonction **gotoxy()** ; les coordonnées x et y du curseur avaient été sauvegardées aux
  emplacements mémoire 90510h et 95511h dans le code de démarrage *boot/boot.s* :

Linux 0.01

```
| if the read went well we get current cursor position and save it for
| posterity.

        mov     ah,#0x03        | read cursor pos
        xor     bh,bh
        int     0x10            | save it in known place, con_init fetches
        mov     [510],dx        | it from 0x90510.
```

· place le bon gestionnaire de clavier à l'interruption matérielle 21h, grâce à la fonction **set_
  trap_gate()** ;
· active les données clavier et autorise l'IRQ1 associée à celui-ci.

Initialisation des liaisons série

Elle a été étudiée au chapitre 24.

5.3 Passage au mode utilisateur

La macro **move_to_user_mode()** est définie dans *include/asm/system.h* :

Linux 0.01

```
#define move_to_user_mode() \
__asm__ ("movl %%esp,%%eax\n\t" \
        "pushl $0x17\n\t" \
        "pushl %%eax\n\t" \
        "pushfl\n\t" \
        "pushl $0x0f\n\t" \
        "pushl $1f\n\t" \
        "iret\n" \
        "1:\tmovl $0x17,%%eax\n\t" \
        "movw %%ax,%%ds\n\t" \
        "movw %%ax,%%es\n\t" \
        "movw %%ax,%%fs\n\t" \
        "movw %%ax,%%gs" \
:::"ax")
```

Autrement dit :

· la valeur du registre esp est placée dans le registre eax (parce qu'on ne peut pas sauvegarder
  directement esp sur la pile) ;
· un certain nombre de valeurs sont sauvegardées sur la pile :
    · la valeur 17h du sélecteur du segment de données en mode noyau ;
    · la valeur du registre eax, c'est-à-dire celle de esp, comme nous venons de le voir ;
    · la valeur du registre des indicateurs ;
    · la valeur Fh du sélecteur du segment de code en mode utilisateur ;

- · l'adresse d'une procédure définie un peu plus bas dans le code, à l'adresse 1 après l'instruction `iret` ;
- · la procédure consiste à initialiser les registres de segment de données `ds`, `es`, `fs` et `gs` avec le sélecteur du segment de données en mode noyau ;
- · toute l'action de cette macro est réalisée par l'instruction `iret`. Rappelons ce que fait cette instruction :
  - · elle charge les registres `eip`, `cs` et `eflags` avec les valeurs sauvées sur la pile ;
  - · elle vérifie si le `PCL` du gestionnaire est égal à la valeur contenue dans les deux bits de poids faible de `cs` ; si ce n'est pas le cas, elle charge les registres `ss` et `esp` à partir de la pile ;
  - · elle examine le contenu des registres de segments `ds`, `es`, `fs` et `gs` ; si l'un d'entre eux contient un sélecteur qui référence un descripteur de segment dont le `DPL` est plus faible que le `CPL`, le registre de segment correspondant est mis à zéro.

Dans notre cas, `cs` est donc chargé avec le sélecteur du segment de code en mode utilisateur, `eip` se positionne au début de la procédure définie ci-dessus, `eflags` récupère la valeur qu'elle avait juste avant et la pile est chargée. La procédure est alors exécutée.

5.4 Le processus 1 : init

Le processus 1 exécute la fonction **init()**. Celle-ci est définie dans le fichier *init/main.c* :

```
void init(void)
{
        int i,j;

        setup();
        if (!fork())
                _exit(execve("/bin/update",NULL,NULL));
        (void) open("/dev/tty0",O_RDWR,0);
        (void) dup(0);
        (void) dup(0);
        printf("%d buffers = %d bytes buffer space\n\r",NR_BUFFERS,
                NR_BUFFERS*BLOCK_SIZE);
        printf(" Ok.\n\r");
        if ((i=fork())<0)
                printf("Fork failed in init\r\n");
        else if (!i) {
                close(0);close(1);close(2);
                setsid();
                (void) open("/dev/tty0",O_RDWR,0);
                (void) dup(0);
                (void) dup(0);
                _exit(execve("/bin/sh",argv,envp));
        }
        j=wait(&i);
        printf("child %d died with code %04x\n",j,i);
        sync();
        _exit(0);          /* NOTE! _exit, not exit() */
}
```

Linux 0.01

Autrement dit :

- · la table des partitions de chacun des deux disques durs est lue grâce à l'appel système **setup()** ; le système de fichiers racine est monté, par appel de la fonction **mount_root()**, elle-même appelée par l'appel système **setup()** ;

- on effectue un appel système **fork()** ; le processus fils cherche si un programme update (de sauvegarde asynchrone des fichiers sur le disque dur) est disponible et si c'est le cas, il est exécuté ; le processus numéro 2 a donc démarré ;

- le premier terminal est ouvert avec pour nom tty0 et il est dupliqué deux fois, ce qui permet de créer les trois fichiers habituels stdin, stdout et stderr ;

- un message est affiché sur le nombre de tampons ;

- un nouvel appel système **fork()** est effectué ; si celui-ci échoue, un message est affiché à l'écran ; s'il réussit, on en est donc au processus numéro 3, qui est l'éditeur de commandes ; on ferme les trois fichiers standard, on crée une session de processus (la première), on ouvre à nouveau les trois fichiers standard et on invoque l'éditeur de commandes sh ; comme indiqué dans les notes pour la version 0.01 :

  « Sans programme à exécuter, le noyau ne peut pas faire grand chose. Vous devriez trouver les exécutables pour « update » et pour « bash » au même endroit que vous avez trouvé ceci [les sources de Linux 0.01], qui devront être placés dans le répertoire « /bin » sur le périphérique racine indiqué (spécifié dans *config.h*). Bash doit avoir le nom « /bin/sh », puisque c'est sous ce nom que le noyau l'exécute.»

- le processus init attend que le processus 3, l'éditeur de commandes, se termine, affiche un message, sauvegarde sur disque les fichiers non encore sauvegardés et se termine ; ceci se déroule en fin de session.

6 Évolution du noyau

Le grand changement apparent pour l'utilisateur lors de l'amorçage de Linux est l'utilisation d'un utilitaire de multi-amorçage tel que LILO (pour *LInux LOader*), mais celui-ci ne fait pas partie du noyau.

En ce qui concerne le noyau, les fichiers source sont, pour un micro-processeur d'*Intel*, le fichier d'en-têtes *include/asm-i386/asm.h* :

```
1   #ifndef _LINUX_BOOT_H
2   #define _LINUX_BOOT_H
3
4   /* Don't touch these, unless you really know what you're doing. */
5   #define DEF_INITSEG     0x9000
6   #define DEF_SYSSEG      0x1000
7   #define DEF_SETUPSEG    0x9020
8   #define DEF_SYSSIZE     0x7F00
9
10  /* Internal svga startup constants */
11  #define NORMAL_VGA      0xffff          /* 80x25 mode */
12  #define EXTENDED_VGA    0xfffe          /* 80x50 mode */
13  #define ASK_VGA         0xfffd          /* ask for it at bootup */
14
15  #endif
```

... les fichiers écrits en langage d'assemblage *arch/i386/boot/bootsect.S* :

```
1   /*
2    *      bootsect.S              Copyright (C) 1991, 1992 Linus Torvalds
3    *
4    *      modified by Drew Eckhardt
5    *      modified by Bruce Evans (bde)
6    *      modified by Chris Noe (May 1999) (as86 -> gas)
7    *      gutted by H. Peter Anvin (Jan 2003)
8    *
```

```
9    * BIG FAT NOTE: We're in real mode using 64k segments.  Therefore segment
10   * addresses must be multiplied by 16 to obtain their respective linear
11   * addresses. To avoid confusion, linear addresses are written using leading
12   * hex while segment addresses are written as segment:offset.
13   *
14   */
15
16   #include <asm/boot.h>
17
18   SETUPSECTS     = 4                        /* default nr of setup-sectors */
19   BOOTSEG        = 0x07C0                   /* original address of boot-sector */
20   INITSEG        = DEF_INITSEG              /* we move boot here - out of the way */
21   SETUPSEG       = DEF_SETUPSEG             /* setup starts here */
22   SYSSEG         = DEF_SYSSEG               /* system loaded at 0x10000 (65536) */
23   SYSSIZE        = DEF_SYSSIZE              /* system size: # of 16-byte clicks */
24                                            /* to be loaded */
25   ROOT_DEV       = 0                        /* ROOT_DEV is now written by "build" */
26   SWAP_DEV       = 0                        /* SWAP_DEV is now written by "build" */
27
28   #ifndef SVGA_MODE
29   #define SVGA_MODE ASK_VGA
30   #endif
31
32   #ifndef RAMDISK
33   #define RAMDISK 0
34   #endif
35
36   #ifndef ROOT_RDONLY
37   #define ROOT_RDONLY 1
38   #endif
39
40   .code16
41   .text
42
43   .global _start
44   _start:
45
46           # Normalize the start address
47           jmpl    $BOOTSEG, $start2
48
49   start2:
50           movw    %cs, %ax
51           movw    %ax, %ds
52           movw    %ax, %es
53           movw    %ax, %ss
54           movw    $0x7c00, %sp
55           sti
56           cld
57
58           movw    $bugger_off_msg, %si
59
60   msg_loop:
61           lodsb
62           andb    %al, %al
63           jz      die
64           movb    $0xe, %ah
65           movw    $7, %bx
66           int     $0x10
67           jmp     msg_loop
68
69   die:
70           # Allow the user to press a key, then reboot
71           xorw    %ax, %ax
72           int     $0x16
73           int     $0x19
74
75           # int 0x19 should never return.  In case it does anyway,
76           # invoke the BIOS reset code...
77           ljmp    $0xf000,$0xfff0
78
```

```
79
80 bugger_off_msg:
81         .ascii  "Direct booting from floppy is no longer supported.\r\n"
82         .ascii  "Please use a boot loader program instead.\r\n"
83         .ascii  "\n"
84         .ascii  "Remove disk and press any key to reboot . . .\r\n"
85         .byte   0
86
87
88         # Kernel attributes; used by setup
89
90         .org 497
91 setup_sects:    .byte SETUPSECTS
92 root_flags:     .word ROOT_RDONLY
93 syssize:        .word SYSSIZE
94 swap_dev:       .word SWAP_DEV
95 ram_size:       .word RAMDISK
96 vid_mode:       .word SVGA_MODE
97 root_dev:       .word ROOT_DEV
98 boot_flag:      .word 0xAA55
```

... *arch/i386/boot/setup.S*, *arch/i386/boot/compressed/head.S* et *arch/i386/boot/video.S*, ainsi que le fichier *init/main.c*, écrit en langage C.

Les fonctions qui servent à l'initialisation du système Linux sont maintenant disséminées à travers tout le code et repérées par le modificateur __init, comme indiqué dans le fichier *linux/include/linux/init.h* :

Linux 2.6.0

```
7  /* These macros are used to mark some functions or
8   * initialized data (doesn't apply to uninitialized data)
9   * as 'initialization' functions. The kernel can take this
10  * as hint that the function is used only during the initialization
11  * phase and free up used memory resources after
12  *
13  * Usage:
14  * For functions:
15  *
16  * You should add __init immediately before the function name, like:
17  *
18  * static void __init initme(int x, int y)
19  * {
20  *    extern int z; z = x * y;
21  * }
22  *
23  * If the function has a prototype somewhere, you can also add
24  * __init between closing brace of the prototype and semicolon:
25  *
26  * extern int initialize_foobar_device(int, int, int) __init;
27  *
28  * For initialized data:
29  * You should insert __initdata between the variable name and equal
30  * sign followed by value, e.g.:
31  *
32  * static int init_variable __initdata = 0;
33  * static char linux_logo[] __initdata = { 0x32, 0x36, ... };
34  *
35  * Don't forget to initialize data not at file scope, i.e. within a function,
36  * as gcc otherwise puts the data into the bss section and not into the init
37  * section.
38  *
39  * Also note, that this data cannot be "const".
40  */
```

Lorsqu'on rencontre **module_init()** dans une partie du code source, la fonction indiquée entre les deux parenthèses sera placée dans un fichier spécial qui servira à initialiser le système lors du démarrage. Cette macro est définie dans le fichier *linux/include/linux/init.h* :

```
122 /**
123  * module_init() - driver initialization entry point
124  * @x: function to be run at kernel boot time or module insertion
125  *
126  * module_init() will either be called during do_initcalls (if
127  * builtin) or at module insertion time (if a module).  There can only
128  * be one per module.
129  */
130 #define module_init(x)   __initcall(x);
```

Linux 2.6.0

La macro auxiliaire **__initcall()** est définie dans le même fichier :

```
75 /* initcalls are now grouped by functionality into separate
76  * subsections. Ordering inside the subsections is determined
77  * by link order.
78  * For backwards compatibility, initcall() puts the call in
79  * the device init subsection.
80  */
81
82 #define __define_initcall(level,fn) \
83         static initcall_t __initcall_##fn __attribute_used__ \
84         __attribute__((__section__(".initcall" level ".init"))) = fn

[...]

91 #define device_initcall(fn)         __define_initcall("6",fn)

[...]

94 #define __initcall(fn) device_initcall(fn)
```

Linux 2.6.0

Conclusion

L'étude du démarrage du système Linux est certainement le chapitre le plus ardu de ce livre car il exige, tout d'abord, une très bonne connaissance de la programmation en langage d'assemblage gas de GNU, de la programmation des micro-processeurs *Intel*, tant en mode réel qu'en mode protégé, et du BIOS des micro-ordinateurs compatibles PC. Pour le lecteur (idéal) qui domine ces aspects, cette opération n'est pas vraiment très compliquée. Voilà qui met un point final à ce manuel. Puisse le lecteur avoir autant apprécié sa lecture que l'auteur a pris de plaisir à le rédiger.

Bibliographie

Études générales sur les systèmes d'exploitation

[BRI-73] BRINCH HANSEN, Per, **Operating System Principles**, Prentice-Hall, 1973.

Le premier manuel sur les principes des systèmes d'exploitation :

> *« En écrivant ce livre, j'en suis arrivé à la conclusion que les systèmes d'exploitation ne sont pas radicalement différents d'autres programmes. Ce sont seulement de gros programmes reposant sur les principes d'un sujet plus fondamental : la programmation parallèle.*
>
> *Commençant par une définition concise des buts d'un système d'exploitation, j'ai divisé le sujet en cinq domaines majeurs. J'ai d'abord présenté les principes de la programmation parallèle, l'essence des systèmes d'exploitation. J'ai alors décrit la gestion des processus, la gestion de la mémoire, les algorithmes d'ordonnancement puis la protection des ressources, tout cela comme implémentation du parallélisme. »*

[DEI-84] DEITEL, Harvey M., **An Introduction to Operating Systems**, Addison-Wesley, Revised First Edition, 1984, XXVIII+673 p. ; 2nd ed, 1990.

L'un des premiers ouvrages généraux sur les systèmes d'exploitation à connaître un succès certain.

[SIL-98] SILBERSCHATZ, Abraham & GALVIN, Peter, **Operating System Concepts**, Addison-Wesley, fifth edition, 1998, XVII+888 p. ; traduction française de la quatrième édition **Principes des systèmes d'exploitation**, Addison-Wesley, 1994.

Un classique. Beaucoup d'informations mais pas d'exemple étudié en détail.

[TAN-87] TANENBAUM, Andrew, **Operating Systems. Design and Implementation**, Prentice-Hall, 1987 ; traduction française **Les systèmes d'exploitation : conception et mise en œuvre**, InterEditions, 1989, XI+756 p.

Les principes des systèmes d'exploitation sont illustrés par MINIX, une version d'UNIX pour IBM PC créée à cette occasion par TANENBAUM. Le livre contient le source de cette première version de MINIX, véritable révolution dans la présentation de la conception des systèmes d'exploitation.

[TAN-92] TANENBAUM, Andrew, **Modern Operating Systems**, Prentice-Hall, 1992 ; traduction française **Systèmes d'exploitation : systèmes centralisés, systèmes distribués**, InterEditions, 1994, XII+795 p.

La différence avec le livre précédent (dont il reprend une partie) est expliquée dans la préface :

> *« Pour être franc, je dois dire qu'à l'origine je souhaitais réviser l'un de mes ouvrages précédents (*Les systèmes d'exploitation*) duquel je souhaitais supprimer tout ce qui concernait MINIX, pour que ce livre soit plus proche d'un cours « théorique ». Au cours de cette révision, j'ai pris conscience de l'importance des systèmes répartis au point que j'ai ajouté sept chapitres consacrés à ce sujet. »*

Il s'agit de la première présentation des systèmes répartis mais Minix n'est plus pris en exemple (et le source a disparu, bien sûr). Il y a deux études de cas portant sur Unix et sur MS-DOS, mais pas détaillées jusqu'à l'implémentation. Cet ouvrage est donc moins intéressant que le précédent pour nous.

[TAN-97] Tanenbaum, Andrew & Woodhull, Albert, **Operating Systems. Design and Implementation, second edition**, Prentice-Hall, 1997, XVIII+940 p + CD-ROM.

Le livre contient le source de la seconde version de Minix, dont Tanenbaum regrette qu'elle ait trop évolué pour un cours. Le CD-ROM contient le source et une version exécutable.

[BRI-01] Brinch Hansen, Per ed., **Classic Operating Systems : From Batch Processing to Distributed Systems**, Springer-Verlag, 2001.

Une anthologie de textes fondateurs.

[TAN-02] Tanenbaum, Andrew, **Modern Operating Systems**, Prentice-Hall, 2nd ed., 2002.

[BLO-03] Bloch, Laurent, **Les systèmes d'exploitation des ordinateurs : histoire, fonctionnement, enjeux**, Vuibert, 2003, 314 p.

Décrit les principes des systèmes d'exploitation dans un contexte historique dans un texte très bien écrit, avec humour et humeur.

Implémentation de systèmes d'exploitation

Il existe très peu d'études. À part Tanenbaum 1987, un livre souvent cité est :

[BUR-96] Burgess, Richard, **Developing your own 32-bit operating system**, Sams, 1996, 741 p. + CD-ROM, ISBN 0-672-30655-7.

Comprend le code source du système d'exploitation créé à cette occasion. Épuisé chez l'éditeur d'origine mais distribué en ligne sous le titre MMURTL V1.0 (ISBN-1-58853-000-0) à l'adresse :

http://www.SensoryPublishing.com/mmurtl.html.]

Vues sur l'implémentation d'Unix

Il n'existe aucune étude complète sur l'implémentation d'Unix, à part Linux. Les livres suivants en proposent cependant les grandes lignes.

[BAC-86] Bach, Maurice J., **The Design of the UNIX Operating System**, Prentice-Hall, 1986, 471 p., ISBN 0-13-201757-1 ; traduction française **Conception du système Unix**, Masson, 1993, 496 p., ISBN 2-225-81596-8.

[LIO-96] Lions, John, **Lions' Commentary on UNIX 6th Edition with Source Code**, Peer-to-Peer, 1996, ISBN 1-57398-013-7.

[VAH-96] Vahalia, Uresh, **Unix internals – the new frontiers**, Prentice-Hall, 1996, 600 p., ISBN 0-13-101908-2.

Sur Unix BSD, on dispose de deux classiques :

[LEF-89] Leffler, Samuel J. & McKusick, Marshall Kirk & Karels, Michael J. & Quarterman, John S., **The Design and Implementation of the 4.3 BSD UNIX Operating System**, Addison-Wesley, 1989 (réimprimé avec des corrections en octobre 1990), 471 p., ISBN 0-201-06196-1.

[McK-96] McKusick, Keith Bostic, Marshall Kirk & Karels, Michael J. & Quarterman, John S., **The Design and Implementation of the 4.4 BSD UNIX Operating System**, Addison-Wesley, 1996, ISBN 0-201-54979-4 ; traduction française, Vuibert, 1997, 576 p, 2-84180-142-X.

Étude du noyau Linux

[BEC-96] Beck, Michael & Böhme, Harald & Dziadzka, Mirko & Kunitz, Ulrich & Magnus, Robert & Verworner, Dirk, **Linux-Kernel-Programmierung**, Addison-Wesley (Deutschland) ; traduction anglaise **Linux Kernel Internals**, Addison-Wesley, 1996 ; second edition, 1998, XVI+480 p. + CD-ROM ; third edition, Addison-Wesley, 2002, XIV+471 p. + CD-ROM.

[CAR-98] Card, Rémy & Dumas, Éric & Mével, Franck, **Programmation Linux 2.0 : API système et fonctionnement du noyau**, Eyrolles, 1998, XIII+520 p. + CD-ROM, ISBN 2-212-08932-5 ; traduction anglaise **The Linux Kernel Book**, Wiley, 1998.

Comme son nom l'indique, son but est d'aider le programmeur Linux. Il donne cependant des notes sur l'implémentation, en décrivant surtout les structures utilisées (pour le noyau 2.0).

[MAX-99] Maxwell, Scott, **Linux Core Kernel Commentary**, Coriolis, 1999, XV+576 p. + CD-ROM, ISBN : 1-57610-469-9.

Dans une première partie, les sources du noyau (une partie seulement en fait) sont reproduites, chaque ligne étant numérotée. La seconde partie commente ces sources.

[BAR-00] Bar, Moshe, **Linux internals**, McGraw-Hill, 2000, XV+352 p. + CD-ROM.

[Version étendue d'un article concernant le noyau 2.4.]

[BOV-01] Bovet, Daniel & Cesati, Marco, **Understanding the Linux Kernel : from I/O ports to process management**, O'Reilly, 2001, XVI+684 p. ; 2nd ed., 2003 ; traduction française de la première édition **Le noyau Linux**, O'Reilly, 2001, XVI+673 p.

Le plus détaillé des livres sur l'implémentation de Linux avant celui que le lecteur tient dans ses mains, le premier à aborder les points concernant l'architecture du micro-processeur (en l'occurrence le `80x86` d'Intel). Le choix du dernier noyau de l'époque, le noyau 2.2, ne permet pas de commenter tous les points essentiels d'un système d'exploitation, ce qui est dommage vu la qualité de ce livre. À utiliser absolument en complément de notre livre pour l'évolution du noyau.

La seconde édition porte sur le noyau 2.4.

[NUT-01] Nutt, Gary, **Kernel Projects for Linux**, Addison-Wesley, 2001, XVI+239 p. + CD-ROM.

Des travaux pratiques sur un certain nombre de points concernant le noyau, ce qui permet de mieux connaître celui-ci. Gary Nutt est l'auteur de plusieurs ouvrages sur les systèmes d'exploitation dont un est livré avec l'analogue de ce livre pour Windows.

[TOR-01] Torvalds, Linus & Diamond, David, **Just for Fun**, HarperCollins Publishers, 2001 ; traduction française **Il était une fois Linux**, Osman Eyrolles Multimedia, 2001, 300 p.

Réminiscences de Linus Torvalds. Il ne s'agit pas d'une étude technique mais on trouve des indications intéressantes pour notre propos de temps en temps.

[OGO-03] O'GORMAN, John, The Linux Process Manager, Wiley, 2003, XVII+828 p.

Ne s'occupe que du gestionnaire des tâches mais commente tout le code s'y rapportant pour le noyau 2.4.18.

Le micro-processeur 80386

Le micro-processeur `80386` ne nous intéresse que du point de vue de sa programmation, le câblage ayant été décidé par les concepteurs de l'IBM-PC et suivi par ses successeurs. La référence est évidemment :

[INT386] INTEL CORPORATION, iAPX 386 Programmer's Reference Manual, Intel Corp., Santa Clara, CA, 1986.

Ce manuel n'est plus distribué par Intel mais on le trouve sur Internet :
`http://www.execpc.com/~geezer/os/386intel.zip`
sous forme d'un fichier texte (de 858 Ko compressé avec PKZIP en 207 Ko) ou :
`http://www.microsym.com/386intel.pdf`
sous forme d'un fichier PDF.

Une synthèse des informations sur ce micro-processeur et sur d'autres circuits intégrés utilisés par l'IBM-PC se trouve, par exemple, dans :

[UFF-87] UFFENBECK, John, The 80x86 Family : Design, Programming, and Interfacing, Prentice-Hall, 1987, 1998, third edition 2002, IX+678 p. + CD-ROM.

Programmation en langage C

UNIX et le langage C sont intimement liés puisque ce dernier fut conçu pour développer la seconde version d'UNIX sous une forme portable indépendante des langages d'assemblage. Il existe trois versions du langage C : le C K & R (d'après les initiales de ses deux concepteurs de 1978), le C ANSI (ou C standard) de 1988, celui qui est utilisé pour Linux, et plus récemment le C ISO de 1999.

Le langage C a été défini par Dennis Ritchie (des Bell Laboratories) en 1972. C'est un descendant du langage ALGOL en passant par les langages CPL, BCPL et B (d'où son nom).

[RIT-78] RITCHIE, Dennis M. & JOHNSON, S.C. & LESK, M.E. & KERNIGHAN, B.W., The C Programming Language, Bell System Technical Journal, vol. 57, 1978, p. 1991-2019.

Présente les origines historiques de C ainsi que ses avantages et ses faiblesses.

[KER-79] KERNIGHAN, Brian & RITCHIE, Dennis, The C Programming Language, Prentice-Hall, 1979, X+228 p. ; traduction française Le langage C, Masson, 1985.

La référence sur le langage C, en fait la version K&R (d'après les initiales des auteurs), bien que pas facile à lire. Épuisé mais il en existe des versions électroniques (illégales) sur Internet.

[KER-88] KERNIGHAN, Brian & RITCHIE, Dennis, The C Programming Language (second edition), Prentice-Hall, 1988 ; traduction française Le langage C : C ANSI, Masson, 1990, XII+280 p.

Correspond au C ANSI.

[ANSI89] ANSI, American National Standard X3.159, 1989.

La définition du standard ANSI C. Très cher comme toute norme (destinée aux industriels) mais il en existe des versions électroniques (illégales) sur Internet.

[ISO99] ISO, ISO/IEC 9899, 1999.

Le standard international du langage C. Très cher comme toute norme (destinée aux industriels) mais il en existe des versions électroniques (illégales) sur Internet.

Aucune de ces références ne peut servir d'initiation à la programmation en langage C mais nous supposons que le lecteur n'est pas néophyte en la matière. Nous nous contentons donc de citer les références.

La bibliothèque C est commentée dans :

[PLAU-92] PLAUGER, P.J. The Standard C library, Prentice-Hall, 1992, ISBN 0-13-131509-9 ; traduction française La bibliothèque C standard, Masson, 1995, XIV+518 p.

Programmation en langage d'assemblage Intel : mode réel

Les fonctionnalités du micro-processeur 80386 se comprennent surtout à travers sa programmation, celle-ci étant de toute façon nécessaire pour la conception de Linux (porté sur PC). Il faut distinguer la programmation en mode réel, conservée pour la compatibilité avec le micro-processeur 8086 qui équipait les premiers PC, et la programmation en mode protégé. La programmation en mode réel possède encore un intérêt : le BIOS n'utilise que ce mode.

La première syntaxe est celle de MASM (pour *Macro ASseMbler*, très vite devenu *Microsoft ASeMbler*), distribué par Intel et, évidemment, par Microsoft. Borland avait conçu un assembleur concurrent, TASM pour *Turbo ASeMbler*, dont la syntaxe du langage est très proche de MASM. Un assembleur en version libre à la syntaxe également proche est NASM (pour *Netwide ASeMbler*).

[DUN-00] DUNTEMAN, Jeff, Assembly Language Step-by-Step, Wiley, 1992, ISBN 0-471-57814-2 ; Assembly Language Step-by-Step, Second Edition : Programming with DOS and Linux, Wiley, 2000, XXV+613 p. + CD-ROM.

Un classique de l'introduction au langage d'assemblage, illustré par le langage du micro-processeur 80x86, dont nous ne commentons que la seconde édition. Le CD-ROM contient l'assembleur gratuit NASM, dans sa version pour MS-DOS et pour Linux, qui est pris en exemple au lieu des traditionnels TASM et MASM.

Les trois premiers chapitres constituent une introduction très générale au langage d'assemblage et à l'hexadécimal. Le chapitre 4 est une vue générale de ce que fait un langages d'assemblage ainsi que les outils associés (système d'exploitation, éditeur de textes, assembleur, lieur, débogueur) puis une introduction à debug, le débogueur de MS-DOS qui permet de s'initier à un langage symbolique proche du langage d'assemblage MASM. Le chapitre 5 explique comment mettre en place NASM et NASM-IDE (un environnement intégré pour NASM, également présent sur le CD-ROM). Le chapitre 6 porte sur les modèles de mémoire du 8086 et sur les registre. Le chapitre 7 porte sur l'instruction mov et sur la notion générale d'instruction. Le chapitre 8 donne un programme en langage d'assemblage et parle de la pile. Le chapitre 9 porte sur les sous-programmes et les macros, le chapitre 10 sur les branchements, le chapitre 11 sur les chaînes de caractères. Les deux derniers chapitres expliquent comment programmer en langage d'assemblage sous Linux, en mode protégé utilisateur uniquement.

[MAZ-98] Mazidi, Muhammad Ali & Mazidi, Janice Gillipsie, The 80x86 IBM PC and Compatible Computers (Volumes I & II) : Assembly Language, Design, and Interfacing, Prentice-Hall, second edition, 1998, XXXVIII+984 p. ; third edition, 2000, 1000 p.

Commencer par le bon appendice sur la programmation en langage symbolique avec `debug`. Les exemples sont ensuite illustrés soit avec `debug`, soit avec MASM ou même l'interfaçage avec C/C++. Bonne étude du langage d'assemblage du `i8086`, des interruptions puis des autres circuits intégrés que l'on trouve sur la carte mère d'un PC ainsi que la façon d'interfacer un périphérique.

[IRV-95] Irvine, Kip R., Assembly language for Intel-based computers, Prentice-Hall, 1995, third edition 1998, XXIV+676 p. + CD-ROM ; fourth edition 2003, 738 p., ISBN 0-13-049146-2 ; traduction française, Pearson, Assembleur x86, 2003, 818 p.

Le CD-ROM contient les exemples du livre et surtout l'assembleur de Microsoft MASM 6.11 avec une licence mono-utilisateur. Bonne description du langage d'assemblage, en utilisant `debug`, MASM ou TASM, des micro-processeurs de la famille `i8086` et des interruptions.

[THO-86] Thorne, Michael, Computer Organization and Assembly Language Programming : For IBM PCs and Compatibles, Benjamin/Cummings, 1986, second edition 1990, XVIII+697 p.

Intéressant surtout par les exemples de programme en langage d'assemblage sous une forme dépouillée, sans trop de directives d'assemblage propres à MASM ou à TASM.

Linus Torvalds utilise le compilateur C de GNU, appelé `GCC`, qui fournit des programmes en langage d'assemblage respectant la syntaxe dite ATT, différente de MASM. Dunteman propose une initiation à celle-ci. Pour plus de détails on peut lire le manuel de `as`, l'assembleur GNU :

[AS] Elsner, Dean & Fenlason, Jay & friends, Using as : The GNU Assembler, 1994, disponible en ligne à :
`http://www.gnu.org/manual/gas/`

Il existe un livre d'apprentissage de la programmation en langage d'assemblage prenant comme exemple l'assembleur `as` sur Linux :

[BAR-02] Jonathan Bartlett, Jonathan, Programming from the Ground Up, 2002, disponible en ligne :
`http://savannah.nongnu.org/projects/pgubook/`

Pour le langage d'assemblage incorporé à `GCC`, on pourra consulter :

[BRE-96] Underwood, Brennan, Brennan's Guide to Inline Assembly, 1996, accessible en ligne :
`http://www.delorie.com/djgpp/doc/brennan/brennan_att_inline_djgpp.html`

Programmation en langage d'assemblage : mode protégé

La programmation en mode protégé des micro-processeurs Intel, depuis le `80286` et surtout le `80386`, sous-entend en fait deux aspects : le mode protégé utilisateur, qui apparaît comme une simplification du mode réel mais en 32 bits au lieu du 16 bits, et le mode protégé système, qui simplifie la conception des systèmes d'exploitation. La plupart des ouvrages, voir par exemple [DUN-00], portent uniquement sur le premier aspect. Pour le second aspect on parle beaucoup de :

[TUR-88] TURLEY, James L., **Advanced 80386 Programming Techniques**, Osborne, McGraw-Hill, 1988, ISBN 0078813425.

malheureusement introuvable, mais maintenant vendu sous forme électronique : `http://www.jimturley.com/reports/books.htm`

À défaut on se rabattra sur :

[SCH-92] SCHAKEL, Holger, **Programmer en Assembleur sur PC**, Éditions Micro Application, 1995, 512 p. + disquette ; traduction d'un livre paru en allemand en 1992.

Ce livre a l'intérêt de présenter au chapitre 12 deux programmes de passage du mode réel en mode protégé et retour, l'un pour `80286`, l'autre pour `80386`, qui fonctionnent, ce qui est suffisamment rarissime pour le signaler. En revanche, il n'y a aucune autre explication que les commentaires.

[BRE-87] BREY, Barry, **The Intel Microprocessors : 8086/8088, 80186/80188, 80286, 80386, 80486, Pentium, and Pentium Pro Processor Architecture, Programming, and Interfacing**, 1st edition 1987, 2nd ed. 1991, 3rd ed. 1994, 4th ed. 1997, 5th ed. 1997, IX+966 p.

Explique le fonctionnement du mode protégé, en particulier aux chapitres 2 et 17. Ce dernier chapitre contient des exemples intéressants mais qui ne fonctionnent pas.

[GEE] GEEZER, **Protected-Mode demo code** en ligne sur : `http://www.execpc.com/~geezer/os`

Série de programmes écrits en langage d'assemblage NASM qui fonctionnent (il manque juste `-f bin` dans l'indication d'assemblage). Le premier programme *pm1.asm* permet de passer de MS-DOS au mode protégé puis de revenir à MS-DOS. Le second programme *pm2.asm* permet de tester les interruptions.

Architecture de l'IBM-PC

La conception de Linux exige de connaître les circuits intégrés choisis par IBM, leurs registres, la façon de les programmer et les numéros des ports auxquels ils sont reliés sur l'IBM-PC. Il existe peu de référence à ce sujet. Le meilleur est incontestablement :

[MES-93] MESSMER, Hans-Peter, **The indispensable PC hardware book**, Addison-Wesley, 1993, 1 000 p., 1995, third edition 1997, XXIV+1384 p. ISBN 0-201-62424-9, fourth edition, 2002, XX+1273 p.

Ce livre indispensable présente quand même des défauts : sa typographie illisible, le manque de pointeurs sur la littérature utilisée, le fait qu'il évolue quand même assez peu d'une édition à l'autre, sans même corriger les erreurs.

Programmation avec le BIOS

Lors de sa phase de démarrage, Linux utilise quelques interruptions du BIOS en mode réel. Il a existé de nombreux livres sur cet aspect dont au moins un est encore distribué :

[ABE-98] ABEL, Peter, IBM PC Assembly Language and Programming, Fourth Edition, 1998, Prentice-Hall, XVI+606 p., Fifth Edition, 2000, 545 p., ISBN 0-13-030655-X.

Il s'agit de la programmation en langage d'assemblage de l'IBM-PC et non de l'intel 8086, c'est-à-dire qu'il y a présentation des outils debug et MASM, la programmation avec les instructions du 8086 mais aussi avec les interruptions du BIOS et celles du DOS.

La programmation Unix

Le programmeur voit UNIX à travers ses appels système. Ceux-ci ont évolué avec les différentes versions. On pourra, par exemple, consulter :

[DAU-91] DAUDEL, Olivier & SMIA, Alain & BOGAERT, Bernard, Développeur UNIX : Système V, versions 3.2 et 4, Guide P.S.I., Dunod, 1991, 1 117 p.

Les appels système décrits sont illustrés par des exemples complets en langage C.

La disparité et la non portabilité des programmes d'un UNIX à l'autre a conduit à l'établissement de la norme POSIX :

[POSIX] ANSI, Information Technology-Portable Operating System Interface (POSIX) : System Application Program Interface (API) (C Language), ANSI/IEEE Std. 1003.1. 1996 Edition. ISO/IEC 9945-1 : 1996. IEEE Standards Office. ISBN 1-55937-573-6.

[ZLO-91] ZLOTNICK, Fred, The Posix.1 Standard : A Programmer's Guide, Benjamin, Cummings, 1991, 379 p., ISBN 0-8053-9605-5.

[LEW-91] LEWINE, Ronald POSIX Programmer's Guide : Writing Portable UNIX Programs with the POSIX.1 Standard, O'Reilly, 1991, XXVII+608 p, ISBN 0-937175-73-0.

Les systèmes de fichiers

Des références complémentaires sur les systèmes de fichiers sont :

[GOL-86] GOLDEN, D. & PECHURA, M., The Structure of Microcomputer File Systems, Commun. of the ACM, vol. 29, p. 222-230, march 1986.

[KLE-86] KLEIMAN, S. Vnodes : An Architecture for Multiple File System Types in Sun UNIX, Proccedings of the Summer USENIX Conference, June 1986, p. 260–269.

[CAR-94] CARD, Rémy & TS'O, Theodore & TWEEDIE, Stephen, Design and Implementation of the Second Extend Filesystem, Proceedings of the Linux Dutch Symposium, december 1994, p. 34–51.

[BRO-99] BROWN, Neil, The Linux Virtual File System - system Layer, v1.6, 29 December 1999, http://www.cse.unsw.edu.au.

[BAR-01] BAR, Moshe, Linux File Systems, Osborne/McGraw-Hill, 2001, XIV+348 p. + CD-ROM.

Les terminaux

[PIK-85] PIKE, R. & LOCANTHI, B. & REISER, J., Hardware/Software Tradeoffs for Bitmap Graphics on the Blit, Software-Practice and Experience, vol. 15, p. 131-152, février 1985.

Le contrôleur de disques durs IDE

Une ébauche (*draft*) de la norme ATAPI pour les contrôleurs de disques durs IDE :

[ATAPI] ANSI X3. Information Technology - AT Attachment, with Packet Interface Extension (ATA/ATAPI-4), août 1998.

est disponible en ligne :

http://www.seagate.com/support/disc/manuals/ata/d1153r17.pdf.

Index

Symboles

%S 277
%c 277
%d 276
%E 276
%e 276
%f 276
%G 276
%g 276
%i 276
%n 277
%o 276
%p 277
%u 276
%X 276
%x 276
_ctmp 265
_ctype[] 264
_gdt 46, 647
_idt 61, 646
_stack_start 646
__bss_start 618
__NR_nom 165
__va_rounded_size() 274
__WPCOM 329
_bmap() 402, 403
_C 264
_CTL 329
_CYL 329
_D 264
_edata 618
_end 618
_etext 618
_exit() 85, 596, 600
_exit.c 30, 600
_fs() 295, 296
_hashfn() 373
_HEAD 329
_I_FLAG() 154
_L 264
_L_FLAG() 154
_LDT() 47
_LZONE 329
_NSIG 221
_O_FLAG() 154
_P 264
_S 264
_SECT 329
_set_tssldt_desc() 47
_SP 264
_syscallx() 171
_TSS() 47

_U 264
_WPCOM 329
_X 264

Nombres

6845 245
8254 196
8259A 65

A

a.out 571, 577
a.out.h 26, 577–581, 583
abandon 56
abort 56
ABRT_ERR 342
accès
    direct 519
    séquentiel 519
access() 545
acct() 603
adaptateur 16
add_entry() 428, 431
add_request() 351, 353
administrateur 8
adresse
    de base 40
        d'un segment 40
    linéaire 39
    physique 301
    virtuelle 301
affichage
    brut 233
    structuré 237
ajout dans un fichier 522
alarm() 189, 610
alt() 461
alt_map[] 464
amorçage du système 635
antémémoire 116
API 4
APIC 65
appel système 11, 14
    privilégié 87
arbre des processus 86
asm (répertoire source) 26
asm.s 28, 64, 292–294, 297
AT task file 330
ATT 24
attr 236
attribut
    d'affichage 234
    de fichier 520

authentification 8
AUX_FUNC 582
AUX_OBJECT 582

B

bad_rw_intr() 356, 357
bash 24
baud 151
BBD_ERR 342
BCD_TO_BIN() 203
BIOS 10, 635
bit
    d'arrêt 136, 477
    de début 136, 477
    setgid 87
    setuid 87
bitmap 138
bitmap.c 30, 396, 397, 410, 412
blk_fn 387
bloc 15, 106, 111
    d'indirection 109
        double 109
        simple 109
    de démarrage 113
    de données 113
    verrouillé 117
block_dev.c 31, 387, 388, 390
block_read() 385, 389
BLOCK_SIZE 112
block_write() 385, 388
bmap() 402
boot 635
boot (répertoire source) 25
boot block 113
boot.s 25, 70, 635, 636, 642, 652
BOOTSEG 637
bottom 236
bound 59
bounds check 59
bounds() 63, 291
bps 478
bread() 374, 379, 386
break() 603
break-code 454
breakpoint 59
brelse() 374, 376, 386
brk() 619
BRKINT 142
BS 244
BSDLY 145
bss 85, 577, 618
BSx 145

buf 469
buffer.c 31, 117, 118, 373–377, 379, 539
buffer_block[] 112
buffer_head 116
BUFFER_END 117, 308
buffer_init() 118
build.c 31
BUSY_STAT 341
Bxxxx 151

C

cadre
    de message synchrone 483
    de page 302
calibrage d'un disque dur 334
canal
    d'un PIT 196
canal
    d'un terminal 266
caps() 461
caractère
    d'annulation 146
    d'échappement 146
    d'effacement 145
    d'espacement 263
    de contrôle 140, 147, 237
      de flux 146
    de ponctuation 263
    de remplissage 143
    de synchronisation 482
    hexadécimal 263
    semi-graphique 234
carte graphique 233
catalogue 105, 109, 423
    de table de pages 303
CBAUD 151
CHA 239
change_ldt() 587, 588
char_dev.c 31, 502, 503
chargeur (du SE) 10
chargeur d'amorçage 636
CHARS() 153
chdir() 551
chef
    de groupe 85
    de session 86
chemin 106
    absolu 106, 424
    d'accès 18, 424
    relatif 106, 424
chmod() 544
chown() 545
chroot() 89, 552
CIBAUD 151
classes d'un fichier 110
clavier
    AT 453
    MF II 453

PC/XT 453
clavier
    azerty 454
    étendu 453
    qwerty 454
clear_bit() 397
clear_block() 397
cli() 72
CLOCAL 151
close() 525
close.c 30
cluster 107, 111
CMOS 194
    étendu 194
CMOS_READ() 202
CNL 239
code
    ASCII
      modifié 234
code
    d'erreur 168
    d'opération non valide 59
    d'un processus 85
    de statut 85
COLUMNS 234
columns 236
COM1 485
COM2 485
commutation
    de contexte 209
    de processus 209
    de tâche 209
comptabilité 8
compte utilisateur 8
compteur
    de garde 193
    de nœud d'information 119
con_init() 72, 458, 651
con_write() 155, 236, 240, 241
config.h 27, 117, 308, 328, 421
console 140, 154, 457
console.c 28, 72, 234, 236, 241, 458, 651
const.h 26, 110, 114, 117
contrôleur
    d'interruption programmable 65
    de périphérique 16
    de terminal 139
    vidéo 137
controller_ready() 344, 345
cooked mode 451
coprocessor_error() 63, 291
coprocessor_segment_overrun() 63
copy_mem() 575, 576
copy_page() 313
copy_process() 573
copy_strings() 586, 587
copy_to_cooked() 249, 470

count() 586, 587
counter 226
cp_block() 591
cp_stat() 561
CPARENB 151
CPARODD 151
CPL 57, 239
CR 244
cr() 244, 247
CRDLY 145
CREAD 151
creat() 525
create_block() 402
create_tables() 587, 589
création
    de fichier 521
    de processus 86
CRTSCTS 151
crw_ptr 502
crw_table[] 502
CRx 145
CS 226
CSI 238
csi_at() 244, 253
csi_J() 244, 250
csi_K() 244, 250
csi_L() 244, 251
csi_M() 244, 252
csi_m() 244, 253
csi_P() 244, 252
CSIZE 151
cstime 88
CSTOPB 151
CSx 151
ctrl() 461
ctype.c 30, 263, 265
ctype.h 26, 263, 265
CUB 239
CUD 239
CUF 239
CUP 239
cur_table[] 466
current 99
cursor() 461, 466
cutime 88
CUU 239
cylindre 327

D

d_inode 113
daemon 21
data 85, 618
    rate 478
    relocation 577
DAY 203
dcache.h
    l.109–116 131
    l.81–107 130
DCE 484

DCH 239
débit 478
débogage 58
débordement 59
debug 663
debug() 63, 291
DEC() 152
décalage 40, 302
DECID 244
DECRC 244
DECSC 244
default_signal() 227
défaut de page 59
del 147
del() 244, 248
délai de rotation 328
delete_char() 252
delete_line() 252
démon 21
dentry 126, 130
dentry_operations 131
dépassement de segment du coprocesseur 59
déplacement 39, 302
déroutement 56
desc_struct 90
descripteur
    de fichier 126
descripteur 41
    d'application 43
    de fichier 122
    de nœud d'information 119
    de processus 7
    de segment 42
    de super-bloc 121
    de tampon 116
    nul 43
    système 42, 43
descriptor 41
destruction de processus 86
dev_t 560
device driver 19
device not available 59
device_not_available() 63, 291, 292, 297
die() 295
dir_entry 427
DIR_ENTRIES_PER_BLOCK 431
dir_namei() 433, 436
directive
    de format 275
directory 105, 109, 423
dirty 117
disk drive 327
disque
    dur
        AT 330
        IDE 330
        Winchester 330

disque 327
    dur 327
        logique 346
        virtuel 346
        virtuel 410
distribution Linux 23
divide_error() 63, 291
diviseur de fréquence 486
DL 239
do_device_not_available() 297
do_div() 282, 283
do_execve() 584
do_exit() 227, 313, 597
do_hd() 343
do_int3() 294, 296
do_kill() 224
do_mount() 419
do_no_page() 312, 314
do_request() 355
do_self() 461, 464
do_timer() 84, 200, 213
do_tty_interrupt() 459, 469
do_wp_page() 312, 313
do_xxxx() 292, 294
données
    d'un processus 85
    de formatage 338
double fault 59
double_fault() 63, 291
DPL 42, 57
drapeau de secteur 338
drive_busy() 358
droits d'accès 524
    d'un fichier 110
DRQ_STAT 341
DS 226
DT_SOCK 131
DTE 484
dup() 558
dup.c 30
dup2() 558
dupfd() 558

E

E2BIG 173, 571
EACCES 173, 522, 541, 544, 545, 550, 551, 562, 571, 615
EAGAIN 173, 570
EAX 226
EBADF 173, 525, 526, 528, 558, 559, 564, 616
EBUSY 173, 551, 565, 566
EBX 226
ECC 16, 331
ECC_ERR 342
ECC_STAT 341
ECHILD 173
écho à l'écran 140, 453
ECHO 149

ECHOCTL 150
ECHOE 149
ECHOK 149
ECHOKE 150
ECHONL 149
ECHOPRT 150
ECMA-48 238
écriture de fichier 522
ECX 226
ED 239
EDEADLK 174
édition de ligne 139
EDOM 174
EDX 226
EEXIST 173, 522, 541, 550, 615
EFAULT 173, 523, 526, 541, 544–546, 550–552, 559, 562, 565, 566, 571, 615, 621
EFBIG 173
EFLAGS 226
EINTR 173, 526, 614
EINVAL 173, 526, 528, 545, 564, 594, 613, 615, 616
EIO 173, 526
EIP 226
EISDIR 173, 523, 526
EL 239
élément d'un fichier 104
ELF 603
ELOOP 541, 544–546, 550–552, 615
EMFILE 173, 523, 558, 564, 621
EMLINK 173, 541
EMPTY() 152
ENAMETOOLONG 174, 523, 541, 544–546, 550–552, 559, 562, 565, 566, 571, 615
end 117
ENDSEG 639
ENFILE 173, 621
ENODEV 173
ENOENT 173, 523, 541, 544–546, 551, 552, 559, 562, 565, 566, 571
ENOEXEC 173, 571
ENOLCK 174
ENOMEM 173, 523, 541, 544–546, 550–552, 559, 562, 565, 566, 570, 571, 615, 619
ENOSPC 173, 523, 526, 541, 550, 615
ENOSYS 174
ENOTBLK 173, 565, 566
ENOTDIR 173, 523, 541, 544–546, 550–552, 559, 562, 565, 566, 571, 615
ENOTEMPTY 174, 551
ENOTTY 173, 616
enregistrement d'un fichier 104
ensemble de tampons 452
entrée
    de partition 346–348

de répertoire 423
entrée-sortie 10
    bloquante 17
    mappée en mémoire 17
    par port 17
environ 618
environnement de programme 5
ENXIO 173
EOF_CHAR() 154
EOI 66
EPERM 173, 541, 544–546, 551, 552, 566,
        571, 593–595, 611, 613, 615
EPIPE 173, 526
ERANGE 174
ERASE_CHAR() 154
EROFS 173, 523, 541, 544–546, 550, 551,
        615
ERR_STAT 341
erreur
    de calcul sur les réels 59
    de division 58
    de synchronisation 480
errno 168
errno.c 30, 168
errno.h 26, 172, 571
error_code() 292, 293
ES 226
ESC 244
espace
    d'adressage 7, 85
    dur 263
ESPIPE 173, 528
ESRCH 173, 594, 595, 613
estampille temporelle 189
état d'un processus 83
ETXTBSY 173, 523
exception 56
    de défaut de page 304, 305
    de protection générale 40, 42, 44,
        57, 92
    segment non présent 42
EXDEV 173, 541
exec 577, 578
exec() 89
exec.c 31, 584, 586–590
execv.c 30
execve() 569, 570
exit.c 28, 224, 597, 599, 602, 613
extension de nom de fichier 105

F

F_DUPFD 563
F_GETFD 563
F_GETFL 564
F_OK 545
F_SETFD 564
F_SETFL 564
FAT 108
faute 56

double 59
fcntl() 123, 563
fcntl.c 31, 558, 564
fcntl.h 27, 522, 525, 563, 564, 615
fenêtre graphique 236
fermeture de fichier 521
FF 244
FFDLY 145
FFx 145
fichier
    descripteur 126
    numéro 126
fichier 9, 103
    binaire 110
    caché 521
    de périphérique 123
    en mode synchrone 524
    exécutable 110
    ordinaire 109
    régulier 10
    spécial 10
        bloc 109
        caractère 109
    temporaire 521
    texte 109
FIFO 510
file 129
file 82, 122
    system 104
file_operations 129
file_system_type 131
file_table[] 123
file_dev.c 31, 438, 439
file_read() 438
file_table.c 31, 123
file_write() 439
filler character 143
find_buffer() 373, 375
find_empty_process() 573
find_entry() 429, 430
find_first_zero() 396, 397
FIRST_LDT_ENTRY 47
FIRST_TASK 214
FIRST_TSS_ENTRY 47
floating point error 59
FLUSHO 150
FMODE_READ 122
FMODE_WRITE 122
fn_ptr 84
folder 105, 109, 423
fonction
    d'appel 171
    de bibliothèque 21
    de code 166
    de déroutement de signal 84
    de gestion de signal 221
    de restauration 84
fork() 86, 569, 570
fork.c 28, 536, 573, 576

formatage mode
    natif 338
    translation 338
fragmentation d'un disque 108
framing error 480
free_list 118
free_block() 395, 398
free_dind() 406
free_ind() 405
free_inode() 410
free_page() 311
free_page_tables() 597, 598
fs (répertoire source) 25
FS 226
fs.h 27, 112, 113, 115, 116, 118–124,
        350, 386, 395, 401, 427, 431,
        510, 565, 616
    l.1003–1012 131
    l.469–422 128
    l.506–529 129
    l.666–709 126
    l.736–750 131
    l.787–815 129
    l.849–875 127
fstat() 559
ftime() 189, 609
FULL() 152
func() 461, 467
func_table[] 467

G

gas 24
GCC 24
GDT_CODE 648
GDT_DATA 648
GDT_NUL 648
GDT_TMP 648
gdtr 57
general protection 59
general_protection() 63, 291
gestion du contrôle des flux 139
gestionnaire
    de mémoire 9
    des périphériques 9
    des tâches 9
    du système de fichiers 104
get_base() 49
get_dir() 433, 434
get_empty_inode() 407, 408
get_free_page() 310
get_fs_byte() 50
get_fs_long() 50
get_fs_word() 50
get_hash_table() 374, 377
get_limit() 49
get_pipe_inode() 407, 511
get_seg_byte() 295, 296
get_seg_long() 295, 296
get_super() 395

getblk() 374, 377, 386
GETCH() 153
getche() 149
getegid() 592
geteuid() 592
getgid() 592
getpgroup() 594
getpid() 592
getppid() 592
getsid() 595
getuid() 592
GID 86
gid 87
    effectif 88
    réel 88
    sauvegardé 88
gid_t 546, 560
gotoxy() 244, 245
granularité 41
groupe
    d'utilisateurs 8, 87
    de processus 85
gtty() 622

H
hard disk 327
HARD_DISK_TYPE 329
hash() 373
hash_table[] 118
hd.c 28, 72, 328, 329, 342–345, 348–359, 422
hd[] 348
hd_i_struct 328
hd_info[] 328
hd_request 348
hd_struct 348
HD_CMD 341
HD_COMMAND 341
HD_CURRENT 341
HD_DATA 341
HD_ERROR 341
HD_HCYL 341
hd_init() 72, 342, 349
hd_interrupt() 72, 342
HD_LCYL 341
HD_NSECTOR 341
hd_out() 344
HD_PRECOMP 341
HD_SECTOR 341
HD_STATUS 341
HD_TYPE 328
hdreg.h 27, 329, 341, 342, 348
head 469, 639
head.h 27, 90, 648
head.s 25, 46, 61, 306, 307, 635, 645–647
HIGH_MEMORY 308
horloge 189
    programmable 190

    temps réel 191, 194
HOUR 203
HT 244
HUPCL 151
HZ 199

I
i-node 109
i387_struct 92
i6845 233
I_CRNL() 154
I_MAP_SLOTS 122
I_NLCR() 154
I_NOCR() 154
I_UCLC() 154
ICANON 149
ICH 239
ICRNL 142
ICW1 66
ICW2 66
ICW3 66
ICW4 66
ID_ERR 342
identifiant
    de groupe 8
    de groupe de processus 86
    de processus 85
    utilisateur 8
identificateur
    d'utilisateur 87
        effectif 88
        réel 87
        sauvegardé 88
    de groupe d'utilisateurs 87
        effectif 88
        réel 88
        sauvegardé 88
    de groupe de processus 86
    de processus 85
idle process 94, 651
IDT 57
idt_descr 61
idtr 57
IEXTEN 150
iget() 407, 413
IGNBRK 142
IGNCR 142
ignore_int() 61
IGNPAR 142
IL 239
image du noyau 635
IMAXBEL 143
implémentation d'un système de fichiers 104
IN_ORDER() 354
inb() 55
inb_p() 55
INC() 152
INC_PIPE() 510

include (répertoire source) 25
IND 244
index
    de descripteur 43
    de fichier 104, 519
    de sélecteur 43
INDEX_STAT 341
indicateur 521
    d'archivage 521
information permanente 103
init (répertoire source) 25
init() 490, 635, 651, 653
init.h
    l.122–130 657
    l.75–84 657
    l.91 657
    l.94 657
init_task 86, 97, 98
INIT_C_CC[] 155
INIT_TASK 95
__initcall() 657
INITSEG 637
INLCR 142
ino_t 560
inode 126, 128
inode.c 31, 121, 399–403, 408, 411, 413, 511
inode_table[] 121
INODES_PER_BLOCK 401
insert_char() 253
insert_into_queues() 373, 374
insert_line() 251
int 2Eh 342
int3() 63, 296
int80h 72
interface d'un système de fichiers 104
interpréteur de commandes 10
interrupt
    gate 57, 60
interruptible_sleep_on() 268
interruption
    d'horloge 196
    logicielle 56
    masquable 56
    matérielle 56
INTR_CHAR() 154
invalid opcode 59
invalid TSS 59
invalid_op() 63, 291
invalid_TSS() 63, 291
invalidate() 599
io.h 27, 55
ioctl() 616
ioctl.c 31, 617
ioctl_ptr 617
ioctl_table[] 617
iput() 407, 411
IRET 66
IRQ0 71, 194, 198

IRQ1 72, 454, 457
IRQ14 72, 334–339, 342
IRQ3 72, 485, 490
IRQ4 72, 485, 490
IRQ5 72
IRQ6 72
IRQ7 72
IS_BLOCKDEV() 386
is_digit() 280
isalnum() 264
isalpha() 264
isascii() 265
iscntrl() 264
isdigit() 264
isgraph() 265
ISIG 149
islower() 264
isprint() 265
ispunct() 265
isspace() 265
ISTRIP 142
isupper() 264
isxdigit() 265
IUCLC 142
IXANY 143
IXOFF 143
IXON 143

J
jiffies 199
jmp_table[] 493

K
kb_wait() 463
kernel 9
kernel (répertoire source) 25
kernel.h 27, 283, 284
kernel_mktime() 203
key_map[] 465
key_table[] 459, 460
keyboard.c 468
keyboard.s 28, 458, 460, 461
keyboard_interrupt() 72, 458
kill() 223, 612
kill_motor() 638

L
L_CANON() 154
L_ECHO() 154
L_ECHOCTL() 154
L_ECHOE() 154
L_ECHOK() 154
L_ECHOKE() 154
L_ISIG() 154
laps de temps 9, 211
LAST() 153
last_allocated_inode 409
last_task_used_math 209
LAST_TASK 214

LASU_HD 308
LATCH 199
leader 85
lecteur de disque 327
lecture de fichier 521
LED 453
LEFT 280
LEFT() 152
LF 244
lf() 243–245
liaison 140
    parallèle 477
    série 477
        asynchrone 477
        synchrone 482
lib (répertoire source) 25
libc 171
lien 539
    symbolique 540
LILO 654
limite d'un segment 40
line_status() 493
LINES 234
lines 236
link 539
link() 541
LINUS_HD 308
linux (répertoire source) 26
liste des descripteurs de tampon 116
    libre 116
ll_rw_block() 376, 379, 386, 387
lldt() 48
lock() 622
lock_buffer() 351
lock_inode() 399
login 86
LOW_MEM 309
LOW_MEMORY 308
lseek() 528
lshift() 461
ltr() 48

M
m_imode 82
m_inode 119
machine virtuelle 4
main() 62, 72, 649–651
main.c 26, 62, 202, 203, 625, 635, 650, 653
major number 123
MAJOR() 124, 615, 616
make 24
make-code 454
makedev() 615
MAP_NR() 309
MARK_ERR 342
marque 477
MASM 24, 663
match() 429

math_emulate() 297
math_state_restore() 297, 298
MAX_ARG_PAGES 586
MAX_ERRORS 357
MAX_HD 329
MAY_EXEC 435
MAY_READ 435
MAY_WRITE 435
mécanisme setuid 87
mem_map[] 310
mémoire
    CMOS 194
mémoire
    dynamique 308
    graphique 137, 233
    virtuelle 301
memory paging 304
memory-mapped terminal 137
memory.c 31, 309–311, 313, 314, 536, 598, 599
memory.h 27
memset() 409
MIN() 438
minor number 123
MINOR() 124, 615, 616
minus() 461, 468
MINUTE 203
minuteur 7, 189
    périodique programmable 194
mkdir() 550
mknod() 615, 620
mktime.c 28, 203
mm (répertoire source) 25
mm.h 27, 97
MMU 304
mode
    canonique 149
    d'accès
        d'un fichier 122
    d'entrée 141
    d'horloge
        à répétition 190
        non répétitif 190
    d'instructions
        16 bits 41
        32 bits 41
    d'ouverture 523
    d'un fichier 111
    de contrôle 150
    de recherche 482
    de sortie 140, 143
    données brutes 451
    données structurées 451
    graphique 233
    local 140, 148
    non canonique 149
    noyau 11, 45
    protégé 11, 663
        système 664

utilisateur 664
réel 663
utilisateur 11, 45
modem synchrone 483
modem_status() 493
module 13
module_init() 657
mot
de passe 8
d'un fichier 521
du mode de protection 87
mount() 565
mount_root() 421, 653
move_to_user_mode() 651, 652
mpx() 622
multi-programmation 6
multi-programmé 5
multi-tâches 5
multi-utilisateurs (SE) 7

N

N_ABS 581
N_BADMAG() 579
N_BSS 581
N_BSSADDR() 580
N_DATA 581
N_DATADDR() 579
N_DATOFF() 579
N_DRELOFF() 579
N_EXT 581
N_FN 581
N_HDROFF() 579
N_MAGIC() 578, 579
N_STAB 581
N_STROFF() 579
N_SYMOFF() 579
N_TEXT 581
N_TRELOFF() 579
N_TXTADDR() 579
N_TXTOFF() 579
N_TYPE 581
N_UNDF 581
NAME_LEN 428
named pipe 510
namei() 434, 437
namei.c 31, 431, 434–437, 530, 542, 546, 552, 555
NASM 663
NCCS 141
NEL 244
new_block() 395
new_inode() 412
nice() 611
niveau
écriture de scripts iii
administrateur iii
conception du système iii
programmation système iii
utilisateur iii

niveau de table de pages 303
NLDY 145
nlink_t 560
nlist 581
nlist() 581
NLx 145
NMAGIC 578
NMI 194
nmi() 63, 291
no_error_code() 292, 294
NO_TRUNCATE 430
nœud d'information 126
NOFLSH 150
nom
d'un appel système 165
d'utilisateur 8
de fichier 104, 105, 519
nombre
magique 578
majeur 123
mineur 123
none() 461, 463
norme
POSIX 141
RS232 136
VT100 139
norme 16
noyau
du SE 9
Linux 23
noyau
de développement 24
préemptif 212
stable 24
NPAR 240
npar 240
NPC16552D 484
nr_system_calls 168
NR_BLK_DEV 387
NR_BUFFERS 118
NR_FILE 123
NR_HASH 118
NR_HD 329
NR_INODE 120
NR_OPEN 89
NR_REQUEST 349
NR_SUPER 121
NR_TASK 99
NRDEVS 502, 617
NS16450 484
NS8250 484
NSIG 221
NULL 95
num() 461
num_table[] 466
number() 280, 281
numéro
d'un appel système 165
de descripteur de fichier 122

de fichier 126
de groupe de processus 86
de page 302
de périphérique
majeur 20
mineur 20
de session 86
nœud d'information 109, 113
de répertoire 105
verrouillé 120

O

O_ACCMODE 524
O_APPEND 524
O_CREAT 523
O_CRNL() 154
O_EXCL 523
O_LCUC() 154
O_NDELAY 524
O_NLCR() 154
O_NLRET() 154
O_NOCTTY 524
O_NONBLOCK 151, 524
O_POST() 154
O_RDONLY 523
O_RDWR 523
O_SYNC 524
O_TRUNC 524
O_WRONLY 523
OCRNL 144
octets adjacents 111
OFDEL 145
off_t 123, 528, 560
offset 39, 40, 302
OFILL 144
OLCUC 144
OLDESP 226
OLDSS 226
OMAGIC 578
one-shot mode 190
ONLCR 144
ONLRET 144
ONOCR 144
open() 522
open.c 30, 31, 532–534, 548, 549, 557, 563
open_namei() 530
OPOST 144
ordonnancement 210
ordonnanceur 9, 192
origin 236
outb() 55
outb_p() 55
ouverture de fichier 521
overflow 59
overflow() 63, 291

P

page 302

fault 59
graphique 234
mémoire 302
page directory 303
Page Fault 305
page frame 302
page.s 31, 64, 312
page_fault() 63, 291, 312
PAGE_SIZE 97, 583
pagination 301, 302
PAGING_MEMORY 309
PAGING_PAGES 309
panic() 268, 284
panic.c 29, 284
par[] 240
paramétrage d'une liaison 141
PARMRK 142
partition 346
    active 347
parution de Linux 24
passage à la ligne 142
path 106
pause() 614
PC16550D 484
PENDIN 150
période 83, 212
périphérique
    bloc 15
    caractère 15
    dédié 18
    non disponible 59
    partagé 18
permission() 433, 434
pg_dir[] 307
pgX 307
phys() 620
PIC 65
    esclave 65
    maître 65
PID 85
pile
    noyau 98
    processus 85
    utilisateur 98
pilote
    bas niveau 385
    d'écran 233, 240
    d'horloge 191
    de périphérique 19
    de terminal 133, 139
    du clavier 451
    haut niveau 385
pipe 509
pipe() 620
pipe.c 31, 511, 512, 621
PIPE_EMPTY() 510
PIPE_FULL() 510
PIPE_HEAD() 510
PIPE_SIZE() 510

PIPE_TAIL() 510
piste 327
PIT 194, 196
pixel 137
PLUS 280
point
    d'arrêt 59
    de montage 565
Pointeur de descripteur de
    processus 99
politique d'ordonnancement 211
polling 70
port
    d'entrée-sortie 17
    série 478
port 1F0h–1F7h 330
port 2F8h–2FFh 485
port 3D4h 245
port 3D5h 245
port 3F6h–3F7h 330
port 3F8h–3FFh 485
port 40h–43h 196
port 60h 454, 463
port 61h 457
port 64h 454, 467
port 70h 194
port 71h 194
port_read() 356
port_write() 356
porte
    d'interruption 57, 60
    de tâche 57
    de trappe 57, 60
    système 60
pos 236
positionnement
    dans un fichier 519, 522
    des attributs 522
POSIX 238
pré-chargeur (du SE) 10
préambule
    d'un secteur 16
précode 454
printf() 625
printk() 273, 283
printk.c 29, 283
priorité
    de base 84, 212
    des processus 211
    dynamique 84, 211, 213
priority 226
proc_list 469
process
    descriptor 7
    switching 209
processeur virtuel 6
processus 5
    2 653, 654
    3 654

bloqué 9, 83
élu 82
état 83
fils 86, 569
inactif 94, 651
init 651
noyau 651
père 86, 569
préemptif 9, 211
prêt 83
suspendu 83
update 529, 653
prof() 622
Programmable Interval Timer 194
propriétaire d'un fichier 110
protection 8
    générale 59
protocole
    Bisync 483
pseudo-parallélisme 5
ptrace() 612
put_fs_byte() 50
put_fs_long() 50
put_fs_word() 50
put_page() 314
put_queue() 464, 468
PUTCH() 153

Q

quantum 211
ques 240

R

R_OK 545
raise() 626
RAM
    CMOS 194
    vidéo 137
random access file 519
raw mode 451
rd_blk[] 387
READ 350
read() 525
read_area() 587, 589
read_char() 493, 494
read_head() 590
read_ind() 590, 591
read_inode() 401
read_intr() 356, 359
read_it() 638
read_pipe() 511
read_write.c 31, 534, 537, 538
READY_STAT 341
Real Time Clock 194
reboot() 466, 467
récupération des attributs 522
récursivité croisée 117
registre
    CMOS 194

CR0 306
CR2 305, 306
CR3 305
IDE 330, 341
registre de contrôleur 17
release 24
release() 598, 599
relocation_info 580
remove_from_queues() 373, 375
renommage d'un fichier 522
répertoire 105, 109, 423, 427
   courant 89, 424
   de spoule 21
   de tables de pages 303
   de travail 106, 424
   racine 105
     d'un processus 89
request[] 349
requête de disque 348
reserved() 63, 291
reset_controller() 357
reset_hd() 356, 357
respond() 244, 249
RESPONSE 249
restore_cur() 244, 250
restorer 226
ret_from_sys_call() 223, 225
RI 244
ri() 244, 248
rmdir() 550
root 8, 87
   directory 105
ROOT_DEV 421
RPL 44
rs1_interrupt() 72, 490, 491
rs2_interrupt() 72, 490, 491
rs_io.s 491, 493, 494
rs_init() 72, 489
rs_io.c 29
rs_write() 156, 491
rshift() 461
RTC 194
rw_abs_hd() 350
rw_char() 501, 502
rw_hd() 359
rw_tty() 503
rw_ttyx() 503

S

S_IFBLK 537, 615
S_IFCHR 537, 615
S_IFDIR 537
S_IFIFO 537, 615
S_IFMT 537
S_IFREG 537, 615
S_IRGRP 524
S_IROTH 524
S_IRUSR 524
S_IRWXG 524

S_IRWXO 524
S_IRWXU 524
S_ISBLK() 535–537
S_ISCHR() 535–537
S_ISDIR() 535–537
S_ISFIFO() 536, 537
S_ISGID 524
S_ISREG() 535–537
S_ISUID 524
S_ISVTX 524
S_IWGRP 524
S_IWOTH 524
S_IWUSR 524
S_IXGRP 524
S_IXOTH 524
S_IXUSR 524
save_cur() 244, 249
saved_x 249
saved_y 249
scan code 454
sched.c 29, 71, 72, 92, 94, 98, 99, 169,
     199, 200, 202, 209, 210, 213,
     215, 225, 268, 298, 352, 353,
     593, 611, 614
sched.h 27, 47–49, 81, 83, 84, 95, 97,
     99, 214
sched_init() 71, 72, 169, 199, 215
schedule() 213
scheduler 9
scr_end 236
scrdown() 248
SCREEN_END 234
scroll() 461
scrup() 245, 246
scrutation 70
SE
     à couches 11
     à micro-noyau 12
     à modules 13
     monolithique 11
secteur 111, 327
   de partition 346
section a.out 577
sectors 638
seek 519
SEEK_CUR 528
SEEK_END 528
SEEK_SET 528
SEEK_STAT 341
segment 39
   d'état de tâche 45, 90
   de code
     noyau 45, 46
     utilisateur 45
   de données
     noyau 45, 46
     utilisateur 45
   de pile 59
   de texte 577

   des données 577
   non présent 59
   utilisateur 47
segment.h 27, 50
segment_not_present() 63, 291
SEGMENT_SIZE 583
sélecteur 43
selector 43
send_sig() 224
séquence d'échappement 238
serial.c 29, 72, 489–491
session 86
   de travail 8
set_base() 49
set_bit() 396, 397
set_cursor() 243, 245
set_intr_gate() 60
set_ldt_desc() 47
set_limit() 49
set_origin() 247
set_system_gate() 60
set_trap_gate() 60
set_tss_desc() 47
setgid() 88, 592
setpgid() 594
setpgrp() 594
setregid() 88
setreuid() 88
setsid() 595
setsid.c 30
setuid() 88, 592
setup() 422, 636, 642, 653
setup_gdt() 645
setup_idt() 61, 645, 646
sgid 111
SGR 239
sh() 654
shell 10
shift_map[] 465
sig_fn 226
SIG_CHLD 226
SIG_DFL 613, 614
SIG_ERR 613
SIG_IGN 613, 614
SIGABRT 222
SIGALRM 222, 610
SIGCHLD 222
SIGCONT 223
SIGFPE 222
SIGHLD 597
SIGHUP 222
SIGILL 222
SIGINT 142, 147, 149, 222
SIGIOT 222
SIGKILL 222
SIGN 280
signal 14, 221, 226
   en attente 84
signal() 223, 613

signal.h 26, 221, 613, 614
SIGPIPE 222, 512
SIGQUIT 147, 149, 222
SIGSEGV 222
SIGSTKFLT 222
SIGSTOP 223
SIGSTP 149
SIGTERM 222
SIGTRAP 222
SIGTSTP 148, 223
SIGTTIN 223
SIGTTOU 150, 223
SIGUNUSED 222
SIGUSR1 222
SIGUSR2 222
size 469
skip_atoi() 280, 281
sleep_if_full() 267
sleep_on() 351, 352
slice 9, 211
SMALL 280
sorting 354
sous-répertoire 424
SPACE 280
SPECIAL 280
spool 21
spoule 21
sprintf() 275
square-wave mode 190
sread 639
SREEN_START 234
stack segment 59
stack_segment() 63, 291
standard
    ATA 330
    RS-232 484
standard 16
start bit 136, 477
start_buffer 117
START_CHAR() 154
start_kernel() 645, 649
startup 495
startup_time 202
startup_32() 645
stat 560
stat() 559
stat.c 31, 560, 561
stat.h 27, 522, 524, 537, 544, 559, 560,
    615, 616
state 226, 240
statfs 127
statfs.h/asm-generic
    l.1–21 128
statfs.h/asm-i386 127
stdarg.h 26, 274
stddef.h 26
stdio.h 625
sti() 72
sticky 111

stime 88
stime() 609
stop bit 136, 477
STOP_CHAR() 154
str() 49
stratégie
    de stockage 106
strcat() 626
strchr() 626
strcmp() 626
strcpy() 626
strcspn() 626
string table 577
string.c 30
string.h 26, 626
strlen() 626
strncat() 626
strncmp() 626
strncpy() 626
strpbrk() 626
strrchr() 626
strspn() 626
strstr() 626
strtok() 626
stty() 622
suid 111
super-bloc 126
super-bloc 113
super-utilisateur 8, 87
super.c 31, 121, 419, 421
super_block 126
super_block 115, 121
super_block[] 121
super_operations 127
SUPER_MAGIC 115
superviseur 8
suppression de fichier 521
swapper 94
swapping 9, 308
switch_to() 209
sync character 482
sync() 529
sync_dev() 374, 376
sync_inodes() 407, 408
sys (répertoire source) 26
sys.c 29, 566, 593–596, 603, 610, 612,
    616, 620
sys.h 27, 166, 168
sys_access() 548
sys_acct() 603
sys_alarm() 611
sys_break() 603
sys_brk() 620
sys_chdir() 557
sys_chmod() 548
sys_chown() 549
sys_chroot() 557
sys_close() 534
sys_creat() 533

sys_dup() 558
sys_dup2() 558
sys_execve() 584
sys_exit() 597
sys_fcntl() 564
sys_fork() 572
sys_fstat() 561
sys_ftime() 610
sys_getegid() 593
sys_geteuid() 593
sys_getgid() 593
sys_getpid() 593
sys_getppid() 593
sys_getprgp() 596
sys_getuid() 593
sys_gtty() 622
sys_ioctl() 617
sys_kill() 224, 613
sys_link() 542
sys_lock() 622
sys_lseek() 538
sys_mkdir() 552
sys_mknod() 616
sys_mount() 566
sys_nice() 611
sys_nom() 166
sys_open() 532
sys_pause() 614
sys_phys() 620
sys_pipe() 621
sys_prof() 622
sys_ptrace() 612
sys_read() 534
sys_rmdir() 555
sys_setgid() 594
sys_setpgid() 595
sys_setsid() 596
sys_setuid() 593
sys_setup() 422
sys_signal() 225, 614
sys_stat() 560
sys_stime() 610
sys_stty() 622
sys_sync() 374, 539
sys_sys_mpx() 622
sys_time() 610
sys_umount() 566
sys_unlink() 546
sys_ustat() 622
sys_utime() 563
sys_waitpid() 602
sys_write() 537
syscall_table[] 168
SYSSEG 638, 639
SYSSIZE 639
system gate 60
system.h 27, 47, 60, 72, 652
system_call() 72, 169

system_call.s 29, 168, 200, 223, 225, 227, 342, 572, 584
système de fichiers
    MINIX 112
système de fichiers 104
    natif 125
    virtuel 125

T
TABDLY 145
table
    de bits 107
        des nœuds d'information 113
        des zones 113
    de pages 302
    des chaînes de caractères 577
    des descripteurs
        d'interruption 57
        de fichiers 123
    des nœuds d'information 119
    des partitions 346
    des processus 97, 209
    des super-blocs 121
    des symboles 577
    globale de descripteurs 43
    locale de descripteurs 43
table_list[] 156
TABx 145
tâche 5
    initiale 94
tail 469
taille
    d'un fichier
        effective 521
        maximale 521
tampon 140
    d'entrée 151
    de bloc 112
    de caractères 452
    de contrôleur 16
    de formatage 338
    de lecture 451
        brute 153
        structurée 153
    de sortie 151
task 5
    gate 57
    switching 209
task[] 99, 209
task_struct 81
task_union 98
TASK_INTERRUPTIBLE 83
TASK_RUNNING 83
TASK_STOPPED 83
TASK_UNINTERRUPTIBLE 83
TASK_ZOMBIE 83
TASM 663
taux de transmission 478
temps

de lecture 328
de recherche 328
de transfert 328
partagé 5, 211
terminal
    RS-232 136
    VT102 651
terminal 133
    à écran 137
    à impression 137
    graphique 138
    intelligent 137
termios 141
termios.h 27, 141
text relocations 577
this_request 354
tick 196
time() 189, 609
time.h 26, 201, 609
time_t 560, 609
time_init() 201, 202
timeb 609
timer 189
timer interrupt 196
timer_interrupt() 71, 199
times.h 27
tm 201
toascii() 265
tolower() 265
tools (répertoire source) 25
top 236
    d'horloge 190, 196, 198
TOSTOP 150
touche
    de clavier 453
    normale 463
    préfixielle 461
toupper() 265
tracé d'exécution 193
track 639
transfert
    asynchrone 17
    de données 577
    de texte 577
    synchrone 17
trap 56, 84
    gate 57, 60
trap_init() 62
trappe 56
traps.c 30, 62, 63, 294, 296, 297
TRK0_ERR 342
truncate() 405, 407
truncate.c 31, 405–407
TSS 90
    non valide 59
tss_struct 94
TSSD 94
tty 133
tty.h 27, 152–155

tty0 654
tty_queue 152
tty_struct 153
tty_table[] 154, 490
TTY_BUF_SIZE 152
tty_init() 72, 489, 651
tty_intr() 471
tty_io.c 30, 154, 156, 266, 267, 469–471, 651
tty_ioctl() 617
tty_ioctl.c 31
tty_write() 266
tube
    anonyme 510
    de communication 509
    nommé 110, 510
type
    d'un fichier de périphérique 123
    de droit d'accès 110
types.h 27, 123, 522, 525, 528, 544, 546, 560, 562, 600, 615

U
UART 136, 480
UID 8
uid 87
    effectif 87, 88
    réel 87
    sauvegardé 88
uid_t 546, 560
umode_t 560
umount() 565
un_wp_page() 313
unalt() 461
uncaps() 461
unctrl() 461
unexpected_hd_interrupt() 343
unistd.h 27, 165, 171, 522, 525, 526, 528, 529, 541, 544–546, 550–552, 558, 559, 563, 565, 570, 592, 594–596, 603, 610, 614–616, 619, 621
unité
    d'allocation 107, 111
    de pagination 302
unlink() 544
unlock_buffer() 353
unlock_inode() 399
unlshift() 461
unrshift() 461
update 529, 653
ustat() 622
utilisateur
    ordinaire 87
utilisateur ordinaire 8
utilitaire 9
utimbuf 562
utime 88
utime() 562

utime.h 27, 562
utsname.h 27

V

va-et-vient 9
va_list 274
va_arg() 274
va_end() 274
va_start() 274
variable
      d'environnement 6
variable d'environnement 571
VDISCARD 148
vecteur d'interruption 56
VEOF 147
VEOL 148
VEOL2 148
VERASE 147
vérification de limite 59
verify_area() 535, 536
version de Linux 24
VFS 125
VINTR 147
VKILL 147
VLNEXT 148
VMIN 148
voie de communication 140
voyant lumineux 453, 463
VPA 239
vprintf() 273
VQUIT 147
VREPRINT 148
vsprintf() 275, 277
vsprintf.c 30, 277, 280, 281, 283

VSTART 148
VSTOP 148
VSUSP 148
VSWTC 148
VT 244
VTDLY 145
VTIME 147
VTx 145
VWERASE 148

W

W_OK 545
wait() 600
wait.c 30
wait.h 27, 600, 601
wait_for_request 352
wait_on_buffer() 351, 352, 373
wait_on_inode() 400
waitpid() 600
wake_up() 353
watchdog timer 193
WEXITSTATUS() 601, 602
WIFEXITED() 601, 602
WIFSIGNALED() 601, 602
WIFSTOPPED() 601, 602
WIN_DIAGNOSE 342
WIN_FORMAT 342
WIN_INIT 342
WIN_READ 342
WIN_RESTORE 342
win_result() 345
WIN_SEEK 342
WIN_SPECIFY 342
WIN_VERIFY 342

WIN_WRITE 342
WNOHANG 600, 601
WRERR_STAT 341
WRITE 350
write() 526
write.c 30
write_buffer_empty() 495
write_char() 493, 494
write_inode() 400
write_intr() 355, 356
write_pipe() 511
write_verify() 536
WSTOPSIG() 601, 602
WTERMSIG() 601, 602
WUNTRACED 600, 601

X

x 236
X_OK 545
XCASE 149
XTABS 145

Y

y 236
YEAR 203

Z

Z_MAP_SLOTS 122
ZEROPAD 280
ZMAGIC 578
zone 113
      de va-et-vient 308
      fixe 308

www.ingramcontent.com/pod-product-compliance
Lightning Source LLC
Chambersburg PA
CBHW080343220326
41598CB00030B/4586